电子信息类、自动化类

"十三五"应用型人才培养规划教材

单片机应用系统与开发技术项目教程

◎ 丁向荣 编著

清华大学出版社

北京

内 容 简 介

本书以 STC15W4K32S4 系列中的 IAP15W4K58S4 单片机为主线,以单片机内部资源及常用外围接口资源为项目导向,基于任务驱动组织教学内容,采用 C 语言编程,融单片机原理、单片机接口技术、电子系统设计于一体,共 19 个项目,包括单片机及单片机应用系统认知、单片机应用系统的开发工具、STC15W4K32S4 系列单片机增强型 8051 内核、IAP15W4K58S4 单片机的并行 I/O 口与应用编程、IAP15W4K58S4 单片机的存储器与应用编程、IAP15W4K58S4 单片机的定时器/计数器、IAP15W4K58S4 单片机的中断系统、IAP15W4K58S4 单片机的串行通信、IAP15W4K58S4 单片机的低功耗设计与可靠性设计、单片机应用系统的设计与实践、LCD 显示模块与应用编程、模拟量数据采集系统的设计与实践、IAP15W4K58S4 单片机比较器模块与应用编程、IAP15W4K58S4 单片机 PCA 模块与应用编程、串行总线接口与应用编程、无线传输模块与应用编程、电动机控制与应用编程、IAP15W4K58S4 单片机增强型 PWM 模块与应用编程、创新设计 DIY 等。本书既可满足少学时单片机课程的教学需求,又符合多学时单片机课程的教学需求。

本书可作为高职(含中高三二衔接)电子信息类、电子通信类、自动化类、计算机应用类专业"单片机原理与应用"课程教材,也适合作为应用型本科相关专业"单片机应用技术"课程的教学用书。此外,本书可作为电子设计竞赛、单片机应用工程师考证的培训教材,也是传统 8051 单片机应用工程师升级转型的最新参考书。

图书在版编目(CIP)数据

单片机应用系统与开发技术项目教程/丁向荣编著. —北京:清华大学出版社,2017(2020.7重印)
("十三五"应用型人才培养规划教材)
ISBN 978-7-302-44513-5

Ⅰ. ①单… Ⅱ. ①丁… Ⅲ. ①单片微型计算机—高等学校—教材 Ⅳ. ①TP368.1

中国版本图书馆 CIP 数据核字(2016)第 171800 号

责任编辑:王剑乔
封面设计:刘 键
责任校对:袁 芳
责任印制:杨 艳

出版发行:清华大学出版社
　　网　　址:http://www.tup.com.cn, http://www.wqbook.com
　　地　　址:北京清华大学学研大厦 A 座　　　　　邮　编:100084
　　社 总 机:010-62770175　　　　　　　　　　　邮　购:010-62786544
　　投稿与读者服务:010-62776969, c-service@tup.tsinghua.edu.cn
　　质量反馈:010-62772015, zhiliang@tup.tsinghua.edu.cn
　　课件下载:http://www.tup.com.cn,010-83470410

印 装 者:北京九州迅驰传媒文化有限公司
经　　销:全国新华书店
开　　本:185mm×260mm　　　印　张:35.25　　　字　数:808 千字
版　　次:2017 年 2 月第 1 版　　　　　　　　　印　次:2020 年 7 月第 4 次印刷
定　　价:79.00 元

产品编号:067886-03

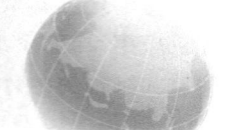

前言
FOREWORD

单片机技术是现代电子系统设计、智能控制的核心技术,是应用电子、电子信息、电子通信、物联网技术、机电一体化、电气自动化、工业自动化、计算机应用等相关专业的必修课程。本书是集编者30年单片机应用经历、30年教学经验,结合应用型本科、高职学生的学习与认知规律,精心打造的基于8051单片机最新技术的单片机课程教材。

STC系列单片机传承于Intel 8051单片机,但在传统8051单片机框架基础上注入了新鲜血液,焕发出新的"青春"。STC宏晶科技对8051单片机进行了全面技术升级与创新:全部采用Flash技术(可反复编程10万次以上)和ISP/IAP(在系统可编程/在应用可编程)技术;针对抗干扰进行了专门设计,超强抗干扰;进行了特别加密设计;对传统8051全面提速,指令速度最快提高了24倍;大幅提高了集成度,集成了A/D、CCP/PCA/PWM(PWM还可当D/A使用)、高速同步串行通信端口SPI、高速异步串行通信端口UART、定时器、看门狗、内部高精准时钟、内部高可靠复位电路、大容量SRAM、大容量E²PROM、大容量Flash程序存储器等。

STC作为中国本土乃至全球MCU的领航者,从2006年诞生起,已发展形成STC89/90系列、STC10/11系列、STC12系列、STC15系列。2014年4月,宏晶科技重磅推出STC15W4K32S4系列单片机,它具有宽电源电压范围,能在2.4～5.5V范围内工作,无须转换芯片。STC15W4K32S4单片机可直接与PC的USB接口相连进行通信,集成了更多的数据存储器、定时器/计数器以及串行口,集成了更多的高功能部件(如比较器、专用PWM模块);开发了功能强大的STC-ISP在线编程软件工具,除可实现在线编程以外,还包括在线仿真器制作、脱机编程工具的制作、加密传输、项目发布、各系列单片机头文件的生成、串行口波特率的计算、定时器定时程序的设计、软件延时程序的设计等工具,给学习者或单片机应用的设计者带来了极大的便捷与高效。

STC单片机的在线下载编程及在线仿真功能,以及分系列的资源配置,增加了单片机型号的选择性,可根据单片机应用系统的功能要求选择合适的单片机,从而降低单片机应用系统的开发难度与开发成本,使得单片机应用系统更加简单、高效,提高了单片机应用产品的性能价格比。

本书以STC15W4K32S4系列中的IAP15W4K58S4单片机为主线,以单片机内部资源以及常用外围接口资源为项目导向,基于任务驱动组织教学内容,结合课程组研制的

GQDJL-Ⅱ型单片机开发板(在教学中,不限于GQDJL-Ⅱ型单片机开发板,也可采用STC大学推广计划的配套实验箱,或其他STC15W4K32S4系列单片机开发板),轻松实施"教、学、做"一体化教学。每个任务就是一个具有一定功能的单片机应用系统,学习单片机就是学习一个个单片机应用系统,系统地学习与锻炼学生的软硬件设计能力与系统调试能力。建议选择全开放式结构的单片机开发板,以便更有效地锻炼学生单片机应用系统的硬件设计能力、软件设计能力以及系统调试能力;同时建议每个学生自己组装一套单片机开发板系统,有效地拓展单片机实验与实践的空间,提升课外电子科技活动空间与深度。

本书融单片机原理、单片机接口技术、电子系统设计于一体,共19个项目,包括单片机及单片机应用系统认知、单片机应用系统的开发工具、STC15W4K32S4系列单片机增强型8051内核、IAP15W4K58S4单片机的并行I/O口与应用编程、IAP15W4K58S4单片机的存储器与应用编程、IAP15W4K58S4单片机的定时器/计数器、IAP15W4K58S4单片机的中断系统、IAP15W4K58S4单片机的串行通信、IAP15W4K58S4单片机的低功耗设计与可靠性设计、单片机应用系统的设计与实践、LCD显示模块与应用编程、模拟量数据采集系统的设计与实践、IAP15W4K58S4单片机比较器模块与应用编程、IAP15W4K58S4单片机PCA模块与应用编程、串行总线接口与应用编程、无线传输模块与应用编程、电动机控制与应用编程、IAP15W4K58S4单片机增强型PWM模块与应用编程、创新设计DIY等。教材内容具有一定的深度与广度,既可满足少学时单片机课程的教学需求,又符合多学时单片机课程的教学要求。

单片机课程教学时数建议如下。

(1)少学时时数:56学时+1周综合实训,选择项目一至项目九作为课堂教学内容,项目十为综合实训内容。

(2)多学时时数:112学时+2周综合实训,分两学期完成。第一学期选择项目一至项目九作为课堂教学内容,项目十为综合实训内容;第二学期选择项目十一至项目十八作为课堂教学内容,项目十九为综合实训内容(由学生自主选择创新设计DIY课题)。

本书采用C语言编程,并且在教材中将项目任务必需的C语言基础知识嵌入到相应的任务中。所以,即使是零C语言基础,也可采用本书进行教学。

本书是广东省高职教育精品开放课程"单片机应用系统与开发技术"的配套教材,课程、教材、教学实验平台三位一体,轻松实施"教、学、做"一体化教学。书中按照填空题、选择题、判断题、问答题与程序设计题的题型分解各项目的知识点与技能点,从不同角度引导学生理解与掌握各项目的知识要求与技能要求,与高等教育出版社在线教学中心在线考试的考题要求接轨,可方便实施教考分离、标准化考试以及网上在线考试。

本书随书配送教学资源,包括教学课程标准、教学课件、项目工程文件、虚拟仿真电路、教学视频等内容,扫描前言后面的二维码即可下载,方便教师教学以及学生复习与自主学习。本书还获得高职教育精品开放课程网站以及在线教学中心资源的支持。"单片机应用系统与开发技术"高职教育精品开放课程网站地址是http://ecourse.gdqy.edu.cn/jp_xiaoji/2008/dpj/default.asp。

编者根据多年单片机教学发现,在学生中普遍存在一个问题:觉得单片机课程很重要，但觉得很难，不知道怎么学。因此，在学生学习单片机课程前，要让他们明白三件事。

（1）学习单片机有什么用？单片机技术是现代电子系统设计的核心技术，学习单片机就是利用单片机设计一个个具有智能化、自动化功能的单片机应用系统。

（2）学习单片机应学什么？学习单片机有哪些资源？如何使用这些资源？

（3）怎么学习单片机？

单片机的学习应该分成三个方面：一是掌握一种编程语言（C语言或者汇编语言。本书采用C语言）；二是掌握单片机应用系统的开发工具（Keil C集成开发环境与STC-ISP在线编程工具）；三是学习单片机的各种资源特性与应用编程。

本书由丁向荣编著，深圳宏晶科技有限公司STC单片机创始人姚永平先生担任主审。本书在写作过程中参考了大量文献，引用了互联网上的资料，在此向这些文献和资料的原作者表示衷心的感谢。在写作过程中，编者在资料收集和技术交流方面得到了国内外相关专业学者和同行的支持，在此向他们表示衷心的感谢。对于书中有些引用资料的出处，由于各种原因可能未出现在参考文献中，在此对原作者表示歉意与感谢！

由于编者水平有限，书中难免有疏漏和不妥之处，敬请读者不吝指正！书中相关信息或勘误会动态地公布在STC官网上：www.stcmcu.com。读者有什么建议，可发送电子邮件到：dingxiangrong65@163.com，与编者进一步沟通与交流。

编　者

2016 年 12 月

本书配套教学课件、习题答案、
课程标准及说课.rar

微课视频 1.rar

微课视频 2.rar

项目任务程序（含部分
Proteus 仿真图）.rar

STC15 单片机相关文件.rar

STC 在线编程软件与 USB
转串口驱动.rar

目录

CONTENTS

项目 一 ——————————————————————— Project 1

单片机及单片机应用系统认知

本项目要达到的目标包括两大方面：一是让读者理解单片机的概念、发展历史、发展现状与应用，建立起学习兴趣；二是建立起单片机应用系统的概念，通过用 Proteus 软件的虚拟仿真，感受单片机的作用，及其在现代电子系统设计中的地位。

知识点：
- ◆ 微型计算机的基本结构与工作过程。
- ◆ 单片机与单片机应用系统的基本概念。
- ◆ Proteus 软件的基本功能。

技能点：
- ◆ 应用 Proteus 软件绘制单片机应用系统电路图。
- ◆ 应用 Proteus 软件调试单片机应用系统。

任务 1 单片机简介

 任务说明

单片机实际上是微型计算机发展的一个分支，其组成与基本原理是与微型计算机一致的。本任务从微型计算机的组成及工作过程讲起，引申到单片机，学习单片机的概念、应用领域、市场状况以及发展趋势。

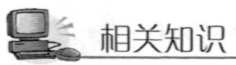 相关知识

一、微型计算机的基本组成

图 1-1-1 所示为微型计算机的组成框图，由中央处理单元（CPU）、存储器（ROM、

RAM)和输入/输出接口(I/O 接口)以及连接它们的总线组成。微型计算机配上相应的输入/输出设备(如键盘、显示器),就构成了微型计算机系统。

1. 中央处理单元(CPU)

中央处理单元(CPU)由运算器和控制器两部分组成,是微型计算机的核心。

1) 运算器

运算器由算术逻辑单元(ALU)、累加器和寄存器等几部分组成,主要负责数据的算术运算和逻辑运算。

图 1-1-1　微型计算机组成框图

2) 控制器

控制器由程序计数器、指令寄存器、指令译码器、时序发生器和操作控制器等组成,是发布命令的"决策机构",即协调和指挥整个微型计算机系统的操作。

2. 存储器(ROM、RAM)

通俗来讲,存储器是微型计算机的仓库,包括程序存储器和数据存储器两部分。程序存储器用于存储程序以及一些固定不变的常数和表格数据,一般由只读存储器(ROM)组成;数据存储器用于存储运算中的输入、输出数据或中间变量数据,一般由随机存取存储器(RAM)组成。

3. 输入/输出接口(I/O 接口)

微型计算机的输入/输出设备简称外设,如键盘、显示器等,有高速的,也有低速的;有机电结构的,也有全电子式的。由于种类繁多,且速度各异,因而它们不能直接地同高速工作的 CPU 相连。输入/输出接口(I/O 接口)是 CPU 与输入/输出设备的连接桥梁,其作用相当于一个转换器,保证 CPU 与外设间协调地工作。不同的外设需要不同的 I/O接口。

4. 总线

CPU 与存储器、I/O 接口通过总线相连,包括地址总线、数据总线与控制总线。

1) 地址总线

地址总线用于 CPU 寻址,其多少标志着 CPU 的最大寻址能力。若地址总线的根数为 16,则 CPU 的最大寻址能力为 $2^{16}=64K$。

2) 数据总线

数据总线用于 CPU 与外围器件(存储器、I/O 接口)交换数据,数据总线的多少标志着 CPU 一次交换数据的能力,决定 CPU 的运算速度。通常所说的 CPU 的位数,是指数据总线的位数。例如 8 位机,是指该计算机的数据总线为 8 位。

3) 控制总线

控制总线用于确定 CPU 与外围器件交换数据的类型,主要为读和写两种类型。

二、指令、程序与编程语言

一台完整的微型计算机由硬件和软件两部分组成,缺一不可。上面所述为微型计算机的硬件部分,是看得到、摸得着的实体部分,但微型计算机硬件只有在软件的指挥下,才能发挥其效能。微型计算机采取"存储程序"的工作方式,即事先把程序加载到计算机的存储器中,启动运行后,计算机自动地按照程序工作。

指令是规定微型计算机完成特定任务的命令,微处理器根据指令指挥与控制计算机各部分协调地工作。

程序是指令的集合,是解决某项具体任务的一组指令。在用微型计算机完成某项工作任务之前,人们必须事先将计算方法和步骤编制成由逐条指令组成的程序,并预先将它以二进制代码(机器代码)的形式存放在程序存储器中。

编程语言分为机器语言、汇编语言和高级语言。

(1)机器语言用二进制代码表示,是机器能直接识别和执行的语言。因此,用机器语言编写的程序称为目标程序。机器语言具有灵活、直接执行和速度快的优点,但可读性、移植性以及重用性较差,编程难度较大。

(2)汇编语言用英文助记符来描述指令,是面向机器的程序设计语言。采用汇编语言编写程序,既保持了机器语言的一致性,又增强了程序的可读性,并且降低了编写难度;但使用汇编语言编写的程序,机器不能直接识别,还要由汇编程序或者叫汇编语言编译器将其转换成机器指令。

(3)高级语言采用自然语言描述指令功能,与微型计算机的硬件结构及指令系统无关。它有更强的表达能力,可方便地表示数据的运算和程序的控制结构,能更好地描述各种算法,而且容易学习和掌握。但高级语言编译生成的程序代码一般比用汇编程序语言设计的程序代码要长,执行的速度也慢。高级语言并不是特指的某一种具体的语言,而是包括很多编程语言,如目前流行的 Java、C、C++、C♯、Pascal、Python、Lisp、Prolog、FoxPro、VC 等,这些语言的语法、命令格式都不相同。目前,在单片机、嵌入式系统应用编程中,主要采用 C 语言编程,具体应用中还增加了面向单片机、嵌入式系统硬件操作的语句,如 Keil C(或称为 C51)。

三、微型计算机的工作过程

微型计算机启动后,自动按照存储在程序存储器中的程序指挥计算机各部件协调地工作,完成程序指定的工作任务。

微型计算机执行程序时,是按照程序存储的顺序逐条执行指令,每条指令执行的工作过程是一样的。执行一条指令的过程分为三个阶段:取指、指令译码与执行指令。每执行完一条指令,自动转向执行下一条指令。

1)取指

根据程序计数器中的地址,到程序存储器中取出指令代码,并送到指令寄存器中。

2)指令译码

指令译码器对指令寄存器中的指令代码进行译码,判断出当前指令代码的工作任务。

3)执行指令

判断出当前指令代码的任务后,控制器自动发出一系列微指令,指挥微型计算机协调地动作,完成当前指令指定的工作任务。

任务实施

一、单片机的概念

将微型计算机的基本组成部分(CPU、存储器、I/O接口以及连接它们的总线)集成在一块芯片中构成的计算机,称为单片微型计算机,简称单片机。

由于单片机完全做嵌入式应用,故又称为嵌入式微控制器。根据单片机数据总线的宽度不同,主要分为4位机、8位机、16位机和32位机。在高端应用(图形图像处理与通信等)中,32位机应用越来越普及;但在中、低端控制应用中,在将来较长一段时间内,8位单片机仍是主流机种,近期推出的增强型单片机产品内部集成有高速I/O接口以及ADC、DAC、PWM、WDT等接口部件,并在低电压、低功耗、串行扩展总线、程序存储器类型、存储器容量和开发方式(在线系统编程ISP)等方面都有较大的发展。

单片机自身是一个只能处理数字信号的装置,必须配置好相应的外围接口器件或执行器件,才是一个能完成具体任务的工作系统,称为单片机应用系统。

二、单片机的应用与发展趋势

1. 单片机的应用领域

由于单片机具有较高的性能价格比、良好的控制性能和灵活的嵌入特性,因此在各个领域里都获得了极为广泛的应用。

1) 智能仪器仪表

单片机用于各种仪器仪表,提高了仪器仪表的使用功能和精度,使其智能化;同时,简化了仪器仪表的硬件结构,以便完成产品升级换代,如各种智能电气测量仪表、智能传感器等。

2) 机电一体化产品

机电一体化产品是集机械技术、微电子技术、自动化技术和计算机技术于一体,具有智能化特征的各种机电产品。单片机在机电一体化产品的开发中发挥巨大的作用,典型产品如机器人、数控机床、自动包装机、点钞机、医疗设备、打印机、传真机、复印机等。

3) 实时工业控制

单片机还可以用于各种物理量的采集与控制。电流、电压、温度、液位、流量等物理参数的采集和控制均可用单片机方便地实现。在这类系统中,采用单片机作为系统控制器,可以根据被控对象的不同特征采用不同的智能算法,实现期望的控制指标,从而提高生产效率和产品质量,如电动机转速控制、温变控制与自动生产线等。

4) 分布系统的前端模块

在较复杂的工业系统中,经常要采用分布式测控系统采集大量的分布参数。在这类系统中,采用单片机作为分布式系统的前端采集模块。系统具有运行可靠,数据采集方便灵活,成本低廉等一系列优点。

5) 家用电器

家用电器是单片机的又一个重要应用领域,前景十分广阔,如空调器、电冰箱、洗衣机、电饭煲、高档洗浴设备、高档玩具等。

另外,在交通领域,汽车、火车、飞机、航天器等均广泛应用单片机,如汽车自动驾驶系统、航天测控系统、飞机黑匣子等。

2. 单片机的发展趋势

1970 年微型计算机研制成功之后,随着大规模集成电路的发展,出现了单片机,并且按照不同的需求,形成了系统机与单片机两个独立的分支。美国 Intel 公司 1971 年研制出 4 位单片机 4004,1972 年研制出雏形 8 位单片机 8008,特别是 1976 年 MCS-48 单片机问世,在这四十几年间,单片机经历了四次更新换代,大约每两到三年更新一代,集成度增加一倍,功能翻一番,发展速度之快、应用范围之广,达到惊人的地步。单片机已渗透到人们生产和生活的诸多领域,可谓"无孔不入"。

纵观四十多年的发展过程,单片机朝着多功能、多选择、高速度、低功耗、低价格、扩大存储容量和加强 I/O 功能及结构兼容方向发展。预计今后的发展趋势将体现在以下几个方面。

1)多功能

在单片机中,尽可能多地把应用系统所需的存储器、各种功能的 I/O 接口都集成在一块芯片内,即外围器件内装化,如把 LED、LCD 或 VFD 显示驱动器集成在单片机中。

2)高性能

为了提高速度和执行效率,使用 RISC 体系结构、并行流水线操作和 DSP 等设计技术,使单片机的指令运行速度大大提高,电磁兼容等性能明显优于同类型微处理器。

3)产品系列化

评价单片机的应用情况,根据应用系统对 I/O 接口的要求分层次配置,使单片机产品系列化,使用户在进行应用系统开发时总能选择到既满足系统功能要求,又不浪费的单片机,提高产品的性能价格比。

4)推行串行扩展总线

推行串行扩展总线可以显著减少引脚数量,简化系统结构。随着外围器件串行接口的开发,单片机的串行接口逐步普遍化、高速化,使得并行扩展接口技术日渐衰退。许多公司推出了删除并行总线的非总线单片机,当需要外扩器件(存储器、I/O 接口等)时,采用串行扩展总线,甚至用软件模拟串行总线来实现。

三、单片机市场情况

单片机市场上主要以 8 位机和 32 位机(ARM)为主。通常所说的单片机,指的是 8 位机;32 位机一般称为 ARM。

1. MCS-51 系列单片机与 51 兼容机

MCS-51 系列单片机是美国 Intel 公司研发的,但公司后来的发展重点并不在单片机上,因此市场上很难见到 Intel 公司生产的单片机。市场上更多的是以 MCS-51 系列单片机为核心和框架的 51 兼容机。主要生产厂家有美国 Atmel 公司、荷兰 Philips 公司、台湾地区华邦电子股份有限公司和深圳宏晶科技。本书以国产卓越的增强型 8051 单片机——STC15 系列单片机为学习机型。在此不繁述其特性。

2. PIC 系列单片机

Microchip 单片机是市场份额增长较快的机型，其主要产品是 16 C 系列 8 位单片机，CPU 采用 RISC 结构，仅 33 条指令，运行速度快。Microchip 单片机没有掩膜产品，全部是 OTP 器件。Microchip 强调节约成本的最优化设计，适于用量大、档次低、价格敏感的产品。

目前，Microchip 为全球超过 65 个国家或地区的 5 万多个客户提供服务。大部分芯片有其兼容的 Flash 程序存储器的芯片，支持低电压擦写，擦写速度快，而且允许多次擦写，程序修改方便。

3. AVR 单片机

1997 年，由 Atmel 公司挪威设计中心的 A 先生与 V 先生利用 Atmel 公司的 Flash 新技术，共同研发出 RISC 精简指令集的高速 8 位单片机，简称 AVR。AVR 单片机的推出，废除了机器周期，抛弃复杂指令计算机（CISC）追求指令完备的做法；采用精简指令集，以字作为指令长度单位，将内容丰富的操作数与操作码安排在一字之中，取指周期短，又可预取指令，实现流水作业，故可高速执行指令。

AVR 单片机具有增强型的高速同/异步串口，具有硬件产生校验码、硬件检测和校验侦错、两级接收缓冲、波特率自动调整定位（接收时）、屏蔽数据帧等功能，提高了通信的可靠性，方便编写程序，更便于组成分布式网络和实现多机通信系统的复杂应用。AVR 单片机博采众长，拥有独特的技术，因此占有一定的市场份额。

任务 2　单片机应用系统的虚拟仿真

任务说明

Proteus 仿真软件是一款集单片机片内资源、片外资源于一体的仿真软件。它无须单片机应用电路硬件的支持，就能进行单片机应用系统的仿真与测试。

本任务学习与实践应用 Proteus 仿真软件绘制电路原理图、加载用户程序并实施系统调试，一是学会 Proteus 仿真软件的操作方法，为今后调试单片机应用系统奠定基础；二是通过运行 Proteus 软件仿真单片机应用系统，建立单片机应用系统的概念，体会单片机在现代电子系统设计的作用与地位，培养学生的学习兴趣以及对单片机知识的渴望。

相关知识

Proteus ISIS 是英国 Labcenter 公司开发的电路分析与实物仿真软件。它运行于 Windows 操作系统上，可以仿真、分析（SPICE）各种模拟器件和集成电路。该软件的特点如下所述。

1）实现单片机仿真和 SPICE 电路仿真相结合

Proteus 具有模拟电路仿真、数字电路仿真、单片机及其外围电路组成的系统的仿真、RS-232 动态仿真、I^2C 调试器、SPI 调试器、键盘和 LCD 系统仿真的功能；拥有各种虚拟仪器,如示波器、逻辑分析仪、信号发生器等。

2)支持主流单片机系统的仿真

目前 Proteus 支持的单片机类型有 68000 系列、8051 系列、AVR 系列、PIC12 系列、PIC16 系列、PIC18 系列、Z80 系列、HC11 系列、ARM7 以及各种外围芯片。

注意:由于 STC 系列单片机是新发展的芯片,在设备库中还没有。在利用 Proteus ISIS 绘制 STC 单片机电路图时,可选择任何厂家的 51 或 52 系列单片机,但 STC 系列单片的新增特性不能有效地仿真。

3)提供软件调试功能

在硬件仿真系统中,Proteus 具有全速、单步、设置断点等调试功能,可以观察各个变量、寄存器的当前状态,因此在该软件仿真系统中,也必须具有这些功能。

简单来说,Proteus ISIS 软件可以仿真一个完整的单片机应用系统,具体步骤是:

(1)利用 Proteus ISIS 软件绘制单片机应用系统的电路原理图。

(2)将用 Keil C 集成开发环境编译生成的机器代码文件加载到单片机中。

(3)运行程序,进入调试。

任务实施

一、单片机应用系统与程序功能

图 1-2-1 所示为 LED 流水灯控制电路,当 K1 断开时,流水灯右移;当 K1 合上时,流水灯左移。

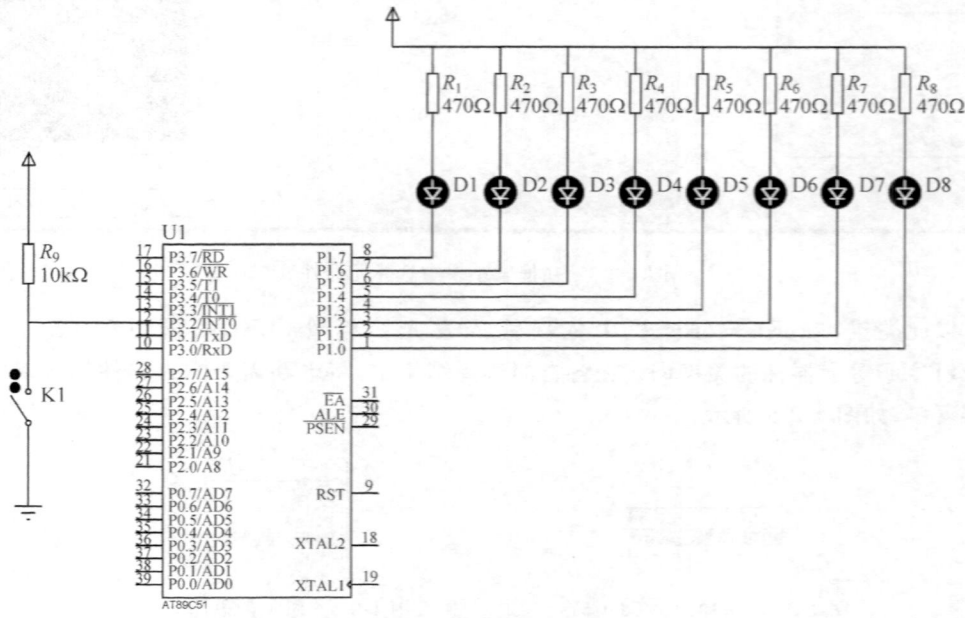

图 1-2-1　流水灯控制电路

二、Proteus 绘制电路原理图

1. 将电路所需元器件加入对象选择器窗口（Picking Components into the Schematic）

单击对象选择器按钮 P，如图 1-2-2 所示，弹出 Pick Devices 页面。在 Keywords 栏输入"AT89C51"，系统在对象库中搜索、查找，将结果显示在 Results 栏中，如图 1-2-3 所示。

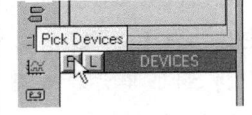

图 1-2-2　打开元器件搜索窗口

在 Results 栏的列表项中双击"AT89C51"，将其添加至对象选择器窗口，如图 1-2-4 所示。

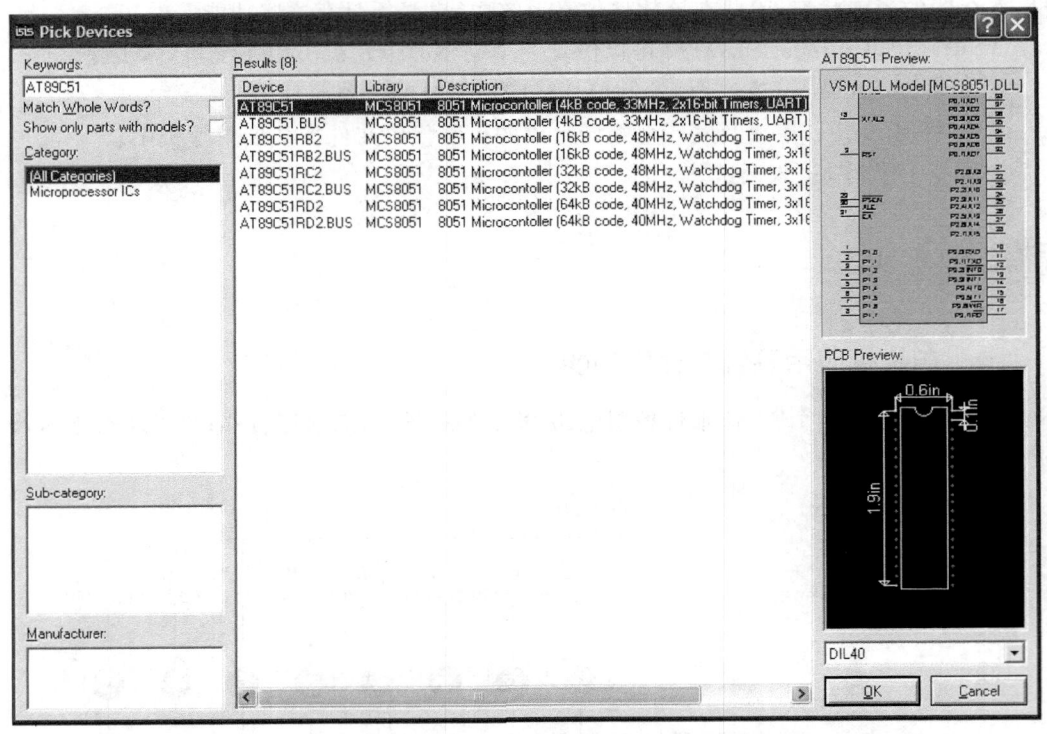

图 1-2-3　在搜索结果中选择元器件

以此类推，在 Keywords 栏中依次输入发光二极管（LED）、电阻（RES）、开关（SWITCH）等元器件的关键词。在各自的选择结果中，将电路需要的元器件加入对象选择器窗口，如图 1-2-5 所示。

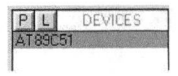

图 1-2-4　添加的 AT89C51

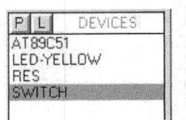

图 1-2-5　添加的电路元器件

特别提示：若电路仅用于仿真，可不绘制单片机复位、时钟电路。

2. 放置元器件至图形编辑窗口（Placing Components onto the Schematic）

在对象选择器窗口中，选中"AT89C51"，预览窗口中将显示该元器件的图形，如图 1-2-6 所示。单击左侧工具栏中的电路元器件方向按钮，可改变元器件的方向，如图 1-2-7 所示，从上到下，依次为顺时针旋转 90°、逆时针旋转 90°、自由角度旋转（在方框中输入角度数后，按回车键）、左右对称翻转、上下对称翻转。

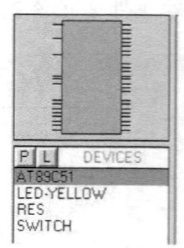

图 1-2-6　元器件的浏览窗口　　　　　　　　图 1-2-7　调整元器件方向

将鼠标置于图形编辑窗口任意位置单击，在鼠标位置即出现该元器件对象；将鼠标移动（元器件对象跟随鼠标移动）到该对象欲放置的位置，再单击，对象即被放置。同理，将 LED、RES 和其他元器件放置到图形编辑窗口中，如图 1-2-8 所示。

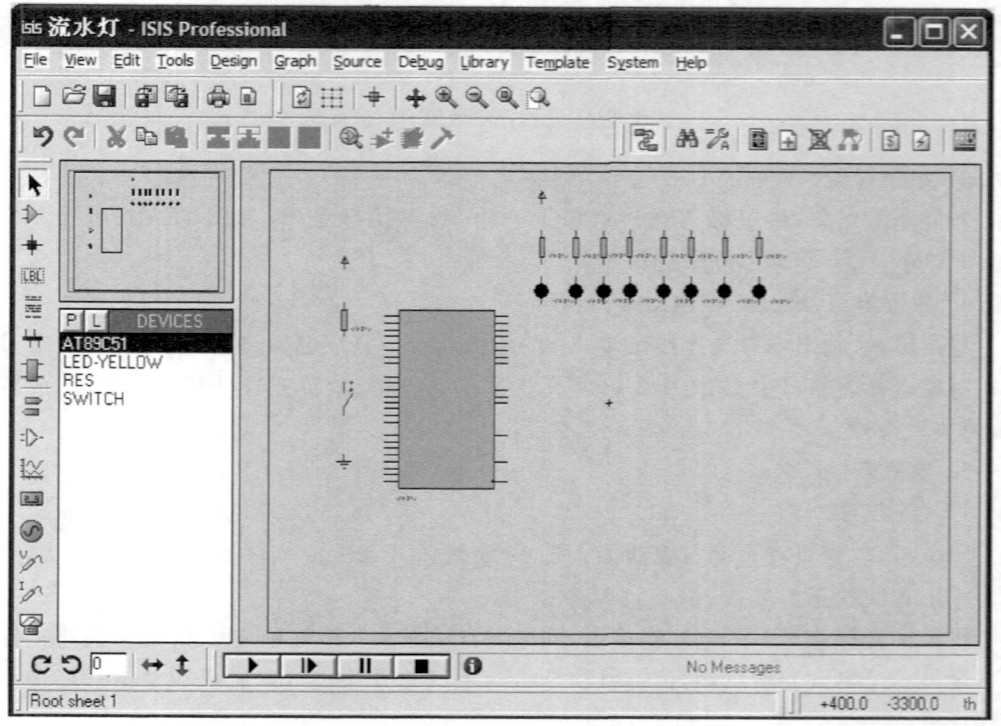

图 1-2-8　放置元器件

3. 编辑图形

1）移动元器件对象

若元器件对象位置需要移动，将鼠标移到该对象上单击，其颜色变为红色，表明被选中；拖动鼠标，将其移至新位置后松开鼠标，完成移动操作。

2）编辑元器件属性

若要修改元器件属性，将鼠标移到该对象上双击，弹出元件属性编辑对话框。图 1-2-9 所示为 AT89C51 单片机的元器件属性编辑对话框，根据元件属性要求修改后，确定即可。

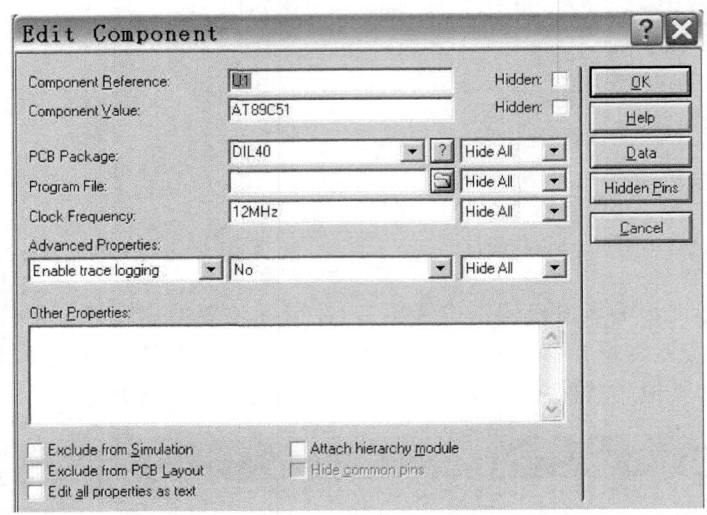

图 1-2-9　元器件属性编辑对话框

3）删除对象

若要删除对象，将鼠标移到该对象上右击，弹出快捷菜单，如图 1-2-10 所示。单击 Delete Object 选项，即删除所选对象。

4. 放置电源、地、输入/输出端口符号

单击输入/输出端口选择按钮 ，有关输入/输出端口、电源、公共地等的电气符号出现在对象选择器窗口中，如图 1-2-11 所示。采用与选择、放置元器件相同的方法，放置电源、公共地符号。

5. 电气连接

1）直接连接

Proteus 软件具有自动布线功能。选中 按钮，Proteus 软件处于自动布线状态，否则为手工布线状态。

将鼠标光标移至一个电气连接点，到位后自动显示一个红色方块，单击；再将鼠标光标移至另一个电气连接点，到位也自动显示一个红色方块，单击，完成两个电气连接点的电气连接。

2）通过网络标号连接

当两个电气连接点相隔较远，且中间夹有其他元器件，不便直接连接时，建议采用通

过网络标号的方法实现电气连接。

（1）放置电气连接点：选中工具栏中的 ╋ 按钮，在元器件电气连接点同方向的一定距离处单击，出现一个活动的圆点，将其移到位后单击，即可放置电气连接点，如图 1-2-12 所示。

（2）元器件引脚延伸：采用直接连线的方法，将放置的电气连接点与元器件自身的电气连接点相连，如图 1-2-13 所示。

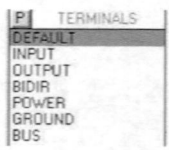

图 1-2-11　电源、地、输入/输出端口符号

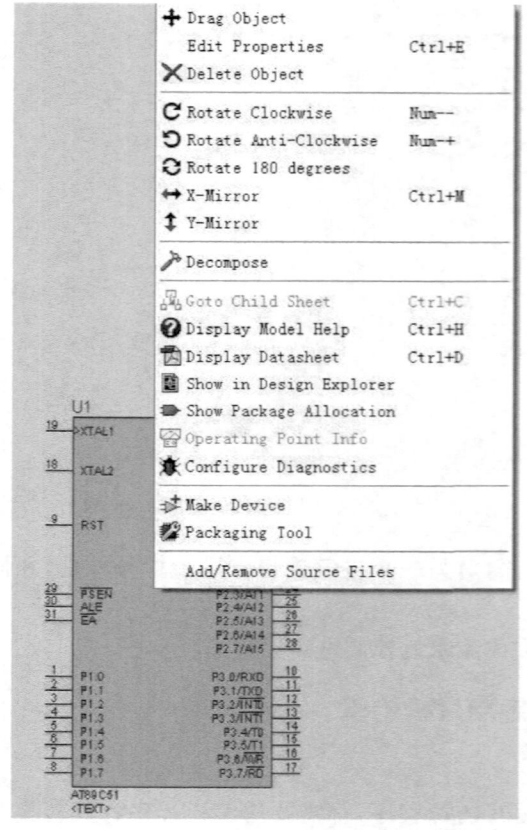

图 1-2-10　鼠标右键快捷菜单

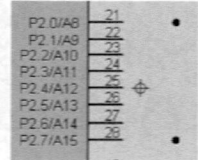

图 1-2-12　放置电气连接点

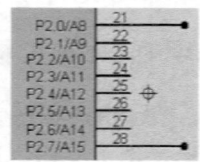

图 1-2-13　引脚线延伸

（3）添加网络标号：将鼠标移至欲加网络标号的线段，右击，弹出快捷菜单，如图 1-2-14 所示。

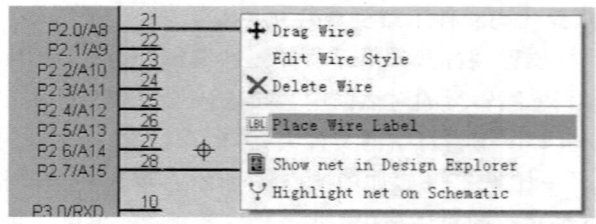

图 1-2-14　添加网络标号的快捷菜单

在图 1-2-14 所示的快捷菜单中选择 Place Wire Label 选项，弹出网络标号编辑框。在 String 编辑框输入网络标号（如 A1、A2），如图 1-2-15 所示，单击 OK 按钮，完成网络标号的设置。设置的网络标号（如 A1、A2）如图 1-2-16 所示。

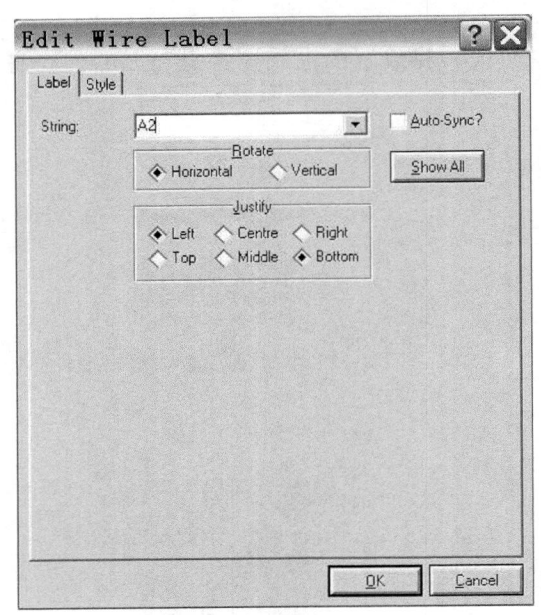

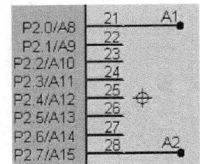

图 1-2-15　网络标号编辑对话框　　　　图 1-2-16　设置好的网络标号（A1、A2）

（4）通过网络标号连接：采用相同的方法，对另一个电气连接点进行标号处理，相同标号的线段即实现电气连接。

按图 1-2-1 所示电路图进行电气连接，完成流水灯控制电路原理图。

三、利用 Proteus 模拟仿真软件实施单片机仿真

1. 编辑、编译用户程序

对于不论是用汇编语言还是用 C 语言编写的源程序，都需要用编译程序将其转换为单片机认识的机器代码（二进制代码）程序。Keil C 集成开发环境集输入、编辑、编译与调试于一体，是目前最常用的开发工具。Keil C 集成开发环境的使用方法将在项目二的任务 2 中详细讨论。在本任务中，直接使用已编译的用户程序代码程序项目一任务 2.hex。

注：程序项目一任务 2.hex 在随书光盘中。

2. 将用户程序机器代码文件下载到单片机中

将鼠标移到单片机位置，右击，弹出元器件属性编辑对话框，如图 1-2-9 所示。

（1）在 Program File 编辑行的对话框中直接输入要下载文件所在的路径与文件名。

（2）单击 Program File 编辑行中的文件夹，弹出查找、选择文件的对话框。找到要下载的程序文件，即项目一任务 2.hex，如图 1-2-17 所示。单击"打开"按钮，所选程序文件出现在 Program File 编辑行的对话框中，如图 1-2-18 所示；再单击单片机属性编辑框中的 OK 按钮，完成程序下载工作。

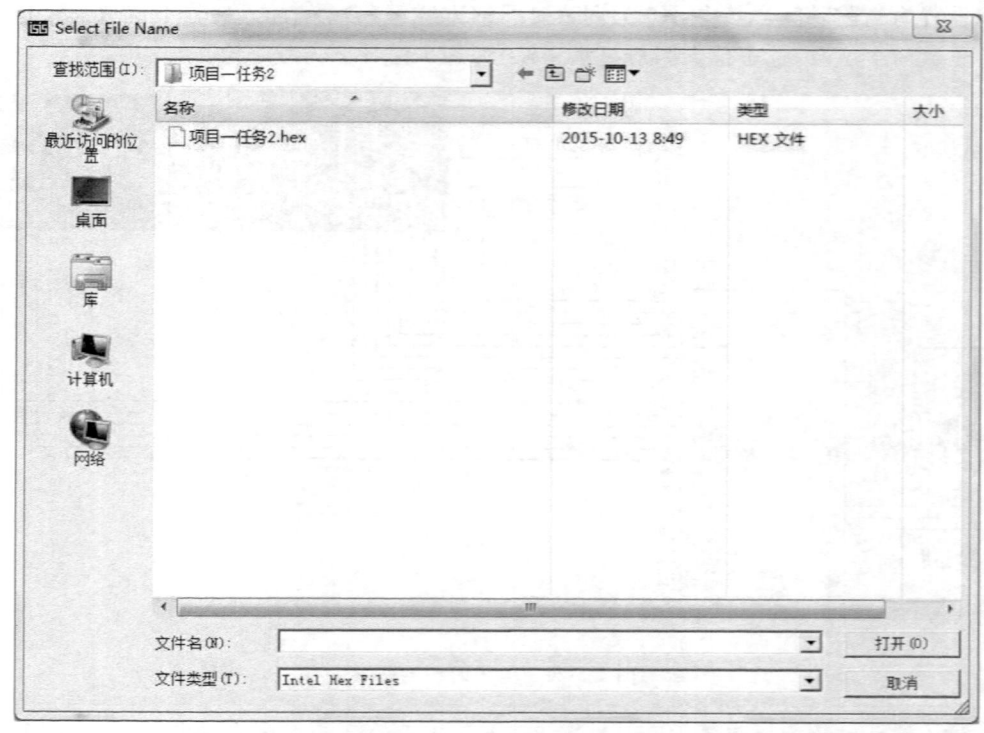

图 1-2-17 选择要下载的程序文件

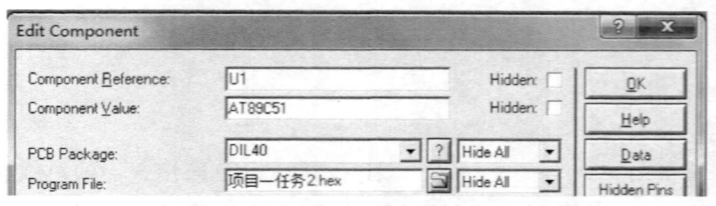

图 1-2-18 单片机属性编辑框(查看下载的程序文件)

3. 模拟调试

单击窗口左下方模拟调试按钮的运行按钮,Proteus 进入调试状态。调试按钮如图 1-2-19 所示,从左至右依次为全速运行、单步运行、暂停、停止。

(1)合上 K1,观察 LED 灯的点亮情况。

(2)断开 K1,观察 LED 灯的点亮情况。

(3)归纳、总结流水灯功能与预期程序功能是否一致。

图 1-2-19 调试按钮

任务拓展

电子时钟的仿真调试。图 1-2-20 所示为电子时钟的硬件电路,用 Proteus 绘制电路,并加载电子时钟程序(项目一任务 2 拓展.hex)。运行程序,观察电子时钟,并将电子时钟时间设置为当前时间。其中,K0 为调节时间的方式键(含秒十位数、分十位数与个位数、时十位数与个位数,选中位会闪烁显示),K1 为加 1 键,K2 为减 1 键。

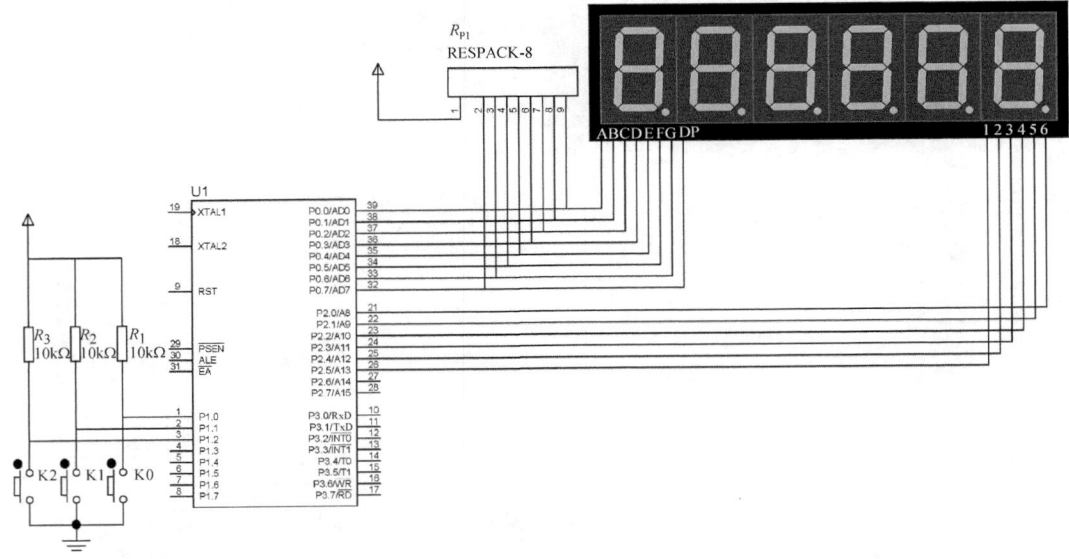

图 1-2-20 电子时钟电路图

注:排电阻的关键词是 RESPACK-8,LED 数码管显示器的关键词是 7SEG-MPX6-CC,按键的关键词是 BUTTON。项目一任务 2 拓展.hex 程序在随书光盘中。

习   题

一、填空题

1. 微型计算机由_____、_____、I/O 接口以及连接它们的总线组成。

2. 微型计算机的 CPU 通过地址总线、数据总线、控制总线与外围电路连接与访问的。其中,地址总线用于_____,地址总线的数据量决定_____;数据总线用于_____,数据总线的数量决定_____;控制总线用于_____。

3. I/O 接口的作用是_____。

4. 按存储性质,微型计算机存储器分为_____和数据存储器两种类型。

5. 16 位 CPU 是指_____总线的位数为 16 位。

6. 若 CPU 地址总线的位数为 16,那么 CPU 的最大寻址能力为_____。

7. 微型计算机按照指令在程序存储中的存放顺序执行指令。在执行指令时,包含取指、_____、执行指令三个工作过程。

8. 微型计算机系统由微型计算机和_____组成。

二、选择题

1. 当 CPU 的数据总线位数为 8 时,标志着 CPU 一次交换数据能力为_____位。

A. 1 　　　　B. 4 　　　　C. 16 　　　　D. 8

2. 当 CPU 地址总线为 8 位时,标志着 CPU 的最大寻址能力为_____B。

A. 8 　　　　B. 16 　　　　C. 256 　　　　D. 64K

3. 微型计算机程序存储器空间一般由_____构成。

A. 只读存储器 　　　　　　　　B. 随时存取存储器

4. 微型计算机数据存储器空间一般由_____构成。

A. 只读存储器 　　　　　　　　B. 随时存取存储器

三、判断题

1. 键盘是微型计算机的基本组成部分。　　　　　　　　　　　　　　( )

2. I/O 接口是微型计算机的核心部分。　　　　　　　　　　　　　　( )

3. I/O 接口是 CPU 与 I/O 设备间的连接桥梁。　　　　　　　　　　( )

4. CPU 是通过寻址的方式访问存储器或 I/O 设备的。　　　　　　　( )

5. 单片机是微型计算机中一个重要的发展分支。　　　　　　　　　　( )

6. 不论是 8 位单片机,还是 32 位 ARM,都属于嵌入式微控制器。　( )

7. 随机存取存储器(RAM)的存储信息,在断电后不会消失。　　　　( )

8. 只读存储器(ROM)的存储信息,断电后不会丢失。　　　　　　　( )

四、问答题

1. Proteus 软件包含哪些功能?

2. 在 Proteus 工作界面,如何建立自己的元器件库? 在绘图中,如何调整元器件的放置方向?

3. 在 Proteus 工作界面,如何将元器件放置在画布中? 如何移动元器件以及设置元器件的工作参数?

4. 如何绘制元器件间电气连接点的连线? 如何在画布空白区放置电气连接点?

5. 如何给电气接连接点设置网络标号? 如何通过网络标号实现元器件间的电气连接?

6. 描述 Proteus 软件实现单片机应用系统虚拟仿真的工作流程。

7. 利用 Proteus 软件绘图时,如何调用电源、公共地、输入/输出端口符号?

8. 查找资料,自学画总线以及标注网络标号。

单片机应用系统的开发工具

本项目要达到的目标包括三个方面：一是让读者认识与理解通用单片机应用系统开发板常用电路模块的电路结构与作用；二是了解单片机应用系统的开发流程，学会用Keil C 集成开发环境输入、编辑、编译与调试用户程序；三是学会用 STC-ISP 在线编程软件进行在线编程与在线仿真。

知识点：
- ◆ 单片机应用系统开发板常用电路模块的电路结构与作用。
- ◆ Keil C 集成开发环境的基本功能。
- ◆ STC-ISP 在线编程软件的基本功能。
- ◆ Keil C 集成开发环境与 IAP15W4K58S4 单片机在线仿真的基本设置。

技能点：
- ◆ 阅读电路图，编制电子工艺文件、测试电子元器件，电子焊接与电路测试。
- ◆ 应用 Keil C 集成开发环境输入、编辑、编译与调试单片机应用程序。
- ◆ 应用 STC-ISP 在线编程软件将用户程序下载到单片机中。
- ◆ 应用 STC-ISP 在线编程软件进行在线仿真。

任务 1　单片机应用系统的硬件开发平台

 任务说明

GQDJL-Ⅱ型单片机开发板是我们"单片机应用系统与开发技术"课程组在 GQDJL 型单片机开发板基础上研制的升级版。它保持了全开放式的结构，升级了 MCU；通过跳线设置，可兼容 STC 全系列 MCU。

GQDJL-Ⅱ型单片机开发板包括单片机最小系统、ISP 在线编程模块、简单键盘与矩阵键盘模块、单次脉冲电路、独立 LED 模块、数码 LED 模块、A/D 转换模块、日历时钟 I²C 串行总线模块、E²PROM 存储器模块、DS18B20 单总线模块、放大器模块、红外发射与接收模

块、热敏传感模块、光敏传感模块、低通滤波模块、D触发器模块等；还配置了 DIP40 活动式插座，可以很方便地扩展外围器件接口；并专门配置了扩展槽，以便外接电路板模块（比如 1602 字符型 LCD 显示器、12864 图形 LCD 显示器）。该开发板的自身资源可完成基本接口电路的实验实训；利用扩展座或扩展槽，可完成各种新型器件的实验实训，以及构成完整的电子系统。通过对 GQDJL-Ⅱ型单片机开发板布局与各模块接口电路的分析，应了解 GQDJL-Ⅱ型单片机开发板的结构与各模块电路的功能特性与连接方法。

　　本任务主要是识图，包括 PCB 顶层图、SCH 图。通过读图与分析，掌握各模块电路的功能特性，熟悉开发板，以及单片机应用系统硬件开发平台的焊接与测试。

 相关知识

一、GQDJL-Ⅱ型单片机开发板的布局

　　图 2-1-1 所示为 GQDJL-Ⅱ型单片机开发板的布局图，图 2-1-2 所示为 GQDJL-Ⅱ型单片机开发板的实物照片。

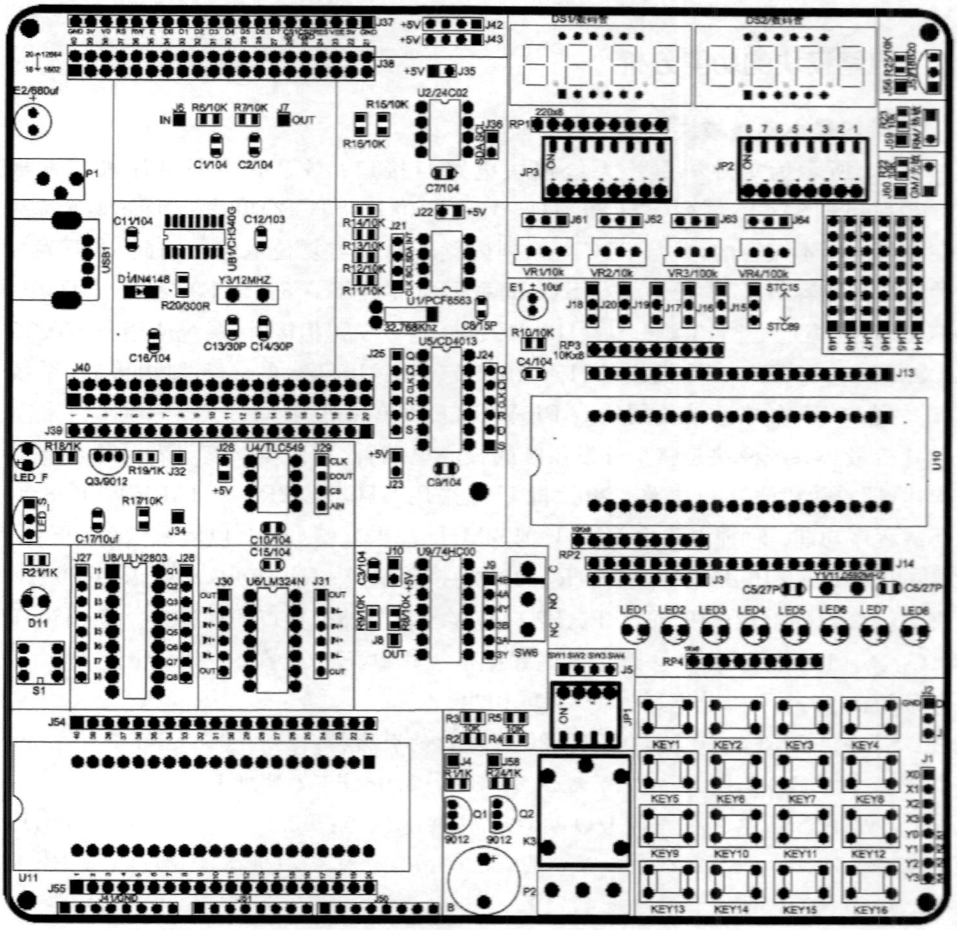

图 2-1-1　GQDJL-Ⅱ型单片机开发板的布局图

图 2-1-2　GQDJL-Ⅱ型单片机开发板实物照片

二、电路模块的功能分析

1. 单片机最小系统模块

图 2-1-3 所示为单片机最小系统模块电路与接口。GQDJL-Ⅱ型单片机开发板兼容 STC15 系列和非 STC15 系列(STC89、STC90、STC10/11、STC12)单片机,而这两个系列的单片机在引脚上是不兼容的,并且 STC15 系列内置了时钟与复位电路。因此,本开发板采用跳线的方式来兼容 STC15 系列和非 STC15 系列单片机(STC89/STC90 系列、STC10/11 系列、STC12 系列等)。当 J15、J16、J17、J18、J19、J20 的 2、3 脚相接时,系统使用非 STC15 系列 MCU,如 STC89C52RC 单片机;当 J15、J16、J17、J18、J19、J20 的 2、1 脚相接时,系统使用 STC15 系列 MCU,如本系统使用的 IAP15W4K58S4 单片机。

单片机最小系统模块是整个开发系统的核心电路,此后的实验实训都是围绕单片机模块来构建,即单片机+接口电路。单片机 U10 采用 STC89C52RC 或 IAP15W4K58S4,具有在线下载程序功能;时钟电路由 Y1(11.0592MHz 晶振)、C_5(27pF 电容)、C_6(27pF 电容)组成;复位电路由 E_1(10μF 电解电容)、R_{10}(10kΩ)按键组成;R_{P2}(10kΩ×8)、R_{P3}(10kΩ×8)为单片机 P0、P2 口的上拉电阻,便于 P0、P2 口直接与各类外围接口器件连接。E_2(680μF 电解电容)、C_{16}、C_4(104 电容)用于去耦以及高频振荡。其中,E_2、C_{16} 在图 2-1-5 中。

单片机的 40 个引脚分别通过 J13、J14 引出。

注:STC89C52RC 单片机 P0、P1、P2、P3 端口的引脚排列为:P0.0～P0.7 对应 39～32,P1.0～P1.7 对应 1～8,P2.0～P2.7 对应 21～28,P3.0～P3.7 对应 10～17。

IAP15W4K58S4 单片机并行 I/O 端口的引脚排列为:P0.0～P0.7 对应 1～8,P1.0～P1.7 对应 9～16,P2.0～P2.7 对应 32～39,P3.0～P3.7 对应 21～28,P4.1、P4.2、P4.4、P4.5 对应 29、30、31、40,P5.4、P5.5 对应 17、19。

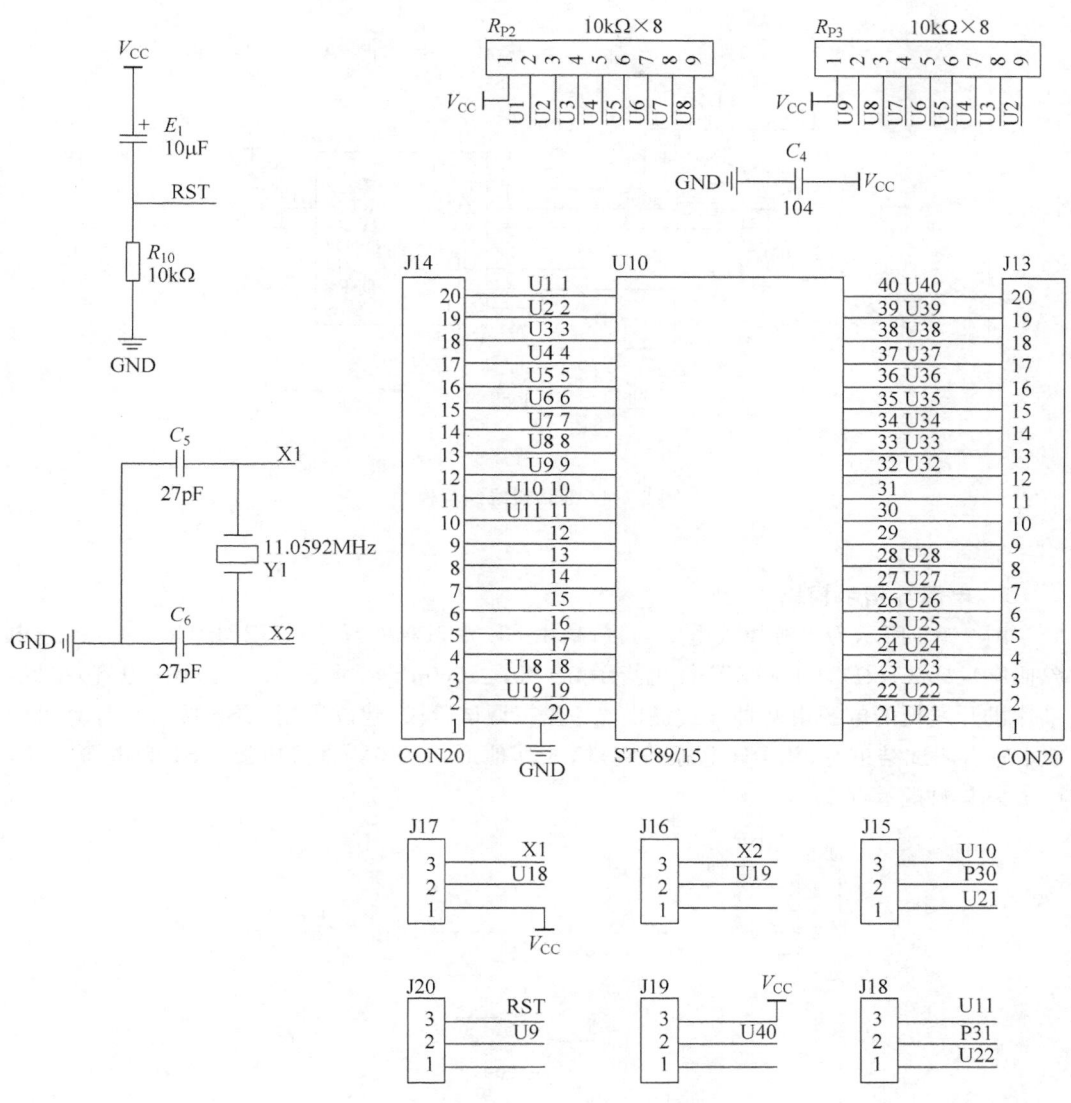

图 2-1-3　单片机最小系统模块

2. ISP 在线编程模块

图 2-1-4 所示为 ISP 在线编程模块,由 UB1(CH340G)、Y3(12MHz 晶振)、C_{13}、C_{14}(30pF)、C_{11}(104 电容)、D1(1N4148)、R_{20}(300Ω)、C_{12}(103 电容)组成。CH340G 是 USB 与 TTL 串口信号转换芯片,通过网络标号 P30、P31 与 IAP15W4K58S4 单片机的 P3.0、P3.1 引脚相接,通过网络标号 U＋、U－与开发板的 USB 座相接,进而与 PC USB 接口相接。下载时,必须先安装 USB 模拟串口驱动程序,获取 USB 模拟串口的串口号;然后应用 STC-ISP 在线编程软件,按取得的串口完成程序下载。

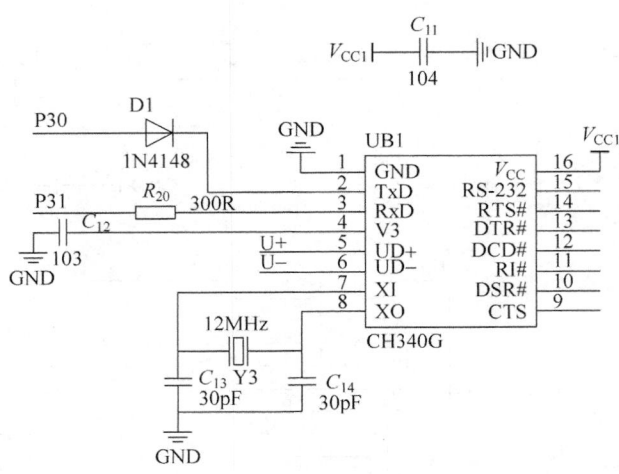

图 2-1-4　ISP 在线编程模块

3. 电源与指示模块

图 2-1-5 所示为电源模块电路与接口,由 S1(双刀双掷开关)、USB1(USB 座)、P1(电源插座)、R_{21}(1kΩ)、D11(LED 红色指示灯)和 E_2(680μF 电解电容)、C_{16}(104 电容)组成。单片机开发板的电源由两种方式提供:一般在调试阶段,建议采用 USB 接口从计算机中获取;当调试结束时,从 P1(电源插座)输入其他形式的 5V 直流电源。S1 为电源开关,D11 为电源指示灯。

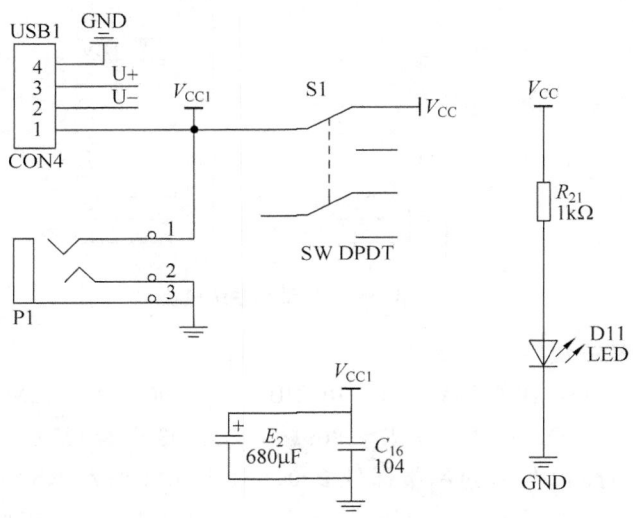

图 2-1-5　电源模块电路与接口

4. LED 灯模块

图 2-1-6 所示为 LED 灯模块电路与接口,共有 8 个独立的 LED 灯(LED1~LED8)显示电路。R_{P4}(1kΩ×8)排阻为 LED 灯的限流电阻;LED1~LED8 灯的驱动信号从 J3 的

1～8 插针输入,用于显示单片机应用系统的工作状态或输出数据。

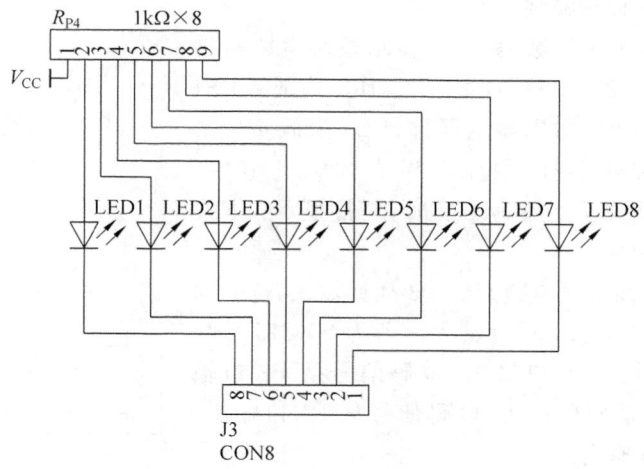

图 2-1-6　LED 灯模块电路与接口

注:LED 灯是低电平驱动,即输入低电平时灯亮,输入高电平时灯灭。

5. 键盘模块(含简单键盘与矩阵键盘)

图 2-1-7 所示为键盘模块电路与接口,由 KEY1～KEY16、J1、J2 组成。

当 J2 的 2、1 脚短接时,为简单键盘,J1 的 5、6、7、8 引脚分别用于输出 KEY1、KEY2、KEY3、KEY4 的按键信号;当 J2 的 2、3 脚短接时,为矩阵键盘,J1 的 5、6、7、8 引脚输出矩阵键盘的列信号,J2 的 1、2、3、4 引脚输出矩阵键盘的行信号。

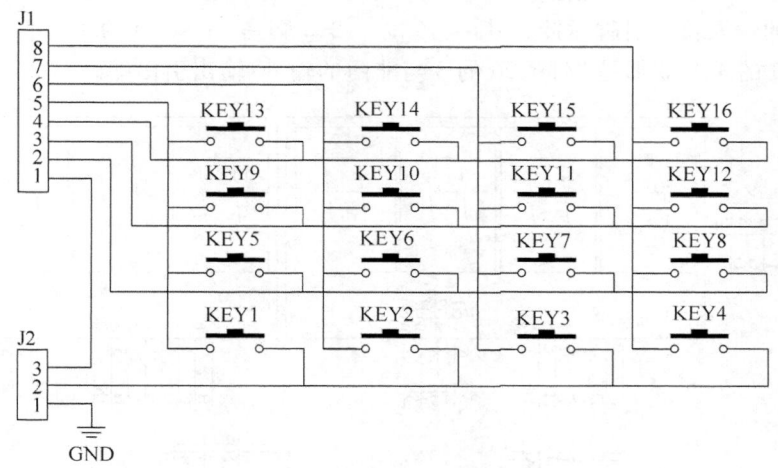

图 2-1-7　键盘模块电路与接口

6. 开关量输出模块

图 2-1-8 所示为开关量输出模块电路与接口,共有 4 个独立开关电路。R_2 与 SW1、R_3 与 SW2、R_4 与 SW3、R_5 与 SW4 构成 4 路开关信号,从 J5 插针输出,用于向单片机输入开关信号,起到传输命令或数据的目的。

注：SW1、SW2、SW3、SW4 通过一个 4 位的拨码开关实现。

7. 数码 LED 显示模块

图 2-1-9 所示为 8 位数码 LED 显示模块电路与接口，由 R_{P1}（220Ω×8）、DS1、DS2、JP2、JP3 构成。DS1 为高 4 位共阴极 LED 数码显示器件，DS2 为低 4 位共阴极 LED 数码显示器件，限流电阻为 220Ω。其中，JP2、JP3 为拨码开关。上拨为 ON 时，正常显示；下拨为 OFF 时，关闭显示。

段驱动信号（高电平有效）从 JP3 插针输入，位驱动信号（低电平有效）从 JP2 插针输入。若为 STC15 系列单片机，段码信号从 P0 口输出，位码信号从 P2 口输出；若为 STC89 系列单片机，段码信号从 P1 口输出，位码信号从 P0 口输出。

数码 LED 显示内容较丰富，主要用于显示十进制数码或其他英文字母。

8. 单次脉冲模块

图 2-1-10 所示为单次脉冲模块电路与接口，由 U9（74HC00）、R_8（10kΩ）、R_9（10kΩ）、SW6 和 J8、J9、J10

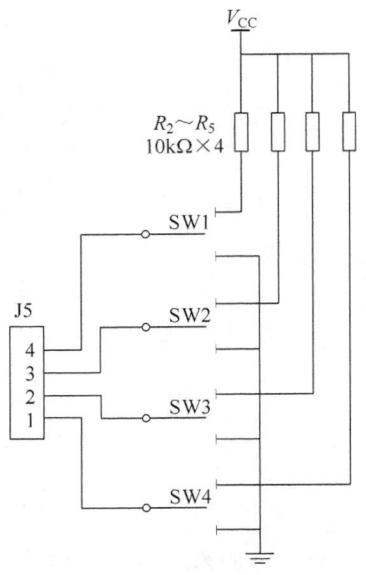

图 2-1-8　开关量输出模块电路与接口

构成。单次脉冲发生器是由 74HC00（4-2 输入与非门）中的 1、2 与非门电路构成的双稳态触发器，SW6 是触发开关，每按一次，J8 插针输出一个脉冲。J10 用于提供 74HC00 的工作电源，当 J10 的 1、2 脚短接时，74HC00 得电工作，否则不得电。J9 是 74HC00 中的 3、4 与非门的输入输出引脚插针。其中，J9 的 1、2、3 脚是 74HC00 的 4 与非门的输入/输出引出端，J9 的 4、5、6 脚是 74HC00 的 3 与非门的输入/输出引出端。

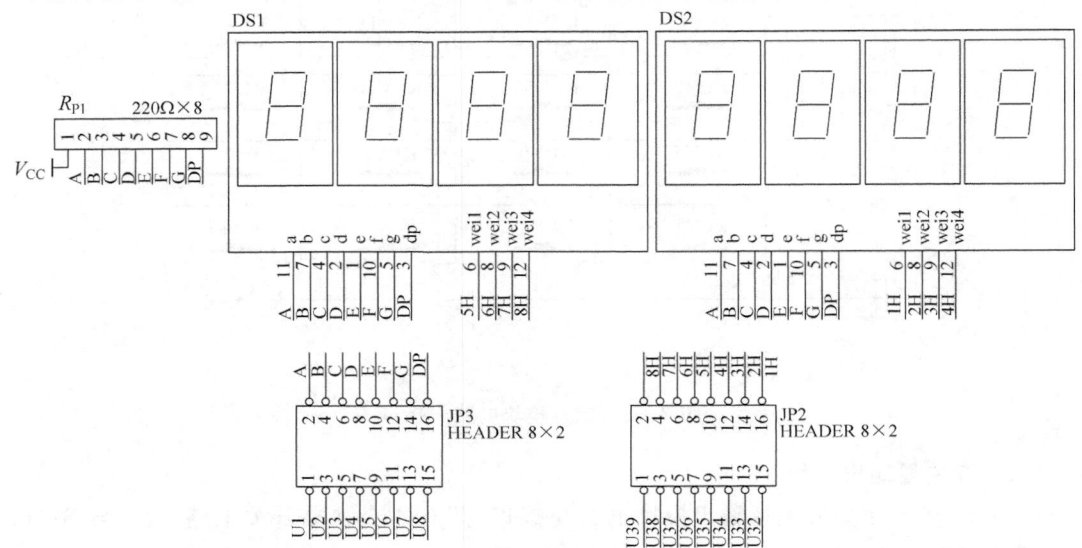

图 2-1-9　8 位数码 LED 显示模块电路与接口

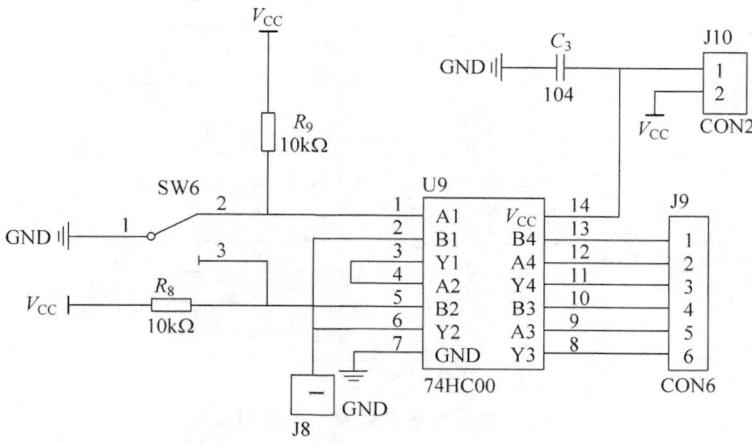

图 2-1-10　单次脉冲模块电路与接口

9. 放大器模块

图 2-1-11 所示为放大器模块电路与接口,由 U6(LM324)、C_{15}(104 电容)、J30、J31 构成。LM324 是 4 运放集成电路,J30 的 1、2、3 脚插针,J30 的 6、5、4 脚插针,J31 的 1、2、3 脚插针,J31 的 6、5、4 脚插针分别是 LM324 中 4 个运放的输出端、反相输入端与同相输入端。

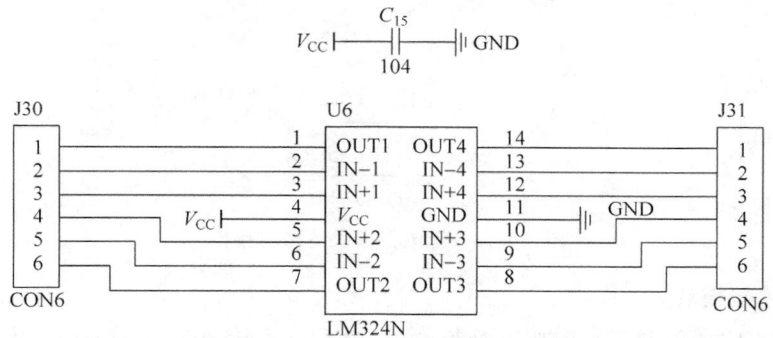

图 2-1-11　放大器模块电路与接口

放大器模块可灵活地配上放大器反馈电阻和输入电阻,构成不同放大倍数的放大器,用于对微弱模拟电压信号进行放大。同样,也可以配上其他元件(如电容),构成微分、积分电路或振荡电路,也可用作比较器等。

10. D 触发器模块

图 2-1-12 所示为 D 触发器模块电路与接口,由 U5(4013)、C_9(104 电容)、J23、J24 和 J25 构成。CD4013 为双 D 触发器的集成电路,D 触发器 1 的各引脚由 J25 插针引出,D 触发器 2 的各引脚由 J24 插针引出,J23 用于接通 CD4013 的工作电源,J23 的 1、2 脚插针短接时工作。

D 触发器模块主要用于构建分频器。比如,当 IAP15W4K58S4 单片机的主频输出为 2MHz 时,若需要 500kHz 信号,通过用 D 触发器构成的 4 分频器分频得到。

11. 继电器模块

图 2-1-13 所示为继电器模块电路与接口,由 Q2(PNP 小功率管)、K3(继电器)、R_{24}

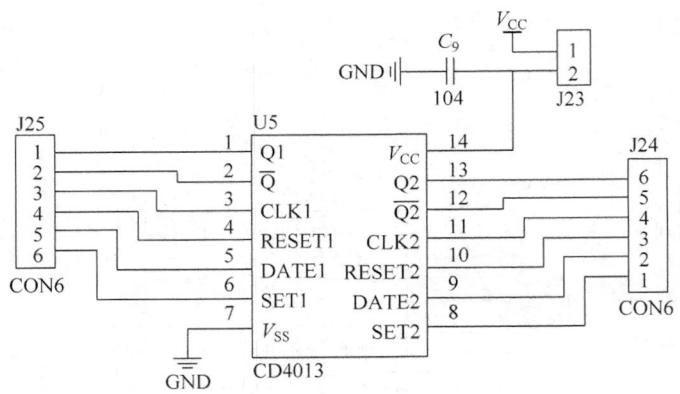

图 2-1-12　D 触发器模块电路与接口

（1kΩ）、P2（3 位接线座）和 J58 构成。K3 为 5V 小型继电器，P2 为 K3 继电器常闭、常开开关触点的输出接线座，可作为交、直流开关使用。

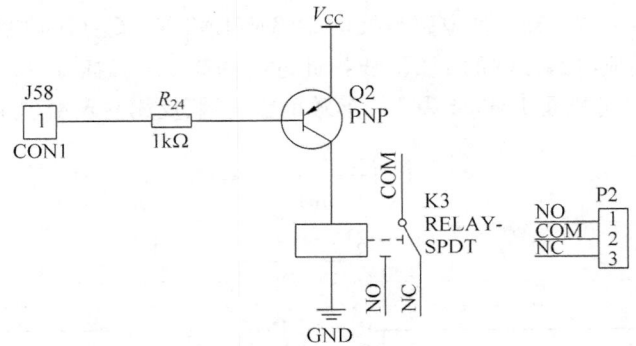

图 2-1-13　继电器模块电路与接口

12. 蜂鸣器模块

图 2-1-14 所示为蜂鸣器模块电路与接口，由 Q1（PNP 小功率管）、B（5V 蜂鸣器）、R_1（1kΩ）和 J4 构成。B 为 5V 直流蜂鸣器，J4 插针用于接驱动电平，低电平驱动。

蜂鸣器模块电路用于单片机应用系统的声音报警。

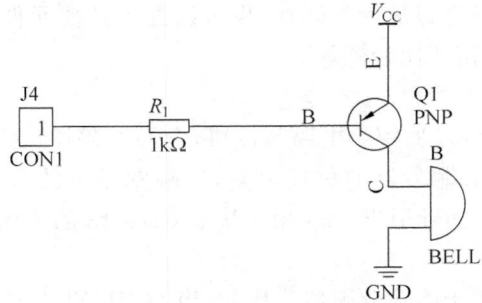

图 2-1-14　蜂鸣器模块电路与接口

13. 红外发射与接收模块

图 2-1-15 所示为红外发射与接收模块电路与接口，由 Q3（9012）、R_{18}（1kΩ）、R_{19}

（1kΩ）、LED_F（红外发射头）和 J32 组成红外发射电路。当 J32 输入低电平时,发射红外信号；由 LED_S（红外接收头）、R_{17}（1kΩ）、C_{17}（10μF）和 J34 组成红外接收电路；J34 用于输出红外接收信号。

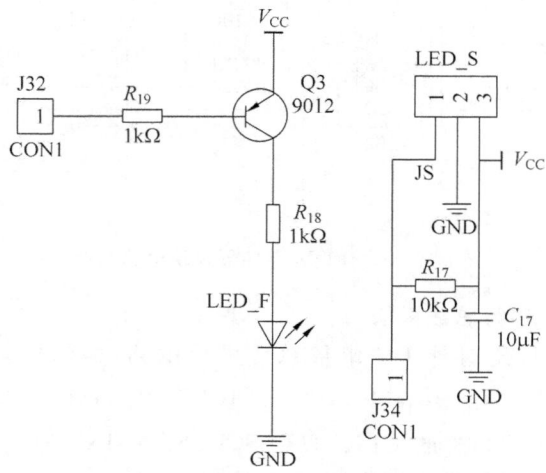

图 2-1-15　红外发射与接收模块电路与接口

14. A/D 转换模块

图 2-1-16 所示为 A/D 转换模块电路与接口,由 U4（TLC549）、C_{10}（104）、J28 和 J29 构成。TLC549 是串行 8 位 A/D 转换集成电路,模拟电压从 J29 的 4 脚输入,串行数字量从 J29 的 2 脚输出,串行移位脉冲从 J29 的 1 脚输入,J29 的 3 脚为片选端。J28 用于接通 TLC549 的工作电源,J28 的 1、2 脚插针短接时工作。

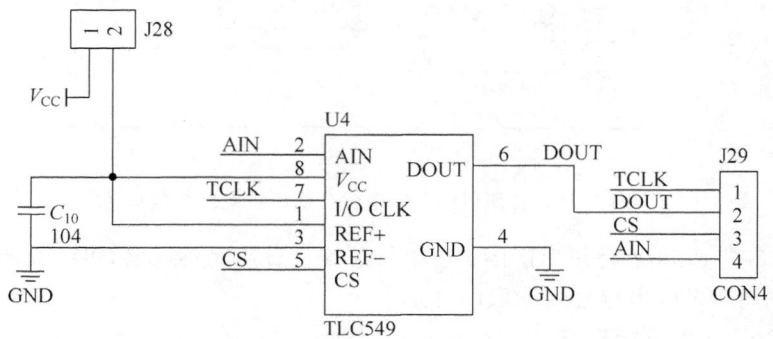

图 2-1-16　A/D 转换模块电路与接口

15. E^2PROM 存储器模块

图 2-1-17 所示为 E^2PROM 存储器模块电路与接口,由 U2（24C02）、R_{15}、R_{16}（10kΩ）、J35 和 J36 组成。J36 的 1、2 脚插针分别是 24C02 串行时钟 SCL、串行数据 SDA 的引出端,J35 用于接通 24C02 的工作电源,J35 的 1、2 脚插针短接时工作。

24C02 是 Atmel 公司生产的 I^2C 串行总线型 256 字节的 E^2PROM 存储器,用于存储单片机应用系统中既容易修改,断电后又不能丢失的工作参数。

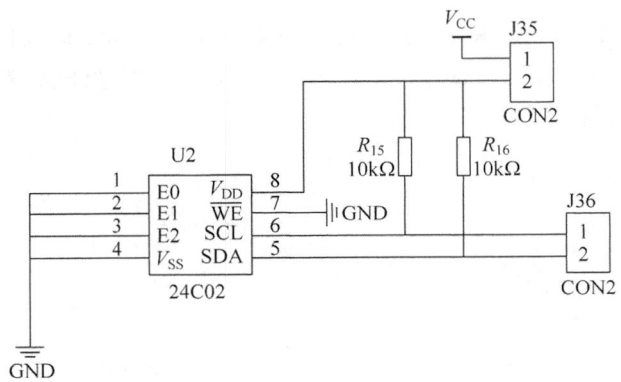

图 2-1-17　E^2PROM 存储器模块电路与接口

16. 日历时钟 I^2C 串行总线模块

图 2-1-18 所示为日历时钟 I^2C 串行总线模块电路与接口,由 U1(PCF8563)、Y2(32.768kHz)、C_8(15pF)、$R_{11}\sim R_{14}$(10kΩ)、C_7(104 电容)、J21 和 J22 组成。J21 的 1、2、3、4 脚插针分别是 PCF8563 的 CLKOUT、SCL、SDA、$\overline{INT}$ 的引出端,J22 用于接通 PCF8563 的工作电源,J22 的 1、2 脚插针短接时工作。

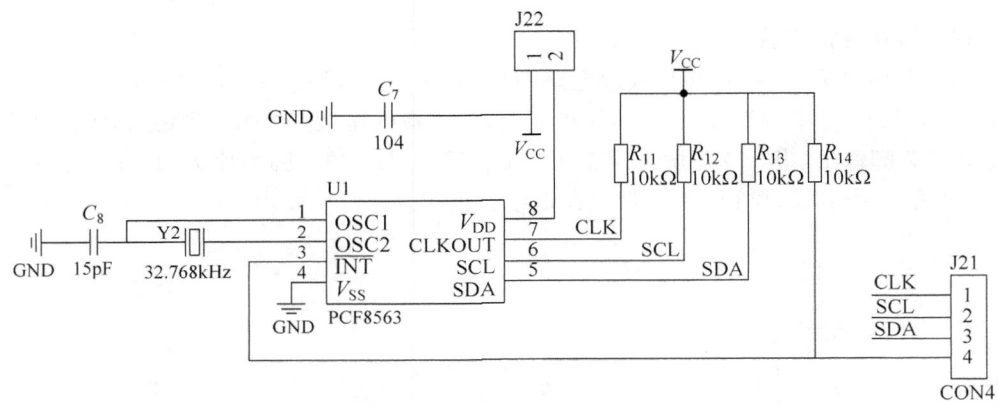

图 2-1-18　日历时钟 I^2C 串行总线模块电路与接口

PCF8563 是 Philips 公司生产的 I^2C 串行总线型日历时钟电路,可独立产生日历时钟信号,单片机通过 I^2C 串行总线读取即可。

17. DS18B20 单总线模块

图 2-1-19 所示为 DS18B20 单总线模块电路与接口,由 J57(外接 DS18B20)、R_{25}(10kΩ)和 J56 组成。DS18B20 是 Dallas 公司生产的单总线型数字温度计,能独立测温,并通过 A/D 转换,形成数字形式的温度数据。单片机通过串行单总线读取数据。

18. 电位器模块

图 2-1-20 所示为电位器模块电路与接口,由 VR1~VR4 和 J61~J64 组成,VR1、VR2 是 10kΩ 精密电位器;VR3、VR4 是 100kΩ 精密电位器;J61~J64 是 VR1~VR4 对应的输出插针,用于提供各种电阻阻值,比如用作集成运放的反馈电阻和输入电阻,或外接电源利用电阻分压原理形成可调直流输出电压。

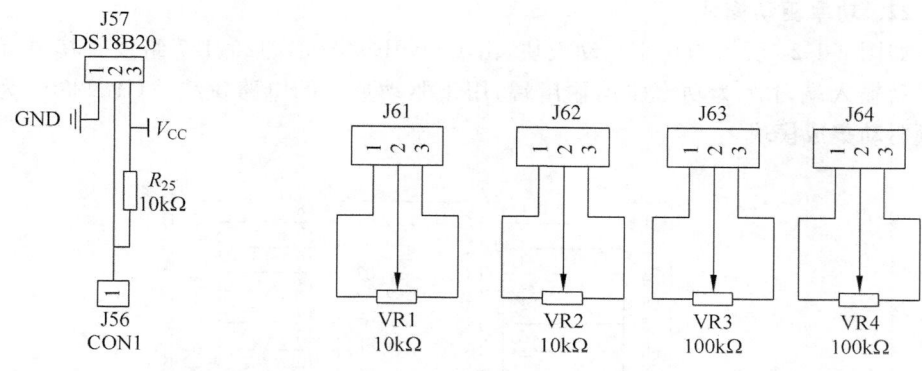

图 2-1-19　DS18B20 单总线　　　　图 2-1-20　电位器模块电路与接口
模块电路与接口

19. 热敏传感模块

图 2-1-21 所示为热敏传感模块电路与接口,由 RM(热敏电阻 5528)、R_{23}(10kΩ)、J59 构成。J59 用于输出热敏电阻转换后的电压信号。

20. 光敏传感模块

图 2-1-22 所示为光敏传感模块电路与接口,由 GM(光敏电阻 NTC = MF52AT/10kΩ)、R_{22}(10kΩ)、J60 构成。J60 用于输出光敏电阻转换后的电压信号。

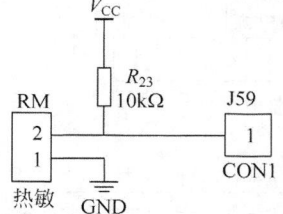 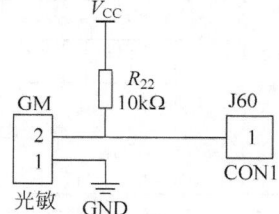

图 2-1-21　热敏传感模块电路与接口　　　图 2-1-22　光敏传感模块电路与接口

21. 低通滤波器模块

图 2-1-23 所示为低通滤波模块电路与接口,由 R_6(10kΩ)、R_7(10kΩ)、C_1(104 电容)、C_2(104 电容)和 J6、J7 构成。该模块用于对 PWM 信号进行低通滤波,实现 D/A 转换。J6 用于输入 PWM 信号(数字信号),J7 用于输出模拟信号。

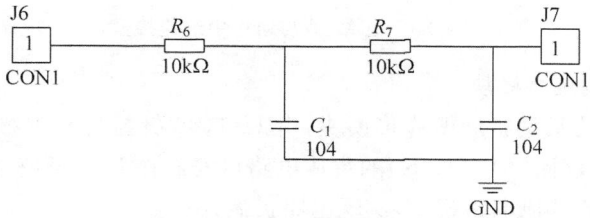

图 2-1-23　低通滤波器模块电路与接口

22．功率驱动模块

如图 2-1-24 所示为功率驱动模块，由 U8(ULN2803)、J26、J27 组成。其中，J27 为功率驱动输入端，J27 为功率驱动输出端，用于驱动更大的电路负载。ULN2803 为 8 路达林顿驱动集成模块。

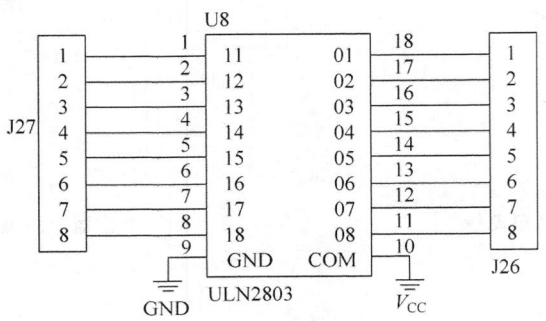

图 2-1-24　功率驱动模块

23．电源、地与通用中继连接模块

图 2-1-25 所示为电源、地与通用中继连接模块，由 J41～J51 组成。其中，J41 为地线连接插针，J42、J43 为电源线连接模块，J44～J51 插针为通用连接模块。

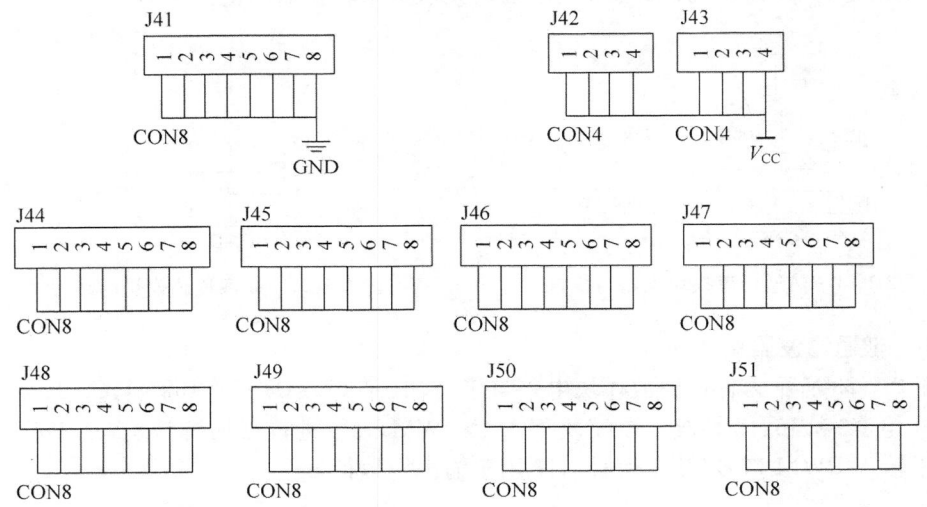

图 2-1-25　电源、地与通用中继连接模块

24．活动扩展槽连接模块

图 2-1-26 所示为活动扩展槽连接模块，由 U11(40 针拉杆扩展槽)、J54 和 J55 组成。单插(小于 20 针)或双插(40 针以下)的集成电路可安放在 U11 插座上，再通过 J54 或 J55 与单片机应用系统的其他电路相连，实现电路扩展。

25．电路扩展模块

图 2-1-27 所示为电路扩展模块，由 J37、J38 和 J39、J40 组成。其中，J37、J38 为一对，

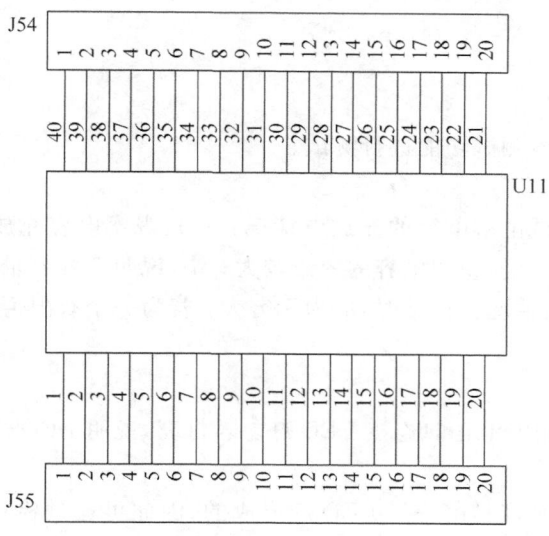

图 2-1-26　活动扩展槽连接模块

J38 为插座,J37 为与 J38 对应的连接插针;J39、J40 为一对,J40 为插座,J39 为与 J40 对应的连接插针。当需要外接扩展电路模块时,将外接扩展电路通过插针与 J38、J40 相接,再通过 J37、J39 与单片机应用系统电路相接,构成较复杂的电子系统。比如市场上的1602 字符型 LCD 模块、12864 图形 LCD 模块,就可将 LCD 模块安插在 J38 插座上,再通过 J37 与单片机应用系统相连,实现 LCD 显示。

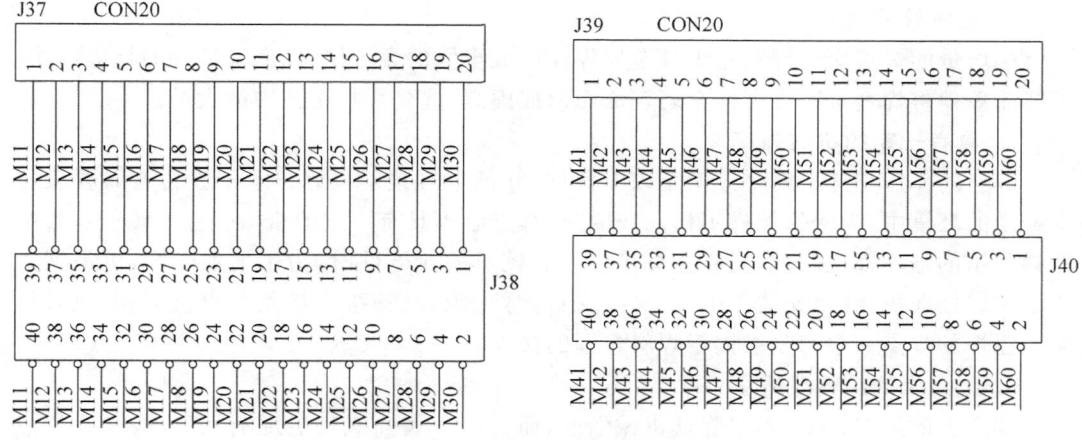

图 2-1-27　电路扩展模块

三、主要元器件的测试方法

1. 电阻
用万用表电阻挡检测电阻值是否与标称值相符。

2. 电位器
用万用表检测电位器的活动端与固定端的电阻,并旋转调节手柄,观察电阻是否能从

0 变化到标称值。

3．电容

1）小电容

用数字万用表电容测试功能进行测试。

2）电解电容

用机械万用表测试电解电容的充放电情况：一是观察电容充放电的快慢程度，它反映了电容容量的大小。慢，说明电容的容量较大；快，说明电容容量较小。二是观察充放电结束时，电容的电阻情况。正常时，应为无穷大；若为一个有限值，说明该电容漏电，电阻越小，漏电越严重。

4．LED 灯

可直接用 3V 纽扣电池正向连接 LED 灯。若灯亮，说明 LED 灯正常。

5．数码管

数码管的每一笔画都是由一只 LED 灯形成的，因此可通过检查 LED 灯的方法检查数码管每一段的显示情况。

6．蜂鸣器

可直接用 5V 电源接蜂鸣器的正、负极。若蜂鸣声洪亮，说明蜂鸣器正常。

7．继电器

用 5V 电源给继电器线圈通、断电，应能听到继电器中有触点跳动的声音。

四、焊点的质量要求

1．电气性能良好

高质量的焊点应是焊料与工件金属界面形成牢固的合金层，以保证良好的导电性能。不能简单地将焊料堆附在工件金属表面而形成虚焊，这是焊接工艺中的大忌。

2．具有一定的机械强度

焊点的作用是连接两个或两个以上器件，并使电气接触良好。电子设备有时要工作在振动的环境中，为使焊接件不松动或脱落，焊点必须具有一定的机械强度。锡铅焊料中的锡和铅的强度都比较低，有时在焊接较大和较重的元器件时，为了增加强度，可根据需要增加焊接面积，或将元器件引线、导线先行网绕、绞合、钩接在接点上再行焊接。所以，采用锡焊的焊点一般都是被锡铅焊料包围的接点。

3．焊点上的焊料要适量

焊点上的焊料过少，不仅降低机械强度，而且由于表面氧化层逐渐加深，会导致焊点早期失效；焊点上的焊料过多，既增加成本，又容易造成焊点桥连（短路），也会掩盖焊接缺陷。所以，焊点上的焊料要适量。印制电路板焊接时，焊料布满焊盘，且呈裙状展开时，最为适宜。

4．焊点表面应光亮且均匀

良好的焊点表面应光亮且色泽均匀。这主要是由助焊剂中未完全挥发的树脂成分形成的薄膜覆盖在焊点表面，能防止焊点表面氧化。如果使用了消光剂，则对焊点的光泽不做要求。

5. 焊点不应有毛刺、空隙

若焊点表面存在毛刺、空隙，不仅不美观，还会给电子产品带来危害，尤其在高压电路部分，将产生尖端放电而损坏电子设备。

6. 焊点表面必须清洁

对于焊点表面的污垢，尤其是焊剂的有害残留物质，如果不及时清除，酸性物质会腐蚀元件引线、接点及印刷电路，吸潮会造成漏电，甚至短路、燃烧，带来严重隐患。

五、锡焊的工艺要素

1. 工件金属材料应具有良好的可焊性

可焊性即可浸润性，是指在适当温度下，工件金属表面与焊料在助焊剂的作用下能形成良好的结合，生成合金层的性能。铜是导电性能良好且易于焊接的金属材料，常用元器件的引线、导线及接点等多数采用铜材料制成。金、银的可焊性好，但价格昂贵；铁、镍的可焊性较差。为提高可焊性，通常在铁、镍合金的表面先镀一层锡、铜、金或银等金属，以提高其可焊性。

2. 工件金属表面应洁净

工件金属表面如果存在氧化物或污垢，会严重影响焊料在界面上形成合金层，造成虚焊、假焊。轻度的氧化物或污垢可通过助焊剂来清除，较严重的要通过化学或机械的方法来清除。

3. 正确选用助焊剂

助焊剂是一种略带酸性的易熔物质，在焊接过程中可以熔解工件金属表面的氧化物和污垢，并提高焊料的流动性，有利于焊料浸润和扩散，在工件金属与焊料的界面形成牢固的合金层，保证焊点质量。助焊剂种类很多，效果也不一样。使用时，必须根据工件金属材料、焊点表面状况和焊接方式来选用。

4. 正确选用焊料

焊料的成分及性能与金属材料的可焊性、焊接的温度及时间、焊点的机械强度等相适应，焊接工艺中的焊料是锡铅合金，根据锡铅的比例及含有其他少量金属成分的不同，其焊接特性有所不同。应根据不同的要求正确选择焊料。

5. 控制焊接温度和时间

热能是进行焊接必不可少的条件。热能的作用是熔化焊料，提高工件金属温度，加速原子运动，使焊料浸润工件金属表面，扩散到工件金属界面的晶格中，形成合金层。温度过低，会造成虚焊；温度过高，会损坏元器件和印制电路板。合适的温度是保证焊点质量的重要因素。在手工焊接时，控制温度的关键是选用具有适当功率的电烙铁和掌握焊接时间。电烙铁功率较大，应适当缩短焊接时间；电烙铁功率较小，可适当延长焊接时间。根据焊接面积的大小，经过多次实践，才能把握好焊接工艺的这两个要素。焊接时间过短，会使温度太低；焊接时间过长，会使温度太高。一般情况下，焊接时间应不超过 3s。

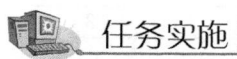 **任务实施**

一、熟悉 GQDJL-Ⅱ型单片机开发板元件清单

阅读表 2-1-1 所示 GQDJL-Ⅱ型单片机开发板元件清单，然后对照各模块电路，按照

表 2-1-2 所示格式汇总 GQDJL-Ⅱ型单片机开发板的元件清单。

表 2-1-1　GQDJL-Ⅱ型单片机开发板的元件清单

序号	名称（Comment）	元件号（Designator）	元件值（Value）	数量（Quantity）
1	电解电容	E_1	$10\mu F/16V/4\times7$	1
2	电解电容	E_2	$680\mu F/16V/8\times12$	1
3	可调电位器	VR3,VR4	$100k\Omega/3296$	2
4	可调电位器	VR1,VR2	$10k\Omega/3296$	2
5	0805 贴片电容	C_{13},C_{14}	30pF	2
6	0805 贴片电容	C_5,C_6	27pF	2
7	0805 贴片电容	C_{12}	$103(0.01\mu F)$	1
8	0805 贴片电容	C_1,C_2,C_3,C_4,C_7,C_9,C_{10},C_{11}, C_{15},C_{16}	$104(0.1\mu F)$	10
9	0805 贴片电容	C_{17}	$10\mu F$	1
10	0805 贴片电容	C_8	15pF	1
11	0805 贴片电阻	R_1,R_{18},R_{19},R_{21},R_{24}	$1k\Omega$	5
12	0805 贴片电阻	R_2,R_3,R_4,R_5,R_6,R_7,R_8,R_9, R_{10},R_{11},R_{12},R_{13},R_{14},R_{15},R_{16}, R_{17},R_{22},R_{23},R_{25}	$10k\Omega$	19
13	0805 贴片电阻	R_{20}	300Ω	1
14	排阻	R_{P1}	$220\Omega\times8$	1
15	排阻	R_{P2},R_{P3}	$10k\Omega\times8$	2
16	排阻	R_{P4}	$1k\Omega\times8$	1
17	插针	J4,J6,J7,J8,J32,J34,J56,J58, J59,J60	1 位/2.54	10
18	插针	J10,J22,J23,J28,J35,J36	2 位/2.54	6
19	插针	J15,J16,J17,J18,J19,J20,J61, J62,J63,J64,J2	3 位/2.54	11
20	插针	J5,J21,J29,J42,J43	4 位/2.54	5
21	插针	J9,J24,J25,J30,J31	6 位/2.54	5
22	插针	J1,J3,J26,J27,J41,J44,J45, J46,J47,J48,J49,J50,J51	8 位/2.54	13
23	插针	J13,J14,J37,J39,J54,J55	20 位/2.54	6
24	温度传感器	J57	DS18B20	1
25	接线端子	P2	3 位/KF301-3P	1
26	蜂鸣器	B	5V 有源	1
27	三极管	Q1,Q2,Q3	S9012	3
28	继电器	K3	JQC-3F	1
29	共阴数码管	DS1,DS2	0.36/4 位	2
30	电源座	P1	3.5～1.1mm	1
31	微动开关	SW6	鼠标微动开关/KW10	1
32	USB 插座	USB1	90°弯脚	1
33	插针母座	J38,J40	$2\times20P$	2
34	拨码开关	JP1(SW1、SW2、SW3、SW4)	4×2/红色	1
35	拨码开关	JP2,JP3	8×2/蓝色	2
36	贴片二极管	D1	D1206/1N4148	1
37	红外发射管	LED_F	5mm/940nm	1
38	红外接收管	LED_S	CHQ1838	1

续表

序号	名称（Comment）	元件号（Designator）	元件值（Value）	数量（Quantity）
39	发光二极管	D11,LED1,LED6	红色/5mm	3
40	发光二极管	LED2,LED7	黄色/5mm	2
41	发光二极管	LED4,LED5	白色/5mm	2
42	发光二极管	LED3,LED8	绿色/5mm	2
43	芯片	U9	DIP14/74HC00	1
44	芯片	U6	DIP14/LM324N	1
45	芯片	U1	DIP8/PCF8563	1
46	单片机	U10	DIP40/IAP15W4K58S4	1
47	芯片	U5	DIP14/CD4013	1
48	贴片芯片	UB1	SOP16/CH340G	1
49	芯片	U2	DIP8/24C02	1
50	芯片	U4	DIP8/TLC549	1
51	芯片	U8	DIP18/ULN2803	1
52	自锁开关 SW DPDT	S1	KG1	1
53	轻触按键 S	KEY1，KEY2，KEY3，KEY4，KEY5，KEY6，KEY7，KEY8，KEY9，KEY10，KEY11，KEY12，KEY13，KEY14，KEY15，KEY16	6×6×6	16
54	晶振	Y1	11.0592MHz	1
55	晶振	Y2	32.768kHz	1
56	晶振	Y3	12MHz	1
57	光敏电阻	GM	5528/光敏电阻	1
58	热敏电阻	RM	NTC-MF52AT/10kΩ/5%	1
59	芯片座	U1,U2,U4	DIP8/8 脚	3
60	芯片座	U5,U6,U9	DIP14/14 脚	3
61	芯片座	U8	DIP18/18 脚	1
62	芯片座	U10,U11	DIP40/40 脚（拉杆式）	2
63	跳帽		黄色	12
64	铜柱		M3×8+4	5
65	螺母		M3	5
66	PCB 板			1
67	圆孔插座	J57	3P/2.54	1
68	USB 下载供电线		公对公	1
69	杜邦线		8 位	4
70	杜邦线		1 位	20

表 2-1-2　按模块分类汇总

序号	元件号	元器件名称	规格、类型	封装	所属模块

二、编制 GQDJL-Ⅱ型单片机开发板生产的电子工艺文件

对照 GQDJL-Ⅱ型单片机开发板 PCB 图以及 GQDJL-Ⅱ型单片机开发板实物电路

板,根据掌握的电子工艺知识,学以致用,编制电子工艺文件。

提示:

(1) 根据元器件的体积、类型制定元器件的焊接顺序。

注: 通用焊接顺序是:先贴片元件后通孔元件、先矮后高、先里后外、先小后大。

(2) 对于有极性的元器件,要注意元器件极性与在PCB上极性的一致性。

(3) 对于集成电路芯片,要注意芯片标志与在PCB上标志的一致性。

三、元器件的识别与测试

(1) 按照表2-1-1所示元器件清单,领取GQDJL-Ⅱ型单片机开发板的元器件。

(2) 按照表2-1-2所示元器件清单,按电路模块分类,并一一测试,发现问题,及时更换。

四、电路焊接

根据领取到的元器件,查看封装后,适当调整上一任务制定的电子工艺文件;然后,按照电子工艺文件组装与焊接。

注意:

(1) 在焊接过程中,务必确认元器件位置与极性无误后,方可焊接。在元器件焊接过程中,容易混淆、出错的方面有:排阻的阻值、方向问题,IC座的方向问题,IC座与插针位置混淆,二极管及电解电容的问题等。

(2) 焊接时,要热焊(要有足够的温度),不要"力焊"。

(3) 万一焊错,不要盲目拆焊,交由指导老师安排补救措施。

五、电路测试

(1) 目测:用双眼观察电路板各焊点,检查是否存在假焊、虚焊或漏焊,线路间是否存在短路与断路现象。

(2) 插上各电源模块的供电短路帽,检查总电源端对地电阻,查看是否有短路。若无,进入下一步测试;若有,拔下各电路模块的电源短路帽,用万用表检测各电路模块的电源端对地端的电阻,找出有短路的电路模块。

(3) 拔下短路帽,用USB线将开发板与PC相连,然后接通电源开关,用万用表检测各电路模块供电端。正常时,各供电端应有+5V供电电压。

(4) 断电,插上各电路模块的短路帽;通电,观察是否有异常情况出现。若无,说明电路焊接正常。

六、联机测试

用已知单片机应用系统电路进行联机测试,即将包含有应用程序的单片机插入单片机插座并锁紧。按照教师指定单片机应用系统(见图1-2-1)进行电路连接,然后上电运行程序。若系统功能符合要求,说明GQDJL-Ⅱ型单片机开发板系统基本正常。

任务 2　Keil C 集成开发环境的操作使用

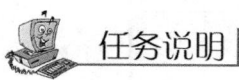 任务说明

　　单片机应用系统由硬件和软件两部分组成,单片机应用系统的开发包括硬件设计与软件设计。作为单片机自身,只能识别机器代码,而为了使人们便于记忆、识别和编写应用程序,一般采用汇编语言或 C 语言编程,为此需要一个工具能将汇编语言源程序或 C 语言源程序转换成机器代码程序。Keil C 集成开发环境就是一个融汇编语言和 C 语言编辑、编译与调试于一体的开发工具。目前流行的 Keil C 集成开发环境版本主要有:Keil μVision2、Keil μVision3 和 Keil μVision4。

　　本任务以程序实例,系统地学习与实践 Keil μVision4,完成用户程序的输入、编辑、编译与模拟仿真调试。

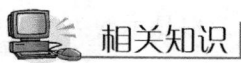 相关知识

一、单片机应用程序的编辑、编译与调试流程

　　单片机应用程序的编辑、编译一般采用 Keil C 集成开发环境实现,但程序调试有多种方法,如 Keil C 集成开发环境的软件仿真调试与硬件(在线)仿真调试、硬件的在线调试与专用仿真软件(Proteus)的仿真调试,如图 2-2-1 所示。

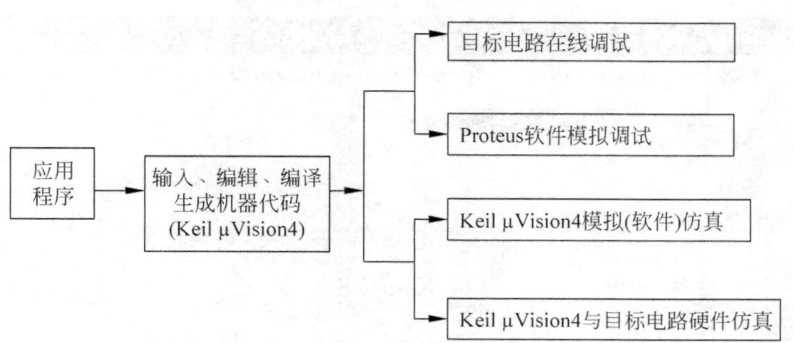

图 2-2-1　应用程序的编辑、编译与调试流程

二、Keil C 集成开发环境

1. Keil μVision4 的编辑、编译界面

　　Keil μVision4 集成开发环境依据工作特性,分为编辑、编译界面和调试界面。启动 Keil μVision4 后,进入编辑、编译界面,如图 2-2-2 所示。在此环境下创建、打开用户项目文件,进行汇编源程序或 C51 源程序的输入、编辑与编译。

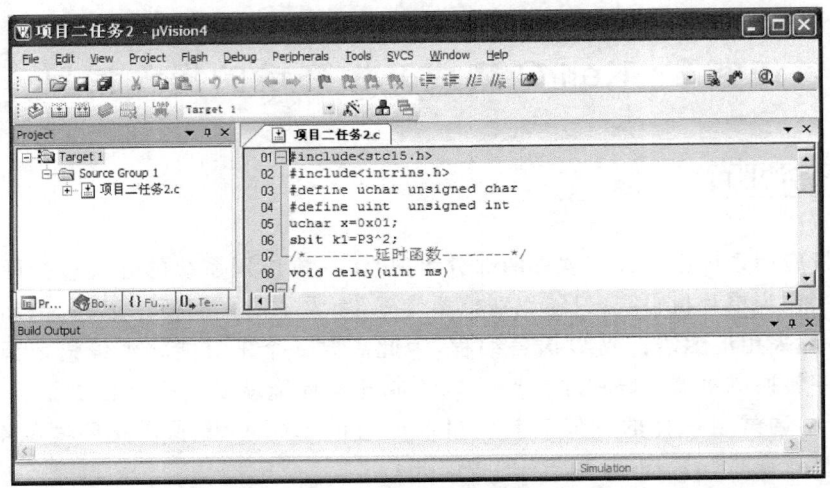

图 2-2-2　Keil μVision4 编辑、编译用户界面

1) 菜单栏

Keil μVision4 在编辑、编译界面和调试界面的菜单栏是不一样,灰白显示的为当前界面的无效菜单项。

(1) File(文件)菜单：File(文件)菜单命令主要用于对文件的常规(新建文件、打开文件、关闭文件与文件存盘等)操作,其功能、使用方法与一般的 Word、Excel 等应用程序一致。但 File 菜单的 Device Database 命令是特有的,用于修改 Keil μVision4 支持的 8051 芯片型号以及 ARM 芯片的设定。Device Database 对话框如图 2-2-3 所示,用户可在其中添加或修改 Keil μVision4 支持的单片机型号以及 ARM 芯片。

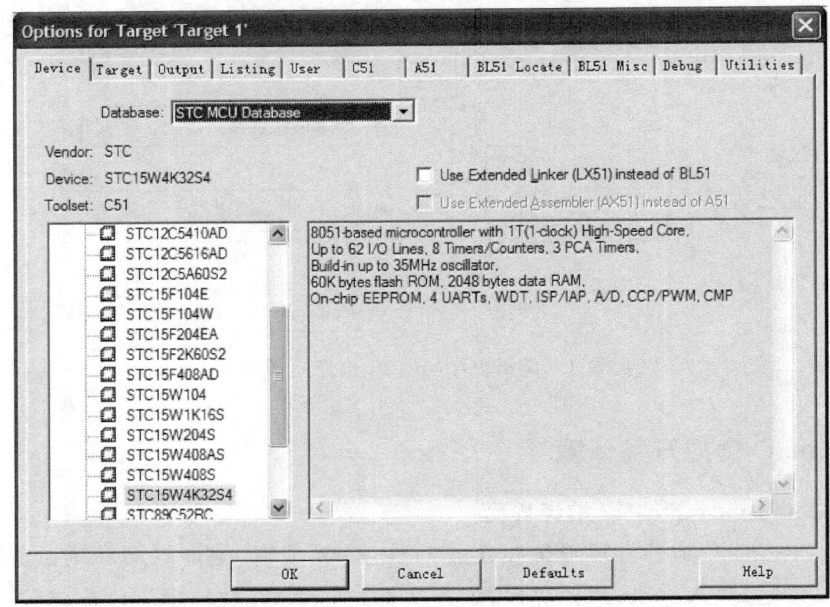

图 2-2-3　Device Database 对话框

Device Database 对话框中各选项的功能如下所述。

① Database 列表框：浏览 Keil μVision4 支持的单片机型号以及 ARM 芯片。

② Vendor 文本框：用于显示设定的单片机类别。

③ Family 下拉列表框：用于选择 MCS-51 单片机家族以及其他微控制器家族，有 MCS-51、MCS-251、80C166/167 和 ARM。

④ Device 文本框：用于显示设定单片机的型号。

⑤ Description 列表框：用于设定型号的功能描述。

⑥ Options 列表框：用于输入支持型号对应的 DLL 文件等信息。

⑦ Add 按钮：单击该按钮，添加新的支持型号。

⑧ Update 按钮：单击该按钮，确认当前修改。

（2）Edit（编辑）菜单：Edit（编辑）菜单主要包括剪切、复制、粘贴、查找、替换等通用编辑操作。此外，本软件有 Bookmark（书签管理命令）、Find（查找）以及 Configuration（配置）等操作功能。其中，Configuration（配置）选项用于设置软件的工作界面参数，如编辑文件的字体大小以及颜色等参数。Configuration（配置）操作对话框如图 2-2-4 所示，有 Editor（编辑）、Colors & Fonts（颜色与字体）、User Keywords（设置用户关键词）、Shortcut Keys（快捷关键词）、Templates（模板）、Other（其他）等配置选项。

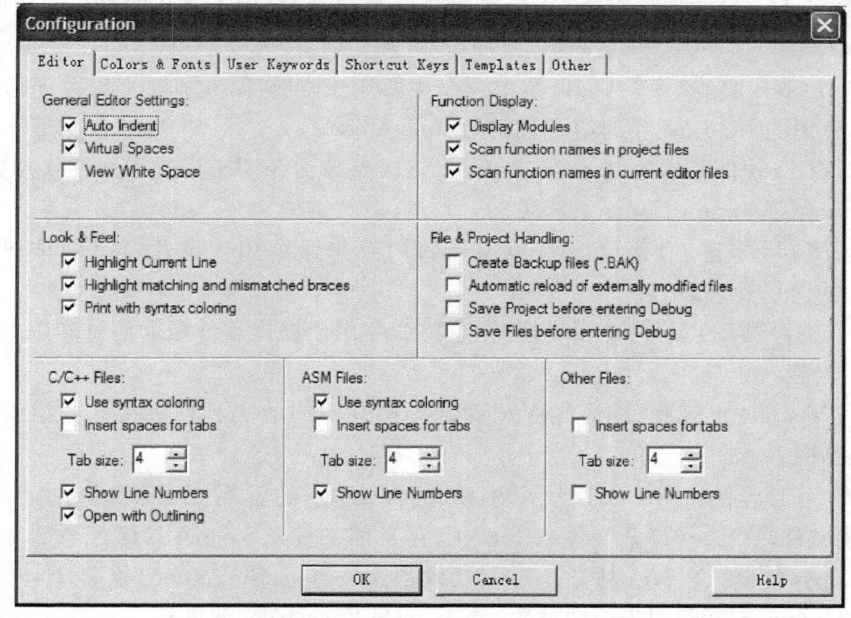

图 2-2-4　Configuration（配置）操作对话框

（3）View（视图）菜单：View 菜单用于控制 Keil μVision4 界面显示。利用其中的命令，可以显示或隐藏 Keil μVision4 的各个窗口和工具栏。在编辑、编译工作界面及调试界面中，有不同的工具栏和显示窗口。

（4）Project（项目）菜单：Project 菜单命令包括项目的建立、打开、关闭、维护、目标环境设定、编译等命令。各 Project 菜单命令的功能介绍如下。

① New Project：建立一个新项目。

② New Multi-Project Workspace：新建多项目工作区域。

③ Open Project：打开一个已存在的项目。

④ Close Project：关闭当前项目。

⑤ Export：导出为 μVision3 格式。

⑥ Manage：工具链、头文件和库文件的路径管理。

⑦ Select Device for Target：为目标选择器件。

⑧ Remove Item：从项目中移除文件或文件组。

⑨ Options：修改目标、组或文件的选项设置。

⑩ Build Target：编译修改过的文件，并生成应用程序。

⑪ Rebuild Target：重新编译所有文件，并生成应用程序。

⑫ Translate：传输当前文件。

⑬ Stop Build：停止编译。

（5）Flash（下载）菜单：Flash 菜单命令主要用于控制程序下载到 E^2PROM。

（6）Debug（调试）菜单：Debug 菜单命令用于软件仿真环境下的调试，提供断点、单步、跟踪与全速运行等操作命令。

（7）Peripherals（外设）菜单：包含外围模块菜单命令，用于芯片的复位和片内功能模块的控制。

（8）Tools（工具）菜单：Tools 菜单命令主要用于支持第三方调试系统，包括 Gimpel Software 公司的 PC-Lint 和西门子公司的 Easy-Case。

（9）SVCS（软件版本控制系统）菜单：SVCS 菜单命令用于设置和运行软件版本控制系统（Software Version Control，SVCS）。

（10）Window（窗口）菜单：Window（窗口）菜单命令用于设置窗口的排列方式，与Windows 的窗口管理兼容。

（11）Help（帮助）菜单：Help（帮助）菜单命令用于提供软件帮助信息和版本说明。

2）工具栏

Keil μVision4 在编辑、编译界面和调试界面有不同的工具栏。在此介绍编辑、编译界面的工具栏。

（1）常用工具栏：图 2-2-5 所示为 Keil μVision4 的常用工具栏，从左至右依次为New（新建文件）、Open（打开文件）、Save（保存当前文件）、Save All（保存全部文件）、Cut（剪切）、Copy（复制）、Paste（粘贴）、Undo（取消上一步操作）、Redo（恢复上一步操作）、Navigate Backwards（回到先前的位置）、Navigate Forwards（前进到下一个位置）、Insert/Remove Bookmark（插入或删除书签）、Go to Previous Bookmark（转到前一个已定义书签处）、Go to the Next Bookmark（转到下一个已定义书签处）、Clear All Bookmarks（取消所有已定义的书签）、Indent Selection（右移一个制表符）、Unindent Selection（左移一个制表符）、Comment Selection（选定文本行内容）、Uncomment Selection（取消选定文本行内容）、Find in Files...（查找文件）、Find...（查找内容）、Incremental Find（增量查找）、Start/Stop Debug Session（启动或停止调试）、Insert/Remove Breakpoint（插入或删除断

点)、Enable/Disable Breakpoint(允许或禁止断点)、Disable All Breakpoint(禁止所有断点)、Kill All Breakpoint(删除所有断点)、Project Windows(窗口切换)、Configuration(参数配置)等工具图标。单击工具图标,执行图标对应的功能。

图 2-2-5　常用工具栏

(2) 编译工具栏:图 2-2-6 所示为 Keil μVision4 的编译工具栏,从左至右依次为 Translate(传输当前文件)、Build(编译目标文件)、Rebuild(编译所有目标文件)、Batch Build(批编译)、Stop Build(停止编译)、Down Load(下载文件到 Flash ROM)、Select Target(选择目标)、Target Option...(目标环境设置)、File Extensions、Books and Environment(文件的组成、记录与环境)、Manage Multi-Project Workspace(管理多项目工作区域)等工具图标。单击图标,执行图标对应的功能。

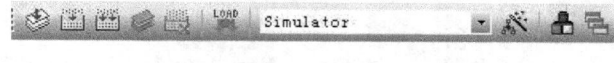

图 2-2-6　编译工具栏

3) 窗口

Keil μVision4 的窗口在编辑、编译界面和调试界面有不同的窗口。在此介绍编辑、编译界面的窗口。

(1) 编辑窗口:在编辑窗口中,用户可以输入或修改源程序。Keil μVision4 的编辑器支持程序行自动对齐和语法高亮显示。

(2) 项目窗口:选择菜单命令 View → Project Window,或单击工具图标,可以显示或隐藏项目窗口(Project Window)。该窗口主要用于显示当前项目的文件结构和寄存器状态等信息。项目窗口中共有 4 个选项页,分别为 Files、Books、Functions、Templates。Files 选项页显示当前项目的组织结构,可以在该窗口中直接单击文件名打开文件,如图 2-2-7 所示。

图 2-2-7　项目窗口中的 Files 选项页

(3) 输出窗口:Keil μVision4 的编译信息输出窗口(Output Window)用于显示编译时的输出信息,如图 2-2-8 所示。在窗口中,双击输出的 Warning 或 Error 信息,可以直接调转至源程序警告或错误所在行。

```
Build Output
Build target 'Simulator'
compiling HELLO.C...
linking...
Program Size: data=30.1 xdata=0 code=1096
"HELLO" - 0 Error(s), 0 Warning(s).
```

图 2-2-8　Keil μVision4 的编译信息输出窗口

2. Keil μVision4 的调试界面

Keil μVision4 集成开发环境除可以编辑 C 语言源程序和汇编语言源程序以外,还可以软件模拟调试和硬件仿真调试用户程序,验证用户程序的正确性。在模拟调试中主要学习两个方面的内容:一是程序的运行方式;二是查看与设置单片机内部资源的状态。

选择菜单命令 Debug→Start/Stop Debug Session,或单击工具栏中的调试按钮,系统进入调试界面,如图 2-2-9 所示;若复选调试按钮,则退出调试界面。

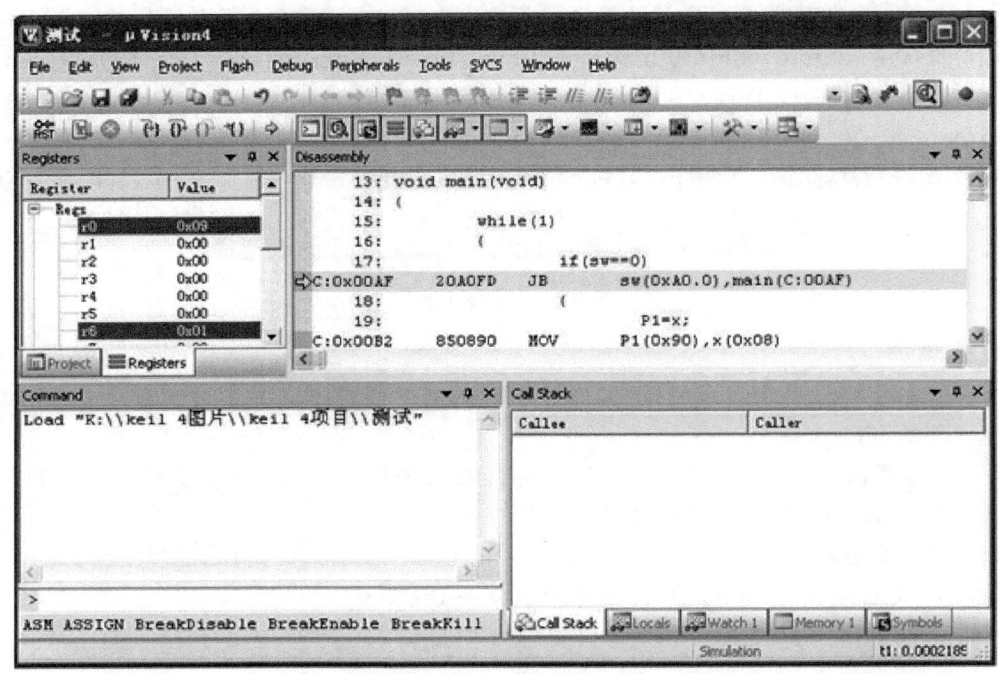

图 2-2-9　Keil μVision4 的调试界面

1) 程序的运行方式

图 2-2-10 所示为 Keil μVision4 的运行工具栏,从左至右依次为 Reset(程序复位)、

图 2-2-10　程序运行工具栏

Run(程序全速运行)、Stop(程序停止运行)、Step(跟踪运行)、Step Over(单步运行)、Step Out(执行跟踪并跳出当前函数)、Run to Cursor Line(执行至光标处)等工具图标。单击工具图标,执行图标对应的功能。

(1) (程序复位):使单片机恢复到初始状态。

(2) (程序全速运行):从 0000H 开始运行程序。若无断点,则无障碍运行程序;若遇到断点,在断点处停止,再按"全速运行",从断点处继续运行。

注:用鼠标在程序某行双击,即设置断点,在程序行的左边出现一个红色方框;反之,取消断点。断点调试主要用于分块调试程序,便于缩小查找故障范围。

(3) (停止运行):从程序运行状态中退出。

（4）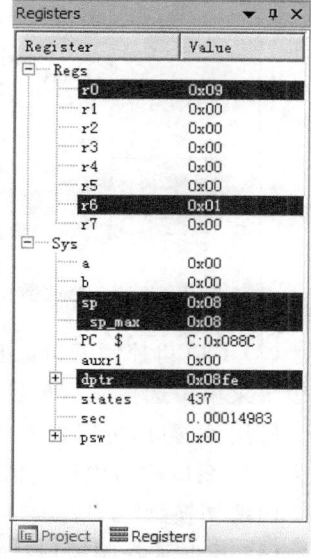（跟踪运行）：每单击该按钮一次，系统执行一条指令，包括子程序（或子函数）的每一条指令。运用该工具，可逐条进行指令调试。

（5）（单步运行）：每单击该按钮一次，系统执行一条指令，但系统把调用子程序指令当作一条指令执行。

（6）（跳出跟踪）：当执行跟踪操作进入某个子程序，单击该按钮，可从子程序中跳出，回到调用该子程序指令的下一条指令处。

（7）（运行到光标处）：单击该按钮，程序从当前位置运行到光标处停下，其作用与断点类似。

2）查看与设置单片机的内部资源

单片机的内部资源包括存储器、寄存器、内部接口特殊功能寄存器各自的状态，通过打开窗口，可以查看与设置单片机内部资源的状态。

（1）寄存器窗口：在默认状态下，单片机寄存器窗口位于 Keil μVision4 调试界面的左边，包括 R0～R7 寄存器、累加器 A、寄存器 B、程序状态字 PSW、数据指针 DPTR 以及程序计数器，如图 2-2-11 所示。单击选中要设置的寄存器，双击后即可输入数据。

图 2-2-11　寄存器窗口

（2）存储器窗口：选择菜单命令 View→Memory Window→Memory1（或 Memory2，或 Memory3，或 Memory4），可以显示与隐藏存储器窗口（Memory Window），如图 2-2-12 所示。存储器窗口用于显示当前程序的内部数据存储器、外部数据存储器与程序存储器的内容。

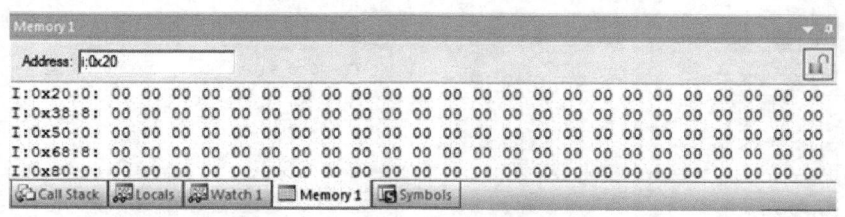

图 2-2-12　存储器窗口

在 Address 地址框中输入存储器类型与地址，存储器窗口中可显示相应类型和相应地址为起始地址的存储单元的内容。通过移动垂直滑动条可查看其他地址单元的内容，或修改存储单元的内容。

① 输入"C：存储器地址"，显示程序存储区相应地址的内容。

② 输入"I：存储器地址"，显示片内数据存储区相应地址的内容，图 2-2-12 显示的为片内数据存储器 20H 单元为起始地址的存储内容。

③ 输入"X：存储器地址"，显示片外数据存储区相应地址的内容。

在窗口数据处右击，可以在快捷菜单中选择修改存储器内容的显示格式或修改指定存储单元的内容,比如修改 20H 单元内容为 55H,如图 2-2-13 和图 2-2-14 所示。

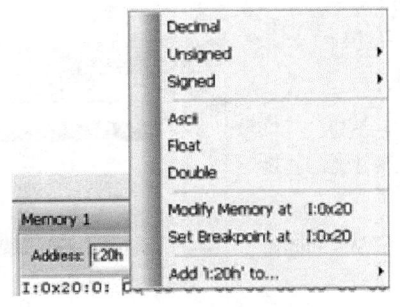

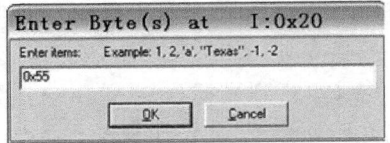

图 2-2-13　修改数据的快捷菜单　　　　图 2-2-14　输入数据"55H"

(3) I/O 口控制窗口:进入调试模式后,选择菜单命令 Peripherals→I/O-Port,再在下级子菜单中选择显示与隐藏指定 I/O 口(P0、P1、P2、P3 口)的控制窗口,如图 2-2-15 所示。使用该窗口,可以查看各 I/O 口的状态,设置输入引脚状态。在相应的 I/O 端口中,上为 I/O 端口输出锁存器值,下为输入引脚状态值,通过鼠标单击相应位,方框中的"√"与空白框切换。"√"表示"1",空白框表示"0"。

(4) 定时器控制窗口:进入调试模式后,选择菜单命令 Peripherals→Timer,再在下级子菜单中选择显示与隐藏指定的定时器/计数器控制窗口,如图 2-2-16 所示。使用该窗口,可以设置对应定时器/计数器的工作方式,观察和修改定时器/计数器相关控制寄存器的各个位,以及定时器/计数器的当前状态。

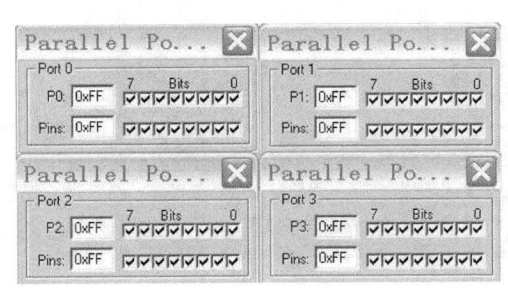

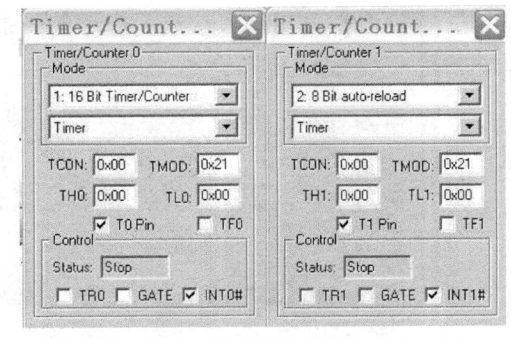

图 2-2-15　I/O 口控制窗口　　　　图 2-2-16　定时器/计数器控制窗口

(5) 中断控制窗口:进入调试模式后,选择菜单命令 Peripherals→Interrupt,可以显示与隐藏中断控制窗口,如图 2-2-17 所示。中断控制窗口用于显示和设置 8051 单片机的中断系统。根据单片机型号的不同,中断控制窗口有所区别。

(6) 串行口控制窗口:进入调试模式后,选择菜单命令 Peripherals→Serial,可以显示与隐藏串行口的控制窗口,如图 2-2-18 所示。使用该窗口,可以设置串行口的工作方式,观察和修改串行口相关控制寄存器的各个位,以及发送、接收缓冲器的内容。

(7) 监视窗口:进入调试模式后,在菜单命令 View→Watch Window 中,共有 Locals、Watch ♯1、Watch ♯2 等选项,每个选项对应一个窗口。单击相应选项,可以显

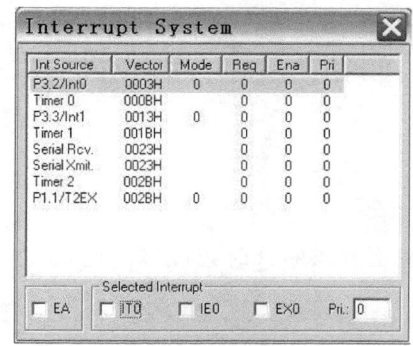

图 2-2-17　中断控制窗口

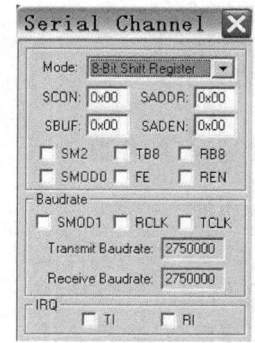

图 2-2-18　串行口控制窗口

示与隐藏对应的监视输出窗口(Watch Window),如图 2-2-19 所示。使用该窗口,可以观察程序运行中特定变量或寄存器的状态,以及函数调用时的堆栈信息。

① Locals:该选项用于显示当前运行状态下的变量信息。

② Watch ♯1:监视窗口 1,可以按 F2 键添加要监视的名称,Keil μVision4 在程序运行中全程监视该变量的值。如果为局部变量,则运行变量有效范围外的程序时,该变量的值以"????"的形式表示。

③ Watch ♯2:监视窗口 2,操作与使用方法同监视窗口 1。

(8) 堆栈信息窗口:进入调试模式后,选择菜单命令 View→Call Stack Window,可以显示与隐藏堆栈信息输出窗口,如图 2-2-20 所示。使用该窗口,可以观察程序运行中函数调用时的堆栈信息。

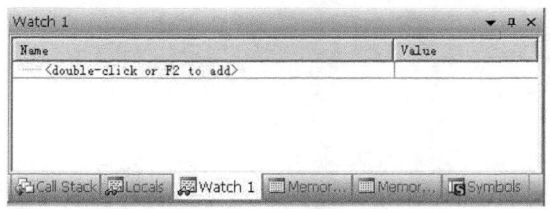

图 2-2-19　监视窗口

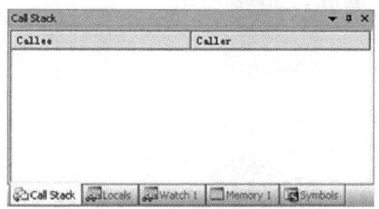

图 2-2-20　堆栈信息输出窗口

(9) 反汇编窗口:进入调试模式后,选择菜单命令 View→Disassembly Window,可以显示与隐藏编译后窗口(Disassembly Window),同时显示机器代码程序与汇编语言源程序(或 C51 的源程序和相应的汇编语言源程序),如图 2-2-21 所示。

```
Disassembly
C:0x0000    020003    LJMP    C:0003
C:0x0003    787F      MOV     R0,#0x7F
C:0x0005    E4        CLR     A
C:0x0006    F6        MOV     @R0,A
C:0x0007    D8FD      DJNZ    R0,C:0006
C:0x0009    758108    MOV     SP(0x81),#x(0x08)
C:0x000C    02004A    LJMP    C:004A
C:0x000F    0200AF    LJMP    main(C:00AF)
C:0x0012    E4        CLR     A
```

图 2-2-21　反汇编窗口

任务实施

一、示例程序功能与示例源程序

1. 程序功能

流水灯控制：当开关合上时，流水灯左移；当开关断开时，流水灯右移。左移间隔时间为 1s，右移时间间隔为 0.5s。

2. 源程序清单（项目二任务 2.c）

```c
# include < stc15.h >
# include < intrins.h >
# define uchar unsigned char
# define uint unsigned int
uchar x = 0x01;
sbit k1 = P3 ^ 2;
/* --------- 延时函数 --------- */
void delay(uint ms)
{
    uint i,j;
    for(j = 0;j < ms;j++)
        for(i = 0;i < 1210;i++);
}
/* --------- 主函数 --------- */
void main(void)
{
    while(1)
    {
        P1 = x;
        if(k1 == 0)
        {
            x = _crol_(x,1);
            delay(1000);
        }
        else
        {
            x = _cror_(x,1);
            delay(500);
        }

    }
}
```

二、应用 Keil μVision4 集成开发环境前的准备工作

因为 Keil μVision4 软件中自身不带 STC 系列单片机的数据库和头文件，为了在

Keil μVision4 软件设备库中直接选择 STC 系列单片机,以及在编写程序时直接使用 STC 系列单片机新增的特殊功能寄存器,需要用 STC-ISP 在线编程软件中的工具,将 STC 系列单片机的数据库(包括 STC 单片机型号、STC 单片机头文件与 STC 单片机仿真驱动)添加到 Keil μVision4 软件设备库中,操作方法如下所述。

图 2-2-22　STC-ISP 在线编程软件"Keil 仿真设置"选项

　(1) 运行 STC-ISP 在线编程软件,选择"Keil 仿真设置"项,如图 2-2-22 所示。

　(2) 单击"添加型号和头文件到 Keil 中,添加 STC 仿真器驱动到 Keil 中"按钮,弹出"浏览文件夹"对话框,如图 2-2-23 所示,选择 Keil 的安装目录(如 C:\Keil),如图 2-2-24 所示。单击"确定"按钮,完成添加工作。

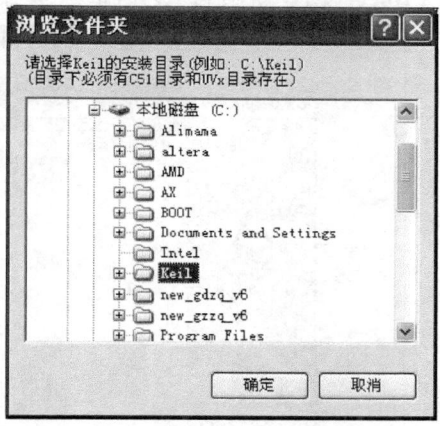

图 2-2-23　"浏览文件夹"对话框　　　　图 2-2-24　选择 Keil 的安装目录

　(3) 查看 STC 的头文件。

　添加的头文件在 Keil 安装目录的子目录下,如 C:\Keil\C51\INC。打开 STC 文件夹,查看添加的 STC 单片机头文件,如图 2-2-25 所示。其中,STC15.H 头文件适用于所有 STC15、IAP15 系列单片机。

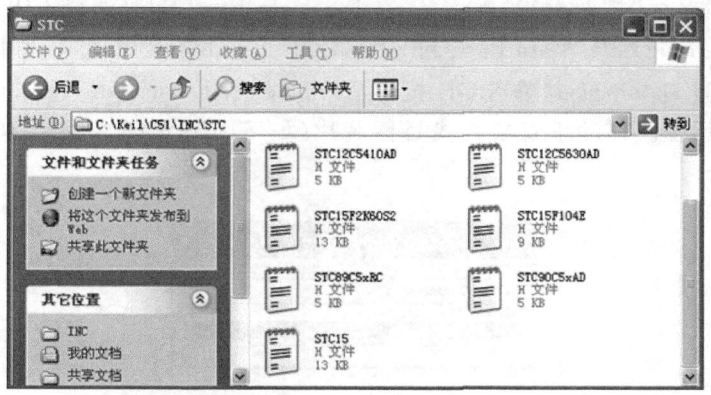

图 2-2-25　生成的 STC 单片机头文件

三、应用 Keil μVision4 集成开发环境输入、编辑、编译与调试用户程序

应用 Keil μVision4 集成开发环境的流程如下：创建项目→输入、编辑应用程序→把程序文件添加到项目中→编译与连接（包含生成机器代码文件）→调试程序。

1. 创建项目

Keil μVision4 中的项目是一个特殊结构的文件，它包含与应用系统相关的所有文件的相互关系。在 Keil μVision4 中，主要使用项目来开发单片机应用系统程序。

（1）创建项目文件夹。

根据存储规划，创建一个存储项目的文件夹，如 E:\项目一任务 2。

（2）启动 Kiel μVision4，选择菜单命令 Project→New μVision Project，弹出 Create New Project（创建新项目）对话框。选择新项目要保存的路径，并输入项目文件名，如图 2-2-26 所示。Keil μVision4 项目文件的扩展名为.uvproj。

图 2-2-26　Create New Project 对话框

（3）单击"保存"按钮，弹出 Select a CPU Data Base File（选择 CPU 数据库）对话框。其中有 Generic CPU Data Base 和 STC MCU Database 2 个选项，如图 2-2-27 所示。选择 STC MCU Database 并单击 OK 按钮，弹出 Select Device for Target（STC 数据库）单片机型号对话框。移动垂直条查找目标芯片（如 STC15W4K32S4 系列），如图 2-2-28所示。

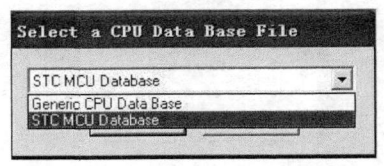

图 2-2-27　选择 CPU 数据库对话框

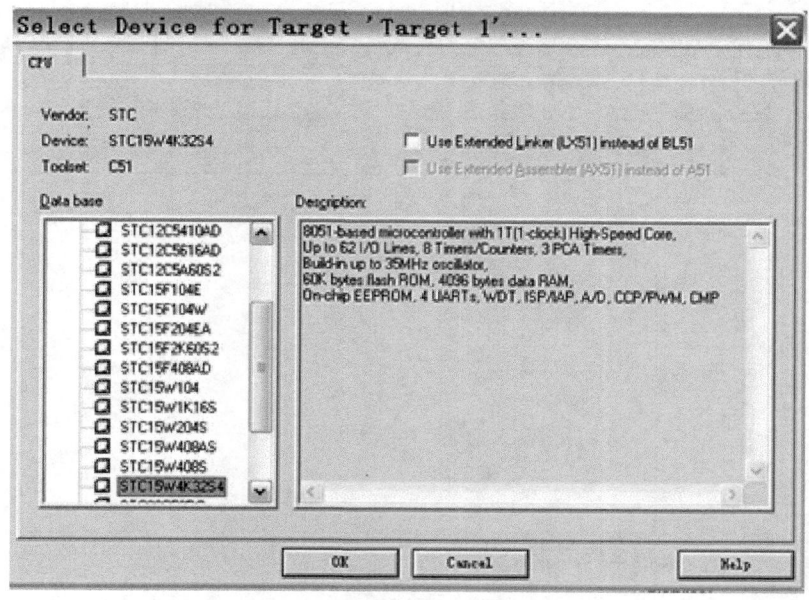

图 2-2-28 选择 STC 目标芯片

（4）单击 Select Device for Target 对话框中的 OK 按钮，程序询问是否将标准 51 初始化程序（STARTUP. A51）加入项目中，如图 2-2-29 所示。单击"是"按钮，程序自动复制标准 51 初始化程序到项目所在目录，并将其加入项目。一般情况下，单击"否"按钮。

图 2-2-29 添加标准 51 初始化程序确认框

2. 编辑程序

选择菜单命令 File→New，弹出程序编辑工作区。在编辑区中，按示例程序（项目二任务 2.c）所示源程序清单输入与编辑程序，如图 2-2-30 所示，并以"项目二任务 2.c"文件名保存，如图 2-2-31 所示。

注：保存时，应注意选择文件类型。若编辑的是汇编语言源程序，以. ASM 为扩展名存盘；若编辑的是 C51 程序，以. c 为扩展名存盘。

3. 将应用程序添加到项目中

选中项目窗口中的文件组后右击，在弹出的快捷菜单中选择 Add Files to Group（添加文件）项，如图 2-2-32 所示，弹出为项目添加文件（源程序文件）的对话框，如图 2-2-33 所示。选择文件"项目二任务 2.c"，然后单击 Add 按钮添加文件，再单击 Close 按钮关闭添加文件对话框。

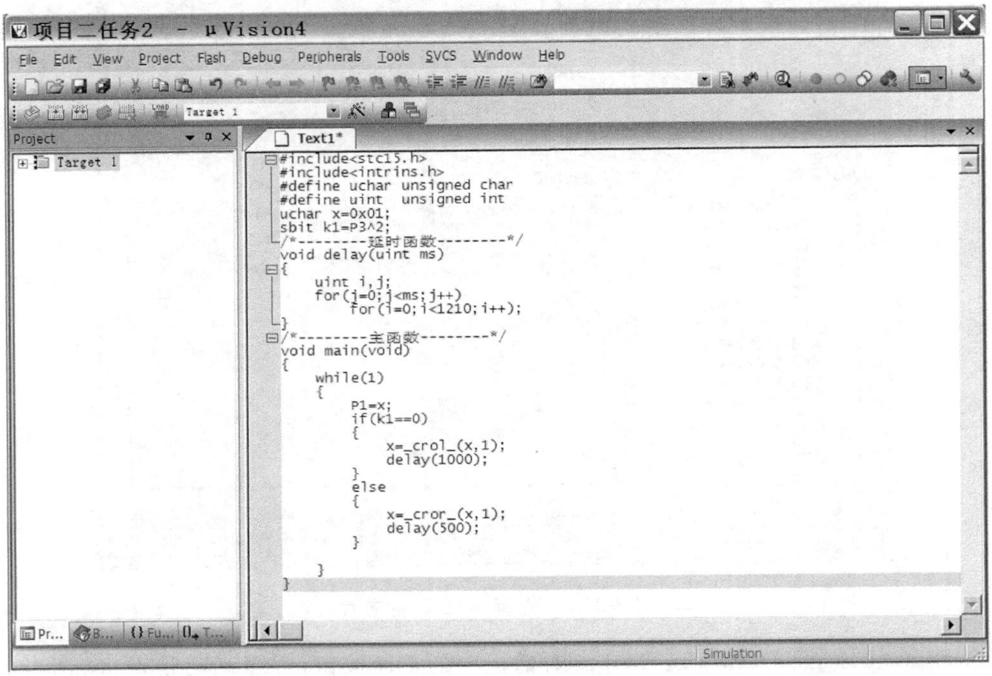

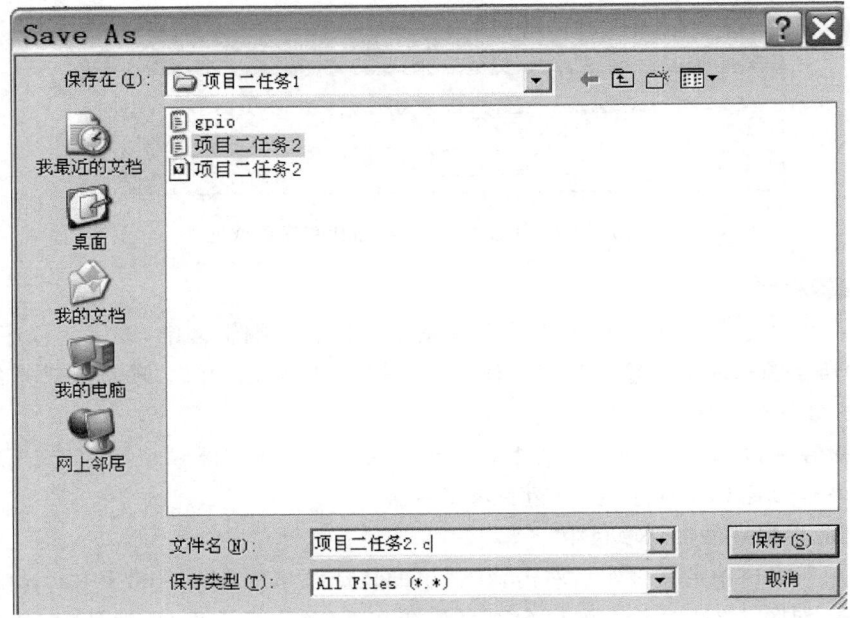

图 2-2-30　在编辑框中输入程序

图 2-2-31　保存文件

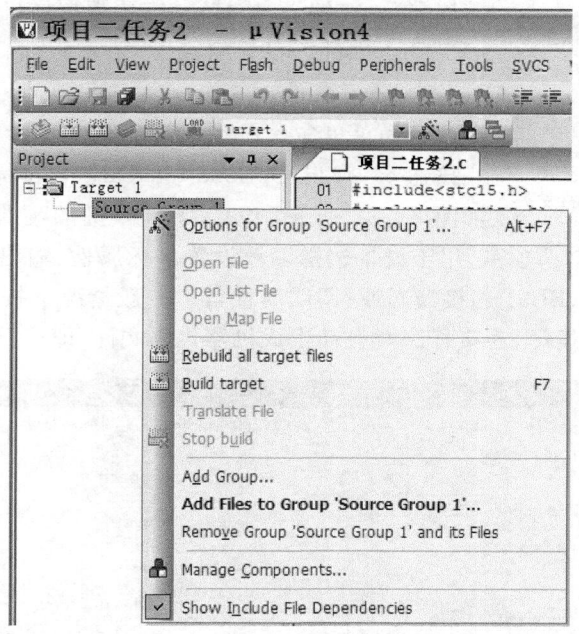

图 2-2-32　选择为项目添加文件的快捷菜单

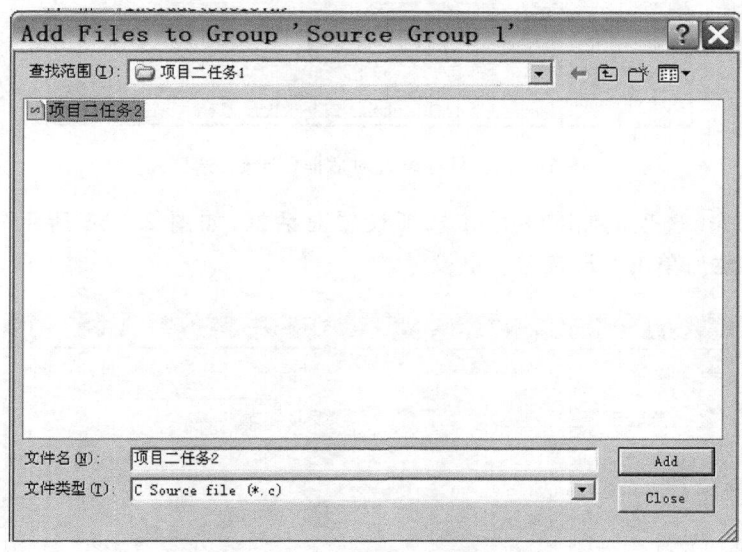

图 2-2-33　为项目添加文件的对话框

展开项目窗口中的文件组，查看添加的文件，如图 2-2-34 所示。

可连续添加多个文件。添加所有必要的文件后，可以在程序组目录下查看并管理。双击选中的文件，可以在编辑窗口中将其打开。

4. 编译与连接、生成机器代码文件

项目文件创建完成后，可以编译项目文件，创建目标文件（机器代码文件以 .HEX 为

图 2-2-34　查看添加的文件

扩展名)。在编译、连接前,需要根据样机的硬件环境,在 Keil μVision4 中进行目标配置。

1) 环境设置

选择菜单命令 Project→Options for Target,或单击工具栏按钮 ,弹出 Options for Target(目标环境设置)对话框,如图 2-2-35 所示,设定目标样机的硬件环境。Options for Target 对话框有多个选项页,用于设备选择以及设置目标属性、输出属性、C51 编译器属性、A51 编译器属性、BL51 连接器属性、调试属性等。一般情况下按默认设置应用,但有一项必须设置,即在编译、连接程序时自动生成机器代码文件,即项目二任务 2.hex。

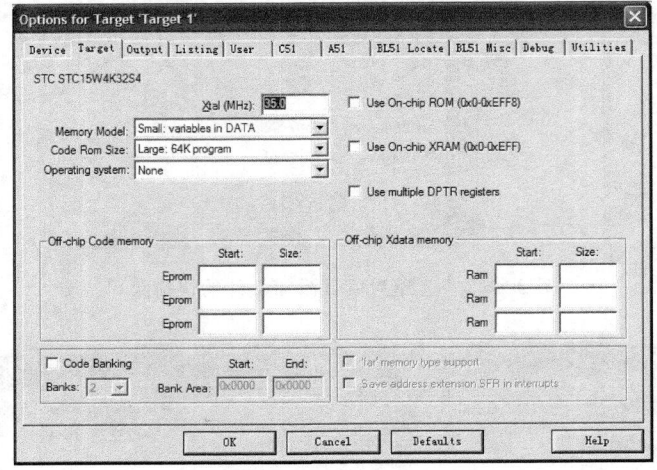

图 2-2-35　目标设置对话框(Target 选项)

单击 Output 选项,弹出 Output 选项设置对话框,如图 2-2-36 所示。勾选 Create HEX File 项,然后单击 OK 按钮结束设置。

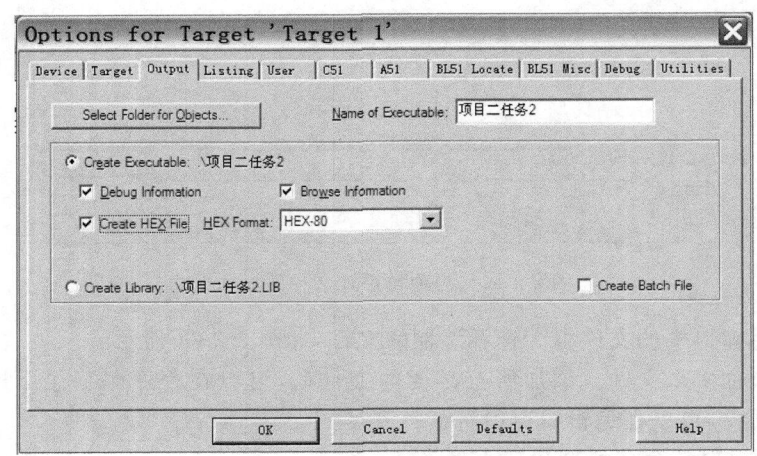

图 2-2-36　Output 选项(设置创建 HEX 文件)

2）编译与连接

选择菜单命令 Project→Build target(Rebuild target files)或单击编译工具栏中的编译按钮 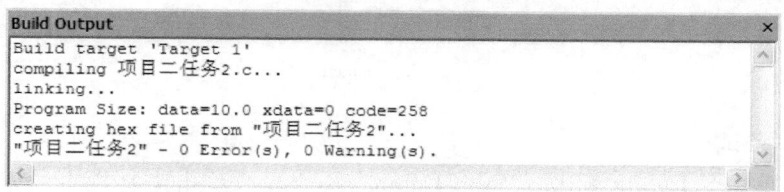，启动编译、连接程序，在输出窗口中将输出编译、连接信息，如图 2-2-37 所示。如提示"0 Error"，表示编译成功；否则，提示错误类型和错误语句位置。双击错误信息，光标将出现在程序错误行。修改程序后，必须重新编译，直至提示"0 Error"为止。

```
Build Output                                                          ×
Build target 'Target 1'
compiling 项目二任务2.c...
linking...
Program Size: data=10.0 xdata=0 code=258
creating hex file from "项目二任务2"...
"项目二任务2" - 0 Error(s), 0 Warning(s).
```

图 2-2-37　编译与连接信息

3）查看 HEX 机器代码文件

HEX(或 hex)类型文件是机器代码文件，是单片机运行文件。打开项目文件夹，查看是否存在机器代码文件，如图 2-2-38 所示。项目二任务 2.hex 就是编译时生成的机器代码文件。

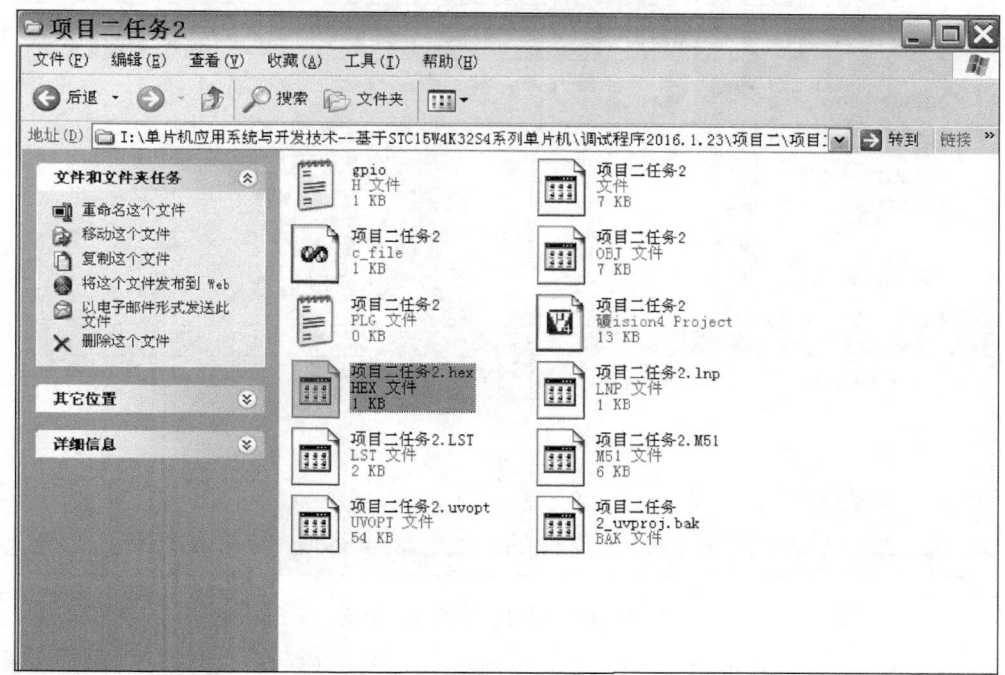

图 2-2-38　查看 hex 文件

5. Keil μVision4 的软件模拟仿真

1）设置软件模拟仿真方式

打开编译环境设置对话框，打开 Debug 选项页，选中 Use Simulator，如图 2-2-39 所示,然后确定,Keil μVision4 集成开发环境被设置为软件模拟仿真。

    注：默认状态下是软件模拟仿真。

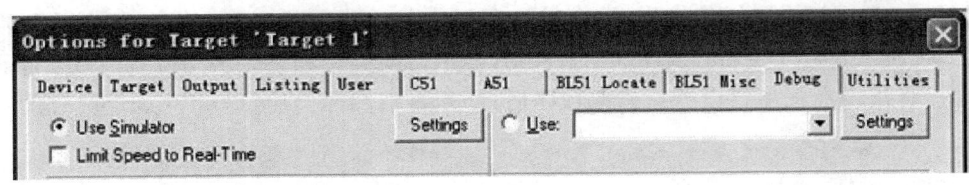

图 2-2-39   目标设置对话框

2）仿真调试

选择菜单命令 Debug→Start/Stop Debug Session 或单击工具栏中的调试按钮 ，系统进入调试界面。在调试界面可采用单步、跟踪、断点、运行到光标处、全速运行等方式进行调试。在本程序中用到 P1 口和 P3 端口,通过选择菜单命令 Peripherals→I/O-Port,再在下级子菜单中选择 P1 与 P3 的控制窗口,如图 2-2-40 所示。

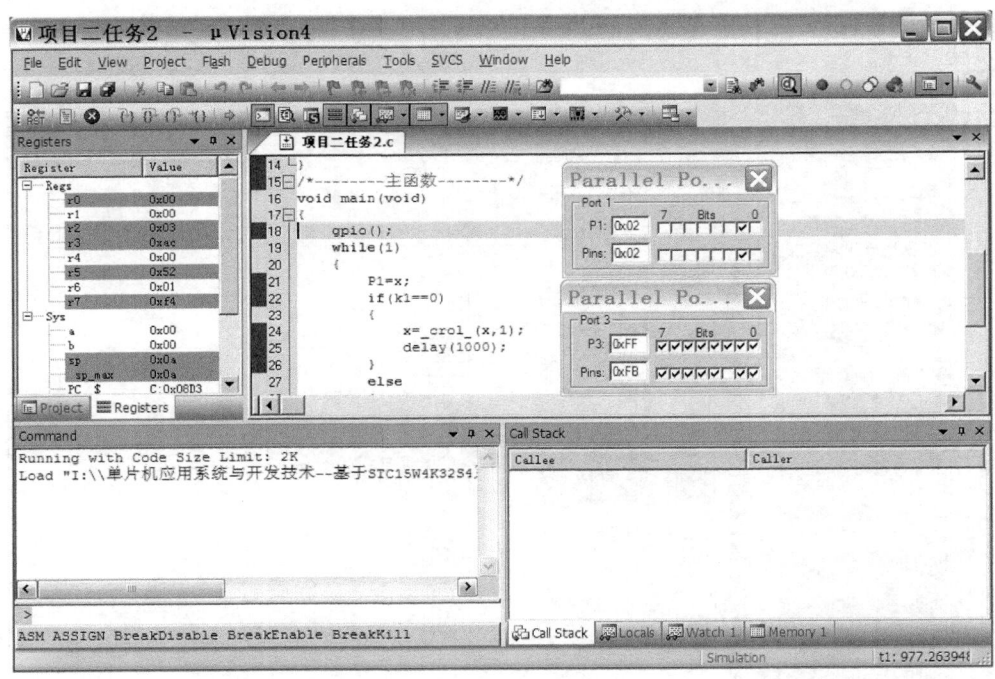

图 2-2-40   应用程序的调试界面

（1）设置 P3.2 为高电平,再单击工具栏中的"全速运行"按钮。观察 P1 口,应能看到代表高电平输出的"√"循环往右移动。

（2）设置 P3.2 为低电平,观察 P1 口,应能看到代表高电平输出的"√"循环往左移动。

任务 3　STC 单片机应用程序的在线编程与在线调试

 任务说明

STC 单片机采用基于 Flash ROM 的 ISP/IAP 技术,可对 STC 单片机进行在线编程。本任务主要学习 PC 与 STC 单片机串行口之间的通信线路,以及 STC-ISP 在线编程软件的操作使用方法,以程序实例系统地讲解 STC 单片机的在线编程与在线调试。

 相关知识

一、STC 系列单片机在线可编程(ISP)电路

STC 系列单片机用户程序下载是通过 PC 的 RS-232 串口与单片机的串口通信的,但目前大多数 PC 已没有 RS-232 接口。本节介绍采用 USB 接口进行转换的在线编程电路。

1. STC 系列单片机 USB 接口的在线编程电路

图 2-3-1 所示为采用 CH340G 转换芯片进行 USB 与 STC 单片机串口转换的通信电路。其中,P3.0 是 STC 系列单片机的串行接收端,P3.1 是 STC 单片机的串行发送端,D+、D− 是 PC USB 接口的数据端。

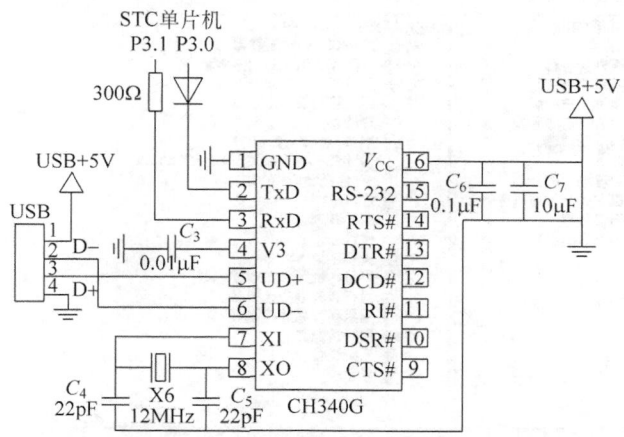

图 2-3-1　STC 单片机在线可编程(ISP)电路

通信线路建立后,还需安装 USB 转串口驱动程序,才可以建立起 PC 与单片机之间的通信。USB 转串口驱动程序可在 STC 单片机的官方网站(WWW. STCMCU. COM 或 WWW. GXWMCU. COM)下载,文件名为 USB 转 RS-232 板驱动程序(CH341SER)。下载后的文件图标如图 2-3-2 所示。

图 2-3-2　USB 转串口驱动程序图标

启动 USB 转 RS-232 串口驱动程序,弹出安装界面,如图 2-3-3 所示。单击"安装"按钮,系统进入安装流程。安装完成后,提示安装成功信息,如图 2-3-4 所示。此时,打开计算机设备管理器的端口选项,就能查看到 USB 转串口的模拟串口号,如图 2-3-5 所示,USB 的模拟串口号是 COM3。程序下载时,必须按 USB 的模拟串口号设置在线编程(下载程序)的串口号。STC-15 系列单片机的在线编程软件具备自动侦测 USB 模拟串口的功能,可直接在串口号选择项中选择。图 2-3-7 中所示串口号为 USB-SERIAL CH340(COM4)。

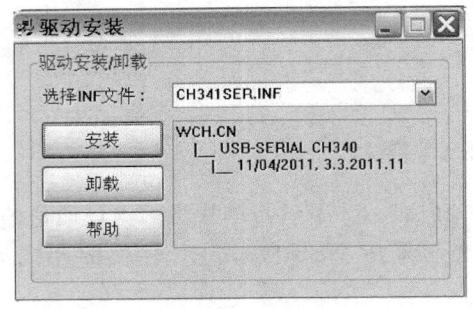

图 2-3-3　USB 转串口驱动安装界面

图 2-3-4　USB 转串口驱动安装成功信息

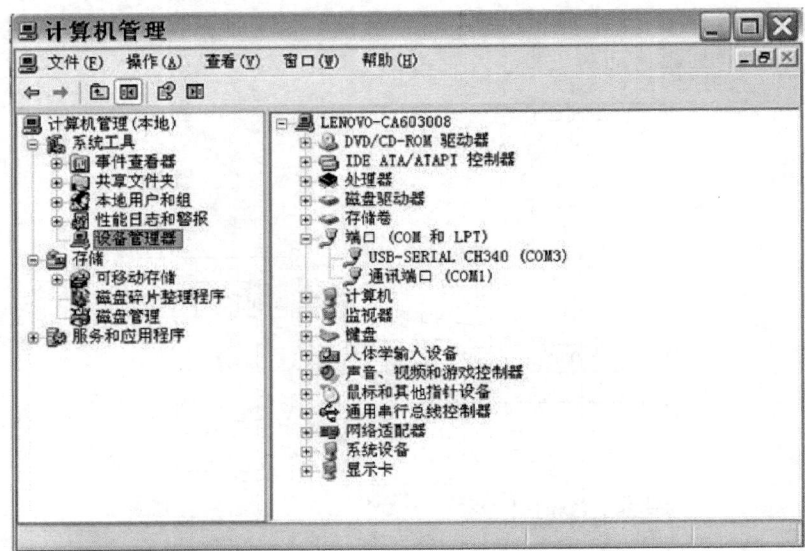

图 2-3-5　查看 USB 转串口的模拟串口号

2. IAP15W4K58S4 单片机直接 USB 接口的在线编程电路

IAP15W4K58S4 及型号以 STC15W4K 开头的单片机采用最新的在线编程技术,IAP15W4K58S4 及型号以 STC15W4K 开头的单片机除可以通过 USB 转串口芯片

(CH340G)转换数据外,还可直接与 PC 的 USB 端口相连进行在线编程。PC 与单片机的在线编程线路图如图 2-3-6 所示。当 IAP15W4K58S4 单片机直接与 PC 的 USB 端口相连进行在线编程时,不具备在线仿真功能。

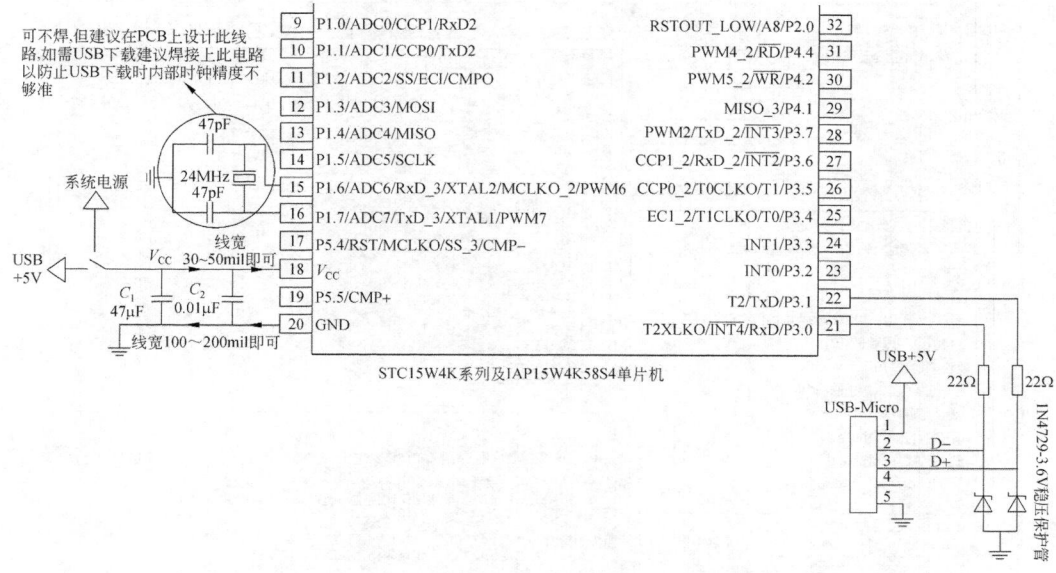

图 2-3-6　IAP15W4K58S4 单片机在线编程电路

(1) 若用户单片机直接使用 USB 供电,则在用户单片机插入 USB 插口时,计算机自动检测到 STC15W4K 系列或 IAP15W4K58S4 单片机插入 USB 接口;如果用户第一次使用该计算机对 STC15W4K 系列或 IAP15W4K58S4 单片机进行 ISP 下载,该计算机会自动安装 USB 驱动程序,而 STC15W4K 系列或 IAP15W4K58S4 单片机自动处于等待状态,直到计算机安装驱动程序完毕并发送"下载/编程"命令给它。

(2) 若用户单片机使用系统电源供电,则单片机系统必须在停电后插入计算机 USB 接口。在用户单片机插入计算机 USB 接口并供电后,计算机会自动检测到 STC15W4K 系列或 IAP15W4K58S4 单片机插入 USB 接口;如果用户第一次使用该计算机对 STC15W4K 系列或 IAP15W4K58S4 单片机进行 ISP 下载,该计算机会自动安装 USB 驱动程序,而 STC15W4K 系列或 IAP15W4K58S4 单片机自动处于等待状态,直到计算机安装驱动程序完毕并发送"下载/编程"命令给它。

二、单片机应用程序的下载与运行

1. 单片机连接

用 USB 线将 PC 与 STC15W4K32S4 系列单片机开发板(如 GQDJL-Ⅱ型单片机开发板)的电源、数据接口插座(USB 插座或 micro 插座)相接。

2. 单片机应用程序的下载

利用 STC-ISP 在线编程软件,可将单片机应用系统的用户程序(HEX 文件)下载到单片机中。STC-ISP 在线编程软件可在 STC 单片机的官方网站(WWW. STCMCU.

COM)下载。运行下载程序(如 STC_ISP_V6.82E),弹出如图 2-3-7 所示程序界面。按左边标注顺序操作,即可完成单片机应用程序下载任务。

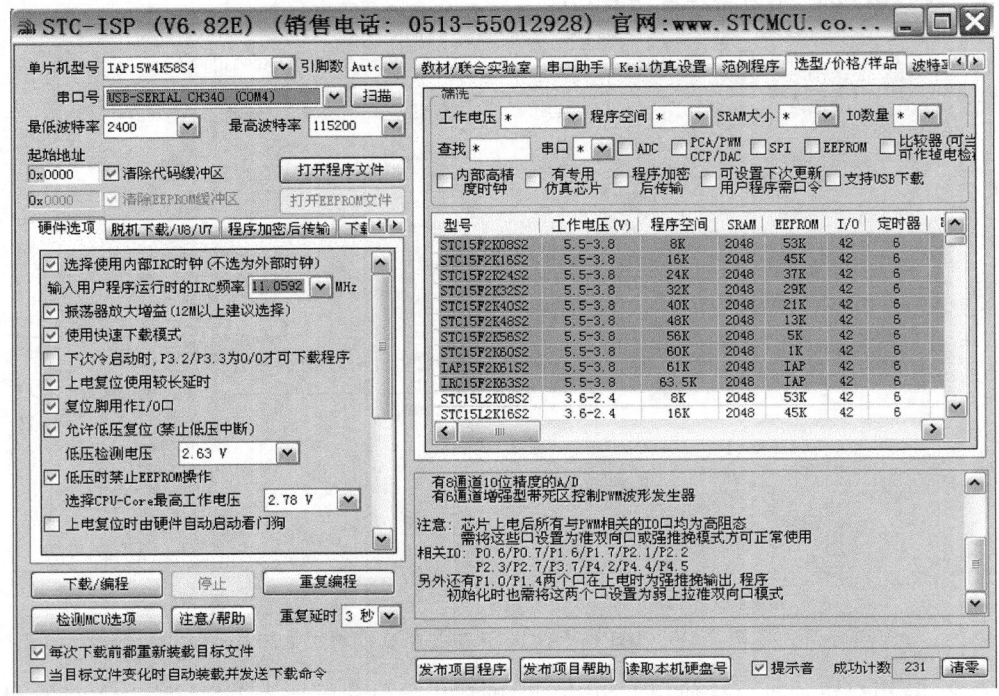

图 2-3-7 STC-ISP 在线编程软件工作界面

注:STC-ISP 在线编程软件界面的右侧为单片机开发过程中常用的工具。

步骤 1:选择单片机型号。必须与所使用单片机的型号一致。单击"单片机型号"的下拉菜单,找到 STC15W4K32S4 系列并展开,然后选择 IAP15W4K58S4 单片机。

步骤 2:选择串行口。根据本机 USB 模拟的串口号选择,即 USB-SERIAL CH340(COM4)。

步骤 3:打开文件。打开要烧录到单片机中的程序,这是经过编译而生成的机器代码文件,扩展名为 .HEX,如"项目二任务 3.hex"。

步骤 4:设置硬件选项。一般情况下,选择默认设置。

(1)勾选"使用内部 IRC 时钟";对于"输入用户程序运行的 IRC 频率",从下拉菜单中选择时钟频率。

(2)勾选"振荡器放大增益(12M 以上建议选择)"。

(3)勾选"使用快速下载模式"。

(4)不勾选"下次冷启动时,P3.2/P3.3 为 0/0 才可下载程序"。

(5)勾选"上电复位使用较长延时"。

(6)勾选"允许低压复位",并选择低压检测电压。

(7)勾选"低压时禁止 E^2PROM 操作",并选择 CPU-Core 最高工作电压。

(8)不勾选"上电复位时由硬件自动启动看门狗",并选择看门狗定时器分频系数。

　　(9) 勾选"空闲状态时停止看门狗计数"。

　　(10) 根据实际应用情况,选择"下次下载用户程序时擦除 E^2PROM 区"。

　　(11) 根据实际应用情况,选择"P2.0 上电复位后为低电平"。

　　(12) 根据实际应用情况,选择"串口 1 数据线[RxD,TxD]从[P3.0,P3.1]切换到[P3.6,P3.7],P3.7 输出 P3.6 的输入电平"。

　　(13) 根据实际应用情况,选择"是否为强推挽输出"。

　　(14) 根据实际应用情况,选择"程序区结束处添加重要参数"(包括 BandGap 电压,32K 唤醒定时器频率,24M 和 11.0592M 内部 IRC 设定参数)。

　　(15) 输入 Flash 空白处填充值。

　　步骤 5:下载。单击下载"下载/编程"按钮后,按 SW19 键,重新给单片机上电,启动用户程序下载流程。用户程序下载完毕,单片机自动运行用户程序。

　　(1) 若勾选"每次下载都重新装载目标文件",当用户程序发生修改时,不需要执行步骤 2,直接执行步骤 5 即可。

　　(2) 若勾选"当目标文件变化时自动装载并发送下载命令",当用户程序发生修改后,系统会自动侦测到,然后启动用户程序装载并发送下载命令流程。用户只需重新给单片机上电,即可完成用户程序下载。

　　3. 单片机应用程序运行

　　(1) 当用户程序下载完毕后,单片机自动运行用户程序。

　　(2) 单片机上电后,如无下载程序任务流,自动运行单片机片内已有的程序。

任务实施

一、示例电路程序功能与示例源程序

1. 程序功能

编程实现在 P1.7、P1.6、P4.1、P4.2 端口控制 LED 灯循环点亮。

2. 硬件电路

根据题意,在 IAP15W4K58S4 单片机的 P1.7、P1.6、P4.1、P4.2 端口分别接一只低电平驱动的 LED 灯,如图 2-3-8 所示。

3. 程序清单

因为 P1.7 和 P1.6 引脚与 IAP15W4K58S4 单片机增强型 PWM 的输出有关,在上电复位后,P1.7 和 P1.6 引脚处于高阻状态,不能用于正常的输入/输出,必须重新设置其工作状态;又因为与 IAP15W4K58S4 单片机增强型 PWM 的输出有关的引脚分布在不同的 I/O 端口,难以记忆,为了便于编程,设计一个 I/O 初始化函数 gpio(),将所有的 I/O 端口统一设置为准双向口工作模式,并存储在文件 gpio.h 中。在后期编程中,只需先包含 gpio.h,再调用 gpio()函数,IAP15W4K58S4 单片机的所有 I/O 引脚就能正常地输入/输出了,而不受增强型 PWM 模块的影响。

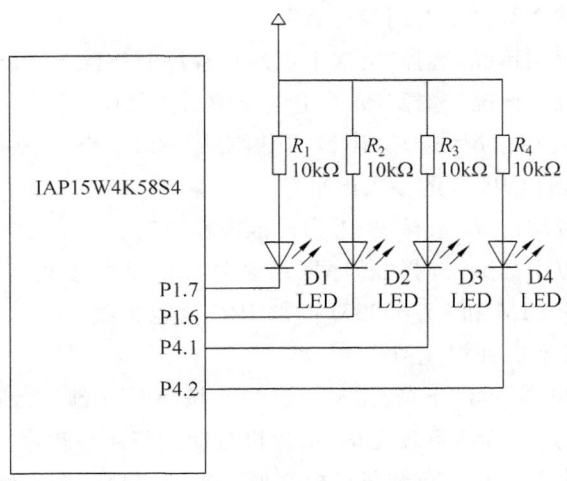

图 2-3-8   4 位流水灯控制电路

(1) I/O 口初始化文件：gpio. h。

```
void gpio()                                //初始化 I/O 口
{
    P0M1 = 0;   P0M0 = 0;   P1M1 = 0;   P1M0 = 0;
    P2M1 = 0;   P2M0 = 0;   P3M1 = 0;   P3M0 = 0;
    P4M1 = 0;   P4M0 = 0;   P5M1 = 0;   P5M0 = 0;
}
```

(2) 项目二任务 3 程序文件：项目二任务 3. c。

```
# include < stc15. h >
# include < intrins. h >
# include < gpio. h >
# define uchar unsigned char
# define uint unsigned int
/ * ---------- 1ms 延时函数,从 STC-ISP 工具中获得 ---------- * /
void Delay1ms()                            //@11.0592MHz
{
    unsigned char i, j;

    _nop_();
    _nop_();
    _nop_();
    i = 11;
    j = 190;
    do
    {
        while ( -- j);
    } while ( -- i);
}
/ * ------------ xms 延时函数 -------------- * /
void delay(uint x)                         //@11.0592MHz
{
```

```
    uint i;
    for(i = 0;i < x;i++)
    {
        Delay1ms();
    }
}
/ * ------------- 主函数 --------------- * /
void main(void)
{
    gpio();
    while(1)
    {
        P17 = 0;
        delay(1000);
        P17 = 1;
        P16 = 0;
        delay(1000);
        P16 = 1;
        P41 = 0;
        delay(1000);
        P41 = 1;
        P42 = 0;
        delay(1000);
        P42 = 1;
    }
}
```

二、示例程序的编辑与编译

利用 Keil μVision4 输入、编辑与编译程序项目二任务 3.c,生成机器代码程序项目二任务 3.hex。

三、程序的下载

利用 STC-ISP 在线编程软件,将项目二任务 3.hex 代码下载到 STC15W4K58S4 系列单片机开发板的单片机程序存储器中。

四、示例程序的在线调试

(1) IAP15W4K58S4 单片机在 STC-ISP 在线编程软件下载程序结束后,自动运行用户程序。观察 4 位 LED 灯的运行情况并记录。

(2) 注释主函数中的语句"gpio();",重新编译,并下载与运行程序。观察 4 位 LED 灯的运行情况。

知识延伸

STC-ISP 在线编程软件的工具箱

(1) 串口助手:可作为 PC RS-232 串口的控制终端,用于 PC RS-232 串口发送与接收数据。

（2）Keil 设置：一是向 Keil C 集成开发环境添加 STC 系列单片机机型、STC 单片机头文件以及 STC 仿真驱动器；二是生成仿真芯片。

（3）范例程序：提供 STC 各系列、各型号单片机应用例程。

（4）波特率计算器：用于自动生成 STC 各系列、各型号单片机串口应用时所需波特率的设置程序。

（5）软件延时计算器：用于自动生成所需延时的软件延时程序。

（6）定时器计算器：用于自动生成所需延时的定时器初始化设置程序。

（7）头文件：提供用于定义 STC 各系列、各型号单片机特殊功能寄存器以及可寻址特殊功能寄存器位的头文件。

（8）指令表：提供 STC 系列单片机的指令系统，包括汇编符号、机器代码、运行时间等。

（9）自定义加密下载：指用户先将程序代码通过一套专用密钥加密，然后将加密后的代码通过串口下载。此时，下载传输的是加密文件，通过串口分析出来的是加密后的乱码，没有加密密钥，这些密码无任何价值，起到防止在烧录程序时被操作人员通过监测串口分析出代码的目的。

（10）脱机下载：在脱机下载电路的支持下，提供脱机下载功能，用于批量生产。

（11）发布项目程序：发布项目程序的功能主要是将用户的程序代码与相关的选项设置打包成为一个可以直接对目标芯片进行下载编程的超级简单的用户界面的可执行文件。用户可以定制（自行修改发布项目程序的标题、按钮名称以及帮助信息），还可以指定目标计算机的硬盘号和目标芯片的 ID 号。指定目标硬盘号后，便可控制发布应用程序只能在指定计算机上运行；复制到其他计算机，应用程序不能运行。同样地，指定了目标芯片的 ID 号后，用户代码只能下载到具有相应 ID 号的目标芯片中；对于 ID 号不一致的其他芯片，不能下载编程。

 任务拓展

（1）在线编程与调试"项目二任务 2. hex"程序，并记录运行结果。

（2）在项目二任务 2. c 程序中，增加 I/O 初始化功能，再编辑、编译程序，并上机调试程序。比较两者的区别。

任务 4　STC 单片机应用程序的在线仿真

 任务说明

宏晶科技采用自主研发的专利技术生产的 IAP15F2K61S2、IAP15L2K61S2、IAP15W4K58S4 和 IAP15W4K61S4 单片机既可用作仿真芯片，又可用作目标芯片。本任务主要学习如何运用 STC-ISP 在线编程软件，将 IAP15W4K58S4 单片机设置为仿真芯片，以及设置 Keil μVision4 的在线仿真硬件环境，实施 STC 单片机在线仿真。

相关知识

Keil μVision4 的硬件仿真需要与外围 8051 单片机仿真器配合实现。在此,选用 IAP15W4K58S4 单片机,它兼有在线仿真功能。

1. Keil μVision4 的硬件仿真电路连接

Keil μVision4 的硬件仿真电路实际上就是相应的程序下载电路,如图 2-3-1 所示。STC15W4K58S4 系列单片机开发板中已有连接,直接使用即可。

2. 设置 STC 仿真器

STC 单片机由于有了基于 Flash 存储器的在线编程(ISP)技术,无仿真器、编程器就可实行单片机应用系统开发,但为了满足习惯于采用硬件仿真的单片机应用工程师的要求,STC 也开发了 STC 硬件仿真器,而且是一大创新:单片机芯片既是仿真芯片,又是应用芯片。下面简单介绍 STC 仿真器的设置与使用。

创建仿真芯片操作如下。

运行 STC-ISP 在线编程软件,然后选择"Keil 仿真设置"选项,如图 2-4-1 所示。

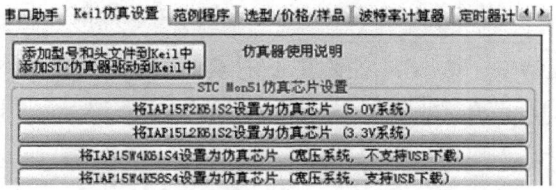

图 2-4-1　设置仿真芯片

根据所选芯片,单击"将 IAP15W4K58S4 设置为仿真芯片(宽压系统,支持 USB 下载)",启动"下载/编程"功能。重新给单片机上电,启动用户程序下载流程。完成后,该芯片即为仿真芯片,可在 Keil μVision4 集成开发环境下进行在线仿真。

3. 设置 Keil μVision4 硬件仿真调试模式

(1) 打开编译环境设置对话框,再打开 Debug 选项页,然后选择 STC Monitor-51 Driver,并勾选 Load Application at Startup 和 Run to main()选项,如图 2-4-2 所示。

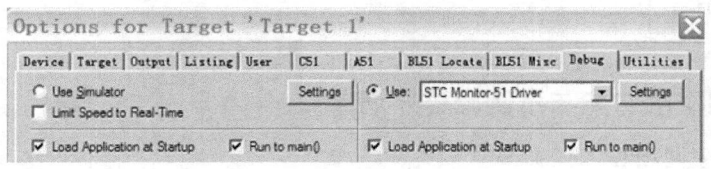

图 2-4-2　目标设置对话框

(2) 设置 Keil μVision4 硬件仿真参数。

单击图 2-4-2 右上角的 Settings 按钮,弹出硬件仿真参数设置对话框,如图 2-4-3 所示。根据仿真电路使用的串口号(或 USB 驱动的模拟串口号)选择串口端口。

① 选择串口:根据硬件仿真时,选择实际使用的串口号(或 USB 驱动时的模拟串口号),如本例的 COM3。

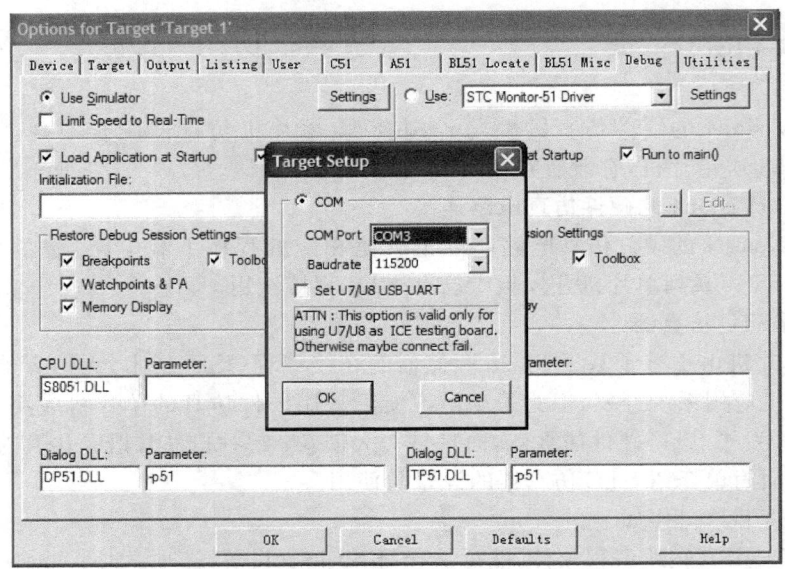

图 2-4-3　Keil μVision4 硬件仿真参数

② 设置串口的波特率：单击下拉按钮，选择合适的波特率，如本例的 115200。

设置完毕，单击 OK 按钮，再单击 Options for Target 'Target 1'对话框的 OK 按钮，完成硬件仿真设置。

4. 在线仿真调试

同软件模拟调试一样，选择菜单命令 Debug→Start/Stop Debug Session 或单击工具栏中的调试按钮 ，进入调试界面；若复选调试按钮 ，则退出调试界面。在线调试除可以在 Keil μVision4 集成开发环境调试界面观察程序运行信息外，还可以直接从目标电路观察程序的运行结果。

Keil μVision4 集成开发环境在在线仿真状态下，能查看 STC 单片机新增内部接口的特殊功能寄存器状态。打开 Debug 下拉菜单，可查看 ADC、CCP、SPI 等接口状态。

任务实施

一、示例程序功能与示例源程序清单

本示例程序同项目二任务 3。

二、将 IAP15W4K58S4 单片机设置为仿真芯片

见项目二任务 4 相关知识部分。

三、设置 Keil μVision4 为在线仿真模式

（1）打开编译环境设置对话框，再打开 Debug 选项页，选中 STC Monitor-51 Driver，再勾选 Load Application at Startup 和 Run to main()选项，如图 2-4-2 所示。

（2）设置 Keil μVision4 硬件仿真参数。

① 选择串口：根据硬件仿真时，选择实际使用的串口号（或 USB 驱动时的模拟串口号），如本例的 COM3。

② 设置串口的波特率：单击下拉按钮，选择合适的波特率，如本例的 115200。

设置完毕，单击 OK 按钮，再单击 Options for Target 'Target' 对话框的 OK 按钮，完成硬件仿真设置。

四、在线仿真调试

选择菜单命令 Debug→Start/Stop Debug Session 或单击工具栏中的调试按钮 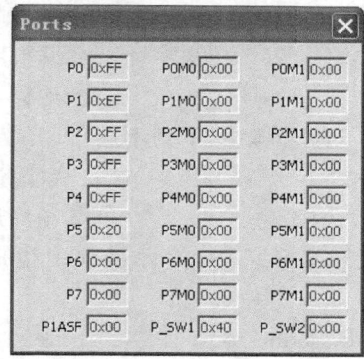，Keil μVision4 系统进入调试界面。

打开 Debug 下拉菜单，然后单击 ALL Ports 选项，弹出 STC 单片机的所有 I/O 端口，如图 2-4-4 所示。此时，既可在 Keil μVision4 系统中观察运行结果，也可同在线调试一样在 STC 单片机实验箱查看运行结果。

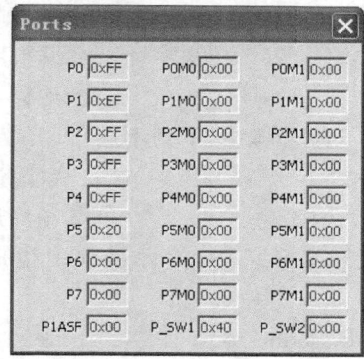

图 2-4-4　Keil μVision4 在线仿真状态下的 STC 单片机 I/O 口

习　　题

一、填空题

1. GQDJL-Ⅱ型单片机开发板中在线编程（下载程序）电路采用的 USB 转串口芯片是_____。

2. GQDJL-Ⅱ型单片机开发板中的 8 位 LED 数码管模块采用的数码管器件是_____位共_____极的。

3. GQDJL-Ⅱ型单片机开发板是全开放式结构，兼容 STC89C51 系列单片机与_____系列单片机。

4. GQDJL-Ⅱ型单片机开发板中的 LM324 是_____芯片。

5. GQDJL-Ⅱ型单片机开发板中的 CD4013 是_____芯片。

6. GQDJL-Ⅱ型单片机开发板中的 74HC00 是_____芯片。

7. 在 Keil μVision4 集成开发环境中，既可以编辑、编译 C 语言源程序，也可以编辑、编译_____源程序。

8. 在 Keil μVision4 集成开发环境中,除可以编辑、编译用户程序外,还可以_____用户程序。

9. 在 Keil μVision4 集成开发环境中,编译时允许自动创建机器代码文件状态下,其默认文件名与_____相同。

10. STC 单片机能够识别的文件类型称为_____,其后缀名是_____。

二、选择题

1. GQDJL-Ⅱ型单片机开发板的在线编程电路中,USB 转串口采用的芯片是_____。

    A. MAX232　　　　B. CH340G　　　　C. CH340T　　　　D. LM324

2. 在 Keil μVision4 集成开发环境中,勾选 Create HEX File 选项后,默认状态下,机器代码名称与_____相同。

    A. 项目名　　　　B. 文件名　　　　C. 项目文件夹名

3. 在 Keil μVision4 集成开发环境中,下列不属于编辑、编译界面操作功能的是_____。

    A. 输入用户程序　　　　　　B. 编辑用户程序
    C. 全速运行程序　　　　　　D. 编译用户程序

4. 在 Keil μVision4 集成开发环境中,下列不属于调试界面操作功能的是_____。

    A. 单步运行用户程序　　　　B. 跟踪运行用户程序
    C. 全速运行程序　　　　　　D. 编译用户程序

5. 在 Keil μVision4 集成开发环境中,编译过程中生成的机器代码文件的后缀名是_____。

    A. c　　　　　　B. asm　　　　　　C. hex　　　　　　D. uvproj

6. 在下列 STC 单片机中,不能实现在线仿真的芯片是_____。

    A. IAP15F2K61S2　　　　　　B. IAP15W4K58S4
    C. IAP15W4K61S4　　　　　　D. STC15W4K32S4

三、判断题

1. STC89C52RC 单片机与 IAP15W4K58S4 单片机在相同封装下,其引脚排列是一样的。　　　　　　　　　　　　　　　　　　　　　　　　　　　(　　)

2. 在 Keil μVision4 集成开发环境下,在编译过程中,默认状态下会自动生成机器代码文件。　　　　　　　　　　　　　　　　　　　　　　　　　(　　)

3. 在 Keil μVision4 集成开发环境中,若不勾选 Create HEX File 选项后编译用户程序,即不能调试用户程序。　　　　　　　　　　　　　　　　　　(　　)

4. Keil μVision4 集成开发环境既可以用于编辑、编译 C 语言源程序,也可以编辑、编译汇编语言源程序。　　　　　　　　　　　　　　　　　　　　(　　)

5. 在 Keil μVision4 集成开发环境调试界面中,默认状态下选择的仿真方式是软件模拟仿真。　　　　　　　　　　　　　　　　　　　　　　　　　(　　)

6. 在 Keil μVision4 集成开发环境调试界面中,若调试的用户程序无子函数调用,那么单步运行与跟踪运行的功能完全一致。　　　　　　　　　　　　(　　)

7. 在 Keil μVision4 集成开发环境中,若编辑、编译的源程序类型不同,所生成机器代码文件的后缀名不同。 （　）

8. STC-ISP 在线编程软件是直接通过 PC USB 接口与单片机串口进行数据通信的。 （　）

9. 在 STC-ISP 在线编程软件中,单击下载程序按钮后,一定要让单片机重新上电,才能完成程序下载工作。 （　）

10. IAP15W4K58S4 单片机既可用作目标芯片,又可用作仿真芯片。 （　）

11. 以 STC15W 开头的 STC 单片机与 IAP15W4K58S4 单片机可不经过 USB 转串口芯片,直接与 PC USB 接口相连,实现在线编程功能。 （　）

12. IAP15W4K61S4 单片机可不经过 USB 转串口芯片,直接与 PC USB 接口相连,实现在线编程功能。 （　）

四、问答题

1. 简述应用 Keil μVision4 集成开发环境开发单片机应用程序的工作流程。

2. 在 Keil μVision4 集成开发环境中,如何根据编程语言的种类选择存盘文件的扩展名?

3. 在 Keil μVision4 集成开发环境中,如何切换编辑与调试程序界面?

4. 在 Keil μVision4 集成开发环境中,有哪几种程序调试方法? 各有什么特点?

5. 在 Keil μVision4 集成开发环境中,调试程序时,如何观察片内 RAM 的信息?

6. 在 Keil μVision4 集成开发环境中,调试程序时,如何观察片内通用寄存器的信息?

7. 在 Keil μVision4 集成开发环境中,调试程序时,如何观察或设置定时器、中断与串行口的工作状态?

8. 简述利用 STC-ISP 在线编程软件下载用户程序的工作流程。

9. 通过怎样的设置,可以实现下载程序时自动更新用户程序代码?

10. 通过怎样的设置,可以实现当用户程序代码发生变化时自动更新用户程序代码,并启动下载命令?

11. IAP15W4K58S4 单片机既可用作目标芯片,又可用作仿真芯片。当用作仿真芯片时,应如何操作?

12. 简述在 Keil μVision4 集成开发环境中,硬件仿真(在线仿真)的设置。

五、电路设计题

1. 在 GQDJL-Ⅱ型单片机开发板中,设计一个 LED 灯测试电路。

2. 在 GQDJL-Ⅱ型单片机开发板中,设计一个 LED 数码管灯测试电路。

3. 在 GQDJL-Ⅱ型单片机开发板中,设计一个蜂鸣器测试电路。

4. 在 GQDJL-Ⅱ型单片机开发板中,设计一个继电器测试电路。

5. 在 GQDJL-Ⅱ型单片机开发板中,设计一个单次脉冲测试电路。

6. 在 GQDJL-Ⅱ型单片机开发板中,利用 CD4013 双 D 触发器电路,设计一个 4 分频电路并测试。

7. 在 GQDJL-Ⅱ型单片机开发板中,用 LM324 集成运放和电位器设计一个放大倍数为 21 的放大电路并测试。

8. 在 GQDJL-Ⅱ型单片机开发板中,利用 74HC00 完成 $F=AB$ 的逻辑功能,画出电路图并测试。

STC15W4K32S4系列单片机 增强型8051内核

本项目要达到的目标：一是让读者理解 STC15W4K32S4 系列单片机的基本结构与资源配置情况；二是掌握 STC15W4K32S4 系列单片机的时钟、复位与外部引脚的接口特性。

知识点：

◆ STC15W4K32S4 系列单片机的 CPU。

◆ STC15W4K32S4 系列单片机的资源配置。

◆ STC15W4K32S4 系列单片机复位的概念、复位原理与复位种类。

◆ STC15W4K32S4 系列单片机时钟的来源。

◆ STC15W4K32S4 系列单片机的引脚特性。

技能点：

◆ 选择复位电平。

◆ 设置时钟的来源与时钟的频率。

◆ 设置系统时钟的分频系数。

◆ 设置主时钟输出。

任务 1　STC15W4K32S4 系列单片机概述

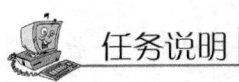 任务说明

STC 增强型 8051 单片机是在经典 8051 单片机框架上发展起来的。增强型 8051 单片机指令系统与经典 8051 单片机指令系统完全兼容，因此，有必要了解经典 8051 单片机

的基本配置情况,从而系统地理解 STC 增强型 8051 单片机的资源配置情况。

 相关知识

一、MCS-51 系列单片机的产品系列

MCS-51 系列单片机是美国 Intel 公司研发的,其内部资源如表 3-1-1 所示。

表 3-1-1　MCS-51 系列单片机的内部资源

型号	程序存储器	数据存储器/B	定时器/计数器	并行 I/O 口	串行口	中断源
8031	无	128	2	32	1	5
8032	无	256	3	32	1	6
8051	4KB ROM	128	2	32	1	5
8052	8KB ROM	256	3	32	1	6
8751	4KB EPROM	128	2	32	1	5
8752	8KB EPROM	256	3	32	1	6

1. 根据片内程序存储器配置情况分类

(1) 无 ROM 型:片内没有配置任何类型的程序存储器,如 8031/8032 单片机。

(2) ROM 型:片内配置的程序存储器的类型是掩膜 ROM,如 8051/8052 单片机。

(3) EPROM 型:片内配置的程序存储器的类型是 EPROM,如 8751/8752 单片机。

提示:目前,8051 兼容单片机的程序存储器类型大多是 Flash ROM,可多次编程,且可在线编程。

2. 根据片内资源配置数量分类

(1) 基本型(或称 51 型):片内程序存储器为 4KB,片内数据存储器为 128B,定时器/计数器 2 个,对应的机型为 8031/8051/8751。

(2) 扩展型(或称 52 型):片内程序存储器为 8KB,片内数据存储器为 256B,定时器/计数器 3 个,对应的机型为 8032/8052/8752。

二、MCS-51 系列单片机的主要特点

MCS-51 系列单片机以其典型的结构,完善的总线专用寄存器集中管理,众多的逻辑位操作功能及面向控制的丰富的指令系统,称为“一代名机”,为其他单片机的发展奠定了基础。正因其优越的性能和完善的结构,许多厂商沿用或参考其体系结构,丰富和发展了 MCS-51 单片机,如 Philips、Dallas、Atmel 等著名的半导体公司推出了兼容 MCS-51 的单片机产品,台湾地区 Winbond 公司发展了兼容 C51 的单片机品种,深圳宏晶科技有限公司推出了增强型 8051 单片机 STC 系列。

近年来 8051 单片机飞速发展,在原来的基础上发展了高速 I/O 口、A/D 转换器,以及 PWM(脉宽调制)、WDT 等增强型功能,并完善了低电压、微功耗、扩展串行总线(I^2C)和控制网络总线(CAN)等功能。

任务实施

STC 系列单片机概述

STC 系列单片机是深圳宏晶科技公司研发的增强型 8051 内核单片机。相对于传统的 8051 内核单片机，STC 系列在片内资源、性能以及工作速度上都有很大的改进，尤其采用了基于 Flash 的在线系统编程（ISP）技术，使得单片机应用系统的开发更加简单，无须仿真器或专用编程器就可开发单片机应用系统，也便于学习单片机相关知识。

STC 单片机产品系列化、种类多，现有超过百种单片机产品，能满足不同应用系统的控制需求。按照工作速度与片内资源配置的不同，STC 系列单片机有若干系列产品。按照工作速度，分为 12T/6T 和 1T 系列：12T/6T 产品是指 1 个机器周期可设置为 12 个时钟或 6 个时钟，包括 STC89 和 STC90 两个系列；1T 产品是指 1 个机器周期仅为 1 个时钟，包括 STC11/10 和 STC12/15 等系列。STC89、STC90 和 STC11/10 系列属基本配置，而 STC12/15 系列产品相应地增加了 PWM、A/D 和 SPI 等接口模块。在每个系列中包含若干产品，其差异主要是片内资源数量。在应用选型时，应根据控制系统的实际需求，选择合适的单片机，即单片机内部资源要尽可能地满足控制系统要求，减少外部接口电路；同时，选择片内资源时遵循"够用"原则，极大地保证单片机应用系统的高性能价格比和高可靠性。

STC15 系列单片机采用 STC-Y5 超高速 CPU 内核，在相同频率下，速度比早期 1T 系列单片机（如 STC12、STC11、STC10 系列）快 20%。

1. STC15W4K32S4 系列单片机资源配置

STC15W4K32S4 系列单片机的资源配置简述如下。

（1）增强型 8051 CPU：1T 型，即每个机器周期只有 1 个系统时钟，速度比传统 8051 单片机快 8～12 倍。

（2）工作电压：2.4～5.5V。

（3）ISP/IAP 功能：即在系统可编程/在应用可编程。其中，STC15W4K 开头的以及 IAP15W4K58S4 单片机可直接采用 USB 进行在线编程。

（4）内部高可靠复位：ISP 编程时，16 级复位门槛电压可选，可彻底省掉外围复位电路。

（5）内部高精度 R/C 时钟：$\pm 1\%$温漂（$-40\sim 85℃$）。常温下，温漂为$\pm 0.6\%$；ISP 编程时，内部时钟 5 ～ 35MHz 可选（5.5296MHz、11.0592MHz、22.1184MHz、33.1776MHz 等，也可直接输入频率值）。

（6）Flash 程序存储器：16KB、32KB、40KB、48KB、60KB、61KB、63.5KB 可选。

（7）4096 字节 SRAM：包括常规的 256 字节 RAM 和内部扩展的 3840 字节 XRAM。

（8）大容量的数据 Flash（E^2PROM），擦写次数十万次以上。

（9）7 个定时器：包括 5 个 16 位可重装载初始值的定时器/计数器（T0、T1、T2、T3、T4）和 2 路 CCP（可再实现 2 个定时器）。

(10) 4 个全双工异步串行口：串口 1、串口 2、串口 3、串口 4。

(11) 8 通道高速 10 位 ADC，速度达 30 万次/秒。8 路 PWM 可用作 8 路 D/A 使用。

(12) 6 通道 15 位专门的高精度 PWM（带死区控制）。

(13) 2 通道 CCP。

(14) 高速 SPI 串行通信接口。

(15) 6 路可编程时钟输出：T0、T1、T2、T3、T4 以及主时钟输出。

(16) 比较器，可当 1 路 ADC 使用，可用作掉电检测。

(17) 最多 62 个 I/O 口，可设置为 4 种工作模式。

(18) 硬件看门狗（WDT）。

(19) 低功耗设计：低速模式、空闲模式、掉电模式（停机模式）。

它还具有多种掉电唤醒的资源：

① 低功耗掉电唤醒专用定时器。

② 唤醒引脚：INT0、INT1、$\overline{\text{INT2}}$、$\overline{\text{INT3}}$、$\overline{\text{INT4}}$、CCP0、CCP1、RxD、RxD2、RxD3、RxD4、T0、T1、T2、T3、T4 等。

(20) 支持程序加密后传输，仿拦截。

(21) 支持 RS-485 下载。

(22) 先进的指令集结构，兼容传统 8051 单片机指令集，有硬件乘法、除法指令。

2. STC15W4K32S4 系列单片机机型一览表与命名规则

1）STC15W4K32S4 系列单片机机型一览表

STC15W4K32S4 系列单片机各机型的不同之处主要体现在程序存储器与 E^2PROM 容量方面，具体情况如表 3-1-2 所示。

表 3-1-2　STC15W4K32S4 系列单片机机型一览表

型　号	程序存储器容量/KB	数据存储器 SRAM 容量/KB	E^2PROM 容量	复位门槛电压	内部精准时钟	程序加密后传输（防拦截）	可设程序更新口令	支持 RS-485 下载	封装类型
STC15W4K16S4	16	4	43KB	16 级	可选	有	是	是	LQFP64L、LQFP64S、QFN64、QFN48、LQFP48、LQFP44、LQFP32、SOP28、SKDIP28、PDIP40
STC15W4K32S4	32	4	27KB	16 级	可选	有	是	是	
STC15W4K40S4	40	4	19KB	16 级	可选	有	是	是	
STC15W4K48S4	48	4	11KB	16 级	可选	有	是	是	
STC15W4K56S4	56	4	3KB	16 级	可选	有	是	是	
IAP15W4K61S4	61	4	IAP	16 级	可选	有	是	是	
IAP15W4K58S4	58	4	IAP	16 级	可选	有	是	是	
IRC15W4K63S4	63.5	4	IAP	固定	24MHz	无	否	否	

2）STC15W4K32S4 系列单片机的命名规则

STC15W4K32S4 系列单片机的命名规则如图 3-1-1 所示。

本书选用 STC15W4K32S4 系列中的 IAP15W4K58S4 单片机作为教学机型，全面介绍 STC 单片机技术，培养学生应用 STC 单片机完成相关设计的能力。

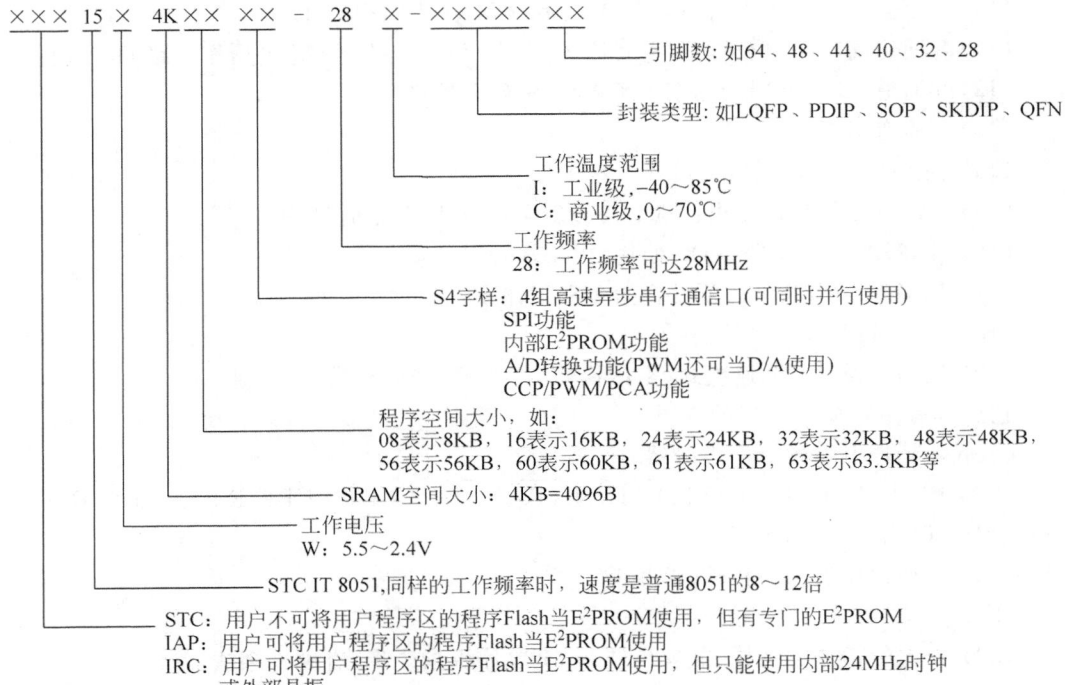

图 3-1-1 STC15W4K32S4 系列单片机的命名规则

任务 2 IAP15W4K58S4 单片机的结构与工作原理

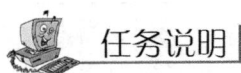 **任务说明**

IAP15W4K58S4 单片机是增强型 8051 单片机，既可用作在线仿真芯片，又可用作目标芯片。本任务从宏观上讲解 IAP15W4K58S4 单片机的内部资源与工作原理。

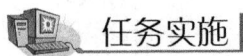 **任务实施**

一、IAP15W4K58S4 单片机的内部结构

IAP15W4K58S4 单片机的内部结构框图如图 3-2-1 所示。

IAP15W4K58S4 单片机包含 CPU、程序存储器(程序 Flash，可用作 E²PROM)、数据存储器(基本 RAM、扩展 RAM、特殊功能寄存器)、E²PROM(数据 Flash，与程序 Flash 共用一个地址空间)、定时器/计数器、串行口、中断系统、比较器、ADC 模块、CCP 模块(可当 DAC 使用)、增强型 PWM 模块、SPI 接口以及硬件看门狗、电源监控、专用复位电路、内部高精度 R/C 时钟等模块。

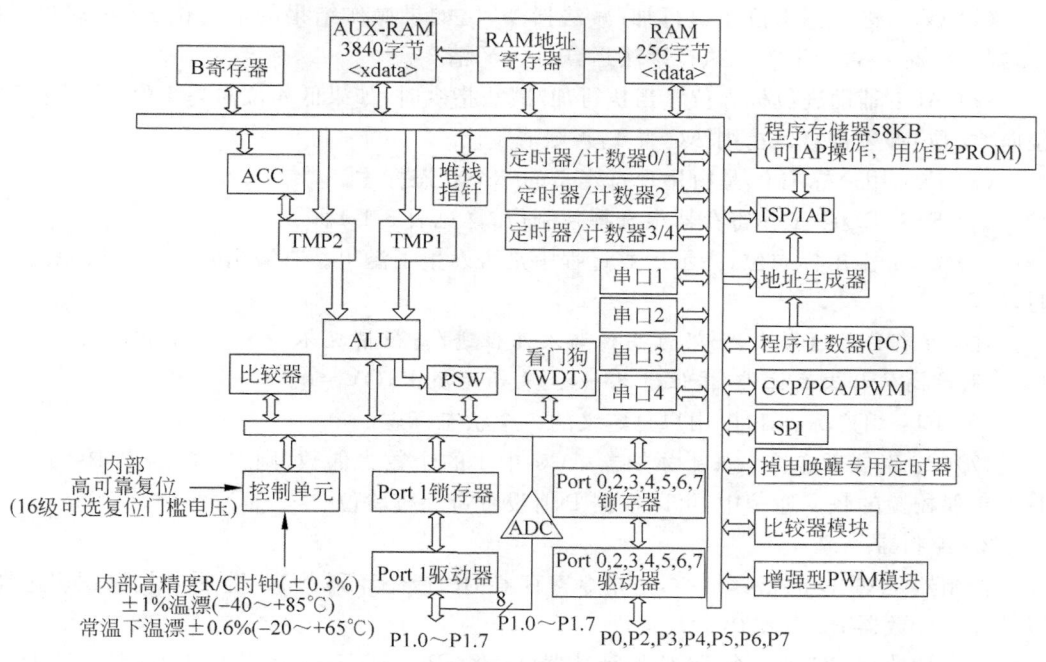

图 3-2-1　IAP15W4K58S4 单片机的内部结构框图

二、CPU 结构

IAP15W4K58S4 单片机的中央处理器 CPU 由运算器和控制器组成。它的作用是读入并分析每条指令,以便控制单片机的各功能部件执行指定的运算或操作。

1. 运算器

运算器由算术/逻辑运算部件 ALU、累加器 ACC、寄存器 B、暂存器(TMP1、TMP2)和程序状态标志寄存器 PSW 组成,实现算术与逻辑运算、位变量处理与传送等操作。

ALU 功能极强,既可实现 8 位二进制数据的加、减、乘、除算术运算和与、或、非、异或、循环等逻辑运算,还具有一般微处理器不具备的位处理功能。

累加器 ACC,又记作 A,用于向 ALU 提供操作数和存放运算结果,是 CPU 中工作最繁忙的寄存器。大多数指令的执行都要通过累加器 ACC。

寄存器 B 是专门为乘法和除法运算设置的寄存器,用于存放乘法和除法运算的操作数和运算结果。对于其他指令,可作为普通寄存器使用。

程序状态标志寄存器 PSW,简称程序状态字,用来保存 ALU 运算结果的特征和处理状态。这些特征和状态可以作为控制程序转移的条件,供程序判别和查询。PSW 的各位定义如下:

	地址	B7	B6	B5	B4	B3	B2	B1	B0	复位值
PSW	D0H	CY	AC	F0	RS1	RS0	OV	F1	P	0000 0000

（1）CY：进位标志位。执行加/减法指令时，如果操作结果的最高位 B7 出现进/借位，则 CY 置 1，否则清零。执行乘法运算后，CY 清零。

（2）AC：辅助进位标志位。当执行加/减法指令时，如果低 4 位向高 4 位（或者说 B3 位向 B4 位）产生进/借位，则 AC 置 1，否则清零。

（3）F0：用户标志 0，是由用户自定义的一个状态标志。

（4）RS1、RS0：工作寄存器组选择控制位，详见表 5-1-1。

（5）OV：溢出标志位，指示运算过程中是否发生了溢出。有溢出时，OV＝1；无溢出时，OV＝0。

注：在有符号运算中，如果最高位与次高位进/借位情况不一致，表示有溢出，OV＝1；如果最高位与次高位进/借位情况一致，表示无溢出，OV＝0。

（6）F1：用户标志 1，由用户自定义的一个状态标志。

（7）P：奇偶标志位。如果累加器 ACC 中 1 的个数为偶数，则 P＝0，否则 P＝1。在具有奇偶校验的数据通信中，可以根据 P 值设置奇偶校验位。

2. 控制器

控制器是 CPU 的指挥中心，由指令寄存器 IR、指令译码器 ID、定时及控制逻辑电路以及程序计数器 PC 等组成。

程序计数器 PC 是一个 16 位的计数器（注意：PC 不属于特殊功能寄存器）。它总是存放着下一个要取指令字节在程序存储器中存放的 16 位地址。每取完一个指令字节，PC 的内容自动加 1，为取下一个指令字节做准备。因此，一般情况下，CPU 是按指令顺序执行程序的，只有在执行转移、子程序调用指令和中断响应时例外，此时由指令或中断响应过程自动给 PC 置入新的地址。总之，PC 指到哪里，CPU 就从哪里开始执行程序。

指令寄存器 IR 保存当前正在执行的指令。执行一条指令，先要把它从程序存储器取到指令寄存器 IR 中。指令内容包含操作码和地址码两部分，操作码送指令译码器 ID，并形成相应指令的微操作信号；地址码送操作数形成电路，以便形成实际的操作数地址。

定时与控制是微处理器的核心部件，它的任务是控制"取指令、执行指令、存取操作数或运算结果"等操作，向其他部件发出各种微操作信号，协调各部件工作，完成指令指定的工作任务。

三、IAP15W4K58S4 单片机引脚功能

IAP15W4K58S4 单片机有 LQFP64、LQFP48、LQFP44、LQFP32、PDIP40、SOP28、SOP32、SKDIP28 等封装形式。图 3-2-2 和图 3-2-3 所示为 LQFP44 和 PDIP40 封装引脚图。

下面以 IAP15W4K58S4 单片机的 PDIP40 封装为例，介绍其引脚功能。由图 3-2-3 可知，除 18 脚、20 脚为电源、地以外，其他引脚都可用作 I/O 口。也就是说，IAP15W4K58S4 单片机不需外围电路，只需接上电源，就构成一个单片机最小系统。因此，这里以 IAP15W4K58S4 单片机的 I/O 口引脚为主线，描述 IAP15W4K58S4 单片机的各引脚功能。

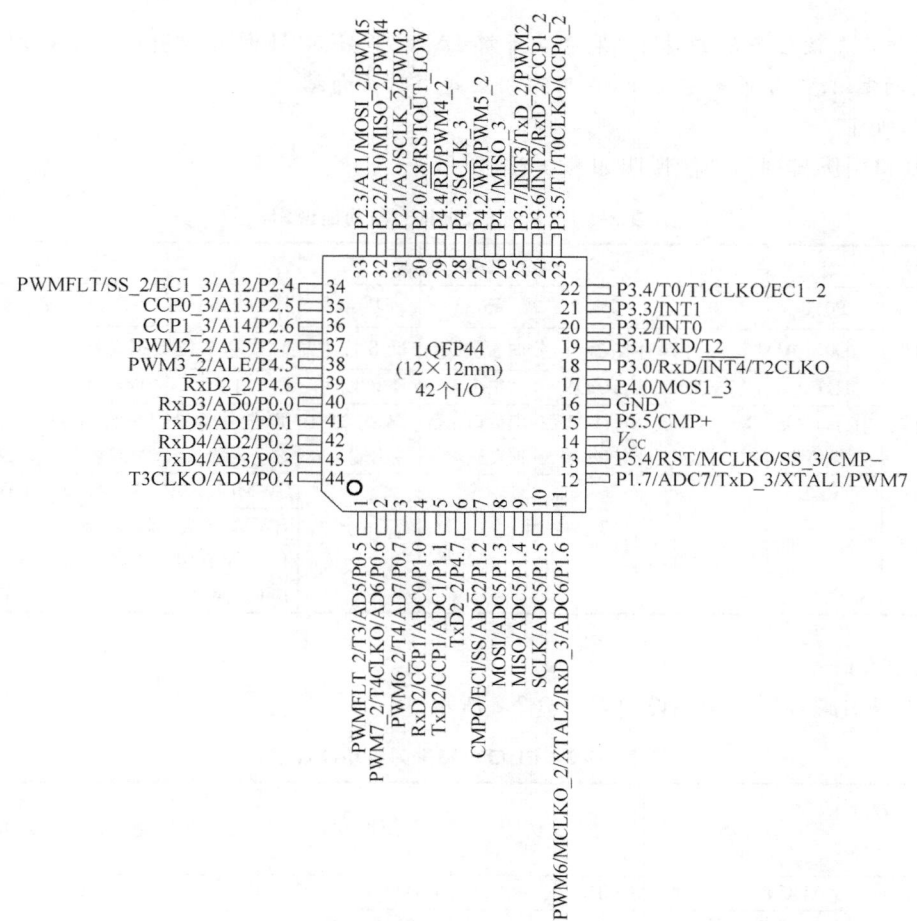

图 3-2-2　IAP15W4K58S4 单片机 LQFP44 封装引脚图

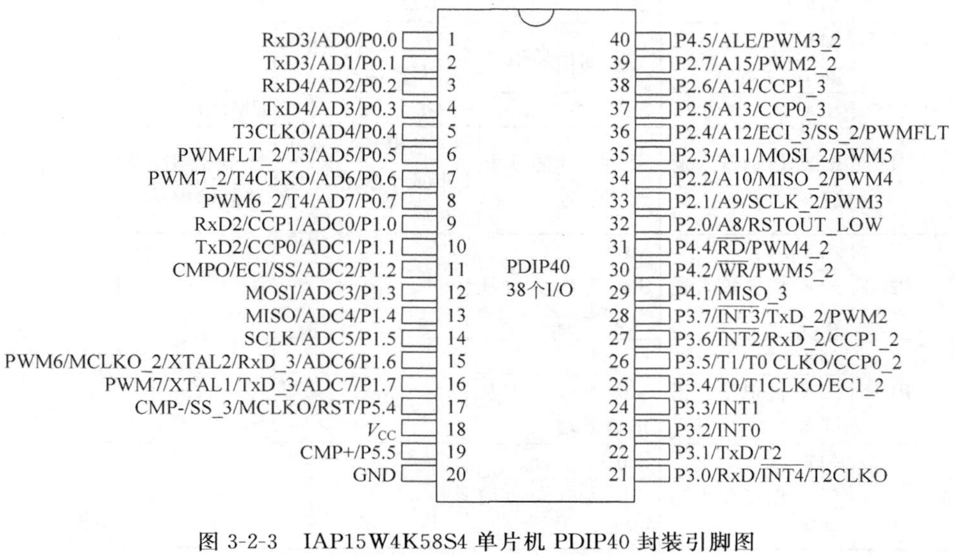

图 3-2-3　IAP15W4K58S4 单片机 PDIP40 封装引脚图

建议：在该任务的教学中，先重点讲解 IAP15W4K58S4 单片机引脚的 I/O 功能，有关它们的第 2、第 3 等多重功能，在用到相应接口时再介绍。

1. P0 口

P0 口引脚排列与功能说明如表 3-2-1 所示。

表 3-2-1　P0 口引脚排列与功能说明

引脚号	1	2	3	4	5	6	7	8
I/O 名称	P0.0	P0.1	P0.2	P0.3	P0.4	P0.5	P0.6	P0.7
第二功能	AD0～AD7 访问外部存储器时，分时复用用作低 8 位地址总线和 8 位数据总线							
第三功能	RxD3	TxD3	RxD4	TxD4	T3CLKO	T3	T4CLKO	T4
	串行口 3 数据接收端	串行口 3 数据发送端	串行口 4 数据接收端	串行口 4 数据发送端	T3 的时钟输出端	T3 的外部计数输入端	T4 的时钟输出端	T4 的外部计数输入端
第四功能	—	—	—	—	—	PWMFLT_2	PWM7_2	PWM6_2
						PWM 异常停机控制引脚（切换 1）	脉宽调制输出通道 7（切换 1）	脉宽调制输出通道 6（切换 1）

2. P1 口

P1 口引脚排列与功能说明如表 3-2-2 所示。

表 3-2-2　P1 口引脚排列与功能说明

引脚号	I/O 名称	第二功能	第三功能	第四功能	第五功能	第六功能
9	P1.0	ADC0 ADC 模拟输入通道 0	CCP1 CCP 输出通道 1	RxD2 串行口 2 串行数据接收端	—	—
10	P1.1	ADC1 ADC 模拟输入通道 1	CCP0 CCP 输出通道 0	TxD2 串行口 2 串行数据发送端	—	—
11	P1.2	ADC2 ADC 模拟输入通道 2	SS SPI 接口的从机选择信号	ECI CCP 模块计数器外部计数脉冲输入端	CMPO 比较器比较结果输出端	—
12	P1.3	ADC3 ADC 模拟输入通道 3	MOSI SPI 接口主出从入数据端	—	—	—
13	P1.4	ADC4 ADC 模拟输入通道 4	MISO SPI 接口主入从出数据端	—	—	—
14	P1.5	ADC5 ADC 模拟输入通道 5	SCLK SPI 接口同步时钟端	—	—	—

续表

引脚号	I/O 名称	第二功能	第三功能	第四功能	第五功能	第六功能
15	P1.6	ADC6	RxD_3	XTAL2	MCLKO_2	PWM6
		ADC 模拟输入通道 6	串行口 1 串行数据接收端(切换 2)	内部时钟放大器反相放大器的输出端	主时钟输出(切换 1)	脉宽调制输出通道 6
16	P1.7	ADC7	TxD_3	XTAL1	PWM7	—
		ADC 模拟输入通道 7	串行口 1 串行数据发送端(切换 2)	内部时钟放大器反相放大器的输入端	脉宽调制输出通道 7	

3. P2 口

P2 口引脚排列与功能说明如表 3-2-3 所示。

表 3-2-3　P2 口引脚排列与功能说明

引脚号	I/O 名称	第二功能		第三功能	第四功能	第五功能
32	P2.0	A8	访问外部存储器时，用作高 8 位地址总线	RSTOUT_LOW	—	—
				上电后输出低电平		
33	P2.1	A9		SCLK_2	PWM3	—
				SPI 接口同步时钟端(切换 1)	脉宽调制输出通道 3	
34	P2.2	A10		MISO_2	PWM4	—
				SPI 接口主入从出数据端(切换 1)	脉宽调制输出通道 4	
35	P2.3	A11		MOSI_2	PWM5	—
				SPI 接口主出从入数据端(切换 1)	脉宽调制输出通道 5	
36	P2.4	A12		ECI_3	SS_2	PWMFLT
				CCP 模块计数器外部计数脉冲输入端(切换 2)	SPI 接口的从机选择信号(切换 1)	PWM 异常停机控制引脚
37	P2.5	A13		CCP0_3	—	—
				CCP 输出通道 0(切换 2)		
38	P2.6	A14		CCP1_3	—	—
				CCP 输出通道 1(切换 2)		
39	P2.7	A15		PWM2_2	—	—
				脉宽调制输出通道 2(切换 1)		

4. P3 口

P3 口引脚排列与功能说明如表 3-2-4 所示。

表 3-2-4　P3 口引脚排列与功能说明

引脚号	I/O 名称	第二功能	第三功能	第四功能
21	P3.0	RxD 串行口 1 串行数据接收端	INT4 外部中断 4 中断请求输入端	T2CLKO T2 定时器的时钟输出端
22	P3.1	TxD 串行口 1 串行数据发送端	T2 T2 定时器的外部计数脉冲输入端	—
23	P3.2	INT0 外部中断 0 中断请求输入端	—	—
24	P3.3	INT1 外部中断 1 中断请求输入端	—	—
25	P3.4	T0 T0 定时器的外部计数脉冲输入端	T1CLKO T1 定时器的时钟输出端	ECI_2 CCP 模块计数器外部计数脉冲输入端(切换 1)
26	P3.5	T1 T1 定时器的外部计数脉冲输入端	T0CLKO T0 定时器的时钟输出端	CCP0_2 CCP 输出通道 0(切换 1)
27	P3.6	INT2 外部中断 2 中断请求输入端	RxD_2 串行口 1 串行接收数据端(切换 1)	CCP1_2 CCP 输出通道 1(切换 1)
28	P3.7	INT3 外部中断 3 中断请求输入端	TxD_2 串行口 1 串行发送数据端(切换 1)	PWM2 脉宽调制输出通道 2

5. P4 口

P4 口引脚排列与功能说明如表 3-2-5 所示。

表 3-2-5　P4 口引脚排列与功能说明

引脚号	I/O 名称	第二功能	第三功能
29	P4.1	MOSI_3 SPI 接口主出从入数据端(切换 2)	—
30	P4.2	WR 外部数据存储器写脉冲输出端 SPI 接口同步信号输入端(切换 2)	PWM5_2 脉宽调制输出通道 5(切换 1)
31	P4.4	RD 外部数据存储器读脉冲输出端	PWM4_2 脉宽调制输出通道 4(切换 1)
40	P4.5	ALE 外部扩展存储器的地址锁存信号输出端 串行口 2 串行发送数据端(切换 1)	PWM3_2 脉宽调制输出通道 3(切换 1)

6. P5口

P5口引脚排列与功能说明如表3-2-6所示。

表 3-2-6　P5 口引脚排列与功能说明

引脚号	I/O名称	第二功能	第三功能	第四功能	第五功能
17	P5.4	RST 复位脉冲输入端	MCLKO 主时钟输出端	SS_3 SPI接口的从机选择信号（切换2）	CMP- 比较器负极输入端
19	P5.5	CMP+ 比较器正极输入端	—	—	—

注：IAP15W4K58S4单片机内部接口的外部输入、输出功能引脚可通过编程切换。上电或复位后，默认功能引脚的名称以原功能状态名称表示，切换后引脚状态的名称在原功能名称基础上加一下划线和序号组成。例如RxD和RxD_2，RxD为串行口1默认的数据接收端，RxD_2为串行口1切换后（第1组切换）的数据接收端名称，其功能与串行口1的串行数据接收端相同。

任务 3　IAP15W4K58S4 单片机的时钟与复位

 任务说明

经典8051单片机的时钟和复位信号都由片外提供，而STC15系列单片机的时钟与复位发生了较大改变，可完全由片内提供。本任务在介绍经典8051单片机时钟产生与复位实现的基础上，系统地讲解STC15系列单片机的系统时钟与复位情况。

 **相关知识**

一、8051 单片机时钟电路

8051单片机时钟信号由XTAL1、XTAL2引脚外接晶振产生，或直接从XTAL1端（或XTAL2端）输入外部时钟信号源。采用外部时钟信号源，适合多机应用系统，以实现各单片机间的信号同步。当从XTAL2端输入时，XTAL1端应接地，如图3-3-1(b)所示；当从XTAL1端输入时，XTAL2端应悬空，如图3-3-1(c)所示。

在实际中、小应用系统中，一般以单机系统为主。在单机系统中，宜采用外接晶振芯片来产生时钟信号，如图3-3-1(a)所示。时钟信号的频率取决于晶振的频率，电容器C_1和C_2的作用是稳定频率和快速起振，一般取值为5~30pF，典型值为30pF。传统8051单片机时钟信号频率为1.2~12MHz。目前，许多增强型51单片机的时钟频率，远大于12MHz。

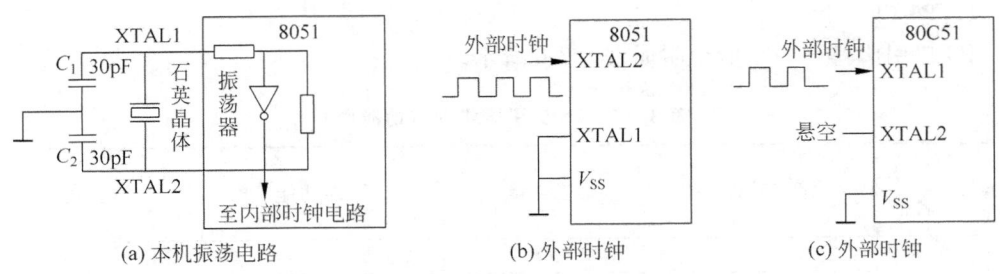

图 3-3-1　单片机时钟电路

二、8051 单片机的复位与复位电路

8051 单片机复位的作用是使单片机复位到指定的初始状态,通过在外部复位引脚端(RST)外加大于 2 个机器周期(1 个机器周期等于 12 个时钟周期)的高电平脉冲实现。

在实际应用中,需配备两种复位操作:上电复位与按键复位。上电复位是指单片机加电时,强迫单片机复位,让单片机从指定的初始状态开始运行程序;按键复位是指在单片机的运行过程中,通过按键人为地实现复位。

图 3-3-2(a)所示为上电复位电路,由电容 C_1 和电阻 R_1 组成。一般 C_1 取 $10\mu F$,R_1 取 $8.2k\Omega$。上电复位电路利用电容两端电压不能突变的原理实现。断电时,电容 C_1 经放电后,电荷为 0,即电容两端电压为 0;上电时,由于电容两端电压不能突变,RST 端的电平为高电平,随着电容充电,RST 端的电位逐渐降低,最终变为 0。从上电到电容充电结束,RST 端的电平由高电平到低电平,只要选择合适的电容、电阻参数,就能保证足够的复位高电平时间,保证复位的实现。

若电容两端并上由一个按钮和一个电阻(一般取 200Ω)组成的串联电路,即在上电复位的基础上附加按键复位功能,如图 3-3-2(b)所示,可利用按键强制给 RST 引入复位高电平。

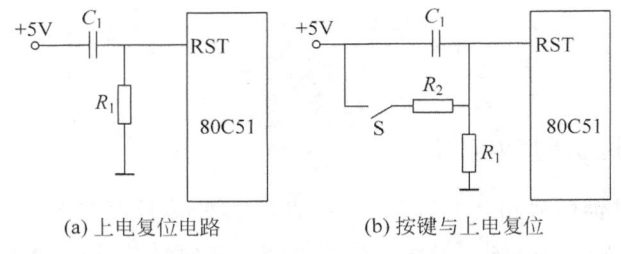

图 3-3-2　8051 单片机复位电路

任务实施

一、IAP15W4K58S4 单片机的时钟

1. 时钟源的选择

IAP15W4K58S4 单片机的主时钟有 2 种时钟源:内部高精度 RC 时钟和外部时钟

（由 XTAL1 和 XTAL2 外接晶振产生时钟,或直接输入时钟）。

　　1）内部高精度 RC 时钟

　　如果使用 IAP15W4K58S4 单片机的内部高精度 RC 时钟,XTAL1 和 XTAL2 可用作 I/O 端口。IAP15W4K58S4 单片机在常温下的时钟频率为 5～35MHz,在－40～＋85℃温度环境下的温漂为±1%,常温下的温漂为±0.5%。

　　在对 IAP15W4K58S4 单片机进行 ISP 下载用户程序时,在硬件选项中勾选“选择使用内部 IRC 时钟(不选为外部时钟)”,并输入用户程序运行时的 IRC 频率,如图 3-3-3 所示。

　　2）外部时钟

　　XTAL1 和 XTAL2 是芯片内部一个反相放大器的输入端和输出端。

　　IAP15W4K58S4 单片机的出厂标准配置是使用内部 RC 时钟,如选用外部时钟,在对 IAP15W4K58S4 单片机进行 ISP 下载用户程序时,在硬件选项中选择,即去掉“选择使用内部 IRC 时钟(不选为外部时钟)”前面方框中的“√”。

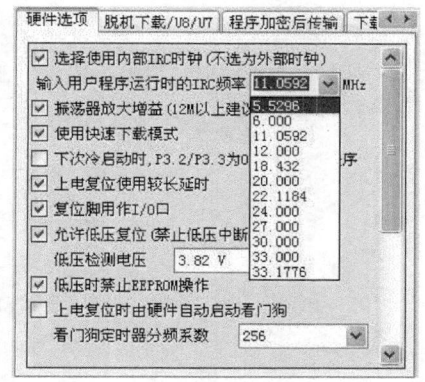

图 3-3-3　内部 RC 时钟频率选择

　　使用外部振荡器产生时钟时,单片机时钟信号由 XTAL1、XTAL2 引脚外接晶振产生时钟信号,或直接从 XTAL1 输入外部时钟信号源。

　　采用外接晶振来产生时钟信号,如图 3-3-4(a)所示,时钟信号的频率取决于晶振的频率,电容器 C_1 和 C_2 的作用是稳定频率和快速起振,一般取值为 5～47pF,典型值为 47pF 或 30pF。IAP15W4K58S4 单片机的时钟频率最大可达 35MHz。

　　当从 XTAL1 端直接输入外部时钟信号源时,XTAL2 端悬空,如图 3-3-4(b)所示。

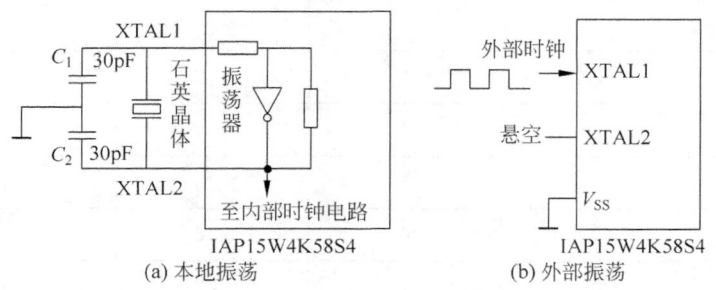

图 3-3-4　IAP15W4K58S4 单片机的外部时钟电路

　　主时钟源(内部 RC 时钟或外部时钟)信号的频率记为 f_{osc}。

　　2. 系统时钟与时钟分频寄存器

　　主时钟源输出信号不是直接与单片机 CPU、内部接口的时钟信号相连,而是经过一个可编程时钟分频器提供给单片机 CPU 和内部接口,如图 3-3-5 所示。为了区分主时钟源时钟信号与 CPU、内部接口的时钟,主时钟源(振荡器时钟)信号的频率记为 f_{osc};CPU、内部接口的时钟称为系统时钟,记为 f_{SYS},且 $f_{SYS}=f_{osc}/N$。其中,N 为时钟分频器的分频系数。利用时钟分频器(CLK_DIV)可实现时钟分频,从而使 IAP15W4K58S4 单片机在较低频率方式下工作。

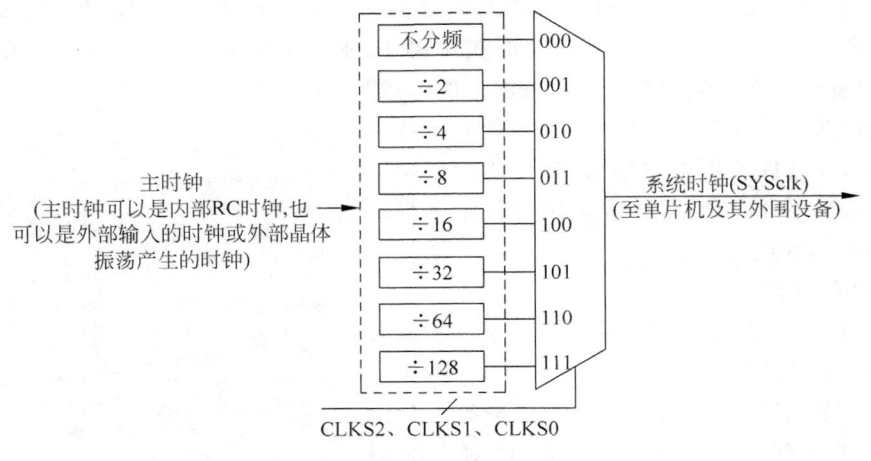

图 3-3-5　时钟分频器

时钟分频寄存器 CLK_DIV 各位的定义如下:

	地址	B7	B6	B5	B4	B3	B2	B1	B0	复位值
CLK_DIV	97H	MCKO_S1	MCKO_S0	ADRJ	Tx_Rx	—	CLKS2	CLKS1	CLKS0	0000 x000

系统时钟的分频情况如表 3-3-1 所示。

表 3-3-1　CPU 系统时钟与分频系数

CLKS2	CLKS1	CLKS0	分频系数(N)	CPU 的系统时钟
0	0	0	1	f_{osc}
0	0	1	2	$f_{osc}/2$
0	1	0	4	$f_{osc}/4$
0	1	1	8	$f_{osc}/8$
1	0	0	16	$f_{osc}/16$
1	0	1	32	$f_{osc}/32$
1	1	0	64	$f_{osc}/64$
1	1	1	128	$f_{osc}/128$

3. 主时钟输出与主时钟控制

主时钟从 P5.4 引脚输出,但是否输出,输出分频为多少,是由 CLK_DIV 中的 MCKO_S1 和 MCKO_S0 控制,详见表 3-3-2。

表 3-3-2　主时钟输出功能

MCKO_S1	MCKO_S0	主时钟输出功能
0	0	禁止输出
0	1	输出时钟频率＝主时钟频率
1	0	输出时钟频率＝主时钟频率/2
1	1	输出时钟频率＝主时钟频率/4

二、IAP15W4K58S4 单片机复位

复位是单片机的初始化工作。复位后,中央处理器 CPU 及单片机内的其他功能部件都处在确定的初始状态,并从该状态开始工作。复位分为热启动复位和冷启动复位两大类,其区别如表 3-3-3 所示。

表 3-3-3　热启动复位和冷启动复位对照表

复位种类	复　位　源	上电复位标志(POF)	复位后程序启动区域
冷启动复位	系统停电后再上电引起的硬复位	1	从系统 ISP 监控程序区开始执行程序。如果检测到合法的 ISP 下载命令流,则进行应用程序的在线编程(下载程序),完成后自动转到用户程序区执行用户程序;如果检测不到合法的 ISP 下载命令流,将软复位到用户程序区执行用户程序
热启动复位	通过控制 RST 引脚产生的硬复位	不变	从系统 ISP 监控程序区开始执行程序。如果检测到合法的 ISP 下载命令流,则进行应用程序的在线编程(下载程序),完成后自动转到用户程序区执行用户程序;如果检测不到合法的 ISP 下载命令流,将软复位到用户程序区执行用户程序
	内部看门狗复位	不变	若 SWBS＝1,复位到系统 ISP 监控程序区;若 SWBS＝0,复位到用户程序区 0000H 处
	通过对 IAP_CONTR 寄存器操作的软复位	不变	若 SWBS＝1,软复位到系统 ISP 监控程序区;若 SWBS＝0,软复位到用户程序区 0000H 处

PCON 寄存器的 B4 位是单片机的上电复位标志位 POF。冷启动后,复位标志 POF 为 1;热启动复位后,POF 不变。在实际应用中,该位用来判断单片机复位是上电复位(冷启动复位),还是 RST 外部复位,或看门狗复位,或软复位。应在判断出上电复位后,及时将 POF 清零。用户可以在初始化程序中判断 POF 是否为 1,并对不同情况做出不同的处理,如图 3-3-6 所示。

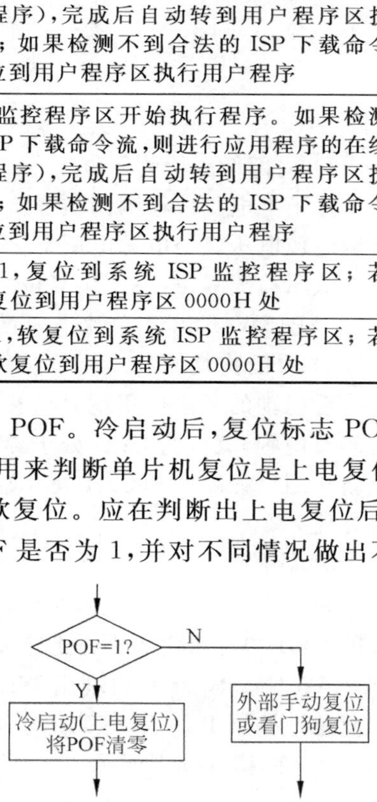

1. 复位的实现

IAP15W4K58S4 单片机有多种复位模式:内部上电复位(掉电复位与上电复位)、外部 RST 引脚复位、MAX810 专用电路复位、内部低压检测复位、看门狗复位与软件复位。

1) 内部上电复位与 MAX810 专用复位

当电源电压低于掉电/上电复位检测门槛电压时,

图 3-3-6　用户软件判断复位种类流程图

所有的逻辑电路都会复位。当内部 V_{CC} 上升到复位门槛电压以上后,延迟 8192 个时钟,掉电复位/上电复位结束。

若 MAX810 专用复位电路在 ISP 编程时被允许,则以后掉电复位/上电复位结束后产生约 180ms 复位延迟,复位才能被解除。

2) 外部 RST 引脚复位

外部 RST 引脚复位就是从外部向 RST 引脚施加一定宽度的高电平复位脉冲,实现单片机复位。P5.4(RST)引脚出厂时被设置为 I/O 口,要将其配置为复位引脚,必须在 ISP 编程时设置。将 RST 引脚拉高并维持至少 24 个时钟加 $20\mu s$ 后,单片机进入复位状态,将 RST 引脚拉回低电平,单片机结束复位状态,并从系统 ISP 监控程序区开始执行程序。如果检测不到合法的 ISP 下载命令流,将软复位到用户程序区执行用户程序。

IAP15W4K58S4 复位原理及复位电路,与传统的 8051 单片机是一样的,如图 3-3-7 所示。

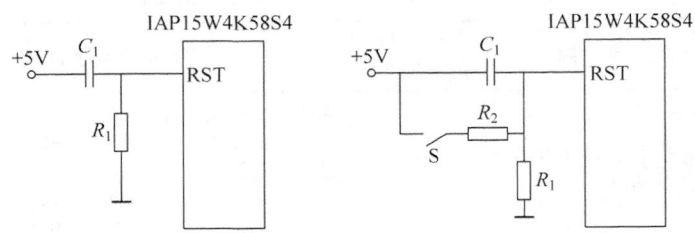

图 3-3-7　IAP15W4K58S4 单片机复位电路

3) 内部低压检测复位

除了上电复位检测门槛电压外,IAP15W4K58S4 单片机还有一组更可靠的内部低压检测门槛电压。当电源电压 V_{CC} 低于内部低压检测(LVD)门槛电压时,若在 ISP 编程时允许低压检测复位,可产生复位。相当于将低压检测门槛电压设置为复位门槛电压。

IAP15W4K58S4 单片机内置了 16 级低压检测门槛电压。

4) 看门狗复位

看门狗的基本作用就是监视 CPU 的工作。如果 CPU 在规定的时间内没有按要求访问看门狗,就认为 CPU 处于异常状态,看门狗会强迫 CPU 复位。若 SWBS=0,使系统重新从用户程序区 0000H 处开始执行用户程序,是一种提高系统可靠性的措施。详见项目九任务 2。

5) 软件复位

在系统运行过程中,有时会根据特殊需求,实现单片机系统软复位(热启动之一)。传统的 8051 单片机由于硬件上未支持此功能,用户必须用软件模拟实现,实现起来较麻烦。IAP15W4K58S4 单片机利用 ISP/IAP 控制寄存器 IAP_CONTR 实现了此功能。用户只需简单地控制 ISP_CONTR 的其中 2 位(SWBS、SWRST),就可以将系统复位。IAP_CONTR 的格式如下所示。

	地址	B7	B6	B5	B4	B3	B2	B1	B0	复位值
IAP_CONTR	C7H	IAPEN	SWBS	SWRST	CMD_FAIL	—	WT2	WT1	WT0	0000 x000

（1）SWBS：软件复位程序启动区的选择控制位。SWBS＝0，从用户程序区启动；SWBS＝1，从 ISP 监控程序区启动。

（2）SWRST：软件复位控制位。SWRST＝0，不操作；SWRST＝1，产生软件复位。

若要切换到用户程序区起始处开始执行程序，执行语句"IAP_CONTR＝0x20；"；若要切换到 ISP 监控程序区起始处开始执行程序，执行语句"IAP_CONTR＝0x60；"。

2. 复位状态

冷启动复位和热启动复位时，除程序的启动区域以及上电标志的变化不同外，复位后的 PC 值与各特殊功能寄存器的初始状态是一样的，具体见表 5-1-2。其中，PC＝0000H，SP＝07H，P0＝P1＝P2＝P3＝P4＝P5＝FFH（P2.0 输出状态取决于在 ISP 下载程序时的选择，默认输出高电平）。复位不影响片内 RAM 的状态。

任务拓展

硬件电路与软件同项目二任务 3，仅在下载用户程序时，修改 IRC 时钟为 24MHz，下载程序后，观察与记录程序的运行状况，并对比 IRC 时钟为 12MHz 时程序运行的状况。

习　题

一、填空题

1. STC 系列单片机是我国_____研发的。

2. STC15W4K32S4 系列是 1T 单片机。1T 的含义是_____。

3. STC 系列单片机传承于 Intel 公司的_____单片机构架，其指令系统完全兼容。

4. IAP15W4K58S4 单片机型号中"IAP"的含义是_____。

5. IAP15W4K58S4 单片机型号中"W"的含义是_____。

6. IAP15W4K58S4 单片机型号中"4K"的含义是_____。

7. IAP15W4K58S4 单片机型号中"58"的含义是_____。

8. IAP15W4K58S4 单片机型号中"S4"的含义是_____。

9. IAP15W4K58S4 单片机 CPU 数据总线的位数是_____。

10. IAP15W4K58S4 单片机 CPU 地址总线的位数是_____。

11. IAP15W4K58S4 单片机 I/O 口的驱动能力是_____。

12. IAP15W4K58S4 单片机 CPU 中程序计数器 PC 的作用是_____，其工作特性是_____。

13. IAP15W4K58S4 单片机 CPU 中的 PSW 称作_____。其中，CY 是_____，AC 是_____，OV 是_____，P 是_____。

二、选择题

1. IAP15W4K58S4 单片机 I/O 的位数视封装不同而不同，I/O 口位数最多时为_____。
　　A. 38　　　　　B. 42　　　　　C. 60　　　　　D. 62

2. 当 CPU 执行 25H 与 86H 加法运算后,ACC 中的运算结果为_____。
　　A. ABH　　　　B. 11H　　　　C. 0BH　　　　D. A7H

3. 当 CPU 执行 A0H 与 65H 加法运算后,PSW 中 CY、AC 的值分别为_____。
　　A. 0、1　　　　B. 1、0　　　　C. 0、0　　　　D. 1、1

4. 当 CPU 执行 58H 与 38H 加法运算后,PSW 中 OV、P 的值分别为_____。
　　A. 0、0　　　　B. 0、1　　　　C. 1、0　　　　D. 1、1

5. 当 SWBS=1 时,看门狗复位后,CPU 从_____开始执行程序。
　　A. ISP 监控程序区　　　　　　　　B. 用户程序区

6. 当 f_{osc}=12MHz 时,CLK_DIV= 01000010B。请问:主时钟输出频率与系统运行频率各为_____。
　　A. 12MHz 和 6MHz　　　　　　　B. 6MHz 和 3MHz
　　C. 3MHz 和 3MHz　　　　　　　D. 12MHz 和 3MHz

三、判断题
1. CPU 中的程序计数器 PC 是特殊功能寄存器。　　　　　　　　　　(　　)
2. CPU 中的 PSW 是特殊功能寄存器。　　　　　　　　　　　　　　(　　)
3. CPU 中的程序计数器 PC 是 8 位计数器。　　　　　　　　　　　(　　)
4. IAP15W4K58S4 单片机芯片的最大负载能力等于 I/O 数乘以 I/O 口位的驱动能力。　　　　　　　　　　　　　　　　　　　　　　　　　　(　　)
5. 冷复位时,上电复位标志 POF 为 1;热复位时,上电复位标志 POF 为 0。(　　)
6. 上电复位时,CPU 从 ISP 监控程序区执行程序;其他复位时,CPU 从用户程序开始执行程序。　　　　　　　　　　　　　　　　　　　　(　　)
7. 对于 IAP15W4K58S4 单片机,除电源、地引脚外,其余各引脚都可用作 I/O 口。
　　　　　　　　　　　　　　　　　　　　　　　　　　　　　(　　)

四、问答题
1. STC15W4K32S4 系列单片机型号中,STC 与 IAP 的区别是什么?
2. CPU 从"ISP 监控程序区开始执行程序"与从"用户程序区开始执行程序"有什么区别?
3. IAP15W4K58S4 单片机的时钟源有哪两种类型? 如何设置内部时钟源?
4. 如何实现软件复位后,从用户程序区开始执行程序?
5. P2.0 I/O 引脚与其他 I/O 引脚有什么不同点?
6. IAP15W4K58S4 单片机复位后,PC 与 SP 的值分别为多少?
7. IAP15W4K58S4 单片机的主时钟从哪个引脚输出? 是如何控制的?
8. STC-ISP 的在线编程要求单片机重新上电。请问是否可以采用外部按键复位? 为什么?

IAP15W4K58S4单片机的
并行I/O口与应用编程

无论什么单片机,外部的命令以及处理结果都要通过并行 I/O 口通信。本项目要达到的目标:一是掌握 IAP15W4K58S4 单片机并行 I/O 口的工作模式;二是掌握 C 语言程序的结构、数据类型以及特殊功能寄存器的定义;三是学会 IAP15W4K58S4 单片机并行 I/O 口应用的 C 语言编程。

知识点:

◆ IAP15W4K58S4 单片机并行 I/O 口的工作模式以及负载能力。

◆ IAP15W4K58S4 单片机并行 I/O 口的准双向工作模式中"准"字的含义。

◆ C 语言程序结构、数据类型以及变量的定义。

◆ C 语言的算术运算、关系运算、逻辑运算语句。

◆ C 语言的控制语句(if、switch/case、while、for 等语句)。

◆ C 语言(C51)中特殊功能寄存器地址以及位地址的定义与赋值。

技能点:

◆ IAP15W4K58S4 单片机并行 I/O 口工作模式的设置。

◆ C 语言(C51)中特殊功能寄存器地址以及位地址的定义与赋值。

◆ IAP15W4K58S4 单片机并行 I/O 口应用的 C 语言编程。

任务 1　IAP15W4K58S4 单片机并行 I/O 口的输入/输出

　任务说明

IAP15W4K58S4 单片机的并行 I/O 口需要通过地址来访问。作为一种特殊功能寄存器,首先要将 IAP15W4K58S4 单片机的并行 I/O 口名称进行地址定义;再利用简单赋

值语句,实现 IAP15W4K58S4 单片机并行 I/O 口输入/输出应用编程。通过本任务,使读者初步掌握 IAP15W4K58S4 单片机应用的 C 语言编程。

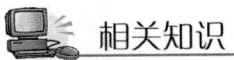 相关知识

一、IAP15W4K58S4 单片机的并行 I/O 口与工作模式

1. I/O 口功能

IAP15W4K58S4 单片机最多有 62 个 I/O 口(P0.0~P0.7、P1.0~P1.7、P2.0~P2.7、P3.0~P3.7、P4.0~P4.7、P5.0~P5.5、P6.0~P6.7、P7.0~P7.7);PDIP40 封装的 IAP15W4K58S4 单片机共有 38 个 I/O 端口线,分别为 P0.0~P0.7、P1.0~P1.7、P2.0~P2.7、P3.0~P3.7、P4.1、P4.2、P4.4、P4.5、P5.4、P5.5,可用作准双向 I/O,其中大多数 I/O 口线具有 2 个以上功能。各 I/O 口线的引脚功能名称前面已介绍过,详见表 3-2-1~表 3-2-6。

2. I/O 口的工作模式

IAP15W4K58S4 单片机的所有 I/O 口均有 4 种工作模式:准双向口(传统 8051 单片机 I/O 模式)、推挽输出、仅为输入(高阻状态)与开漏模式。每个 I/O 口的驱动能力均可达到 20mA,但 40 引脚及以上单片机整个芯片的最大工作电流不超过 120mA;20 引脚以上、32 引脚以下单片机整个芯片的最大工作电流不超过 90mA。每个口的工作模式由 PnM1 和 PnM0(n=0,1,2,3,4,5)两个寄存器的相应位来控制。例如,P0M1 和 P0M0 用于设定 P0 口的工作模式,其中 P0M1.0 和 P0M0.0 用于设置 P0.0 的工作模式。P0M1.7 和 P0M0.7 用于设置 P0.7 的工作模式,以此类推。设置关系如表 4-1-1 所示。IAP15W4K58S4 单片机上电复位后,所有的 I/O 口(除与增强型 PWM 有关的引脚外)均为准双向口模式。

表 4-1-1　I/O 口工作模式的设置

控制信号		I/O 口工作模式
PnM1[7:0]	PnM0[7:0]	
0	0	准双向口(传统 8051 单片机 I/O 模式):灌电流可达 20mA,拉电流为 150~230μA
0	1	推挽输出:强上拉输出,可达 20mA,要外接限流电阻
1	0	仅为输入(高阻)
1	1	开漏:内部上拉电阻断开,要外接上拉电阻才可以拉高。此模式可用于 5V 器件与 3V 器件电平切换

二、IAP15W4K58S4 单片机并行 I/O 口的结构

如上所述,IAP15W4K58S4 单片机的所有 I/O 口均有 4 种工作模式:准双向口(传统 8051 单片机 I/O 模式)、推挽输出、仅为输入(高阻状态)与开漏模式,由 PnM1 和

PnM0(n＝0,1,2,3,4,5)两个寄存器的相应位来控制P0～P5端口的工作模式。下面介绍IAP15W4K58S4单片机并行I/O口不同模式的结构与工作原理。

1. 准双向口工作模式

准双向口工作模式下,I/O口的电路结构如图4-1-1所示。此时,I/O口可用于直接输出,不需要重新配置口线输出状态。这是因为当口线输出为1时,驱动能力很弱,允许外部装置将其拉为低电平。当引脚输出低电平时,其驱动能力很强,可吸收相当大的电流。

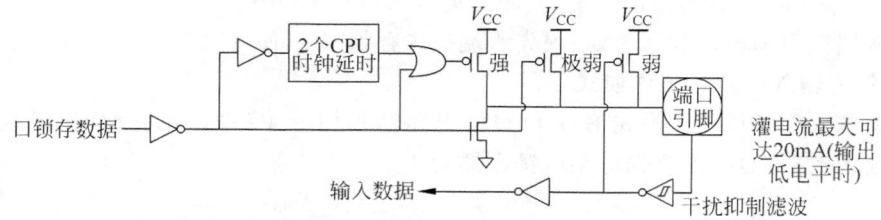

图 4-1-1　准双向口工作模式下 I/O 口的电路结构

每个端口都包含一个8位锁存器,即特殊功能寄存器P0～P5。这种结构在数据输出时具有锁存功能,即在重新输出新的数据之前,口线上的数据一直保持不变。但对输入信号是不锁存的,所以外设输入的数据必须保持到取数指令执行为止。

准双向口有三个上拉场效应管 T_1、T_2、T_3,以适应不同的需要。其中,T_1 称为"强上拉",上拉电流可达 20mA;T_2 称为"极弱上拉",上拉电流一般为 $30\mu A$;T_3 称为"弱上拉",一般上拉电流为 $150\sim270\mu A$,典型值为 $200\mu A$。输出低电平时,灌电流最大可达 20mA。

当口线寄存器为1且引脚本身也为1时,T_3 导通。T_3 提供基本驱动电流,使准双向口输出为1。如果一个引脚输出为1而由外部装置下拉到低电平时,T_3 断开,T_2 维持导通状态,为了把这个引脚强拉为低电平,外部装置必须有足够的灌电流,使引脚上的电压降到门槛电压以下。

当口线锁存为1时,T_2 导通。当引脚悬空时,这个极弱的上拉源产生很弱的上拉电流,将引脚上拉为高电平。

当口线锁存器由0到1跳变时,T_1 用来加快准双向口由逻辑0到逻辑1转换。当发生这种情况时,T_1 导通约2个时钟,使引脚迅速地上拉到高电平。

准双向口带有一个施密特触发输入以及一个干扰抑制电路。

当从端口引脚输入数据时,T_4 应一直处于截止状态。假定在输入之前曾输出锁存过数据0,则 T_4 是导通的,引脚上的电位始终被钳位在低电平,使输入高电平无法读入。因此,若要从端口引脚读入数据,必须先向端口锁存器置1,使 T_4 截止。

2. 推挽输出工作模式

推挽输出工作模式下,I/O口的电路结构如图4-1-2所示。

在推挽输出工作模式下,I/O口输出的下拉结构、输入电路结构与准双向口模式是一致的,不同的是在推挽输出工作模式下,I/O口是持续的"强上拉",若输出高电平,其拉电

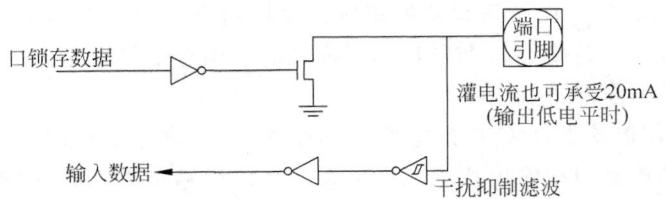

图 4-1-2 推挽输出工作模式下 I/O 口的电路结构

流最大可达 20mA；若输出低电平,其灌电流最大可达 20mA。

当从端口引脚输入数据时,必须先将端口锁存器置 1,使 T_2 截止。

3. 仅为输入（高阻）工作模式

仅为输入（高阻）工作模式下,I/O 口的电路结构如图 4-1-3 所示。此时,可直接从端口引脚读入数据,而不需要先对端口锁存器置 1。

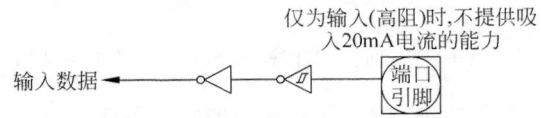

图 4-1-3 仅为输入（高阻）工作模式下 I/O 口的电路结构

4. 开漏工作模式

开漏工作模式下,I/O 口的电路结构如图 4-1-4 所示。此时,I/O 口输出的下拉结构与推挽输出/准双向口一致,输入电路与准双向口一致,但输出驱动无任何负载,即开漏状态。输出应用时,必须外接上拉电阻。

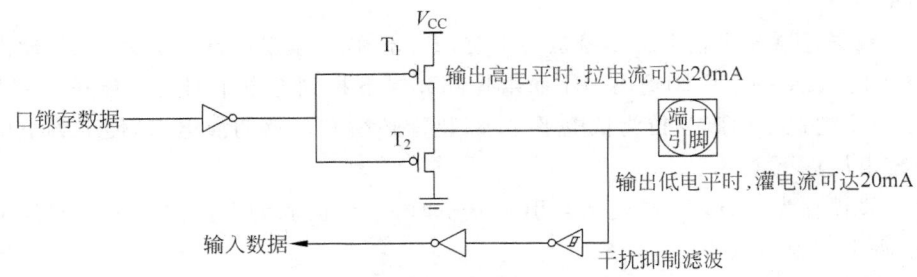

图 4-1-4 开漏输出工作模式下 I/O 口的电路结构

三、使用 IAP15W4K58S4 单片机并行 I/O 口的注意事项

1. 典型三极管控制电路

单片机 I/O 口引脚本身的驱动能力有限,如果需要驱动较大功率的器件,可以采用单片机 I/O 口引脚控制晶体管输出的方法。如图 4-1-5 所示,如果用弱上拉控制,建议加上拉电阻 R_1,阻值为 $3.3\sim10\text{k}\Omega$；如果不加上拉电阻 R_1,建议 R_2 的取值在 $15\text{k}\Omega$ 以上,或用强推挽输出。

2. 典型发光二极管驱动电路

采用弱上拉驱动时,用灌电流方式驱动发光二极管,如图 4-1-6(a)所示;采用推挽输出(强上拉)驱动时,用拉电流方式驱动发光二极管,如图 4-1-6(b)所示。

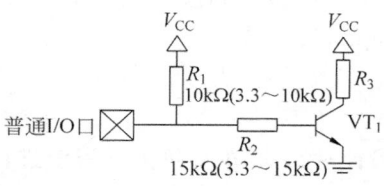

图 4-1-5　典型三极管控制电路

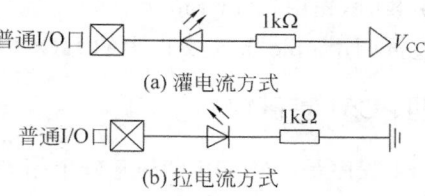

(a) 灌电流方式

(b) 拉电流方式

图 4-1-6　典型发光二极管驱动电路

在实际使用时,应尽量采用灌电流驱动方式,不要采用拉电流驱动,以提高系统的负载能力和可靠性。有特别需要时,可以采取拉电流方式,如供电线路要求比较简单时。

设计行列矩阵按键扫描电路时,也需要加限流电阻。因为实际工作时可能出现两个 I/O 口均输出低电平的情况,并且在按键按下时短接在一起,而 CMOS 电路的两个输出脚不能直接短接在一起。在按键扫描电路中,一个口为了读另外一个口的状态,必须先置高电平,而单片机的弱上拉口在由 0 变为 1 时,有 2 个时钟的强推挽输出电流,输出到另外一个输出低电平的 I/O 口,有可能造成 I/O 口损坏。因此,建议在按键扫描电路两侧各加 300Ω 限流电阻,或者在软件处理上不要出现按键两端 I/O 口同时为低电平的情况。

3. 让 I/O 口上电复位时控制输出为低电平

IAP15W4K58S4 单片机上电复位时,普通 I/O 口为弱上拉高电平输出,而很多实际应用要求上电时某些 I/O 口控制输出为低电平,否则所控制的系统(如电动机)会误动作。为了解决这个问题,采取两种方法。

(1) 通过硬件实现高、低电平的逻辑取反功能。例如,在图 4-1-5 中,单片机上电复位后,晶体管 VT_1 的集电极输出就是低电平。

(2) 由于 IAP15W4K58S4 单片机既有弱上拉输出模式,又有强推挽输出模式,可在单片机 I/O 口上加一个下拉电阻(1kΩ、2kΩ 或 3kΩ),上电复位时,虽然单片机内部 I/O 口是弱上拉/高电平输出,但由于内部上拉能力有限,而外部下拉电阻较小,无法将其拉为高电平,所以该 I/O 口上电复位时,外部输出低电平。如果将此 I/O 口驱动为高电平,可将此 I/O 口设置为强推挽输出。此时,I/O 口驱动电流可达 20mA,故将该口驱动为高电平输出。实际应用时,先串联一个大于 470Ω 的限流电阻,再接下拉电阻到地,如图 4-1-7 所示。

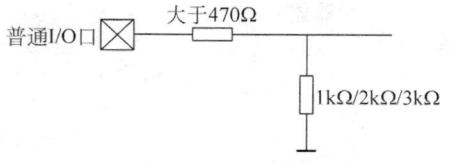

图 4-1-7　让 I/O 口上电复位时控制输出为低电平的驱动电路

提示:IAP15W4K58S4 单片机的 P2.0(RSTOUT_LOW)引脚可通过 ISP-IAP 在线编程软件设置为输出低电平。

4. 增强型 PWM 模块输出端口的复位初始状态

所有与增强型 PWM 有关的输出端口(P3.7、P2.1、P2.2、P2.3、P1.6、P1.7)在上电

复位后均为高阻状态。在正常应用时，需将其设置为准双向口。通常的做法是用 C 语句将 IAP15W4K58S4 单片机的所有 I/O 口设置为双向口模式，构成一个 I/O 的初始化函数（如本教材中的 gpio()），并存为一个独立的头文件（如本教材中的 gpio.h）。在编写 C 语言函数时，先用"#include<gpio.h>"将 gpio.h 头文件包含到应用程序中，再在主函数中直接调用 gpio.h 头文件中的 I/O 初始化文件 gpio()。

四、C51 基础（1）

C51 程序是在 ANSI C 的基础上拓展的，增加了针对 8051 单片机内部资源进行操作的语句，包括特殊功能寄存器与特殊功能寄存器可寻址位的地址定义、8051 单片机存储器存储类型的定义以及中断函数等功能操作。

1. C 语言程序结构

1) 结构形式

```
# include < reg51.h >        //8051 单片机特殊功能寄存器地址的定义文件
# include < intrins.h >      //8051 单片机常用函数的头文件(循环移位与空操作函数等)
# define uint unsigned int   //宏定义,uint 定义为无符号整型数据类型
# define uchar unsigned char //宏定义,uchar 定义为无符号字符型数据类型
/* ------------ 功能子函数 1 ---------------- */
fun1()
{
    函数体 1
}
/* ------------ 功能子函数 2 ---------------- */
fun2()
{
    函数体 2
}
   ⋮
/* ------------ 功能子函数 n ---------------- */
funn()
{
    函数体 n
}
/* ------------ 主函数 n ---------------- */
main()
{
    主函数体
}
```

2) 结构说明

函数是 C 语言程序的基本单位，一个 C 语言程序可包含多个不同功能的函数，但一个 C 语言程序中只能有一个且必须有一个名为 main() 的主函数。主函数的位置可在其他功能函数的前面、之间或最后。当功能函数位于主函数后面时，在调用主函数时，必须"先声明"。

C 语言程序总是从主函数 main() 开始执行。主函数可通过直接书写语句或调用功

能子函数来完成任务。功能子函数可以是 C 语言本身提供的库函数,也可以是用户自己编写的函数。

3) 库函数与自定义函数

库函数是针对一些经常使用的算法,经前人开发、归纳、整理形成的通用功能子函数。Keil C51 内部有数百个库函数,供用户调用。调用 Keil C51 的库函数时,只需要包含具有该函数说明的相应的头文件即可。有关单片机特殊功能寄存器以及特殊功能寄存器可寻址位地址定义的头文件必须包含进来,如#include<reg51.h>。当使用不同类型的单片机时,可包含其相应的头文件。若无专门的头文件,首先应包含典型的头文件,即reg51.h。对于其他新增的功能符号,直接用 sfr 语句定义其地址。

自定义函数是用户自己根据需要编写的子函数。

2. C51 变量定义

1) 标识符与关键字

标识符是用来标识源程序中某个对象的名字,这些对象可以是语句、数据类型、函数、变量、常量、数组等。

一个标识符由字符串、数字和下划线组成。第一个字符必须是字母和下划线,通常以下划线开头的标识符是编译系统专用的。因此在编写 C 语言源程序时,一般不使用以下划线开头的标识符,而将下划线用作分段符。C51 编译器一般只对标识符的前 32 个字符编译,因此在编写源程序时,标识符的长度不要超过 32 个字符。在 C 语言程序中,字母是区分大小写的。

关键字是编程语言保留的特殊标识符,也称为保留字,它们具有固定名称和含义。在C 语言程序中,不允许标识符与关键字相同。ANSI C 标准一共规定了 32 个关键字,如表 4-1-2 所示。

表 4-1-2　ANSI C 标准规定的关键字

关键字	类　型	作　　用
auto	存储种类说明	用于说明局部变量,默认值为此
break	程序语句	退出最内层循环体
case	程序语句	switch 语句中的选择项
char	数据类型说明	单字节整型数据或字符型数据
const	存储类型说明	在程序执行过程中不可更改的常量值
continue	程序语句	转向下一次循环
default	程序语句	switch 语句中的失败选择项
do	程序语句	构成 do-while 循环结构
double	数据类型说明	双精度浮点数
else	程序语句	构成 if-else 选择结构
enum	数据类型说明	枚举
extern	存储种类说明	在其他程序模块中说明了的全局变量
float	数据类型说明	单精度浮点数
for	程序语句	构成 for 循环结构
goto	程序语句	构成 goto 循环结构

关键字	类　型	作　用
if	程序语句	构成 if-else 选择结构
int	数据类型说明	基本整型数据
long	数据类型说明	长整型数据
register	存储种类说明	使用 CPU 内部寄存器变量
return	程序语句	函数返回
short	数据类型说明	短整型数据
signed	数据类型说明	有符号数据
sizeof	运算符	计算表达式或数据类型的字节数
static	存储种类说明	静态变量
struct	数据类型说明	结构类型数据
switch	程序语句	构成 switch 选择结构
typedef	数据类型说明	重新定义数据类型
union	数据类型说明	联合类型数据
unsigned	数据类型说明	无符号数据
void	函数类型说明	无类型函数
volatile	数据类型说明	该变量在程序执行中可被隐含地改变
while	程序语句	构成 while 和 do-while 循环结构

Keil C51 编译器的关键字除了有 ANSI C 标准规定的 32 个以外，还根据 8051 单片机的特点扩展了相关的关键字。对于在 Keil C51 开发环境的文本编辑器中编写的 C 程序，系统以不同颜色表示保留字，默认颜色为蓝色。Keil C51 编译器扩展的关键字如表 4-1-3 所示。

表 4-1-3　Keil C51 编译器扩展的关键字

关键字	类　型	作　用
bit	位标量声明	声明一个位标量或位类型的函数
sbit	可寻址位声明	定义一个可位寻址变量地址
sfr	特殊功能寄存器声明	定义一个特殊功能寄存器(8 位)地址
sfr16	特殊功能寄存器声明	定义一个 16 位的特殊功能寄存器地址
data	存储器类型说明	直接寻址的 8051 单片机内部数据存储器
bdata	存储器类型说明	可位寻址的 8051 单片机内部数据存储器
idata	存储器类型说明	间接寻址的 8051 单片机内部数据存储器
pdata	存储器类型说明	"分页"寻址的 8051 单片机外部数据存储器
xdata	存储器类型说明	8051 单片机的外部数据存储器
code	存储器类型说明	8051 单片机程序存储器
interrupt	中断函数声明	定义一个中断函数
reentrant	再入函数声明	定义一个再入函数
using	寄存器组定义	定义 8051 单片机使用的工作寄存器组
small	变量的存储模式	所有未指明存储区域的变量都存储在 data 区域
large	变量的存储模式	所有未指明存储区域的变量都存储在 xdata 区域

续表

关键字	类 型	作 用
compact	变量的存储模式	所有未指明存储区域的变量都存储在 pdata 区域
_at_	地址定义	定义变量的绝对地址
far	存储器类型说明	用于某些单片机扩展 RAM 的访问
alicn	函数外部声明	C 函数调用 PL/M-51,必须先用 alicn 声明
task	支持 RTX51	指定一个函数是实时任务
priority	支持 RTX51	指定任务的优先级

2）数据类型

C 语言的数据结构用数据类型决定,分为基本数据类型和复杂数据类型。复杂数据类型由基本数据类型构成。

C 语言的基本数据类型有：char、int、short、long、float、double。

（1）Keil C51 编译器支持的数据类型如表 4-1-4 所示。

对于 Keil C51 编译器来说,short 型与 int 型相同,double 型与 float 型相同。

表 4-1-4　Keil C51 编译器支持的数据类型

数据类型定义符号	数据类型名称	长 度	值 域
unsigned char	无符号字符型数据	单字节	0～255
signed char	有符号字符型数据	单字节	−128～+127
unsigned int	无符号整型数据	双字节	0～65535
signed int	有符号整型数据	双字节	−32768～+32767
unsigned long	无符号长整型数据	4 字节	0～4294967295
signed long	有符号长整型数据	4 字节	−2147483648～+2147483647
float	浮点数据	4 字节	±1.175494E−38～±3.402823E+38
*	指针类型	1～3 字节	对象的地址
bit	位变量	位	0 或 1
sfr	8 位特殊功能寄存器	单字节	0～255
sfr16	16 位特殊功能寄存器	双字节	0～65535
sbit	特殊功能寄存器位	位	0 或 1

（2）数据类型分析如下。

① char 字符类型：有 unsigned char 和 signed char 之分,默认值为 signed char,长度为 1 个字节,用于存放 1 个单字节数据。对于 signed char 型数据,其字节的最高位表示该数据的符号,"0"表示正数,"1"表示负数,数据格式为补码形式,所能表示的数值范围为−128～+127。unsigned char 型数据是无符号字符型,数值范围为 0～255。

② int 整型：有 unsigned int 和 signed int 之分,默认值为 signed int,长度为 2 字节,用于存放双字节数据。signed int 是有符号整型数,unsigned int 是无符号整型数。

③ long 长整型：有 unsigned long 和 signed long 之分,默认值为 signed long,长度为 4 字节。signed long 是有符号长整型数,unsigned long 是无符号长整型数。

④ float 浮点型：是符合 IEEE-754 标准的单精度浮点型数据。float 浮点型数据占

用 4 字节(32 位二进制数),其存放格式为:

字节(偏移)地址	+3	+2	+1	+0
浮点数内容	SEEEEEEE	EMMMMMMM	MMMMMMMM	MMMMMMMM

其中:

S 为符号位,存放在最高字节的最高位,"1"表示负,"0"表示正。

E 为阶码,占用 8 位二进制数,E 值是以 2 为底的指数再加上偏移量 127。这样处理的目的是为了避免出现负的阶码值,而指数可正可负。阶码 E 的正常取值范围是 1~254,实际指数的取值范围为−126~+127。

M 为尾数的小数部分,用 23 位二进制数表示。尾数的整数部分永远为 1,因此不予保存,但它是隐含存在的。小数点位于隐含的整数位"1"的后面,一个浮点数的数值表示是 $(-1)^S \times 2^{E-127} \times (1.M)$。

⑤ 指针型:指针型数据不同于以上 4 种基本数据类型。它本身是一个变量,但其中存放的不是普通的数据,而是指向另一个数据的地址。指针变量也要占据一定的内存单元。在 Keil C51 中,指针变量的长度一般为 1~3 字节。指针变量也具有类型,其表示方法是在指针符号"∗"的前面冠以数据类型符号,如 char ∗ point 是一个字符型指针变量。指针变量的类型表示该指针所指向地址中数据的类型。

⑥ bit 位标量:是 C51 编译器的一种扩充数据类型,利用它可以定义一个位标量。

3) 变量的数据类型选择

变量的数据类型选择基本原则如下所述。

(1) 若能预算出变量的变化范围,可根据变量长度来选择变量类型,所以要尽量缩短变量的长度。

(2) 如果程序中不需要使用负数,则选择无符号数类型的变量。

(3) 如果程序中不需要使用浮点数,应避免使用浮点数变量。

4) 数据类型之间的转换

在 C 语言程序的表达式或变量的赋值运算中,有时会出现运算对象的数据类型不一样的情况。C 语言程序允许在标准数据类型之间隐式转换,按以下优先级别(由低到高)自动操作:

bit→char→int→long→float→signed→unsigned

一般来说,如果有几个不同类型的数据同时运算,先将低级别类型的数据转换成高级别类型,再做运算处理,并且运算结果为高级别类型数据。

3. 简单赋值运算

C 语言中最常见的赋值运算符为"="。利用赋值运算符,将一个变量与一个表达式连接起来的式子称为赋值表达式。在赋值表达式后面加一个";",便构成语句。例如:

```
y = 6;                    //将 6 赋值给变量 y
y = x;                    //变量 x 的值赋给变量 y
```

4. 8051 单片机并行 I/O 口的 C51 编程

8051 单片机的并行 I/O 口属于特殊功能寄存器,每个并行 I/O 口都有一个固定的地址。当使用 8 位地址特殊功能寄存器的关键字定义并行 I/O 口的地址之后,就可以直接使用了。

定义格式:

sfr 特殊功能寄存器名 = 特殊功能寄存器的地址常数;

例如:

```
sfr P0 = 0x80 ;                //定义特殊功能寄存器 P0 口的地址为 80H
```

经过上述定义,P0 这个特殊功能寄存器名称就可直接使用了。例如:

```
P0 = 0x80 ;                    //将数值 80H 赋值给 P0 口
```

提示: Keil C 编译器包含对 8051 系列单片机各特殊功能寄存器的定义,以及可寻址位定义的头文件 reg51.h。在程序设计时,只要利用包含指令将头文件 reg51.h 包含进来即可。但对于增强型 8051 单片机,新增特殊功能寄存器需要重新定义。对于 STC 系列单片机,利用 STC-ISP 在线编程软件工具可生成 STC 各系列单片机有关特殊功能寄存器以及可位寻址特殊功能寄存器位地址定义的头文件。比如,STC15.h 就是适用于 STC15 系列单片机特殊功能寄存器定义的头文件。

任务实施

一、IAP15W4K58S4 单片机的扩展模式

1. 总线扩展模式

图 4-1-8 所示为总线扩展应用模式的连接图,因 P0 用作总线时采用分时复用(先送出地址信号,后用作数据总线)功能,故需采用 74LS373 锁存器锁存地址信号。单片机的 ALE 为地址锁存控制信号,与 74LS373 的锁存输入控制端相连,74LS373 的锁存输出即为低 8 位地址线(A0~A7)。P0.0~P0.7 为数据线(D0~D7),P2.0~P2.7 为高 8 位地址总线。$\overline{PSEN}$ 为片外程序存储器扩展时的读允许控制端,$\overline{RD}$、$\overline{WR}$ 为片外数据存储器或 I/O 扩展时的读、写控制端。该应用模式的理念是将外围接口或执行器件作为单片机 CPU 的某个地址单元来扩展,按地址访问,适合外围接口电路较多的应用系统使用,最多可扩展 64KB 程序存储器和 64KB 数据存储器或 I/O 口。STC 系列单片机采用基于 Flash ROM 的存储技术,单片机内部提供足够的程序存储

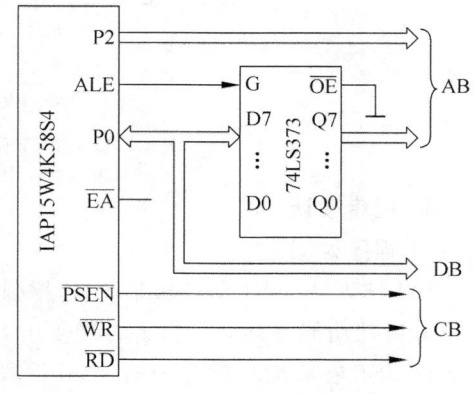

图 4-1-8　总线扩展应用模式连接图

器。因此,在现代单片机应用系统中,不需要片外扩展程序存储器,也不建议片外扩展数据存储器和 I/O 端口。

2．非总线扩展模式

图 4-1-9 所示为非总线扩展应用模式单片机的连接图。直接用单片机内部 I/O 口与外围接口电路的控制端、数据端相连,单片机直接通过内部接口地址发出控制信号或数据信号。在非总线扩展模式中,I/O 口处于直接控制方式,I/O 口线只能一一控制,势必造成 I/O 口线紧缺的压力。为解决此问题,许多外围接口器件将并

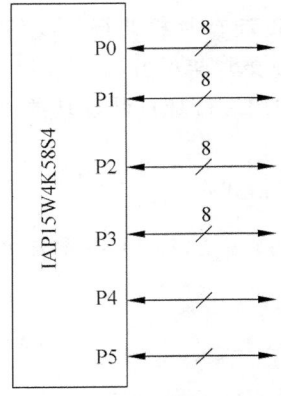

图 4-1-9 非总线扩展应用模式连接图

行接口改为串行接口,主要的串行接口总线有 SPI 串行总线、I²C 串行总线与单总线等。

二、并行 I/O 口的基本输入/输出

1．程序功能

P1 口的输出跟随 P2 输入端数据。

2．硬件设计

顾名思义,将 P2 口用作输入口,P1 用作输出口,同时用 8 只 LED 灯来显示 P1 口的输出状态,电路如图 4-1-10 所示。

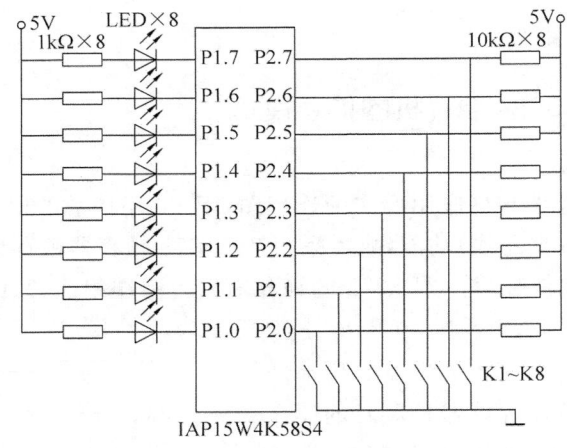

图 4-1-10 并行 I/O 口基本输入/输出控制

3．程序设计

1) 程序说明

IAP15W4K58S4 单片机是 STC 增强型 8051 单片机,相比传统的 8051 单片机,新增了很多特殊功能寄存器。为了直接使用 IAP15W4K58S4 单片机的特殊功能寄存器,可利用 STC-ISP 在线编程软件中的"Keil 设置"或"头文件"工具生成 STC15 系列单片机的头文件,并命名为 stc15.h。在 IAP15W4K58S4 单片机的应用程序中应用"#include

＜stc15.h＞"语句后，IAP15W4K58S4单片机中的所有特殊功能寄存器和可寻址的特殊功能寄存器位可直接使用该头文件。

因凡涉及 IAP15W4K58S4 单片机增强型 PWM 模块的输出引脚(P3.7、P2.1、P2.2、P2.3、P1.6、P1.7)，在单片机复位后，处于高阻状态。为了便于使用，预先定义一个有关 IAP15W4K58S4 单片机并行 I/O 口统一设置为准双向口工作模式的初始化头文件，并命名为 gpio.h，存放在 Keil C 系统(如 C:\Keil\C51\INC\STC)的头文件夹中，或存放在应用程序的项目文件夹中。使用时，直接用包含指令包含进去，并在主函数直接调用 gpio.h 文件中的初始化函数 gpio()。后面的 IAP15W4K58S4 单片机应用程序都按此方法处理。

2) gpio.h 文件

```
void gpio()                        //初始化 I/O 口
{
    P0M1 = 0;   P0M0 = 0;   P1M1 = 0;   P1M0 = 0;
    P2M1 = 0;   P2M0 = 0;   P3M1 = 0;   P3M0 = 0;
    P4M1 = 0;   P4M0 = 0;   P5M1 = 0;   P5M0 = 0;
}
```

3) 项目四任务 1 程序文件：项目四任务 1.c

```
# include< stc15.h>        //包含支持 IAP15W4K58S4 单片机特殊功能寄存器地址定义的头文件
# include< intrins.h>      //8051 单片机常用函数的头文件(循环移位与空操作函数等)
# include< gpio.h>         //包含 IAP15W4K58S4 单片机并行 I/O 初始化设置函数的头文件
# define uint unsigned int    //宏定义,uint 定义为无符号整型类型
# define uchar unsigned char  //宏定义,uchar 定义为无符号字符型类型
# define y P1              //宏定义,y 等效于 P1 口
# define x P2              //宏定义,x 等效于 P2 口
void main(void)
{
    gpio();                //调用 I/O 初始化函数
    x = 0xff;              //设置 P2 口为输入模式
    while(1)
    {
        y = x;             //P2 口的输入状态送至 P1 口输出
    }
}
```

4. 系统调试

(1) 用 Keil C 编辑、编译项目四任务 1.c 程序，生成机器代码文件项目四任务 1.hex。

(2) 进入调试状态，调出 P1 口与 P2 口，单击"全速运行"按钮。

(3) 从 P2 口输入数据"55H"，观察 P1 口的输出，如图 4-1-11 所示。

(4) 按表 4-1-5 所示，调试程序运行结果。

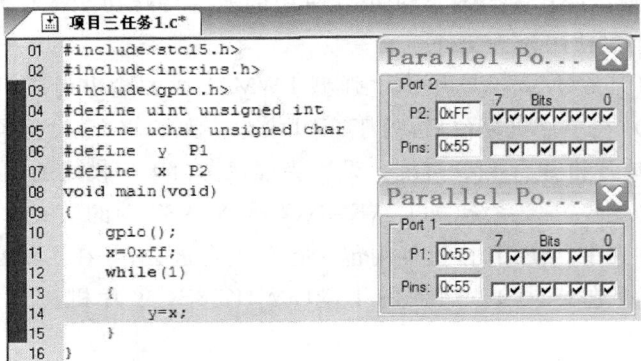

图 4-1-11　Keil C 基本输入/输出调试结果图

表 4-1-5　并行 I/O 口基本输入调试表格

输入(P2 口)	输出(P1 口)	输入(P2 口)	输出(P1 口)
F5H		77H	
E6H		19H	
33H		86H	

（5）在开发板连接电路中，将项目四任务 1. hex 文件下载到单片机中，并按表 4-1-6 所示进行调试。

知识延伸

1. 8051 单片机特殊功能寄存器可寻址位的地址定义

在 C51 中，利用关键字 sbit 对 8051 单片机特殊功能寄存器可寻址位的地址进行定义，其格式有下述 3 种。

（1）sbit 位变量名＝位地址；

这种方法将位的绝对地址赋给位变量，位地址必须位于 80H～FFH 之间。例如：

```
sbit   OV = 0xD2 ;          //定义位变量 OV(溢出标志)，其位地址为 D2H
sbit   CY = 0xD7;           //定义位变量 CY(进位位)，其位地址为 D7H
```

（2）sbit 位变量名＝特殊功能寄存器名^位位置；

适用已定义的特殊功能寄存器的位变量定义，位位置值为 0～7。例如：

```
sbit   OV= PSW^2 ;          //定义位变量 OV(溢出标志)，它是 PSW 的第 2 位
sbit   CY= PSW^7 ;          //定义位变量 CY(进位位)，它是 PSW 的第 7 位
```

（3）sbit 位变量名＝字节地址^位位置；

这种方法以特殊功能寄存器的地址作为基址，其值位于 80H～FFH 之间，位位置值为 0～7。例如：

```
sbit  OV = 0xD0 ^2 ;        //定义位变量 OV(溢出标志),直接指明特殊功能寄存器 PSW
                            //的地址,它是 0xD0 地址单元的第 2 位
sbit  CY = 0xD0 ^7 ;        //定义位变量 CY(进位位),直接指明特殊功能寄存器 PSW
                            //的地址,它是 0xD0 地址单元第 7 位
```

2. 8051 单片机引脚字符名称的定义

8051 单片机的输入/输出都是通过 I/O 口传递的。为了便于编程,将 I/O 口引脚与该引脚作用的对象用含义相同或相近的英文缩写来表示,利用 sbit 关键字定义,例如:

```
sbit KEY1 = P1 ^1;          //KEY1 等效于 P1.1
KEY1 = 1;                   //P1.1 输出为 1
```

3. IAP15W4K58S4 单片机特殊功能寄存器可寻址位地址的定义

stc15.h 头文件中包含 IAP15W4K58S4 单片机特殊功能寄存器可寻址位地址的定义,只要在应用程序中将 stc15.h 头文件包含进来,IAP15W4K58S4 单片机特殊功能寄存器可寻址位的名称就可直接使用,其中包括并行 I/O 口位地址的定义。PXY 等效于 PX. Y,比如,P10 就是 P1.0。

4. 8051 单片机位寻址区(20H~2FH)位变量的定义

当位对象位于 8051 单片机内部存储器的可寻址区 bdata 时,称之为可位寻址对象。Keil C 编译器在编译时将对象放入 8051 单片机内部可位寻址区。

1) 定义位寻址区变量

例如:

```
unsigned int  bdata  my_y = 0x20 ;
//定义变量 my_y 的存储器类型为 bdata,分配内存时,自然分配到位寻址区,并赋值 20H
```

2) 定义位寻址区位变量

sbit 关键字可以定义可位寻址对象中的某一位。例如:

```
sbit  my_ybit0 = my_y^0 ;    //定义位变量 my_y 的第 0 位地址为变量 my_ybit0
sbit  my_ybit15 = my_y^15 ;  //定义位变量 my_y 的第 15 位地址为变量 my_ybit15
```

操作符后面的位位置的最大值取决于指定基址的数据类型,对于 char 来说是 0~7,对于 int 来说是 0~15,对于 long 来说是 0~31。

任务拓展

P1 口的高 4 位跟随 P2 口的低 4 位输入,P1 口的高 4 位引脚从高到低依次定义为 OUT7、OUT6、OUT5、OUT4;P2 口的低 4 位直接使用 stc15.h 头文件定义的字符名称。试修改程序并调试。

任务 2　IAP15W4K58S4 单片机的逻辑运算

 任务说明

本任务结合 IAP15W4K58S4 单片机的逻辑运算功能,进一步学习 IAP15W4K58S4 单片机的输入/输出功能。IAP15W4K58S4 单片机指令系统中有字节逻辑运算指令,共 24 条,参见 STC15 系列单片机数据手册中的指令系统表。本任务主要学习应用 C 语言编程,实现 IAP15W4K58S4 单片机输入/输出间的逻辑运算。

相关知识

C51 基础(2)

1. 逻辑运算符与表达式

C 语言有以下 3 种逻辑运算符。

(1) ‖:逻辑或。

(2) &&:逻辑与。

(3) !:逻辑非。

逻辑表达式的一般形式有以下几个。

(1) 逻辑与:条件式 1 && 条件式 2。

(2) 逻辑或:条件式 1 ‖ 条件式 2。

(3) 逻辑非:!条件式。

逻辑运算的结果只有两个:"真"为 1,"假"为 0。

2. 位运算符与表达式

能对运算对象按位操作是 C 语言的一大特点,使之能对计算机硬件直接操作。位运算符的作用是对变量按位运算,但并不改变参与运算的变量的值。若希望按位改变运算变量的值,应利用赋值运算。此外,位运算符不能用来对浮点型数据进行操作。

C51 中共有 6 种位运算符,其优先级从高到低依次是:按位取反(~)→左移(<<)和右移(>>)→按位相与(&)→按位相异或(^)→按位相或(|)。

例如:

```
x = ~x;              //将 x 的值按位取反
x = x >> 1;          //将 x 的值右移 1 位
x = x << 1;          //将 x 的值左移 1 位
z = x&y;             //将 x 的值与 y 的值按位相与,赋值给 z
z = x^y;             //将 x 的值与 y 的值按位相异或,赋值给 z
z = x|y;             //将 x 的值与 y 的值按位相或,赋值给 z
```

![任务实施]

一、任务要求

完成 x 与 y 的逻辑异或运算,结果用两种方法显示:一是直接用 8 位 LED 灯显示;二是采用 LED 数码管显示。本任务采用 8 位 LED 灯显示。

二、硬件设计

设 x 数据从 P1 口输入,y 数据从 P3 口输入,逻辑运算结果从 P2 口输出,驱动 8 位 LED 灯(低电平驱动),电路原理图如图 4-2-1 所示。

三、软件设计

1. 程序说明

循环读取 x 和 y 值,然后求 x 和 y 的异或,取反后赋值给 z。取反操作是为了满足 LED 灯低电平驱动的要求。

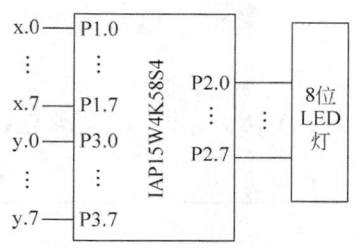

图 4-2-1　逻辑运算电路图

2. 项目四任务 2 程序文件:项目四任务 2.c

```
# include < stc15. h>
# include < intrins. h>
# include < gpio. h>
# define uint unsigned int
# define uchar unsigned char
# define   x   P1              //x 等效于 P1 口
# define   y   P3              //y 等效于 P3 口
# define   z   P2              //z 等效于 P2 口
void main(void)
{
        gpio();
        x = 0xff;               //P1 口设置为输入状态
        y = 0xff;               //P3 口设置为输入状态
        while(1)
        {
            z = ~(x^y);         //P1 口与 P3 口输入数据相异或并取反后,送 P2 口输出
        }
}
```

四、系统调试

(1) 用 Keil C 编辑、编译项目四任务 2.c 程序,生成机器代码文件项目四任务 2.hex。

（2）进入 Keil C 调试界面，调出 P1、P2、P3 端口，然后单击"全速运行"按钮。

（3）P1 口输入数据"55H"，P3 口输入数据"33H"，观察 P2 口的输出，如图 4-2-2 所示。

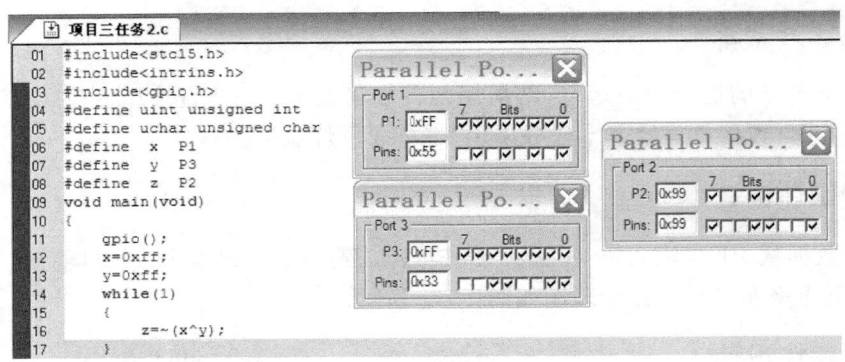

图 4-2-2　Keil C 逻辑运算调试结果图

（4）按表 4-2-1 所示输入 x 和 y 的值，观察输出结果。

表 4-2-1　逻辑异或运算测试表

输　　　入		异或运算结果	
x(P1)	y(P3)	计算结果(P1 ^ P3)	观察结果(P2)
33H	AAH		
B6H	38H		
F8H	8FH		

（5）在开发板连接电路，将项目四任务 2. hex 文件下载到单片机中，并按表 4-2-1 所示调试。

 任务拓展

修改程序，完成 z＝(x|y)&(x^y)逻辑运算，并按表 4-2-1 所示上机调试。

任务 3　IAP15W4K58S4 单片机的逻辑控制

 任务说明

逻辑控制能力是单片机的核心能力之一，是单片机突出控制的具体体现。对于 IAP15W4K58S4 单片机也是如此。本任务主要学习如何应用 C 语言的分支语句、开关语句、循环语句等进行编程，实现单片机的逻辑控制功能。这里要强调的是，C 语言的分支语句、开关语句、循环语句是单片机 C 语言编程中最重要的、最常见的语句。

相关知识

C51 基础（3）

1．关系运算符与表达式

C 语言有以下关系运算符。

（1）＞：大于。

（2）＜：小于。

（3）＞＝：大于或等于。

（4）＜＝：小于或等于。

（5）＝＝：测试等于。

（6）！＝：测试不等于。

＞、＜、＞＝和＜＝这 4 种关系运算符具有相同的优先级，＝＝和！＝这 2 种运算具有相同的优先级；前 4 种的优先级高于后 2 种。

关系运算符用来判断某个条件是否满足，其运算结果只有"真"和"假"两种值。当所指定的条件满足时，结果为 1；条件不满足时，结果为 0。1 表示"真"，0 表示"假"。

2．逗号运算符与表达式

逗号运算符可以将两个或多个表达式连接起来，称为逗号表达式。逗号表达式的一般形式为：

表达式 1，表达式 2，表达式 3, …, 表达式 n

逗号表达式的运算过程为：先算表达式 1，再算表达式 2，…，依次算到表达式 n 为止。

3．条件运算符与表达式

条件运算符要求有 3 个运算对象，用它可以将 3 个表达式连接起来，构成一个条件表达式。条件表达式的一般形式为：

表达式 1?表达式 2：表达式 3

其运算过程为：首先计算表达式 1，根据表达式 1 的结果判断：当表达式 1 的结果为"真"（非 0 值）时，将表达式 2 的值作为整个表达式的值；当表达式 1 的结果为"假"（0 值）时，将表达式 3 的值作为整个表达式的值。

4．分支语句与分支选择结构

1）表达式语句与复合语句

（1）表达式语句

C 语言提供了十分丰富的程序控制语句，表达式语句是最基本的一种。在表达式的后边加一个分号";"，就构成表达式语句。例如：

```
x = 10 ;
```

```
y = 100 ;
pjz = (x + y)/2 ;
```

（2）空语句

仅由一个分号";"构成的语句，称为空语句。空语句是表达式语句的一个特例，通常有两种用法。

① 在程序中为有关语句提供标号。例如：

```
loop: ;
…
if (y = = 6) goto loop ;
```

② 在用 while 语句构成的循环语句后面加一个分号";"，形成一个空语句循环。例如：

```
{
    while (! RI) ;          //循环检测 RI 标志，直至为"1"为止
    RI = 0 ;
}
```

（3）复合语句

复合语句是由若干语句组合而成的一种语句，它是用一个花括号"{}"将若干语句组合而成的一种功能块。复合语句不需要以分号";"结束，但其内部各条单语句必须以分号";"结束。

```
{
    局部变量定义 ;
    语句 1 ;
    语句 2 ;
      ⋮
    语句 n ;
}
```

在执行复合语句时，其中的各条单语句依次顺序执行。整个复合语句在语法上等价于一条语句。复合语句允许嵌套，即在复合语句中可以包含别的复合语句。实际上，函数体就是一种复合语句。在复合语句中定义的变量为局部变量，仅在当前复合语句中有效。

2）条件分支语句

条件语句又称为分支语句，由关键字 if 构成，有 3 种格式。

（1）格式 1

if(条件表达式)语句

若条件表达式的结果为"真"（非 0 值），执行后面的语句；若结果为"假"（0 值），不执行后面的语句。这里的语句也可以是复合语句。

（2）格式 2

```
if(条件表达式)语句 1
else 语句 2
```

若条件表达式的结果为"真"（非 0 值），执行后面的语句 1；若结果为"假"（0 值），执行语句 2。这里的语句 1 和语句 2 均可以是复合语句。

（3）格式 3

```
if(条件表达式 1)语句 1
else if(条件表达式 2)语句 2
    else if(条件表达式 3)语句 3
      ⋮
        else if(条件表达式 n)语句 n
          else 语句 n＋1
```

这种条件语句常用来实现多方向条件分支，它由 if-else 语句嵌套而成。在这种结构中，else 总是与临近的 if 配对。

3）开关语句

switch/case 开关语句是一种多分支选择语句，是用来实现多方向条件分支的语句。

（1）switch/case 开关语句的格式

```
switch(表达式)
{
    case 常量表达式 1：{语句 1}break;
    case 常量表达式 2：{语句 2}break;

    case 常量表达式 n：{语句 n}break;
    default：            {语句 n＋1}break;
}
```

（2）开关语句说明

① 当 switch 后面的表达式的值与某一 case 后面的常量表达式的值相等时，执行该 case 后面的语句。遇到 break 语句，就退出 switch 语句。

② switch 后面括号内的表达式，可以是整型或字符型表达式，也可以是枚举型数据。

③ 每一个 case 常量表达式的值必须不同。

④ 每个 case 和 default 的出现次序不影响执行结果，可先出现 default，再出现其他 case。

5. 循环语句与循环结构

1）while 语句与 do-while 语句

（1）while 语句的格式

```
while(条件表达式){语句}
```

当条件表达式的结果为"真"(非 0 值)时,程序重复执行后面的语句,一直执行到条件表达式的结果变化为"假"(0 值)为止。

(2) do-while 语句的格式

```
do
{语句}
while(条件表达式);
```

先执行给定的循环体语句,再检查条件表达式的结果。当条件表达式的值为"真"(非 0 值)时,重复执行循环体语句,直到条件表达式的结果变化为"假"(0 值)为止。

2) for 语句

for 语句的格式为:

```
for([初值设定表达式 1];[循环条件表达式 2];[修改表达式 3])
{
    函数体语句
}
```

先计算出初值表达式 1 的值,作为循环控制变量的初值;再检查循环条件表达式 2 的结果,若满足循环条件,执行循环体语句并计算、修改表达式 3;然后根据修改表达式 3 的计算结果来判断循环条件 2 是否满足,满足就执行循环体语句。依次一直执行到循环条件表达式 2 的结果为"假"(0 值)时,退出循环体。

3) goto 语句、break 语句和 continue 语句

(1) goto 语句的格式

goto 语句是一个无条件语句,其格式如下:

```
goto 语句标号;
```

其中,语句标号是用于标识语句所在地址的标识符,语句标号与语句之间用冒号":"分隔。当执行跳转语句时,使程序跳转到标号所指的地址,从该语句继续执行程序。将 goto 语句和 if 语句一起使用,可以构成一个循环结构。但更常见的是采用 goto 语句来跳出多重循环。需要注意的是,只能用 goto 语句从内层循环跳到外层循环,不允许从外层循环跳到内层循环。

(2) break 语句的格式

break 语句除了可以用在 switch 语句中,还可以用在循环体中。若在循环体中遇见 break 语句,应立即结束循环,跳到循环体外,执行循环结构后面的语句。break 语句的格式为:

```
break ;
```

break 语句只能跳出它所处的那一层循环,而 goto 语句可以从最内层循环体中跳出来。而且,break 语句只能用在开关语句和循环语句之中。

(3) continue 语句的格式

continue 语句也是一种中断语句,一般用在循环结构中,其功能是结束本次循环,即

跳过循环体中下面尚未执行的语句,把程序流程转移到当前循环语句的下一个循环周期,并根据控制条件决定是否重复执行该循环体。continue 语句的格式为:

```
continue ;
```

continue 语句和 break 语句的区别在于:continue 语句只结束本次循环,而不是终止整个循环的执行;break 语句则是终止整个循环,不再进行条件判断。

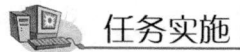 任务实施

一、程序功能

用 4 个开关控制 8 只 LED 灯的显示,按下 K1 键,P1 端口位 3、位 4 控制的 LED 灯亮;按下 K2 键,P1 端口位 2、位 5 控制的 LED 灯亮;按下 K3 键,P1 端口位 1、位 6 控制的 LED 灯亮;按下 K4 键,P1 端口位 0、位 7 控制的 LED 灯亮;不按键,P1 端口位 2、位 3、位 4、位 5 控制的 LED 灯亮。

二、硬件设计

4 个开关分别接 P3.0~P3.3,电路原理图如图 4-3-1 所示。

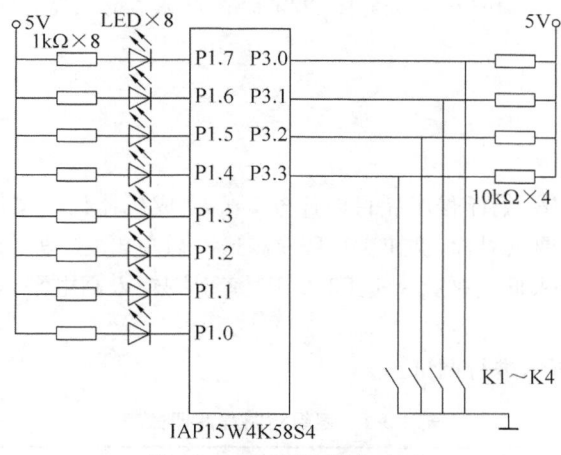

图 4-3-1　逻辑控制电路图

三、程序设计

1. 程序说明

本任务可选用 3 种方法来实现,一是采用 if 语句直接判断输入引脚的高、低电平,确定输出的状态;二是将输入端口的数据一次性读入,根据 4 位输入数据的状态来确定输出的状态;三是根据输出与输入之间的逻辑关系,列出输出与输入逻辑真值表,求出各逻辑输出与逻辑输入之间的逻辑关系,利用逻辑运算语句计算各输出端口的逻辑值。这里采用 if 语句。

2. 项目四任务 3 程序文件：项目四任务 3.c

```
#include<stc15.h>
#include<intrins.h>
#include<gpio.h>
#define uint unsigned int
#define uchar unsigned char
#define x P1
#define y P3
sbit K1 = P3^0;                    //定义输入引脚
sbit K2 = P3^1;
sbit K3 = P3^2;
sbit K4 = P3^3;
void main(void)
{
    gpio();
    y = y|0x0f;
    while(1)
    {
        if(!K1){x = 0xe7;}                 //按下 K1 键，P1 端口位 3、位 4 控制的 LED 灯亮
            else if(!K2){x = 0xdb;}        //按下 K2 键，P1 端口位 2、位 5 控制的 LED 灯亮
                else if(!K3){x = 0xbd;}    //按下 K3 键，P1 端口位 1、位 6 控制的 LED 灯亮
                    else if(!K4){x = 0x7e;} //按下 K4 键，P1 端口位 0、位 7 控制的 LED 灯亮
                        else {x = 0xc3;}   //不按键，P1 端口位 2、位 3、位 4、位 5 控制的 LED 灯亮
    }
}
```

四、系统调试

（1）用 Keil C 编辑、编译程序项目四任务 3.c，生成机器代码文件项目四任务 3.hex。

（2）进入 Keil C 调试界面，调出 P1、P3 端口，然后单击"全速运行"按钮。

（3）P3.3 引脚输入低电平，P3.1、P3.2、P3.3 引脚输入高电平，观察 P1 口的输出，如图 4-3-2 所示。

（4）按表 4-3-1 所示进行调试。

表 4-3-1　逻辑控制程序调试表

K1(P3.0)	K2(P3.1)	K3(P3.2)	K4(P3.3)	P1 口输出
0	1	1	1	
1	0	1	1	
1	1	0	1	
1	1	1	0	
1	1	1	1	
任何 2 个或以上开关合上时				

（5）在开发板连接电路，将文件项目四任务 3.hex 下载到单片机中，并按表 4-3-1 所示进行调试。

```
项目三任务3.c*
01  #include<stc15.h>
02  #include<intrins.h>
03  #include<gpio.h>
04  #define uint unsigned int
05  #define uchar unsigned char
06  #define    x    P1
07  #define    y    P3
08  sbit K1=P3^0;
09  sbit K2=P3^1;
10  sbit K3=P3^2;
11  sbit K4=P3^3;
12
13  void main(void)
14  {
15      gpio();
16      y=y|0x0f;
17      while(1)
18      {
19          if(!K1){x=0xe7;}
20              else if(!K2){x=0xdb;}
21                  else if(!K3){x=0xbd;}
22                      else if(!K4){x=0x7e;}
23                          else {x=0xc3;}
24
25      }
26  }
```

Parallel Po...
Port 3
P3: 0xFF   7   Bits   0
Pins: 0xF7

Parallel Po...
Port 1
P1: 0x7E   7   Bits   0
Pins: 0x7E

图 4-3-2　Keil C 逻辑控制调试结果图

 **任务拓展**

采用 switch/case 语句修改程序,并上机编辑、编译,然后按表 4-3-1 所示进行调试。

任务4　8 位 LED 数码管的驱动与显示

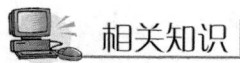 **任务说明**

后面的任务大多数需要用数码 LED 来显示十进制数字或十六进制的字母。本任务主要介绍 LED 数码管显示的基本原理,使学生学会用 LED 数码管显示十进制数字(0~9)与十六进制字母 A~F。

相关知识

一、LED 显示原理

单片机应用系统中常用 LED(发光二极管)显示数字、字符及系统状态,其驱动电路简单,易于实现,且价格低廉,因此应用广泛。

常用的 LED 显示器有 LED 状态显示器(俗称发光二极管)、LED 七段显示器(俗称数码管)和 LED 十六段显示器。发光二极管可显示两种状态,用于系统状态显示;数码管用于数字显示;LED 十六段显示器用于字符显示。

1. 数码管结构与工作原理

数码管由 8 个发光二极管(以下简称字段)构成,通过不同的组合来显示数字 0~9,字符 A~F、H、L、P、R、U、Y,符号"—"及小数点".。"数码管的外形结构如图 4-4-1(a)所示。数码管又分为共阴极和共阳极两种结构,分别如图 4-4-1(b)和图 4-4-1(c)所示。

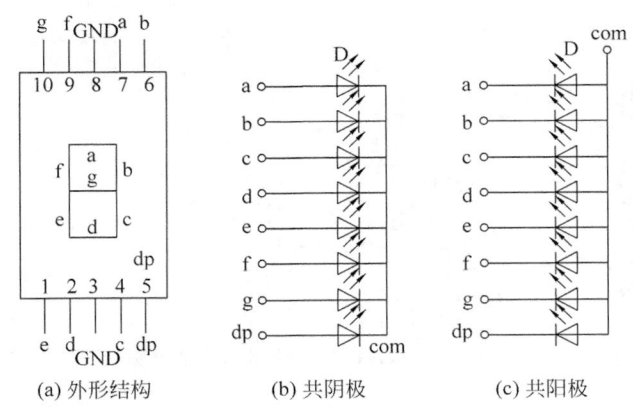

(a) 外形结构 (b) 共阴极 (c) 共阳极

图 4-4-1 数码管结构图

共阳极数码管的 8 个发光二极管的阳极(二极管正端)连接在一起。通常,公共阳极接高电平(一般接电源),其他引脚接段驱动电路输出端。当某段驱动电路的输出端为低电平时,该端所连接的字段导通并点亮。根据发光字段的不同组合,显示出各种数字或字符。此时,要求段驱动电路能吸收额定的段导通电流,还需根据外接电源及额定段导通电流来确定相应的限流电阻。

共阴极数码管的 8 个发光二极管的阴极(二极管负端)连接在一起。通常,公共阴极接低电平(一般接地),其他引脚接段驱动电路输出端。当某段驱动电路的输出端为高电平时,该端所连接的字段导通并点亮。根据发光字段的不同组合,显示出各种数字或字符。此时,要求段驱动电路能提供额定的段导通电流,还需根据外接电源及额定段导通电流来确定相应的限流电阻。

要使数码管显示出相应的数字或字符,必须使段数据口输出相应的字形编码。对照图 4-4-1(a),字形码各位定义如下:数据线 D0 与 a 字段对应,D1 字段与 b 字段对应,……,以此类推。如使用共阳极数码管,数据为 0 表示对应字段亮,数据为 1 表示对应字段暗;如使用共阴极数码管,数据为 0 表示对应字段暗,数据为 1 表示对应字段亮。如要显示"0",共阳极数码管的字形编码为 11000000B(即 C0H),共阴极数码管的字形编码为 00111111B(即 3FH)。依此类推,求得数码管字形编码,如表 4-4-1 所示。必须注意,为方便接线,很多产品常不按规则的方法对应字段与位的关系,必须根据接线自行设计字形码。

表 4-4-1　数码管字形编码表

显示字符	共阴极段选码	共阳极段选码	显示字符	共阴极段选码	共阳极段选码
0	3FH	C0H	C	39H	C6H
1	06H	F9H	D	5EH	A1H
2	5BH	A4H	E	79H	86H
3	4FH	B0H	F	71H	84H
4	66H	99H	P	73H	82H
5	6DH	92H	U	3EH	C1H
6	7DH	82H	r	31H	CEH
7	07H	F8H	y	6EH	91H
8	7FH	80H	8.	FFH	00H
9	6FH	90H	"灭"	00H	FFH
A	77H	88H			⋮
B	7CH	83H			

2. LED 显示接口方法

单片机与 LED 显示器共有以硬件为主和以软件为主两种接口方法,也称为静态显示和动态显示。静态显示方式的特点是各 LED 管能稳定地同时显示各自的字形;动态显示方式是指各 LED 轮流地一遍一遍显示各自的字形,利用人们的视觉惰性,使得看到的好像是各 LED 在同时显示不同的字。下面分别介绍。

1) 静态显示接口

静态显示是指数码管显示某一字符时,相应的发光二极管恒定导通或恒定截止。采用这种显示方式的各位数码管相互独立,公共端恒定接地(共阴极)或接正电源(共阳极)。每个数码管的 8 个字段分别与一个 8 位 I/O 口地址相连,I/O 口只要有段码输出,相应的字符即显示出来,并保持不变,直到 I/O 口输出新的段码,如图 4-4-2 所示。采用静态显示方式,较小的电流即可获得较高的亮度,且占用 CPU 时间少,编程简单,显示便于监测和控制,但其占用的口线多,硬件电路复杂,成本高,只适用于显示位数较少的场合。

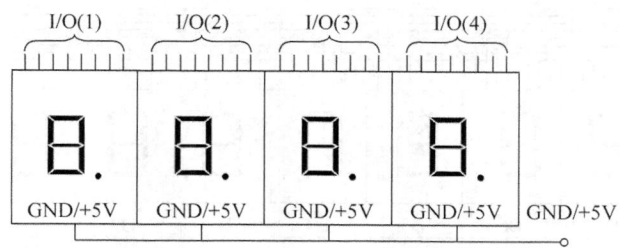

图 4-4-2　4 位静态 LED 显示电路

在单片机系统中,常采用 MC14495 作为 LED 的静态显示接口。MC14495 是 CMOS BCD—七段十六进制锁存、译码驱动芯片。MC14495 能完成 BCD 码至十六进制数的锁存和译码,并具有驱动能力。该芯片的作用是:输入需显示字符的二进制码(或 BCD 码),把它自动置换成相应的字形码后,送到 LED 显示。例如,A、B、C、D 各引脚输入

"0110"，则显示"6"；若输入"1110"，则显示"E"。

MC14495 芯片与 8031 的连接如图 4-4-3 所示。采用这种接口方法，仅需使用一条指令，就可以完成 LED 显示。例如：将"0111×000B"送至 P1 口，则在最左边 LED 显示器显示"7"；将"0010×011B"送至 P1 口，则在最右边 LED 显示"2"。

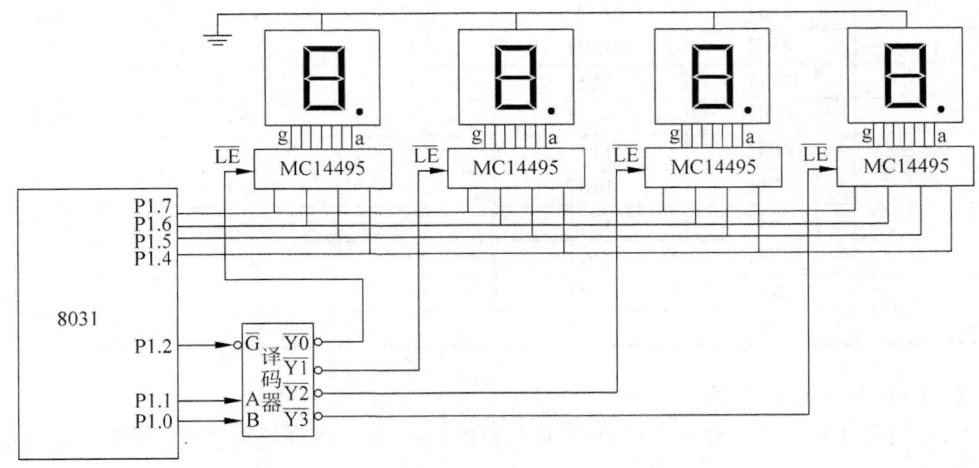

图 4-4-3　静态显示的 LED 接口电路

2) 动态显示接口

动态显示是一位一位地轮流点亮各位数码管。这种逐位点亮显示器的方式称为位扫描。通常，各位数码管的段选线相应地并联在一起，由一个 8 位 I/O 口控制；各位的位选线（公共阴极或阳极）由另外的 I/O 口线控制，如图 4-4-4 所示。当以动态方式显示时，各数码管分时轮流选通。要使其稳定显示，必须采用扫描方式，即在某一时刻只选通一位数码管，并送出相应的段码；在另一时刻选通另一位数码管，并送出相应的段码。依此规律循环，使各位数码管显示将要显示的字符，虽然这些字符是在不同的时刻分别显示，但由于人眼存在视觉暂留效应，只要每位显示间隔足够短，就可以给人同时显示的感觉。

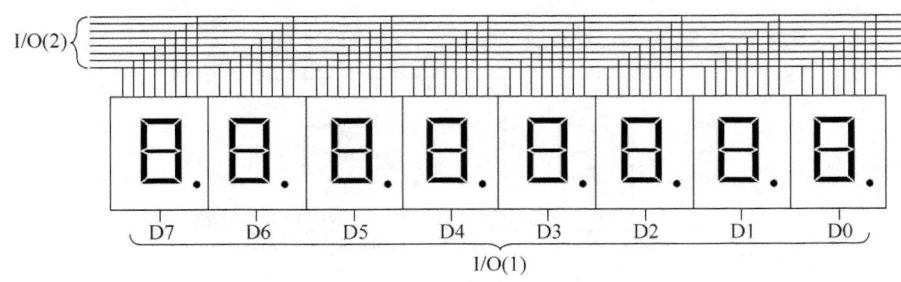

图 4-4-4　动态 LED 显示电路

采用动态显示方式比较节省 I/O 口，硬件电路也较静态显示方式简单，但其亮度不如静态显示方式，而且在显示位数较多时，CPU 要依次扫描，占用 CPU 较多的时间。

动态显示采用软件法把欲显示的十六进制数（或 BCD 码）转换为相应的字形码（静态显示中，通过硬件转换），故它通常需要在 RAM 区建立一个显示缓冲区，和 LED 一一对应。也就是说,缓冲区放什么字,相应的数码管就会显示什么字。另外,所有要显示的字形必须做成一个表格(数组),以便随时查表获取。

采用动态扫描法实现 LED 显示时,为了提高数码管的亮度,需要增大扫描时的驱动电流,一般采用驱动电路,用三极管分立元件作为驱动,也可以采用专用的驱动芯片,如 ULN2003 或 ULN2083。但 STC 系列单片机的 I/O 端口有 20mA 驱动能力,可直接驱动 LED 数码管。

二、构造类型数据

C 语言除了有基本的数据类型,还提供构造类型的数据。构造类型数据是由基本数据类型按一定规则组合而成的。C 语言提供了三种构造类型:数组类型、结构体类型和共用体类型。构造类型可以更方便地描述现实问题中各种复杂的数据结构。

1. 数组

数组是一组有序数据的集合,数组中的每一个数据同属一种数据类型,一组同类型的数据共用一个变量名。数组中元素的次序由下标确定,下标从 0 开始顺序编号。数组中的各个元素用数组名和下标唯一确定。数组分一维数组、二维数组或多维数组。在 C 语言中,数组必须先定义,然后才能使用。

1) 一维数组

一维数组的定义格式为:

数据类型[存储器类型]数组名[常量表达式];

其中,"数据类型"说明数组中各元素的数据类型;"存储器类型"是可选项,指出定义的数组所在的存储空间;"数组名"是整个数组的变量名;"常量表达式"说明了该数组的长度,即数组中元素的个数。常量表达式必须用方括号"[]"括起来,而且其中不能含有变量。

例如:

char math [60] ;　　　　　　　　//定义 math 数组的数据类型为字符型,数组元素有 60 个

2) 二维数组

定义多维数组时,只要在数组名后面增加相应于维数的常量表达式即可。二维数组的定义格式为:

数据类型[存储器类型]数组名[常量表达式 1] [常量表达式 2];

例如,定义一个 2 行 3 列的整数矩阵 first:

int first [2][3] ;

二维数组常用来定义 LED 或 LCD 显示器显示的点阵码。

3) 字符数组

基本类型为字符型的数组称为字符数组,用来存放字符。字符中的每一个元素都是字符,因此可以用字符数组来存放不同长度的字符串。一个一维字符数组可以存放一个

字符串。为了测定字符串的实际长度,C 语言规定以'\0'作为字符串的结束标志,对字符串常量也自动加一个'\0'作为结束符。因此在定义字符数组时,应使数组长度大于它允许存放的最大字符串长度。

例如,要定义一个能存放 9 个字符的字符数组,数组的长度至少为 10。

char second [10] ;

对于字符数组的访问,可以通过数组中的元素逐个访问,也可以访问整个数组。

4)数组元素赋初值

通过直接输入,或者利用赋值语句为单个数组元素赋值来实现数组赋值;也可以在定义数组的同时给出元素的值,即数组的初始化。

数据类型[存储器类型]数组名[常量表达式] = {常量表达式列表};

其中,常量表达式表中按顺序给出了各个数组元素的初值。例如:

uchar code SEG7[10] = {0x3f, 0x06,0x5b, 0x4f, 0x66, 0x6d, 0x7d, 0x07, 0x7f, 0x6f} ;

它定义了一个共阴极数码管的显示码数组,同时给出了 0~9 等 10 个数码的字形码数据。

数组初始化的有关说明如下:

(1)在元素值表列中,可以是数组所有元素的初值,也可以是前面部分元素的初值。例如:

int a[5] = {1,6,9};

数组 a 的前 3 个元素 a[0]、a[1]、a[2]分别等于 1、6、9,后两个元素未说明。

(2)当对全部数组元素赋值时,元素个数可以省略,但"[]"不能省。例如:

char x[] = {'a','b','c'} ;

数组 x 的长度为 3,即 x[0]、x[1]、x[2]分别为字符 a、b、c。

5)数组作为函数的参数

除了可以用变量作为函数的参数之外,还可以用数组名作为函数的参数。一个数组的数组名表示该数组的首地址。数组名作为函数的参数时,形式参数和实际参数都是数组名,传递的是整个数组,即形式参数数组和实际参数数组完全相同,是存放在同一空间的同一个数组。在调用的过程中,参数传递方式实际上是地址传递,将实际参数数组的首地址传递给被调函数中的形式参数数组。当修改形式参数数组时,实际参数数组同时被修改。

用数组作为函数的参数,应该在主调函数和被调函数中分别定义数组,不能只在一方定义,而且在两个函数中定义的数组类型必须一致。如果类型不一致,将导致编译出错。实参数组和形参数组的长度可以一致,也可以不一致,编译器对形参数组的长度不做检查,只是将实参数组的首地址传递给形参数组。如果希望形参数组能得到实参数组的全部元素,应使两个数组的长度一致。定义形参数组时,可以不指定长度,只在数组名后面跟一个空的方括号"[]",但为了在被调函数中处理数组元素的需要,应另外设置一个参数来传递数组元素的个数。

【例 4-4-1】　开机,按数组所列数字顺序显示;按下按键,将数组中的数字按由小到大的顺序显示。

　　解　源程序清单如下:

```
#include<reg51.h>
#define uint unsigned int
sbit KEY_S1 = P3^2;
uchar code SEG7[10] = {0x3f,0x06,0x5b,0x4f,0x66,0x6d,0x7d,0x07,0x7f,0x6f};
                                              //定义显示段码数组
uchar code ACT[5] = {0xfe,0xfd,0xfb,0xf7,0xef};       //定义显示位码数组
uint data a[10] = {222,111,0,333,444,555,888,666,777,999};  //定义显示数字数组
/* ------------ 延时函数 -------------- */
void delay(uint k)                            //定义延时程序
{
    uint i,j;
    for(i=0;i<k;i++){
    for(j=0;j<1210;j++)
    {;}}
}
/* ----------- 定义排序子函数,按从小到大排序 ---------- */
void sort(uint array[],uint n)
{
    uint i,j,k,t;
    for(i=0;i<n-1;i++)
    {
        k=i;
        for(j=i+1;j<n;j++)
        {if(array[j]<array[k]) k=j;}
        t=array[k];
        array[k]=array[i];
        array[i]=t;
    }
}
/* ----------- 定义按数组元素的顺序显示数字 ---------- */
void dis(uint array[],uint n)
{
    uint m,t;
    for(m=0;m<n;m++)                          //定义循环显示次数
    {
        for(t=0;t<300;t++)                    //定义每组数字显示的动态扫描次数
        {
            P0=SEG7[array[m]%10];             //送显示数字的个位数的段码
            P2=ACT[0];                        //送个位数的位控制码
            delay(2);                         //设置扫描间隔
            P0=SEG7[(array[m]/10)%10];        //送显示数字的十位数的段码
            P2=ACT[1];                        //送十位数的位控制码
            delay(2);
            P0=SEG7[array[m]/100];            //送显示数字的百位数的段码
```

```
            P2 = ACT[2];                    //送百位数的位控制码
            delay(2);
            P0 = SEG7[m];                   //送数组序号的段控制码
            P2 = ACT[4];                    //送数组序号的位控制码
            delay(2);
        }
    }
}
/* --------------- 主函数 --------------- */
void main(void)
{
    while(1)
    {
        dis(a,10);
        while(KEY_S1);
        sort(a,10);
        dis(a,10);
    }
}
```

2. 指针

1）指针与地址

各个存储单元中存放的数据称为该单元的内容。计算机在执行任何一个程序时都要涉及单元访问，就是按照内存单元的地址来访问该单元中的内容，即按地址来读或写该单元中的数据。通过地址寻找所需要访问单元的方式称为直接访问方式。

另外一种访问是间接访问，它首先将欲访问单元的地址存放在另一个单元中。访问时，先找到存放地址的单元，从中取出地址；然后根据地址找到需要访问的单元；再读或写该单元的数据。在这种访问方式中就用到了指针。

C 语言中引入了指针类型的数据。指针类型数据是专门用来确定其他类型数据地址的，因此一个变量的地址就称为该变量的指针。例如，有一个整型变量 k 存放在内存单元 30H 中，则该内存单元地址 30H 就是变量 k 的指针。

如果有一个变量专门用来存放另一个变量的地址，则该变量称为指向变量的指针变量（简称指针变量）。例如，如果用变量 pk 存放整型变量 k 的地址 30H，则 pk 是一个指针变量。

2）指针变量的定义

指针变量定义的一般形式为：

数据类型[**存储器类型**] ＊指针变量名

其中，"指针变量名"是定义的指针变量名字。"数据类型"说明该指针变量所指向变量的类型。"存储器类型"是可选项，它是 C51 编译器的一种扩展，其含义同前述其他数据类型的定义。例如：

```
int    * pk;              //定义一个指向对象类型为整型的指针变量,变量名为 pk
char   * pb;              //定义一个指向对象类型为字符型的指针变量,变量名为 pb
```

注意：变量的指针和指针变量是两个不同的概念。变量的指针就是该变量的地址，而一个指针变量里面存放的内容是另一个变量在内存中的地址。每一个变量都有它自己的指针(即地址)，而每一个指针变量指向另一个变量。

3) 指针变量的引用

指针变量是含有一个数据对象地址的特殊变量。指针变量中只能存放地址。在实际编程和运算过程中，变量的地址和指针变量的地址是不可见的。因此，C语言提供了一个取地址运算符"&"。使用"&"和赋值运算符"="，可以使一个指针变量指向一个实际变量，例如：

```
int t;
int * pt;                //"*"为指针变量的定义符
pt = &t;                 //通过取地址运算和赋值运算后，指针变量 pt 指向变量 t
```

当完成了变量、指针变量的定义以及指针变量的引用后，就可以访问内存单元了。此时，要用到指针运算符(又称间接运算符)"*"。

例如，若要将变量 t 的值赋给 y，可采用直接访问与间接访问两种方式。

(1) 直接访问

```
y = t;
```

(2) 间接访问

```
pt = &t;                 //指针变量 pt 指向变量 t
y = * pt;                //"*"为指针运算符，将指针变量 pt 所指向变量 t 的值赋给变量 y
```

4) 数组指针与指向数组的指针变量

指针既可以指向变量，也可以指向数组。其中，指向数组的指针是数组的首地址，指向数组元素的指针是数组元素的地址。例如：

```
int x[10];
int * pk;
pk = &x[0];              //指针 pk 指向数组 x[]
```

C语言规定，数组名代表数组的首地址，故可用语句 pk=x 代替 pk = &x[0]。

经上述定义后，就可以通过指针 pk 来操作数组 x 了，即 * pk 代表 x[0]，* (pk+1)代表 x[1]，* (pk+i)代表 x[i]，i =1,2,3,…。

5) 指针变量的运算

先使指针变量 pk 指向数组 x[](即 pk = x)，则指针变量的运算有：

(1) pk++(或 pk+=1)；//将指针变量指向下一个数组元素，即 x[1]。

(2) * pk++；//等价于 * (pk++)，取下一个元素的值。

(3) * ++pk；//先使 pk 自加1，再取 * pk 值。若 pk 的初值为 &x[0]，则执行 y = * ++pk 时，y 值为[1]的值。

(4) (* pk)++；//表示 pk 所指的元素值加 1。

6）指向多维数组的指针和指针变量

（1）多维数组指针变量的定义：

```
int x[2][3];              //定义一个 2 行 3 列的数组
int ( * pt)[3];           //定义一个包含 3 个元素的数组指针变量
pt = x;                   //pt 指向 0 行的首地址
```

（2）多维数组指针变量的运算：

① pt+1 和 x+1 等价，指向数组 x[2][3] 的第一行首址。

② ＊(pt+1)+2 和 &x[1][2] 等价，指向数组元素 x[1][2] 的地址。

③ ＊(＊(pt+1)+2) 和 x[1][2] 等价，表示 x[1][2] 的值。

【例 4-4-2】 采用下标法引用数组元素，在数码管上顺序显示 0～4；采用指针法引用数组元素，在数码管上顺序显示 5～9。

解 源程序清单如下所示。

```
# include < REG51.H>
# define uchar unsigned char
# define uint unsigned int
/* ---------- 延时函数 -------------- */
void delay(uint k)
{
    uint i,j;
    for(i = 0;i < k;i++)
    {
        for(j = 0;j < 121;j++)
        {;}
    }
}
/* ------------- 主函数 ------------- */
void main(void)
{
    uchar * pt,i;                           //定义指针变量 pt
    uchar code SEG7[10] = {0x3f,0x06,0x5b,0x4f,0x66,0x6d,0x7d,0x07,0x7f,0x6f};
    pt = SEG7;                              //取指针地址
    for(i = 0;i < 5;i++)                    //循环显示 5 次
    {P0 = SEG7[i];P2 = 0xfe;               //采用下标法引用数组元素，并显示
    delay(500);}                           //设置显示间隔
    P0 = 0x00;                             //灭显示
    delay(2000);                           //设置转换间隔
    for(i = 5;i < 10;i++)                  //循环显示 5 次，显示元素 5～9
    {P0 = * (pt + i);P2 = 0xfe;            //采用指针法引用数组元素，并显示
    delay(500);}                           //设置显示间隔
    P0 = 0x00;                             //灭延时
    while(1);                              //程序结束，即原地踏步
}
```

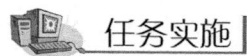

任务实施

一、程序功能

用数码管显示数字 0、1、2、3、4、5、6、7。

二、硬件设计

采用共阴极数码管,用动态显示方法驱动,P0 口输出段码,P2 口输出位控制码,电路原理如图 4-4-5 所示。

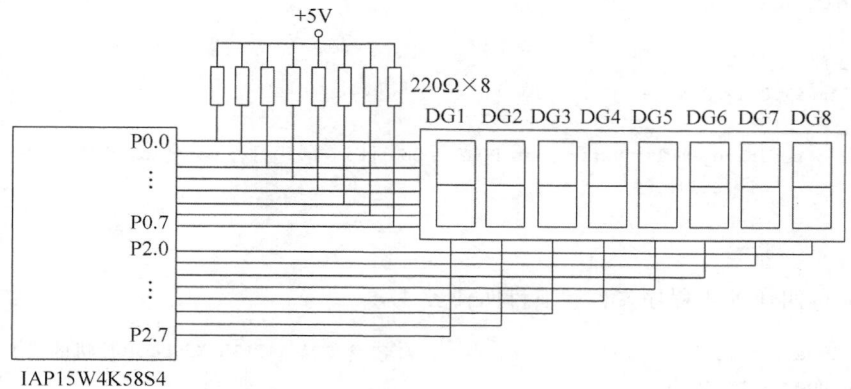

图 4-4-5 LED 数码管显示驱动电路

三、程序设计

1) 显示程序:display. h

建立一个显示缓冲区,1 位数码管对应一个 8 位的显示缓冲区。显示程序只需按顺序从显示缓冲区取数据即可。把数码管显示函数独立生成一个通用文件 display. h,以便其他应用调用。Dis-buf[7]～ Dis-buf[0]为数码管的显示缓冲区,Dis-buf[7]为高位,Dis-buf[0]为低位。调用前,将要显示的数据传送到对应的缓冲区,显示函数名为 display。

显示程序源代码清单如下:

```
#define font_PORT P0                      //定义字形码输出端口
#define position_PORT P2                  //定义位控制码输出端口
uchar code SEG7[] = {0x3f,0x06,0x5b,0x4f,0x66,0x6d,0x7d,0x07,0x7f,0x6f,0x77,0x7c,0x39,
0x5e,0x79,0x71,0x00,0xbf,0x86,0xdb,0xcf,0xe6,0xed,0xfd,0x87,0xff,0xef };
    //定义 0、1、2、3、4、5、6、7、8、9、A、B、C、D、E、F 以及"灭"的字形码
    //定义 0、1、2、3、4、5、6、7、8、9(含小数点)的字形码
uchar code Scan_bit[] = {0xfe,0xfd,0xfb,0xf7,0xef,0xdf, 0xbf, 0x7f};   //定义扫描位控制码
uchar data Dis_buf[] = {0,16,16,16,16,16,16,16}; //定义显示缓冲区,最低位显示"0",其他为"灭"
/* ---------- 延时函数 ------------ */
void Delay1ms()                          //@11.0592MHz
```

```
{
    unsigned char i, j;
    _nop_ ();
    _nop_ ();
    _nop_ ();
    i = 11;
    j = 190;
    do
    {
        while ( -- j);
    } while ( -- i);
}
/* ---------- 显示函数 ------------ */
void display(void)
{
    uchar i;
    for(i = 0;i < 8;i++)
    {
        position_PORT = 0xff; font_PORT = SEG7[Dis_buf[i]]; position_PORT = Scan_bit[i];
            Delay1ms ();
    }
}
```

2) 项目四任务 4 程序文件: 项目四任务 4. c

```
# include < stc15. h>                          //包含支持 IAP15W4K58S4 单片机的头文件
# include < intrins. h>
# include < gpio. h>                           //I/O 初始化文件
# define uchar unsigned char
# define uint unsigned int
# include < display. h>
/* ---------- 主函数(显示程序) ----------- */
void main(void)
{
    gpio();
    Dis_buf[0] = 0; Dis_buf[1] = 1; Dis_buf[2] = 2; Dis_buf[3] = 3;
    Dis_buf[4] = 4; Dis_buf[5] = 5; Dis_buf[6] = 6; Dis_buf[7] = 7;
    while(1)                                    //无限循环执行显示程序
    {
        display();
    }
}
```

四、调试

(1) 用 Proteus 绘制电路原理图,或在实验板上连接电路。

(2) 用 Keil C 编辑、编译项目四任务 4. c 程序,生成机器代码文件项目四任务 4. hex。

(3) 联机调试。

① 上电,观察 LED 数码管的显示结果。

② 修改程序,LED 数码管从左至右依次显示"1、2、3、4、、、5.、6."。

③ 修改程序,让 LED 数码管从左到右依次显示"APPLE"各字符。

提示:需要在字形码数组中增加"P""L"的字形码。

任务拓展

编程实现在数码管上循环显示学生证号的后 8 位(8 位数码管同时显示 1 位),显示间隔 1s。最后一位显示结束后,数码管熄灭 2s,然后周而复始。

提示:显示时,将显示函数与延时功能融合在一起。

习 题

一、填空题

1. IAP15W4K58S4 单片机的并行 I/O 口有准双向口、_____、高阻与_____等 4 种工作模式。

2. IAP15W4K58S4 单片机复位后,与增强型 PWM 有关的输出引脚(P3.7、P2.1、P2.2、P2.3、P1.6、P1.7)处于_____工作模式,其他引脚处于_____工作模式。

3. IAP15W4K58S4 单片机 P2.0(RSTOUT_LOW)引脚可通过_____可设置为上电复位后输出低电平。

4. 在本教材程序中,函数 gpio()的作用是_____。

5. 在 C51 中,关键字 sfr 的作用是_____。

6. 在 C51 中,关键字 bit 的作用是_____。

7. 在 C51 中,关键字 sbit 的作用是_____。

8. 在 C 程序设计中,语句"while(1);"的功能是_____。

二、选择题

1. 当 P1M1=10H,P1M0=56H 时,P1.7 处于_____工作模式。
   A. 准双向口   B. 高阻   C. 强推挽   D. 开漏

2. 当 P0M1=33H,P0M0=55H 时,P0.6 处于_____工作模式。
   A. 准双向口   B. 高阻   C. 强推挽   D. 开漏

3. 执行"P1=P1&0xfe;"语句,相当于对 P1.0 _____操作。
   A. 置 1   B. 置 0   C. 取反   D. 不变

4. 执行"P2=P2|0x01;"语句,相当于对 P2.0 _____操作。
   A. 置 1   B. 置 0   C. 取反   D. 不变

5. 执行"P3=P3^0x01;"语句,相当于对 P3.0 _____操作。
   A. 置 1   B. 置 0   C. 取反   D. 不变

6. 当在程序预处理部分有"#include<stc15.h>;"语句时,若想对 P0.1 置 1,可执行语句_____。

A. P01＝1;　　　　　B. P0.1＝1;　　　　C. P0^1＝1;　　　　D. P01＝!P01;

三、判断题

1. 当 IAP15W4K58S4 单片机复位后,P2.0 引脚输出低电平。　　　　　　　　（　　）

2. 当 IAP15W4K58S4 单片机复位后,所有 I/O 引脚都处于准双向口工作模式。

（　　）

3. 在准双向口工作模式下,I/O 口的灌电流能力与拉电流能力都是 20mA。　（　　）

4. 当 IAP15W4K58S4 单片机复位后,与增强型 PWM 有关的输出引脚(P3.7、P2.1、P2.2、P2.3、P1.6、P1.7)处于高阻工作模式。　　　　　　　　　　　　　（　　）

5. 在强推挽工作模式下,I/O 口的灌电流能力与拉电流能力都是 20mA。　（　　）

6. 在开漏工作模式,I/O 口在应用时一定外接上拉电阻。　　　　　　　　（　　）

四、问答题

1. 当 I/O 口处于准双向口、强推挽或开漏工作模式时,若要从 I/O 口引脚输入数据,首先应对 I/O 口端口做什么?

2. 在 IAP15W4K58S4 单片机 I/O 口电路结构中,包含锁存器、输入缓冲器和输出驱动 3 个部分。请说明锁存器、输入缓冲器和输出驱动在输入/输出端口中的作用。

3. IAP15W4K58S4 单片机 I/O 口的总线驱动与非总线扩展是什么含义? 现代单片机应用系统设计一般推荐哪种扩展模式?

4. IAP15W4K58S4 单片机的 I/O 端口能否直接驱动 LED 灯? 一般情况下,驱动 LED 灯应加限流电阻。请问如何计算限流电阻?

5. 定义字形码、字位码数组与显示缓冲区数组的存储类型有什么不同? 为什么?

6. 简述 LED 数码管静态驱动与动态扫描驱动的电路结构与工作特性。在设计数码 LED 显示电路时,动态显示与静态显示的限流电阻一样吗? 动态显示电路的显示亮度除跟限流电阻有关外,还与什么因素有关?

7. 简述逻辑与、逻辑或、逻辑非的逻辑关系。其对应的 C 语言运算符是什么?

8. 试说明下列语句的含义。

（1）unsigned char x;
　　 unsigned char y;
　　 k ＝ (bit)(x + y);

（2）#define uchar unsigned char
　　 uchar a;
　　 uchar b;
　　 uchar min;

（3）#define uchar unsigned char
　　 uchar tmp;
　　 P1 ＝ 0xff;
　　 temp ＝ P1;

五、程序设计题

1. 从 P1.0 口和 P1.1 口输入数据。当 P1.0/P1.1＝00 时,P2 口输出数据为 60;当 P1.0/P1.1＝01 时,P2 口输出数据为 70;当 P1.0/P1.1＝10 时,P2 口输出数据为 80;当 P1.0/P1.1＝11 时,P2 口输出数据为 90。

（1）输出数据格式为二进制。

（2）输出数据格式为 BCD 码（十进制）。

分别画出硬件电路图，编写程序，并上机调试。

2. 采用 1 只开关输入命令，并用 8 位 LED 数码管显示输出信息。要求当开关断开时，数码管显示出生年月日；当开关合上时，数码管显示学生证号的后 8 位。画出硬件电路图，编写程序，并上机调试。

项目 五 ———————————————————————— Project 5

IAP15W4K58S4单片机的 存储器与应用编程

本项目要达到的目标：一是理解 IAP15W4K58S4 单片机的存储结构与工作特性；二是掌握用 C 语言编程访问 IAP15W4K58S4 单片机存储器的方法；三是掌握 IAP15W4K58S4 单片机存储器的编程方法。

知识点：

◆ IAP15W4K58S4 单片机的程序存储器。

◆ IAP15W4K58S4 单片机的基本 RAM。

◆ IAP15W4K58S4 单片机的扩展 RAM。

◆ IAP15W4K58S4 单片机的 E^2PROM。

◆ C 语言变量存储类型的定义。

◆ C 语言的算术运算。

技能点：

◆ IAP15W4K58S4 单片机程序存储器的访问。

◆ IAP15W4K58S4 单片机基本 RAM 的访问。

◆ IAP15W4K58S4 单片机扩展 RAM 的访问。

◆ IAP15W4K58S4 单片机 E^2PROM 的操作。

任务 1　IAP15W4K58S4 单片机的基本 RAM

任务说明

本任务结合 IAP15W4K58S4 单片机的算术运算，学习 IAP15W4K58S4 单片机基本 RAM 的应用编程，分为三个方面：一是学习 IAP15W4K58S4 单片机存储器的存储结构；

二是学习 C 语言中有关变量定义、函数定义以及数组定义的语句；三是学习 C 语言的算术运算语句。

 相关知识

一、IAP15W4K58S4 单片机的存储结构

IAP15W4K58S4 单片机存储器结构的主要特点是程序存储器与数据存储器是分开编址的。IAP15W4K58S4 单片机内部在物理上有 3 个相互独立的存储器空间：Flash ROM、片内基本 RAM 和片内扩展 RAM；在使用上分为 4 个空间：程序存储器（程序 Flash）、片内基本 RAM、片内扩展 RAM 与 E²PROM（数据 Flash），如图 5-1-1 所示。

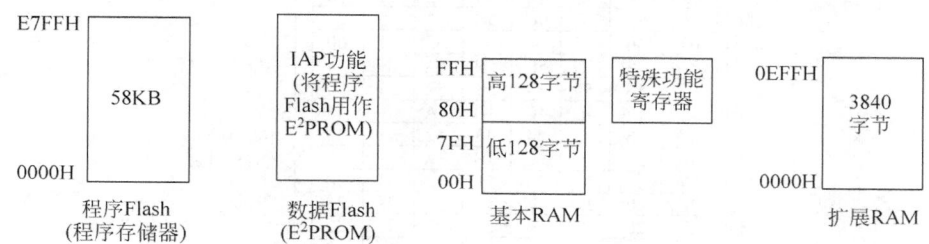

图 5-1-1　IAP15W4K58S4 单片机的存储器结构

1. 程序存储器（程序 Flash）

程序存储器用于存放用户程序、常数数据和表格数据等信息。IAP15W4K58S4 单片机片内集成了 58KB 程序 Flash 存储器，其地址为 0000H～E7FFH。

在程序存储器中有些特殊的单元，在应用中应注意。

（1）0000H 单元。系统复位后，PC 值为 0000H，单片机从 0000H 单元开始执行程序。一般在 0000H 开始的三个单元中存放一条无条件转移指令，让 CPU 去执行用户指定位置的主程序。

（2）0003H～00BBH，这些单元用作 24 个中断的中断响应的入口地址（或称为中断向量地址）。

① 0003H：外部中断 0 中断响应的入口地址。

② 000BH：定时器/计数器 0（T0）中断响应的入口地址。

③ 0013H：外部中断 1 中断响应的入口地址。

④ 001BH：定时器/计数器 1（T1）中断响应的入口地址。

⑤ 0023H：串行口 1 中断响应的入口地址。

以上为 5 个基本中断的中断向量地址，其他中断对应的中断向量地址详见项目七的相关内容。

每个中断向量间相隔 8 个存储单元。编程时，通常在这些入口地址开始处放入一条无条件转移指令，指向真正存放中断服务程序的入口地址。只有在中断服务程序较短时，才可以将中断服务程序直接存放在相应入口地址开始的几个单元中。

提示：在 C 语言编程中，不需要记住各中断源的中断响应的中断入口地址，但要记住各中断源的中断号。有关中断函数的定义，详见项目七。

2. 片内基本 RAM

片内基本 RAM 分为低 128 字节、高 128 字节和特殊功能寄存器（SFR）。

1) 低 128 字节

根据 RAM 作用的差异性，低 128 字节又分为工作寄存器区、位寻址区和通用 RAM 区，如图 5-1-2 所示。

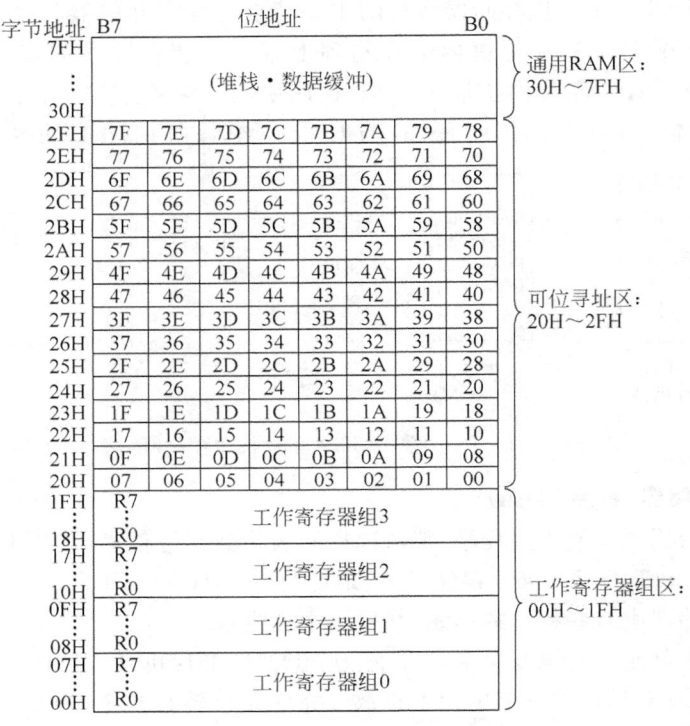

图 5-1-2　低 128 字节的功能分布图

（1）工作寄存器区（00H～1FH）：IAP15W4K58S4 单片机片内基本 RAM 低端的 32 字节分成 4 个工作寄存器组，每组占用 8 个单元。但程序运行时，只能有一个工作寄存器组为当前工作寄存器组，其存储单元可用作寄存器，即可用寄存器符号（R0，R1，…，R7）来表示。当前工作寄存器组的选择是通过程序状态字 PSW 中的 RS1、RS0 实现的。RS1、RS0 的状态与当前工作寄存器组的关系如表 5-1-1 所示。

表 5-1-1　IAP15W4K58S4 单片机工作寄存器地址表

组号	RS1	RS0	R0	R1	R2	R3	R4	R5	R6	R7
0	0	0	00H	01H	02H	03H	04H	05H	06H	07H
1	0	1	08H	09H	0AH	0BH	0CH	0DH	0EH	0FH
2	1	0	10H	11H	12H	13H	14H	15H	16H	17H
3	1	1	18H	19H	1AH	1BH	1CH	1DH	1EH	1FH

当前工作寄存器组从某一工作寄存器组切换到另一个工作寄存器组时,原来工作寄存器组中各寄存器的内容被屏蔽保护起来。利用这一特性,可以方便地完成快速现场保护任务。

(2) 位寻址区(20H~2FH):片内基本 RAM 的 20H~2FH 共 16 字节是位寻址区,每字节 8 位,共 128 位。该区域不仅可按字节寻址,也可按位寻址。从 20H 的 B0 位到 2FH 的 B7 位,其对应的位地址依次为 00H~7FH。位地址还可用字节地址加位号表示,如 20H 单元的 B5 位,其位地址可用 05H 表示,也可用 20H.5 表示。

提示:汇编编程时,一般用字节地址加位号的方法表示。C 语言编程时,定义位变量,由编译系统自动分配位地址空间;或定义变量时,指定存储类型为位寻址区,再利用关键字 sbit 定义位变量。

(3) 通用 RAM 区(30H~7FH):30H~7FH 共 80 字节,为通用 RAM 区,即一般 RAM 区域,无特殊功能特性。一般作为数据缓冲区用,如显示缓冲区。通常将堆栈也设置在该区域。

2) 高 128 字节

高 128 字节的地址为 80H~FFH,属普通存储区域,但高 128 字节地址与特殊功能寄存器区的地址相同。为了区分这两个不同的存储区域,访问时,规定了不同的寻址方式。高 128 字节只能采用寄存器间接寻址方式访问;特殊功能寄存器只能采用直接寻址方式。此外,高 128 字节可用作堆栈区。

3) 特殊功能寄存器 SFR(80H~FFH)

特殊功能寄存器的地址也为 80H~FFH,但 IAP15W4K58S4 单片机中只有 88 个地址有实际意义,也就是说,IAP15W4K58S4 单片机实际上只有 88 个特殊功能寄存器。所谓特殊功能寄存器,是指该 RAM 单元的状态与某一具体的硬件接口电路相关,要么反映了某个硬件接口电路的工作状态,要么决定着某个硬件电路的工作状态。单片机内部 I/O 接口电路的管理与控制,就是通过对其相应的特殊功能寄存器进行操作与管理实现的。特殊功能寄存器根据其存储特性的不同,又分为两类:可位寻址特殊功能寄存器与不可位寻址特殊功能寄存器。凡字节地址能够被 8 整除的特殊功能寄存器是可位寻址的,对应可寻址位都有一个位地址,其位地址等于其字节地址加上位号。实际编程时,大多采用其位功能符号表示,如 PSW 中的 CY、AC、P 等。特殊功能寄存器与其可寻址位都是按直接地址寻址。特殊功能寄存器的映象如表 5-1-2 所示,表中给出了各特殊功能寄存器的符号、地址与复位状态值。

提示:实际应用汇编语言或 C 语言编程时,用特殊功能寄存器的符号或位地址的符号来表示特殊功能寄存器的地址或位地址。

表中所列部分寄存器说明如下。

(1) 与运算器相关的寄存器有 3 个。

① ACC:累加器,它是 IAP15W4K58S4 单片机中最繁忙的寄存器,用于向算术逻辑部件 ALU 提供操作数,许多运算结果也存放在累加器中。实际编程时,ACC 通常用 A 表示,表示寄存器寻址;若用 ACC 表示,表示直接寻址(仅在 PUSH、POP 指令中使用)。

② B:寄存器 B,主要用于乘、除法运算,也可作为一般 RAM 单元使用。

表 5-1-2　IAP15W4K58S4 单片机特殊功能寄存器字节地址与位地址表

字节地址	可位寻址	不可位寻址						
	+0	+1	+2	+3	+4	+5	+6	+7
80H	P0 11111111	SP 00000111	DPL 00000000	DPH 00000000	S4CON 00000000	S4BUF xxxxxxxx		PCON 00110000
88H	TCON 00000000	TMOD 00000000	TL0 (RL_TL0) 00000000	TL1 (RL_TL1) 00000000	TH0 (RL_TH0) 00000000	TH1 (RL_TH1) 00000000	AUXR 00000001	INT_CLKO 00000000
90H	P1 11111111	P1M1 11000000	P1M0 00000000	P0M1 00000000	P0M0 00000000	P2M1 00001110	P2M0 00000000	CLK_DIV 0000x000
98H	SCON 00000000	SBUF xxxxxxxx	S2CON 00000000	S2BUF xxxxxxxx		P1ASF 00000000		
A0H	P2 11111110	BUS_SPEED xxxxxx10	P_SW1 00000000					
A8H	IE 00000000		WKTCL (WKTCL _CNT) 11111111	WKTCH (WKTCH _CNT) 01111111	S3CON 00000000	S3BUF xxxxxxxx		IE2 x0000000
B0H	P3 11111111	P3M1 10000000	P3M0 00000000	P4M1 00000000	P4M0 00000000	IP2 xxx00000		
B8H	IP x0x00000		P_SW2 0000x000		ADC_CONTR 00000000	ADC_RES 00000000	ADC_RESL 00000000	
C0H	P4 11111111	WDT_CONTR 0x000000	IAP_DATA 11111111	IAP_ADDRH 00000000	IAP_ADDRL 00000000	IAP_CMD xxxxxx00	IAP_TRIG xxxxxxxx	IAP_CONTR 00000000
C8H	P5 xxxx1111	P5M1 xxxx0000	P5M0 xxxx0000			SPSTAT 00xxxxxx	SPCTL 00000100	SPDAT 00000000
D0H	PSW 000000x0	T4T3M	T4H (RL_TH4) 00000000	T4L (RL_TL4) 00000000	T3H (RL_TH3) 00000000	T3L (RL_TL3) 00000000	T2H (RL_TH2) 00000000	T2L (RL_TL2) 00000000
D8H	CCON 00xx0000	CMOD 0xxx000	CCAPM0 x0000000	CCAPM1 x00000000				
E0H	ACC 00000000						CMPCR1 00000000	CMPCR2 00001001
E8H		CL 00000000	CCAP0L 00000000	CCAP1L 00000000				
F0H	B 00000000		PCA_PWM0 00xxxx00	PCA_PWM1 00xxxx00				
F8H		CH 00000000	CCAP0H 00000000	CCAP1H 00000000				

说明：各特殊功能寄存器地址等于行地址加列偏移量。

③ PSW：程序状态字。

（2）指针类寄存器有 3 个。

① SP：堆栈指针，始终指向栈顶。堆栈是一种遵循"先进后出，后进先出"原则存储的区域。入栈时，SP 先加 1，数据再压入（存入）SP 指向的存储单元；出栈操作时，先将 SP 指向单元的数据弹出到指定的存储单元中，SP 再减 1。IAP15W4K58S4 单片机复位时，SP 为 07H，即默认栈底是 08H 单元。实际应用中，为了避免堆栈区域与工作寄存器

组、位寻址区域发生冲突,堆栈区域设置在通用 RAM 区域或高 128 字节区域。堆栈区域主要用于存放中断或调用子程序时的断点地址和现场参数数据。

② DPTR(16 位):数据指针,由 DPL 和 DPH 组成,用于存放 16 位地址,访问 16 位地址的程序存储器和扩展 RAM。

其余特殊功能寄存器将在 I/O 接口相关章节中讲述。

二、C51 基础(4)

1. C51 变量定义

在使用一个变量或常量之前,必须定义该变量或常量,指出其数据类型和存储器类型,以便编译系统为其分配相应的存储单元。

在 C51 中定义变量的格式为:

[存储种类]数据类型[存储器类型]变量名表

例如:

```
1    auto      int     data       x ;
2              char    code       y = 0x22 ;
```

行号 1 中,变量 x 的存储种类、数据类型、存储器类型分别为 auto、int、data。行号 2 中,变量 y 只定义了数据类型和存储器类型,未直接给出存储种类。在实际应用中,"存储种类"和"存储器类型"是可选项,默认的存储种类是 auto(自动)。如果省略存储器类型,则按 Keil C 编译器编译模式 SMALL、COMPACT、LARGE 规定的默认存储器类型确定存储器的存储区域。C 语言允许在定义变量的同时给变量赋初值,如行号 2 中对变量的赋值。

1) 变量的存储种类

变量的存储类型有 4 种,分别为 auto(自动)、extern(外部)、static(静态)、register(寄存器)。默认设置时,变量的存储种类为 auto。

2) 变量的存储器类型

Keil C 编译器完全支持 8051 系列单片机的硬件结构,可以访问其硬件系统的各个部分。对于各个变量,可以准确地赋予其存储器类型,使之能够在单片机内准确定位。Keil C 编译器支持的存储器类型如表 5-1-3 所示。

表 5-1-3　Keil C 编译器支持的存储器类型

存储器类型	说　明
data	变量分配在低 128 字节,采用直接寻址方式,访问速度最快
bdata	变量分配在 20H~2FH,采用直接寻址方式,允许位或字节访问
idata	变量分配在低 128 字节或高 128 字节,采用间接寻址方式
pdata	变量分配在 XRAM,分页访问外部数据存储器(256B),采用"MOVX @Ri"指令
xdata	变量分配在 XRAM,访问全部外部数据存储器(64KB),采用"MOVX @DPTR"指令
code	变量分配在程序存储器(64KB),用"MOVC A,@A+ DPTR"指令访问

3) Keil C 编译器的编译模式与默认存储器类型

(1) SMALL：变量被定义在 8051 单片机的内部数据存储器(data)区中,因此对这种变量的访问速度最快。另外,所有的对象,包括堆栈,都必须嵌入内部数据存储器。

(2) COMPACT：变量被定义在外部数据存储器(pdata)区中,外部数据段长度可达 256 字节。这时,对变量的访问是通过寄存器间接寻址(MOVX @Ri, A 或 MOVX A, @Ri)实现的。采用这种模式编译时,变量的高 8 位地址由 P2 口确定,因此必须适当改变启动程序 STARTUP. A51 中的参数 PDATASTART 和 PDATALEN；用 L51 连接时,还必须采用控制命令 PDATA 定位 P2 口地址,以确保 P2 口为所需要的高 8 位地址。

(3) LARGE：变量被定义在外部数据存储器(xdata)区中,使用数据指针 DPTR 访问,但效率不高,尤其是对于 2 个或多个字节的变量,采用这种数据访问方法,对程序的代码长度影响非常大。另外一个不便之处是数据指针不能对称操作。

2. 算术运算符

1) 算术运算符与表达式

C 语言有以下算术运算符。

(1) ＋：加法或取正值运算符。

(2) －：减法或取负值运算符。

(3) ＊：乘法运算符。

(4) /：除法运算符。

(5) ％：取余运算符。

2) 自增和自减运算符与表达式

(1) ++：自增运算符。

(2) ——：自减运算符。

自增和自减运算符是 C 语言中特有的,它们的作用分别是对运算对象做加 1 和减 1 运算。自增和自减运算符只能用于变量,不能用于常数和表达式；可位于变量前面,也可位于变量后面,但功能不完全相同。例如:

(1) a++：先使用 a 的值,再执行 a＋1 操作。

(2) ++a：先执行 a＋1 操作,再使用 a 的值。

3) 复合赋值运算符

在赋值运算符"＝"的前面加上其他运算符,就构成复合赋值运算符。复合赋值运算符首先对变量进行某种运算,然后将运算结果赋值给该变量。复合运算的一般形式为:

变量　复合赋值运算符　表达式;

C 语言中有以下几种复合赋值运算符。

(1) ＋＝：加法赋值运算符。例如,x＋＝3 等效于 x＝x＋3。

(2) －＝：减法赋值运算符。例如,x－＝3 等效于 x＝x－3。

(3) ＊＝：乘法赋值运算符。例如,x＊＝3 等效于 x＝x＊3。

(4) /＝：除法赋值运算符。例如,x/＝3 等效于 x＝x/3。

(5) ％＝：取模(余)赋值运算符。例如,x％＝3 等效于 x＝x％3。

（6）>>=：右移位赋值运算符。例如,x>>=3 等效于 x=x>>3。

（7）<<=：左移位赋值运算符。例如,x<<=3 等效于 x=x<<3。

（8）&=：逻辑与赋值运算符。例如,a&=b 等效于 a=a&b。

（9）|=：逻辑或赋值运算符。例如,a|=b 等效于 a=a|b。

（10）^=：逻辑异或赋值运算。例如,a^=b 等效于 a=a^b。

（11）~=：逻辑非赋值运算符。例如,a~=b 等效于 a=~b。

3. 指定工作寄存器区

当需要指定函数中使用的工作寄存器区时,使用关键字 using 后跟一个 0~3 的数,对应工作寄存器组 0~3 区。例如:

```
unsigned char GetKey(void) using 2
{
    …                          //用户代码区
}
```

using 后面的数字是"2",说明使用工作寄存器组 2,R0~R7 对应地址 10H~17H。

4. 函数的定义与调用

函数是 C 语言程序的基本模块,所有的函数在定义时是相互独立的,它们之间是平衡关系,所以不能在一个函数中定义另外一个函数,即不能嵌套定义。函数之间可以相互调用,但不能调用主函数。

C 语言系统提供功能强大、资源丰富的标准函数库,用户在进行程序设计时,应善于利用这些资源,以提高效率,节省开发时间。

1）函数定义的一般形式

（1）格式

```
函数类型标识符　函数名(形式参数类型说明列表)
{
    局部变量定义
    函数体语句
}
```

（2）说明

① 函数类型标识符:说明函数返回值的类型。当"函数类型标识符"默认时为整型。

② 函数名:是程序设计人员自己设计的名字。

③ 形式参数类型说明列表:是主调用函数与被调用函数之间传递数据的形式参数。若定义的是无参函数,形式参数类型说明列表用 void 来注明。

④ 局部变量定义:对在函数内部使用的局部变量进行定义。

⑤ 函数体语句:是为完成该函数的特定功能而设置的各种语句。

2）函数的参数和函数的返回值

（1）函数的参数:C 语言采用函数之间的参数传递方式,使一个函数能对不同变量进行处理,从而提高函数的通用性与灵活性。在函数调用时,通过在主调函数的实际参数与被调函数的形式参数之间进行数据传递来实现函数间参数的传递。

（2）函数的返回：在被调用函数最后，通过 return 语句返回函数的返回值给主调函数。其格式为：

```
return(表达式);
```

对于不需要有返回值的函数，可以将该函数的函数类型定义为 void 类型。为了使程序减少出错，保证函数正确使用，凡是不要求有返回值的函数，都应将其定义为 void 类型。

（3）函数的分类：从函数定义的形式看，分为无参数函数、有参数函数和空函数三种。

① 无参数函数：函数在调用时无参数，主调函数并不将数据传送给被调用函数。无参数函数可以返回或不返回函数值，一般以不返回值的居多。

② 有参数函数：调用这种函数时，在主调函数与被调函数之间有参数传递。主调函数可以将数据传送给被调函数使用，被调函数中的数据也可以返回，供主调函数使用。

③ 空函数：如果定义函数时只给出一对花括号"{}"，不给出局部变量和函数体语句，即函数体内部是空的，则称之为空函数。

3）函数的声明与调用

C 语言程序中的函数是可以互相调用的，但不能调用主函数。所谓函数调用，就是在一个函数体中引用另外一个已经定义的函数，前者称为主调用函数，后者称为被调用函数。

（1）调用函数的一般形式为：

```
函数名(实际参数列表);
```

① 函数名：指出被调用的函数。

② 实际参数列表：实际参数的作用是将它的值传递给被调用函数中的形式参数。可以包含多个实际参数，各个参数之间用逗号分开。需要注意的是，函数调用中的实际参数与函数定义中的形式参数必须在个数、类型和顺序上严格保持一致，以便将实际参数的值正确传送给形式参数。如果调用的是无参函数，可以没有实际参数列表，但圆括号不能省略。

（2）在实际编程中，有三种方法完成函数调用。

① 函数语句调用：在主调函数中，将函数调用作为一条语句，例如：

```
Fun1();
```

这是无参调用，它不要求被调函数返回一个确定的值。

② 函数表达式调用：在主调函数中，将函数调用作为一个运算对象直接出现在表达式中。这种表达式称为函数表达式，例如：

```
d = power(x , n) + power(y , m);
```

它包括两个函数调用，每个函数调用都有一个返回值，将两个返回值相加的结果赋给变量 d。因此,这种函数调用方式要求被调用函数返回一个确定的值。

③ 作为函数参数调用:在主调函数中将函数调用作为另一个函数调用的实际参数,例如:

```
m = max( a, max(b, c)) ;
```

max(b,c)是一次函数调用,它的返回值作为函数 max 另一次调用的实参。这种在调用一个函数中又调用一个函数的方式,称为嵌套函数调用。

(3) 调用函数必须满足"先声明、后调用"的原则。

① 调用函数与被调用函数位于同一个程序文件中:若被调用函数在调用函数前面定义,可直接调用;若被调用函数在调用函数后面定义,需要在调用前声明被调用函数,例如:

```
# include < REG51.H >
# define x P1
void delay(void);              //语句 3,声明延时子函数
/* -------- LED 灯驱动函数 -------- */
void light(void)
{
    x = ~x;
}


/* ------- 主函数 --------- */
void main(void)
{
    while(1)
    {
        light();              //light()在主函数前面定义,因此可直接调用
        delay();              //delay()在主函数后面定义,故调用前必须先声明,见语句 3
    }
}
/-------------------- /
void delay(void)
{
    unsigned int i,j;
    for(i = 0;i < 500;i++)
    {
        for(j = 0;j < 121;j++)
        {;}
    }
}
```

② 函数的连接:当程序中的子函数与主函数不在同一个程序文件中时,要通过连接的方法实现有效调用。一般有两种方法,即外部声明与文件包含。

- 外部声明：设 delay()和 light()两个子函数与调用主函数不在一个程序文件中，当主函数要调用 delay()和 light ()时,可在调用前做外部声明,例如:

```
# include < REG51.H >
extern void delay(void);    //声明该函数在其他文件中
extern void light(void);    //声明该函数在其他文件中
/ ------------------- /
void main(void)
{
    while(1)
    {
        light();
        delay();

    }
}
```

- 文件包含：当主函数需要调用分属在其他程序文件中的子函数时,可用包含语句将含有该子函数的程序文件包含进来。包含可以理解为将包含文件的内容放在包含语句位置处。

设 delay()和 light ()两个子函数在 test.c 程序文件中定义,主函数要调用 delay()和 light ()时,用包含语句将 test.c 程序文件包含进来,类似于包含头文件。例如:

```
# include < reg51.h >
# include "test.c"
void main(void)
{
    while(1)
    {
        light();
        delay();
    }
}
```

5. 局部变量与全局变量

1) 局部变量

局部变量是指在函数内部定义的变量,只在该函数内部有效。

2) 全局变量

全局变量是指在程序开始处或各个功能函数的外面定义的变量。在程序开始处定义的变量在整个程序中有效,可供程序中所有的函数共同使用;在各功能函数外面定义的全局变量只对定义处开始往后的各个函数有效,只有从定义处往后的各个功能函数可以使用该变量。

比如,LED 数码管的字形码或位码在整个程序中都需要使用,这时,有关 LED 数码管的字形码或位码的定义应放在程序开始处。

任务实施

一、任务要求

完成 $z=(x+y)\cdot C$ 的运算。其中,x、y 为变量,C 为常量。

二、硬件设计

设 x 数据从 P1 口输入,y 数据从 P3 口输入;运算结果 z 的高 8 位从 P2 口输出,运算结果的低 8 位从 P0 口输出(设运算结果不超过 16 位)。

三、软件设计

1. 程序说明

(1) 从运算式可以看出,运算可能会超过 8 位数,变量 z 的数据类型必须是 16 位无符号数整型,存放在片内基本 RAM 中,即 z 变量的定义为"unsigned int data z;"。

(2) C 是常量,必须存放在程序存储器中,同时赋值。若常量值为 2,即常量 C 的定义为"unsigned char code C=2;"。

2. 项目五任务 1 程序文件: 项目五任务 1. c

```
# include < stc15. h >
# include < intrins. h >
# include < gpio. h >
# define uint unsigned int
# define uchar unsigned char
# define   x   P1
# define   y   P3
# define   outh   P2
# define   outl   P0
uint data z;
uchar code C = 2;
void main(void)
{
    gpio();
    x = 0xff;
    y = 0xff;
    while(1)
    {
        z = (x + y) * C;
        outl = z;
        outh = z >> 8;
    }
}
```

四、硬件连线与调试

（1）用 Keil C 编辑、编译程序项目五任务 1.c，生成机器代码文件项目五任务 1.hex。

（2）进入 Keil C 调试界面，调出 P0、P1、P2、P3 端口，然后单击"全速运行"按钮。

（3）P1 口输入"AAH"，P3 口输入"88H"，观察 P2、P0 口的输出状态，如图 5-1-3 所示。

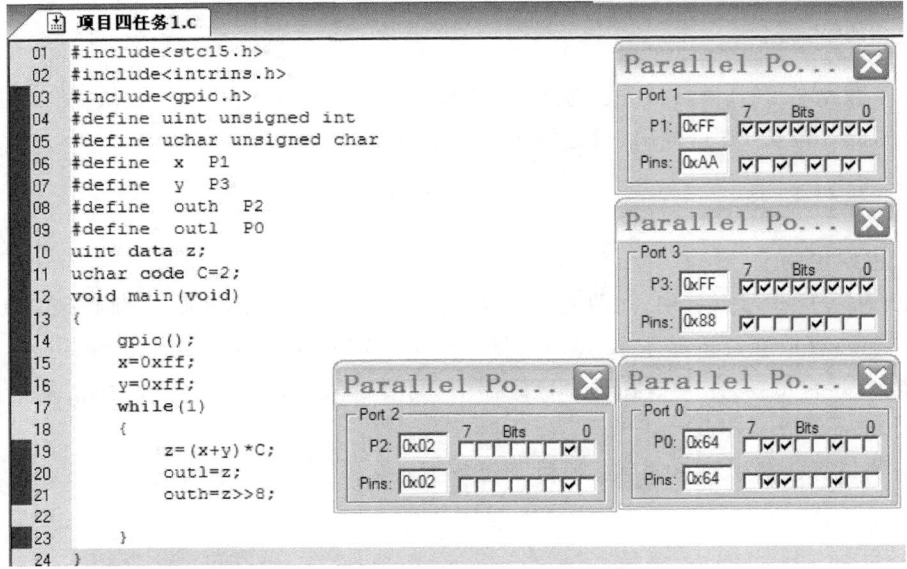

```
项目四任务1.c
01  #include<stc15.h>
02  #include<intrins.h>
03  #include<gpio.h>
04  #define uint unsigned int
05  #define uchar unsigned char
06  #define   x    P1
07  #define   y    P3
08  #define   outh  P2
09  #define   outl  P0
10  uint data z;
11  uchar code C=2;
12  void main(void)
13  {
14      gpio();
15      x=0xff;
16      y=0xff;
17      while(1)
18      {
19          z=(x+y)*C;
20          outl=z;
21          outh=z>>8;
22
23      }
24  }
```

Port 1: P1: 0xFF, Pins: 0xAA
Port 3: P3: 0xFF, Pins: 0x88
Port 2: P2: 0x02, Pins: 0x02
Port 0: P0: 0x64, Pins: 0x64

图 5-1-3　Keil C 算术运算调试

（4）按表 5-1-4 所示输入 x 和 y 的数据，观察输出结果。

表 5-1-4　算术运算测试表

输　　入		运算结果（z）	
x	y	计算值	运行结果值
55H	AAH		
BBH	33H		
F0H	0FH		

（5）在开发板上连接电路，将文件项目五任务 1.hex 下载到单片机中，并按表 5-1-3 所示进行调试。

任务拓展

1. 设 x、y 输入数据为 BCD 码，编写程序完成 x、y BCD 码加法运算，输出结果也是 BCD 码，并按表 5-1-5 所示进行调试。

2. 运算结果，用 LED 数码管显示。

表 5-1-5　BCD 码算术运算测试表

输　　入		运算结果(z)	
x	y	计算值	运行结果值
55	66		
23	82		
63	28		

任务 2　IAP15W4K58S4 单片机扩展 RAM 的测试

 任务说明

　　有关 IAP15W4K58S4 单片机扩展 RAM 的使用,实际上很简单,只需在定义变量时,把变量的存储类型定义为 pdata 或 xdata 即可。本任务主要学习 IAP15W4K58S4 单片机扩展 RAM 的测试,使学生在进一步理解 IAP15W4K58S4 单片机扩展 RAM 的同时,提高 C 语言编程能力。

　　本任务涉及数组的定义与引用。

 相关知识

　　IAP15W4K58S4 单片机的扩展 RAM 空间为 3840B,地址范围为 0000H～0EFFH。扩展 RAM 类似于传统的片外数据存储器,采用访问片外数据存储器的指令(助记符为 MOVX)访问扩展 RAM 区域。IAP15W4K58S4 单片机保留了传统 8051 单片机片外数据存储器的扩展功能,但在使用时,片内扩展 RAM 与片外数据存储器不能同时使用,可通过 AUXR 中的 EXTRAM 控制位进行选择。默认选择片内扩展 RAM。扩展片外数据存储器时,要占用 P0 口、P2 口以及 ALE、$\overline{RD}$ 与 $\overline{WR}$ 引脚,而使用片内扩展 RAM 时与它们无关。IAP15W4K58S4 单片机片内扩展 RAM 与片外可扩展 RAM 的关系如图 5-2-1 所示。

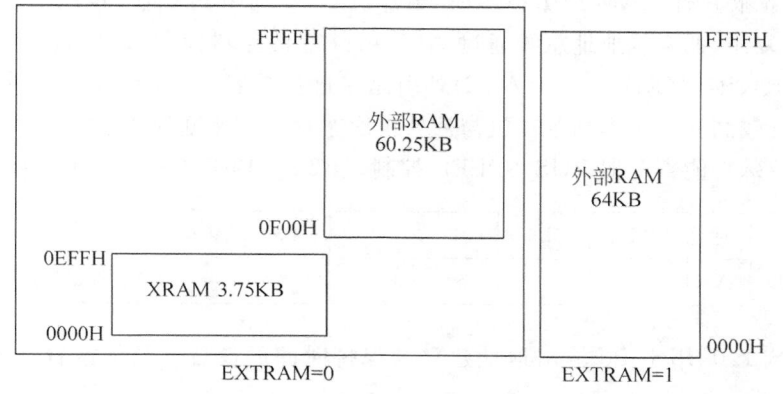

图 5-2-1　IAP15W4K58S4 单片机片内扩展 RAM 与片外可扩展 RAM 的关系

1. 内部扩展 RAM 的允许访问与禁止访问

内部扩展 RAM 的允许访问与禁止访问是通过 AUXR 的 EXTRAM 控制位选择的。AUXR 的格式如下所示。

	地址	B7	B6	B5	B4	B3	B2	B1	B0	复位值
AUXR	8EH	T0x12	T1x12	UART_M0x6	T2R	T2_C/$\overline{T}$	T2x12	EXTRAM	S1ST2	0000 0000

EXTRAM 是内部扩展 RAM 访问控制位。EXTRAM＝0,允许访问,推荐使用;EXTRAM＝1,禁止访问。若扩展了片外 RAM 或 I/O 口,使用时,应禁止访问内部扩展 RAM。

内部扩展 RAM 通过 MOVX 指令访问,即"MOVX A,@DPTR(或@Ri)"和"MOVX @DPTR(或@Ri),A"指令。在 C 语言中,使用 xdata 声明存储类型,例如:

```
unsigned char xdata i = 0;
```

当超出片内地址时,自动指向片外 RAM。

2. 双数据指针的使用

IAP15W4K58S4 单片机在物理上设置了两个 16 位的数据指针 DPTR0 和 DPTR1,但在逻辑上只有 DPTR 一个数据指针地址。在使用时,通过 P_SW1(AUXR1)中的 DPS 控制位进行选择。P_SW1(AUXR1)的格式如下所示。

	地址	B7	B6	B5	B4	B3	B2	B1	B0	复位值
P_SW1	A2H	S1_S1	S1_S0	CCP_S1	CCP_S0	SPI_S1	SPI_S0	0	DPS	0000 00x0

DPS 是数据指针选择控制位。DPS＝0,选择 DPTR0;DPS＝1,选择 DPTR1。P_SW1(AUXR1)不可位寻址,但 DPS 位于 P_SW1(AUXR1)的最低位,可通过对 P_SW1(AUXR1)的加 1 操作来改变 DPS 的值。当 DPS 为 0 时加 1,即变为 1;当 DPS 为 1 时加 1,就变为 0。实现指令为 INC P_SW1。

3. 片外扩展 RAM 的总线管理

当需要扩展片外 RAM 或 I/O 口时,单片机 CPU 利用 P0(低 8 位地址总线与 8 位数据总线分时复用,低 8 位地址总线通过 ALE 由外部锁存器锁存)、P2(高 8 位地址总线)和 P4.2($\overline{WR}$)、P4.4($\overline{RD}$)、P4.5(ALE)外引总线进行扩展。IAP15W4K58S4 是 1T 单片机,工作速度较高。为了提高单片机与片外扩展芯片工作速度的适应能力,增加了总线管理功能,由特殊功能寄存器 BUS_SPEED 控制。BUS_SPEED 的格式如下所示。

	地址	B7	B6	B5	B4	B3	B2	B1	B0	复位值
BUS_SPEED	A1H	—	—	—	—	—	—	EXRTS[1:0]		xxxx xx10

EXRTS[1:0]用于 P0 输出地址建立与保持时间的设置。具体设置情况如表 5-2-1 所示。

表 5-2-1　P0 输出地址建立与保持时间的设置

EXRTS[1:0]		P0 地址从建立（建立时间和保持时间）到 ALE 信号下降沿的系统时钟数（ALE_BUS_SPEED）
0	0	1
0	1	2
1	0	4（默认设置）
1	1	8

片内扩展 RAM 和片外扩展 RAM 都是采用 MOVX 指令进行访问,在 C51 中的数据存储类型都是 xdata。当 EXTRAM=0 时,允许访问片内扩展 RAM,数据指针所指地址为片内扩展 RAM 地址;超过片内扩展 RAM 地址时,指向片外扩展 RAM 地址。当 EXTRAM=1 时,禁止访问片内扩展 RAM,数据指针所指地址为片外扩展 RAM 地址。虽然片内扩展 RAM 和片外扩展 RAM 都是采用 MOVX 指令进行访问,但片外扩展 RAM 的访问速度较慢,如表 5-2-2 所示。

表 5-2-2　片内扩展 RAM 和片外扩展 RAM 访问时间对照表

指令助记符	访问区域与指令周期	
	片内扩展 RAM 指令周期（系统时钟数）	片外扩展 RAM 指令周期（系统时钟数）
MOVX A，@Ri	3	5×ALE_BUS_SPEED+2
MOVX A，@DPTR	2	5×ALE_BUS_SPEED+1
MOVX @Ri，A	4	5×ALE_BUS_SPEED+3
MOVX @DPTR，A	3	5×ALE_BUS_SPEED+2

注：ALE_BUS_SPEED 的说明如表 5-2-1 所示。BUS_SPEED 可提高或降低片外扩展 RAM 的访问速度,一般建议采用默认设置。

 任务实施

一、任务功能

IAP15W4K58S4 单片机内部扩展 RAM 的测试：在内部扩展 RAM 选择 256 个单元并依次存入 0～255,然后读出,与 0～255 一一比较、校验。若都相同,说明内部扩展 RAM 完好无损,正确指示灯亮;只要有一组数据不同,停止校验,错误指示灯亮。

二、硬件设计

测试正确时,点亮 P1.7 控制的 LED 灯;否则,点亮 P1.6 控制的 LED 灯;采用 STC15W4K58S4 系列单片机实验箱,P1.7 和 P1.6 控制的 LED 灯是低电平驱动。

三、软件设计

1. 程序说明

IAP15W4K58S4 单片机共有 3840 字节扩展 RAM。在此,仅对 256 字节进行校验。

先在指定的起始处依次写入数据 0～255,再从指定的起始处依次读出数据并与 0～255 相比较。若一致,说明 IAP15W4K58S4 单片机扩展 RAM 正确;否则,表示有错。

2. 项目五任务 2 程序文件:项目五任务 2.c

```
# include <stc15.h>          //包含支持 IAP15W4K58S4 单片机的头文件
# include < intrins.h >
# include < gpio.h >
# define uchar unsigned char
# define uint unsigned int
sbit ok_led = P1 ^7;
sbit error_led = P1 ^6;
uchar xdata ram256[256];     //定义片内 RAM,256 字节
/* ------------------ 主函数 -------------------- */
void main(void)
{
    uint i;
    gpio();                  //I/O 初始化
    for(i = 0;i < 256;i++)   //先把 RAM 数组以 0～255 填满
    {
        ram256[i] = i;
    }
    for(i = 0;i < 256;i++)   //通过串口把数据送到计算机显示
    {
        if(ram256[i]!= i) goto Error;
    }
    ok_led = 0;
    error_led = 1;
    while(1);                //结束
Error:
    ok_led = 1;
    error_led = 0;
    while(1);
}
```

四、系统调试

(1) 用 USB 线将 PC 与 STC15W4K58S4 系列单片机实验箱相连接。

(2) 用 Keil C 编辑、编译程序项目五任务 2.c,生成机器代码文件项目五任务 2.hex。

(3) 运行 STC-ISP 在线编程软件,将项目五任务 2.hex 下载到 STC15W4K58S4 系列单片机实验箱单片机中。下载完毕,自动进入运行模式,观察 P1.7 和 P1.6 控制的 LED 灯的亮灭情况。

 **任务拓展**

修改程序,若检查到扩展 RAM 出错,取出出错的扩展 RAM 的地址。

任务 3 IAP15W4K58S4 单片机 E²PROM 的测试

任务说明

IAP15W4K58S4 单片机的 E²PROM 实际是用 Flash ROM 模拟使用的。本任务通过对 IAP15W4K58S4 单片机 E²PROM 的测试来学习其使用方法。

相关知识

STC 系列单片机的用户程序区和 E²PROM 区是共享单片机中的 Flash 存储器。对于 STC15Wxxxx 系列单片机,用户程序区与 E²PROM 区是分开编址的,分别称为程序 Flash 与数据 Flash,但二者的和是固定的,如 STC15W4K32S4 系列单片机各型号的用户程序区与 E²PROM 区的容量之和是 59KB。对于 IAP15Wxxxx 系列单片机,用户程序区与 E²PROM 区是统一编址的,空闲的用户程序区可用作 E²PROM。E²PROM 的操作通过 IAP 技术实现,内部 Flash 擦写次数达 100000 次以上。E²PROM 分为若干个扇区,每个扇区包含 512 字节,E²PROM 的擦除按扇区进行。

1. IAP15W4K58S4 单片机内部 E²PROM 的大小与地址

IAP15W4K58S4 单片机 E²PROM 的大小与地址是不确定的。IAP15W4K58S4 单片机可通过 IAP 技术直接使用用户程序区,即空闲的用户程序区就可用作 E²PROM,用户程序区的地址就是 E²PROM 的地址。E²PROM 除可以用 IAP 技术读取外,还可以用 MOVC 指令读取。

2. 与 ISP/IAP 功能有关的特殊功能寄存器

IAP15W4K58S4 单片机通过一组特殊功能寄存器管理与控制,各 ISP/IAP 特殊功能寄存器的格式如表 5-3-1 所示。

表 5-3-1 与 ISP/IAP 功能有关的特殊功能寄存器

	地址	D7	D6	D5	D4	D3	D2	D1	D0	复位状态
IAP_DATA	C2H									1111 1111
IAP_ADDRH	C3H									0000 0000
IAP_ADDRL	C4H									0000 0000
IAP_CMD	C5H	—	—	—	—	—	—	MS1	MS0	xxxx xx00
IAP_TRIG	C6H									xxxx xxxx
IAP_CONTR	C7H	IAPEN	SWBS	SWRST	CMD_FAIL	-	WT2	WT1	WT0	0000 x000

(1) IAP_DATA:ISP/IAP Flash 数据寄存器。

它是 ISP/IAP 操作从 Flash 区中读、写数据的数据缓冲寄存器。

(2) IAP_ADDRH、IAP_ADDRL:ISP/IAP Flash 地址寄存器。

它们是 ISP/IAP 操作的地址寄存器。IAP_ADDRH 用于存放操作地址的高 8 位,

IAP_ADDRL 用于存放操作地址的低 8 位。

（3）IAP_CMD：ISP/IAP Flash 命令寄存器。

ISP/IAP 操作命令模式寄存器用于设置 ISP/IAP 的操作命令，但必须在命令触发寄存器实施触发后才生效。

MS1/MS0 ＝0/0 时，为待机模式，无 ISP/IAP 操作。

MS1/MS0 ＝0/1 时，对数据 Flash(E^2PROM)区进行字节读。

MS1/MS0 ＝1/0 时，对数据 Flash(E^2PROM)区进行字节编程。

MS1/MS0 ＝1/1 时，对数据 Flash(E^2PROM)区进行扇区擦除。

（4）IAP_TRIG：ISP/IAP Flash 命令触发寄存器。

在 IAPEN＝1 时，对 IAP_TRIG 先写入 5AH，再写入 A5H，ISP/IAP 命令生效。

（5）IAP_CONTR：ISP/IAP Flash 控制寄存器。

① IAPEN：ISP/IAP 功能允许位。IAPEN＝1，允许 ISP/IAP 操作改变数据 Flash；IAPEN＝0，禁止 ISP/IAP 操作改变数据 Flash。

② SWBS、SWRST：软件复位控制位，在软件复位中已说明。

③ CMD_FAIL：ISP/IAP Flash 命令触发失败标志。当地址非法时，引起触发失败，CMD_FAIL 标志为 1，需由软件清零。

④ WT2、WT1、WT0：ISP/IAP Flash 操作时，CPU 等待时间的设置位。具体设置情况如表 5-3-2 所示。

表 5-3-2　ISP/IAP 操作 CPU 等待时间的设置

WT2	WT1	WT0	CPU 等待时间（系统时钟）			
			编程（55μs）	读	扇区擦除（21ms）	系统时钟 f_{SYS}
1	1	1	55	2	21012	$f_{SYS}<$1MHz
1	1	0	110	2	42024	1MHz$<f_{SYS}<$2MHz
1	0	1	165	2	63036	2MHz$<f_{SYS}<$3MHz
1	0	0	330	2	126072	3MHz$<f_{SYS}<$6MHz
0	1	1	660	2	252144	6MHz$<f_{SYS}<$12MHz
0	1	0	1100	2	420240	12MHz$<f_{SYS}<$20MHz
0	0	1	1320	2	504288	20MHz$<f_{SYS}<$24MHz
0	0	0	1760	2	672384	24MHz$<f_{SYS}<$30MHz

任务实施

一、任务功能

E^2PROM 测试：当程序开始运行时，点亮 P1.7 控制的 LED 灯，进行扇区擦除并检验。若擦除成功，点亮 P1.6 控制的 LED 灯，从 E^2PROM 0000H 开始写入数据。写完后，点亮 P1.5 控制的 LED 灯，进行数据校验。若校验成功，点亮 P1.4 控制的 LED 灯，表示测试成功；否则，P1.4控制的LED灯闪烁，表示测试失败。

二、硬件设计

采用STC15W4K58S4系列单片机实验箱电路进行测试，P1.7、P1.6、P1.5和P1.4控制的LED灯分别用作工作指示灯、擦除成功指示灯、编程成功指示灯和校验成功指示灯（含测试失败指示）。

三、软件设计

1. 程序说明

（1）IAP15W4K58S4单片机 $E^2 PROM$ 的测试，按照擦除、编程、读取与校验的流程操作。

（2）对 $E^2 PROM$ 的操作包括擦除、编程与读取，涉及的特殊功能寄存器较多。为了便于程序的阅读与管理，把对 $E^2 PROM$ 擦除、编程与读取的操作函数放在一起，生成一个 C文件，命名为 $E^2 PROM$.c。使用时，利用包含指令将 $E^2 PROM$.h包含到主文件中，于是在主文件中就可以直接调用 $E^2 PROM$ 的相关操作函数。

2. $E^2 PROM$ 操作函数源程序文件（$E^2 PROM$.h）

```
/* ------------------ 定义 IAP 操作模式字与测试地址 ------------------ */
#define CMD_IDLE       0            //无效模式
#define CMD_READ       1            //读命令
#define CMD_PROGRAM    2            //编程命令
#define CMD_ERASE      3            //擦除命令
#define ENABLE_IAP     0x82         //允许 IAP,并设置等待时间
#define IAP_ADDRESS    0xe000       //E²PROM 操作起始地址


/* ------------------ 写 E²PROM 字节子函数 ------------------ */
void IapProgramByte(uint addr, uchar dat)   //对字节地址所在扇区实施擦除
{
    IAP_CONTR = ENABLE_IAP;         //设置等待时间,并允许 IAP 操作
    IAP_CMD = CMD_PROGRAM;          //送编程命令 0x02
    IAP_ADDRL = addr;               //设置 IAP 编程操作地址
    IAP_ADDRH = addr >> 8;
    IAP_DATA = dat;                 //设置编程数据
    IAP_TRIG = 0x5a;                //对 IAP_TRIG 先送 0x5a,再送 0xa5,触发 IAP 启动
    IAP_TRIG = 0xa5;
    _nop_();                        //稍等待操作完成
    IAP_CONTR = 0x00;               //关闭 IAP 功能
}
/* ------------------ 扇区擦除 ------------------ */
void IapEraseSector(uint addr)
{
    IAP_CONTR = ENABLE_IAP;         //设置等待时间 3,并允许 IAP 操作
    IAP_CMD = CMD_ERASE;            //送扇区删除命令 0x03
    IAP_ADDRL = addr;               //设置 IAP 扇区删除操作地址
    IAP_ADDRL = addr >> 8;
```

```
    IAP_TRIG = 0x5a;                        //对 IAP_TRIG 先送 0x5a,再送 0xa5,触发 IAP 启动
    IAP_TRIG = 0xa5;
    _nop_();                                //稍等待操作完成
    IAP_CONTR = 0x00;                       //关闭 IAP 功能
}
/* ------------------ 读 E²PROM 字节子函数 ------------------ */
uchar IapReadByte(uint addr)                //形参为高位地址和低位地址
{
    uchar dat;
    IAP_CONTR = ENABLE_IAP;                 //设置等待时间,并允许 IAP 操作
    IAP_CMD = CMD_READ;                     //送读字节数据命令 0x01
    IAP_ADDRL = addr;                       //设置 IAP 读操作地址
    IAP_ADDRH = addr >> 8;
    IAP_TRIG = 0x5a;                        //对 IAP_TRIG 先送 0x5a,再送 0xa5,触发 IAP 启动
    IAP_TRIG = 0xa5;
    _nop_();                                //稍等待操作完成
    dat = IAP_DATA;                         //返回读出数据
    IAP_CONTR = 0x00;                       //关闭 IAP 功能
    return dat;
}
```

3. 项目五任务 3 程序文件：项目五任务 3. c

```
#include <stc15.h>                          //包含支持 IAP15W4K58S4 单片机的头文件
#include <intrins.h>
#include <gpio.h>                           //I/O 初始化文件
#define uchar unsigned char
#define uint unsigned int
#include <E²PROM.h>                         //E²PROM 操作函数文件
/* ---------------- 延时子函数,从 STC-ISP 在线编程软件工具中获取 ------------- */
void Delay500ms()                           //@11.0592MHz
{
    unsigned char i, j, k;

    _nop_();
    _nop_();
    i = 22;
    j = 3;
    k = 227;
    do
    {
        do
        {
            while (--k);
        } while (--j);
    } while (--i);
}
/* ---------------------- 主函数 ---------------------- */
void main()
```

```
{
    uint i;
    gpio();                            //I/O 初始化
    P17 = 0;                           //程序运行时,点亮 P1.7 控制的 LED 灯
    Delay500ms();
    IapEraseSector(IAP_ADDRESS);       //扇区擦除
    for(i = 0;i < 512; i++)
    {
        if(IapReadByte (IAP_ADDRESS + i)!= 0xff)
            goto Error;                //转错误处理
    }
    P16 = 0;                           //扇区擦除成功,点亮 P1.6 控制的 LED 灯
    Delay500ms();
    for(i = 0;i < 512; i++)
    {
        IapProgramByte (IAP_ADDRESS + i, (uchar)i);
    }
    P15 = 0;                           //编程完成,点亮 P1.5 控制的 LED 灯
    Delay500ms();
    for(i = 0;i < 512; i++)
    {
        if(IapReadByte(IAP_ADDRESS + i)!= (uchar)i)
            goto Error;                //转错误处理
    }
    P14 = 0;                           //编程校验成功成功,点亮 P1.4 控制的 LED 灯
    while(1);
Error:                                 //若扇区擦除不成功或编程校验不成功,P1.4 控制的 LED 灯闪烁
    while(1)
    {
        P14 = ~P14;
        Delay500ms();
    }
}
```

四、硬件连线与调试

(1) 用 USB 线将 PC 与 STC15W4K58S4 系列单片机实验箱相连接。

(2) 用 Keil C 编辑、编译程序项目五任务 3.c,生成机器代码文件项目五任务 3.hex。

(3) 运行 STC-ISP 在线编程软件,将项目五任务 3.hex 下载到 IAP15W4K58S4 单片机开发板。下载完毕,自动进入运行模式,观察 4 只 LED 灯的亮灭情况。

(4) 修改程序,将 E^2PROM 操作起始地址改为 E700H,然后编辑、编译与调试程序。

任务拓展

将密码 1234 存入 E^2PROM 的 E000H、E001H,从 P1、P2 读取数据,然后与 E^2PROM 的 E000H、E001H 中的数据进行比较。若相等,P3.6 控制的 LED 灯亮;否则,P3.7 控制的 LED 灯闪烁。试修改程序,并上机调试。

习　题

一、填空题

1. IAP15W4K58S4 单片机存储结构的主要特点是_____与数据存储器是分开编址的。

2. 程序存储器用于存放_____、常数数据和_____数据等信息。

3. IAP15W4K58S4 单片机 CPU 中的 PC 所指的地址空间是_____。

4. IAP15W4K58S4 单片机的用户程序是从_____单元开始执行的。

5. 程序存储的单元地址 0003H～00BBH 是 IAP15W4K58S4 单片机的_____地址空间。

6. IAP15W4K58S4 单片机内部存储器在物理上有 3 个互相独立的存储空间：_____、_____和片内扩展的 RAM；在使用上分为 4 个空间：_____、_____、片内扩展 RAM 和_____。

7. IAP15W4K58S4 单片机片内基本 RAM 分为低 128 字节、_____和_____3 个部分。低 128 字节根据 RAM 作用的差异性，又分为_____、_____和通用 RAM 区。

8. 工作寄存器区的地址空间为_____,位寻址的地址空间为_____。

9. 高 128 字节与特殊功能寄存器的地址空间相同。当采用_____寻址方式时,访问的是高 128 字节地址空间;当采用_____寻址方式时,访问的是特殊功能寄存的区域。

10. 在特殊功能寄存器中,凡字节地址可以被_____整除的,是可以位寻址的。对应可寻址位都有一个位地址,等于字节地址加上_____。但实际编程时,采用_____来表示,如 PSW 中的 CY、AC 等。

11. STC 系列单片机的 E^2PROM 实际上不是真正的 E^2PROM,而是采用_____模拟使用的。对于 STC15Wxxxx 系列单片机,用户程序区与 E^2PROM 区是_____编址的,分别称为程序 Flash 与数据 Flash;对于 IAP15Wxxxx 系列单片机,用户程序区与 E^2PROM 区是_____编址的,空闲的用户程序区就可用作 E^2PROM。

12. IAP15W4K58S4 单片机扩展 RAM 分为内部扩展 RAM 和_____扩展 RAM,但不能同时使用。当 AUXR 中的 EXTRAM 为_____时,选择的是片外扩展 RAM;单片机复位时,EXTRAM＝_____,选择的是_____。

13. IAP15W4K58S4 单片机程序存储空间大小是_____,地址范围是_____。

14. IAP15W4K58S4 单片机扩展 RAM 大小为_____,地址范围是_____。

二、选择题

1. 当 RS1RS0＝01 时,CPU 选择的工作寄存的组是_____组。
   A. 0　　　　　　　B. 1　　　　　　　C. 2　　　　　　　D. 3

2. 当 CPU 需选择 2 组工作寄存器组时,RS1RS0 应设置为_____。
   A. 00　　　　　　　B. 01　　　　　　　C. 10　　　　　　　D. 11

3. 当 RS1RS0＝11 时，R0 对应的 RAM 地址为＿＿＿＿＿＿＿。

    A. 00H　　　　　B. 08H　　　　　C. 10H　　　　　D. 18H

4. 定义 x 变量，数据类型为 8 位无符号数，并分配到程序存储的空间，赋值 100。正确的语句是＿＿＿＿＿＿＿。

    A. unsigned char code x＝100；

    B. unsigned char data x＝ 100；

    C. unsigned char xdata x ＝100；

    D. unsigned char code x；x＝ 100；

5. 定义一个 16 位无符号数变量 y，并分配到位寻址区。正确的语句是＿＿＿＿＿＿＿。

    A. unsigned int y；　　　　　　　　B. unsigned int data y；

    C. unsigned int xdata y；　　　　　　D. unsigned int bdata y；

6. 当 IAP_CMD＝01H 时，ISP/IAP 的操作功能是＿＿＿＿＿＿＿。

    A. 无 ISP/IAP 操作　　　　　　　　B. 对数据 Flash 进行读操作

    C. 对数据 Flash 进行编程操作　　　　D. 对数据 Flash 进行擦除操作

三、判断题

1. IAP15W4K58S4 单片机保留扩展片外程序存储器与片外数据存储器的功能。

                                                      （　　　）

2. 凡是字节地址能被 8 整除的特殊功能寄存器是可以位寻址的。　　　　　（　　　）

3. IAP15W4K58S4 单片机的 E^2PROM 是与用户程序区统一编址的，空闲的用户程序区可通过 IAP 技术用作 E^2PROM。　　　　　　　　　　　　　　（　　　）

4. 高 128 字节与特殊功能寄存器区域的地址是冲突的。CPU 采用直接寻址方式访问的是高 128 字节，采用寄存器间接寻址方式访问的是特殊功能寄存器。（　　　）

5. 片内扩展 RAM 和片外扩展 RAM 可以同时使用。　　　　　　　　　　（　　　）

6. IAP15W4K58S4 单片机 E^2PROM 是真正的 E^2PROM，可按字节擦除与按字节读写数据。　　　　　　　　　　　　　　　　　　　　　　　　　　　（　　　）

7. IAP15W4K58S4 单片机 E^2PROM 是按扇区擦除数据的。　　　　　　　（　　　）

8. IAP15W4K58S4 单片机 E^2PROM 操作的触发代码是先 A5H，后 5AH。（　　　）

9. 当变量的存储类型定义为 data 时，其访问速度最快。　　　　　　　　（　　　）

四、问答题

1. 高 128 字节地址和特殊功能寄存器的地址是冲突的。在应用中如何区分？

2. 特殊功能寄存器可寻址位在实际应用时，其位地址是如何描述的？

3. 内部扩展 RAM 和片外扩展 RAM 不能同时使用。实际应用中如何选择？

4. 程序存储的单元地址 0000H 有什么特殊的含义？

5. 单元地址 000023 有什么特殊含义？

6. 简述 IAP15W4K58S4 单片机 E^2PROM 读操作的工作流程。

7. 简述 IAP15W4K58S4 单片机 E^2PROM 擦除操作的工作流程。

8. 全局变量与局部变量的区别是什么？如何定义全局变量与局部变量？

9. 当主函数与子函数在同一个程序文件中时，调用时应注意什么？当主函数与子函数分属不同的程序文件时,调用时有什么要求?

10. 解释 x/y 和 x%y 的含义。算术运算结果送到 LED 数码管显示时,如何分解个位、十位、百位等数字位?

五、程序设计题

1. 在程序存储器中,定义存储十进制数码共阴极数码管字形数据为 3FH、06H、5BH、4FH、66H、6DH、7DH、07H、7FH、6FH,编程将这些数据存储到 E^2PROM E000H～E009H 单元中并校验。校验成功,点亮 P1.7 控制的 LED 灯。

2. 编程将数据 100 存入 E^2PROM E200H 单元,将其内容与片内扩展 RAM 0200 单元的内容相比较。若相等,点亮 P1.7 控制的 LED 灯;否则,P1.7 控制的 LED 灯闪烁。

3. 编程读取 E^2PROM E001H 单元中的数据。若其中"1"的个数为奇数,点亮 P1.7 控制的 LED 灯;否则,点亮 P1.6 控制的 LED 灯。

4. 设计一个采用 LED 数码管显示的简易密码锁。将密码值存入 E001H 单元。初始时,LED 数码管显示 8 个"8";500ms 后,最右边显示数字"0"。密码从 P1 口输入。当输入密码与存在 E001H 单元中的密码相同时,开锁(可采用 LED 灯或蜂鸣器模拟),LED 数码管显示 8 个"6";否则,LED 数码管显示输入错误次数。当连续 6 次错误输入时,关闭系统,不再接收输入数据,LED 数码管显示信息"--- ERROR"。

IAP15W4K58S4单片机的 定时器/计数器

在控制系统中,常常要求有一些定时或延时控制,如定时输出、定时检测和定时扫描等;也会要求有计数功能,能对外部事件计数。

要实现上述功能,一般采用下述三种方法。

(1) 软件定时:让 CPU 循环执行一段程序,实现软件定时。但软件定时占用了 CPU 时间,降低了 CPU 的利用率,因此软件定时的时间不宜太长。

(2) 硬件定时:采用时基电路(例如 555 定时芯片),外接必要的元器件(电阻和电容),构成硬件定时电路。这种定时电路在硬件连接好以后,定时值和定时范围不能由软件控制和修改,即不可编程。

(3) 可编程的定时器:这种定时器的定时值及定时范围可以很容易地用软件来确定和修改,因此功能强,使用灵活。

IAP15W4K58S4 单片机在硬件上集成有 5 个 16 位的可编程定时器/计数器,即定时器/计数器 0、1、2、3 和 4,简称 T0、T1、T2、T3 和 T4。

知识点:

◆ 定时器/计数器的结构和功能。

◆ 定时器/计数器的初始值计算。

◆ 工作方式控制寄存器的初始化。

◆ 可编程时钟输出的原理。

技能点:

◆ 定时器/计数器定时初始值的计算。

◆ 工作方式与控制寄存器的初始化。

◆ 定时应用程序的设计和实现。

◆ 计数应用程序的设计和实现。

◆ 可编程时钟输出的编程。

任务1 IAP15W4K58S4 单片机定时器/ 计数器的定时应用

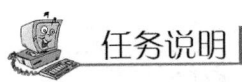 任务说明

单片机中的定时(延时)可以采用软件的方法实现,但软件延时完全占用CPU,降低了CPU的工作效率。采用单片机内部接口——定时器/计数器能很好地解决定时问题。本任务主要学习如何利用单片机定时器/计数器的定时功能。

 相关知识

一、IAP15W4K58S4 单片机定时器/计数器(T0/T1)的结构和工作原理

IAP15W4K58S4 单片机内部有 5 个 16 位的定时器/计数器,即 T0、T1、T2、T3 和 T4。首先介绍 T0、T1,其结构框图如图 6-1-1 所示,TL0、TH0 是定时器/计数器 T0 的低 8 位、高 8 位状态值,TL1、TH1 是定时器/计数器 T1 的低 8 位、高 8 位状态值。TMOD 是 T0、T1 定时器/计数器的工作方式寄存器,由它确定定时器/计数器的工作方式和功能;TCON 是 T0、T1 定时器/计数器的控制寄存器,用于控制 T0、T1 的启动与停止,记录 T0、T1 的计满溢出标志;AUXR 称为辅助寄存器,其中 T0x12、T1x12 用于设定 T0、T1 内部计数脉冲的分频系数。P3.4、P3.5 分别为定时器/计数器 T0、T1 的外部计数脉冲输入端。

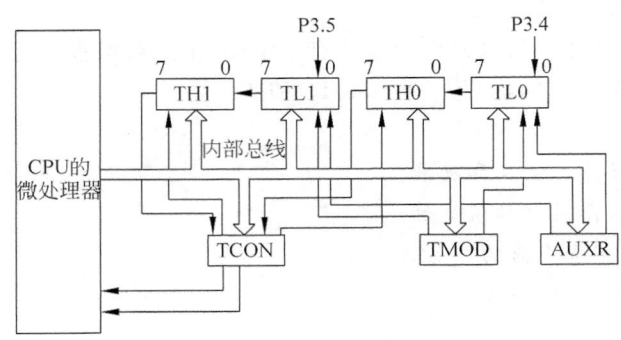

图 6-1-1 T0 和 T1 定时器/计数器结构框图

T0 和 T1 定时器/计数器的核心电路是一个加 1 计数器,如图 6-1-2 所示。加 1 计数器的脉冲有两个来源:一个是外部脉冲源 T0(P3.4)和 T1(P3.5)引脚输入信号;另一个是系统时钟信号。计数器对两个脉冲源之一进行输入计数。每输入一个脉冲,计数值加 1。当计数到计数器为全 1 时,再输入一个脉冲,就使计数值回零,同时使计数器计满溢出

标志位 TF0 或 TF1 置 1,并向 CPU 发出中断请求。

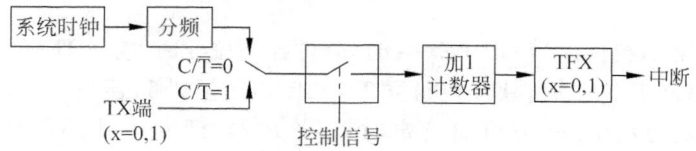

图 6-1-2 IAP15W4K58S4 单片机计数器电路框图

(1) 定时功能:当脉冲源为系统时钟(等间隔脉冲序列)时,由于计数脉冲为时间基准,脉冲数乘以计数脉冲周期(系统周期或 12 倍系统周期)就是定时时间。即当系统时钟确定时,计数器的计数值就确定了时间。

(2) 计数功能:当脉冲源为单片机外部引脚的输入脉冲时,这就是外部事件的计数器。如定时器/计数器 T0,在其对应的计数输入端 T0(P3.4)有一个负跳变时,T0 计数器的状态值加 1。外部输入信号的速率不受限制,但必须保证给出的电平在变化前至少被采样一次。

二、IAP15W4K58S4 单片机定时器/计数器(T0/T1)的控制

IAP15W4K58S4 单片机内部定时器/计数器(T0/T1)的工作方式和控制由 TMOD、TCON 和 AUXR 三个特殊功能寄存器管理。

(1) TMOD:设置定时器/计数器(T0/T1)的工作方式与功能。

(2) TCON:控制定时器/计数器(T0/T1)的启动与停止,并包含定时器/计数器(T0/T1)的溢出标志位。

(3) AUXR:设置定时计数脉冲的分频系数。

1. 工作方式寄存器 TMOD

TMOD 为 T0、T1 的工作方式寄存器,其格式如下所示。

	地址	B7	B6	B5	B4	B3	B2	B1	B0	复位值
TMOD	89H	GATE	C/$\overline{T}$	M1	M0	GATE	C/$\overline{T}$	M1	M0	0000 0000
		← 定时器/计数器 1 →				← 定时器/计数器 0 →				

TMOD 的低 4 位为 T0 的方式字段,高 4 位为 T1 的方式字段,它们的含义完全相同。

(1) M1 和 M0:T0、T1 工作方式选择位,其定义如表 6-1-1 所示。

表 6-1-1 T0、T1 的工作方式

M1	M0	工作方式	功 能 说 明
0	0	方式 0	自动重装初始值的 16 位定时器/计数器(推荐)
0	1	方式 1	16 位定时器/计数器
1	0	方式 2	自动重装初始值的 8 位定时器/计数器
1	1	方式 3	定时器 0:分成两个 8 位定时器/计数器 定时器 1:停止计数

(2) C/$\bar{\text{T}}$：功能选择位。C/$\bar{\text{T}}$＝0 时，设置为定时工作模式；C/$\bar{\text{T}}$＝1 时，设置为计数工作模式。

(3) GATE：门控位。当 GATE＝0 时，软件控制位 TR0 或 TR1 置 1，即可启动定时器/计数器；当 GATE＝1 时，软件控制位 TR0 或 TR1 须置 1，还须 INT0(P3.2)或 INT1(P3.3)引脚输入为高电平，方可启动定时器/计数器，即允许外部中断 INT0(P3.2)、INT1(P3.3)输入引脚信号，参与控制定时器/计数器的启动与停止。

TMOD 不能位寻址，只能用字节指令设置定时器工作方式，高 4 位定义 T1，低 4 位定义 T0。复位时，TMOD 所有位均置 0。

比如需要设置定时器 1 工作于方式 1 定时模式，定时器 1 的启停与外部中断 INT1(P3.3)输入引脚信号无关，则 M1＝0，M0＝1，C/$\bar{\text{T}}$＝0，GATE＝0。因此，高 4 位应为0001；定时器 0 未用，低 4 位可随意置数，一般将其设为 0000。所以，指令形式为"TMOD＝0x10;"。

2. 定时器/计数器控制寄存器 TCON

TCON 的作用是控制定时器/计数器启动与停止，记录定时器/计数器的溢出标志以及外部中断的控制。定时器/计数器控制字 TCON 的格式如下所示。

	地址	B7	B6	B5	B4	B3	B2	B1	B0	复位值
TCON	88H	TF1	TR1	TF0	TR0	1E1	1T1	1E0	1T0	0000 0000

(1) TF1：定时器/计数器 1 溢出标志位。当定时器/计数器 1 计满产生溢出时，由硬件自动置位 TF1，在中断允许时，向 CPU 发出中断请求。中断响应后，由硬件自动清除 TF1 标志。也可通过查询 TF1 标志来判断计满溢出时刻。查询结束后，用软件清除 TF1 标志。

(2) TR1：定时器/计数器 1 运行控制位。由软件置 1 或清零来启动或关闭定时器/计数器 1。当 GATE＝0 时，TR1 置 1，即可启动定时器/计数器 1；当 GATE＝1 时，TR1 置 1 且 INT1(P3.3)输入引脚信号为高电平时，方可启动定时器/计数器 1。

(3) TF0：定时器/计数器 0 溢出标志位。当定时器/计数器 0 计满产生溢出时，由硬件自动置位 TF0。在中断允许时，向 CPU 发出中断请求；中断响应后，由硬件自动清除 TF0 标志。也可通过查询 TF0 标志来判断计满溢出时刻。查询结束后，用软件清除 TF0 标志。

(4) TR0：定时器/计数器 0 运行控制位。由软件置 1 或清零来启动或关闭定时器/计数器 0。当 GATE＝0 时，TR0 置 1，即可启动定时器/计数器 0；当 GATE＝1 时，TR0 置 1 且 INT0(P3.2)输入引脚信号为高电平时，方可启动定时器/计数器 0。

TCON 中的低 4 位用于控制外部中断，与定时器/计数器无关，留待下一章介绍。当系统复位时，TCON 的所有位均清零。

TCON 的字节地址为 88H，可以位寻址。清除溢出标志位或启动、停止定时器/计数器都可以用位操作指令实现。

3. 辅助寄存器 AUXR

辅助寄存器 AUXR 的 T0x12、T1x12 用于设定 T0、T1 定时计数脉冲的分频系数，格式如下：

地址	B7	B6	B5	B4	B3	B2	B1	B0	复位值
AUXR	8EH	T0x12	T1x12	UART_M0x6	T2R	T2_C/$\overline{\text{T}}$	T2x12	EXTRAM	S1ST2	0000 0000

（1）T0x12：用于设置定时器/计数器0定时计数脉冲的分频系数。当T0x12＝0时，定时计数脉冲完全与传统8051单片机的计数脉冲一样，计数脉冲周期为系统时钟周期的12倍，即12分频；当T0x12＝1时，计数脉冲为系统时钟脉冲，计数脉冲周期等于系统时钟周期，即无分频。

（2）T1x12：用于设置定时器/计数器1定时计数脉冲的分频系数。当T1x12＝0时，定时计数脉冲完全与传统8051单片机的计数脉冲一样，计数脉冲周期为系统时钟周期的12倍，即12分频；当T1x12＝1，计数脉冲为系统时钟脉冲，计数脉冲周期等于系统时钟周期，即无分频。

三、IAP15W4K58S4单片机定时器/计数器（T0/T1）的工作方式

通过对设置TMOD的M1、M0，定时器/计数器有4种工作方式，分别为方式0、方式1、方式2和方式3。定时器/计数器0可以工作在这4种工作方式中的任何一种，而定时器/计数器1只具备方式0、方式1和方式2。除工作方式3以外，在其他三种工作方式下，定时器/计数器0和定时器/计数器1的工作原理是相同的。下面以定时器/计数器0为例，介绍定时器/计数器的4种工作方式。

1. 方式0

方式0是一个可自动重装初始值的16位定时器/计数器，其结构如图6-1-3所示。T0定时器/计数器有两个隐含的寄存器RL_TH0、RL_TL0，用于保存16位定时器/计数器的重装初始值。当TH0、TL0构成的16位计数器计满溢出时，RL_TH0、RL_TL0的值自动装入TH0、TL0。RL_TH0与TH0共用同一个地址，RL_TL0与TL0共用同一个地址。当TR0＝0时，对TH0、TL0寄存器写入数据时，会同时写入RL_TH0、RL_TL0寄存器；当TR0＝1时，对TH0、TL0写入数据时，只写入RL_TH0、RL_TL0寄存器，不会写入TH0、TL0寄存器。这样不会影响T0的正常计数。

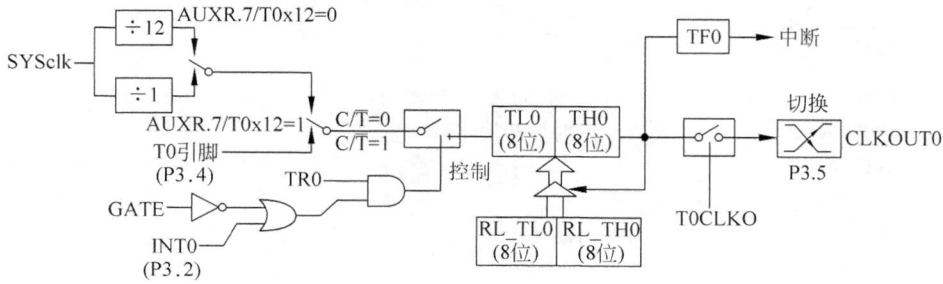

图6-1-3　定时器/计数器的工作方式0

当C/$\overline{\text{T}}$＝0时，多路开关连接系统时钟的分频输出。定时器/计数器0对定时计数脉冲计数，即定时工作方式。由T0x12决定如何对系统时钟分频。当T0x12＝0时，使用

12 分频(与传统 8051 单片机兼容);当 T0x12＝1 时,直接使用系统时钟(即不分频)。

当 C/T＝1 时,多路开关连接外部输入脉冲引脚 T0(P3.4),定时器/计数器 0 对 T0 引脚输入脉冲计数,即计数工作方式。

门控位 GATE 的作用:一般情况下,应使 GATE 为 0。这样,定时器/计数器 0 的运行控制仅由 TR0 位的状态确定(TR0 为 1 时启动,TR0 为 0 时停止)。只有在启动计数要由外部输入引脚 INT0(P3.2)控制时,才使 GATE 为 1。由图 6-1-3 可知,当 GATE＝1 时,TR0 为 1,且 INT0 引脚输入高电平时,定时器/计数器 0 才能启动计数。利用 GATE 的这一功能,可以很方便地测量脉冲宽度。

当 T0 工作在定时方式时,定时时间的计算公式为

$$定时时间＝(2^{16}－T0 定时器的初始值)×系统时钟周期×12^{(1－T0x12)}$$

注:传统 8051 单片机定时器/计数器 T0 的方式 0 为 13 位定时器/计数器,没有 RL_TH0 和 RL_TL0 这两个隐含的寄存器,新增的 RL_TH0、RL_TL0 也没有分配新的地址。同理,针对 T1 定时器/计数器增加了 RL_TH1、RL_TL1,用于保存 16 位定时器/计数器的重装初始值。当 TH1、TL1 构成的 16 位计数器计满溢出时,RL_TH1、RL_TL1 的值自动装入 TH1、TL1。RL_TH1 与 TH1 共用同一个地址,RL_TL1 与 TL1 共用同一个地址。

【例 6-1-1】 用 T1 方式 0 实现定时,在 P1.6 引脚输出周期为 10ms 的方波。

解 根据题意,采用 T1 方式 0 定时,因此 TMOD＝00H。

因为方波周期是 10ms,因此 T1 的定时时间应为 5ms。每 5ms 时间到,就对 P1.6 取反,实现在 P1.6 引脚输出周期为 10ms 的方波。系统采用 12MHz 晶振,分频系数为 12,即定时脉钟周期为 $1\mu s$,5ms 定时计数脉冲数为 $5ms/1\mu s＝5000$,则 T1 的初始值为

$$X＝2^{16}－计数值＝65536－5000＝60536＝EC78H$$

即 TH1＝ECH,TL1＝78H。

```
# include < stc15.h>          //包含支持 IAP15W4K58S4 单片机的头文件
# include < intrins.h>
# include < gpio.h>           //I/O 初始化文件
# define uchar unsigned char
# define uint   unsigned int
void main(void)
{
    gpio();              //I/O 初始化
    TMOD = 0x00;         //定时器初始化
    TH1 = 0xec;
    TL1 = 0x78;
    TR1 = 1;             //启动 T1
    while(1)
    {
        if(TF1 == 1)     //判断 5ms 定时是否到
        {
            TF1 = 0;
```

```
        P16 = ! P16;        //5ms 定时,取反输出
        }
    }
}
```

【例 6-1-2】　利用单片机定时器/计数器的定时功能,设计一个时间间隔为 1s 的流水灯电路。

解　设系统时钟为 12MHz,采用 12 分频脉冲为 T0 的计数周期,则计数周期大约为 1μs,T0 定时器最大定时时间为 65.536ms,远小于 1s 钟。因此,需要采用累计 T0 定时的方法实现 1s 钟的定时。拟采用 T0 的定时时间为 50ms,累计 20 次,即为 1s。

设流水灯是低电平驱动,采用 P0 口输出进行驱动,初始值为 FEH。

源程序清单如下:

```
# include < stc15.h>          //包含支持 IAP15W4K58S4 单片机的头文件
# include < intrins.h>
# include < gpio.h>           //I/O 初始化文件
# define uchar unsigned char
# define uint   unsigned int
uchar cnt = 0;
uchar x = 0xfe;
void Timer0Init(void)         //50ms@12.000MHz,从 STC-ISP 在线编程软件定时器计算器
                              //工具中获得
{
    AUXR & = 0x7F;            //定时器时钟 12T 模式
    TMOD & = 0xF0;            //设置定时器模式
    TL0  = 0xB0;              //设置定时初值
    TH0  = 0x3C;              //设置定时初值
    TF0  = 0;                 //清除 TF0 标志
    TR0  = 1;                 //定时器 0 开始计时
}
void main(void)
{
    gpio();
    Timer0Init();
    P0 = x;
    while(1)
    {
        if(TF0 == 1)
        {
            TF0 = 0;
            cnt++;
            if(cnt == 20)
            {
                cnt = 0;
                x = _crol_(x,1);
                P0 = x;
            }
```

```
          }
      }
  }
```

2. 方式 1、方式 2、方式 3

方式 1 是 16 位定时器/计数器；方式 2 是可重装初始值的 8 位定时器/计数器；在方式 3 中，T0 可拆成 2 个 8 位的定时器/计数器，T1 停止计数。

方式 0 是可重装初始值的 16 位定时器/计数器，可实现方式 1、方式 2 的功能；而方式 3 不常使用。为此，我们仅学习方式 0。

四、IAP15W4K58S4 单片机定时器/计数器(T0/T1)的定时初始化

IAP15W4K58S4 单片机的定时器/计数器是可编程的。因此，在利用定时器/计数器定时之前，先要通过软件对它初始化。

定时器/计数器初始化程序应完成如下工作。

(1) 对 TMOD 赋值，确定 T0 和 T1 的工作状态(定时或计数)与工作方式。工作方式推荐采用方式 0。

(2) 对 AUXR 赋值，确定定时脉冲的分频系数。默认为 12 分频，与传统 8051 单片机兼容。

(3) 计算初始值，并将其写入 TH0、TL0 或 TH1、TL1。

C 语言编程时，给出计算初始值的算式即可。例如方式 0 时，有

$$TH0(或 TH1) = (65\,536 - 定时时间/计数周期)/256$$
$$TL0(或 TL1) = (65\,536 - 定时时间/计数周期)\%256$$

(4) 若为中断方式，对 IE 赋值，开放中断，必要时，还需对 IP 操作，确定各中断源的优先等级。

(5) 置位 TR0 或 TR1，启动 T0 和 T1 开始定时。

提示：定时器的初始化程序可从 STC-ISP 在线编程工具中获得。当采用 Proteus 仿真时，建议选择工作方式 1，并在每个定时周期结束时重装初始值。

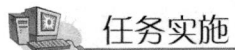 任务实施

一、任务要求

用 T0 定时器设计一个秒表。设置一个开关，当开关合上时，定时器停止计时；当开关断开时，启动计时，计到 100 时自动归 0。采用 LED 数码管显示秒表的计时值。

二、硬件设计

K1 用作控制开关，采用 8 位 LED 数码管作为秒表的显示器。电路原理图如图 6-1-4 所示。

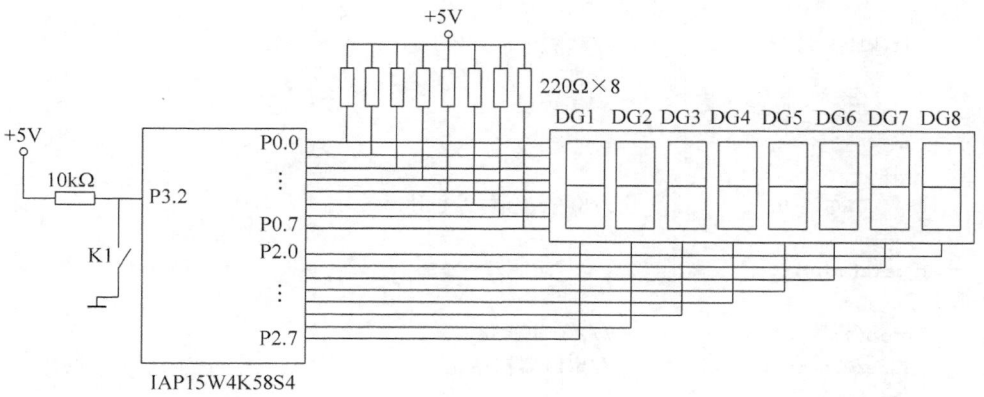

图 6-1-4 秒表控制电路

三、软件设计

1. 程序说明

秒信号实现参照例 6-1-2。秒表显示直接利用 display. h 文件实现。

2. 数码管显示文件：display. h

显示函数名为 display ()，显示函数的入口参数是 Dis_buf[0]～Dis_buf[7]。Dis_buf[0]是最低位显示缓冲区，Dis_buf[7]是最高位显示缓冲区。使用时，将要显示的数据存入对应位置的显示缓冲区。

3. 项目六任务 1 程序文件：项目六任务 1. c

```
# include < stc15. h>         //包含支持 IAP15W4K58S4 单片机的头文件
# include < intrins. h>
# include < gpio. h>          //I/O 初始化文件
# define uchar unsigned char
# define uint   unsigned int
# include < display. h>
uchar cnt = 0;
uchar second = 0;
sbit k1 = P3 ^ 2;
/ * -------------- T0 50ms 初始化函数 ---------------------------- * /
void Timer0Init(void)        //50ms@12.000MHz,从 STC-ISP 在线编程软件定时器计算器
                             //工具中获得
{
    AUXR & =  0x7F;          //定时器时钟 12T 模式
    TMOD & =  0xF0;          //设置定时器模式
    TL0  =  0xB0;            //设置定时初值
    TH0  =  0x3C;            //设置定时初值
    TF0  =  0;               //清除 TF0 标志
    TR0  =  1;               //定时器 0 开始计时
}
void start(void)
```

```
    {
        if(k1 == 1)                   //K1 松开时,计时
        {
            TR0 = 1;
        }
        else
            TR0 = 0;                  //K1 合上时,停止计时
    }
    void main(void)
    {
        gpio();                       //I/O 初始化
        Timer0Init();                 //定时器初始化
        while(1)
        {
            display();                //数码管显示
            start();                  //启停控制
            if(TF0 == 1)              //50ms 到了,清零 TF0,50ms 计数变量加 1
            {
                TF0 = 0;
                cnt++;
                if(cnt == 20)         //1s 到了,清零 50ms 计数变量,秒计数变量加 1
                {
                    cnt = 0;
                    second++;
                    if(second == 100) second = 0;   //100s 到了,秒计数变量清零
                    Dis_buf[0] = second % 10;       //秒计数变量值送显示缓冲区
                    Dis_buf[1] = second/10;
                }
            }
        }
    }
```

四、系统调试

(1) 用 USB 线将 PC 与 STC15W4K32S4 系列单片机实验箱相连接。

(2) 用 Keil C 编辑、编译程序项目六任务 1.c,生成机器代码文件项目六任务 1.hex。

(3) 运行 STC-ISP 在线编程软件,将项目六任务 1.hex 下载到 STC15W4K32S4 系列单片机实验箱单片机。下载完毕,自动进入运行模式,观察数码管的显示结果并记录:

① 当 K1=1 时,秒表的运行状态。

② 当 K1=0 时,秒表的运行状态。

任务拓展

(1) 修改项目六任务 1.c,扩展计时范围到 1000s,增加高位灭零功能,并调试。

（2）用 T1 定时器设计一个秒表。设置一个开关，当开关断开时，定时器停止计时；当开关合上时，秒表归零，并从 0 开始计时，计到 100 时自动归 0，增加高位灭零功能。试编写程序，然后编辑、编译与调试程序。

任务 2　IAP15W4K58S4 单片机定时器/计数器的计数应用

 任务说明

本任务主要讲解 IAP15W4K58S4 单片机定时器/计数器的计数功能，使学生掌握 IAP15W4K58S4 单片机定时器/计数器计数的编程方法。

相关知识

IAP15W4K58S4 单片机定时器/计数器（T0/T1）的计数初始化。

IAP15W4K58S4 单片机定时器/计数器的计数一般有两种情况：一是从 0 开始计数，统计脉冲事件的个数，这时，计数的初始值为 0；二是计数的循环控制，这种计数控制与定时控制一样，要用到计数溢出标志，计数器的初始值为计满状态值减去循环控制次数。

定时器/计数器计数初始化程序应完成如下工作。

（1）对 TMOD 赋值，确定 T0 和 T1 为计数状态。推荐采用方式 0。

（2）将 TH0、TL0 或 TH1、TL1 置 0。

（3）置位 TR0 或 TR1，启动 T0 和 T1 开始计数。

任务实施

一、任务要求

使用 T1 定时器/计数器设计一个脉冲计数器，采用 LED 数码管显示。

二、硬件设计

计数脉冲从 T1 引脚（P3.5）输入，计数值采用 8 位 LED 数码管显示。硬件电路如图 6-2-1 所示。

三、软件设计

（1）程序说明：T1 采用方式 0 计数，计数最大值为 65535。计数值分成万、千、百、十、个位，送数码管显示。当计数到 65536 时，计数器值返回到 0。

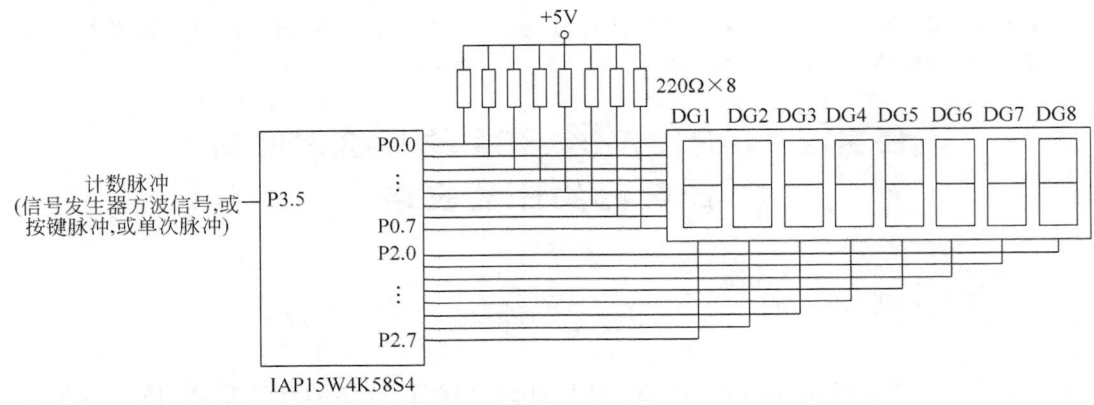

图 6-2-1　计数器控制电路

（2）项目六任务 2 程序文件项目六任务 2.c 如下所示。

```
# include < stc15.h >              //包含支持 IAP15W4K58S4 单片机的头文件
# include < intrins.h >
# include < gpio.h >               //I/O 初始化文件
# define uchar unsigned char
# define uint   unsigned int
# include < display.h >
uint counter = 0;
/* --------- 计数器的初始化 ---------------- */
void Timer1_init(void)
{
    TMOD = 0x40;                   //T1 为方式 0 计数状态
    TH1 = 0x00;
    TL1 = 0x00;
    TR1 = 1;
}


/* --------- 主函数(显示程序) ---------- */
void main(void)
{
    uint temp1,temp2;
    gpio();
    Timer1_init ();                //调用计数器初始化子函数
    for(;;)                        //用于实现无限循环
    {
        Dis_buf[0] = counter % 10;
        Dis_buf[1] = counter/10 % 10;
        Dis_buf[2] = counter/100 % 10;
```

```
    Dis_buf[3] = counter/1000 % 10;
    Dis_buf[4] = counter/10000 % 10;
    display();                     //调用显示子函数
    temp1 = TL1;
    temp2 = TH1;                    //读取计数值
    counter = (temp2 << 8) + temp1;  //高、低 8 位计数值合并在 counter 变量中
    }
}
```

四、硬件连线与调试

（1）用 USB 线将 PC 与 STC15W4K32S4 系列单片机实验箱相连接。

（2）用 Keil C 编辑、编译程序项目六任务 2.c,生成机器代码文件项目六任务 2.hex。

（3）运行 STC-ISP 在线编程软件,将项目六任务 2.hex 下载到 STC15W4K32S4 系列单片机实验箱单片机中。下载完毕,自动进入运行模式,观察数码管的显示结果并记录:

① 利用按键或开关产生的计数脉冲信号。

② 接通信号发生器后输出的方波信号。

（4）修改程序,显示时实现高位灭零,并上机调试。

知识延伸

一、IAP15W4K58S4 单片机定时器 T2 的电路结构

IAP15W4K58S4 定时器/计数器 T2 的电路结构如图 6-2-2 所示。T2 的电路结构与 T0、T1 基本一致,但 T2 的工作模式固定为 16 位自动重装初始值模式。T2 可以当作定时器、计数器用,也可以当作串行口的波特率发生器和可编程时钟输出源。

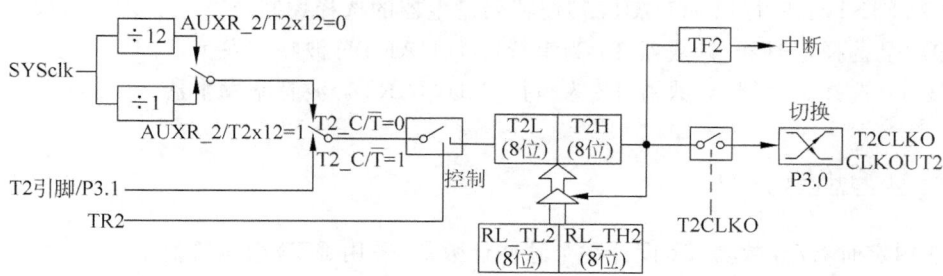

图 6-2-2 定时器 T2 的原理框图

二、IAP15W4K58S4 单片机的定时器/计数器 T2 的控制寄存器

IAP15W4K58S4 单片机内部定时器/计数器 T2 状态寄存器是 T2H、T2L。T2 的控制与管理由特殊功能寄存器 AUXR、INT_CLKO、IE2 承担。与定时器/计数器 T2 有关的特殊功能寄存器如表 6-2-1 所示。

表 6-2-1　与定时器/计数器 T2 有关的特殊功能寄存器

地址		B7	B6	B5	B4	B3	B2	B1	B0	复位值
T2H	D6H			T2 的高 8 位						0000 0000
T2L	D7H			T2 的低 8 位						0000 0000
AUXR	8EH	T0x12	T1x12	UART_M0x6	T2R	T2_C/$\overline{\text{T}}$	T2x12	EXTRAM	S1ST2	0000 0000
INT_CLKO	8FH	—	EX4	EX3	EX2	LVD_WAKE	T2CLKO	T1CLKO	T0CLKO	0000 0000
IE2	AFH	—	—	—	—	—	ET2	ESPI	ES2	xxxx x000

（1）T2R：定时器/计数器 T2 运行控制位。

①0：定时器/计数器 T2 停止运行。

②1：定时器/计数器 T2 运行。

（2）T2_C/$\overline{\text{T}}$：定时、计数选择控制位。

①0：定时器/计数器 T2 为定时状态,计数脉冲为系统时钟或系统时钟的 12 分频信号。

②1：定时器/计数器 T2 为计数状态,计数脉冲为 P3.1 输入引脚的脉冲信号。

（3）T2x12：定时脉冲的选择控制位。

①0：定时脉冲为系统时钟的 12 分频信号。

②1：定时脉冲为系统时钟信号。

（4）T2CLKO：定时器/计数器 T2 时钟输出控制位。

①0：不允许 P3.0 配置为定时器/计数器 T2 的时钟输出口。

②1：P3.0 配置为定时器/计数器 T2 的时钟输出口。

（5）ET2：定时器/计数器 T2 的中断允许位。

①0：禁止定时器/计数器 T2 中断。

②1：允许定时器/计数器 T2 中断。

T2 的中断向量地址是 0063H,中断号是 12。

（6）S1ST2：串行口 1（UART1）波特率发生器的选择控制位。

①0：选择定时器/计数器 T1 为串行口 1（UART1）波特率发生器。

②1：选择定时器/计数器 T2 为串行口 1（UART1）波特率发生器。

 任务拓展

使用定时器/计数器 T2 设计一个脉冲计数器,采用 LED 数码管显示。

任务 3　简易频率计的设计与实践

 任务说明

综合应用 IAP15W4K58S4 单片机的定时功能与计数功能,设计一个简易频率计。

 相关知识

一、频率的测量原理

（1）频率的定义：单位时间内通过脉冲的个数叫作频率。

（2）频率的测量方法：将单片机定时器/计数器 T0、T1 分别用作定时器、计数器。从定时开始，让计数器从 0 开始计数。定时时间到，读取计数器值。用计数值除以定时时间，得到测量频率值。若定时时间为 1s，计数器值即为频率值。

二、定时时间与频率测量范围

设定时时间为 t，计数器计数值为 N，则有 $f = N/t$。

当 $t=1$s 时，$f=N$，测量范围为 $1 \sim 65535$ Hz。

当 $t=0.1$s 时，$f=10N$，测量范围为 $10 \sim 655350$ Hz。

当 $t=10$s 时，$f=0.1N$，测量范围为 $0.1 \sim 6553.5$ Hz。

……

最大的测量值受单片机计数电路硬件的限制。

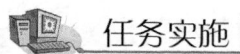 任务实施

一、简易频率计的硬件设计

计数脉冲从 T1(P3.5) 引脚输入，频率值采用 8 位 LED 数码管显示。其硬件电路同项目六任务 2，如图 6-2-1 所示。

二、软件设计

1）程序说明

T0 用作定时器，50ms 作为基本定时，累计 20 次产生 1s 的信号；T1 用作计数器，每 1s 读取 T1 计数器计数值，并转换为十进制数送 LED 数码管显示。

2）项目六任务 3 程序文件：项目六任务 3.c

```
# include < stc15.h>              //包含支持 IAP15W4K58S4 单片机的头文件
# include < intrins.h>
# include < gpio.h>               //I/O 初始化文件
# define uchar unsigned char
# define uint   unsigned int
# include < display.h>
uint counter = 0;
uchar cnt = 0;
void T0_T1_ini(void)             //T0、T1 初始化
```

```
{
    TMOD = 0x40;                               //T0 方式 0 定时,T1 方式 0 计数
    TH0 = (65536 - 50000)/256;
    TL0 = (65536 - 50000) % 256;
    TH1 = 0x00;
    TL1 = 0x00;
    TR0 = 1;
    TR1 = 1;
}
/* --------- 主函数 --------------- */
void main(void)
{
    uint temp1,temp2;
    gpio();
    T0_T1_ini();
    while(1)
    {
        Dis_buf[0] = counter % 10;            //频率值送显示缓冲区
        Dis_buf[1] = counter/10 % 10;
        Dis_buf[2] = counter/100 % 10;
        Dis_buf[3] = counter/1000 % 10;
        Dis_buf[4] = counter/10000 % 10;
        display();                            //数码管显示
        if(TF0 == 1)
        {
            TF0 = 0;
            cnt++;
            if(cnt == 20)                     //1s 到了,清 50ms 计数变量,读 T1 值
            {
                cnt = 0;
                temp1 = TL1;
                temp2 = TH1;                  //读取计数值
                TR1 = 0;                      //计数器停止计数后,才能对计数器赋值
                TL1 = 0;
                TH1 = 0;
                TR1 = 1;
                counter = (temp2 << 8) + temp1;   //高、低 8 位计数值合并在 counter 变量中
            }
        }
    }
}
```

三、硬件连线与调试

(1) 用 USB 线将 PC 与 STC15W4K32S4 系列单片机实验箱相连接。

(2) 用 Keil C 编辑、编译程序项目六任务 3.c,生成机器代码文件项目六任务 3.hex。

（3）运行 STC-ISP 在线编程软件，将项目六任务 3. hex 下载到 STC15W4K32S4 系列单片机实验箱单片机中。下载完毕，自动进入运行模式，观察数码管的显示结果并记录：

① 利用按键或开关产生的计数脉冲信号。

② 接通用信号发生器输出的方波信号。

 知识延伸

一、IAP15W4K58S4 单片机的定时器 T3、T4 的电路结构

IAP15W4K58S4 定时器/计数器 T3、T4 的电路结构如图 6-3-1 和图 6-3-2 所示。T3、T4 的电路结构与 T2 完全一致，其工作模式固定为 16 位自动重装初始值模式。T3、T4 可以用作定时器、计数器，也可以用作串行口的波特率发生器和可编程时钟输出源。

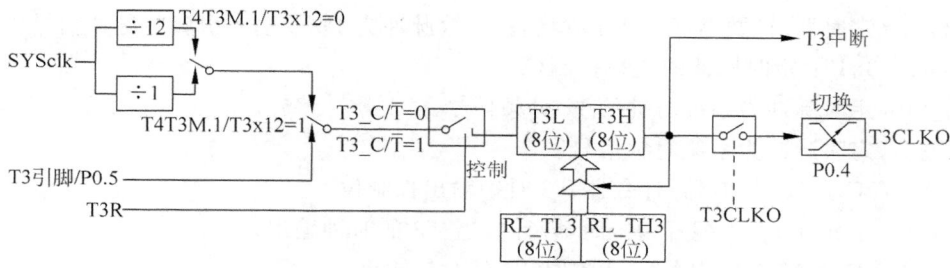

图 6-3-1　定时器 T3 的原理框图

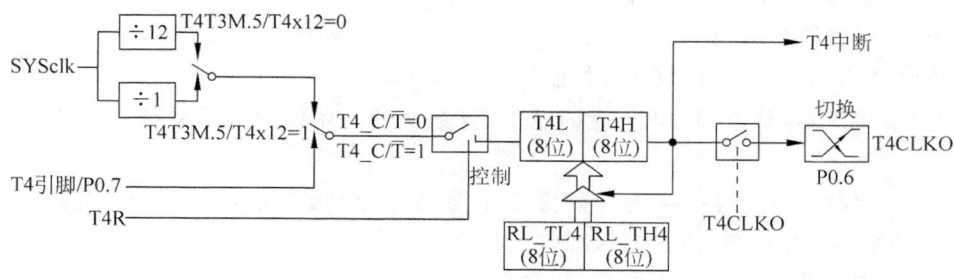

图 6-3-2　定时器 T4 的原理框图

二、IAP15W4K58S4 单片机的定时器/计数器 T3、T4 的控制寄存器

IAP15W4K58S4 单片机内部定时器/计数器 T3 的状态寄存器是 T3H、T3L，T4 的状态寄存器是 T4H、T4L，T3、T4 的控制与管理由特殊功能寄存器 T4T3M、IE2 承担。与定时器/计数器 T3、T4 有关的特殊功能寄存器如表 6-3-1 所示。

表 6-3-1 与定时器/计数器 T3、T4 有关的特殊功能寄存器

	地址	B7	B6	B5	B4	B3	B2	B1	B0	复位值
T3H	D4H	T3 的高 8 位								0000 0000
T3L	D5H	T3 的低 8 位								
T4H	D2H	T4 的高 8 位								0000 0000
T4L	D3H	T4 的低 8 位								
T4T3M	D1H	T4R	T4_C/$\overline{\text{T}}$	T4x12	T4CLKO	T3R	T3_C/$\overline{\text{T}}$	T3x12	T3CLKO	0000 0000
IE2	AFH		ET4	ET3	ES4	ES3	ET2	ESPI	ES2	x000 0000

（1）T3R：定时器/计数器 T3 运行控制位。

① 0：定时器/计数器 T3 停止运行。

② 1：定时器/计数器 T3 运行。

（2）T3_C/$\overline{\text{T}}$：定时、计数选择控制位。

① 0：定时器/计数器 T3 为定时状态，计数脉冲为系统时钟或系统时钟的 12 分频信号。

② 1：定时器/计数器 T3 为计数状态，计数脉冲为 P0.5 输入引脚的脉冲信号。

（3）T3x12：定时脉冲的选择控制位。

① 0：定时脉冲为系统时钟的 12 分频信号。

② 1：定时脉冲为系统时钟信号。

（4）T3CLKO：定时器/计数器 T3 时钟输出控制位。

① 0：不允许 P0.4 配置为定时器/计数器 T3 的时钟输出口。

② 1：P0.4 配置为定时器/计数器 T3 的时钟输出口。

（5）T4R：定时器/计数器 T4 运行控制位。

① 0：定时器/计数器 T4 停止运行。

② 1：定时器/计数器 T4 运行。

（6）T4_C/$\overline{\text{T}}$：定时、计数选择控制位。

① 0：定时器/计数器 T4 为定时状态，计数脉冲为系统时钟或系统时钟的 12 分频信号。

② 1：定时器/计数器 T4 为计数状态，计数脉冲为 P0.7 输入引脚的脉冲信号。

（7）T4x12：定时脉冲的选择控制位。

① 0：定时脉冲为系统时钟的 12 分频信号。

② 1：定时脉冲为系统时钟信号。

（8）T4CLKO：定时器/计数器 T4 时钟输出控制位。

① 0：不允许 P0.6 配置为定时器/计数器 T4 的时钟输出口。

② 1：P0.6 配置为定时器/计数器 T4 的时钟输出口。

（9）ET3：定时器/计数器 T3 的中断允许位。

① 0：禁止定时器/计数器 T3 中断。

② 1：允许定时器/计数器 T3 中断。

定时器/计数器 T3 的中断向量地址是 009BH,其中断号是 19。

(10) ET4:定时器/计数器 T4 的中断允许位。

① 0:禁止定时器/计数器 T4 中断。

② 1:允许定时器/计数器 T4 中断。

定时器/计数器 T4 的中断向量地址是 00A3H,其中断号是 20。

 任务拓展

修改程序项目六任务 3.c,将计数器改为 T1 或 T4 实现,并增加高位灭零功能。

任务 4　IAP15W4K58S4 单片机的可编程时钟输出

 任务说明

IAP15W4K58S4 单片机定时器与计数器的溢出脉冲是可以输出的。改变定时器的初始值,就可改变输出脉冲的频率。本任务学习可编程时钟输出的原理及编程方法。

相关知识

很多实际应用系统需要给外围器件提供时钟,如果单片机能提供可编程时钟输出功能,不但可以降低系统成本,缩小 PCB 的面积,当不需要时钟输出时,也可关闭时钟输出,这样不仅降低了系统功耗,而且减轻时钟对外的电磁辐射。IAP15W4K58S4 单片机增加了 T0CLKO(P3.5)、T1CLKO(P3.4)、T2CLKO(P3.0)、T3CLKO(P0.4)和 T4CLKO(P0.6)等 5 个可编程时钟输出引脚。T0CLKO(P3.5)的输出时钟频率由定时器/计数器 T0 控制,T1CLKO(P3.4)的输出时钟频率由定时器/计数器 T1 控制,相应的 T0、T1 需要工作在方式 0 或方式 2(自动重装数据模式)。T2CLKO(P3.0)的输出时钟频率由定时器/计数器 T2 控制,T3CLKO(P0.4)的输出时钟频率由定时器/计数器 T3 控制,T4CLKO(P0.6)的输出时钟频率由定时器/计数器 T4 控制。

1. 可编程时钟输出的控制

5 个定时器的可编程时钟输出由 INT_CLKO 和 T4T3M 特殊功能寄存器控制。INT_CLKO 和 T4T3M 的相关控制位定义如下:

		B7	B6	B5	B4	B3	B2	B1	B0	复位值
INT_CLKO	8FH	—	EX4	EX3	EX2	—	T2CLKO	T1CLKO	T0CLKO	x000 x000
T4T3M	D1H	T4R	T4_C/$\overline{\text{T}}$	T4x12	T4CLKO	T3R	T3_C/$\overline{\text{T}}$	T3x12	T3CLKO	0000 0000

(1) T0CLKO:定时器/计数器 T0 时钟输出控制位。

① 0:不允许 P3.5(CLKOUT0)配置为定时器/计数器 T0 的时钟输出口。

② 1：P3.5(CLKOUT0)配置为定时器/计数器 T0 的时钟输出口。

(2) T1CLKO：定时器/计数器 T1 时钟输出控制位。

① 0：不允许 P3.4(CLKOUT1)配置为定时器/计数器 T1 的时钟输出口。

② 1：P3.4(CLKOUT1)配置为定时器/计数器 T1 的时钟输出口。

(3) T2CLKO：定时器/计数器 T2 时钟输出控制位。

① 0：不允许 P3.0(CLKOUT2)配置为定时器/计数器 T2 的时钟输出口。

② 1：P3.0(CLKOUT2)配置为定时器/计数器 T2 的时钟输出口。

(4) T3CLKO：定时器/计数器 T3 时钟输出控制位。

① 0：不允许 P0.4 配置为定时器/计数器 T3 的时钟输出口。

② 1：P0.4 配置为定时器/计数器 T3 的时钟输出口。

(5) T4CLKO：定时器/计数器 T4 时钟输出控制位。

① 0：不允许 P0.6 配置为定时器/计数器 T4 的时钟输出口。

② 1：P0.6 配置为定时器/计数器 T4 的时钟输出口。

2. 可编程时钟输出频率的计算

可编程时钟输出频率为定时器/计数器溢出率的 2 分频信号。

提示：定时器/计数器的溢出率为定时时间的倒数。

下面以定时器 T0 为例，分析定时器可编程时钟输出频率的计算方法：

$$\text{P3.5 输出时钟频率(CLKOUT0)} = \frac{1}{2} \text{T0 溢出率}$$

(1) T0 工作在方式 0 定时状态：

(T0x12)=0 时，CLKOUT0 = $(f_{\text{SYS}}/12)/(65536 - [\text{RL\_TH0, RL\_TL0}])/2$

(T0x12)=1 时，CLKOUT0 = $f_{\text{SYS}}/(65536 - [\text{RL\_TH0, RL\_TL0}])/2$

(2) T0 工作在方式 2 定时状态：

(T0x12)=0 时，CLKOUT0 = $(f_{\text{SYS}}/12)/(256 - \text{TH0})/2$

(T0x12)=1 时，CLKOUT0 = $f_{\text{SYS}}/(256 - \text{TH0})/2$

(3) T0 工作在方式 0 计数状态：

CLKOUT0 = $\text{T0\_PIN\_CLK}/(65536 - [\text{RL\_TH0, RL\_TL0}])/2$

注：T0_PIN_CLK 为定时器/计数器 T0 的计数输入引脚 T0 输入脉冲的频率。

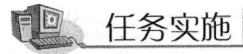 任务实施

一、任务要求

使用定时器/计数器 T0 输出时钟，利用 P0、P1 端口的输入信号改变 T0 定时器的初始值，用 LED 灯定性地显示输出频率的大小，用示波器测量输出频率。

二、硬件设计

设置一个开关 K1。当 K1 合上时，读取 x、y 输入数据；当 K1 断开时，正常输出时钟

信号。定时器/计数器 T0 的输出时钟从 P3.5 引脚输出,电路原理图如图 6-4-1 所示。

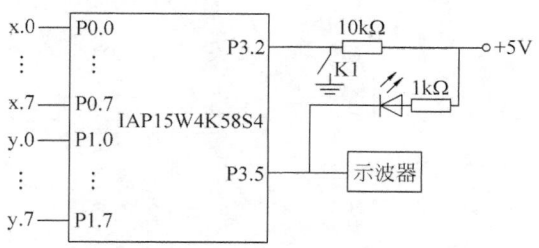

图 6-4-1　可编程输出时钟电路

三、软件设计

1) 程序说明

系统时钟为 12MHz,定时器/计数器 T0 的定时脉冲采用 12 分频系统时钟,工作在方式 0,TH0 的初始值由 P0 端口的输入数据决定,TL0 的初始值由 P1 端口的输入数据决定。初始时 T0 输出 10Hz 的可编程时钟信号。

2) 项目六任务 4 程序文件: 项目六任务 4.c

```
# include < stc15.h>                    //包含支持 IAP15W4K58S4 单片机的头文件
# include < intrins.h>
# include < gpio.h>                      //I/O 初始化文件
# define uchar unsigned char
# define uint   unsigned int
# define x P0
# define y P1
sbit k1 = P3 ^2;
/ * --------- 计数器的初始化 ---------------- * /
void T0_init(void)
{
    TMOD = 0x00;
    TH0 = 0x3c;                          //10Hz 可编程时钟对应的初始值
    TL0 = 0xb0;
    AUXR  =  AUXR&0x7f;                  //T0 工作在 12 分频模式
    INT_CLKO = INT_CLKO|0x01;            //允许 T0 输出时钟信号
    TR0 = 1;
}
/ * --------- 主函数 ----------- * /
void main(void)
{
    gpio();
    x = 0xff;
    y = 0xff;
    T0_init ();                          //调用计数器初始化子函数
    while(1)
    {
```

```
        if(k1 == 0)
        {
            TH0 = x;
            TL0 = y;
        }
    }
}
```

四、系统调试

（1）用 USB 线将 PC 与 STC15W4K32S4 系列单片机实验箱相连接。

（2）用 Keil C 编辑、编译程序项目六任务 4.c，生成机器代码文件项目六任务 4.hex。

（3）运行 STC-ISP 在线编程软件，将项目六任务 4.hex 下载到 STC15W4K32S4 系列单片机实验箱单片机中。下载完毕，自动进入运行模式，观察 LED 灯的状态并记录。

（4）按表 6-4-1 所示输入 x、y 值，用示波器测量定时器 T0 的输出时钟频率。

表 6-4-1　T0 所示定时器的输出时钟频率测试表

T0 定时器的初始值		输 出 频 率	
TH0(P0 端口输入 x 值)	TL0(P1 端口输入 y 值)	计算值	示波器测量值
00H	00H		
ECH	78H		
FEH	0CH		
FFH	CEH		
FFH	9CH		
FCH	18H		

（5）修改程序，采用 T1 输出时钟信号，并测试。

（6）修改程序，采用 T2 输出时钟信号，并测试。

任务拓展

综合任务 3 和任务 4 的内容，设计频率计，并测量自己确定的可编程时钟输出信号。

（1）可编程时钟输出信号频率为 1000Hz。

（2）计 2 个输入开关，通过置 2 个输入开关的工作状态，可编程时钟可对应输出 10Hz、100Hz、1000Hz、10kHz 等频率信号。

提示：用 T0、T1 设计频率计，用 T2 输出时钟信号。

习　　题

一、填空题

1. IAP15W4K58S4 单片机有_____个 16 位定时器/计数器。

2. T0 定时器/计数器的外部计数脉冲输入引脚是_____，可编程时钟输出引脚是_____。

3. T1 定时器/计数器的外部计数脉冲输入引脚是_____，可编程时钟输出引脚是_____。

4. T2 定时器/计数器的外部计数脉冲输入引脚是_____，可编程时钟输出引脚是_____。

5. T3 定时器/计数器的外部计数脉冲输入引脚是_____，可编程时钟输出引脚是_____。

6. T4 定时器/计数器的外部计数脉冲输入引脚是_____，可编程时钟输出引脚是_____。

7. IAP15W4K58S4 单片机定时器/计数器的核心电路是_____。T0 工作于定时状态时，计数电路的计数脉冲是_____；T0 工作于计数状态时，计数电路的计数脉冲是_____。

8. T0 定时器/计数器的计满溢出标志是_____，启停控制位是_____。

9. T1 定时器/计数器的计满溢出标志是_____，启停控制位是_____。

10. T0 有_____种工作方式，T1 有_____种工作方式，工作方式选择字是_____。无论是 T0，还是 T1，当处于工作方式 0 时，它们是_____位_____初始值的定时器/计数器。

二、选择题

1. 当 TMOD＝25H 时，T0 工作于方式_____，_____状态。

　　A. 2,定时　　　　　B. 1,定时　　　　　C. 1,计数　　　　　D. 0,定时

2. 当 TMOD＝01H 时，T1 工作于方式_____，_____状态。

　　A. 0,定时　　　　　B. 1,定时　　　　　C. 0,计数　　　　　D. 1,计数

3. 当 TMOD＝00H，T0x12 为 1 时，T0 的计数脉冲是_____。

　　A. 系统时钟　　　　　　　　　　B. 系统时钟的 12 分频信号

　　C. P3.4 引脚输入信号　　　　　　D. P3.5 引脚输入信号

4. 当 TMOD＝04H，T1x12 为 0 时，T1 的计数脉冲是_____。

　　A. 系统时钟　　　　　　　　　　B. 系统时钟的 12 分频信号

　　C. P3.4 引脚输入信号　　　　　　D. P3.5 引脚输入信号

5. 当 TMOD＝80H 时，_____，T1 启动。

　　A. TR1＝1

　　B. TR0＝1

　　C. TR1 为 1 且 INT0 引脚(P3.2)输入高电平

　　D. TR1 为 1 且 INT1 引脚(P3.3)输入高电平

6. 在 TH0＝01H，TL0＝22H，TR0＝1 的状态下，执行"TH0＝0x3c; TL0＝0xb0;"语句后，TH0、TL0、RL_TH0、RL_TL0 的值分别为_____。

　　A. 3CH,B0H,3CH,B0H　　　　　B. 01H,22H,3CH,B0H

　　C. 3CH,B0H,不变,不变　　　　　D. 01H,22H,不变,不变

7. 在 TH0＝01H,TL0＝22H,TR0＝0 的状态下,执行"TH0＝0x3c；TL0＝0xb0；"语句后,TH0、TL0、RL_TH0、RL_TL0 的值分别为_____。

    A. 3CH,B0H,3CH,B0H   B. 01H,22H,3CH,B0H

    C. 3CH,B0H,不变,不变   D. 01H,22H,不变,不变

8. INT_CLKO 可设置 T0、T1、T2 的可编程时钟的输出。当 INT_CLKO＝05H 时,_____。

    A. T0、T1 允许可编程时钟输出,T2 禁止

    B. T0、T2 允许可编程时钟输出,T1 禁止

    C. T1、T2 允许可编程时钟输出,T0 禁止

    D. T1 允许可编程时钟输出,T0、T2 禁止

三、判断题

1. IAP15W4K58S4 单片机定时器/计数器的核心电路是计数器电路。 （ ）

2. IAP15W4K58S4 单片机定时器/计数器在定时状态时,其计数脉冲是系统时钟。 （ ）

3. IAP15W4K58S4 单片机 T0 定时器/计数器的中断请求标志是 TF0。 （ ）

4. IAP15W4K58S4 单片机定时器/计数器的计满溢出标志与中断请求标志是不同的标志位。 （ ）

5. IAP15W4K58S4 单片机 T2、T3、T4 定时器/计数器的计满溢出标志是隐含的。 （ ）

6. IAP15W4K58S4 单片机 T0 定时器/计数器的启停仅受 TR0 控制。 （ ）

7. IAP15W4K58S4 单片机 T1 定时器/计数器的启停不仅受 TR1 控制,还与其 GATE 控制位有关。 （ ）

8. IAP15W4K58S4 单片机 T2、T3、T4 固定为 16 位可重装初始值的定时器/计数器。 （ ）

四、问答题

1. IAP15W4K58S4 单片机定时器/计数器的定时与计数工作模式有什么相同点和不同点?

2. IAP15W4K58S4 单片机定时器/计数器的启停控制原理是什么?

3. IAP15W4K58S4 单片机 T0 定时器/计数器工作在方式 0 时,定时时间的计算公式是什么?

4. 当 TMOD＝00H,T0x12 为 1,T0 定时 10ms 时,T0 的初始值应是多少?

5. TR0＝1 与 TR0＝0 时,对 TH0、TL0 的赋值有什么不同?

6. T2、T3、T4 定时器/计数器与 T0、T1 有什么不同?

7. T0、T1、T2、T3、T4 定时器/计数器都可以编程输出时钟。如何设置且从何端口输出时钟信号?

8. T0、T1、T2、T3、T4 定时器/计数器可编程输出时钟是如何计算的? 如不使用可编程时钟,建议关闭可编程时钟输出,请问基于什么考虑?

五、程序设计题

1. 利用 T0 定时，设计一个 LED 闪烁灯，高电平时间为 600ms，低电平时间为 400ms。编写程序并上机调试。

2. 利用 T1 定时，设计一个 LED 流水灯，时间间隔为 500ms。编写程序并上机调试。

3. 利用 T0 测量脉冲宽度，脉宽时间采用 LED 数码管显示。画出硬件电路图，编写程序并上机调试。

4. 利用 T2 的可编程时钟输出功能，输出频率为 1000Hz 的时钟信号。编写程序并上机调试。

5. 利用 T1 设计一个倒计时秒表，采用 LED 数码管显示。

（1）倒计时时间设置为 60s 和 90s。

（2）具备启停控制功能。

（3）倒计时归零，声光提示。

画出硬件电路图，编写程序并上机调试。

6. 利用 T1 对外部输入脉冲计数，要求每计 5 个脉冲，T1 改为定时工作模式，控制 P1.6 输出一个脉宽为 1000ms 的正脉冲，然后反转为计数，周而复始。画出硬件电路图，编写程序并上机调试。

项目 **七** ———————————————————————— Project 7

IAP15W4K58S4单片机的
中断系统

中断的概念是在 20 世纪 50 年代中期提出的,是计算机中一个很重要的技术。它既和硬件有关,也和软件有关。正是因为有了中断技术,才使得计算机的工作更加灵活,效率更高。现代计算机中操作系统实现的管理调度,其物质基础就是丰富的中断功能和完善的中断系统。一个 CPU 资源要面向多个任务,自然会出现资源竞争,中断技术实质上是一种资源共享技术,将计算机的发展和应用推进了一大步。所以,中断功能的强弱成为衡量一台计算机功能完善与否的重要指标。

中断系统是为了使 CPU 具有对外界紧急事件的实时处理能力而设置的。

实时控制、故障自动处理往往依赖于中断系统,单片机与外围设备间传送数据及实现人机联系常采用中断方式。中断系统的应用使单片机的功能更强,效率更高,使用更加方便、灵活。

知识点:

◆ 中断的基本概念。

◆ 中断源、中断控制、中断响应过程的基本概念。

◆ 中断系统的功能和使用方法。

技能点:

◆ 定时中断的应用与编程。

◆ 外部中断的应用与编程。

任务 1　定时中断的应用编程

任务说明

中断技术是计算机的重要技术,定时器是实时测量、实时控制的重要组成部分。本任务主要学习中断的概念、中断工作过程以及 IAP15W4K58S4 单片机中断控制与管理,侧重学习定时中断的应用编程。

 相关知识

一、中断系统概述

1. 中断系统的几个概念

1) 中断

所谓中断,是指程序执行过程中,允许外部或内部事件通过硬件打断程序的执行,使其转向处理外部或内部事件的中断服务程序;执行中断服务程序后,CPU 返回继续执行被打断的程序。图 7-1-1 所示为中断响应过程示意图。一个完整的中断过程包括 4 个步骤:中断请求、中断响应、中断服务与中断返回。

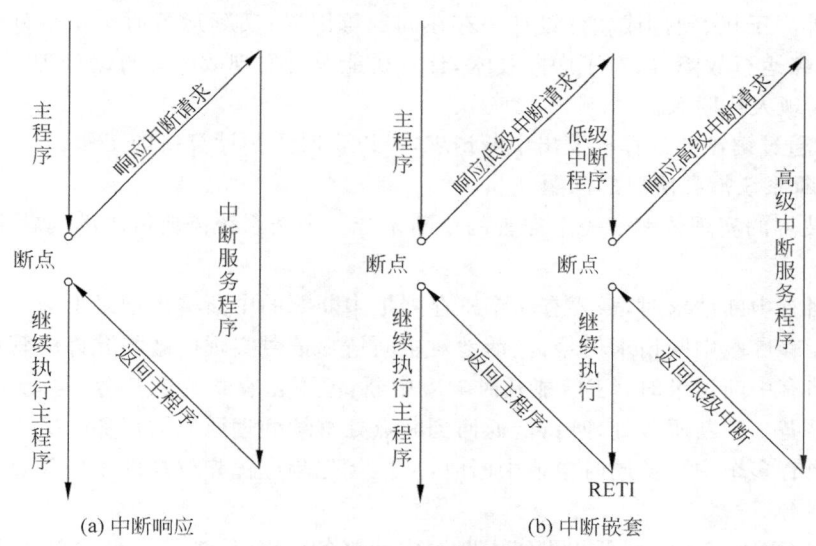

图 7-1-1　中断响应过程示意图

打个比方,当一位经理正处理文件时,电话铃响了(中断请求),于是他不得不在文件上做一个记号(断点地址,即返回地址),暂停工作,去接电话(响应中断),并处理“电话请求”(中断服务),处理完毕,他静下心来(恢复中断前状态),接着处理文件(中断返回)……。

2) 中断源

引起 CPU 中断的根源或原因,称为中断源。中断源向 CPU 提出的处理请求,称为中断请求或中断申请。

3) 中断优先级

当有几个中断源同时申请中断时,就存在 CPU 先响应哪个中断请求的问题。为此,CPU 要对各中断源确定一个优先等级,称之为中断优先级。中断优先级高的中断请求优先被响应。

4）中断嵌套

中断优先级高的中断请求可以中断 CPU 正在处理的优先级更低的中断服务程序，待完成中断优先权高的中断服务程序之后，继续执行被打断的优先级低的中断服务程序，这就是中断嵌套，如图 7-1-1(b)所示。

2. 中断的技术优势

（1）解决了快速 CPU 和慢速外设之间的矛盾，使 CPU 和外设并行工作。

由于计算机应用系统的许多外部设备速度较慢，可以通过中断的方法来协调快速 CPU 与慢速外部设备之间的工作。

（2）可及时处理控制系统中的随机参数和信息。

依靠中断技术能实现实时控制。实时控制要求计算机能及时完成被控对象随机提出的分析和计算任务。在自动控制系统中，要求各控制参量随机地可在任何时刻向计算机发出请求，CPU 必须快速响应、及时处理。

（3）具备处理故障的能力，提高了机器自身的可靠性。

由于外界干扰、硬件或软件设计中存在问题等因素，实际运行时会出现硬件故障、运算错误、程序运行故障等，有了中断技术，计算机能及时发现故障并自动处理。

（4）实现人机联系。

比如，通过键盘向计算机发出中断请求，可以实时干预计算机的工作。

3. 中断系统需要解决的问题

中断技术的实现依赖于一个完善的中断系统。中断系统需要解决的问题主要有以下几个。

（1）当有中断请求时，需要有一个寄存器把中断源的中断请求记录下来。

（2）能够屏蔽中断请求信号，灵活地对中断请求信号实现屏蔽与允许的管理。

（3）当有中断请求时，CPU 能及时响应中断，停下正在执行的任务，自动转去处理中断服务子程序；中断服务处理后，能返回到断点处继续处理原先的任务。

（4）当有多个中断源同时申请中断时，应能优先响应优先权高的中断源，实现中断优先级权的控制。

（5）当 CPU 正在执行低优先级中断源中断服务程序时，若优先级比它高的中断源也提出中断请求，要求能暂停执行低优先级中断源的中断服务程序，转去执行更高优先级中断源的中断服务程序，实现中断嵌套，并能逐级正确返回断点处。

二、IAP15W4K58S4 单片机的中断系统

一个中断的工作过程包括中断请求、中断响应、中断服务与中断返回 4 个阶段。下面按照中断系统工作过程介绍 IAP15W4K58S4 单片机的中断系统。

1. IAP15W4K58S4 单片机的中断请求

如图 7-1-2 所示，IAP15W4K58S4 单片机的中断系统有 21 个中断源，2 个优先级，可实现二级中断服务嵌套。由 IE、IE2、INT_CLKO 等特殊功能寄存器控制 CPU 是否响应中断请求；由中断优先级寄存器 IP、IP2 安排各中断源的优先级；同一优先级内，2 个以上中断同时提出中断请求时，由内部的查询逻辑确定其响应次序。

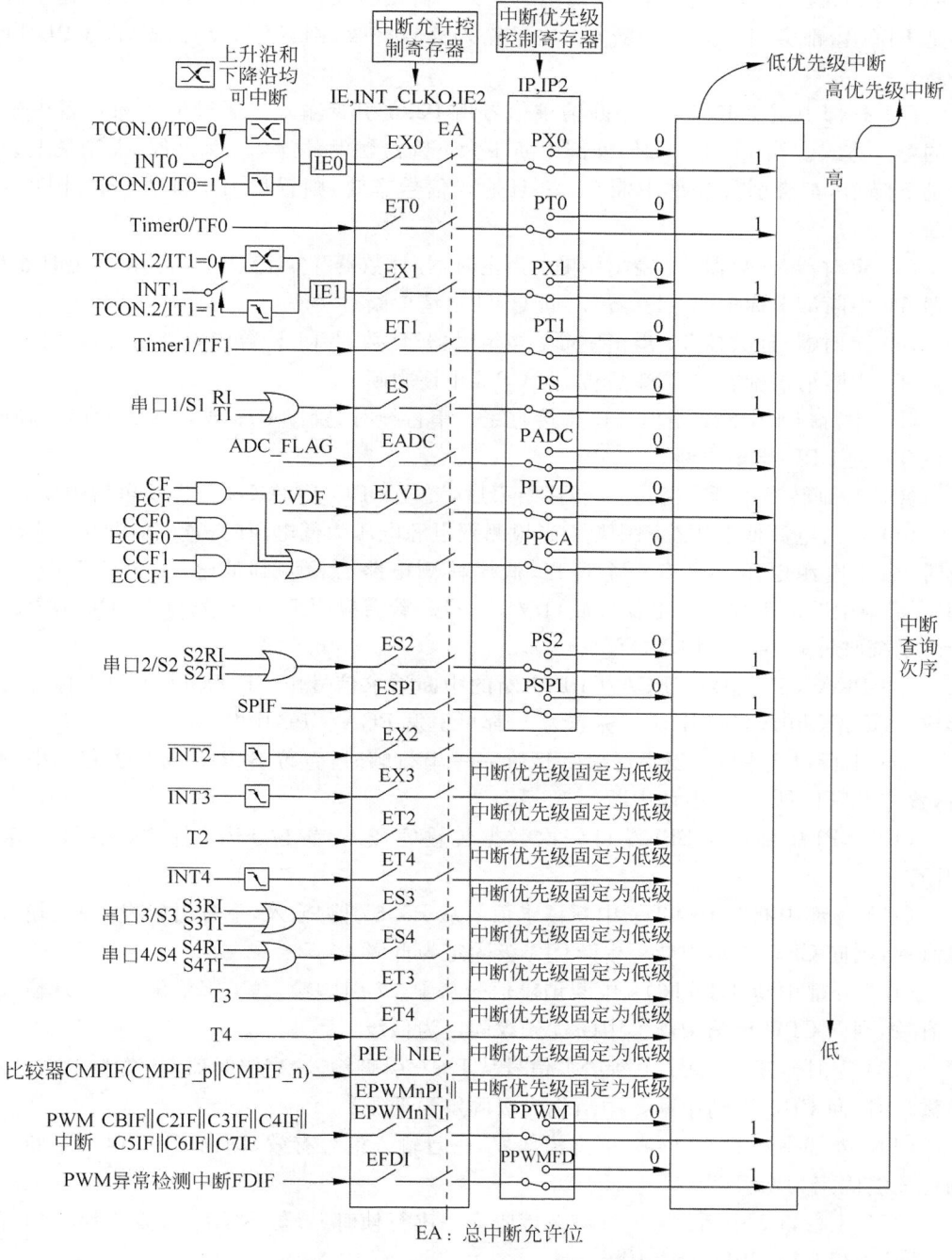

图 7-1-2　IAP15W4K58S4 单片机的中断系统结构图

1）中断源

IAP15W4K58S4 单片机有 21 个中断源,详述如下。

（1）外部中断 0（INT0）：中断请求信号由 P3.2 引脚输入。通过 IT0 来设置中断请求的触发方式。当 IT0 为 1 时,外部中断 0 为下降沿触发;当 IT0 为 0 时,无论是上升沿还是下降沿,都会引发外部中断 0。一旦输入信号有效,则置位 IE0 标志,向 CPU 申请中断。

(2) 外部中断 1(INT1):中断请求信号由 P3.3 引脚输入。通过 IT1 来设置中断请求的触发方式。当 IT1 为 1 时,外部中断 1 为下降沿触发;当 IT1 为 0 时,无论是上升沿还是下降沿,都会引发外部中断 1。一旦输入信号有效,则置位 IE1 标志,向 CPU 申请中断。

(3) 定时器/计数器 T0 溢出中断:当定时器/计数器 T0 计数产生溢出时,定时器/计数器 T0 中断请求标志位 TF0 置位,向 CPU 申请中断。

(4) 定时器/计数器 T1 溢出中断:当定时器/计数器 T1 计数产生溢出时,定时器/计数器 T1 中断请求标志位 TF1 置位,向 CPU 申请中断。

(5) 串行口 1 中断:当串行口 1 接收完一串行帧时,置位 RI;或发送完一串行帧时,置位 TI,向 CPU 申请中断。

(6) A/D 转换中断:当 A/D 转换结束后,置位 ADC_FLAG,向 CPU 申请中断。

(7) 片内电源低电压检测中断:当检测到电源电压为低电压时,置位 LVDF。上电复位时,由于电源电压上升有一个过程,低压检测电路会检测到低电压,置位 LVDF,向 CPU 申请中断。单片机上电复位后,LVDF=1。若需应用 LVDF,先对 LVDF 清零。若干个系统时钟后,再检测 LVDF。

(8) PCA/CPP 中断:PCA/CPP 中断的中断请求信号由 CF、CCF0、CCF1 标志共同形成。CF、CCF0、CCF1 中任一标志为 1,都可引发 PCA/CPP 中断。

(9) 串行口 2 中断:当串行口 2 接收完一串行帧时,置位 S2RI;或发送完一串行帧时,置位 S2TI,向 CPU 申请中断。

(10) SPI 中断:当 SPI 端口一次数据传输完成时,置位 SPIF 标志,向 CPU 申请中断。

(11) 外部中断 2($\overline{INT2}$):中断请求信号从 P3.6 引脚输入,下降沿触发,一旦输入信号有效,则向 CPU 申请中断。中断优先级固定为低级。

(12) 外部中断 3($\overline{INT3}$):中断请求信号从 P3.7 引脚输入,下降沿触发,一旦输入信号有效,则向 CPU 申请中断。中断优先级固定为低级。

(13) 定时器 T2 中断:中断请求信号从 P3.0 引脚输入,当定时器/计数器 T2 计数产生溢出时,向 CPU 申请中断。中断优先级固定为低级。

(14) 外部中断 4($\overline{INT4}$):下降沿触发,一旦输入信号有效,则向 CPU 申请中断。中断优先级固定为低级。

(15) 串行口 3 中断:当串行口 3 接收完一串行帧时,置位 S3RI;或发送完一串行帧时,置位 S3TI,向 CPU 申请中断。

(16) 串行口 4 中断:当串行口 4 接收完一串行帧时,置位 S4RI;或发送完一串行帧时,置位 S4TI,向 CPU 申请中断。

(17) 定时器 T3 中断:当定时器/计数器 T3 计数产生溢出时,向 CPU 申请中断。中断优先级固定为低级。

（18）定时器 T4 中断：当定时器/计数器 T4 计数产生溢出时，向 CPU 申请中断。中断优先级固定为低级。

（19）比较器中断：当比较器的结果由高到低，或由低到高时，都有可能引发中断。中断优先级固定为低级。

（20）PWM 中断：包括 PWM 计数器中断标志位和 PWM2～PWM7 通道的 PWM 中断标志位 C2IF～C7IF。

（21）PWM 异常检测中断：当发生 PWM 异常（比较器正极 P5.5/CMP＋的电平比比较器负极 P5.4/CMP-的高，或比较器正极 P5.5/CMP＋的电平比内部参考电压源 1.28V 高，或者 P2.4 的电平为高电平）时，硬件自动将 FDIF 置 1，向 CPU 申请中断。

说明：为了降低学习 IAP15W4K58S4 单片机中断的门槛，提高 IAP15W4K58S4 单片机中断学习效率，在本项目中主要学习 IAP15W4K58S4 单片机的常用中断，具体包括外部中断 0～外部中断 4、定时器 T0 中断～定时器 T4 中断、串行口 1 中断及低压检测中断。

2）中断请求标志

IAP15W4K58S4 单片机外部中断 0、外部中断 1、定时器 T0 中断、定时器 T1 中断、串行口 1 中断、低压检测中断等中断源的中断请求标志分别寄存在 TCON、SCON、PCON 中，详见表 7-1-1。此外，外部中断 2（$\overline{INT2}$）、外部中断 3（$\overline{INT3}$）和外部中断 4（$\overline{INT4}$）的中断请求标志位被隐藏起来，对用户是不可见的。当相应的中断被响应后，或（EXn）＝0（n＝2,3,4），这些中断请求标志位自动被清零。定时器 T2、T3、T4 的中断请求标志位也被隐藏起来，对用户不可见。当 T2、T3、T4 的中断被响应后，或（ET n）＝0（n＝2,3,4），这些中断请求标志位自动被清零。

表 7-1-1 IAP15W4K58S4 单片机常用中断源的中断请求标志位

	地址	B7	B6	B5	B4	B3	B2	B1	B0	复位值
TCON	88H	TF1	TR1	TF0	TR0	IE1	IT1	IE0	IT0	0000 0000
SCON	98H	SM0/FE	SM1	SM2	REN	TB8	RB8	TI	RI	0000 0000
PCON	87H	SMOD	SMOD0	LVDF	POF	GF1	GF0	PD	IDL	0011 0000

（1）TCON 寄存器中的中断请求标志：TCON 为定时器 T0 和 T1 的控制寄存器，同时锁存 T0 和 T1 的溢出中断请求标志及外部中断 0 和外部中断 1 的中断请求标志等。与中断有关的位如下所示。

	地址	B7	B6	B5	B4	B3	B2	B1	B0	复位值
TCON	88H	TF1	TR1	TF0	TR0	IE1	IT1	IE0	IT0	0000 0000

① TF1：T1 的溢出中断请求标志。T1 被启动计数后，从初值做加 1 计数。计满溢出后，由硬件置位 TF1，同时向 CPU 发出中断请求。此标志一直保持到 CPU 响应中断后，才由硬件自动清零；也可由软件查询该标志，并由软件清零。

② TF0：T0 的溢出中断请求标志。T0 被启动计数后，从初值做加 1 计数。计满溢出后，由硬件置位 TF0，同时向 CPU 发出中断请求。此标志一直保持到 CPU 响应中断后，才由硬件自动清零；也可由软件查询该标志，并由软件清零。

③ IE1：外部中断 1 的中断请求标志。当 INT1(P3.3)引脚的输入信号满足中断触发要求时，置位 IE1，外部中断 1 向 CPU 申请中断。中断响应后，中断请求标志自动清零。

④ IT1：外部中断 1(INT1)中断触发方式控制位。

当 IT1 = 1 时，外部中断 1 为下降沿触发方式。在这种方式下，若 CPU 检测到 INT1 出现下降沿信号，则认为有中断申请，随即使 IE1 标志置位。中断响应后，中断请求标志自动清零，无须其他处理。

当 IT1 = 0 时，外部中断 1 为上升沿触发和下降沿触发方式。在这种方式下，无论 CPU 检测到 INT1 引脚出现下降沿信号还是上升沿信号，都认为有中断申请，随即使 IE1 标志置位。中断响应后，中断请求标志会自动清零，无须其他处理。

⑤ IE0：外部中断 0 的中断请求标志。当 INT0(P3.2)引脚的输入信号满足中断触发要求时，置位 IE0，外部中断 0 向 CPU 申请中断。中断响应后，中断请求标志自动清零。

⑥ IT0：外部中断 0 的中断触发方式控制位。

当 IT0 = 1 时，外部中断 1 为下降沿触发方式。在这种方式下，若 CPU 检测到 INT0 (P3.2)出现下降沿信号，则认为有中断申请，随即使 IE0 标志置位。中断响应后，中断请求标志自动清零，无须其他处理。

当 IT0 = 0 时，外部中断 0 为上升沿触发和下降沿触发方式。在这种方式下，无论 CPU 检测到 INT0(P3.2)引脚出现下降沿信号还是上升沿信号，都认为有中断申请，随即使 IE0 标志置位。中断响应后，中断请求标志自动清零，无须其他处理。

(2) SCON 寄存器中的中断请求标志：SCON 是串行口 1 控制寄存器，其低 2 位 TI 和 RI 锁存串行口 1 的发送中断请求标志和接收中断请求标志。

	地址	B7	B6	B5	B4	B3	B2	B1	B0	复位值
SCON	98H	SM0/FE	SM1	SM2	REN	TB8	RB8	TI	RI	0000 0000

① TI：串行口 1 发送中断请求标志。CPU 将数据写入发送缓冲器 SBUF 时，就启动发送。每发送完一个串行帧，硬件使 TI 置位。但 CPU 响应中断时并不清除 TI，必须由软件清除。

② RI：串行口 1 接收中断请求标志。在串行口 1 允许接收时，每接收完一个串行帧，硬件使 RI 置位。同样，CPU 在响应中断时不会清除 RI，必须由软件清除。

IAP15W4K58S4 单片机系统复位后，TCON 和 SCON 均清零。

(3) PCON 寄存器中中断请求标志：PCON 是电源控制寄存器，其中 B5 位为 LVD 中断源的中断请求标志。

	地址	B7	B6	B5	B4	B3	B2	B1	B0	复位值
PCON	87H	SMOD	SMOD0	LVDF	POF	GF1	GF0	PD	IDL	001 100 00B

LVDF 是片内电源低电压检测中断请求标志。当检测到低电压时,置位 LVDF。
LVDF 中断请求标志需由软件清零。

3）中断允许的控制

计算机中断系统有两种不同类型的中断：一类称为非屏蔽中断；另一类称为可屏蔽中断。对于非屏蔽中断,用户不能用软件的方法来禁止,一旦有中断申请,CPU 必须响应。对于可屏蔽中断,用户可以通过软件方法来控制是否允许某中断源的中断请求。允许中断,称为中断开放；不允许中断,称为中断屏蔽。IAP15W4K58S4 单片机的 12 个常用中断源都是可屏蔽中断,各中断的中断允许控制位如表 7-1-2 所示。

表 7-1-2　IAP15W4K58S4 单片机的中断允许控制位

	地址	B7	B6	B5	B4	B3	B2	B1	B0	复位值
IE	A8H	EA	ELVD	EADC	ES	ET1	EX1	ET0	EX0	00x0 0000
IE2	AFH	—	ET4	ET3	ES4	ES3	ET2	ESPI	ES2	x000 0000
INT_CLKO	8FH	—	EX4	EX3	EX2	—	T2CLKO	T1CLKO	T0CLKO	x000 x000

（1）EA：总中断允许控制位。

EA＝1,开放 CPU 中断,各中断源的允许和禁止需再通过相应的中断允许位单独控制。

EA＝0,禁止所有中断。

（2）EX0：外部中断 0（INT0）中断允许位。

EX0＝1,允许外部中断 0 中断。

EX0＝0,禁止外部中断 0 中断。

（3）ET0：定时器/计数器 T0 中断允许位。

ET0＝1,允许 T0 中断。

ET0＝0,禁止 T0 中断。

（4）EX1：外部中断 1（INT1）中断允许位。

EX1＝1,允许外部中断 1 中断。

EX1＝0,禁止外部中断 1 中断。

（5）ET1：定时器/计数器 T1 中断允许位。

ET1＝1,允许 T1 中断。

ET1＝0,禁止 T1 中断。

（6）ES：串行口 1 中断允许位。

ES＝1,允许串行口 1 中断。

ES＝0,禁止串行口 1 中断。

（7）ELVD：片内电源低压检测中断（LVD）的中断允许位。

ELVD＝1,允许 LVD 中断。

ELVD＝0,禁止 LVD 中断。

（8）EX2：外部中断 2（INT2）中断允许位。

EX2＝1,允许外部中断 2 中断。

EX2 = 0,禁止外部中断 2 中断。

(9) EX3：外部中断 3($\overline{INT3}$)中断允许位。

EX3 = 1,允许外部中断 3 中断。

EX3 = 0,禁止外部中断 3 中断。

(10) EX4：外部中断 4($\overline{INT4}$)中断允许位。

EX4 = 1,允许外部中断 4 中断。

EX4 = 0,禁止外部中断 4 中断。

(11) ET2：定时器/计数器 T2 中断允许位。

ET2 = 1,允许 T2 中断。

ET2 = 0,禁止 T2 中断。

(12) ET3：定时器/计数器 T3 中断允许位。

ET3 = 1,允许 T3 中断。

ET3 = 0,禁止 T3 中断。

(13) ET4：定时器/计数器 T4 中断允许位。

ET4 = 1,允许 T4 中断。

ET4 = 0,禁止 T4 中断。

IAP15W4K58S4 单片机系统复位后,所有中断源的中断允许控制位以及 CPU 中断控制位(EA)均被清零,即禁止所有中断。

一个中断要处于允许状态,必须满足两个条件：一是总中断(CPU 中断)允许位 EA 为 1;二是该中断的中断允许位为 1。

4) 中断优先的控制

对于 IAP15W4K58S4 单片机常用中断,除外部中断 2($\overline{INT2}$)、外部中断 3($\overline{INT3}$)、外部中断 4($\overline{INT4}$)、T2 中断、T3 中断、T4 中断的优先级固定为低优先级以外,其他中断都具有 2 个中断优先级,可实现二级中断服务嵌套。IP 为 IAP15W4K58S4 单片机外部中断 0、外部中断 1、定时器 T0 中断、定时器 T1 中断、串行口 1 中断、低压检测中断等中断源的中断优先级寄存器,详见表 7-1-3。

表 7-1-3　IAP15W4K58S4 单片机的中断优先级控制寄存器

	地址	B7	B6	B5	B4	B3	B2	B1	B0	复位值
IP	B8H	PPCA	PLVD	PADC	PS	PT1	PX1	PT0	PX0	0000 0000

(1) PX0：外部中断 0 中断优先级控制位。

PX0 = 0,外部中断 0 为低优先级中断。

PX0 = 1,外部中断 0 为高优先级中断。

(2) PT0：定时器/计数器 T0 中断的中断优先级控制位。

PT0 = 0,定时器/计数器 T0 中断为低优先级中断。

PT0 = 1,定时器/计数器 T0 中断为高优先级中断。

(3) PX1：外部中断 1 中断优先级控制位。

PX1＝0,外部中断1为低优先级中断。

PX1＝1,外部中断1为高优先级中断。

（4）PT1：定时器/计数器T1中断优先级控制位。

PT1＝0,定时器/计数器T1中断为低优先级中断。

PT1＝1,定时器/计数器T1中断为高优先级中断。

（5）PS：串行口1中断的优先级控制位。

PS＝0,串行口1中断为低优先级中断。

PS＝1,串行口1中断为高优先级中断。

（6）PLVD：电源低电压检测中断优先级控制位。

PLVD＝0,电源低电压检测中断为低优先级中断。

PLVD＝1,电源低电压检测中断为高优先级中断。

当系统复位后,所有的中断优先管理控制位全部清零,所有中断源均设定为低优先级中断。

如果几个同一优先级的中断源同时向CPU申请中断,CPU通过内部硬件查询逻辑,按自然优先级顺序确定先响应哪个中断请求。自然优先权顺序由内部硬件电路形成,排列如下:

中断源	同级自然优先顺序
外部中断0	最高
定时器T0中断	
外部中断1	
定时器T1中断	
串行口1中断	
A/D转换中断	
LVD中断	
PCA中断	
串行口2中断	
SPI中断	
外部中断2	
外部中断3	
定时器T2中断	
外部中断4	
串行口3中断	
串行口4中断	
定时器T3中断	
定时器T4中断	
比较器中断	
PWM中断	
PWM异常中断	最低

2. IAP15W4K58S4 单片机的中断响应

中断响应是 CPU 对中断源中断请求的响应,包括保护断点和将程序转向中断响应后的入口地址(也称中断向量地址)。CPU 并非任何时刻都响应中断请求,而是在中断响应条件满足之后才会响应。

1)中断响应时间问题

中断源在中断允许的条件下发出中断请求后,CPU 肯定会响应中断,但若有下列任何一种情况存在,中断响应会受到阻断,并不同程度地增加 CPU 响应中断的时间。

(1)CPU 正在执行同级或高级优先级的中断。

(2)正在执行 RETI 中断返回指令,或访问与中断有关的寄存器的指令,如访问 IE 和 IP 的指令。

(3)当前指令未执行完。

若存在上述任何一种情况,中断查询结果即被取消,CPU 不响应中断请求,而在下一指令周期继续查询。条件满足后,CPU 在下一指令周期响应中断。

在每个指令周期的最后时刻,CPU 对各中断源采样,并设置相应的中断标志位:CPU 在下一个指令周期的最后时刻按优先级顺序查询各中断标志,如查到某个中断标志为 1,将在下一个指令周期按优先级的高低顺序进行处理。

2)中断响应过程

中断响应过程包括保护断点和将程序转向中断服务程序的入口地址。

CPU 响应中断时,将相应的优先级状态触发器置 1,然后由硬件自动产生一个长调用指令 LCALL。此指令首先把断点地址压入堆栈保护,再将中断服务程序的入口地址送入到程序计数器 PC,使程序转向相应的中断服务程序。

IAP15W4K58S4 单片机各中断源中断响应的入口地址由硬件事先设定,如表 7-1-4 所示。

表 7-1-4　IAP15W4K58S4 单片机各中断源中断响应的入口地址与中断号

中　断　源	入口地址(中断向量)	中　断　号
外部中断 0	0003H	0
定时器/计数器 T0 中断	000BH	1
外部中断 1	0013H	2
定时器/计数器 T1 中断	001BH	3
串行口 1 中断	0023H	4
A/D 转换中断	002BH	5
LVD 中断	0033H	6
PCA 中断	003BH	7
串行口 2 中断	0043H	8
SPI 中断	004BH	9
外部中断 2	0053H	10
外部中断 3	005BH	11
定时器 T2 中断	0063H	12
预留中断	006BH、0073H、007BH	13、14、15

续表

中　断　源	入口地址(中断向量)	中　断　号
外部中断 4	0083H	16
串行口 3 中断	008BH	17
串行口 4 中断	0093H	18
定时器 T3 中断	009BH	19
定时器 T4 中断	00A3H	20
比较器中断	00ABH	21
PWM 中断	00B3H	22
PWM 异常中断	00BBH	23

其中,中断号是在 C 语言程序中编写中断函数使用的。在中断函数中,中断号与各中断源是一一对应的,不能混淆。

3) 中断请求标志的撤除问题

CPU 响应中断请求后,即进入中断服务程序。在中断返回前,应撤除该中断请求,否则,会重复引起中断而导致错误。IAP15W4K58S4 单片机各中断源中断请求撤除的方法不尽相同,分别如下所述。

(1) 定时器中断请求的撤除:对于定时器/计数器器 T0 或 T1 溢出中断,CPU 在响应中断后,由硬件自动清除其中断标志位 TF0 或 TF1,无须采取其他措施。

定时器 T2、T3、T4 中断的中断请求标志位被隐藏起来,对用户不可见。当相应的中断服务程序执行后,这些中断请求标志位也被自动清零。

(2) 串行口 1 中断请求的撤除:对于串行口 1 中断,CPU 在响应中断后,硬件不会自动清除中断请求标志位 TI 或 RI,必须在中断服务程序中判别出是 TI 还是 RI 引起的中断后,再用软件将其清除。

(3) 外部中断请求的撤除:外部中断 0 和外部中断 1 的触发方式由 ITx(x=0,1)设置,但无论其设置为 0 还是 1,都属于边沿触发。CPU 在响应中断后,由硬件自动清除其中断请求标志位 IE0 或 IE1,无须采取其他措施。外部中断 2、外部中断 3、外部中断 4 的中断请求标志虽然是隐含的,但同样属于边沿触发。CPU 在响应中断后,由硬件自动清除其中断标志位,无须采取其他措施。

(4) 电源低电压检测中断:其中断请求标志位在中断响应后不会自动清零,需要用软件清除。

3. 中断服务与中断返回

中断服务与中断返回通过执行中断服务程序完成。中断服务程序从中断入口地址开始执行,到返回指令 RETI 停止,一般包括四部分内容:保护现场、中断服务、恢复现场、中断返回。

(1) 保护现场:通常,主程序和中断服务程序都会用到累加器 A、状态寄存器 PSW 及其他一些寄存器。当 CPU 进入中断服务程序用到上述寄存器时,会破坏原来存储在寄存器中的内容。一旦中断返回,将导致主程序混乱。因此,在进入中断服务程序后,一般要先保护现场,即用入栈操作指令将需保护的寄存器内容压入堆栈。

（2）中断服务：中断服务程序的核心部分是中断源的中断请求。

（3）恢复现场：在中断服务结束之后，中断返回之前，用出栈操作指令将保护现场中压入堆栈的内容弹回到相应的寄存器中。注意，弹出顺序必须与压入顺序相反。

（4）中断返回：中断返回是指中断服务完成后，计算机返回断开的位置（即断点），继续执行原来的程序。中断返回由中断返回指令 RETI 实现。该指令的功能是把断点地址从堆栈中弹出，送回到程序计数器 PC。此外，它还通知中断系统已完成中断处理，同时清除优先级状态触发器。特别要注意，不能用 RET 指令代替 RETI 指令。

编写中断服务程序时的注意事项如下所述。

（1）各中断源的中断响应入口地址之间只相隔 8 字节，中断服务程序的字节数往往大于 8 字节，因此在中断响应入口地址单元通常存放一条无条件转移指令，通过它转向执行存放在其他位置的中断服务程序。

（2）若要在执行当前中断服务程序时禁止其他更高优先级中断，需用软件关闭 CPU 中断，或用软件禁止相应的高优先级中断，在中断返回前再开放中断。

（3）在保护和恢复现场时，为了不使现场数据遭到破坏或造成混乱，一般规定此时 CPU 不再响应新的中断请求。因此，在编写中断服务程序时，要注意在保护现场前关中断；在保护现场后，若允许高优先级中断，再开中断。同样，在恢复现场前也应先关中断，恢复之后再开中断。

注：上述内容是按照汇编语言流程介绍的。对于 C 语言编程，中断函数是一种特殊的函数，每一种中断服务函数对应一个固定的中断号，如表 7-1-4 所示。

三、中断服务函数

1. 中断服务函数的定义
中断服务函数定义的一般形式为：

函数类型 函数名(形式参数表) interrupt n [using m]

其中，关键字 interrupt 后面的 n 是中断号，取值范围为 0～31。编译器从 8n+3 处产生中断向量，具体的中断号 n 和中断向量取决于不同的单片机芯片。

关键字 using 用于选择工作寄存器组；m 为对应的寄存器组号，取值为 0～3，对应 51 单片机的 0～3 寄存器组。

2. 单片机的常用中断源和中断向量
传统 8051 单片机各中断源的中断号如表 7-1-5 所示，IAP15W4K58S4 单片机各中断源的中断号如表 7-1-4 所示。

表 7-1-5　8051 单片机的常用中断源与中断向量表

中　　断　　源	中断号 n	中断向量 8n+3
外部中断 0	0	0003H
定时器/计数器中断 0	1	000BH
外部中断 1	2	0013H
定时器/计数器中断 1	3	001BH
串行口中断	4	0023H

3. 中断服务函数的编写规则

（1）中断函数不能进行参数传递。如果中断函数中包含任何参数声明，都将导致编译出错。

（2）中断函数没有返回值。如果企图定义一个返回值，将得到不正确的结果。因此，最好在定义中断函数时将其定义为 void 类型，以明确说明没有返回值。

（3）在任何情况下都不能直接调用中断函数，否则会产生编译错误。因为中断函数的返回是由 8051 单片机指令 RETI 完成的，RETI 指令影响 8051 单片机的硬件中断系统。

（4）如果中断函数中用到浮点运算，必须保存浮点寄存器的状态；当没有其他程序执行浮点运算时，可以不保存。

（5）如果在中断函数中调用了其他函数，被调用函数使用的寄存器组必须与中断函数相同。用户必须保证按要求使用相同的寄存器组，否则会产生不正确的结果。如果定义中断函数时没有使用 using 选项，由编译器选择一个寄存器组作为绝对寄存器组来访问。

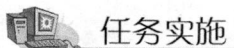 **任务实施**

一、任务要求

（1）将项目六任务 1 中的定时功能由查询方式改成中断方式实现。

（2）将项目六任务 3 中的定时功能由查询方式改成中断方式实现。

二、硬件设计

同项目六任务 1 和项目六任务 2 硬件电路。

三、软件设计

1. 秒表源程序：项目七任务 1_1.c

```
# include < stc15.h>              //包含支持 IAP15W4K58S4 单片机的头文件
# include < intrins.h>
# include < gpio.h>               //I/O 初始化文件
# define uchar unsigned char
# define uint   unsigned int
# include < display.h>
uchar cnt = 0;
uchar second = 0;
sbit k1 = P3 ^ 2;
void Timer0Init(void)             //50ms@12.000MHz,从 STC-ISP 在线编程软件定时器计算器工
                                  //具中获得
{
    AUXR & =  0x7F;               //定时器时钟 12T 模式
```

```
    TMOD &= 0xF0;              //设置定时器模式
    TL0 = 0xB0;                //设置定时初值
    TH0 = 0x3C;                //设置定时初值
    TF0 = 0;                   //清除 TF0 标志
    TR0 = 1;                   //定时器 0 开始计时
}
void start(void)
{
    if(k1 == 1)
    {
        TR0 = 1;
    }
    else
        TR0 = 0;
}
void main(void)
{
    gpio();
    Timer0Init();
    ET0 = 1;
    EA = 1;
    while(1)
    {
        display();
        start();
    }
}
void T0_ISR() interrupt 1
{
    TF0 = 0;
    cnt++;
    if(cnt == 20)
    {
        cnt = 0;
        second++;
        if(second == 100)second = 0;
        Dis_buf[0] = second % 10;
        Dis_buf[1] = second/10;
    }
}
```

2. 简易频率计程序（项目七任务 1_2.c）

```
#include <stc15.h>              //包含支持 IAP15W4K58S4 单片机的头文件
#include <intrins.h>
#include <gpio.h>               //I/O 初始化文件
#define uchar unsigned char
#define uint   unsigned int
#include <display.h>
uint counter = 0;
```

```
uchar cnt = 0;
uchar temp1,temp2;
void T0_T1_ini(void)
{
    TMOD = 0x40;
    TH0 = (65536 - 50000)/256;
    TL0 = (65536 - 50000)%256;
    TH1 = 0x00;
    TL1 = 0x00;
    TR0 = 1;
    TR1 = 1;
}
/* --------- 主函数 ---------------- */
void main(void)
{
    gpio();
    T0_T1_ini();
    ET0 = 1;
    EA = 1;
    while(1)
    {
        Dis_buf[0] = counter%10;
        Dis_buf[1] = counter/10%10;
        Dis_buf[2] = counter/100%10;
        Dis_buf[3] = counter/1000%10;
        Dis_buf[4] = counter/10000%10;
        display();
    }
}
void T0_ISR() interrupt 1          //T0 中断服务函数
{
    TF0 = 0;
    cnt++;
    if(cnt == 20)                  //1s 到了,清 50ms 计数变量,读 T1 值
    {
        cnt = 0;
        temp1 = TL1;
        temp2 = TH1;               //读取计数值
        TR1 = 0;
        TL1 = 0;
        TH1 = 0;
        TR1 = 1;
        counter = (temp2 << 8) + temp1;      //高、低 8 位计数值合并在 counter 变量中
    }
}
```

四、系统调试

(1) 秒表的调试。

(2) 简易频率计的调试。

修改程序,T1 由计数方式改为定时方式,并调试程序。

 任务拓展

利用 T0 定时器的中断控制方式,设计一个倒计时秒表。倒计时时间分两挡:60s 和 100s。当倒计时为 0 时,声光报警。设置两个开关,一个用于设置倒计时时间,一个用于启动和复位。

任务 2　外部中断的应用编程

 任务说明

外部中断是由外部事件或人为产生的,本任务主要学习外部中断的编程方法。

 相关知识

IAP15W4K58S4 单片机外部中断的初始化

IAP15W4K58S4 单片机有 5 个外部中断。其中,外部中断 2、外部中断 3、外部中断 4 只有一种触发方式,即下降沿触发;外部中断 0、外部中断 1 有两种中断触发方式。

(1) 当 IT0(IT1)＝0 时,外部中断 0(外部中断 1)是上升沿、下降沿都会触发,引发中断。

(2) 当 IT0(IT1)＝1 时,外部中断 0(外部中断 1)是下降沿触发。

因此,在使用外部中断 0、外部中断 1 时,除要设置中断允许位和中断优先外,还要设置中断请求信号的触发方式。

外部中断 2、外部中断 3、外部中断 4 无中断优先控制位,固定为低级优先权,在初始化时,只需开放中断即可。

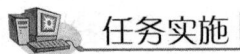 任务实施

一、任务要求

当外部中断 0 输入时,使 P1.0、P1.1 控制的 LED 灯的状态取反;当外部中断 1 输入时,使 P1.2、P1.3 控制的 LED 灯的状态取反。

二、硬件设计

K1 用于输入外部中断 0 请求信号,K2 用于输入外部中断 1 请求信号。电路原理图如图 7-2-1 所示。

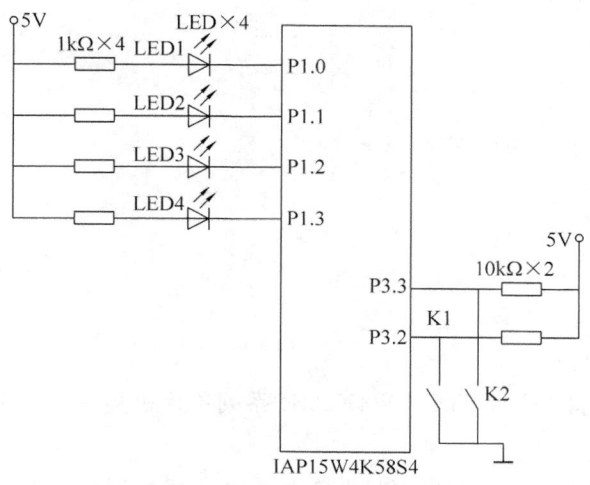

图 7-2-1 外部中断控制电路

三、软件设计

1. 程序说明

本任务程序的主要内容为：设置外部中断 0 与外部中断 1 的中断触发方式，开放外部中断 0 和外部中断 1，编写外部中断 0 函数与外部中断 1 函数。

2. 项目七任务 2 程序文件：项目七任务 2. c

```
# include < stc15. h >          //包含支持 IAP15W4K58S4 单片机的头文件
# include < intrins. h >
# include < gpio. h >           //I/O 初始化文件
# define uchar unsigned char
# define uint   unsigned int
sbit LED1 = P1 ^ 0;
sbit LED2 = P1 ^ 1;
sbit LED3 = P1 ^ 2;
sbit LED4 = P1 ^ 3;
void main(void)
{
    gpio();
    IT0 = 1;
    IT1 = 1;
    EX0 = 1;
    EX1 = 1;
    EA = 1;
    while(1);
}
void INT0_ISR(void) interrupt 0
```

```
    {
        LED1 = !LED1;
        LED2 = !LED2;
    }
    void INT1_ISR(void) interrupt 2
    {
        LED3 = !LED3;
        LED4 = !LED4;
    }
```

四、系统调试

(1) 用 USB 线将 PC 与 STC15W4K32S4 系列单片机实验箱相连接,按图 7-2-1 所示连接硬件电路。

(2) 用 Keil C 编辑、编译程序项目七任务 2.c,生成机器代码文件项目七任务 2.hex。

(3) 运行 STC-ISP 在线编程软件,将项目七任务 2.hex 下载到 STC15W4K32S4 系列单片机实验箱单片机中。下载完毕,自动进入运行模式。

① 按动 K1,观察 LED1、LED2 的显示状态并记录。

② 按动 K2,观察 LED3、LED4 的显示状态并记录。

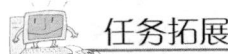 任务拓展

修改程序项目二任务 3.c,利用外部中断 0 增加流水灯的间隔时间,利用外部中断 1 减小流水灯的间隔时间。流水灯间隔时间的调整步长是 500ms。

任务 3　交通信号灯控制系统设计与实践

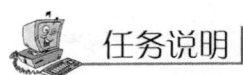 任务说明

利用软件延时和外部中断,设计一个实用电路:交通信号灯控制电路。

 相关知识

外部中断源的扩展

IAP15W4K58S4 单片机虽然有 5 个外部中断请求输入端:INT0、INT1、$\overline{INT2}$、$\overline{INT3}$ 和 $\overline{INT4}$,但在实际应用中,若处理的外部事件比较多,需扩充外部中断源。这里介绍两种简单可行的方法。

1. 用定时器作外部中断源

IAP15W4K58S4单片机有5个通用定时器/计数器,具有5个内中断标志和外计数引脚。若在某些应用中不使用定时器,其中断可作为外部中断请求使用。此时,可将定时器设置成计数方式,计数初值设为满量程,则其计数输入端引脚发生负跳变时,计数器加1便产生溢出中断。利用此特性,可把T0、T1、T2、T3和T4引脚用作外部中断请求输入线,此时计数器的溢出标志即为对应外部中断源的中断请求标志。

2. 中断和查询相结合

利用外部中断的中断请求与查询相结合的方法,可以实现将一根中断请求输入线扩展为多个外部中断源的中断请求输入线。即将多个外部中断源的中断请求信号通过或非门或者与门接入单片机的中断请求输入端,同时将各中断请求信号分别接到某个端口的引脚上。

当外部中断源的中断请求信号是上升沿有效时,拟采用或非门,如图7-3-1所示。当无外部中断请求时,外部中断的中断请求输入信号为低电平,或非门的输出(外部中断0的中断请求电平)为高电平;当外部中断的任一个中断源有中断请求时,该中断请求信号为高电平,即或非门的输出(外部中断0的中断请求电平)为低电平,产生一个下降沿,引发外部中断0。在外部中断0函数中,依次查询各中断源的中断请求信号,即可判断出是哪一个中断源有中断请求,进而执行该中断源的中断服务程序。

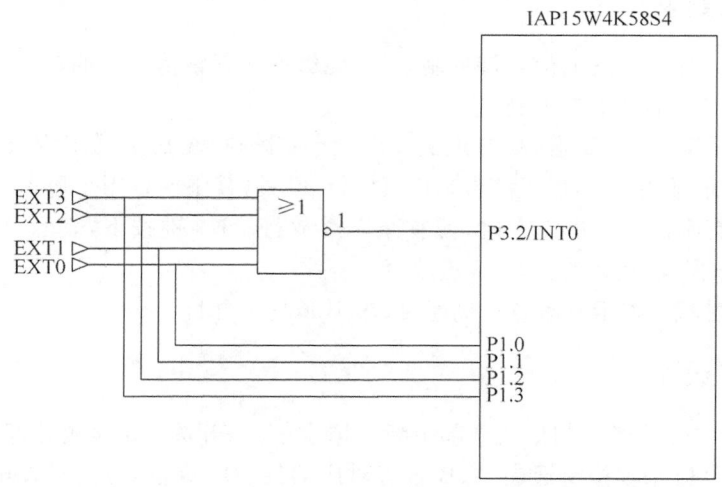

图7-3-1　利用或非门扩展多个外中断的原理图

当外部中断源的中断请求信号是下降沿有效时,拟采用与门,如图7-3-2所示。当无外部中断请求时,外部中断的中断请求输入信号为高电平,与门的输出(外部中断0的中断请求电平)为高电平;当外部中断的任一个中断源有中断请求时,该中断请求信号为低电平,即与门的输出(外部中断0的中断请求电平)为低电平,产生一个下降沿,引发外部中断0。在外部中断0函数中,依次查询各中断源的中断请求信号,即可判断出是哪一个中断源有中断请求,进而执行该中断源的中断服务程序。

IAP15W4K58S4

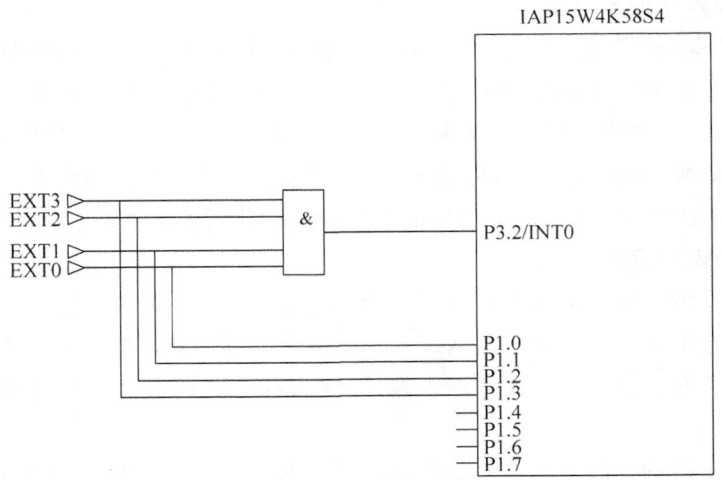

图 7-3-2　利用与门扩展多个外中断的原理图

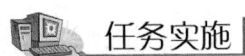 任务实施

一、任务要求

用单片机设计一个交通信号灯控制系统,能够完成正常情况下的轮流放行,以及特殊情况和紧急情况下的红绿灯控制。

(1) 正常情况下,A、B道(A、B道交叉组成十字路口,A 是主道,B 是支道)轮流放行,A 道放行 1 分钟(其中 5 秒用于警告),B 道放行 30 秒(其中 5 秒用于警告)。

(2) 一道有车而另一道无车时,使有车车道放行。K1 键按下,表示 A 道有车,A 道放行;K2 键按下,表示 B 道有车,B 道放行。

(3) K3 键按下,表示有紧急车辆通过,A、B 道均为红灯。

二、硬件设计

K1、K2 开关信号经与门形成外部中断 1 请求信号,开关 K3 形成外部中断 0 请求信号,用 6 只 LED 灯来模拟交通岗 A、B 通道对应的红、黄、绿信号灯,具体电路如图 7-3-3 所示。

6 只 LED 交通灯与 P1 端口的连接关系见表 7-3-1 所示。

表 7-3-1　交通灯与 P1 端口的连接关系

A 道			B 道		
红	绿	黄	红	绿	黄
P1.0	P1.1	P1.2	P1.3	P1.4	P1.5

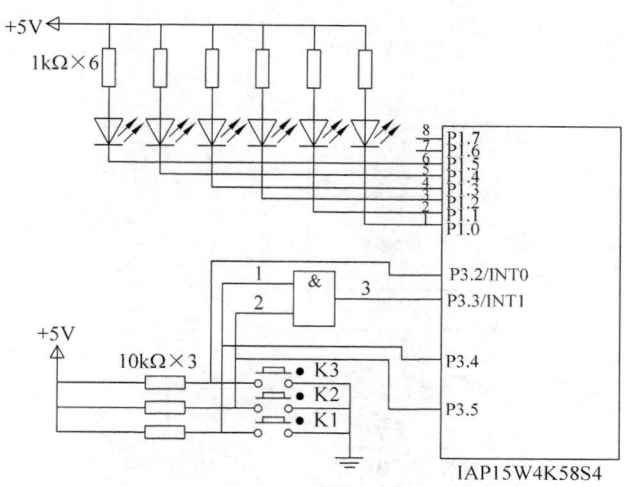

图 7-3-3　交通灯控制电路

三、软件设计

1. 编程思路

程序整体设计思路如下：

（1）正常情况下运行主程序，通过反复调用 0.5s 延时子程序来实现各种定时时间。

（2）一道有车而另一道无车时，采用外部中断 1 方式进入相应的中断服务程序，并设置该中断为低优先级中断。

（3）有紧急车辆通过时，采用外部中断 0 方式进入相应的中断服务程序，并设置该中断为高优先级中断，实现中断嵌套。

如图 7-3-4 所示为交通信号灯控制系统的程序流程图。

2. 项目七任务 3 程序文件：项目七任务 3.c

```
# include < stc15.h>            //包含支持 IAP15W4K58S4 单片机的头文件
# include < intrins.h>
# include < gpio.h>             //I/O 初始化文件
# define uchar unsigned char
# define uint   unsigned int
uchar x;
uchar Y;
sbit main_road_red = P1 ^ 0;           //主道红灯
sbit main_road_green = P1 ^ 1;         //主道绿灯
sbit main_road_yellow = P1 ^ 2;        //主道黄灯
sbit branch_road_red = P1 ^ 3;         //支道红灯
sbit branch_road_green = P1 ^ 4;       //支道绿灯
sbit branch_road_yellow = P1 ^ 5;      //支道黄灯
sbit k1 = P3 ^ 4;
sbit k2 = P3 ^ 5;
/ * --------------- 500ms 延时函数 -------------- * /
void Delay500ms()//@11.0592MHz,从 STC-ISP 在线编程工具中获得
```

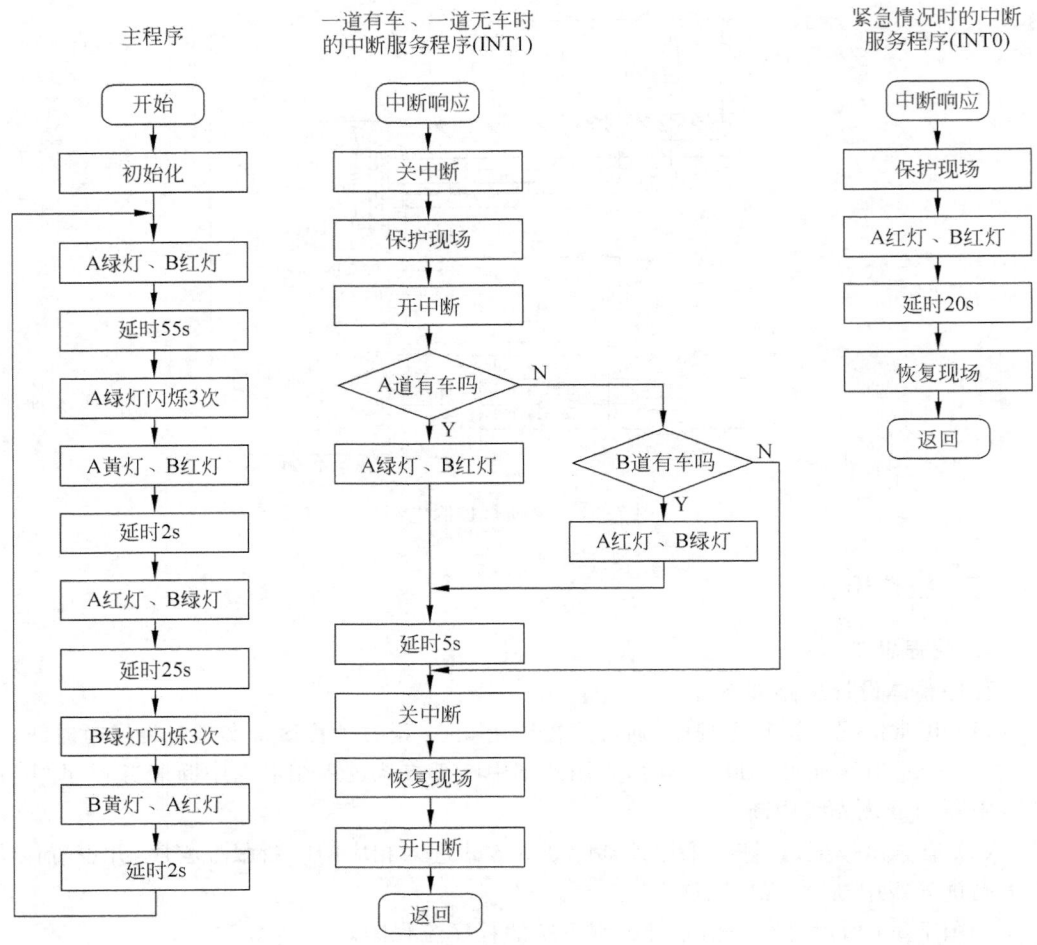

图 7-3-4　交通信号灯模拟控制系统程序流程图

```
{
    unsigned char i, j, k;

    _nop_();
    _nop_();
    i = 22;
    j = 3;
    k = 227;
    do
    {
        do
        {
            while ( -- k);
        } while ( -- j);
    } while ( -- i);
}
```

```
/* ---------------- t×0.5s 延时函数 ------------- */
void DelayX500ms(uint t)
{
    uint k;
    for(k = 0;k < t;k++) Delay500ms();
}
/* ---------------- 主函数 ------------- */
void main()
{
uchar m;
PX0 = 1;                              //外部中断 0 为高优先级
IT0 = 1;EX0 = 1;                      //允许外部中断 0,下降沿触发
IT1 = 1;EX1 = 1;                      //允许外部中断 1,下降沿触发
EA = 1;                              //开放总中断
gpio();                              //I/O 初始化
while(1)
  {
    main_road_red = 1;               //主道通行 55s
    main_road_green = 0;
    main_road_yellow = 1;
    branch_road_red = 0;
    branch_road_green = 1;
    branch_road_yellow = 1;
    DelayX500ms(110);
    for(m = 0;m < 6;m++)             //主道绿灯闪烁 6 次
    {
        main_road_green = !main_road_green;
        DelayX500ms(1);
    }
    main_road_green = 1;
    main_road_yellow = 0;            //主道黄灯 2s
    DelayX500ms(4);
    main_road_red = 0;               //支道通行 25s
    main_road_green = 1;
    main_road_yellow = 1;
    branch_road_red = 1;
    branch_road_green = 0;
    branch_road_yellow = 1;
    DelayX500ms(50);
    for(m = 0;m < 6;m++)             //支道绿灯闪烁 6 次
    {
        branch_road_green = !branch_road_green;
        DelayX500ms(1);
    }
    branch_road_green = 1;           //支道黄灯 2s
    branch_road_yellow = 0;
    DelayX500ms(4);
  }
}
```

```c
/* --------------- 外部中断 0 函数,紧急车辆通行 ------------- */
void Ex0_int() interrupt 0
{
    Y = P1;                        //保存进入中断前的交通灯状态
    main_road_red = 0;             //主道、支道皆为红灯,以备紧急车辆通行
    main_road_green = 1;
    main_road_yellow = 1;
    branch_road_red = 0;
    branch_road_green = 1;
    branch_road_yellow = 1;
    DelayX500ms(40);               //保持 20s
    while(P32 == 0);               //等待本次中断信号结束。若需要更长的时间,保持按键
                                   //为低电平
    P1 = Y;                        //恢复进入中断前的交通灯状态
}
/* --------------- 外部中断 1 函数,强行选择车道通行 ------------- */
void Ex1_int() interrupt 2
{
    EA = 0;
    x = P1;                        //保存进入中断前的交通灯状态
    EA = 1;
    if(k1 == 0)
    {
        main_road_red = 1;         //主道通行
        main_road_green = 0;
        main_road_yellow = 1;
        branch_road_red = 0;
        branch_road_green = 1;
        branch_road_yellow = 1;
    }
    if(k2 == 0)
    {
        main_road_red = 0;         //支道通行
        main_road_green = 1;
        main_road_yellow = 1;
        branch_road_red = 1;
        branch_road_green = 0;
        branch_road_yellow = 1;
    }
    DelayX500ms(10);               //保持 5s
    while(P33 == 0);               //等待本次中断信号结束。若需要更长的时间,保持按键
                                   //为低电平
    EA = 0;
    P1 = x;                        //恢复进入中断前的交通灯状态
    EA = 1;
}
```

四、硬件连线与调试

(1) 用 USB 线将 PC 与 STC15W4K32S4 系列单片机实验箱相连接,按图 7-3-3 所示

连接硬件电路。

（2）用 Keil C 编辑、编译程序项目七任务 3.c，生成机器代码文件项目七任务 3.hex。

（3）运行 STC-ISP 在线编程软件，将项目七任务 3.hex 下载到 STC15W4K32S4 系列单片机实验箱单片机中。下载完毕，自动进入运行模式。

① 检查正常运行时的交通灯效果。

② 当有紧急通行任务时，按 K$_3$ 键，检查交通灯运行情况。

③ 当在 B 道放行时，若 B 道无车，A 道有车，按 K1 键，检查交通灯运行情况。

④ 当在 A 道放行时，若 A 道无车，B 道有车，按 K2 键，检查交通灯运行情况。

提示：为了提高调试效率，缩短交通灯各阶段时间进行调试，各功能无误后再恢复原来的时间，进行最后的调试。

任务拓展

（1）改用定时器来控制正常通行时间。

（2）添加一个计时器，显示通道的通行时间。

习　　题

一、填空题

1. CPU 面向 I/O 口的服务方式包括_____、_____与 DMA 通道 3 种。

2. 中断过程包括中断请求、_____、_____与中断返回 4 个工作过程。

3. 在中断服务方式中，CPU 与 I/O 设备是_____工作的。

4. 根据中断请求能否被 CPU 响应，分为非屏蔽中断和_____两种类型。IAP15W4K58S4 单片机的所有中断都属于_____。

5. 若要求 T0 中断，除对 ET0 置 1 外，还需对_____置 1。

6. IAP15W4K58S4 单片机的中断优先权分为_____个等级。当处于同一个中断优先级时，前 5 个中断的自然优先顺序由高到低是_____、T0 中断、_____、_____、串行口 1 中断。

7. 外部中断 0 中断请求信号输入引脚是_____，外部中断 1 中断请求信号输入引脚是_____。外部中断 0、外部中断 1 的触发方式有_____和_____两种类型。当 IT0＝1 时，外部中断 0 的触发方式是_____。

8. 外部中断 2 中断请求信号输入引脚是_____，外部中断 3 中断请求信号输入引脚是_____，外部中断 4 中断请求信号输入引脚是_____。外部中断 2、外部中断 3、外部中断 4 的中断触发方式只有一种类型，属于_____触发方式。

9. 对于 T0、T1、T2、T3、T4 中断源的中断请求标志，在中断响应后，相应的中断请求标志_____自动清零。

10. 对于外部中断 0、外部中断 1、外部中断 2、外部中断 3、外部中断 4 中断源的中断请求标志，在中断响应后，相应的中断请求标志_____自动清零。

11. 串行口 1 的中断包括_____和_____两个中断源，对应两个中断请求标志。

串行口 1 的中断请求标志在中断响应后_____自动清零。

12. 中断函数定义的关键字是_____。

13. 外部中断 0 的中断向量地址、中断号分别是_____和_____。

14. 外部中断 1 的中断向量地址、中断号分别是_____和_____。

15. T0 中断的中断向量地址、中断号分别是_____和_____。

16. T1 中断的中断向量地址、中断号分别是_____和_____。

17. 串行口 1 中断的中断向量地址、中断号分别是_____和_____。

18. 利用 IAP15W4K58S4 单片机定时器/计数器扩展外部中断源的方法是让定时器/计数器工作在_____状态,初始值设置为_____,此时定时器/计数器的计数输入引脚即为外部中断源中断请求信号输入引脚。

二、选择题

1. 执行语句"EA＝1;EX0＝1;EX1＝1;ES＝1;"后,叙述正确的是_____。

    A. 外部中断 0、外部中断 1、串行口 1 允许中断

    B. 外部中断 0、T0、串行口 1 允许中断

    C. 外部中断 0、T1、串行口 1 允许中断

    D. T0、T1、串行口 1 允许中断

2. 执行语句"PS＝1;PT1＝1;"后,按照中断优先权由高到低排序,正确的是_____。

    A. 外部中断 0→T0 中断→外部中断 1→T1 中断→串行口 1 中断

    B. 外部中断 0→T0 中断→T1 中断→外部中断 1→串行口 1 中断

    C. T1 中断→串行口 1 中断→外部中断 0→T0 中断→外部中断 1

    D. T1 中断→串行口 1→T0 中断→中断外部中断 0→外部中断 1

3. 执行语句"PS＝1;PT1＝1;"后,叙述正确的是_____。

    A. 外部中断 1 能中断正在处理的外部中断 0

    B. 外部中断 0 能中断正在处理的外部中断 1

    C. 外部中断 1 能中断正在处理的串行口 1 中断

    D. 串行口 1 中断能中断正在处理的外部中断 1

4. 现要求允许 T0 中断,并设置为高级,下列代码正确的是_____。

    A. ET0＝1;EA＝1;PT0＝1;   B. ET0＝1;IT0＝1;PT0＝1;

    C. ET0＝1;EA＝1;IT0＝1;   D. IT0＝1;EA＝1;PT0＝1;

5. 当 IT0＝1 时,外部中断 0 的触发方式是_____。

    A. 高电平触发   B. 低电平触发

    C. 下降沿触发   D. 上升沿、下降沿皆触发

6. 当 IT1＝1 时,外部中断 1 的触发方式是_____。

    A. 高电平触发   B. 低电平触发

    C. 下降沿触发   D. 上升沿、下降沿皆触发

三、判断题

1. 在 IAP15W4K58S4 单片机中,只要中断源有中断请求,CPU 一定会响应该中断请求。   (   )

2. 当某中断请求允许位为 1,且 CPU 中断允许位(EA)为 1 时,该中断源有中断请求,CPU 一定会响应该中断。　　　　　　　　　　　　　　　　　　　　　(　　)

3. 某中断源在中断允许的情况下,若有中断请求,CPU 会马上响应该中断请求。(　　)

4. CPU 响应中断的首要任务是保护断点地址,然后自动转到该中断源对应的中断向量地址处执行程序。　　　　　　　　　　　　　　　　　　　　　　　(　　)

5. 外部中断 0 的中断号是 1。　　　　　　　　　　　　　　　　　　(　　)

6. T1 中断的中断号是 3。　　　　　　　　　　　　　　　　　　　　(　　)

7. 在同级中断中,外部中断 0 能中断正在处理的串行口 1 中断。　　　　(　　)

8. 高优先级中断能中断正在处理的低优先级中断。　　　　　　　　　　(　　)

9. 中断函数中能传递参数。　　　　　　　　　　　　　　　　　　　　(　　)

10. 中断函数能返回任何类型的数据。　　　　　　　　　　　　　　　　(　　)

11. 中断函数定义的关键字是 using。　　　　　　　　　　　　　　　　(　　)

12. 在主函数中,能主动调用中断函数。

四、问答题

1. 影响 CPU 响应中断时间的因素有哪些?

2. 相比查询服务方式,中断服务有哪些优势?

3. 一个中断系统应具备哪些功能?

4. 什么叫断点地址?

5. IAP15W4K58S4 单片机有几个中断优先等级? 按照自然优先权,由高到低前 5 个中断是什么?

6. 要开放一个中断,应如何编程?

7. 在中断响应后,按照自然优先权由高到低前 5 个中断的中断请求标志的状态是怎样的? 需要做什么处理?

8. 定义中断函数的关键字是什么? 函数类型、参数列表一般取什么?

五、程序设计题

1. 利用 T2 定时,在 P1.7 引脚输出周期为 1s 的方波。

2. 利用 T1 定时,采用中断方式,在 P1.6 引脚输出周期为 1s,占空比为 0.6 的矩形波。

3. 利用 T0 定时产生秒信号,T1 统计 T0 定时产生的秒信号,T1 的计数值采用 LED 数码管显示。画出硬件电路图,编写程序并上机调试。

4. 设计一个流水灯,流水灯初始时间间隔为 500ms。用外部中断 0 增加时间间隔,上限值为 2s;用外部中断 1 减小时间间隔,下限值为 100ms,调整步长为 100ms。画出硬件电路图,编写程序并上机调试。

5. 利用外部中断 2、外部中断 3 设计加、减计数器,计数值采用 LED 数码管显示。每产生一次外部中断 2,计数值加 1;每产生一次外部中断 3,计数值减 1。画出硬件电路图,编写程序并上机调试。

6. 利用 T2、T3 设计一个频率计,T4 输出可编程时钟,用自己设计的频率计测量 T4 输出的可编程时钟。用外部中断 0 增加输出频率,外部中断 1 减小输出频率,步长、上限、下限值自定义。画出硬件电路图,并上机调试。

项目 八 ———————————————————————— Project 8

IAP15W4K58S4单片机的
串行通信

　　串口通信是单片机与外界交换信息的一种基本通信方式。串口通信对单片机而言意义重大,不但可以实现将单片机的数据传输到计算机端,而且能实现计算机对单片机的控制。由于其所需电缆线少,接线简单,所以在较远距离传输中,串口通信应用广泛。

　　本项目通过单片机双机通信、单片机与 PC 通信以及多机通信实例,学习单片机串口通信相关知识和编程方法。

知识点:

◆ 串行通信的分类和制式。

◆ 异步通信的字符帧结构与波特率。

◆ 串行通信的总线标准和接口。

◆ IAP15W4K58S4 单片机串行口的工作方式与控制寄存器。

◆ IAP15W4K58S4 单片机双机通信与多机通信。

技能点:

◆ IAP15W4K58S4 单片机串行口控制寄存器的设置。

◆ 串口通信波特率的选择与设计。

◆ IAP15W4K58S4 单片机双机通信与多机通信程序设计。

◆ IAP15W4K58S4 单片机与 PC 机通信的程序设计。

任务 1　IAP15W4K58S4 单片机的双机通信

 任务说明

　　在本任务中,一是掌握微型计算机串行通信的基本知识;二是掌握 IAP15W4K58S4 单片机的串行通信技术以及编程方法。IAP15W4K58S4 单片机有 4 个串行口,其基本原理与控制基本一致。本任务主要介绍串行口 1。

相关知识

一、串行通信基础

通信是人们传递信息的方式。计算机通信是将计算机技术和通信技术相结合,完成计算机与外部设备或计算机与计算机之间的信息交换。信息交换方式分为两种:并行通信与串行通信。

并行通信是将数据字节的各位用多条数据线同时传送,如图 8-1-1(a)所示。并行通信的特点是:控制简单,传送速度快,但由于传输线较多,长距离传送时成本较高,因此仅适用于短距离传送。

图 8-1-1　并行通信与串行通信工作示意图

串行通信是将数据字节分成一位一位的形式在一条传输线上逐个传送,如图 8-1-1(b)所示。串行通信的特点是:传送速度慢,但传输线少,长距离传送时成本较低。因此,串行通信适用于长距离传送。

1. 串行通信的分类

按照串行通信数据的时钟控制方式,串行通信分为异步通信和同步通信两类。

1) 异步通信(Asynchronous Communication)

在异步通信中,数据通常以字符(或字节)为单位组成字符帧传送。字符帧由发送端一帧一帧地发送,通过传输线为接收设备一帧一帧地接收。发送端和接收端由各自的时钟来控制数据的发送和接收。这两个时钟源彼此独立,互不同步,但要求传送速率一致。在异步通信中,两个字符之间的传输间隔是任意的,所以每个字符的前、后都要用一些数位来作为分隔位。

发送端和接收端依靠字符帧格式来协调数据的发送和接收。在通信线路空闲时,发送线为高电平(逻辑"1");当接收端检测到传输线上发送过来的低电平逻辑"0"(字符帧中的起始位)时,就知道发送端已开始发送;当接收端接收到字符帧中的停止位(实际上是按一个字符帧约定的位数确定的)时,就知道一帧字符信息发送完毕。

在异步通信中,字符帧格式和波特率是两个重要指标,由用户根据实际情况选定。

(1) 字符帧(Character Frame):也叫数据帧,由起始位、数据位(纯数据或数据加校验位)和停止位三部分组成,如图 8-1-2 所示。

① 起始位:位于字符帧开头,只占 1 位,始终为逻辑"0"(低电平),用于向接收设备表示发送端开始发送一帧信息。

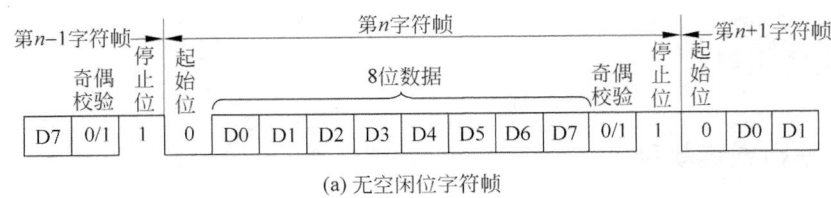

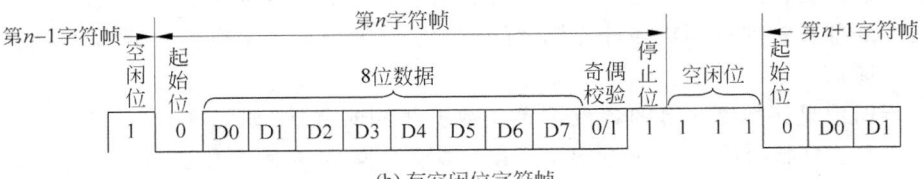

图 8-1-2 异步通信的字符帧格式

② 数据位：紧跟起始位之后，根据情况可取 5 位、6 位、7 位或 8 位，低位在前，高位在后（即先发送数据的最低位）。通常以数据字节为单位，即取 8 位。

③ 奇偶校验位：位于数据位后，仅占 1 位，通常用于对串行通信数据进行奇偶校验。可以由用户定义为其他控制含义，也可以没有。

④ 停止位：位于字符帧末尾，为逻辑"1"（高电平），通常可取 1 位、1.5 位或 2 位，用于向接收端表示一帧字符信息已发送完毕，为发送下一帧字符做准备。发送空闲之间维持高电平。

在串行通信中，发送端一帧一帧地发送信息，接收端一帧一帧地接收信息。两个相邻字符帧之间可以无空闲位，也可以有若干空闲位，由用户根据需要决定。图 8-1-2(b) 所示为有 3 个空闲位的字符帧格式。

(2) 波特率（Baud Rate）：异步通信的另一个重要指标。

波特率为每秒钟传送二进制数码的位数，也叫比特数，单位为 b/s 或 bps，即位/秒。波特率用于表征数据传输的速度，波特率越高，数据传输速度越快。但波特率和字符的实际传输速率不同，字符的实际传输速率是每秒内所传字符帧的帧数，与字符帧格式有关。例如，波特率为 1200b/s 的通信系统，若采用图 8-1-2(a) 所示的字符帧，每一字符帧包含 11 位数据，则字符的实际传输速率为 $1200/11 = 109.09$（帧/秒）；若改用图 8-1-2(b) 所示的字符帧，每一字符帧包含 14 位数据，其中含 3 位空闲位，则字符的实际传输速率为 $1200/14 = 85.71$（帧/秒）。

异步通信的优点是不需要传送同步时钟，字符帧长度不受限制，故设备简单；缺点是字符帧中包含起始位和停止位，降低了有效数据的传输速率。

2）同步通信（Synchronous Communication）

同步通信是一种连续串行传送数据的通信方式，一次通信传输一组数据（包含若干个字符数据）。同步通信时要建立发送方时钟对接收方时钟的直接控制，使双方达到完全同步。在发送数据前，先要发送同步字符，再连续地发送数据。同步字符有单同步字符和双同步字符之分，如图 8-1-3(a) 和图 8-1-3(b) 所示。同步通信的字符帧由同步字符、数据字符和校验字符 CRC 三部分组成。在同步通信中，同步字符可以采用统一的标准格式，也可以由用户约定。

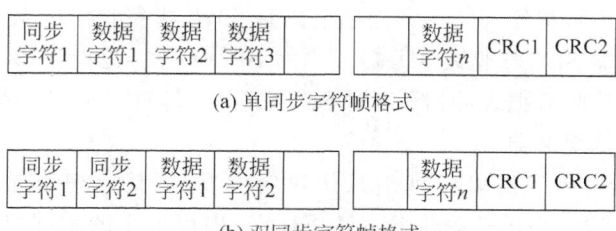

图 8-1-3　同步通信的字符帧格式

同步通信的数据传输速率较高,缺点是要求发送时钟和接收时钟必须保持严格同步,硬件电路较为复杂。

2. 串行通信的传输方向

在串行通信中,数据在两个站之间传送。按照数据传送方向及时间关系,串行通信分为单工(simplex)、半双工(half duplex)和全双工(full duplex)三种制式,如图 8-1-4 所示。

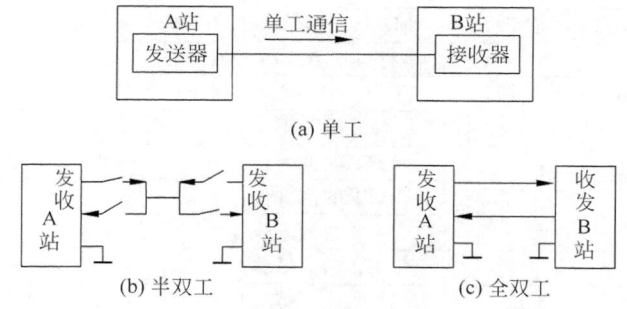

图 8-1-4　单工、半双工和全双工三种传输方向

(1) 单工制式:通信线路的一端接发送器,另一端接接收器,数据只能按照固定的方向传送,如图 8-1-4(a)所示。

(2) 半双工制式:系统的每个通信设备都由一个发送器和一个接收器组成,如图 8-1-4(b)所示。在这种制式下,数据能从 A 站传送到 B 站,也可以从 B 站传送到 A 站,但是不能同时在两个方向上传送,即只能一端发送,一端接收。其收发开关一般是由软件控制的电子开关。

(3) 全双工制式:通信系统的每端都有发送器和接收器,且可以同时发送和接收,即数据可以在两个方向上同时传送,如图 8-1-4(c)所示。

二、IAP15W4K58S4 单片机的串行口 1

IAP15W4K58S4 单片机内部有 4 个可编程全双工串行通信接口,它们具有 UART 的全部功能。每个串行口由两个数据缓冲器、一个移位寄存器、一个串行控制器和一个波特率发生器组成。每个串行口的数据缓冲器由两个相互独立的接收、发送缓冲器构成,可以同时发送和接收数据。发送数据缓冲器只能写入而不能读出,接收缓冲器只能读出而不能写入,因此两个缓冲器可以共用一个地址码。

串行口 1 的两个数据缓冲器的共用地址码是 99H,串行口 1 的两个数据缓冲器统称串行口 1 数据缓冲器 SBUF(见表 8-1-1)。当对 SBUF 进行读操作(x=SBUF;)时,操作对象是串行口 1 的接收数据缓冲器;当对 SBUF 进行写操作(SBUF=x;)时,操作对象是串行口 1 的发送数据缓冲器。

IAP15W4K58S4 单片机串行口 1 默认对应的发送、接收引脚是 TxD/P3.1、RxD/P3.0,通过设置 P_SW1 中的控制位 S1_S1、S1_S0,串行口 1 的硬件引脚 TxD、RxD 可切换为 P1.7、P1.6 或 P3.7、P3.6。

1. 串行口 1 的控制寄存器

与单片机串行口 1 有关的特殊功能寄存器有:单片机串行口 1 的控制寄存器、与波特率设置有关的定时器/计数器(T1/T2)相关寄存器、与中断控制相关的寄存器,详见表 8-1-1。

表 8-1-1　与单片机串行口 1 有关的特殊功能寄存器

	地址	B7	B6	B5	B4	B3	B2	B1	B0	复位值
SCON	98H	SM0/FE	SM1	SM2	REN	TB8	RB8	TI	RI	0000 0000
SBUF	99H	串行口 1 数据缓冲器								
PCON	87H	SMOD	SMOD0	LVDF	POF	GF1	GF0	PD	IDL	0011 0000
AUXR	8EH	T0x12	T1x12	UART_M0x6	T2R	T2_C/$\overline{\text{T}}$	T2x12	EXTRAM	S1ST2	0000 0000
TL1	8AH	T1 的低 8 位								0000 0000
TH1	8BH	T1 的高 8 位								0000 0000
T2L	D7H	T2 的低 8 位								0000 0000
T2H	D6	T2 的高 8 位								0000 0000
TMOD	89H	GATE	C/$\overline{\text{T}}$	M1	M0	GATE	C/$\overline{\text{T}}$	M1	M0	0000 0000
TCON	88H	TF1	TR1	TF0	TR0	IE1	IT1	IE0	IT0	0000 0000
IE	A8H	EA	ELVD	EADC	ES	ET1	EX1	ET0	EX0	00 000 000
IP	B8H	PPCA	PLVD	PADC	PS	PT1	PX1	PT0	PX0	0000 0000
P_SW1 (AUXR1)	A2H	S1_S1	S1_S0	CCP_S1	CCP_S0	SPI_S1	SPI_S0	0	DPS	0000 0000

1) 串行口 1 控制寄存器 SCON

串行口 1 控制寄存器 SCON 用于设定串行口 1 的工作方式、允许接收控制以及设置状态标志。字节地址为 98H,可进行位寻址。单片机复位时,所有位全为 0,其格式为:

	地址	B7	B6	B5	B4	B3	B2	B1	B0	复位值
SCON	98H	SM0/FE	SM1	SM2	REN	TB8	RB8	TI	RI	0000 0000

各位的说明如下。

(1) SM0/FE、SM1。

① PCON 寄存器中的 SM0D0 位为 1 时,SM0/FE 用于帧错误检测。当检测到一个

无效停止位时,通过 UART 接收器设置该位。它必须由软件清零。

② PCON 寄存器中的 SM0D0 为 0 时,SM0/FE 和 SM1 一起指定串行口 1 的工作方式,如表 8-1-2 所示(其中,f_{SYS} 为系统时钟频率)。

表 8-1-2　串行方式选择位

SM0 SM1	工作方式	功　能	波　特　率
0　　0	方式 0	8 位同步移位寄存器	$f_{SYS}/12$ 或 $f_{SYS}/2$
0　　1	方式 1	10 位 UART	可变,取决于 T1 或 T2 的溢出率
1　　0	方式 2	11 位 UART	$f_{SYS}/64$ 或 $f_{SYS}/32$
1　　1	方式 3	11 位 UART	可变,取决于 T1 或 T2 的溢出率

(2) SM2:多机通信控制位,用于方式 2 和方式 3。若方式 2 和方式 3 处于接收状态,若 SM2=1,且接收到的第 9 位数据 RB8 为 0 时,不激活 RI;当 SM2=1,且 RB8=1 时,置位 RI 标志。若方式 2、3 处于接收状态,且 SM2=0,不论接收到的第 9 位 RB8 为 0 还是为 1,RI 都以正常方式被激活。

注:串行接收中,不激活 RI,意味着无法接收串行接收缓冲器中的数据,即数据丢失。

(3) REN:允许串行接收控制位。由软件置位或清零。REN=1 时,启动接收;REN=0 时,禁止接收。

(4) TB8:在方式 2 和方式 3 中,串行发送数据的第 9 位,由软件置位或复位。可作为奇偶校验位。在多机通信中,作为区别地址帧或数据帧的标识位。一般约定地址帧时,TB8 为 1;数据帧时,TB8 为 0。

(5) RB8:在方式 2 和方式 3 中,是串行接收到的第 9 位数据,作为奇偶校验位或地址帧、数据帧的标识位。

(6) TI:发送中断标志位。在方式 0 中,发送完 8 位数据后,由硬件置位;在其他方式中,在发送停止位之初由硬件置位。TI 是发送完一帧数据的标志,既可以用查询的方法,也可以用中断的方法来响应该标志,然后在相应的查询服务程序或中断服务程序中由软件清除 TI。

(7) RI:接收中断标志位。在方式 0 中,接收完 8 位数据后,由硬件置位;在其他方式中,在接收停止位的中间由硬件置位。RI 是接收完一帧数据的标志,同 TI 一样,既可以用查询的方法,也可以用中断的方法来响应该标志,然后在相应的查询服务程序或中断服务程序中由软件清除 RI。

2) 电源及波特率控制寄存器 PCON

PCON 主要是为单片机的电源控制而设置的专用寄存器,不可以位寻址,字节地址为 87H,复位值为 30H。其中,SMOD、SMOD0 与串口控制有关,其格式与说明如下所示。

地址	B7	B6	B5	B4	B3	B2	B1	B0	复位值
PCON	87H	SMOD	SMOD0	LVDF	POF	GF1	GF0	PD	IDL	0011 0000

（1）SMOD：SMOD 为波特率倍增系数选择位。在方式 1、2 和 3 时，串行通信的波特率与 SMOD 有关。当 SMOD＝0 时，通信速度为基本波特率；当 SMOD＝1 时，通信速度为基本波特率的 2 倍。

（2）SMOD0：帧错误检测有效控制位。SMOD0＝1，SCON 寄存器中的 SM0/FE 用于帧错误检测（FE）；SMOD0＝0，SCON 寄存器中的 SM0/FE 用于 SM0 功能，与 SM1 一起指定串行口 1 的工作方式。

3）辅助寄存器 AUXR

辅助寄存器 AUXR 的格式如下所示。

	地址	B7	B6	B5	B4	B3	B2	B1	B0	复位值
AUXR	8EH	T0x12	T1x12	UART_M0x6	T2R	T2_C/$\overline{\text{T}}$	T2x12	EXTRAM	S1ST2	0000 0000

（1）UART_M0x6：串行口 1 方式 0 通信速度设置位。UART_M0x6＝0，串行口方式 0 的通信速度与传统 8051 单片机一致，波特率为系统时钟频率的 12 分频，即 $f_{\text{SYS}}/12$；UART_M0x6＝1，串行口 1 方式 0 的通信速度是传统 8051 单片机通信速度的 6 倍，波特率为系统时钟频率的 2 分频，即 $f_{\text{SYS}}/2$。

（2）S1ST2：当串行口 1 工作在方式 1、3 时，S1ST2 为串行口 1 波特率发生器选择控制位。S1ST2＝0 时，选择定时器 T1 为波特率发生器；S1ST2＝1，选择定时器 T2 为波特率发生器。

（3）T1x12、T2R、T2_C/$\overline{\text{T}}$、T2x12：与定时器 T1、T2 有关的控制位，相关控制功能在 T1、T2 的学习中已有详细介绍，这里不再赘述。

2. 串行口 1 的工作方式

IAP15W4K58S4 单片机串行通信有 4 种工作方式，当 SMOD0＝0 时，通过设置 SCON 中的 SM0、SM1 位来选择。

1）方式 0

在方式 0 下，串行口作为同步移位寄存器用，其波特率为 $f_{\text{SYS}}/12$（UART_M0x6 为 0 时）或 $f_{\text{SYS}}/2$（UART_M0x6 为 1 时）。串行数据从 RxD（P3.0）端输入或输出，同步移位脉冲由 TxD（P3.1）送出。这种方式常用于扩展 I/O 口。

（1）发送：当 TI＝0，一个数据写入串行口 1 发送缓冲器 SBUF 时，串行口 1 将 8 位数据以 $f_{\text{SYS}}/12$ 或 $f_{\text{SYS}}/2$ 的波特率从 RxD 引脚输出（低位在前）。发送完毕，置位中断请求标志 TI，并向 CPU 请求中断。再次发送数据之前，必须由软件清零 TI 标志。方式 0 发送时序如图 8-1-5 所示。

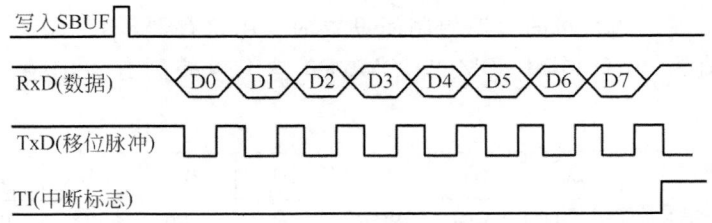

图 8-1-5　方式 0 发送时序

方式 0 发送时,串行口可以外接串行输入并行输出的移位寄存器,如 74LS164、CD4094、74HC595 等芯片,用来扩展并行输出口,其逻辑电路如图 8-1-6 所示。

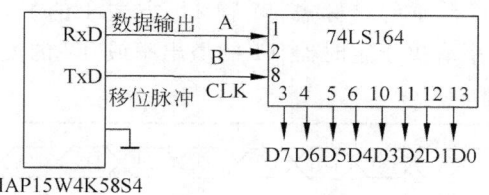

图 8-1-6　方式 0 扩展输出口

(2) 接收:当 RI＝0 时,置位 REN,串行口开始从 RxD 端以 $f_{SYS}/12$ 或 $f_{SYS}/2$ 的波特率输入数据(低位在前)。接收完 8 位数据后,置位中断请求标志 RI,并向 CPU 请求中断。再次接收数据之前,必须由软件清零 RI 标志。方式 0 接收时序如图 8-1-7 所示。

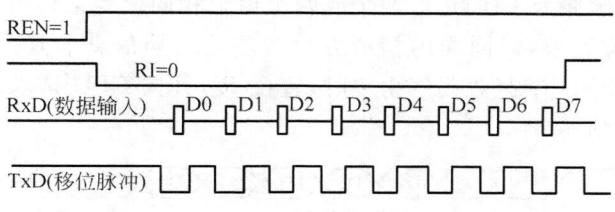

图 8-1-7　方式 0 接收时序

方式 0 接收时,串行口可以外接并行输入串行输出的移位寄存器,如 74LS165 芯片,用来扩展并行输入口,其逻辑电路如图 8-1-8 所示。

值得注意的是,每当发送或接收完 8 位数据后,硬件会自动置位 TI 或 RI。CPU 响应 TI 或 RI 中断后,必须由用户用软件清零。方式 0 时,SM2 必须为 0。串行控制寄存器 SCON 中的 TB8 和 RB8 在方式 0 中未用。

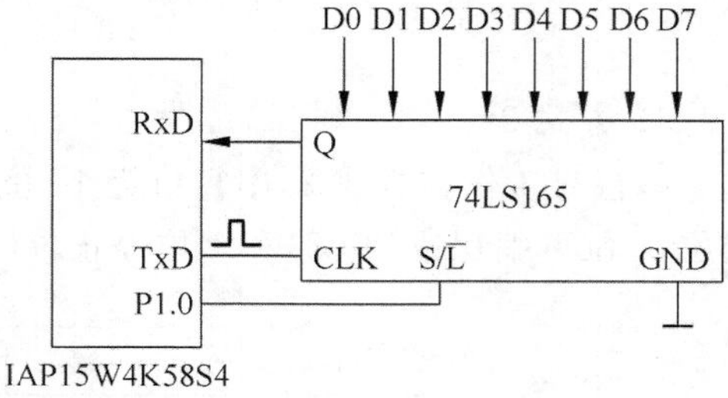

2) 方式 1

图 8-1-8　方式 0 扩展输入口

串行口工作在方式 1 下时,串行口为波特率可调的 10 位通用异步 UART,1 帧信息包括 1 位起始位(0)、8 位数据位和 1 位停止位(1)。其帧格式如图 8-1-9 所示。

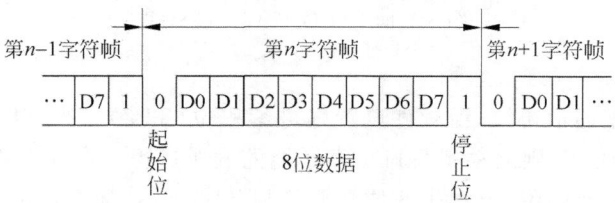

图 8-1-9　10 位的帧格式

（1）发送：当 TI＝0 时，数据写入发送缓冲器 SBUF 后，启动串行口发送过程。在发送移位时钟的同步下，从 TxD 引脚先送出起始位，然后是 8 位数据位，最后是停止位。1 帧 10 位数据发送完毕，中断请求标志 TI 置 1。方式 1 的发送时序如图 8-1-10 所示。方式 1 数据传输的波特率取决于定时器 T1 的溢出率或 T2 的溢出率。

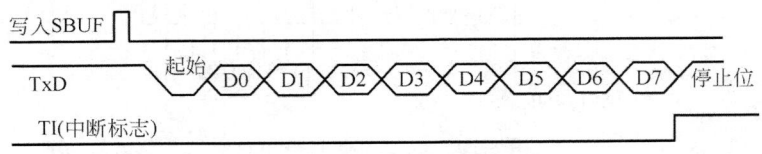

图 8-1-10　方式 1 发送时序

（2）接收：当 RI＝0 时，置位 REN，启动串行口接收过程。当检测到 RxD 引脚输入电平发生负跳变时，接收器以所选择波特率的 16 倍速率采样 RxD 引脚电平，以 16 个脉冲中的 7、8、9 三个脉冲为采样点，取两个或两个以上相同值为采样电平。若检测电平为低电平，说明起始位有效，以同样的检测方法接收这一帧信息的其余位。接收过程中，8 位数据装入接收 SBUF；接收到停止位时，置位 RI，并向 CPU 请求中断。方式 1 的接收时序如图 8-1-11 所示。

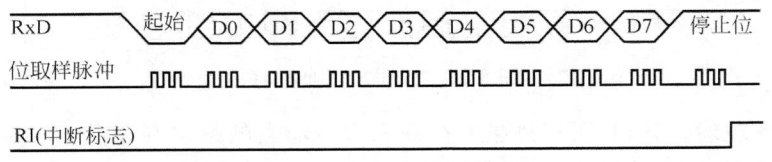

图 8-1-11　方式 1 接收时序

3）方式 2

串行口工作在方式 2，串行口为 11 位 UART。1 帧数据包括 1 位起始位（0）、8 位数据位、1 位可编程位（TB8）和 1 位停止位（1），其帧格式如图 8-1-12 所示。

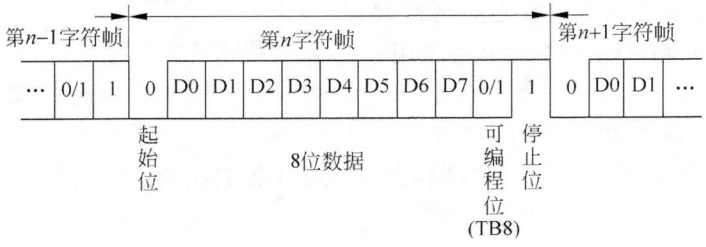

图 8-1-12　11 位 UART 帧格式

（1）发送

发送前，先根据通信协议，由软件设置好可编程位（TB8）。当 TI＝0 时，用指令将要发送的数据写入 SBUF，则启动串行口 1 发送器的发送过程。在发送移位时钟的同步下，从 TxD 引脚先送出起始位，依次是 8 位数据位和 TB8，最后是停止位。1 帧 11 位数据发送完毕，置位发送中断标志 TI，并向 CPU 发出中断请求。在发送下一帧信息之前，TI 必须由中断服务程序或查询程序清零。

方式 2 的发送时序如图 8-1-13 所示。

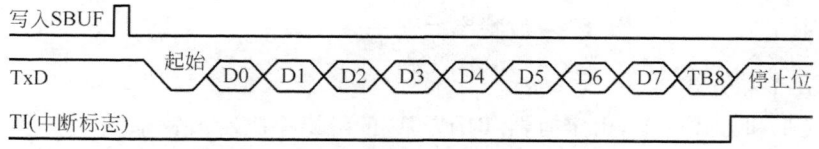

图 8-1-13　方式 2 的发送时序

（2）接收

当 RI＝0 时，置位 REN，启动串行口接收过程。当检测到 RxD 引脚输入电平发生负跳变时，接收器以所选择波特率的 16 倍速率采样 RxD 引脚电平，以 16 个脉冲中的 7、8、9 三个脉冲为采样点，取两个或两个以上相同值为采样电平。若检测电平为低电平，说明起始位有效，以同样的检测方法接收这一帧信息的其余位。接收过程中，8 位数据装入接收 SBUF，第 9 位数据装入 RB8。接收到停止位时，若 SM2＝0 或 SM2＝1，且接收到的 RB8＝1，则置位 RI，向 CPU 请求中断；否则，不置位 RI 标志，接收数据丢失。方式 2 的接收时序如图 8-1-14 所示。

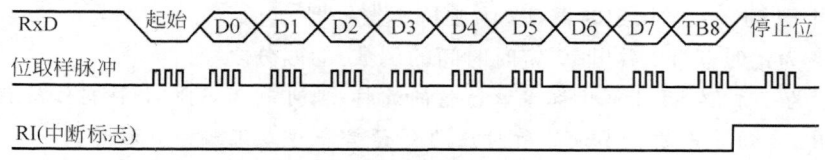

图 8-1-14　方式 2 的接收时序

4）方式 3

串行口 1 工作在方式 3 时，同方式 2 一样，为 11 位 UART。方式 2 与方式 3 的区别在于波特率的设置方法不同，方式 2 的波特率为 $f_{SYS}/64$（SMOD 为 0）或 $f_{SYS}/32$（SMOD 为 1）；方式 3 数据传输的波特率同方式 1 一样，取决于定时器 T1 的溢出率或 T2 的溢出率。

方式 3 的发送过程与接收过程，除发送、接收速率不同以外，其他过程和方式 2 完全一致。因方式 2 和方式 3 在接收过程中，只有当 SM2＝0 或 SM2＝1，且接收到的 RB8 为 1 时，才会置位 RI，向 CPU 申请中断请求接收数据；否则，不会置位 RI 标志，接收数据丢失。因此，方式 2 和方式 3 常用于多机通信中。

3．串行口 1 的波特率

在串行通信中，收、发双方对传送数据的速率（即波特率）要有一定的约定，才能进行正常的通信。单片机的串行口 1 有 4 种工作方式。其中，方式 0 和方式 2 的波特率是固定的；方式 1 和方式 3 的波特率可变，通过设置 AUXR 中的 S1ST2 控制位来选择 T1 或 T2 作为串行口 1 的波特率发生器。

1）方式 0 和方式 2

在方式 0 中，波特率为 $f_{SYS}/12$（UART_M0x6 为 0 时）或 $f_{SYS}/2$（UART_M0x6 为 1 时）。

在方式 2 中,波特率取决于 PCON 中的 SMOD 值。当 SMOD＝0 时,波特率为 $f_{SYS}/64$；当 SMOD＝1 时,波特率为 $f_{SYS}/32$,即

$$波特率＝\frac{2^{SMOD}}{64} \cdot f_{SYS}$$

2) 方式 1 和方式 3

在方式 1 和方式 3 下,由定时器 T1 或 T2 的溢出率决定波特率。

(1) 当 S1ST2＝0 时,定时器 T1 为波特率发生器。

波特率由定时器 T1 的溢出率(T1 定时时间的倒数)和 SMOD 共同决定,即

$$方式 1 和方式 3 的波特率＝\frac{2^{SMOD}}{32} \cdot T1 溢出率$$

其中,T1 的溢出率为 T1 定时时间的倒数,取决于单片机定时器 T1 的计数速率和定时器的预置值。计数速率与 TMOD 寄存器中的 $C/\overline{T}$ 位有关,当 $C/\overline{T}＝0$ 时,计数速率为 $f_{SYS}/12$(T1x12＝0 时)或 f_{SYS}(T1x12＝1 时);当 $C/\overline{T}＝1$ 时,计数速率为外部输入时钟频率。

当定时器 T1 作为波特率发生器使用时,通常工作在方式 0 或方式 2,即自动重装初始值的 16 位或 8 位定时器。为了避免溢出而产生不必要的中断,此时应禁止 T1 中断。

(2) 当 S1ST2＝1 时,定时器 T2 为波特率发生器。

波特率为定时器 T2 溢出率(定时时间的倒数)的四分之一。

提示:为了求解 STC 单片机串口通信的波特率,可利用 STC-ISP 在线编程软件中的波特率工具,自动导出波特率设置所对应的 C 语言程序或汇编语言程序。

【例 8-1-1】 设单片机采用 11.059MHz 晶振,串行口 1 工作在方式 1,波特率为 9600b/s,T1 为波特率发生器,T1 工作在方式 0。利用 STC-ISP 在线编程软件中的波特率工具,自动导出相应波特率所对应的 C 语言程序。

解 启动 STC-ISP 在线编程软件,选择波特率计算工具,然后按题意设置相关参数,再单击"生成 C 代码"按钮,系统自动生成所需的 C 程序代码,如图 8-1-15 所示。单击"复制代码",将生成的 C 代码粘贴到应用程序文件中。

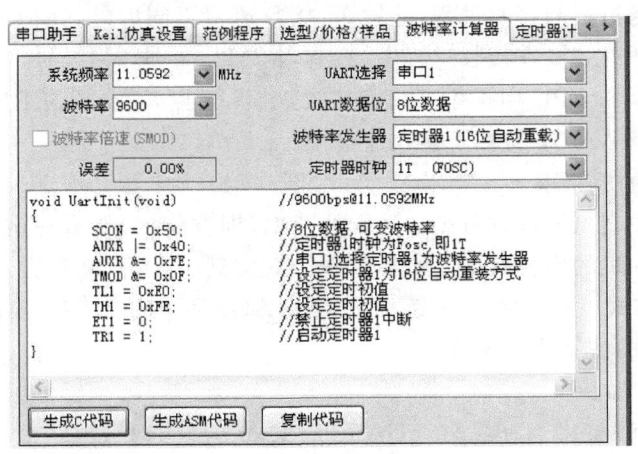

图 8-1-15 波特率计算器工具

4. 串行口应用举例

方式 0 的编程和应用如下所述。

串行口方式 0 是同步移位寄存器方式。应用方式 0 可以扩展并行 I/O 口,比如在键盘、显示器接口中,外扩串行输入并行输出的移位寄存器(如 74LS164),每扩展一片移位寄存器,可扩展一个 8 位并行输出口。可以用来连接一个 LED 显示器完成静态显示,或作为键盘中的 8 根列线使用。

【例 8-1-2】　使用 2 块 74HC595 芯片扩展 16 位并行口,外接 16 只发光二极管。电路连接图如图 8-1-16 所示。利用它的串入并出功能和锁存输出功能,把发光二极管从右向左依次点亮,并不断循环(16 位流水灯)。

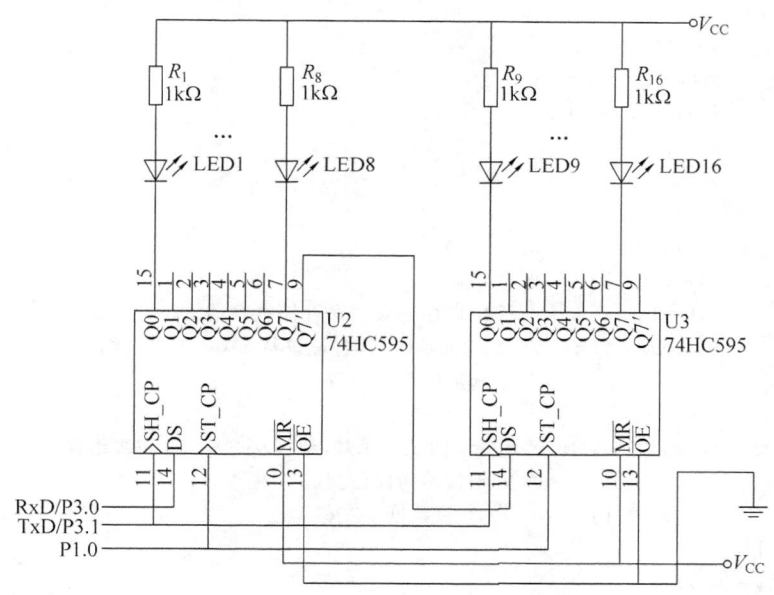

图 8-1-16　串口方式 0 扩展输出口

解　74595 和 74164 功能相仿,都是 8 位串行输入并行输出移位寄存器。74164 的驱动电流(25mA)比 74595(35mA)小。74595 的主要优点是具有数据存储寄存器,在移位的过程中,输出端的数据保持不变。这在串行速度慢的场合很有用处,数码管没有闪烁感。而且 74595 具有级联功能,能扩展更多的输出口。

Q0~Q7 是并行数据输出口,即存储寄存器的数据输出口;Q7′是串行输出口,用于连接级联芯片的串行数据输入端 DS;ST_CP 是存储寄存器的时钟脉冲输入端(低电平锁存);SH_CP 是移位寄存器的时钟脉冲输入端(上升沿移位);$\overline{\text{OE}}$ 是三态输出使能端;$\overline{\text{MR}}$ 是芯片复位端(低电平有效。低电平时,移位寄存器复位);DS 是串行数据输入端。

```
# include < stc15.h >        //包含 IAP15W4K58S4 单片机的头文件
# include < intrins.h >
# include < gpio.h >
# define uchar unsigned char
```

```
#define uint   unsigned int
uchar x;
uint y = 0xfffe;
void main(void)
{
    uchar i ;
    GPIO();
    SCON = 0x00;
    while(1)
    {
        for(i = 0;i < 16 ;i++)
        {
            x = y&0x00ff ;
            SBUF = x ;
            while(TI == 0) ;
            TI = 0 ;
            x = y >> 8 ;
            SBUF = x ;
            while(TI == 0) ;
            TI = 0 ;
            P10 = 1 ;           //移位寄存器数据送存储锁存器
            Delay50μs() ;       //50μs 的延时函数,建议从 STC-ISP 在线编程工具中获得,并放在
                                //主函数的前面位置
            P10 = 0 ;
            Delay500ms() ;      //500ms 的延时函数,建议从 STC-ISP 在线编程工具中获得,并放在
                                //主函数的前面位置
            y = _irol_(y,1) ;   //16 位数据 y 左移 1 位
        }
        y = 0xfffe;
    }
}
```

5. 双机通信

双机通信用于单片机和单片机之间交换信息。对于双机异步通信,通常采用两种方式:查询方式和中断方式。但在很多应用中,双机通信的接收方采用中断的方式来接收数据,以提高 CPU 的工作效率;发送方仍然采用查询方式发送。

双机通信的两个单片机的硬件可直接连接,如图 8-1-17 所示,甲机的 TxD 接乙机的 RxD,甲机的 RxD 接乙机的 TxD,甲机的 GND 接乙机的 GND。但单片机的通信采用 TTL 电平传输信息,其传输距离一般不超过 5m,所以实际应用中通常采用 RS-232C 标准电平进行点对点通信连接,如图 8-1-18 所示。MAX232 是电平转换芯片。RS-232C 标准电平是 PC 串行通信标准,详细内容参见任务 2。

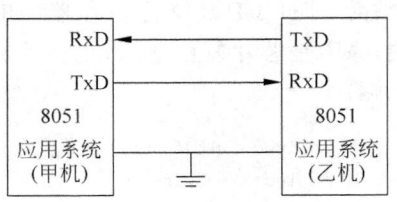

图 8-1-17 双机异步通信接口电路

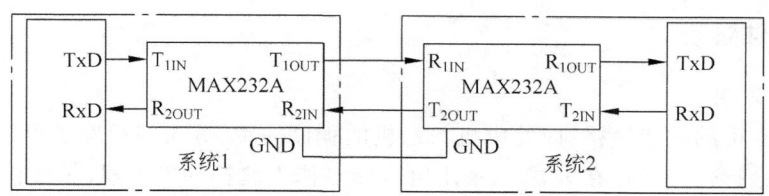

图 8-1-18　点对点通信接口电路

任务实施

一、任务要求

甲、乙双机的功能一致。要求：从 P3.3、P3.2 引脚输入开关信号，通过串行口发出；接收串行输入数据，根据接收到的信号做出不同的动作：当 P3.3、P3.2 引脚输入为 00 时，点亮 P1.7 控制的 LED 灯；当 P3.3、P3.2 引脚输入为 01 时，点亮 P1.6 控制的 LED 灯；当 P3.3、P3.2 引脚输入为 10 时，点亮 P1.5 控制的 LED 灯；当 P3.3、P3.2 引脚输入为 11 时，点亮 P1.4 控制的 LED 灯。

二、硬件设计

采用 2 个 STC15W4K32S4 系列单片机实验箱，将甲机单片机 P3.0 与乙机单片机 P3.1 相接，甲机单片机 P3.1 与乙机单片机 P3.0 相接，甲机单片机的地线与乙机单片机的地线相接，电路原理图如图 8-1-19 所示。

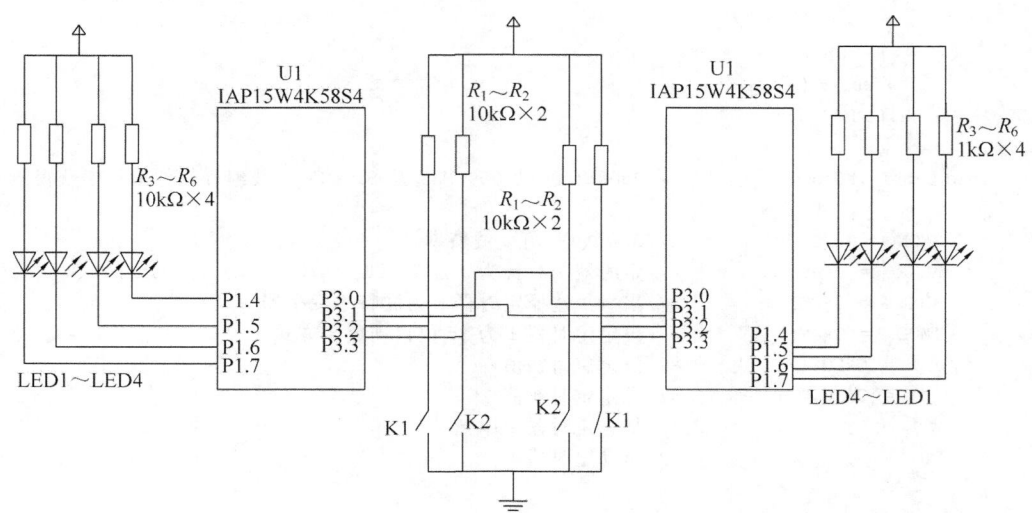

图 8-1-19　双机通信电路

注：利用 Proteus 软件绘图时，元器件序号不能重复。

三、软件设计

1. 程序说明

甲机与乙机的功能一样，因此甲机与乙机的程序一致，分为串行发送程序与串行接收程序。设定串行口 1 工作在方式 1，采用定时器 1 作为波特率发生器，工作在方式 0，双方约定波特率为 9600b/s。

2. 项目八任务 1 程序：项目八任务 1.c

```c
#include <stc15.h>            //包含支持 IAP15W4K58S4 单片机的头文件
#include <intrins.h>
#include <gpio.h>             //I/O 初始化文件
#define uchar unsigned char
#define uint  unsigned int
uchar temp;
uchar temp1;
void Delay100ms()            //@11.0592MHz,从 STC-ISP 在线编程软件工具中获得
{
    unsigned char i, j, k;

    _nop_();
    _nop_();
    i = 5;
    j = 52;
    k = 195;
    do
    {
        do
        {
            while (--k);
        } while (-- j);
    } while (-- i);
}
void UartInit(void)          //9600b/s@11.0592MHz,从 STC-ISP 在线编程软件工具中获得
{
    SCON = 0x50;             //8 位数据,可变波特率
    AUXR |= 0x40;            //定时器 1 时钟为 f_osc,即 1T
    AUXR &= 0xFE;            //串口 1 选择定时器 1 为波特率发生器
    TMOD &= 0x0F;            //设定定时器 1 为 16 位自动重装方式
    TL1 = 0xE0;              //设定定时初值
    TH1 = 0xFE;              //设定定时初值
    ET1 = 0;                //禁止定时器 1 中断
    TR1 = 1;                //启动定时器 1
}
void main()
{
    gpio();
    UartInit();
    ES = 1;
```

```
        EA = 1;
        while(1)
        {
            temp = P3;
            temp = temp&0x0c;
            SBUF = temp;
            while(TI == 0);
            TI = 0;
            Delay100ms();
        }
    }
    void uart_isr() interrupt 4
    {
        if(RI == 1)
        {
        RI = 0;
        temp1 = SBUF;
        switch(temp1&0x0c)
        {
            case 0x00:P17 = 0;P16 = 1;P15 = 1;P14 = 1;break;
            case 0x04:P17 = 1;P16 = 0;P15 = 1;P14 = 1;break;
            case 0x08:P17 = 1;P16 = 1;P15 = 0;P14 = 1;break;
            default:P17 = 1;P16 = 1;P15 = 1;P14 = 0;break;
        }
        }
    }
```

四、系统调试

(1) 采用 2 个 STC15W4K32S4 系列单片机实验箱,将甲机单片机 P3.0 与乙机单片机 P3.1 相接,甲机单片机 P3.1 与乙机单片机 P3.0 相接,甲机单片机的地线与乙机单片机的地线相接;按图 8-1-20 连接甲机、乙机内部硬件电路。

(2) 用 Keil C 编辑、编译程序项目八任务 1.c,生成机器代码文件项目八任务 1.hex。

(3) 利用 STC-ISP 在线编程软件,将项目八任务 1.hex 下载到甲机与乙机的单片机中。

(4) 按表 8-1-3 所示进行调试并记录。

表 8-1-3　双机通信测试表

甲机(输入)		乙机(输出)				乙机(输入)		甲机(输出)			
K1	K2	LED1	LED2	LED3	LED4	K1	K2	LED1	LED2	LED3	LED4
0	0					0	0				
0	1					0	1				
1	0					1	0				
1	1					1	1				

 知识延伸

一、IAP15W4K58S4 单片机串行口 2

IAP15W4K58S4 单片机串行口 2 默认对应的发送、接收引脚是 TxD2/P1.1、RxD2/P1.0,通过 P_SW2 设置 S2_S 控制位,串行口 2 的 TxD2、RxD2 硬件引脚可切换为 P4.7、P4.6。

与单片机串行口 2 有关的特殊功能寄存器有:单片机串行口 2 控制寄存器、与波特率设置有关的定时器/计数器 T2 相关寄存器、与中断控制相关的寄存器,详见表 8-1-4。

表 8-1-4 与单片机串行口 2 有关的特殊功能寄存器

	地址	B7	B6	B5	B4	B3	B2	B1	B0	复位值
S2CON	9AH	S2SM0		S2SM2	S2REN	S2TB8	S2RB8	S2TI	S2RI	0x00 0000
S2BUF	9BH	串行口 2 数据缓冲器								
T2L	D7H	T2 的低 8 位								0000 0000
T2H	D6	T2 的高 8 位								0000 0000
AUXR	8EH	T0x12	T1x12	UART_M0x6	T2R	T2_C/T	T2x12	EXTRAM	S1ST2	0000 0000
IE2	AFH	—	ET4	ET3	ES4	ES3	ET2	ESPI	ES2	x000 0000
IP2	B5H	—	—	—	—	PPWMFD	PPWM	PSPI	PS2	xxxx 0000
P_SW2	BAH	—	—	—	—		S4_S	S3_S	S2_S	xxxx x000

1. 串行口 2 控制寄存器 S2CON

串行控制寄存器 S2CON 用于设定串行口 2 的工作方式、串行接收控制以及设置状态标志。字节地址为 9AH,其格式为:

	地址	B7	B6	B5	B4	B3	B2	B1	B0	复位值
S2CON	9AH	S2SM0	—	S2SM2	S2REN	S2TB8	S2RB8	S2TI	S2RI	0x00 0000

各位说明如下。

(1) S2SM0:用于指定串行口 2 的工作方式,如表 8-1-5 所示。串行口 2 的波特率为 T2 定时器溢出率的四分之一。

表 8-1-5 串行口 2 工作方式选择

S2SM0	工作方式	功 能	波 特 率
0	方式 0	10 位 UART	T2 溢出率/4
1	方式 1	11 位 UART	

（2）S2SM2：串行口2多机通信控制位，用于方式1中。在方式1处于接收状态时，若S2SM2＝1，且接收到的第9位数据S2RB8为0，不激活S2RI；若S2SM2＝1，且S2RB8＝1，则置位S2RI标志。在方式1处于接收状态时，若S2SM2＝0，不论接收到的第9位S2RB8是0还是1，S2RI都以正常方式被激活。

（3）S2REN：允许串行口2接收控制位，由软件置位或清零。S2REN＝1时，启动接收；S2REN＝0时，禁止接收。

（4）S2TB8：串行口2发送数据的第9位。在方式1中，由软件置位或复位，可作为奇偶校验位。在多机通信中，可作为区别地址帧或数据帧的标识位。一般约定地址帧时，S2TB8为1；数据帧时，S2TB8为0。

（5）S2RB8：在方式1中，是串行口2接收到的第9位数据，作为奇偶校验位或地址帧或数据帧的标识位。

（6）S2TI：串行口2发送中断标志位。在发送停止位之初，由硬件置位。S2TI是发送完一帧数据的标志，既可以用查询的方法，也可以用中断的方法来响应该标志；然后在相应的查询服务程序或中断服务程序中，由软件清除S2TI。

（7）S2RI：串行口2接收中断标志位。在接收停止位的中间，由硬件置位。S2RI是接收完一帧数据的标志，同S2TI一样，既可以用查询的方法，也可以用中断的方法来响应该标志；然后在相应的查询服务程序或中断服务程序中，由软件清除S2RI。

2. 串行口2数据缓冲器 S2BUF

S2BUF是串行口2的数据缓冲器，同SBUF一样，一个地址对应两个物理上的缓冲器。当对S2BUF写操作时，对应的是串行口2的发送缓冲器，同时，写缓冲器操作又是串行口2的启动发送命令；当对S2BUF读操作时，对应的是串行口2的接收缓冲器，用于读取串行口2串行接收进来的数据。

3. 串行口2的中断控制

IE2的ES2位是串行口2的中断允许位，"1"表示允许，"0"表示禁止。

IP2的PS2位是串行口2的中断优先级的设置位，"1"为高级，"0"为低级。

串行口2的中断向量地址是0043H，其中断号是8。

二、IAP15W4K58S4 单片机串行口3

IAP15W4K58S4单片机串行口3默认对应的发送、接收引脚是TxD3/P0.1、RxD3/P0.0，通过设置P_SW2的S3_S控制位，串行口3的TxD3、RxD3硬件引脚可切换为P5.1、P5.0。

与单片机串行口3有关的特殊功能寄存器有：单片机串行口3控制寄存器、与波特率设置有关的定时器/计数器T2及T3的相关寄存器、与中断控制相关的寄存器，详见表8-1-6。

表 8-1-6　与单片机串行口 3 有关的特殊功能寄存器

	地址	B7	B6	B5	B4	B3	B2	B1	B0	复位值
S3CON	ACH	S3SM0	S3ST3	S3SM2	S3REN	S3TB8	S3RB8	S3TI	S3RI	0000 0000
S3BUF	ADH	串行口 3 数据缓冲器								xxxx xxxx
T2L	D7H	T2 的低 8 位								0000 0000
T2H	D6	T2 的高 8 位								0000 0000
AUXR	8EH	T0x12	T1x12	UART_M0x6	T2R	T2_C/$\overline{\text{T}}$	T2x12	EXTRAM	S1ST2	0000 0000
T3L	D4H	T3 的低 8 位								0000 0000
T3H	D5H	T3 的高 8 位								0000 0000
T4T3M	D1H	T4R	T4_C/$\overline{\text{T}}$	T4x12	T4CLKO	T3R	T3_C/$\overline{\text{T}}$	T3x12	T3CLKO	0000 0000
IE2	AFH	—	ET4	ET3	ES4	ES3	ET2	ESPI	ES2	x000 0000
P_SW2	BAH	—	—	—	—	—	S4_S	S3_S	S2_S	xxxx x000

1. 串行口 3 控制寄存器 S3CON

串行口 3 控制寄存器 S3CON 用于设定串行口 3 的工作方式、串行接收控制以及设置状态标志。字节地址为 ACH,单片机复位时,所有位全为 0,其格式为:

	地址	B7	B6	B5	B4	B3	B2	B1	B0	复位值
S3CON	ACH	S3SM0	S3ST3	S3SM2	S3REN	S3TB8	S3RB8	S3TI	S3RI	0000 0000

各位说明如下。

(1) S3SM0:用于指定串行口 3 的工作方式,如表 8-1-7 所示。

表 8-1-7　串行口 3 工作方式选择

S3SM0	工作方式	功 能	波 特 率
0	方式 0	10 位 UART	T2 溢出率/4,或 T3 溢出率/4
1	方式 1	11 位 UART	

(2) S3ST3:串行口 3 选择波特率发生器控制位。

① 0:选择定时器 T2 为波特率发生器,其波特率为 T2 溢出率的四分之一。

② 1:选择定时器 T3 为波特率发生器,其波特率为 T3 溢出率的四分之一。

(3) S3SM2:串行口 3 多机通信控制位,用在方式 1 中。在方式 1 处于接收状态时,若 S3SM2=1,且接收到的第 9 位数据 S3RB8 为 0,不激活 S3RI;若 S3SM2=1,且 S3RB8=1,则置位 S3RI 标志。在方式 1 处于接收状态时,若 S3SM2=0,不论接收到第 9 位数据 S3RB8 是 0 还是 1,S3RI 都以正常方式被激活。

(4) S3REN:允许串行口 3 串行接收控制位。由软件置位或清零。S3REN=1 时,启动接收;S3REN=0 时,禁止接收。

(5) S3TB8:串行口 3 发送数据的第 9 位。在方式 1 中,由软件置位或复位,可作为奇偶校验位;在多机通信中,可作为区别地址帧或数据帧的标识位。一般约定地址帧时,S3TB8 为 1;数据帧时,S3TB8 为 0。

(6) S3RB8:在方式 1 中,是串行口 3 接收到的第 9 位数据,作为奇偶校验位或地址帧、数据帧的标识位。

（7）S3TI：串行口3发送中断标志位。在发送停止位之初由硬件置位。S3TI是发送完一帧数据的标志，既可以用查询的方法，也可以用中断的方法来响应该标志；然后在相应的查询服务程序或中断服务程序中，由软件清除S3TI。

（8）S3RI：串行口3接收中断标志位。在接收停止位的中间由硬件置位。S3RI是接收完一帧数据的标志，同S3TI一样，既可以用查询的方法，也可以用中断的方法来响应该标志；然后在相应的查询服务程序或中断服务程序中，由软件清除S3RI。

2. 串行口3数据缓冲器S3BUF

S3BUF是串行口3的数据缓冲器，同SBUF一样，一个地址对应两个物理上的缓冲器。当对S3BUF写操作时，对应的是串行口3的发送缓冲器，同时写缓冲器操作又是串行口3的启动发送命令；当对S3BUF读操作时，对应的是串行口3的接收缓冲器，用于读取串行口3串行接收进来的数据。

3. 串行口3的中断控制

IE2的ES3位是串行口3的中断允许位，"1"表示允许，"0"表示禁止。

串行口3的中断向量地址是008BH，其中断号是17；串行口3的中断优先级固定为低级。

三、IAP15W4K58S4单片机串行口4

IAP15W4K58S4单片机串行口4默认对应的发送、接收引脚是TxD4/P0.3、RxD4/P0.2，通过设置P_SW2的S4_S控制位，串行口4的TxD4、RxD4硬件引脚可切换为P5.3、P5.2。

与单片机串行口4有关的特殊功能寄存器有：单片机串行口4控制寄存器、与波特率设置有关的定时器/计数器T2及T4的相关寄存器、与中断控制相关的寄存器，详见表8-1-8。

表 8-1-8　与单片机串行口4有关的特殊功能寄存器

	地址	B7	B6	B5	B4	B3	B2	B1	B0	复位值
S4CON	84H	S4SM0	S4ST4	S4SM2	S4REN	S4TB8	S4RB8	S4TI	S4RI	0000 0000
S4BUF	85H	串行口3数据缓冲器								xxxx xxxx
T2L	D7H	T2的低8位								0000 0000
T2H	D6	T2的高8位								0000 0000
AUXR	8EH	T0x12	T1x12	UART_M0x6	T2R	T2_C/T	T2x12	EXTRAM	S1ST2	0000 0000
T4L	D2H	T4的低8位								0000 0000
T4H	D3H	T5的高8位								0000 0000
T4T3M	D1H	T4R	T4_C/T	T4x12	T4CLKO	T3R	T3_C/T	T3x12	T3CLKO	0000 0000
IER	AFH	—	ET4	ET3	ES4	ES3	ET2	ESPI	ES2	x000 0000
P_SW2	BAH	—	—	—	—	—	S4_S	S3_S	S2_S	xxxx x000

1. 串行口4控制寄存器S4CON

串行口4控制寄存器S4CON用于设定串行口4的工作方式、串行接收控制以及设置状态标志。字节地址为84H，单片机复位时，所有位全为0，其格式为：

地址	B7	B6	B5	B4	B3	B2	B1	B0	复位值
S4CON	84H	S4SM0	S4ST3	S4SM2	S4REN	S4TB8	S4RB8	S4TI	S4RI	0000 0000

各位说明如下。

(1) S4SM0：用于指定串行口 4 的工作方式，如表 8-1-9 所示。

表 8-1-9　串行口 4 工作方式选择

S4SM0	工作方式	功　能	波　特　率
0	方式 0	10 位 UART	T2 溢出率/4，或 T4 溢出率/4
1	方式 1	11 位 UART	

(2) S4ST3：串行口 4 选择波特率发生器控制位。

① 0：选择定时器 T2 为波特率发生器，其波特率为 T2 溢出率的四分之一。

② 1：选择定时器 T4 为波特率发生器，其波特率为 T4 溢出率的四分之一。

(3) S4SM2：串行口 4 多机通信控制位，用在方式 1 中。在方式 1 处于接收状态时，若 S4SM2＝1，且接收到的第 9 位数据 S4RB8 为 0，不激活 S4RI；若 S4SM2＝1，且 S4RB8＝1，则置位 S4RI 标志。在方式 1 处于接收状态时，若 S4SM2＝0，不论接收到的第 9 位数据 S4RB8 为 0 还是为 1，S4RI 都以正常方式被激活。

(4) S4REN：允许串行口 4 接收控制位。由软件置位或清零。S4REN＝1 时，启动接收；S4REN＝0 时，禁止接收。

(5) S4TB8：串行口 4 发送数据的第 9 位。在方式 1 中，由软件置位或复位，可作为奇偶校验位；在多机通信中，可作为区别地址帧或数据帧的标识位。一般约定地址帧时，S4TB8 为 1；数据帧时，S4TB8 为 0。

(6) S4RB8：在方式 1 中，是串行口 4 接收到的第 9 位数据，作为奇偶校验位或地址帧、数据帧的标识位。

(7) S4TI：串行口 4 发送中断标志位。在发送停止位之初由硬件置位。S4TI 是发送完一帧数据的标志，既可以用查询的方法，也可以用中断的方法来响应该标志；然后在相应的查询服务程序或中断服务程序中，由软件清除 S4TI。

(8) S4RI：串行口 4 接收中断标志位。在接收停止位的中间由硬件置位。S4RI 是接收完一帧数据的标志，同 S4TI 一样，既可以用查询的方法，也可以用中断的方法来响应该标志；然后在相应的查询服务程序或中断服务程序中，由软件清除 S4RI。

2. 串行口 4 数据缓冲器 S4BUF

S4BUF 是串行口 4 的数据缓冲器，同 SBUF 一样，一个地址对应两个物理上的缓冲器。当对 S4BUF 写操作时，对应的是串行口 4 的发送缓冲器，同时写缓冲器操作又是串行口 4 的启动发送命令；当对 S4BUF 读操作时，对应的是串行口 4 的接收缓冲器，用于读取串行口 4 串行接收的数据。

3. 串行口 4 的中断控制

IE2 的 ES4 位是串行口 4 的中断允许位，"1"表示允许，"0"表示禁止。

串行口 4 的中断向量地址是 0093H，其中断号是 18；串行口 4 的中断优先级固定为低级。

任务拓展

采用串行口 2 实现双机通信,功能同本任务要求。试画出硬件电路图,编写程序,并上机调试。

任务 2 IAP15W4K58S4 单片机与 PC 间的串行通信

任务说明

本任务学习 IAP15W4K58S4 单片机与 PC 之间的串行通信,以便 PC 对单片机进行管理与控制。IAP15W4K58S4 单片机的在线编程就是利用 PC 的串口与 IAP15W4K58S4 单片机的串口通信的。在 PC 端有两种串口实现方法:一是利用 PC 的 RS-232C 串口,二是利用 PC USB 接口模拟 RS-232C 串口。

相关知识

IAP15W4K58S4 单片机与 PC 的通信

1. 单片机与 PC RS-232 串行通信的接口设计

在单片机应用系统中,与上位机的数据通信主要采用异步串行方式。在设计通信接口时,必须根据需要选择标准接口,并考虑传输介质、电平转换等问题。采用标准接口后,能够方便地把单片机和外设、测量仪器等有机地连接起来,构成一个测控系统。例如,当需要单片机和 PC 通信时,通常采用 RS-232 接口进行电平转换。

RS-232C 是使用最早、应用最多的一种异步串行通信总线标准。它是美国电子工业协会(EIA)1962 年公布,1969 年最后修订而成的。其中,RS 表示 Recommended Standard,232 是该标准的标识号,C 表示最后一次修订。

RS-232C 主要用来定义计算机系统的一些数据终端设备(DTE)和数据电路终接设备(DCE)之间的电气性能。8051 单片机与 PC 的通信通常采用这种类型的接口。

RS-232C 串行接口总线适用于设备之间的通信距离不大于 15m,传输速率最大为 20Kb/s 的场合。

1) RS-232C 信息格式标准

RS-232C 采用串行格式,如图 8-2-1 所示。该标准规定:信息的开始为起始位,信息的结束为停止位;信息本身可以是 5、6、7、8 位再加 1 位奇偶位。如果两个信息之间无信息,则写"1",表示空。

2) RS-232C 电平转换器

RS-232C 规定了自己的电气标准。由于它是在 TTL 电路之前研制的,所以其电平不是+5V 和地,而是采用负逻辑,即

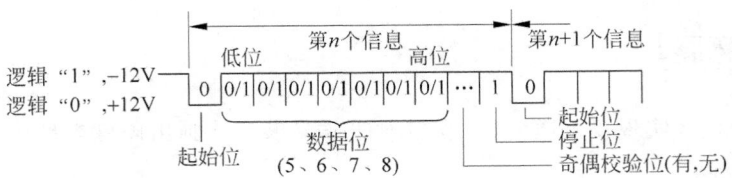

图 8-2-1　RS-232C 信息格式

（1）逻辑"0"：＋5～＋15V，PC 机 RS-232C 逻辑"0"电平为＋12V。

（2）逻辑"1"：－5～－15V，PC 机 RS-232C 逻辑"1"电平为－12V。

因此，RS-232C 不能和 TTL 电平直接相连，使用时必须进行电平转换，否则将使 TTL 电路烧坏，实际应用时必须要注意！

目前，常用的电平转换电路是 MAX232 或 STC232。MAX232 的逻辑结构图如图 8-2-2 所示。

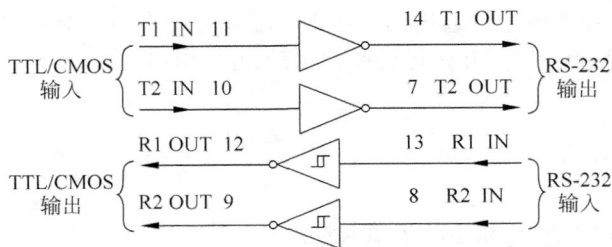

图 8-2-2　MAX232 功能引脚图

3) RS-232C 总线规定

RS-232C 标准总线为 25 根，使用 25 个引脚的连接器，各信号引脚的定义如表 8-2-1 所示。

表 8-2-1　RS-232C 标准总线

引脚	定　　义	引脚	定　　义
1	保护地(PE)	14	辅助通道发送数据
2	发送数据(TxD)	15	发送时钟(TxC)
3	接收数据(RxD)	16	辅助通道接收数据
4	请求发送(RTS)	17	接收时钟(RxC)
5	清除发送(CTS)	18	未定义
6	数据通信设备准备就绪(DSR)	19	辅助通道请求发送
7	信号地(SG)	20	数据终端设备就绪(DTR)
8	接收线路信号检测(DCD)	21	信号质量检测
9	接收线路建立检测	22	音响指示
10	线路建立检测	23	数据速率选择
11	未定义	24	发送时钟
12	辅助通道接收线信号检测	25	未定义
13	辅助通道清除发送		

连接器的机械特性：由于 RS-232C 并未定义连接器的物理特性，因此出现了 DB-25、DB-15 和 DB-9 各种类型的连接器，其引脚的定义各不相同。下面分别介绍两种连接器。

（1）DB-25：DB-25 型连接器的外形及信号线分配如图 8-2-3（a）所示，各引脚功能与表 8-2-1 所示一致。

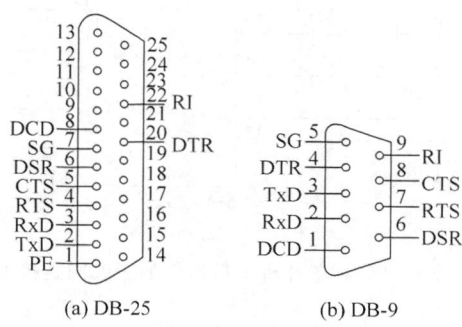

图 8-2-3　DB-9、DB-25 连接器引脚图

（2）DB-9 连接器：DB-9 连接器只提供异步通信的 9 个信号，如图 8-2-3（b）所示。DB-9 型连接器的引脚分配与 DB-25 型引脚信号完全不同。因此，若与配接 DB-25 型连接器的 DCE 设备连接，必须使用专门的电缆线。

在通信速率低于 20Kb/s 时，RS-232C 直接连接的最大物理距离为 15m（50 英尺）。

2. RS-232C 接口与 8051 单片机的通信接口设计

在 PC 系统内都装有异步通信适配器，利用它实现异步串行通信。该适配器的核心元件是可编程的 Intel 8250 芯片，它使 PC 有能力与其他具有标准 RS-232C 接口的计算机或设备通信。IAP15W4K58S4 单片机本身具有一个全双工串行口，因此只要配以电平转换的驱动电路、隔离电路，就可组成一个简单可行的通信接口。同样，PC 和单片机之间的通信也分为双机通信和多机通信。

关于 PC 和单片机串行通信的硬件连接，最简单的是零调制三线经济型，这是全双工通信必需的最少线路。计算机的 9 针串口只连接其中的三根线：第 5 脚的 GND，第 2 脚的 RxD，第 3 脚的 TxD，如图 8-2-4 所示。这也是 IAP15W4K58S4 单片机的程序下载电路。

3. IAP15W4K58S4 单片机与 PC USB 总线通信的接口设计

目前，PC 常用串行通信接口是 USB 接口，绝大多数不再将 RS-232C 串行接口作为标配。为了现代 PC 能与 STC 单片机串行通信，采用 CH340 将 USB 总线转串口 UART，采用 USB 总线模拟 UART 通信。USB 总线转 UART 电路见项目二任务 1 图 2-1-4 所示。

STC15W4K 系列与 IAP15W4K58S4 单片机可直接与计算机的 USB 接口通信，其电路如图 8-2-5 所示。实际上，STC 单片机与 PC 的通信线路也就是 STC 单片机的在线编程电路。

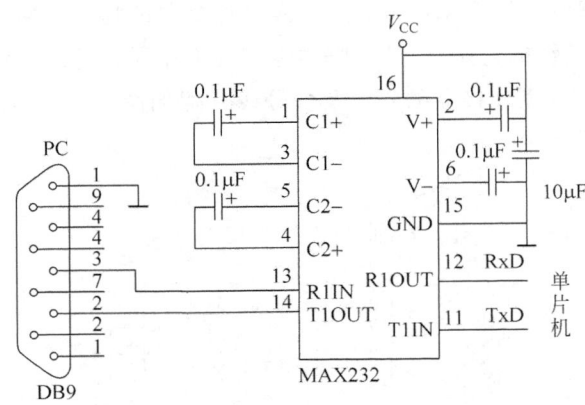

图 8-2-4　PC 和单片机串行通信的三线制连接电路

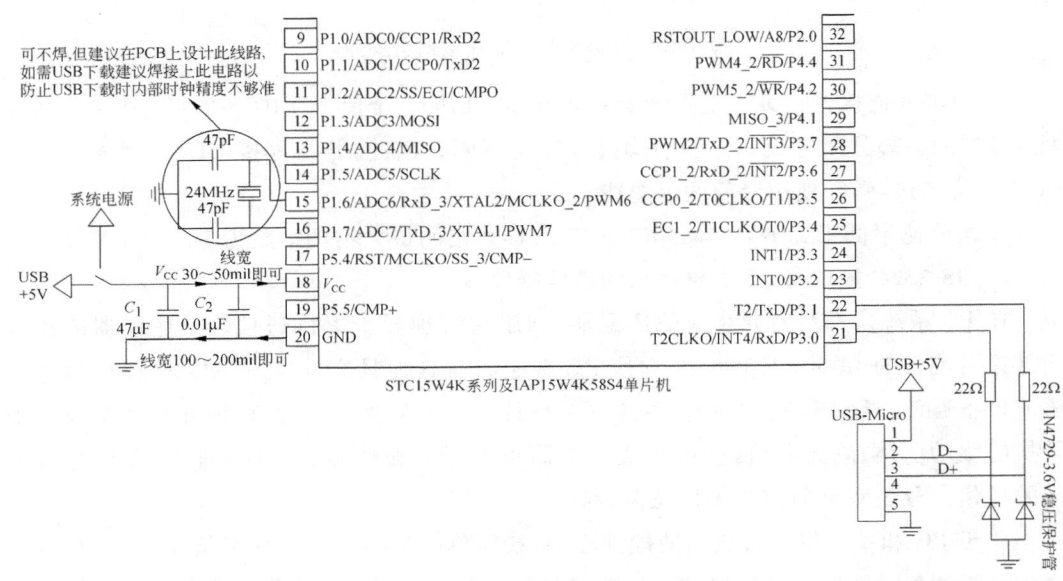

图 8-2-5　USB 直接在线编程电路

4. IAP15W4K58S4 单片机与 PC 串行通信的程序设计

通信程序设计分为计算机(上位机)程序设计与单片机(下位机)程序设计。

为了实现单片机与 PC 的串口通信,PC 端需要开发相应的串口通信程序。这些程序通常用高级语言开发,比如 VC、VB 等。在实际开发调试单片机端的串口通信程序时,也可以使用 STC 系列单片机下载程序中内嵌的串口调试程序或其他串口调试软件(如串口调试精灵软件)来模拟 PC 端的串口通信程序。这也是在实际工程开发,特别是团队开发时常用的办法。

串口调试程序无须任何编程,即可实现 RS-232C 的串口通信,有效提高工作效率,使串口调试方便、透明地进行。它可以在线设置各种通信速率、奇偶校验、通信口,无须重新启动程序。发送数据可发送十六进制(HEX)格式和文本(ASCII 码)格式,可以设置定时发送的数据以及时间间隔。可以自动显示接收到的数据,支持 HEX 或文本(ASCII 码)格式显示。它是工程技术人员监视、调试串口程序的必备工具。

单片机程序设计根据不同项目的功能要求设置串口,并利用串口与 PC 进行数据通信。

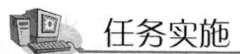 **任务实施**

一、任务要求

PC 通过串口调试程序(STC 系列单片机 STC-ISP 在线编程软件内嵌有串口助手)发送单个十进制数码(0~9)字符,串行接收单片机发送过来的数据。

单片机串行接收 PC 串行发送的数据,然后按"Receiving Data:串行接收数据"发送给 PC,同时将串行接收数据送数码管显示。

二、硬件设计

采用 STC15W4K32S4 系列单片机实验箱。本任务可直接利用 IAP15W4K58S4 单片机的在线编程电路实现 PC 与单片机间的串行通信。硬件连接图如图 8-2-6 所示。

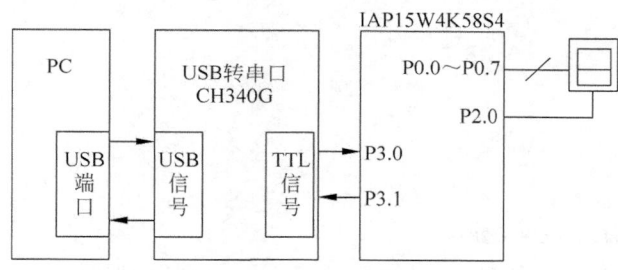

图 8-2-6　PC 与 IAP15W4K58S4 单片机间的通信

三、软件设计

1. 程序说明

PC 发送的是十进制数据的 ASCII 码。因为十进制数据的 ASCII 码与十进制数据间相差 30H,串行接收的数据减去 30H 后就是十进制数字。

串行口的初始化函数通过 STC-ISP 在线编程软件获得。串行发送通过查询方式完成,串行接收通过中断完成。

2. 项目八任务 2 程序文件:项目八任务 2. c

```
# include < stc15.h>        //包含支持 IAP15W4K58S4 单片机的头文件
# include < intrins.h>
# include < gpio.h>         //I/0 初始化文件
# define uchar unsigned char
```

```c
#define uint   unsigned int
#include <display.h>
uchar code as[] = "Receving Data:";
uchar a = 0x30;
/* ---------- 串行口初始化函数 ---------- */
void UartInit(void)              //9600b/s@11.0592MHz
{
    SCON  = 0x50;               //8 位数据,可变波特率
    AUXR | = 0x40;              //定时器 1 时钟为 f_osc,即 1T
    AUXR & = 0xFE;              //串口 1 选择定时器 1 为波特率发生器
    TMOD & = 0x0F;              //设定定时器 1 为 16 位自动重装方式
    TL1  = 0xE0;                //设定定时初值
    TH1  = 0xFE;                //设定定时初值
    ET1  = 0;                   //禁止定时器 1 中断
    TR1  = 1;                   //启动定时器 1
}
/* -------------------- 主函数 -------------------- */
void main(void)
{
    uchar i;
    gpio();
    UartInit();
    ES = 1;
    EA = 1;
    while(1)
    {
        Dis_buf[0] = a - 0x30;
        display();
        if(RI)                  //检测串行接收标志
        {
            EA = 0;
            RI = 0;i = 0;       //清零 RI,并依次发送预置字符串与接收数据
            while(as[i]!= '\0'){SBUF = as[i];while(!TI);TI = 0;i++;}
            SBUF = a;while(!TI);TI = 0;
            EA = 1;            //开中断,以接收下一个 PC 发送的数据
        }
    }
}
/* ------------ 串口中断服务函数 ------------ */
void serial_serve(void) interrupt 4
{
    a = SBUF;                   //读串行接收数据
}
```

四、系统调试

（1）用 USB 线将 PC 与 STC15W4K32S4 系列单片机实验箱相连接，按图 8-2-7 所示相连接硬件电路。

（2）用 Keil C 编辑、编译程序项目八任务 2.c，生成机器代码文件项目八任务 2.hex。

（3）运行 STC-ISP 在线编程软件，将项目八任务 2.hex 下载到 STC15W4K32S4 系列单片机实验箱单片机中。下载完毕，自动进入运行模式。

（4）选择 STC-ISP 在线编程软件的串口助手，进行串口选择与参数设置，如图 8-2-7 所示。

① 根据下载程序的 USB 模拟串口号选择串行助手的串口号，如 COM4。

② 设置串口参数：波特率与单片机串口的波特率一致（9600b/s），无校验位，停止位为 1 位。

③ 发送缓冲区与接收缓冲区都选择文本（字符）格式。

④ 单击"打开串口"按钮。

（5）在发送缓冲区输入数字"3"，然后单击"发送数据"按钮。

① 观察接收缓冲区的内容，如图 8-2-7 所示。

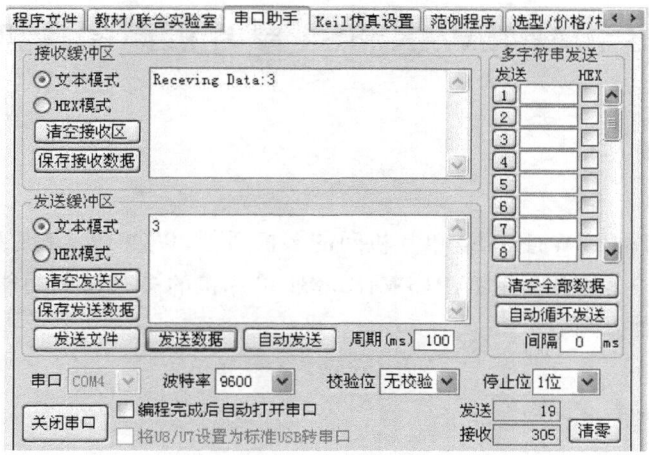

图 8-2-7　串口助手的发送与接收界面

② 观察 STC15W4K32S4 系列单片机实验箱数码管显示内容。

（6）在串口助手的发送缓冲区依次输入十进制数码 0～9 字符，观察串口调试助手的接收缓冲区内容和 STC15W4K32S4 系列单片机实验箱数码管显示内容，并做好记录。

（7）在串口助手的发送缓冲区输入英文字符字符，如字符"A"，观察串口调试助手的接收缓冲区内容和 STC15W4K32S4 系列单片机实验箱数码管显示内容，并做好记录。

（8）比较步骤（6）与步骤（7）观察到的内容有何不同，分析其原因，并提出解决方法。

任务拓展

通过串口助手发送大写英文字母，单片机串行接收后，根据不同的英文字母向 PC 发送不同的信息，并在 STC15-Ⅳ版实验箱数码管显示串行接收的英文字母，具体要求如表 8-2-2 所示。

表 8-2-2　PC 与单片机间串行通信控制功能表

PC 串行助手发送的字符	单片机向 PC 发送的信息
A	"你的姓名"
B	"你的性别"
C	"你的就读学校名称"
D	"你的就读专业名称"
E	"你的学生证号"
其他字符	非法命令

任务 3　IAP15W4K58S4 单片机间的多机通信

任务说明

本任务学习 IAP15W4K58S4 单片机间的多机通信，以便 PC（单片机）对其他单片机进行管理与控制。本任务利用 IAP15W4K58S4 单片机的多机通信功能实现一台主机与两台从机之间的通信。

相关知识

一、多机通信

IAP15W4K58S4 单片机串行口 1 的方式 2 和方式 3 有一个专门的应用领域，即多机通信。这一功能通常采用主从式多机通信方式实现。在这种方式中，有一台主机和多台从机。主机发送的信息可以传送到各个从机或指定的从机，各从机发送的信息只能被主机接收，从机与从机之间不能通信。图 8-3-1 所示是多机通信的连接示意图。

多机通信主要依靠主、从机之间正确地设置与判断 SM2，以及发送或接收的第 9 位数据（TB8 或 RB8）来完成。在单片机串行口以方式 2 或方式 3 接收时，有以下两种情况。

（1）若 SM2＝1，表示允许多机通信。当接收到的第 9 位数据（RB8）为 1 时，置位 RI

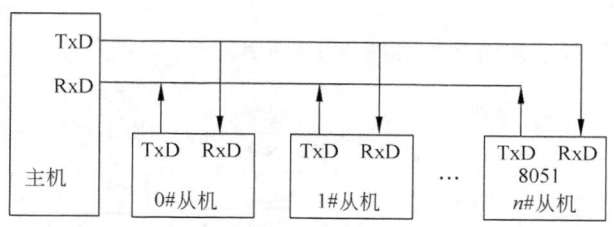

图 8-3-1　多机通信连接示意图

标志,向 CPU 发出中断请求；当接收的第 9 位数据为 0 时,不置位 RI 标志,不产生中断,信息将丢失,即不能接收数据。

（2）若 SM2＝0,则接收到的第 9 位数据无论是 1 还是 0,都会置位 RI 中断标志,即接收数据。

在编程前,首先要给各从机定义地址编号,系统中允许接有 256 台从机,地址编码为 00H～FFH。在主机想发送一个数据块给某台从机时,它必须先送出一个地址字节,以辨认从机。多机通信的过程简述如下。

（1）主机发送一帧地址信息,与所需从机联络。主机应置 TB8 为 1,表示发送的是地址帧。例如：

```
SCON = 0xd8H;              //设串行口为方式3,TB8 = 1,允许接收
```

（2）所有从机的 SM2 为 1,处于准备接收一帧地址信息的状态。例如：

```
SCON = 0xf0;              //设串行口为方式3,SM2 = 1,允许接收
```

（3）各从机接收地址信息。各从机串行接收完成后,因为接收到的第 9 位数据 RB8 为 1,则置位中断标志 RI。串行接收中断服务程序中,首先判断主机送过来的地址信息与自己的地址是否相符。对于地址相符的从机,清零 SM2,以接收主机随后发来的所有信息。对于地址不相符的从机,保持 SM2 为 1 的状态,对主机随后发来的信息不理睬,直到发送新的一帧地址信息。

（4）主机发送控制指令或数据信息给被寻址的从机。其中,主机置 TB8 为 0,表示发送的是数据或控制指令。对于没选中的从机,因为 SM2＝1,而串行接收到的第 9 位数据 RB8 为 0,所以不会置位串行接收中断标志 RI,对主机发送的信息不接收；对于选中的从机,因为 SM2 为 0,串行接收后会置位 RI 标志,引发串行接收中断,执行串行接收中断服务程序,接收主机发过来的控制命令或数据信息。

二、应用实例

【例 8-3-1】　设系统晶振频率为 11.0592MHz,以 9600b/s 的波特率通信。

（1）主机向指定从机（如 10♯从机）发送指定位置为起始地址（如扩展 RAM0000H）的若干个（如 10 个）数据,以发送空格（20H）作为结束。

（2）从机接收主机发来的地址帧信息,并与本机的地址号相比较,若不符合,仍保持 SM2＝1 不变；若相等,使 SM2 清零,准备接收后续的数据信息,直至接收到空格数据信

息为止,并置位 SM2。

解 主机和从机的程序流程图如图 8-3-2 所示。

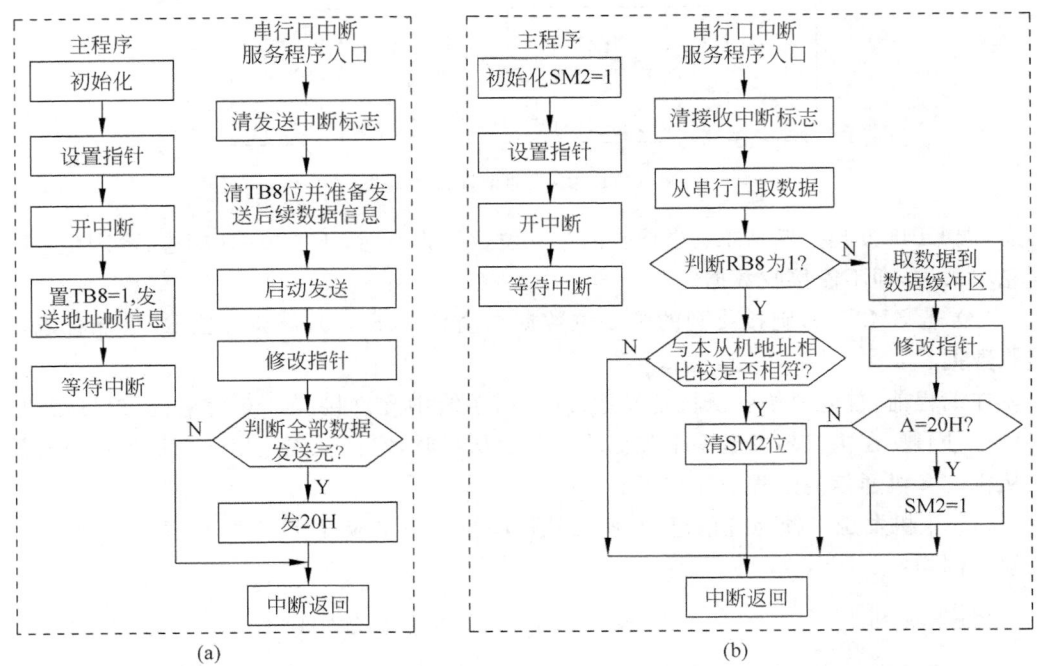

图 8-3-2 多机通信主机与从机程序流程图

(1) 主机程序

```
# include < stc15.h >              //包含支持 IAP15W4K58S4 单片机的头文件
# include < intrins.h >
# include < gpio.h >               //I/O 初始化文件
# define uchar unsigned char
# define uint   unsigned int
uchar xdata   ADDRT[10];           //设置保存数据的扩展 RAM 单元
uchar SLAVE = 10;                  //设置从机地址号的变量
uchar num = 10, * mypdata;         //设置要传送数据的字节数
/* --------------- 波特率子函数,从 STC-ISP 在线编程工具中获得 --------------- */
void UartInit(void)                //9600b/s@11.0592MHz
{
    SCON = 0xD0;                   //方式 3,允许串行接收
    AUXR |= 0x40;                  //定时器 1 时钟为 f_sys
    AUXR &= 0xFE;                  //串口 1 选择定时器 1 为波特率发生器
    TMOD &= 0x0F;                  //设定定时器 1 为 16 位自动重装方式
    TL1 = 0xE0;                    //设定定时初值
    TH1 = 0xFE;                    //设定定时初值
    ET1 = 0;                       //禁止定时器 1 中断
    TR1 = 1;                       //启动定时器 1
}
```

```
/* ------------------ 发送中断服务子函数 ----------------------- */
void Serial_ISR(void) interrupt 4
{
        if(TI == 1)
        {
            TI = 0;
            TB8 = 0;
            SBUF = * mypdata;          //发送数据
            mypdata++;                 //修改指针
            num -- ;
            if(num == 0)
            {
                ES = 0;
                while(TI == 0) ;
                TI = 0;
                SBUF = 0x20;
            }
        }
}
/* ---------------------- 主函数 ---------------------------- */
void main (void)
{
        GPIO();
        UartInit();
        mypdata = ADDRT;
        ES = 1;
        EA = 1;
        TB8 = 1;
        SBUF = SLAVE;                  //发送从机地址
        while(1);                      //等待中断
}
```

(2) 从机程序

```
# include < stc15.h >                  //包含支持 IAP15W4K58S4 单片机的头文件
# include < intrins.h >
# include < gpio.h >                   //I/O 初始化文件
# define uchar unsigned char
# define uint   unsigned int
uchar  xdata  ADDRR[10];
uchar  SLAVE = 10, rdata, * mypdata;
```

```
/* ---------- 串行口波特率子函数从 STC-ISP 在线编程工具中获得 ---------- */
void UartInit(void)                  //9600b/s@11.0592MHz,从 STC-ISP 工具中获得
{
    SCON  =  0xF0;                   //方式 3,允许多机通信,允许串行接收
    AUXR |  = 0x40;                  //定时器 1 时钟为 f_SYS
    AUXR &  = 0xFE;                  //串口 1 选择定时器 1 为波特率发生器
    TMOD &  = 0x0F;                  //设定定时器 1 为 16 位自动重装方式
    TL1  = 0xE0;                     //设定定时初值
    TH1  = 0xFE;                     //设定定时初值
    ET1  = 0;                        //禁止定时器 1 中断
    TR1  = 1;                        //启动定时器 1
}
```

```
/* ----------------------接收中断服务子函数---------------------- */
void Serial_ISR(void) interrupt 4
{
    RI = 0;
    rdata = SBUF;                    //将接收缓冲区的数据保存到 rdata 变量中
    if(RB8)                          //RB8 为 1 说明收到的信息是地址
    {
        if(rdata == SLAVE)          //如果地址相等,则 SM2 = 0
            SM2  = 0;
    }
    else                            //接收到的信息是数据
    {
        * mypdata = rdata;
        mypdata++;
        if(rdata == 0x20)           //所有数据接收完毕,令 SM2 为 1,为下一次接收地址信
                                    //息做准备
            SM2  = 1;
    }
}
```

```
/* ----------------------- 主函数 ----------------------- */
void main (void)
{
    GPIO();                         //调用 I/O 初始化函数
    UartInit();                     //调用串口 1 的初始化函数
    mypdata = ADDRR;                //取存放数据数组的首地址
    ES = 1;                         //开放串行口 1 中断
    EA = 1;
    while(1);                       //等待中断
}
```

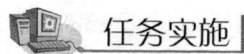

一、任务要求

设置 1 个开关,用于选择从机。当开关断开时选择从机 1,从主机 P1 口输入的数据通过串口 1 传送到从机 1,并用数码管显示;当开关合上时,选择从机 2,从主机 P1 口输入的数据通过串口 1 传送到从机 2,并用数码管显示。

二、硬件设计

采用项目四任务 4 所述的数码管用于显示。根据题意设计的硬件电路如图 8-3-3 所示。

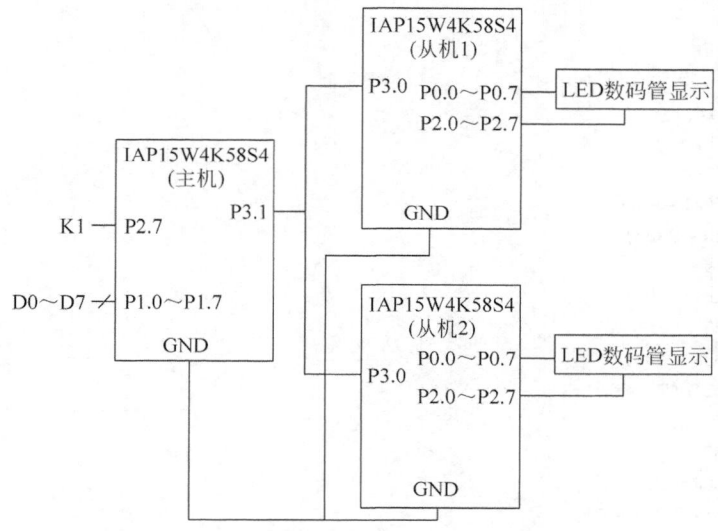

图 8-3-3 项目八任务 3 硬件连接图

三、软件设计

1. 程序说明
本任务程序分主机程序与从机程序。其中,从机程序中又区分从机 1 与从机 2。从机程序中的数据显示程序直接采用包含库文件与调用显示函数的方法实现。

2. 主机程序:项目八任务 3(主).c

```
# include < stc15.h >
# include < intrins.h >
# include < gpio.h >                  //I/O初始化文件
# define uchar unsigned char
# define uint   unsigned int
# define SUB1   0x01                  //从机 1 地址
```

```
#define SUB2   0x02                 //从机 2 地址
uchar sub;                          //定义从机变量
sbit k1 = P2 ^ 7;
/* ---------------- 波特率设置函数 ---------------- */
void UartInit(void)                 //9600b/s@11.0592MHz
{
    SCON  = 0xD0;                   //9 位数据,可变波特率
    AUXR |= 0x40;                   //定时器 1 时钟为 f_osc,即 1T
    AUXR &= 0xFE;                   //串口 1 选择定时器 1 为波特率发生器
    TMOD &= 0x0F;                   //设定定时器 1 为 16 位自动重装方式
    TL1 = 0xE0;                     //设定定时初值
    TH1 = 0xFE;                     //设定定时初值
    ET1 = 0;                        //禁止定时器 1 中断
    TR1 = 1;                        //启动定时器 1
}
/* ---------------- 主函数 ---------------- */
void main()
{
    gpio();
    UartInit();
    while(1)
    {
        if(k1 == 0)
        sub = SUB2;
        else
        sub = SUB1;
        TB8 = 1;
        SBUF = sub;
        while(TI == 0);
        TI = 0;
        TB8 = 0;
        SBUF = P1;
        while(TI == 0);
        TI = 0;
    }
}
```

3. 从机程序:项目八任务 3(从).c

```
#include < stc15.h >
#include < intrins.h >
#include < gpio.h >                 //I/O初始化文件
#define uchar unsigned char
#define uint  unsigned int
#include < display.h >
#define SUB   0x01                  //从机 1 地址为 01,从机 2 时改为 02
/* ---------------- 波特率设置函数 ---------------- */
void UartInit(void)                 //9600b/s@11.0592MHz
{
    SCON = 0xD0;                    //9 位数据,可变波特率
```

```
        AUXR |= 0x40;              //定时器 1 时钟为 f_osc，即 1T
        AUXR &= 0xFE;              //串口 1 选择定时器 1 为波特率发生器
        TMOD &= 0x0F;              //设定定时器 1 为 16 位自动重装方式
        SM2 = 1;
        TL1 = 0xE0;                //设定定时初值
        TH1 = 0xFE;                //设定定时初值
        ET1 = 0;                   //禁止定时器 1 中断
        TR1 = 1;                   //启动定时器 1
}
/* ---------------- 主函数 -------------------- */
void main()
{
    gpio();
    UartInit();
    ES = 1;
    EA = 1;
    while(1)
    {
        display();

    }

}
/* ---------------- 串行口 1 中断函数 -------------------- */
void s_isr() interrupt 4
{
    RI = 0;
    if(RB8 == 1)
    {
        if(SBUF == SUB)SM2 = 0;
    }
    else
    {
        SM2 = 1;
        Dis_buf[0] = SBUF % 10;
        Dis_buf[1] = SBUF/10 % 10;
        Dis_buf[2] = SBUF/100 % 10;

    }
}
```

四、系统调试

(1) 需要 3 台 STC15W4K32S4 系列单片机实验箱。其中，一台命名为主机，一台命名为从机 1，一台命名为从机 2。用 USB 线将 PC 与 STC15W4K32S4 系列单片机实验箱连接起来。

(2) 用 Keil C 编辑、编译程序项目八任务 3(主).c，生成机器代码文件项目八任务 3(主).hex，并下载到主机的单片机中。

(3) 设置程序项目八任务 3(从).c 中的从机号为 1。用 Keil C 编辑、编译程序项目八任务 3(从).c,生成机器代码文件项目八任务 3(从)1. hex,并下载到从机 1 的单片机中。

(4) 修改程序项目八任务 3(从).c 中的从机号为 2。用 Keil C 编辑、编译程序项目八任务 3(从).c,生成机器代码文件项目八任务 3(从)2. hex,并下载到从机 2 的单片机中。

(5) 按图 8-3-3 所示,连接 3 台 STC15W4K32S4 系列单片机实验箱。

(6) 打开 3 台 STC15W4K32S4 系列单片机实验箱电源,自动进入运行模式进行调试。

① K1 断开时,修改主机 P1 口输入数据,观察从机 1 与从机 2 的数码显示并记录。

② K1 合上时,修改主机 P1 口输入数据,观察从机 1 与从机 2 的数码显示并记录。

任务拓展

完善多机通信硬件电路与修改程序,实现主机与从机间的双向通信。当主机选中的从机接收到地址信号后,向主机发送一个应答信号。主机接收到从机发送的应答信号后,点亮主机通信正常指示灯;若在 1s 期间未接到应答信号,点亮通信错误指示灯。

知识延伸

一、IAP15W4K58S4 单片机串行口 1 的中继广播方式

所谓串行口的中继广播方式,是指单片机串行口发送引脚(TxD)的输出可以实时反映串行口接收引脚(RxD)输入的电平状态。

IAP15W4K58S4 单片机串行口 1 具有中继广播方式功能,通过设置 CLK_DIV 特殊功能寄存器的 B4 位实现。CLK_DIV 的格式如下所示:

	地址	B7	B6	B5	B4	B3	B2	B1	B0	复位值
CLK_DIV	97H	MCKO_S1	MCKO_S0	ADRJ	Tx_Rx	—	CLKS2	CLKS1	CLKS0	0000 x000

Tx_Rx 是串行口 1 中继广播方式设置位。Tx_Rx=0,串行口 1 为正常工作方式;Tx_Rx=1,串行口 1 为中继广播方式。

串行口 1 中继广播方式除通过设置 Tx_Rx 来选择外,还可以在 STC-ISP 在线编程软件中设置。

当单片机的工作电压低于上电复位门槛电压时,Tx_Rx 默认为 0,即串行口默认为正常工作方式;当单片机的工作电压高于上电复位门槛电压时,单片机首先读取用户在 STC-ISP 在线编程软件中的设置。如果用户允许了"单片机 TxD 引脚的对外输出实时反映 RxD 端口输入的电平状态",即中继广播方式,则上电复位后,TxD 引脚的对外输出实时反映 RxD 端口输入的电平状态;如果用户未选择"单片机 TxD 引脚的对外输出实时反映 RxD 端口输入的电平状态",则上电复位后,串行口 1 为正常工作方式。

在 STC-ISP 在线编程软件中,可设置串行口 1 的发送/接收为 P3.7/P3.6,并设置中继广播方式,P3.7 引脚输出 P3.6 引脚的输入电平。

在 STC-ISP 在线编程软件中,单片机上电后就可以执行;若用户程序中的设置与 STC-ISP 在线编程软件中的设置不一致,执行到相应的用户程序,就会覆盖原来 STC-ISP 在线编程软件中的设置。

二、IAP15W4K58S4 单片机串行口硬件引脚的切换

通过对特殊功能寄存器 P_SW1(AUXR1)中 S1_S1、S1_S0 位的控制,可实现串行口 1 的发送与接收硬件在不同引脚间切换;通过对特殊功能寄存器 P_SW2 中的 S2_S、S3_S 和 S4_S 位的控制,可实现串行口 2、串行口 3 和串行口 4 的发送与接收硬件引脚在不同引脚间切换。P_SW1(AUXR1)、P_SW2 的数据格式如下所示。

	地址	B7	B6	B5	B4	B3	B2	B1	B0	复位值
P_SW1 (AUXR1)	A2H	S1_S1	S1_S0	CCP_S1	CCP_S0	SPI_S1	SPI_S0	0	DPS	0000 00x0
P_SW2	BAH	EAXSFR	0	0	0	—	S4_S	S3_S	S2_S	0000 x000

1. 串行口 1 硬件引脚切换

串行口 1 硬件引脚切换由 P_SW1 中的 S1_S1、S1_S0 位控制,具体切换情况如表 8-3-1 所示。

表 8-3-1　串行口 1 硬件引脚切换

S1_S1	S1_S0	串行口 1	
		TxD	RxD
0	0	P3.1	P3.0
0	1	P3.7(TxD_2)	P3.6(RxD_2)
1	0	P1.7(TxD_3)	P1.6(RxD_3)
1	1	无效	

2. 串行口 2、3、4 硬件引脚切换

串行口 2、3、4 硬件引脚切换分别由 P_SW2 中的 S2_S、S3_S、S4_S 位控制,具体切换情况如表 8-3-2~表 8-3-4 所示。

表 8-3-2　串行口 2 硬件引脚切换

S2_S	串行口 2	
	TxD4	RxD4
0	P1.1	P1.0
1	P4.7(TxD2_2)	P4.6(RxD2_2)

表 8-3-3　串行口 3 硬件引脚切换

S3_S	串行口 3	
	TxD3	RxD3
0	P0.1	P0.0
1	P5.1(TxD3_2)	P5.0(RxD3_2)

表 8-3-4　串行口 4 硬件引脚切换

S4_S	串行口 4	
	TxD4	RxD4
0	P0.3	P0.2
1	P5.3(TxD4_2)	P5.2(RxD4_2)

习　题

一、填空题

1. 微型计算机的数据通信分为_____与串行通信两种类型。

2. 串行通信中,按数据传送方向,分为_____、半双工与_____三种制式。

3. 串行通信中,按同步时钟类型,分为_____与同步串行通信两种方式。

4. 异步串行通信以字符帧为发送单位,每个字符帧包括_____、数据位与_____ 3 个部分。

5. 异步串行通信中,起始位是_____,停止位是_____。

6. IAP15W4K58S4 单片机有_____个_____的串行口。

7. IAP15W4K58S4 单片机包含 2 个_____、1 个移位寄存器、1 个串行口控制寄存器与 1 个_____。

8. IAP15W4K58S4 单片机串行口 1 的数据缓冲器是_____。实际上,1 个地址对应 2 个寄存器。当对数据缓冲器进行写操作时,对应的是_____数据寄存器,又是串行口 1 发送的启动命令;当对数据缓冲器进行读操作时,对应的是_____数据寄存器。

9. IAP15W4K58S4 单片机串行口 1 有 4 种工作方式,方式 0 是_____,方式 1 是_____,方式 2 是_____,方式 3 是_____。

10. IAP15W4K58S4 单片机串行口 1 的多机通信控制位是_____。

11. IAP15W4K58S4 单片机串行口 1 方式 0 的波特率是_____,方式 1、方式 3 的波特率是_____,方式 2 的波特率是_____。

12. IAP15W4K58S4 单片机串行口 1 的中断请求标志包含 2 个,发送中断请求标志是_____,接收中断请求标志是_____。

二、选择题

1. 当 SM0=0,SM1=1 时,IAP15W4K58S4 单片机串行口 1 工作在_____。

　　A. 方式 0　　　　　B. 方式 1　　　　　C. 方式 2　　　　　D. 方式 3

2. 若使 IAP15W4K58S4 单片机串行口 1 工作在方式 2,SM0、SM1 的值应设置为_____。

　　　　A. 0、0　　　　　B. 0、1　　　　　C. 1、0　　　　　D. 1、1

3. IAP15W4K58S4 单片机串行口 1 串行接收时,在_____情况下,串行接收结束后,不会置位串行接收中断请求标志 RI。

　　　　A. SM2=1,RB8=1　　　　　　　　B. SM2=0,RB8=1

　　　　C. SM2=1,RB8=0　　　　　　　　D. SM2=0,RB8=0

4. IAP15W4K58S4 单片机串行口 1 在方式 2、方式 3 中,若使串行发送的第 9 位数据为 1,则在串行发送前,应使_____置 1。

    A. RB8   B. TB8   C. TI   D. RI

5. IAP15W4K58S4 单片机串行口 1 在方式 2、方式 3 中,若想串行发送的数据为奇校验,应使 TB8 _____。

    A. 置 1   B. 置 0   C. =P   D. =$\overline{P}$

6. IAP15W4K58S4 单片机串行口 1 在方式 1 时,一个字符帧的位数是_____位。

    A. 8   B. 9   C. 10   D. 11

三、判断题

1. 同步串行通信中,发送、接收双方的同步时钟必须完全同步。   (   )

2. 异步串行通信中,发送、接收双方可以拥有各自的同步时钟,但发送、接收双方的通信速率要求一致。   (   )

3. IAP15W4K58S4 单片机串行口 1 在方式 0、方式 2 中,S1ST2 的值不影响波特率的大小。   (   )

4. IAP15W4K58S4 单片机串行口 1 在方式 0 中,PCON 的 SMOD 控制位的值会影响波特率的大小。   (   )

5. IAP15W4K58S4 单片机串行口 1 在方式 1 中,PCON 的 SMOD 控制位的值会影响波特率的大小。   (   )

6. IAP15W4K58S4 单片机串行口 1 在方式 1、方式 3 中,S1ST2=1 时,选择 T1 为波特率发生器。   (   )

7. IAP15W4K58S4 单片机串行口 1 在方式 1、方式 3 中,当 SM2=1 时,串行接收到的第 9 位数据为 1 时,串行接收中断请求标志 RI 不会置 1。   (   )

8. IAP15W4K58S4 单片机串行口 1 串行接收的允许控制位是 REN。   (   )

9. IAP15W4K58S4 单片机的串行口 2、串行口 3、串行口 4 也有 4 种工作方式。

    (   )

10. IAP15W4K58S4 单片机串行口 1 有 4 种工作方式,而串行口 2、串行口 3、串行口 4 只有 2 种工作方式。   (   )

11. IAP15W4K58S4 单片机在应用中,串行口 1 的串行发送与接收引脚是固定不变的。   (   )

12. 通过编程设置,IAP15W4K58S4 单片机串行口 1 的串行发送引脚的输出信号可以实时反映串行接收引脚的输入信号。   (   )

四、问答题

1. 微型计算机数据通信有哪两种工作方式?各有什么特点?

2. 异步串行通信中,字符帧的数据格式是怎样的?

3. 什么叫波特率?如何利用 STC-ISP 在线编程工具获得 IAP15W4K58S4 单片机串行口波特率的应用程序?

4. IAP15W4K58S4 单片机串行口 1 有哪 4 种工作方式?如何设置?各有什么功能?

5. 简述 IAP15W4K58S4 单片机串行口 1 方式 2、方式 3 的相同点与不同点。

6. IAP15W4K58S4 单片机的串行口 2、串行口 3、串行口 4 有哪两种工作方式？如何设置？各有什么功能？

7. 简述 IAP15W4K58S4 单片机串行口 1 多机通信的实现方法。

8. 简述 IAP15W4K58S4 单片机串行口 1 广播中继功能的实现方法。

五、程序设计题

1. 甲机按 1s 定时从 P1 口读取输入数据，并通过串行口 2 按奇校验方式发送到乙机；乙机通过串行口 3 串行接收甲机发过来的数据，并进行奇校验。如无误，LED 数码管显示串行接收到的数据；如有误，重新接收。若连续 3 次有误，向甲机发送错误信号，甲、乙机同时进行声光报警。

画出硬件电路图，编写程序，并上机调试。

2. 通过 PC 向 IAP15W4K58S4 单片机发送控制命令，具体要求如习题表 8-1 所示。

习题表 8-1

PC 发送字符	IAP15W4K58S4 单片机功能要求
0	P1 控制的 LED 灯循环左移
1	P1 控制的 LED 灯循环右移
2	P1 控制的 LED 灯按 500ms 时间间隔闪烁
3	P1 控制的 LED 灯按 500ms 时间间隔，高 4 位与低 4 位交叉闪烁
非 0、1、2、3 字符	P1 控制的 LED 灯全亮

画出硬件电路图，编写程序，并上机调试。

项目 九 ——————————————————————— Project 9

IAP15W4K58S4单片机的低功耗设计与可靠性设计

本项目要达到的目标包括两大方面：一是让读者理解单片机应用系统的设计，不仅仅是系统的功能设计，还包括系统的性能设计，即可靠性设计与节能设计；二是让读者应用 IAP15W4K58S4 单片机的慢速模式、空闲模式、掉电模式实现系统低功耗（节能）设计；三是让读者应用 IAP15W4K58S4 单片机的看门狗电路实现系统的可靠性设计。

知识点：

◆ IAP15W4K58S4 单片机的慢速模式。

◆ IAP15W4K58S4 单片机的空闲模式。

◆ IAP15W4K58S4 单片机的停机模式。

◆ IAP15W4K58S4 单片机的看门狗电路。

技能点：

◆ IAP15W4K58S4 单片机低功耗设计的应用编程。

◆ IAP15W4K58S4 单片机可靠性设计的应用编程。

任务 1　IAP15W4K58S4 单片机的低功耗设计

 任务说明

电子产品的低功耗设计越来越受到人们的重视。IAP15W4K58S4 单片机除在集成电路工艺上保证了低功耗特性，在使用上可进一步降低单片机的功耗。IAP15W4K58S4 单片机可根据应用项目的不同要求，工作在慢速模式、空闲模式或停机模式，进一步降低功耗，节省能源。IAP15W4K58S4 单片机工作的典型功耗是 2.7～7mA，停机模式下 <0.1μA，空闲模式下的典型功耗是 1.8mA。本任务学习 IAP15W4K58S4 单片机实现停机和唤醒的方法。

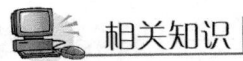 相关知识

1. IAP15W4K58S4 单片机的慢速模式

当用户系统对速度要求不高时,可对系统时钟分频,让单片机工作在慢速模式。利用时钟分频器(CLK_DIV),可进行时钟分频,使 IAP15W4K58S4 单片机在较低频率工作。

时钟分频寄存器 CLK_DIV 各位的定义如下:

	地址	B7	B6	B5	B4	B3	B2	B1	B0	复位值
CLK_DIV	97H	MCKO_S1	MCKO_S0	ADRJ	TX_RX	—	CLKS2	CLKS1	CLKS0	0000 x000

系统时钟的分频情况如图 9-1-1 所示。

表 9-1-1　CPU 系统时钟与分频系数

CLKS2	CLKS1	CLKS0	CPU 的系统时钟
0	0	0	f_{osc}
0	0	1	$f_{osc}/2$
0	1	0	$f_{osc}/4$
0	1	1	$f_{osc}/8$
1	0	0	$f_{osc}/16$
1	0	1	$f_{osc}/32$
1	1	0	$f_{osc}/64$
1	1	1	$f_{osc}/128$

IAP15W4K58S4 单片机可在正常工作时分频,也可在空闲模式下分频工作。

2. IAP15W4K58S4 单片机的空闲(等待)模式与停机(掉电)模式

电源电压为 5V 时,IAP15W4K58S4 单片机的正常工作电流为 2.7~7mA。为了尽可能降低系统功耗,IAP15W4K58S4 单片机可以运行在两种省电工作模式下:空闲模式和停机模式。空闲模式下,IAP15W4K58S4 单片机的工作电流典型值为 1.8mA;停机模式下,IAP15W4K58S4 单片机的工作电流<0.1μA。

1) IAP15W4K58S4 单片机空闲模式的设置

IAP15W4K58S4 单片机空闲模式的进入由电源控制寄存器 PCON 的相应位控制。PCON 寄存器的格式如下:

	地址	B7	B6	B5	B4	B3	B2	B1	B0	复位值
PCON	87H	SMOD	SMOD0	LVDF	POF	GF1	GF0	PD	IDL	0011 0000

其中,置位 IDL(PCON=0x01),单片机将进入空闲模式。此时,除 CPU 不工作外,其余模块仍继续工作,由外部中断、定时器中断、低压检测中断及 A/D 转换中断中的任何一个唤醒。

2) 空闲模式下,IAP15W4K58S4 单片机的工作状态

IAP15W4K58S4 单片机在空闲模式时,除 CPU 不工作外,其余模块仍继续工作,但看门狗是否工作取决于 IDLE_WDT(WDT_CONTR.3)控制位。当 IDLE_WDT 为 1 时,看门狗正常工作;当 IDLE_WDT 为 0 时,看门狗停止工作。

在空闲模式下,RAM、堆栈指针(SP)、程序计数器(PC)、程序状态字(PSW)、累加器(A)等寄存器都保持原有数据,I/O 口保持空闲模式被激活前那一刻的逻辑状态,所有的外围设备都能正常工作。

3) IAP15W4K58S4 单片机空闲模式的唤醒

在空闲模式下,任何一个中断的产生都会引起 IDL(PCON.0)被硬件清零,从而退出空闲模式。单片机被唤醒后,CPU 将继续执行进入空闲模式语句的下一条指令。

外部 RST 引脚复位,可退出空闲模式。复位后,单片机从用户程序 0000H 处开始正常工作。

3. IAP15W4K58S4 单片机的空闲(等待)模式与停机(掉电)模式

1) IAP15W4K58S4 单片机停机(掉电)模式(Power Down)的设置

IAP15W4K58S4 单片机停机(掉电)模式的进入由电源控制寄存器 PCON 的相应位控制。PCON 寄存器的格式如下:

	地址	B7	B6	B5	B4	B3	B2	B1	B0	复位值
PCON	87H	SMOD	SMOD0	LVDF	POF	GF1	GF0	PD	IDL	0011 0000

其中,置位 PD(PCON＝0x02),单片机将进入停机(停机)模式。进入停机(掉电)模式后,时钟停振,CPU、定时器、串行口全部停止工作,只有外部中断继续工作。进入停机(掉电)模式的单片机可由外部中断上升沿或下降沿触发唤醒。可将 CPU 从停机模式唤醒的外部引脚主要有 INT0、INT1、$\overline{\text{INT2}}$、$\overline{\text{INT3}}$、$\overline{\text{INT4}}$。

2) 停机模式下,IAP15W4K58S4 单片机的工作状态

IAP15W4K58S4 单片机在停机模式下,单片机使用的时钟停振,CPU、看门狗、定时器、串行口、A/D 转换等功能模块停止工作,外部中断、CCP 继续工作。如低压检测中断被允许,低压检测电路正常工作。

在停机模式下,所有 I/O 口、特殊功能寄存器维持进入停机模式前那一刻的状态不变。

3) IAP15W4K58S4 单片机停机模式的唤醒

(1) 在停机模式下,外部中断(INT0、INT1、$\overline{\text{INT2}}$、$\overline{\text{INT3}}$、$\overline{\text{INT4}}$)、CCP 中断(CCP0、CCP1)可唤醒 CPU。CPU 被唤醒后,首先执行设置单片机进入停机模式的语句的下一条语句,然后执行相应的中断服务程序。为此,建议在设置单片机进入停机模式的语句后多加几个空指令(_nop_();)。

(2) 如果定时器(T0、T1、T2、T3、T4)中断在进入停机模式前被设置允许,则进入停机模式后,定时器(T0、T1、T2)外部引脚如发生由高到低的电平变化,可以将单片机从停机模式中唤醒。单片机唤醒后,如果主时钟使用的是内部时钟,单片机在等待 64 个时钟

后将时钟供给 CPU 工作。如果主时钟使用的是外部晶体时钟,单片机在等待 1024 个时钟后将时钟供给 CPU。CPU 获得时钟后,程序从设置单片机进入停机模式的下一条语句开始往下执行,不进入相应定时器的中断程序。

(3) 如果串行口(串行口 1、串行口 2、串行口 3、串行口 4)中断在进入停机模式前被设置允许,则进入停机模式后,串行口 1、串行口 2、串行口 3、串行口 4 的串行数据接收端(RxD、RxD2、RxD3、RxD4)如发生由高到低的电平变化,可以将单片机从停机模式中唤醒。单片机唤醒后,如果主时钟使用的是内部时钟,单片机在等待 64 个时钟后将时钟供给 CPU 工作,如果主时钟使用的是外部晶体时钟,单片机在等待 1024 个时钟后将时钟供给 CPU。CPU 获得时钟后,程序从设置单片机进入停机模式的下一条语句开始往下执行,不进入相应串行口的中断程序。

(4) 如果 IAP15W4K58S4 单片机内置停机唤醒专用定时器被允许,当单片机进入停机模式后,停机唤醒专用定时器开始工作。

(5) 外部 RST 引脚复位,可退出停机模式。复位后,单片机从用户程序 0000H 处开始正常工作。

【例 9-1-1】　设计程序,利用外部中断,实现单片机从停机模式唤醒。

解　程序说明:P1.2 LED 为系统开始工作指示灯。启动程序后,P1.2 LED 点亮;P1.3 LED 为系统正常工作指示灯(闪烁);P1.7 LED 为外部中断 0 唤醒的停机唤醒指示灯;P1.6 LED 为外部中断 0 正常工作的指示灯;P1.5 LED 为外部中断 1 唤醒的停机唤醒指示灯;P1.4 LED 为外部中断 1 正常工作的指示灯;P2 口 LED 显示进入停机、唤醒的次数;Is_Power_Down 为进入停机模式标志,进入前置 1,唤醒后置 0。

C51 参考程序如下:

```
# include < stc15. h >
# include < intrins. h >
sbit  Begin_led = P1 ^ 2 ;                    //系统开始工作指示灯
unsigned  char Is_Power_Down = 0 ;           //判断是否进入停机模式标志
sbit  Is_Power_Down_Led_INT0 = P1 ^ 7 ;      //停机唤醒指示灯,在 INT0 中
sbit  Not_ Power_Down_Led_INT0 = P1 ^ 6 ;    //不是停机唤醒指示灯,在 INT0 中
sbit  Is_Power_Down_Led_INT1 = P1 ^ 5 ;      //停机唤醒指示灯,在 INT1 中
sbit  Not_Power_Down_Led_INT1 = P1 ^ 4 ;     //不是停机唤醒指示灯,在 INT1 中
sbit  Power_Down Wakeup_Pin INT0 = P3 ^ 2 ;  //停机唤醒引脚,INT0
sbit  Power_Down Wakeup_Pin INT1 = P3 ^ 3 ;  //停机唤醒引脚,INT1
sbit  Normal_Work_ Flashing_Led = P1 ^ 3 ;   //系统处于正常工作状态指示灯
void  Norma_Work_Flashing(void);
void  INT_System_init(void);
void  INT0_Routine(void);
void  INT1_Routine(void);
/ * --------------- 主函数 ---------------- * /
void  main(void)
{
    unsigned char wakeup_counter = 0;        //中断唤醒次数变量初始为 0
    Begin_Led = 0;                           //系统开始工作指示灯
    INT_System_init();                       //中断系统初始化
    while(1)
```

```
    {
        P2 = ~wakeup_counter;                    //中断唤醒次数显示。先将 wakeup counter
                                                 //取反
        Normal_Work_Flashing();                  //系统正常工作指示灯
        Is_Power_Down = 1;                       //进入停机模式之前,将其置为 1,以供判断
        PCON = 0x02;                             //执行完此句,单片机进入停机模式,外部
                                                 //时钟停止振荡
        _nop_();                                 //外部中断唤醒后,首先执行此语句,然后
                                                 //进入中断服务程序
        _nop_();                                 //建议多加几个空操作指令 NOP
        _nop_();
        wakeup_counter + + ;                     //中断唤醒次数变量加 1
    }
}
/* -------------- 中断初始化子函数 --------------- */
void   INT_System_init(void)
{
    IT0 = 1;                                     //外部中断 0,下降沿触发中断
    EX0 = 1;                                     //允许外部中断 0 中断
    IT1 = 1;                                     //外部中断 1,下降沿触发中断
    EX1 = 1;                                     //允许外部中断 1 中断
    EA = 1;                                      //开总中断控制位
}
/* -------------- 外部中断 0 服务子函数 --------------- */
void   INT0_Routine(void) interrupt   0
{
    if(Is_Power_Down)                            //判断停机唤醒标志
    {
        Is_Power_Down = 0;
        Is_Power_Down_Led_INT0 = 0;              //点亮外部中断 0 停机唤醒指示灯
        while(Power_Down_Wakeup_Pin_INT0 == 0); //等待变高
        Is_Power_Down_Led_INT0 = 1;             //关闭外部中断 0 停机唤醒指示灯
    }
    else
    {
        Not_Power_Down_Led_INT0 = 0;            //点亮外部中断 0 正常工作中断指示灯
        while(Power_Down_Wakeup_Pin_INT0 == 0); //等待变高
        Not_Power_Down_Led_INT0 = 1;            //关闭外部中断 0 正常工作中断指示灯
    }
}
/* -------------- 外部中断 1 服务子函数 --------------- */
void   INT1_Routine(void)interrupt   2           //外部中断 1 服务程序
{
    if(Is_Power_Down)                            //判断停机唤醒标志
    {
        Is_Power_Down = 0 ;
        Is_Power_Down_Led_INT1 = 0;              //点亮外部中断 1 停机唤醒指示灯
        while(Power_Down_Wakeup_Pin_INT1 == 0); //等待变高
        Is_Power_Down_Led_INT1 = 1;             //关闭外部中断 1 停机唤醒指示灯
    }
    else
```

```
    {
        Not_Power_Down_Led_INT1 = 0;              //点亮外部中断1正常工作中断指示灯
        while(Power_Down_Wakeup_Pin_INT1 == 0);  //等待变高
        Not_Power_Down_Led_INT1 = 1;             //关闭外部中断1正常工作中断指示灯
    }
}
/* -------------- 延时子函数 --------------- */
void  delay(void)
{
    unsigned  int  j = 0x00;
    unsigned  int  k = 0x00;
    for(k = 0; k < 2;++k)
    {
        for(j = 0;j < = 30000; ++j)
        {
            _nop_( );
            _nop_( );
            _nop_( );
            _nop_( );
            _nop_( );
            _nop_( );
            _nop_( );
            _nop_( );
        }
    }
}
/* -------------- 正常闪烁子函数 --------------- */
void  Normal_Work_Flashing(void)
{
    Normal_Work_Flashing_Led = 0;
    delay( );
    Normal_Work_ Flashing_Led = 1;
    delay( );
}
```

4) 内部停机唤醒专用定时器的应用

IAP15W4K58S4 单片机在进入停机模式后,除了通过外部中断及其他中断的外部引脚进行唤醒外,还可以通过使能内部停机唤醒专用定时器唤醒 CPU,使其恢复到正常工作状态。内部停机唤醒定时器的唤醒功能适用于单片机周期性工作的应用场合。

IAP15W4K58S4 单片机由停机唤醒专用定时器特殊功能寄存器 WKTCH 和 WKTCL 管理和控制,其定义如下所示。

	地址	B7	B6	B5	B4	B3	B2	B1	B0	复位值
WKTCL	AAH									1111 1111B
WKTCH	ABH	WKTEN								0111 1111B

内部停机唤醒定时器是一个 15 位定时器,定时时从 0 开始计数。WKTCH 的低 7 位和 WKTCL 的 8 位构成一个 15 位数据寄存器,用于设定定时的计数值。

WKTEN 是内部停机唤醒定时器的使能控制位。WKTEN＝1,使能；WKTEN＝0, 禁止。

IAP15W4K58S4 单片机除增加了特殊功能寄存器 WKTCL 和 WKTCH,还设计了两个隐藏的特殊功能寄存器 WKTCL_CNT 和 WKTCH_CNT 来控制内部停机唤醒专用定时器。WKTCL_CNT 与 WKTCL 共用一个地址(AAH),WKTCH_CNT 与 WKTCH 共用一个地址(ABH)。WKTCL_CNT 和 WKTCH_CNT 是隐藏的,对用户不可见。 WKTCL_CNT 和 WKTCH_CNT 实际上作为计数器用,而 WKTCH 和 WKTCL 作为比较器用。当用户对 WKTCH 和 WKTCL 写入内容时,该内容只写入 WKTCH 和 WKTCL;当用户读 WKTCH 和 WKTCL 的内容时,实际上读的是 WKTCH_CNT 和 WKTCL_CNT 的内容,而不是 WKTCH 和 WKTCL 的内容。

置位 WKTEN,使能内部停机唤醒定时器。单片机一旦进入停机模式,内部停机唤醒专用定时器［WKTCH_CNT,WKTCL_CNT］从 7FFFH 开始计数,计数到与 {WKTCH[6：0],WKTCL[7：0]}寄存器设定的计数值相等后,启动系统振荡器。如果主时钟使用的是内部时钟,单片机在等待 64 个时钟后,将时钟供给 CPU;如果主时钟使用的是外部时钟,单片机在等待 1024 个时钟后,将时钟供给 CPU。CPU 获得时钟后,程序从设置单片机进入停机模式的下一条语句开始往下执行。停机唤醒后,WKTCH_CNT 和 WKTCL_CNT 的内容保持不变,通过读 WKTCH 和 WKTCL 的内容(实际是 WKTCH_CNT 和 WKTCL_CNT 的内容)来读出单片机在停机模式等待的时间。

内部停机唤醒定时器的计数脉冲周期大约为 $488\mu s$,定时时间为{WKTCH[6：0], WKTCL[7：0]}寄存器的值加 1 再乘以 $488\mu s$,内部停机唤醒专用定时器最短定时时间约为 $488\mu s$,内部停机唤醒专用定时器最大定时时间约为 $488\mu s \times 32768 = 15.99s$。

【例 9-1-2】　设定采用内部停机唤醒定时器唤醒单片机的停机状态,唤醒时间为 500ms,请编程。

解　首先,计算出唤醒时间为 500ms 所需的计数值,设为 X:

```
        X = 500ms/488μs≈400H
        WKTCH 和 WKTCL 的设定值为 400H 减 1,即 3FFH.
        WKTCH = 03H,WKTCL = FFH
# include< stc15.h >
void   main(void)
{
        WKTCH = 0x83;              //设定唤醒定时器的高 7 位,以及使能唤醒定时器
        WKTCL = 0xff;
        …
}
```

任务实施

一、任务要求

设计一个 LED 指示灯 1 闪烁,闪烁间隔 0.5s,1min 后自动进入停机模式；设置外部

中断 0,正常工作时,每产生一次外部中断,LED 指示灯 2 的状态取反一次。若在停机模式,按动外部中断 0 按键,则唤醒单片机,退出停机模式,恢复正常工作。

二、硬件设计

K1 用作外部中断输入按键,LED1 用作 LED 指示灯 1,LED2 用作 LED 指示灯 2,电路原理图如图 9-1-1 所示。

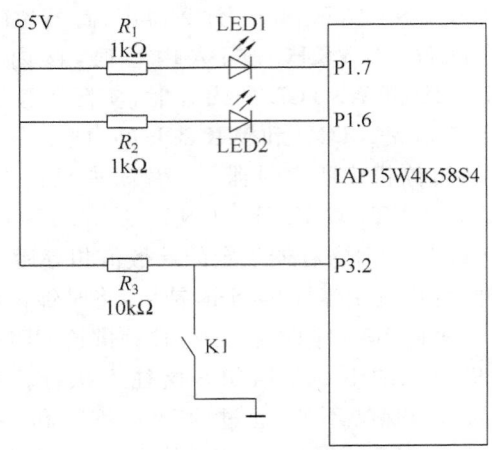

图 9-1-1 外部中断唤醒电路原理图

三、软件设计

1. 程序说明

设定一个停机模式标志(Is_Power_Down),"0"表示正常工作,"1"表示停机。开机时,Is_Power_Down 为 0,系统处于正常工作状态,LED2 指示灯闪烁,按动 K1,LED1 指示灯状态取反。

利用 T0 定时,1min 后,置位 Is_Power_Down,系统进入停机模式,LED2 指示灯不再闪烁;按动 K1,系统恢复工作。

2. 项目九任务 1 程序文件:项目九任务 1. c

```
# include < stc15.h>                        //包含支持 IAP15W4K58S4 单片机的头文件
# include < intrins.h>
# include < gpio.h>                         //I/O 初始化文件
# define uchar unsigned char
# define uint   unsigned int
uchar   Counter50ms = 0;
bit Is_Power_Down = 0 ;                     //停机模式标志,"1"表示停机
uchar   Counter1s = 0;
sbit   Normal_Ex0_Work_Led = P1 ^7;        //外部中断 0 正常工作指示灯
sbit   Normal_Work_Led = P1 ^6;            //系统处于正常工作状态指示灯
sbit   Power_Down_Wakeup_Pin_INT0 = P3 ^2 ; //停机唤醒管脚,INT0
void   Delay500ms();                        //500ms 延时
```

```
void    T0_Ex0_init(void);                          //定时器 T0、外部中断 0 初始化
void    Ex0_int(void);                              //外部中断 0 中断函数
void    T0_int(void);                               //定时器 T0 中断函数
/* --------------- 主函数 ----------------- */
void    main(void)
{
    T0_Ex0_init();
    gpio();
    while(1)
    {
        Normal_Work_Led = ! Normal_Work_Led;
        Delay500ms();
        if(Is_Power_Down == 1)
        {
            PCON = 0x02;                            //执行完此句,单片机进入停机模式,外部时
                                                    //钟停止振荡
            _nop_();                                //外部中断唤醒后,首先执行此语句,然后进
                                                    //入中断服务程序
            _nop_();                                //建议多加几条空操作指令 NOP
            _nop_();
        }
    }
}
/* --------------- T0、外部中断 0 初始化子函数 ----------------- */
void    T0_Ex0_init(void)
{
    TMOD = 0x00;                                    //设置 T0 为 16 位可重装初始值的定时
    TH0 = (65536 - 50000)/256;                      //计算 50ms 定时初始值的高 8 位
    TL0 = (65536 - 50000) % 256;                    //计算 50ms 定时初始值的低 8 位
    IT0 = 1;                                        //外部中断 0,下降沿触发中断
    EX0 = 1;                                        //允许外部中断 0 中断
    ET0 = 1;                                        //允许 T0 中断
    EA = 1;                                         //开总中断控制位
    TR0 = 1;
}
/* ---------- 500ms 延时函数,从 STC-ISP 在线编程软件工具中获得 ----- */
void Delay500ms()                                   //@11.0592MHz
{
    unsigned char i, j, k;
    _nop_();
    _nop_();
    i = 22;
    j = 3;
    k = 227;
    do
    {
        do
```

```
        {
            while ( -- k);
        } while ( -- j);
    } while ( -- i);
}
/* -------------- 外部中断 0 服务子函数 --------------- */
void  Ex0_int(void) interrupt  0
{
    if(Is_Power_Down)                              //判断停机唤醒标志
    {
        Is_Power_Down = 0;
        while(Power_Down_Wakeup_Pin_INT0 == 0);   //等待变高
    }
    else
    {
        Normal_Ex0_Work_Led = !Normal_Ex0_Work_Led;  //点亮外部中断 0 正常工作中断指示灯
        while(Power_Down_Wakeup_Pin_INT0 == 0);       //等待变高
    }
}
/* -------------- 定时器 T0 服务子函数 --------------- */
void  T0_int(void) interrupt  1
{
    Counter50ms++;                                 //50ms 计数器加 1
    if(Counter50ms == 20)                          //判断是否到了 1s
    {
        Counter50ms = 0;                           //50ms 计数器清零
        Counter1s++;                               //秒计数器加 1?
        if(Counter1s == 60)                        //判断是否到了 1min
        {
            Counter1s = 0;                         //若到了,秒计数器清零
            Is_Power_Down = 1;                     //停机模式标志为 1,准备进入停机模式
        }
    }
}
```

四、系统调试

(1) 用 USB 线连接 PC 与 STC15W4K32S4 系列单片机实验箱,按图 9-1-1 所示连接电路。

(2) 用 Keil C 编辑、编译程序项目九任务 1. c,生成机器代码文件项目九任务 1. hex。

(3) 运行 STC-ISP 在线编程软件,将项目九任务 1. hex 下载到 STC15W4K32S4 系列单片机实验箱单片机中。下载结束后,系统自动运行程序。

(4) 调试。

① 观察 LED2 指示灯的状态。

② 按动 K1,观察外部中断 0 工作指示灯(LED1)的状态。

③ 1min后,观察LED2指示灯的状态,判断是否进入停机模式。

④ 按动K1,观察单片机是否唤醒,LED2指示灯是否恢复正常工作。

 **任务拓展**

设有监控录像系统,要求每10min拍1次。为节省能源,要求每次拍完像的其他时间,单片机处于停机模式,10min到了,重新启动拍像,如此周而复始! 请设计程序并调试。

提示: 对于摄像工作,用1只LED闪烁1次模拟。

任务2　IAP15W4K58S4单片机的可靠性设计

任务说明

可靠性设计包括硬件设计与软件设计,硬件的可靠性设计技术包括滤波技术、屏蔽技术、隔离技术、接地技术等,软件技术包括指令冗余技术、软件陷阱技术、系统自诊断技术、程序监控技术、数字滤波技术等等。本任务主要学习IAP15W4K58S4单片机的看门狗程序监控技术,防止程序跑飞或进入死循环,而造成程序故障。

相关知识

1. 看门狗定时器

在工业控制、汽车电子、航空航天等需要高可靠性的电子系统中,由于存在电磁干扰或者程序设计的问题,一般计算机系统都可能出现因程序跑飞或"死机"的现象,导致系统长时间无法正常工作。为了及时发现并脱离瘫痪状态,在个人计算机中,一般具有复位按钮。当计算机死机时,按一下复位按钮,重新启动计算机。在自动控制系统中,要求系统非常可靠、稳定地工作,一般不能通过手工方式复位,需要在系统中设计一个电路自动看护,当出现程序跑飞或死机时,迫使系统复位,重新进入正常的工作状态。这个电路就称为硬件看门狗(Watch Dog)或看门狗定时器,简称看门狗。看门狗的基本作用就是监视CPU的工作。如果CPU在规定的时间内没有按要求访问看门狗,就认为CPU处于异常状态,看门狗强迫CPU复位,使系统重新从头开始按规则执行用户程序。正常工作时,单片机可以通过一个I/O引脚定时向看门狗脉冲输入端输入脉冲(定时时间不一定固定,只要不超出硬件看门狗的溢出时间即可)。当系统出现死机时,单片机停止向看门狗脉冲输入端输入脉冲,超过一定时间后,硬件看门狗发出复位信号,将系统复位,使系统恢复正常工作。传统8051单片机内部无硬件看门狗电路,需要在外部扩展,如图9-2-1所示。其中,看门狗集成电路MAX813L的溢出时间为1.6s。也就是说,在用户程序中,只要在1.6s内使用I/O引脚(如图中P0.0)向MAX813L的WDI端输出脉冲,硬件看门狗就不会输出RESET信号。

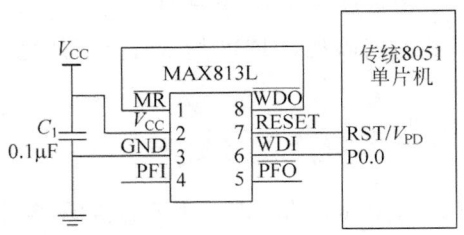

图 9-2-1　传统 8051 单片机的外扩看门狗电路

2. IAP15W4K58S4 单片机的看门狗定时器

IAP15W4K58S4 单片机内部集成了看门狗定时器（Watch Dog Timer，WDT），使单片机系统的可靠性设计更加方便、简洁。通过设置和控制 WDT 控制寄存器（WDT_CONTR）来使用看门狗功能。WDT 控制寄存器的各位定义如下：

地址	B7	B6	B5	B4	B3	B2	B1	B0	复位值
WDT_CONTR	C1H	WDT_FLAG	—	EN_WDT	CLR_WDT	IDLE_WDT	PS2	PS1	PS0	0x00 0000

（1）WDT_FLAG：看门狗溢出标志位。溢出时，该位由硬件置 1。可用软件将其清零。

（2）EN_WDT：看门狗允许位。当设置为"1"时，看门狗启动。

（3）CLR_WDT：看门狗清零位。当设置为"1"时，看门狗将重新计数。启动后，硬件自动清零此位。

（4）IDLE_WDT：看门狗"IDLE"模式（即空闲模式）位。当设置为"1"时，WDT 在空闲模式计数；当清零该位时，WDT 在空闲模式时不计数。

（5）PS2、PS1、PS0：WDT 预分频系数控制位。

WDT 溢出时间的计算方法为

$$WDT\ 的溢出时间 = (12 \times 预分频系数 \times 32768)/系统时钟频率$$

【例 9-2-1】　设振荡时钟为 12MHz，PS2 PS1 PS0＝010 时，求 WDT 的溢出时间。

解　WDT 的溢出时间＝$(12 \times 8 \times 32768)/12000000$

$$= 262.1(ms)$$

为方便使用，表 9-2-1 列出了时钟频率为 11.0592MHz、12MHz 和 20MHz 时，预分频系数设置与 WDT 溢出时间的关系。

表 9-2-1　WDT 的预分频系数与溢出时间

PS2	PS1	PS0	预分频系数	WDT 溢出时间/ms		
				11.0592MHz	12MHz	20MHz
0	0	0	2	71.1	65.5	39.3
0	0	1	4	142.2	131.0	78.6
0	1	0	8	284.4	262.1	157.3
0	1	1	16	568.8	524.2	314.6

续表

PS2	PS1	PS0	预分频系数	WDT 溢出时间/ms		
				11.0592MHz	12MHz	20MHz
1	0	0	32	1137.7	1048.5	629.1
1	0	1	64	2275.5	2097.1	1250
1	1	0	128	4551.1	4194.3	2500
1	1	1	256	9.1022	8388.6	5000

3. IAP15W4K58S4 单片机看门狗定时器的使用

当启用 WDT 后,用户程序必须周期性地复位 WDT,复位周期必须小于 WDT 的溢出时间。如果用户程序在一段时间之后不能复位 WDT,WDT 就会溢出,强制 CPU 自动复位,确保程序不会进入死循环,或者执行到无程序代码区。复位 WDT 的方法是重写 WDT 控制寄存器的内容。

WDT 的使用主要涉及 WDT 控制寄存器的设置以及 WDT 的定期复位。

```
# include < stc15.h>
void  main()
{
    …                       //其他初始化代码
    WDT_CONTR = 0x3c;       //WDT 初始化
    while(1)
    {
        display();          //显示程序
        keyboard();         //键盘程序
        …                   //其他工作
        WDT_CONTR = 0x3c;   //复位 WDT
    }
}
```

任务实施

一、任务要求

在项目九任务 1 的基础上,增加看门狗设计。

二、硬件设计

在图 9-1-1 的基础上,用 K2(接 P3.3)模拟程序进入死循环。

三、软件设计

设当 K2 断开时,项目九任务 1 正常工作;当 K2 合上时,程序进入死循环,任务 1 程序不能正常工作。

分析、计算项目九任务 1 循环一次可能的最大时间。根据项目九任务 1 主程序的工作情况,正常工作(闪烁)的时间略大于 500ms,因此看门狗的时间必须大于 500ms。根据

图 9-2-1 所示,看门狗时间至少应取 568.8ms,即 PS2PS1PS0＝011B,WDT_CONTR＝0x33。修改后的预定义和主程序如下所示。

```
/* --------------- 在预定义中,增加 SW1 的定义 --------- */

sbit  SW18 = P3^3;

/* ------------- 主函数 --------------- */
void   main(void)
{
    T0_Ex0_init();
    gpio();
    WDT_CONTR = 0x33;              //看门狗复位

    while(1)
    {
        Normal_Work_Led = !Normal_Work_Led;
        Delay500ms();
        if(Is_Power_Down == 1)
        {
            PCON = 0x02;           //执行完此句,单片机进入停机模式,外部时钟停止振荡
            _nop_();               //外部中断唤醒后,首先执行此语句,然后进入中断服务程序
            _nop_();               //建议多加几个空操作指令 NOP
            _nop_();
        }
        while(K2 == 0);            //模拟死循环

        WDT_CONTR = 0x33;          //看门狗复位
    }
}
```

四、硬件连线与调试

(1) 用 USB 线连接 PC 与 STC15W4K32S4 系列单片机实验箱,按硬件设计要求连接电路。

(2) 用 Keil C 编辑、编译程序项目九任务 2.c,生成机器代码文件项目九任务 2.hex。

(3) 运行 STC-ISP 在线编程软件,将项目九任务 2.hex 下载到 STC15W4K32S4 系列单片机实验箱单片机中。下载结束后,系统自动运行程序。

(4) 调试。

① K2 断开,按项目九任务 1 的调试步骤,观察与记录程序的运行情况。

② K2 合上,按项目九任务 1 的调试步骤,观察与记录程序的运行情况。

③ 注释掉主函数中的看门狗允许与复位语句,重复(1)、(2)步,观察与记录程序的运行情况。

任务拓展

任选一个前面项目的任务程序,添加看门狗设计。

习　　题

一、填空题

1. IAP15W4K58S4 单片机工作的典型功耗是＿＿＿＿＿。空闲模式下,典型功耗是＿＿＿＿＿;停机模式下,典型功耗是＿＿＿＿＿。

2. IAP15W4K58S4 单片机的低功耗设计是指通过编程,让单片机工作在＿＿＿＿＿、空闲模式和＿＿＿＿＿。

3. IAP15W4K58S4 单片机在空闲模式下,除＿＿＿＿＿不工作外,其余模块仍继续工作。

4. IAP15W4K58S4 单片机在空闲模式下,任何中断的产生都会引起＿＿＿＿＿被硬件清零,从而退出空闲模式。

5. IAP15W4K58S4 单片机在停机模式下,单片机使用的时钟停振,CPU、看门狗、定时器、串行口、A/D 转换等功能模块停止工作,但＿＿＿＿＿继续工作。

6. IAP15W4K58S4 单片机进入停机模式后,除了可以通过外部中断以及其他中断的外部引脚进行唤醒外,还可以通过内部＿＿＿＿＿唤醒 CPU。

7. IAP15W4K58S4 单片机的可靠性设计是指启动单片机中＿＿＿＿＿定时器。

8. IAP15W4K58S4 单片机是通过设置＿＿＿＿＿特殊功能寄存器实现看门狗功能的。

二、选择题

1. PCON＝25H 时,IAP15W4K58S4 单片机进入＿＿＿＿＿。
　　A. 空闲模式　　　　　B. 停机模式　　　　　C. 低速模式

2. PCON＝22H 时,IAP15W4K58S4 单片机进入＿＿＿＿＿。
　　A. 空闲模式　　　　　B. 停机模式　　　　　C. 低速模式

3. PCON＝81H 时,IAP15W4K58S4 单片机进入＿＿＿＿＿。
　　A. 空闲模式　　　　　B. 停机模式　　　　　C. 低速模式

4. 当 f_{osc}＝12MHz,CLK_DIV＝01H 时,IAP15W4K58S4 单片机的系统时钟频率为＿＿＿＿＿ MHz。
　　A. 12　　　　　B. 6　　　　　C. 3　　　　　D. 1.5

5. 当 f_{osc}＝18MHz,CLK_DIV＝02H 时,IAP15W4K58S4 单片机的系统时钟频率为＿＿＿＿＿ MHz。
　　A. 18　　　　　B. 9　　　　　C. 4.5　　　　　D. 3

6. 当 WKTCH＝81H,WKTCL＝55H 时,IAP15W4K58S4 单片机内部停机专用唤醒定时器的定时时间为＿＿＿＿＿ μs。

A. 341×488　　　　　　　　　B. 85×488

C. 129×488　　　　　　　　　D. 33109×488

7. 当 f_{osc}＝20MHz,WDT_CONTR＝35H 时,IAP15W4K58S4 单片机看门狗定时器的溢出时间为 _____ ms。

A. 629.1　　　　B. 1250　　　　C. 1048.5　　　　D. 2097.1

8. 若 f_{osc}＝12MHz,用户程序中周期性最大循环时间为 500ms,对看门狗定时器设置正确的是 _____。

A. WDT_CONTR＝0x33;　　　　B. WDT_CONTR＝0x3C;

C. WDT_CONTR＝0x32;　　　　D. WDT_CONTR＝0xB3;

三、判断题

1. 若 CLKS2、CLKS1、CLKS0 为 0、1、0,则 f_{SYS}＝f_{osc}/2。　　　　　　　（　　）

2. 若 CLKS2、CLKS1、CLKS0 为 0、1、1,则 f_{SYS}＝f_{osc}/8。　　　　　　　（　　）

3. 当 IAP15W4K58S4 单片机处于空闲模式时,任何中断都可以唤醒 CPU,从而退出空闲模式。　　　　　　　　　　　　　　　　　　　　　　　　　　　　（　　）

4. 当 IAP15W4K58S4 单片机处于空闲模式时,若外部中断未被允许,其中断请求信号不能唤醒 CPU。　　　　　　　　　　　　　　　　　　　　　　　　　　（　　）

5. 当 IAP15W4K58S4 单片机处于停机模式时,除外部中断外,其他允许中断的外部引脚信号也可唤醒 CPU,退出停机模式。　　　　　　　　　　　　　　　（　　）

6. IAP15W4K58S4 单片机内部专用停机唤醒定时器的定时时间与系统时钟频率无关。　　　　　　　　　　　　　　　　　　　　　　　　　　　　　　（　　）

7. IAP15W4K58S4 单片机看门狗定时器溢出时间的大小与系统频率无关。（　　）

8. IAP15W4K58S4 单片机 WDT_CONTR 的 CLR_WDT 是看门狗定时器的清零位,当设置为"0"时,看门狗定时器将重新计数。　　　　　　　　　　　　（　　）

四、问答题

1. IAP15W4K58S4 单片机的低功耗设计有哪几种工作模式? 如何设置?

2. IAP15W4K58S4 单片机如何进入空闲模式? 在空闲模式下,IAP15W4K58S4 单片机的工作状态是怎样的?

3. IAP15W4K58S4 单片机如何进入停机模式? 在停机模式下,IAP15W4K58S4 单片机的工作状态是怎样的?

4. IAP15W4K58S4 单片机在空闲模式下,如何唤醒 CPU? 退出空闲模式后,CPU 执行指令的情况是怎样的?

5. IAP15W4K58S4 单片机在停机模式下,如何唤醒 CPU? 退出停机模式后,CPU 执行指令的情况是怎样的?

6. 在 IAP15W4K58S4 单片机程序设计中,如何选择看门分频器的预分频系数? 如何设置 WDT_CONTR,实现看门狗功能?

项目 十 ———————————————— Project 10

单片机应用系统的设计与实践

  本项目要求用单片机设计一个电子时钟,用 6 位 LED 数码管显示电子时钟时、分、秒,采用 24h(小时)计时方式;使用按键开关实现电子时钟的时间校对。

  为了实现 LED 显示器的数字显示,可采用静态显示法或动态显示法;键盘输入可采用独立按键结构或矩阵结构;计时功能可采用软件程序计时方式或定时器硬件计时方式实现,也可以采用专用的时钟芯片。

  通过单片机设计电子时钟,可以很好地了解单片机的使用方法,主要表现在以下 3 个方面。

  (1) 电子时钟简单,并且具备最小单片机应用系统的基本构成。通过这个实例,读者可以明白构成一个最简单,同时具备实用性的单片机需要哪些外围设备的基本电路。

  (2) 电子时钟电路中使用了单片机应用系统中最常用的输入/输出设备:按键开关和数码管。

  (3) 电子时钟程序最能反映单片机中定时器和中断的用法。单片机中的定时和中断是单片机最重要的资源,也是应用最广泛的功能。电子时钟程序主要就是利用定时器和中断实现计时和显示功能的。

知识点:
◆ 独立式键盘与矩阵键盘。
◆ 键盘状态的监测方法。
◆ 键盘的按键识别与处理。
◆ 键盘的去抖动。
◆ 单片机应用系统的开发原则与开发流程。
◆ 单片机应用系统工程设计报告的编制。

技能点:
◆ 键盘与单片机的接口电路设计。
◆ 键盘与数码管显示的软件编程。
◆ 电子时钟电路的软、硬件调试。

任务 1 独立键盘的应用编程

 **任务说明**

独立键盘是单片机应用系统中最常用的,一般采用查询方式识别按键状态。此外,由于按键的机械特性有抖动现象,在按键处理中还要考虑去抖动问题。本任务主要学习独立按键的工作特性与应用编程。

 **相关知识**

一、键盘工作原理

键盘是单片机应用系统不可缺少的重要输入设备,主要负责向计算机传递信息。用户通过键盘向计算机输入各种指令、地址和数据,实现简单的人机通信。它一般由若干个按键组合成开关矩阵。按照接线方式不同,分为两种:一种是独立式接法;另一种是矩阵式接法。

键盘由一组规则排列的按键组成,一个按键实际上是一个常开型开关元件,也就是说,键盘是一组规则排列的开关。

1. 按键的分类

按键按照结构原理分为两类:一类是触点式开关按键,如机械式开关、导电橡胶式开关等;另一类是无触点开关按键,如开关管、晶闸管、固态继电器等。前者造价低,后者寿命长。目前,单片机系统中最常见的是触点式开关按键。

按照接口原理,分为编码键盘与非编码键盘两类,主要区别是识别键符及给出相应键码的方法。编码键盘主要是用硬件实现对键的识别,并产生键编号或键值,如 BCD 码键盘、ASCII 码键盘等。非编码键盘主要是靠自编软件实现键盘的识别与定义。

编码键盘能够由硬件逻辑自动提供与键对应的编码,一般还具有去抖动和多键、窜键保护电路。这种键盘使用方便,但需要较多的硬件,价格较贵,一般的单片机应用系统较少采用。非编码键盘只简单地提供行和列的矩阵引线,其他工作均由软件完成。但由于其经济实用,较多地应用于单片机应用系统中。下面重点介绍非编码键盘接口电路。

2. 按键的工作原理

在单片机应用系统中,除了复位按键有专门的复位电路及专一的复位功能外,其他按键都是以开关状态来设置控制功能或输入数据。当所设置的功能键或数字键按下时,计算机应用系统应完成该按键设定的功能。键信息输入是与软件结构密切相关的过程。

对于一组键或一个键盘,总有一个接口电路与 CPU 相连。CPU 采用查询或中断方式了解有无按键按下,并检查是哪一个键按下,以此获取该按键的键号(或者说键值、按键编码),然后通过跳转指令转入执行该按键的功能程序,执行后返回主程序。

3. 按键的结构与特点

键盘通常使用机械触点式按键开关,其主要功能是把机械上的通断转换成为电气上的逻辑关系。也就是说,它能提供标准的 TTL 逻辑电平,以便与通用数字系统的逻辑电平相容。

机械式按键在按下或释放时,由于机械弹性作用的影响,通常伴随有一定时间的触点机械抖动,然后其触点才稳定下来。其抖动过程如图 10-1-1 所示。

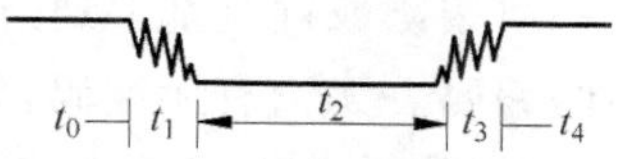

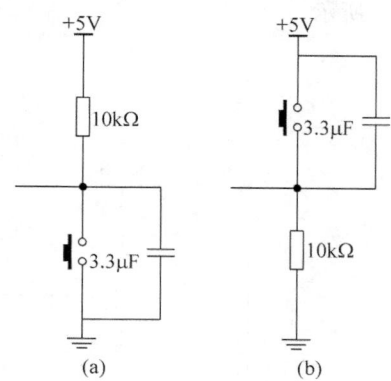

图 10-1-1　按键触点的机械抖动

t_1、t_3 为抖动时间,与开关的机械特性有关,一般为 5~10ms。t_2 为键闭合的稳定期,其时间由使用者按键的动作确定,一般为几百毫秒至几秒。t_0、t_4 为键释放期。

这种抖动对于人来说是感觉不到的,但对单片机来说,完全可以感应到,因为单片机处理的速度在微秒级。

在触点抖动期间检测按键的通与断状态,可能导致判断出错。即按键一次按下或释放被错误地认为是多次操作,这种情况不允许出现。为了克服按键触点机械抖动导致的检测误判,必须采取去抖动措施,可从硬件和软件两方面考虑。

在硬件上,采用在键输出端加 RS 触发器(双稳态触发器)构成去抖动电路或 RC 积分去抖动电路。图 10-1-2 所示是一种由 RS 触发器构成的去抖动电路。触发器一旦翻转,触点抖动不会对其产生任何影响。

也可利用一个 RC 积分电路来控制抖动电压。图 10-1-3 所示是 RC 防抖动电路。

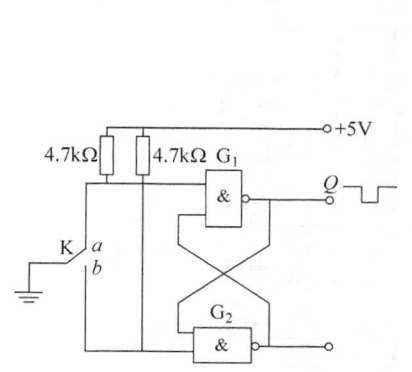

图 10-1-2　双稳态去抖(单次脉冲)电路

图 10-1-3　RC 防抖动电路

以图 10-1-3(a)为例,假设按键在常态时时间较长,电容两端电压已充满为 +5V。当按键按下时,电容两端的电压通过短路快速放电,电容两端呈现低电平,即使按键有抖动,电容会再次充电,但 RC 时间常数较大,充电速度远低于放电速度,在抖动期间,电容两端仍然维持为低电平;当按键释放时,同样,由于电容的充电速度远低于放电速度,在抖动期间仍维持低电平,抖动过后,电容两端电压才稳定上升为高电平,不受抖动的影响。这种方式简单有效,所增加成本与电路复杂度都不高,称得上是实用的硬件去抖动电路。

软件上采取的措施是:在检测到有按键按下时,执行一个 10ms 左右(具体时间视所使用的按键调整)的延时程序后,确认该键电平是否仍保持闭合状态电平。若仍保持闭合状态电平,则确认该键处于闭合状态。同理,在检测到该键释放后,采用相同的步骤进行确认,从而消除抖动的影响。

4. 按键的编码

一组按键或键盘都要通过 I/O 口线查询按键的开关状态。根据键盘结构不同,采用不同的编码。无论有无编码,以及采用什么编码,最后都要转换成为与指定数值相对应的键值,实现按键功能程序跳转。一个完善的键盘控制程序应具备以下功能。

(1) 检测有无按键按下,并采取硬件或软件措施,消除键盘按键机械触点抖动的影响。

(2) 可靠的逻辑处理办法。对于短按功能键,一次按键只执行一次操作,需要进行键释放处理(键释放的识别,可不考虑键抖动因素);对于长按功能键,采用定时检测方法,实现连续处理功能,如数字的"加 1""减 1"功能键。

(3) 准确输出按键值(或键号),满足跳转指令要求。

二、独立式按键

单片机应用系统中,往往只需要几个功能键,此时可采用独立式按键结构。

1. 独立式按键结构

独立式按键是直接用 I/O 口线构成的单个按键电路,其特点是每个按键单独占用一根 I/O 口线,每个按键的工作不会影响其他 I/O 口线的状态。独立式按键的典型应用如图 10-1-4 所示。

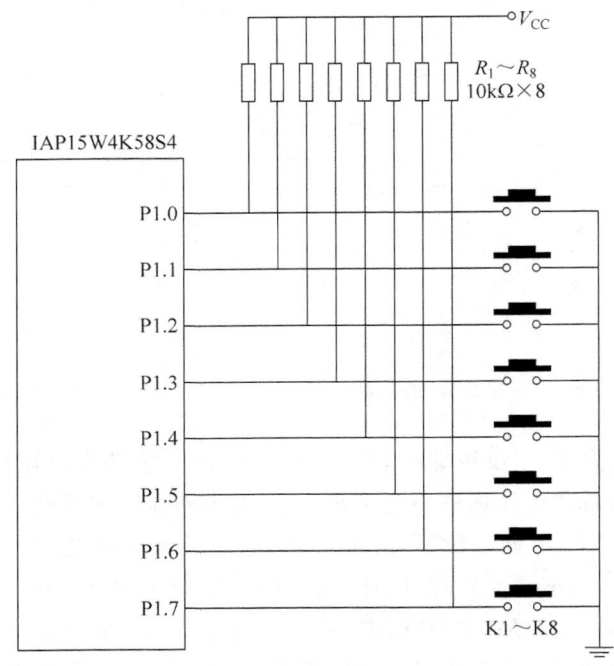

图 10-1-4　独立式按键电路

独立式按键电路配置灵活,软件结构简单,但每个按键必须占用一根 I/O 口线,因此在按键较多时,I/O 口线浪费较大,不宜采用。

图 10-1-4 中所示按键输入均采用低电平有效,此外,上拉电阻保证按键断开时 I/O 口线有确定的高电平。当 I/O 口线内部有上拉电阻时,外电路可不接上拉电阻。

2. 独立式按键的识别与处理

独立式按键软件常采用查询式结构。先逐位查询每根 I/O 口线的输入状态,如某一根 I/O 口线输入为低电平,则可确认该 I/O 口线对应的按键已按下,然后转向该键的功能处理程序。识别与处理流程如下所述。

(1) 检测有无按键按下,如"if(P10==0);"。

(2) 软件去抖(一般调用 10ms 延时函数)。

(3) 键确认,如"if(P10==0);"。

(4) 键处理。

(5) 键释放,如"while(P10==0);"。

任务实施

一、任务要求

设计加 1、减 1 功能键各 1 个。当按动加 1、减 1 功能键时,软件计数器执行加 1 或减 1 操作,计数器值送 LED 数码管显示。

二、硬件设计

K1(P3.2)为加 1 功能键,K2(P3.3)为减 1 功能键,采用 8 位共阴极 LED 数码管显示,电路原理图如图 10-1-5 所示。

三、软件设计

(1) 程序说明:一是要设计一个 16 位的变量 counter 作为计数器,最大值为 65535,采用 5 位显示;二是对按键去抖动。

(2) 项目十任务 1 程序文件:项目十任务 1.c。

```
#include <stc15.h>            //包含支持 IAP15W4K58S4 单片机的头文件
#include <intrins.h>
#include <gpio.h>             //I/O 初始化文件
#define uchar unsigned char
#define uint  unsigned int
#include <display.h>
sbit k1 = P3^2;
sbit k2 = P3^3;
uint counter = 0;
void Delay10ms()              //@11.0592MHz
```

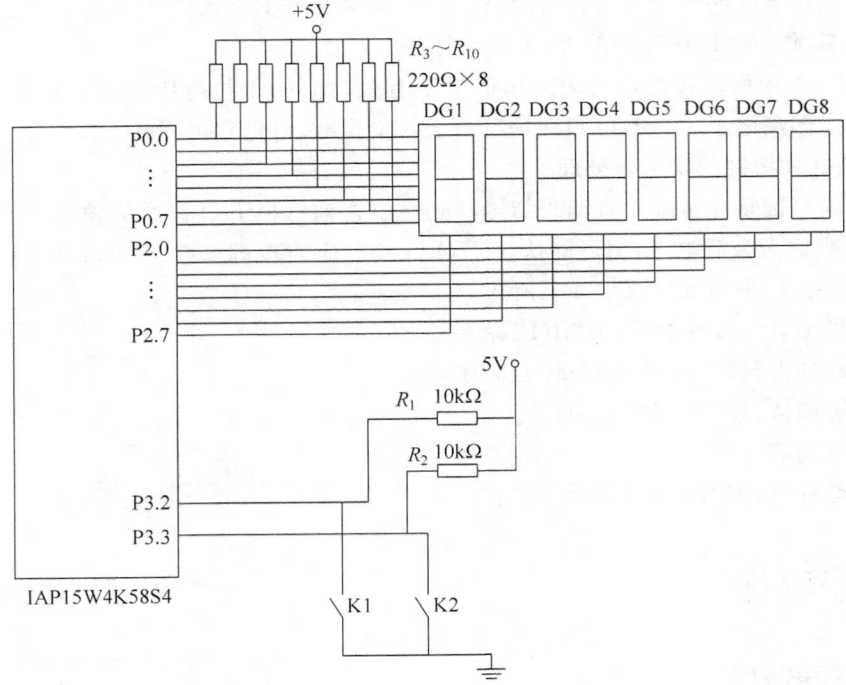

图 10-1-5　加 1 与减 1 计数电路

```c
{
    unsigned char i, j;

    i = 108;
    j = 145;
    do
    {
        while ( -- j);
    } while ( -- i);
}
void main(void)
{
    gpio();
    while(1)
    {
        if(k1 == 0)                    //检测加 1 功能键
        {
            Delay10ms();               //延时去抖
            if(k1 == 0)
            {
                counter++;
                while(k1 == 0);        //等待键释放
            }
        }
        if(k2 == 0)                    //检测减 1 功能键
```

```
        {
            Delay10ms();                    //延时去抖
            if(k2 == 0)
            {
                if(counter!= 0)
                {
                    counter -- ;
                    while(k2 == 0);
                }
            }
                                            //等待键释放
        }
        Dis_buf[0] = counter % 10;          //取个位数,送显示缓冲区
        Dis_buf[1] = counter/10 % 10;       //取十位数,送显示缓冲区
        Dis_buf[2] = counter/100 % 10;      //取百位数,送显示缓冲区
        Dis_buf[3] = counter/1000 % 10;     //取千位数,送显示缓冲区
        Dis_buf[4] = counter/10000 % 10;    //取万位数,送显示缓冲区
        display();
    }
}
```

四、硬件连线与调试

（1）用 USB 线将 PC 与 STC15W4K32S4 系列单片机实验箱相连接,并按图 10-1-5 所示连接电路。

（2）用 Keil C 编辑、编译程序项目十任务 1. c,生成机器代码文件项目十任务 1. hex。

（3）运行 STC-ISP 在线编程软件,将项目十任务 1. hex 下载到 STC15W4K32S4 系列单片机实验箱单片机中。下载完毕,自动进入运行模式,观察数码管的显示结果并记录。

① 按动 K1,观察显示结果并记录;长按 K1,观察显示结果并记录。

② 按动 K2,观察显示结果并记录;长按 K2,观察显示结果并记录。

③ 分析正常按键与长按键的程序运行结果有何不同,分析其产生的原因。

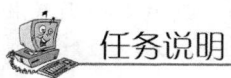 任务拓展

修改程序,使得长按 K1 键实现连续加 1 功能,长按 K2 键实现连续减 1 功能。

任务 2 矩阵键盘与应用编程

任务说明

当需要输入十进制数码时,所需按键数大于 10 个,如采用独立键盘,所需 I/O 端口需要 10 个以上。为节约 I/O 端口,拟采用一种新的键盘结构,即矩阵键盘。本任务学习矩

阵键盘的工作原理与编程方法。

 相关知识

一、矩阵键盘的结构与原理

1. 矩阵键盘的结构
矩阵键盘由行线和列线组成,按键位于行、列线的交叉点上,其结构如图 10-2-1 所示。

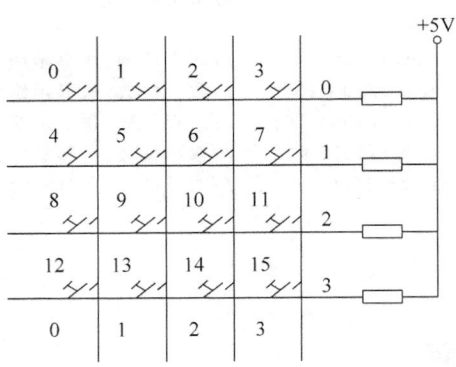

图 10-2-1　矩阵式键盘结构

由图可知,一个 4×4 的行、列结构可以构成含有 16 个按键的键盘。显然,在按键数量较多时,矩阵式键盘比独立式按键键盘节省很多 I/O 口。

在矩阵式键盘中,行、列线分别连接到按键开关的两端,行线通过上拉电阻接到+5V上。当无键按下时,行线处于高电平状态;当有键按下时,行、列线将导通,此时,行线电平将由与此行线相连的列线电平决定。这是识别按键是否按下的关键。然而,矩阵键盘中的行线、列线和多个按键相连,各按键按下与否均影响该键所在行线和列线的电平,各按键间将相互影响。因此,必须将行线、列线信号配合起来适当处理,才能确定闭合键的位置。

2. 矩阵式键盘按键的识别
识别按键的方法很多,最常见的是扫描法和翻转法。

1) 扫描法
下面以图 10-2-1 中 8 号键的识别为例,说明扫描法识别按键的过程。

按键按下时,与此键相连的行线与列线导通,行线在无键按下时处在高电平。显然,如果让所有的列线也处在高电平,按键按下与否不会引起行线电平变化。因此,必须使所有列线处在低电平。只有这样,当有键按下时,该键所在的行电平才会由高电平变为低电平。CPU 根据行电平的变化,判定相应的行有键按下。8 号键按下时,第 2 行一定为低电平;然而,第 2 行为低电平时,能否肯定是 8 号键按下呢?回答是否定的,因为 9、10、11 号键按下同样会使第 2 行为低电平。为进一步确定具体键,不能使所有列线在同一时刻都处在低电平,可在某一时刻只让一条列线处于低电平,其余列线均处于高电平;另一时

刻,让下一列处在低电平,依此循环。这种依次轮流,每次选通一列的工作方式称为键盘扫描。采用键盘扫描后,再来观察 8 号键按下时的工作过程。当第 0 列处于低电平时,第 2 行处于低电平;而第 1、2、3 列处于低电平时,第 2 行处在高电平。由此判定,按下的键应是第 2 行与第 0 列的交叉点,即 8 号键,有

$$键值＝行号×4(行数)＋列号$$

2) 翻转法

确认有键按下后,按如下步骤获得按键对应的键码,再根据键码获取按键的键值。

(1) 行全扫描,读取列码。

(2) 列全扫描,读取行码。

(3) 将行、列码组合在一起,得到按键的键码。

(4) 根据键盘的键码,通过比较法获取按键的键值。

注:采用比较法,是预先计算出每个按键的键码,再从键号 0 开始,顺序地将各个按键的键码存放在一个数组中,然后用获取的键码与数组中各按键键码相比较,相等时对应的顺序号即为按键的键号(键值)。

二、键盘的工作方式

在单片机应用系统中,键盘扫描只是 CPU 的工作内容之一。CPU 对键盘的响应取决于键盘的工作方式,键盘的工作方式应根据实际应用系统中 CPU 的工作状况而定,其选取原则是:既要保证 CPU 能及时响应按键操作,又不要过多地占用 CPU 工作时间。通常,键盘的工作方式有三种,即编程扫描、定时扫描和中断扫描。

1. 编程扫描方式

编程扫描方式是利用 CPU 完成其他工作的空余调用键盘扫描子程序来响应键盘输入的要求。在执行键功能程序时,CPU 不再响应键输入要求,直到 CPU 重新扫描键盘为止。

键盘扫描程序一般包括以下内容。

(1) 判别有无键按下。

(2) 键盘扫描,取得闭合键的行、列值。

(3) 用计算法或查表法得到键值。

(4) 判断闭合键是否释放。如没释放,继续等待。

(5) 保存闭合键键号,同时转去执行该闭合键的功能。

2. 定时扫描方式

定时扫描方式就是每隔一段时间对键盘扫描一次。它利用单片机内部的定时器产生一定时间(例如 10ms)的定时,定时时间到,就产生定时器溢出中断;CPU 响应中断后,对键盘扫描,并在有键按下时识别出该键,再执行该键的功能程序。定时扫描方式的硬件电路与编程扫描方式相同。

3. 中断扫描方式

采用上述两种键盘扫描方式,无论是否按键,CPU 都要定时扫描键盘,而单片机应用系统工作时,并非经常需要键盘输入,因此,CPU 经常处于空扫描状态。为提高 CPU 的

工作效率，采用中断扫描工作方式。其工作过程如下：当无键按下时，CPU 处理自己的工作；当有键按下时，产生中断请求，CPU 转去执行键盘扫描子程序，并识别键号。中断扫描键盘电路如图 10-2-2 所示。

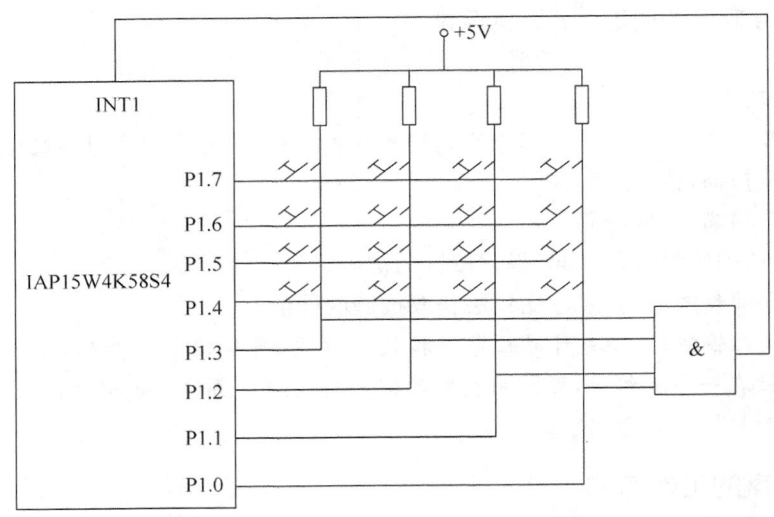

图 10-2-2　中断扫描键盘电路

图 10-2-2 所示是一种简易键盘接口电路。该键盘是由单片机 P1 口的高、低 4 位构成的 4×4 键盘。键盘的列线与 P1 口的低 4 位相连，键盘的行线与 P1 口的高 4 位相连，因此 P1.4～P1.7 是扫描输出线，P1.0～P1.3 是扫描输入线。图 8-2-2 中的 4 输入与门用于产生按键中断，其输入端与各列线相连，再通过上拉电阻接至＋5V 电源；输出端接至 IAP15W4K58S4 的外部中断输入端 INT1。具体工作过程如下：当键盘无键按下时，与门各输入端均为高电平，保持输出端为高电平；当有键按下时，INT1 端为低电平，向 CPU 申请中断。若 CPU 开放外部中断，将响应中断请求，转去执行键盘扫描子程序。

任务实施

一、任务要求

4×4 键盘对应十六进制数码 0～9、A～F。当按动按键时，对应的数码在数码管上显示。

二、硬件设计

P1 接 4×4 矩阵键盘，以 P1.0～P1.3 为列线，以 P1.4～P1.7 为行线，具体接口电路如图 10-2-3 所示。采用 IAP15W4K58S4 单片机开发板的数码管显示。

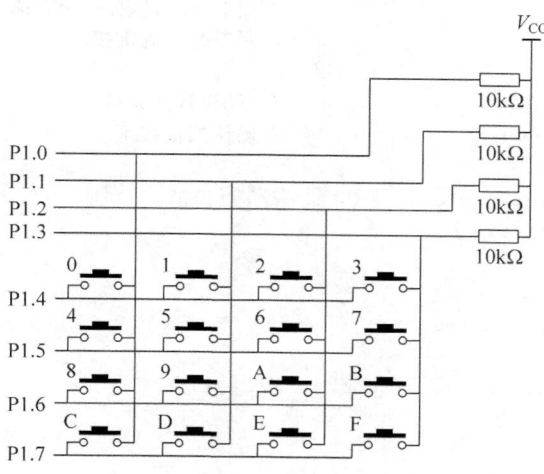

图 10-2-3　键盘扫描电路

三、软件设计

1. 程序说明

矩阵键盘键的识别采用扫描法实现,先确定行号,再确定列号,根据行号乘 4 加列号得到按键的键值。键值送数码管最低位显示。

2. 项目十任务 2 程序文件:项目十任务 2.c

```c
# include < stc15.h>              //包含支持 IAP15W4K58S4 单片机的头文件
# include < intrins.h>
# include < gpio.h>               //I/O 初始化文件
# define uchar unsigned char
# define uint   unsigned int
# include < display.h>
# define KEY P1
uchar key_volume;                 //定义键值存放变量
void Delay10ms()                  //@11.0592MHz,从 STC-ISP 在线编程工具中获得
{
    unsigned char i, j;

    i = 108;
    j = 145;
    do
    {
        while ( -- j);
    } while ( -- i);
}
/* ---------------- 键盘扫描子程序 ---------------------- */
uchar  keyscan()
{
    uchar row,column;             //定义行、列变量
```

```
        KEY = 0x0f;                              //先对 KEY 置数,行全扫描
        if(KEY!= 0x0f)                           //判断是否有键按下
        {
            Delay10ms();                         //延时,软件去抖
            if(KEY!= 0x0f)                       //确认按键按下
            {
                KEY = 0xef;                       //0 行扫描
                if(KEY!= 0xef)
                {
                    row = 0;
                    goto colume_scan;
                }
                KEY = 0xdf;                       //1 行扫描
                if(KEY!= 0xdf)
                {
                    row = 1;
                    goto colume_scan;
                }
                KEY = 0xbf;                       //2 行扫描
                if(KEY!= 0xbf)
                {
                    row = 2;
                    goto colume_scan;
                }
                KEY = 0x7f;                       //3 行扫描
                if(KEY!= 0x7f)
                {
                    row = 3;
                    goto colume_scan;
                }
                KEY = 0xff;
                return(16);
            colume_scan:
                if((KEY&0x01) == 0)column = 0;
                  else if((KEY&0x02) == 0)column = 1;
                    else if((KEY&0x04) == 0)column = 2;
                        else   column = 3;
                key_volume = row * 4 + column;
            }
        }
        else
        KEY = 0xff;
        return (16);
}

/* -------------- 主程序 ----------------------------- */
main()
{
    gpio();
```

```
    KEY = 0xff;
    while(1)
    {
        keyscan();
        Dis_buf[0] = key_volume;
        display();
    }
}
```

四、系统调试

（1）用 USB 线将 PC 与 IAP15W4K58S4 单片机开发板连接,并按硬件设计图连接电路。

（2）用 Keil C 编辑、编译程序项目十任务 2.c,生成机器代码文件项目十任务 2.hex。

（3）运行 STC-ISP 在线编程软件,将项目十任务 2.hex 下载到 IAP15W4K58S4 单片机开发板单片机中。下载完毕,自动进入运行模式。按动 0～9、A～F 按键,观察与记录运行结果。

 任务拓展

修改程序,新输入的按键值在数码管的最低位显示,原先数码管上的值依次往左移动 1 位,最高位自然丢失,并要求能实现高位自动灭零（高位无效的"0"不显示）。

任务 3　电子时钟的设计与实践

 任务说明

利用定时器实现 24 小时计时,用 8 位 LED 数码管显示,应用独立键盘实现调时。本任务主要锻炼学生的综合编程能力。

相关知识

1. 程序编制步骤

1）系统任务分析

首先,深入分析单片机应用系统的任务,明确系统的设计任务、功能要求和技术指标。其次,分析系统的硬件资源和工作环境。这是单片机应用系统程序设计的基础和条件。

2）提出算法与算法优化

算法是解决问题的具体方法。一个应用系统经过分析、研究和明确规定后,对应实现

的功能和技术指标,利用严密的数学方法或数学模型来描述,从而把一个实际问题转化成由计算机处理的问题。同一个问题的算法可以有多种,也都能完成任务或达到目标,但程序的运行速度、占用单片机资源以及操作便利性有较大的区别。所以,应对各种算法进行分析、比较,合理优化。

3)程序总体设计及绘制程序流程图

经过任务分析、算法优化后,就可以进行程序的总体构思,确定程序结构和数据形式,并考虑资源分配和参数计算等。然后,根据程序运行过程,勾画出程序执行的逻辑顺序,用图形符号将总体设计思路及程序流向绘制在平面图上,使程序的结构关系直观、明了,便于检查和修改。

2. 程序流程图

通常,应用程序依功能分为若干部分,通过流程图可以将具有一定功能的各部分有机地联系起来,并由此抓住程序的基本线索,对全局有完整的了解。清晰、正确的流程图是编制正确、无误的应用程序的基础和条件。所以,绘制一个好的流程图,是程序设计的一项重要内容。

流程图分为总流程图和局部流程图。总流程图侧重反映程序的逻辑结构和各程序模块之间的相互关系。局部流程图反映程序模块的具体实施细节。对于简单的应用程序,可以不画流程图。但当程序较复杂时,绘制流程图是一个良好的编程习惯。

常用的流程图符号有开始和结束符号、工作任务(肯定性工作内容)符号、判断分支(疑问性工作内容)符号、程序连接符号、程序流向符号等,如图 10-3-1 所示。

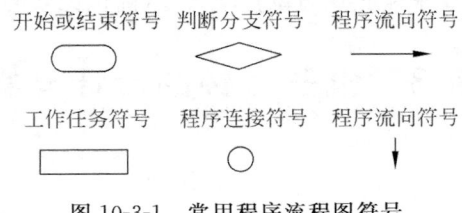

图 10-3-1   常用程序流程图符号

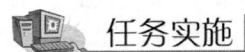 任务实施

一、任务要求

采用 24 小时计时与 LED 数码管显示,具备时、分、秒调时功能。

二、硬件设计

设置 3 个按键:K0、K1、K2。K0 为时分秒初始值调整键,K1 为加 1 键,K2 为减 1键。K0、K1、K2 分别与 P3.2、P3.3、P3.4 连接,采用 IAP15W4K58S4 单片机开发板中8 位 LED 数码管模块显示。K0、K1 也是 IAP15W4K58S4 单片机开发板中的 SW17、SW18,K2 可 DIY 区扩展,电路原理图如图 10-3-2 所示。

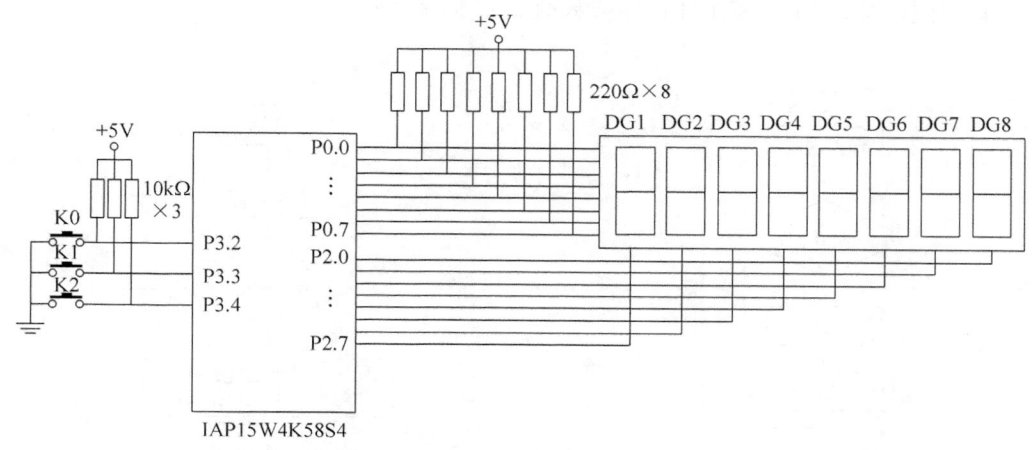

图 10-3-2　电子时钟控制电路

三、软件设计

1. 程序说明

1）主程序

主程序主要是循环调用显示子程序及实现键盘扫描功能,流程如图 10-3-3 所示。

2）LED 显示子程序

数码管显示的数据存放在内存单元 Dis_buf[0]～Dis_buf[5]中。其中,秒数据存放在 Dis_buf[1]、Dis_buf[0],分数据存放在 Dis_buf[3]、Dis_buf[2],时数据存放在 Dis_buf[5]、Dis_buf[4]。

3）键盘扫描功能设置子程序

调时功能程序的设计方法是:按下 K0,进入调整时间状态,等待操作,此时计时器停止走动。首先进入秒十位调整状态,继续按,往前进 1 位;到时钟十位时,如再按,退出调整状态,时钟继续走动。在调时状态,按 K1、K2 键可对指定位实现加 1 或减 1 操作。

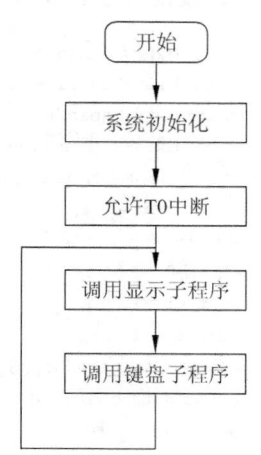

图 10-3-3　主程序流程图

4）定时中断子程序

计时用定时器 T0 完成,中断定时周期设为 50ms。中断进入后,判断时钟计时累计中断到 20 次(即 1s)时,对秒计数单元进行加 1 操作。时钟计数单元地址分别在 timedata[1]～timedata[0](秒)、timedata[3]～timedata[2](分)和 timedata[5]～timedata[4](时),最大计时值为 23 时 59 分 59 秒。在计数单元中采用十进制 BCD 码计数,满 60 进位。T0 中断服务程序执行流程如图 10-3-4 所示。

T1 中断服务程序用于控制调整单元数字闪烁。在时间调整状态下,每过 0.3s,将对应单元的显示数据换成"熄灭符"数据(♯10H)。这样,在调整时间时,对应调整单元的显示数据间隔闪烁。T1 中断服务程序流程图如图 10-3-5 所示。

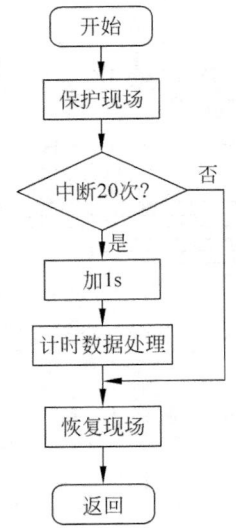

图 10-3-4　T0 中断服务程序流程图

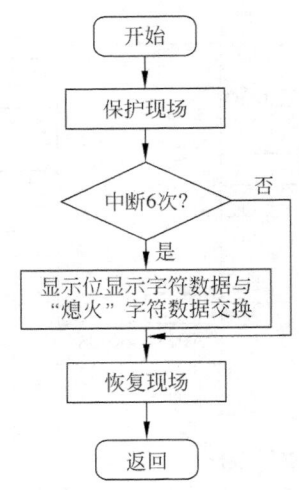

图 10-3-5　T1 中断服务程序流程图

2. 项目十任务 3 程序文件：项目十任务 3. c

```c
# include < stc15.h >                    //包含支持 IAP15W4K58S4 单片机的头文件
# include < intrins.h >
# include < gpio.h >                     //I/O 初始化文件
# define uchar unsigned char
# define uint  unsigned int
# include < display.h >
/* --------- 定义 k0、k1、k2 输入引脚 ---------- */
sbit k0 = P3 ^ 2;
sbit k1 = P3 ^ 3;
sbit k2 = P3 ^ 4;
uchar data timedata[6] = {0x00,0x00,0x00,0x00,0x02,0x01,}; //计时单元数据初值,共 6 个
uchar data con1s = 0x00,con03s = 0x00,con = 0x00;  //秒定时用
uchar a = 16,b;                          //用于闪烁功能交换数据
/* ----- 系统时钟为 11.0592MHz 时,是 10ms 延时函数 ---------- */
void Delay10ms()                         //@11.0592MHz
{
    unsigned char i, j;

    i = 108;
    j = 145;
    do
    {
        while ( -- j);
    } while ( -- i);
}
```

```
/* -------------------- 键盘扫描子程序 -------------------- */
void keyscan()
{
    EA = 0;
    if(k0 == 0)
    {
        Delay10ms();
        while(k0 == 0);
        if(Dis_buf[con] == 16)
        {
            b = Dis_buf[con];Dis_buf[con] = a;
            a = b;
        }
        con++;TR0 = 0;ET0 = 0;TR1 = 1;ET1 = 1;
        if(con >= 6)
        {con = 0;TR1 = 0;ET1 = 0;TR0 = 1;ET0 = 1;}
    }
    if(con!= 0)
    {
        if(k1 == 0)
        {
            Delay10ms();
            while(k1 == 0);
            timedata[con]++;
            switch(con)
            {
                case 1:
                case 3: if(timedata[con]>= 6)    //判断是否是分、秒十位。如是,加到大
                                                 //于 5,变为 0
                        {timedata[con] = 0;}
                        break;
                case 2:
                case 4:    if(timedata[con]>= 10) //判断是否是时、分个位。如是,加到
                                                 //大于 9,变为 0
                        {timedata[con] = 0;}
                        break;
                case 5: if(timedata[con]>= 3)    //判断是否是小时十位。如是,加到
                                                 //大于 2,变为 0
                        {timedata[con] = 0;}
                        break;
                default:;
            }
            Dis_buf[con] = timedata[con];a = 0x10;
        }
    }
    if(con!= 0)
    {
        if(k2 == 0)
        {
            Delay10ms();
            while(k2 == 0);
            switch(con)
```

```
                    {
                        case 1:
                        case 3: if(timedata[con] == 0)     //判断是否是分、秒十位。如是,减到
                                                           //等于 0,变为 5
                                {timedata[con] = 0x05;}
                                else {timedata[con] -- ;}
                                break;
                        case 2:
                        case 4: if(timedata[con] == 0)     //判断是否是时、分个位。如是,减到
                                                           //等于 0,变为 9
                                {timedata[con] = 0x09;}
                                else {timedata[con] -- ;}
                                break;
                            case 5: if(timedata[con] == 0)   //判断是否是小时十位。如是,
                                                             //减到等于 0,变为 2
                                    {timedata[con] = 0x02;}
                                    else {timedata[con] -- ;}
                                     break;
                        default:;
                    }
            Dis_buf[con] = timedata[con];a = 0x10;
                }
            }
        EA = 1;
    }


/* ------------- 定时器初始化 ------------------------------------- */
void T_init()
{
    int i;
    for(i = 0;i < 6;i++)                         //将计时单元值填充到显示缓冲区
    {
        Dis_buf[i] = timedata[i];
    }
    TH0 = 0X3C; TL0 = 0XB0;                      //50ms 定时初值
    TH1 = 0X3C; TL1 = 0XB0;
    TMOD = 0X00; ET0 = 1;ET1 = 1; TR0 = 1; TR1 = 0; EA = 1;
}
/* ----------------------- 主程序 -------------------------------- */
void main()
{
    gpio();
    T_init();
    while(1)
    {
        display();
        keyscan();
    }
}
/* ------------------------------- T0 中断处理子程序 --------------- */
void Timer0_int (void) interrupt 1
{
    //ET0 = 0;TR0 = 0;TH0 = 0X3C;TL0 = 0XB0; TR0 = 1;
```

```
            con1s++;
            if(con1s == 20)
            {
                con1s = 0x00;
                timedata[0]++;
                if(timedata[0] >= 10)
                {
                    timedata[0] = 0;timedata[1]++;
                    if(timedata[1] >= 6)
                    {
                        timedata[1] = 0;timedata[2]++;
                        if(timedata[2] >= 10)
                        {
                            timedata[2] = 0;timedata[3]++;
                            if(timedata[3] >= 6)
                            {
                                timedata[3] = 0;timedata[4]++;
                                if(timedata[4] >= 10)
                                {
                                    timedata[4] = 0;timedata[5]++;
                                }
                                if(timedata[5] == 2)
                                {
                                    if(timedata[4] == 4)
                                    {
                                        timedata[4] = 0;timedata[5] = 0;
                                    }
                                }
                            }
                        }
                    }
                }

            }
            Dis_buf[0] = timedata[0];
            Dis_buf[1] = timedata[1];
            Dis_buf[2] = timedata[2];
            Dis_buf[3] = timedata[3];
            Dis_buf[4] = timedata[4];
            Dis_buf[5] = timedata[5];
        }
    //ET0 = 1;
}
/* ----------------------- 0.3s 闪烁中断子程序 ----------------------- */
void Timer1_int (void) interrupt 3
{
    con03s++;
    if(con03s == 6)
    {
        con03s = 0x00;
        b = Dis_buf[con];Dis_buf[con] = a;a = b;
    }
}
```

四、系统调试

（1）用 USB 线将 PC 与 STC15W4K32S4 系列单片机实验箱相连接，并按图 10-3-2 连接电路。

（2）用 Keil C 编辑、编译程序项目十任务 3.c，生成机器代码文件项目十任务 3.hex。

（3）运行 STC-ISP 在线编程软件，将项目十任务 3.hex 下载到 STC15W4K32S4 系列单片机实验箱单片机中。下载完毕，自动进入运行模式。

（4）按表 10-3-1 所示进行调试。

表 10-3-1　电子时钟测试表

参　　　数					时		分		秒	
					十	个	十	个	十	个
正常计时		初始时间								
		5 分钟								
		10 分钟								
调试	K0	第 1 次	K1	初始值						
				调整值						
			K2	初始值						
				调整值						
		第 2 次	K1	初始值						
				调整值						
			K2	初始值						
				调整值						
		第 3 次	K1	初始值						
				调整值						
			K2	初始值						
				调整值						
		第 4 次	K1	初始值						
				调整值						
			K2	初始值						
				调整值						
		第 5 次	K1	初始值						
				调整值						
			K2	初始值						
				调整值						
		第 6 次	K1	初始值						
				调整值						
			K2	初始值						
				调整值						
综合测试		通过 K0、K1、K2 调整到 23:59:30，并记录								
		计时 40s 后，观察与记录时钟值								

测试技巧：正常计时的测试,可把时间周期缩小来测试。例如,设 5 秒为 1 分钟,5 分钟为 1 小时。测试正常后,恢复原来的时间进行整机测试。通过抽样检查,与标准表(如手机时间)比对,判断电子时钟的计时是否符合要求。

 **任务拓展**

在电子时钟的基础上,增加一组闹铃和整点报时功能,闹铃报警用 LED 灯闪烁来模拟。画出电路图,编写程序并调试。

任务 4　多功能电子时钟的设计与实践

 **任务说明**

本任务要求学生应用前面所学的知识与技能,自行设计一个多功能电子时钟。本任务可作为一个实训项目实施,系统地锻炼学习单片机应用系统软、硬件设计能力与系统调试能力,并学习工程设计报告的编制。

 **相关知识**

一、单片机应用系统的开发原则

根据特定的应用场合,单片机应用系统的设计应遵循以下原则。

1. 可靠性高

在设计过程中,要把系统的安全性、可靠性放在首位。一般来讲,系统的可靠性从以下几个方面考虑。

(1) 在器件使用上,应选用可靠性高的元器件,防止元器件损坏而影响系统可靠运行。

(2) 选用典型电路,排除电路的不稳定因素。

(3) 采用必要的冗余设计,或增加自诊断功能。

(4) 采取必要的抗干扰措施,防止环境干扰。可采用硬件抗干扰或软件抗干扰措施。

2. 性能价格比高

单片机自身具有性能高、体积小和功耗低的特点,因此在系统设计时,除保持高性能外,还应简化外围硬件电路,在系统性能许可的范围内尽可能地用软件程序取代硬件电路,以降低系统的制造成本。

3. 操作维护方便

操作维护方便表现在操作简单、直观形象和便于操作。在系统设计时,在保证性能不变的情况下,应尽可能地简化人机交互接口。

4．设计周期短

系统设计周期是衡量产品有无社会效益的一个主要依据。只有缩短设计周期，才能有效地降低系统设计成本，充分发挥新系统的技术优势，及早地占领市场，并具有竞争力。

二、单片机应用系统的开发流程

单片机应用系统主要由硬件和软件两部分组成。硬件除单片机本身的芯片以外，还包括单片机输入/输出通道、人机交互通道等。软件是各种工作程序的集合，只有将硬件和软件有机地紧密配合，才能设计出高性能的单片机应用系统。归纳起来，单片机应用系统的设计过程大致有以下几个方面。

1．任务确定

单片机应用系统分为智能仪器仪表和工业测控系统两大类。无论哪一类，都必须以市场需求为前提。所以，在系统设计前，要进行广泛的市场调查，了解该系统的市场应用概况，分析系统当前存在的问题，研究系统的市场前景，确定系统开发设计的目的和目标。简单地说，就是通过调研克服缺点，开发新功能。

在确定了大方向的基础上，对系统的具体实现进行规划，包括采集信号的种类、数量、范围，输出信号的匹配和转换，控制算法的选择，技术指标的确定等。

2．方案设计

确定研制任务以后，进行系统的总体方案设计，主要包括以下两个方面。

1）单片机机型和器件选择

（1）性能特点应适合所要完成的任务，避免过多的功能闲置。

（2）性能价格比要高，以提高整个系统的性能价格比。

（3）结构原理要熟悉，以缩短开发周期。

（4）货源要稳定，有利于批量增加和系统维护。

2）硬件与软件功能划分

系统的硬件和软件要统一规划。因为一种功能往往既可以由硬件实现，又可以由软件实现。要根据系统的实时性和性能价格比综合考虑。

一般情况下，用硬件实现速度比较快，可以节省 CPU 时间，但系统的硬件接线复杂，系统成本较高。用软件实现较为经济，但要更多地占用 CPU 时间。所以，在 CPU 时间不紧张的情况下，应尽量采用软件。如果系统回路多，实时性要求强，应考虑用硬件完成。例如，在显示接口电路设计时，为了降低成本，采用软件译码的动态显示电路。但是，如果系统的取样路数多、数据处理量大，应改为硬件静态显示。

3．硬件设计与调试

硬件设计是根据总体设计要求，在选择了单片机机型的基础上，具体确定系统中要使用的元件，并设计出系统的电路原理图，经过必要的实验后完成工艺结构设计、电路板制作和样机组装。硬件设计主要包括以下几个方面。

1）单片机电路设计

主要完成时钟电路、复位电路、供电电路设计。

2）输入/输出通道设计

主要完成传感器电路、放大电路、多路开关、A/D 转换电路、D/A 转换电路、开关量接口电路、驱动及执行机构设计。

3）控制面板设计

主要完成按键、开关、显示器、报警等电路设计。

4）硬件调试

硬件调试分静态调试和动态调试。

（1）静态调试包括目测、采用万用表测试及加电检查。

① 目测：首先，仔细检查单片机应用系统的印制电路板，检查印制线是否有断线、是否有毛刺、线与线和线与焊盘之间是否有黏连、焊盘是否脱落、过孔是否有未金属化现象等。若无质量问题，在安装、焊接上所有的分离元件和集成电路插座后，再一次目测，检查元器件是否焊接正确、焊点是否有毛刺、焊点是否有虚焊、焊锡是否使线与线或线与焊盘之间短路等。通过目测，可以查出某些明确的器件、设计故障，以便及时排除。

② 采用万用表测试：先用万用表复核目测中认为可疑的边线或接点，再检查所有电源的电源线和地线之间是否有短路现象。这一点必须要在加电前查出，否则会造成器件或设备毁坏。

③ 加电检查：首先检查各电源电压是否正常，然后检查各个芯片插座电源端的电压是否在正常的范围内、固定引脚的电平是否正确。在断电状态下，将集成芯片逐一插入相应的插座，加电后仔细观察芯片或器件是否出现打火、过热、变色、冒烟和异味等现象。如有异常现象，应立即断电，找出原因予以排除。总之，静态调试是检查印制电路板、连接和元器件部分有无物理性故障。静态调试完成后，进行动态调试。

（2）动态调试是在目标系统工作的状态下，发现和排除硬件中存在的器件内部故障、器件间连接的逻辑错误等的一种硬件检查。硬件的动态调试必须在开发系统的支持下进行，故称为联机仿真调试。动态调试借助于开发系统资源来设计目标系统中的单片机外围电路，具体方法是：利用开发系统友好的交互界面，有效地对目标系统的单片机外围扩展电路进行访问、控制，使系统在运行中暴露问题，从而发现故障，并予以排除。典型、有效地访问、控制外围扩展电路的方法是对电路进行循环读或写操作，使得电路中主要测试点的状态可以通过常规测试仪器测试出来，以此检测被调试电路是否按预期的工作状态运行。

4. 软件设计与调试

单片机应用系统的设计中，软件设计占有重要的位置。单片机应用系统的软件通常包括数据采集和处理程序、控制算法实现程序、人机对话程序和数据处理与管理程序。

软件设计通常采用模块化程序设计、自顶向下的程序设计方法。

单片机应用系统的软件设计是研制过程中任务最繁重的一项工作，对于一些较复杂的应用系统，不仅要使用汇编语言来编程，有时还需要使用高级语言编程。软件设计包括编写程序的总体方案、画出程序流程图、编制具体程序以及对程序检查和修改等。

1）程序的总体设计

程序的总体设计是指从系统的高度考虑程序结构、数据格式与程序功能的实现方法和手段。程序的总体设计包括拟定总体设计方案、确定算法和绘制程序流程图等。在拟定总体设计方案时，要根据单片机应用系统的具体情况，确定一个切合实际的程序设计方法。一般常用的程序设计方法有以下 3 种。

（1）模块化程序设计。模块化程序设计的思想是将一个功能完整的较长的程序分解成若干个功能相对独立的较小的程序模块，各个程序模块分别进行设计、编程和调试，最后把各个调试好的程序模块装配起来进行联调，最终成为一个有实用价值的程序。

（2）自顶向下逐步求精程序设计。自顶向下逐步求精程序设计要求从系统级的主干程序开始，从属的程序和子程序先用符号来代替，集中力量解决全局问题，然后层层细化，逐步求精，编制从属程序和子程序，最终完成一个复杂程序的设计。

（3）结构化程序设计。结构化程序设计是一种理想的程序设计方法，它是指在编程过程中对程序进行适当限制，特别是限制转移指令的使用；对程序的复杂程度进行控制，使程序的编排顺序和程序的执行流程保持一致。

2）程序的编制

目前，单片机主要有两种编程语言：汇编语言和 C51。若系统的实时控制性较高，一般建议采用汇编语言编程；若系统中数据处理较多，采用 C51 编程更方便。

3）软件调试

软件调试是通过对目标程序的汇编、连接、执行来发现程序中存在的语法错误与逻辑错误，并加以排除纠正的过程。在软件调试中，主要针对逻辑性错误进行讨论。软件调试与所选用的软件结构和程序设计方法有关。但有一点是共同的，即软件调试一般遵循先独立后联机、先分块后组合、先"单步"后"连续"的原则。在具体技术而言，可采用 Keil μVision 集成开发环境的调试功能进行调试，更推荐采用 Proteus 仿真软件进行调试。

（1）先独立后联机。一般来说，单片机应用系统中的软件和硬件是密切联系的，但这不等于说所有的目标程序都必须依赖硬件运行。如软件对被测参数进行数值处理或做某项事务处理时，往往与硬件无关。把与硬件无关的、功能相对独立的目标程序段抽取出来，形成与硬件无关和依赖硬件的两大类目标程序。这样，可以先脱离目标系统硬件，直接在开发系统上对独立于硬件的程序进行调试。这类程序调试完毕，再将目标系统与开发系统相连，对依赖于硬件的程序进行联机调试。联机调试成功后，再进行这两大块程序总调试。

（2）先分块后组合。在目标系统规模较大、任务较多的情况下，系统的软件设计往往采用模块化的方法。调试时，先按各个子模块进行调试。然后，将相互有关联的程序模块逐块组合起来调试，以解决在模块连接中可能出现的逻辑错误。对于所有程序模块的整体组合，在系统联调中完成，由于各个程序模块通过调试已排除了内部错误，所以软件总调的工作量大大减少。

（3）"单步"调试。调试软件程序的关键是实现错误定位。准确发现程序（或硬件电路）中错误的最有效方法是采用单步加断点的运行方式。在调试程序时，先利用断点运行方式进行粗调，将故障定位在一个程序段的小范围内；然后，根据故障程序段使用单步运行方式进行错误的精确定位，这样就可以做到调试的快捷和准确。通常在调试完成后，还要进行连续运行调试，以防止某些错误在单步执行时被掩盖。

对于一些实时系统，可能无法采用单步调试。为了较快地定位程序错误，使用连续加断点的运行方式。

5. 系统联调与性能测试

系统联调是指目标系统的软件在其硬件上实际运行,将软件和硬件联合起来进行调试,从中发现硬件故障或软、硬件设计错误。系统联调时,可采用 Proteus 仿真软件,再用实物进行系统联调。系统联调主要解决以下问题。

(1) 软、硬件是否按设计的要求配合工作。

(2) 系统运行时,是否有潜在的设计时难以预料的错误。

(3) 系统的动态性能指标(包括精度、速度等参数)是否满足设计要求。系统联调时,首先调试与硬件有关的各程序段。既可以检验程序的正确性,又可以在各功能独立的情况下检验软、硬件的配合情况。然后,将软件、硬件按系统工作的要求综合运行,采用全速断点、连续运行方式进行总调试,解决系统总体运行情况下软件、硬件的协调,提高系统动态性能。系统联调的具体操作方法是:先在开发系统环境下进行在线仿真(如采用 IAP15W4K58S4 单片机仿真器)。若发现问题,按照软件、硬件调试方法准确地定位错误,并分析原因,找出解决办法。在系统联调完成后,将目标程序固化到目标系统单片机的程序存储器中,使目标系统脱离开发系统,进行测试。

对于一些运行环境比较恶劣的单片机应用系统,在系统联调后,还要进行现场调试。通过目标系统在现场运行,发现可靠设计中的问题,并找出相应的解决方法。

单片机应用系统的设计与开发流程如图 10-4-1 所示。

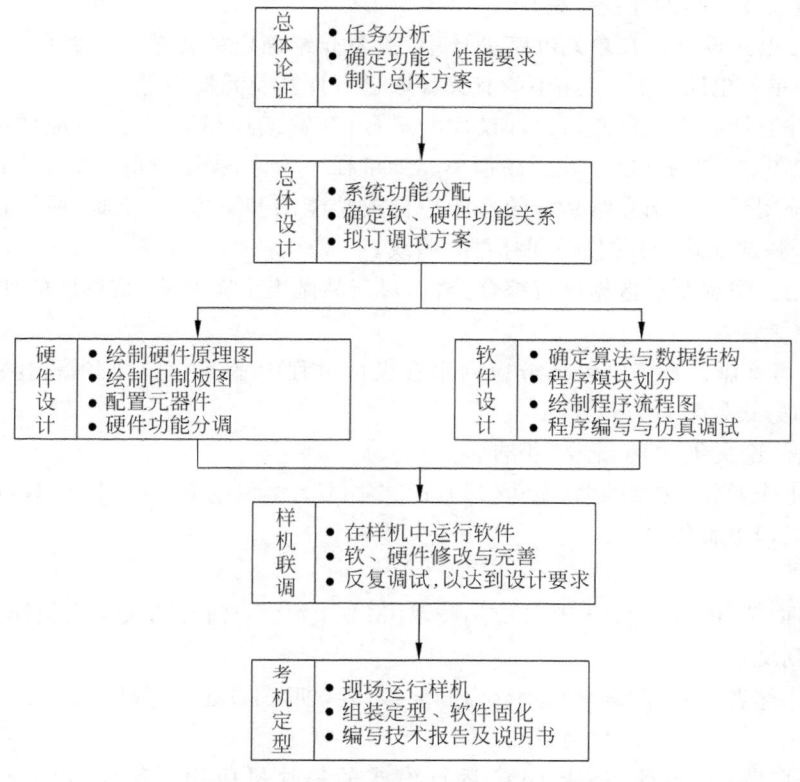

图 10-4-1 单片机应用系统的设计与开发流程

三、工程设计报告的编制

1. 报告内容

（1）封面。封面上应包括设计系统名称、设计人与设计单位名称、完成时间。

（2）目录。目录中应包括工程设计报告的章节标题、附录的内容，以及章节标题、附录的内容对应的页码。目录的页码利用 Word 软件的自动生成功能获得。

（3）摘要与关键词。摘要是对设计报告的总结，摘要一般 300 字左右。摘要的内容应包括目的、方法、结果和结论，即应包括设计的主要内容、主要方法和主要创新点。

摘要中不应出现"本文、我们、作者"之类的词语，一般用第三人称和被动式。英文摘要内容（可选）应与中文相对应；中文摘要前要加"摘要："，英文摘要前要加"Abstract："。

关键词按 GB/T 3860 的原则与方法选取。一般选 3～6 个关键词。中、英文关键词应一一对应。中文关键词前冠以"关键词："，英文关键词前冠以"Key words："。

（4）正文。正文是工程设计报告的核心。正文的主要内容有：系统设计、单元电路设计、软件设计、系统测试与结论。

① 系统设计：主要介绍系统设计思路与总体方案的可行性论证，各功能模块的划分与组成，系统的工作原理与工作过程。总体方案的选择既要考虑其先进性，又要考虑它实现的可能性以及产品的性能价格比。

② 单元电路设计。在单元电路设计中，需要介绍确定的各单元电路的工作原理，分析和设计各单元电路，选择电路中的有关参数进行计算及元器件等。

③ 软件设计。应注意介绍软件设计的平台、开发工具和实现方法，应详细介绍程序的流程方框图、实现的功能以及程序清单。如果程序较长，程序清单在附录中给出。

④ 系统测试。详细介绍系统的性能指标或功能的测试方法、步骤，所用仪器的设备名称、型号，测试记录的数据并绘制图标、曲线。

⑤ 结论。根据测试数据进行综合分析，对产品做出个完整的、结论性的评价，也就是结论性的意见。

（5）参考文献。参考文献部分应列出在设计过程中参考的主要书籍、刊物、杂志等。参考文献的格式如下：

① 专著、论文集、学位论文、报告。

［序号］作者(.)文献题名(专著［M］，论文集［C］，学位论文［D］，报告［R］)(.)出版地(：)出版社(,)出版年号.

例如：

［1］丁向荣.电气控制与 PLC 应用技术［M］.上海：上海交通大学出版社,2005.

② 期刊文章。

［序号］作者(.)文献题名(［J］)(.)刊名(,)卷(期)(：)起止页码.

例如：

［2］丁向荣,林知秋.基于 PLC 运行模式的单片机应用系统设计［J］.机电工程,2004,21(3)：32-33.

③ 国际、国家标准。

［序号］标准编号（，）标准名称［S］

例如：

［3］GB 4706.1—1998，家用和类似用途电器的安全第一部分：通用要求(S)

参考文献中的作者名是用英文拼写的，应该姓在前，名在后。参考文献在正文中应标注相应的引用位置，在引文的右上角用方括号标出。

(6) 附录。附录应包括元器件明细表、仪器设备清单、电路图图纸、设计的程序清单、系统(作品)使用说明等。

元器件明细表的栏目应包括：序号；名称、型号及规格；数量；备注(元器件位号)。

仪器设备清单的栏目应包括：序号；名称、型号及规格；主要技术指标；数量；备注(仪器仪表生产厂家)。

对于电路图图纸，要注意选择合适的图幅大小、标注栏。程序清单要有注释，包括总的和分段的功能说明。

2. 字体要求

一级标题：小二号黑体，居中占五行，标题与题目之间空一个汉字的空。

二级标题：三号标宋，居中占三行，标题与题目之间空一个汉字的空。

三级标题：四号黑体，顶格占二行。标题与题目之间空一个汉字的空。

四级标题：小四号粗楷体，顶格占一行。标题与题目之间空一个汉字的空。

标题中的英文字体均采用 Times New Roman 体，字号同标题字号。

四级标题下的分级标题的标题字号为五宋。

对于所有文中的图和表，要先有说明，再有图表。图要清晰，并与文中叙述一致，对图中内容的说明尽量放在文中。图序、图题(必须有)为小五号宋体，居中排于图的正下方。表序、表题为小五号黑体，居中排于表的正上方；图和表中的文字为六号宋体；表格四周封闭，表跨页时另起表头。

图和表中的注释、注脚为六号宋体；数学公式居中排，公式中字母正斜体和大小写前后要统一。

公式另行居中，公式末不加标点，有编号时可靠右侧顶边线；若公式前有文字，如例、解等，文字顶格写，公式仍居中；公式中的外文字母之间、运算符号与各量符号之间应空半个数字的间距；若对公式有说明，可接排，如"式中，A——XX；B——XX"；当说明较多时，则另起行顶格写"式中，A——XX"；回行与 A 对齐写"B——XX"。公式中的矩阵要居中，且行列上下左右对齐。

一般物理量符号用斜体(如 $f(x)$、x、y 等)；矢量、张量、矩阵符号一律用黑斜体；计量单位符号、三角函数、公式中的缩写字符、温标符号、数值等一律用正体。下角标若为物理量，一律用斜体；若是拉丁文、希腊文或人名缩写，用正体。

物理量及技术术语全文统一，要采用国际标准。

作品功能

如图 10-4-2 所示为 4×4 矩阵键盘与键名。

1	2	3	调时
4	5	6	闹铃 1
7	8	9	闹铃 2
Esc	0	秒表	倒计时秒表

图 10-4-2　矩阵键盘按键功能示意图

（1）上电时，电子时钟按正常的 24 小时制计时。

（2）按动调时键，进入时钟调时功能，调整位闪烁显示。直接输入数字，调整位移向下一位，可从时的十位数到分的个位数巡回调整，再按动调时键确认调时时间；按 Esc 键，退出设置，恢复到原来的时间计时。

（3）按动闹铃 1，进入闹铃 1 时间设置，调整位闪烁显示。直接输入数字，调整位移向下一位，可从时的十位数到分的个位数巡回调整，再按动闹铃 1 键确认闹铃 1 时间，返回计时状态；按 Esc 键，退出闹铃 1 设置，并取消闹铃 1，返回计时状态。

（4）按动闹铃 2，进入闹铃 2 时间设置，调整位闪烁显示。直接输入数字，调整位移向下一位，可从时的十位数到分的个位数巡回调整，再按动闹铃 2 键确认闹铃 2 时间，返回计时状态；按 Esc 键，退出闹铃 2 设置，并取消闹铃 2，返回计时状态；

（5）按动秒表键，进入秒表功能，显示器显示"000.0"；再次按动秒表键，开始计时，计时精度为 0.1s；再次按动秒表键，停止计时；再次按动，又累加计时；再按动又停止，……。按 Esc 键，返回计时状态；

（6）按动倒计时秒表键，进入倒计时秒表功能，显示器显示"0000"。可直接输入数字，设置倒计时秒表的时间，按动倒计时秒表键确认倒计时时间，显示器显示"0000.0"；再次按动倒计时秒表键，启动倒计时，按 0.1s 间隔倒计时。当倒计时到 0000.0s 时，声光报警；按 Esc 键，返回计时状态；

（7）闹铃 1 与闹铃 2 的铃声要有区别。

✎ 实施要求

（1）用电路设计软件绘制电路原理图。

（2）画出各功能模块的程序流程图。

（3）编写程序。

（4）用 STC15W4K58S4 系列单片机实验箱进行调试。

（5）撰写设计报告。

习　　题

一、填空题

1. 按键的机械抖动时间一般为_____。消除机械抖动的方法有硬件去抖和软件驱动。硬件去抖主要有_____触发器和_____两种；软件去抖是通过调用的_____延时程序来实现的。

　　2. 键盘按按键的结构原理分为_____和_____两种；按接口原理分为_____和_____两种；按按键的连接结构分为_____和_____两种。

　　3. 独立键盘中的各个按键是_____，与微处理器的接口关系是每个按键占用一个_____。

　　4. 当单片机有 8 位 I/O 口线用于扩展键盘时，若采用独立键盘，可扩展_____个按键；若采用矩阵键盘结构，最多可扩展_____个按键。

　　5. 为保证每次按键动作只完成一次功能，必须对按键做_____处理。

　　6. 单片机应用系统的设计原则，包括_____、_____、操作维护方便与_____等四个方面。

二、选择题

　　1. 按键的机械抖动时间一般为_____ ms。

　　　　A. 1～5　　　　　　B. 5～10　　　　　C. 10～15　　　　　D. 15～20

　　2. 软件去抖是通过调用延时程序来避开按键的抖动时间。去抖延时程序的延时时间一般为_____ ms。

　　　　A. 5　　　　　　　B. 10　　　　　　　C. 15　　　　　　　D. 20

　　3. 人为按键的操作时间一般为_____ ms。

　　　　A. 100　　　　　　B. 500　　　　　　C. 750　　　　　　D. 1000

　　4. 若 P1.0 连接一个独立按键，未按时是高电平，键释放处理正确的语句是_____。

　　　　A. while(P10==0);　　　　　　　　B. if(P10==0);

　　　　C. while(P10!=0);　　　　　　　　D. while(P10==1);

　　5. 若 P1.1 连接一个独立按键，未按时是高电平，键识别处理正确的方法是_____。

　　　　A. if(P11==0)　　　　　　　　　　B. if(P11==1)

　　　　C. while(P11==0)　　　　　　　　D. while(P11==1)

　　6. 在画程序流程图时，代表疑问性操作的框图是_____。

　　　　A. ▭　　　　　　B. ⬭　　　　　　C. ◇　　　　　D. ◯

　　7. 在工程设计报告的参考文献中，代表期刊文章的标识是_____。

　　　　A. M　　　　　　　B. J　　　　　　　C. S　　　　　　　D. R

　　8. 在工程设计报告的参考文献中，D 代表的是_____。

　　　　A. 专著　　　　　　B. 论文集　　　　　C. 学位论文　　　　D. 报告

三、判断题

　　1. 机械开关与机械按键的工作特性是一致的，仅是称呼不同而已。　　　　（　　）

　　2. PC 键盘属于非编码键盘。　　　　　　　　　　　　　　　　　　　　（　　）

　　3. 单片机用于扩展键盘的 I/O 口线为 10 根，可扩展的最大按键数为 24 个。（　　）

　　4. 键释放处理中，也必须进行去抖动处理。　　　　　　　　　　　　　　（　　）

5. 参考文献中,文献题名后面的英文标识"M"代表是专著。   (   )

四、问答题

1. 简述编码键盘与非编码键盘的工作特性。在单片机应用系统中,一般采用编码键盘,还是非编码键盘?

2. 画出 RS 触发器的硬件去抖电路,并分析其工作原理。

3. 编程实现独立按键的键识别与键确认。

4. 在矩阵键盘处理中,全扫描指的是什么?

5. 简述矩阵键盘中巡回扫描识别键盘的工作过程。

6. 简述矩阵键盘中翻转法识别键盘的工作过程。

7. 在有键释放处理的程序中,若按键时间较长,会出现动态 LED 数码管显示变暗或闪烁。请分析原因,并提出解决方法。

8. 在 LED 数码管显示中,如何让选择位闪烁显示?

9. 在很多单片机应用系统中,为了防止用户误操作,设计有键盘锁定功能。请问应该如何实现键盘锁定功能?

10. 简述单片机应用系统的开发流程。

11. 单片机应用系统的可靠性设计主要从哪几个方面考虑?

12. 简述在单片机应用系统开发中,如何提高系统的性能价格比。

13. 简述一个工程设计报告应包含哪些内容。

五、程序设计题

1. 设计一只独立按键,采用 LED 数码管显示。第 1 次按键显示数字 1,第 2 次按键显示数字 2,以此类推,第 9 次按键显示数字 9,周而复始。画出硬件电路图,绘制程序流程图,编写程序并上机调试。

2. 设计一个 4×3 矩阵键盘,采用 LED 数码管显示。每个按键对应显示一串字符,自定义显示内容。画出硬件电路图,绘制程序流程图,编写程序并上机调试。

3. 利用 T0、T1 设计频率计,T2 输出可编程时钟,用自己设计的频率计测量自身 T2 输出的可编程时钟。同时设计 2 个按键,一个用于增加 T2 输出时钟的频率,一个用于减小 T2 输出时钟的频率。有关 T2 输出频率的初始值、上限值、下限值以及调整步长自定义。试编程并上机调试。

LCD显示模块与应用编程

信息广告牌在人们的生活中有着重要的地位,广泛应用于政府部门、医院、企业等场合,给人们办事、看病和工作带来方便。市面上大多数的信息广告牌是由点阵拼成的,再加上一些驱动芯片、外围电路和上位机软件。想要在显示屏上显示什么内容,只要在上位机软件中输入即可。点阵显示屏具有亮度高、性能稳定、操作简单等优点。本项目介绍另外一种信息显示牌——液晶显示屏(Liquid Crystal Display,LCD)。LCD 在电子产品设计中使用率相当高,广泛应用于便携式电子产品中。它不仅省电,而且能够显示大量信息,如文字、曲线、图形等。其显示界面与数码管相比,有了质的提高。近年来液晶显示技术发展很快,LCD 成为仅次于显像管的第二大显示产品。

本项目要求设计一些简单的信息显示,分别用 LCD1602 和 LCD12864 实现显示功能。

知识点:
- 字符型 LCD1602 的显示特性与控制特性。
- 图形 LCD12864(不含中文字库)的显示特性与控制特性。
- 图形 LCD12864(含中文字库)的显示特性与控制特性。

技能点:
- LCD1602 与单片机接口电路的设计。
- LCD12864 与单片机接口电路的设计。
- LCD12864 与单片机接口电路的设计。
- LCD 驱动程序的编程。

任务 1 LCD1602 显示模块与应用编程

 任务说明

字符型 LCD 是专为字符显示而设计的。本任务主要学习字符型 LCD 的控制特性与

应用编程。

 相关知识

1. LCD 显示器概述

LCD 显示器由于类型、用途不同,因而其性能、结构不完全相同,但基本结构和原理大同小异。

1) LCD 显示器的结构

不同类型液晶显示器的组成可能有所不同,但是所有液晶显示器都可以认为是由两片光刻有透明导电电极的基板夹持一个液晶层,经封接而成的一个扁平盒(有时在外表面贴装有偏振片)。

构成液晶显示器的三大基本部件。

(1) 玻璃基板。这是一种表面极其平整的采用浮法生产的薄玻璃片,表面蒸镀有一层 Sn_2O_3 或 SnO_2 透明导电层,即 ITO 膜层,经光刻加工制成透明导电图形。这些图形由像素图形和外引线图形组成。因此,外引线不能进行传统的锡焊,只能通过导电橡胶条或导电胶带等连接。如果划伤、割断或腐蚀,会造成器件报废。

(2) 液晶。液晶材料是液晶显示器的主体,大多数由几种乃至十几种单体液晶材料混合而成。每种液晶材料都有自己固定的清亮点 T_L 和结晶点 T_S,因此要求每种液晶显示器必须使用和保存在 $T_S \sim T_L$ 之间的温度范围内。如果使用或保存温度过低,结晶会破坏液晶显示器的定向层;温度过高,液晶会失去液晶态,也就失去了液晶显示器的功能。

(3) 偏振片。偏振片由塑料膜材料制成,其表面涂有一层光学压敏胶,可以贴在液晶盒的表面。前偏振片表面还有一层保护膜,使用时应揭去。偏振膜怕高温、高湿,在高温、高湿环境下会使其退偏振或者起泡。

2) LCD 显示器的特点

液晶显示器有以下几个显著特点。

(1) 低压微功耗,其工作电压只有 $3 \sim 5V$,工作电流只有每平方厘米几微安。因此,它适合用作便携式和手持式仪器仪表的显示屏幕。

(2) 平板型结构。LCD 显示器内有由两片玻璃组成的夹层盒,面积可大可小,且适合于大批量生产,安装时占用体积小,进而减小设备体积。

(3) 被动显示。液晶本身不发光,而是靠调制外界光进行显示,因此适合人的视觉习惯,不会使人眼睛疲劳。在黑暗的环境条件下,必须使用背光源才能使 LCD 正常显示。

(4) 显示信息量大。LCD 显示器的像素可以做到很小,相比 LED,相同面积上可容纳更多信息。

(5) 易于彩色化。

(6) 没有电磁辐射。LCD 显示器在显示时不会产生电磁辐射,对环境无污染,有利于人体健康。

(7) 寿命长。LCD 器件本身无老化问题,寿命极长。

3) LCD 显示器的分类

通常将 LCD 分为笔段型、字符型和点阵图形型。

（1）笔段型。笔段型以长条状显示像素组成一位显示。该类型主要用于数字显示，也可用于显示西文字母或某些字符。这种段型显示通常有 6 段、7 段、8 段、9 段、14 段和 16 段等，在形状上总是围绕数字"8"或"米"字结构变化，其中以 7 段显示最常用，广泛用于电子表、数字表以及其他仪器仪表中。

（2）字符型。字符型液晶显示模块是专门用来显示字母、数字、符号等的点阵型液晶显示模块。在电极图形设计上，它由若干个 5×8 或 5×11 点阵组成，每一个点阵显示一个字符。这类模块广泛应用于手机、笔记本电脑等电子设备中。

（3）点阵图形型。点阵图形型是指在一块平板上排列多行多列，形成矩阵的晶格点，点的大小可根据显示的清晰度来设计。这类液晶显示器广泛用于图形显示，如游戏机、笔记本电脑和彩色电视机等设备中。

LCD 还有其他分类方法。按采光方式，分为自然采光、背光源采光 LCD；按 LCD 的显示驱动方式，分为静态驱动、动态驱动和双频驱动 LCD；按控制器的安装方式，分为含有控制器和不含控制器两类 LCD。

含有控制器的 LCD 又称为内置式 LCD。它把控制器和驱动器用厚膜电路做在液晶显示模块印制电路板上，只需通过控制器接口外接数字信号或模拟信号即可驱动 LCD 显示。因内置式 LCD 使用方便、简洁，所以在字符型 LCD 和点阵图形型 LCD 中应用广泛。

不含控制器的 LCD 还需另外选配相应的控制器和驱动器才能工作。

2. 字符型 LCD1602

字符型液晶显示模块是一类专用于显示字母、数字、符号等的点阵型液晶显示模块，目前常用 16×1、16×2、20×2 和 40×2 等显示模块。它是由若干个 5×8 或 5×11 点阵块组成的字符块集。每一个字符块是一个字符位，每一位都可以显示一个字符，字符位之间留有一个点距的间隔，起着字符间距和行距的作用。这类模块使用的是专用于字符显示控制与驱动的 IC 芯片，因此其应用范围局限于字符，不包括图形，所以称为字符型液晶显示模块。目前最常用的字符型液晶显示驱动控制器是日立公司的控制器 HD44780U 及其替代品。

LCD1602 显示模块分为带背光和不带背光两种，带背光的比不带背光的厚。是否带背光，在应用中并无差别。

1) LCD1602 特性

（1）+5V 供电，亮度可调整。

（2）内置振荡电路，系统内含重置电路。

（3）提供各种控制命令，如复位显示器、字符闪烁、光标闪烁、显示移位等多种功能。

（4）显示用数据 RAM 共有 80 字节。

（5）字符产生器 ROM 有 160 个 5×7 点阵字型。

（6）字符产生器 RAM 可由用户自行定义 8 个 5×7 点阵字型。

2) LCD1602 的引脚说明

图 11-1-1 所示为 LCD1602 的引脚图。LCD1602 采用标准的 16 脚接口，其引脚功能

说明如下。

第7～14脚 DB0～DB7：数据输入/输出引脚。

第4脚 RS：寄存器选择控制线。当 RS＝0，并且执行写入操作时，写入命令到指令寄存器；当 RS＝0 时，且执行读取操作时，读取忙碌标志及地址计数器的内容；如果 RS＝1，用于读写数据寄存器。

第5脚 R/W：LCD 读写控制线。R/W＝0 时，LCD 执行写入操作，R/W＝1 时，执行读取操作。

第6脚 E：使能信号控制(Enable)端，高电平有效。

第2脚 V_{DD}：电源正端。

第1脚 V_{SS}：电源地端。

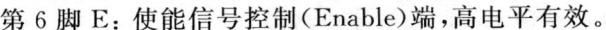

图 11-1-1　LCD1602 的引脚图

第3脚 V_0：LCD 驱动电源。V_0 为液晶显示器对比度调整端。接正电源时，对比度最弱，接地时，对比度最高(对比度过高时，会产生"鬼影"。使用时，通过一个 10kΩ 电位器调整对比度)。

第15脚 LEDA：背光+5V。

第16脚 LEDK：背光地。

3) LCD 控制方式

以 CPU 来控制 LCD 器件，其内部可以看成两组寄存器：一组为指令寄存器，另一组为数据寄存器，由 RS 引脚控制。所有对命令寄存器或数据寄存器的存取均需要检查 LCD 内部的忙碌标志(Busy Flag)。此标志用来告知 LCD 内部正在工作，不允许接收任何控制指令。对于该位，令 RS＝0，读取位 7 来判断。当该位为 0 时，才可以写入命令或数据。

4) LCD 控制指令

1602 液晶模块内部的控制器共有 11 条控制指令，如表 11-1-1 所示。

表 11-1-1　控制命令表

序号	指　令	RS	R/W	D7	D6	D5	D4	D3	D2	D1	D0
1	清显示	0	0	0	0	0	0	0	0	0	1
2	光标返回	0	0	0	0	0	0	0	0	1	x
3	设置字符输入模式	0	0	0	0	0	0	0	1	I/D	S
4	显示开/关控制	0	0	0	0	0	0	1	D	C	B
5	光标或字符移位	0	0	0	0	0	1	S/C	R/L	x	x
6	设置基本功能	0	0	0	0	1	DL	N	F	x	x
7	设置字符发生存储器地址	0	0	0	1	字符发生存储器地址					
8	设置数据存储器地址	0	0	1	显示数据存储器地址						
9	读忙标志或地址	0	1	BF	计数器地址						
10	写数到 CGRAM 或 DDRAM	1	0	要写的数据内容							
11	从 CGRAM 或 DDRAM 读数	1	1	读出的数据内容							

（1）复位显示器。指令码位为 0x01，将 LCD DDRAM 数据全部填入空白码 20H。执行此指令，将清除显示器的内容，同时光标移到左上角。

（2）光标归位设置。指令码为 0x02，地址计数器被清零，DDRAM 数据不变，光标移到左上角。

（3）设置字符进入模式。指令格式为：

D7	D6	D5	D4	D3	D2	D1	D0
0	0	0	0	0	1	I/D	S

① I/D 用于控制地址计数器递增或递减，I/D＝1 时为递增，I/D＝0 时为递减。每次读写显示 RAM 中字符码一次，地址计数器加 1 或减 1，光标显示的位置同时右移 1 位（I/D＝1）或左移 1 位（I/D＝0）。

② S 用于控制显示屏移动或不移动。当 S＝1 时，若写一个字符到 DDRAM，显示屏向左（I/D＝1）或向右（I/D＝0）移动一格，而光标位置不变。当 S＝0 时，显示屏不移动。

（4）显示器开关。指令格式为：

D7	D6	D5	D4	D3	D2	D1	D0
0	0	0	0	1	D	C	B

① D：显示屏打开或开关控制位。D＝1 时，显示屏打开；D＝0 时，显示屏关闭。

② C：光标出现控制位。C＝1，光标出现在地址计数器所指的位置；C＝0，光标不出现。

③ B：光标闪烁控制位。B＝1，光标出现后会闪烁；B＝0，光标不闪烁。

（5）显示光标移位。指令格式为：

D7	D6	D5	D4	D3	D2	D1	D0
0	0	0	1	S/C	R/L	x	x

x 表示 0 或 1 都可以，如表 11-1-2 所示。

表 11-1-2　显示移位控制

S/C	R/L	操　　作
0	0	光标向左移
0	1	光标向右移
1	0	字符和光标向左移
1	1	字符和光标向右移

（6）设置基本功能。指令格式为：

D7	D6	D5	D4	D3	D2	D1	D0
0	0	1	DL	N	F	x	x

① DL：数据长度选择位。DL=1 时，为 8 位数据传输；DL=0 时，为 4 位数据传输。使用 D7~D4 各位，分两次送入一个完整的字符数据。

② N：选择显示屏为单行或双行。N=0，单行显示；N=1，双行显示。

③ F：选择大小字符显示。F=1 时，为 5×10 点阵字型；F=0 时，为 5×7 点阵字型。

（7）CG RAM 地址设置。指令格式为：

D7	D6	D5	D4	D3	D2	D1	D0
0	1	A5	A4	A3	A2	A1	A0

设置 CGRAM 地址为 6 位的地址值，便可对 CGRAM 读/写数据。

（8）DDRAM 地址设置。指令格式为：

D7	D6	D5	D4	D3	D2	D1	D0
1	A6	A5	A4	A3	A2	A1	A0

设置 DDRAM 为 7 位的地址值，便可对 DDRAM 读/写数据。

（9）忙碌标志读取。指令格式为：

D7	D6	D5	D4	D3	D2	D1	D0
BF	A6	A5	A4	A3	A2	A1	A0

LCD 的忙碌标志 BF 用以指示 LCD 目前的工作情况。当 BF=1 时，表示正在做内部数据处理，不接收外界送来的指令或数据；当 BF=0 时，表示已准备接收命令或数据。

当程序读取一次数据内容时，位 7 是忙碌标志，另外 7 位的地址表示 CGRAM 或 DDRAM 中的地址，至于指向哪一个地址，依最后写入的地址设置指令而定。

（10）写数据到 CGRAM 或 DDRAM。要写数据到 CGRAM 或 DDRAM，先设置 CGRAM 或 DDRAM 地址，再写数据。

（11）从 CGRAM 或 DDRAM 中读取数据。要从 CGRAM 或 DDRAM 读取数据，先设置 CGRAM 或 DDRAM 地址，再读取数据。

5）LCD1602 的 RAM 地址映射及标准字库表

液晶显示模块是一个慢显示器件，所以在执行每条指令之前，一定要确认模块的忙标志为低电平，表示不忙，否则此指令失效。要显示字符时，先输入显示字符地址，也就是告诉模块在哪里显示字符。图 11-1-2 所示是 1602 的内部显示地址。

例如，第二行第一个字符的地址是 40H，那么是否直接写入 40H 就可以将光标定位在第二行第一个字符的位置呢？这样不行，因为写入显示地址时要求最高位 D7 恒定为高电平 1，所以实际写入的数据应该是 01000000B(40H)+10000000B(80H)=11000000B(C0H)。

在对液晶模块的初始化中，要先设置其显示模式。在液晶模块显示字符时，光标自动

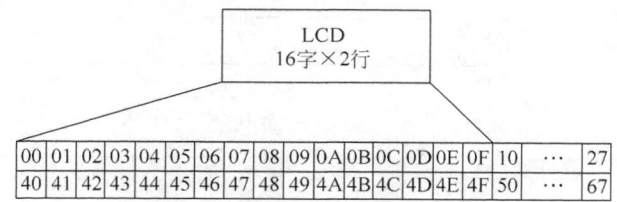

图 11-1-2　LCD1602 内部显示地址

右移,无须人工干预。每次输入指令前,都要判断液晶模块是否处于忙的状态。

1602 液晶模块内部的字符发生存储器(CGROM)存储了 160 个不同的点阵字符图形,如表 11-1-3 所示,这些字符有阿拉伯数字、英文字母大小写、常用符号和日文假名等,每一个字符都有固定的代码。比如大写英文字母"A"的代码是 01000001B(41H),显示时模块把地址 41H 中的点阵字符图形显示出来,就能看到字母"A"。

表 11-1-3　CGROM 中的字符代码与图形的对应关系

低位　　　　　高位	0000	0010	0011	0100	0101	0110	0111
0000	CGRAM		0	@	P	\	p
0001		!	1	A	Q	a	q
0010		"	2	B	R	b	r
0011		#	3	C	S	c	s
0100		$	4	D	T	d	t
0101		%	5	E	U	e	u
0110		&	6	F	V	f	v
0111		'	7	G	W	g	w
1000		(	8	H	X	h	x
1001		)	9	I	Y	i	y
1010		*	:	J	Z	j	z
1011		+	;	K	[	k	{
1100		,	<	L	¥	l	|
1101		—	=	M	]	m	}
1110		.	>	N	^	n	→
1111		/	?	O	_	o	←

6) LCD 的读/写时序图

LCD 的读/写时序有严格要求,不同液晶的读/写时序有所不同,但大多数的原理一致,因此实际使用中由单片机控制液晶读/写时序对其进行相应的显示操作。

LCD1602 与 51 系列 MCU 接口的读/写操作时序图如图 11-1-3 所示。

3. LCD1602 与 IAP15W4K58S4 单片机的接口电路

单片机与字符型 LCD 显示模块的连接方法分为总线访问和直接控制访问两种,数据传输的方式分为 8 位和 4 位两种。在现代单片机应用系统设计中,一般不推荐总线访问方式,因此该方式只作为选学内容。

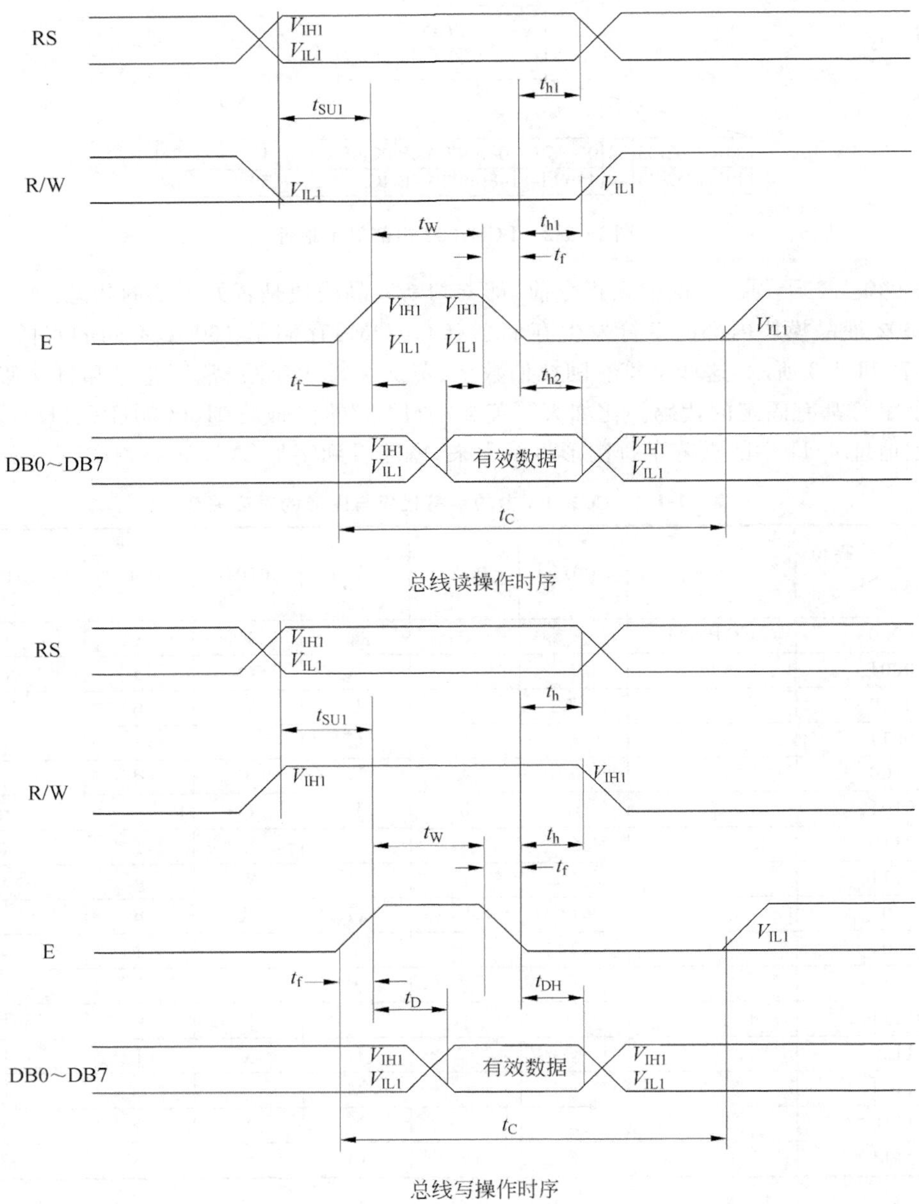

RS
R/W
E
DB0~DB7
有效数据
总线读操作时序
总线写操作时序

图 11-1-3　LCD1602 与 51 系列 MCU 接口的读/写时序

1）总线访问方式*

总线访问方式下，字符型液晶显示模块作为存储器或 I/O 接口设备直接连到单片机总线上。采用 8 位数据传输形式时，数据端 DB0～DB7 直接与单片机的数据线相连，寄存器选择端 RS 信号和读/写选择端 R/W 信号由单片机的地址线控制，使能端 E 信号由单片机的$\overline{RD}$和$\overline{WR}$信号共同控制，实现 LCD1602 所需的接口时序。如图 11-1-4 所示给出了总线访问方式下的 8051 与字符型液晶显示模块的接口电路。

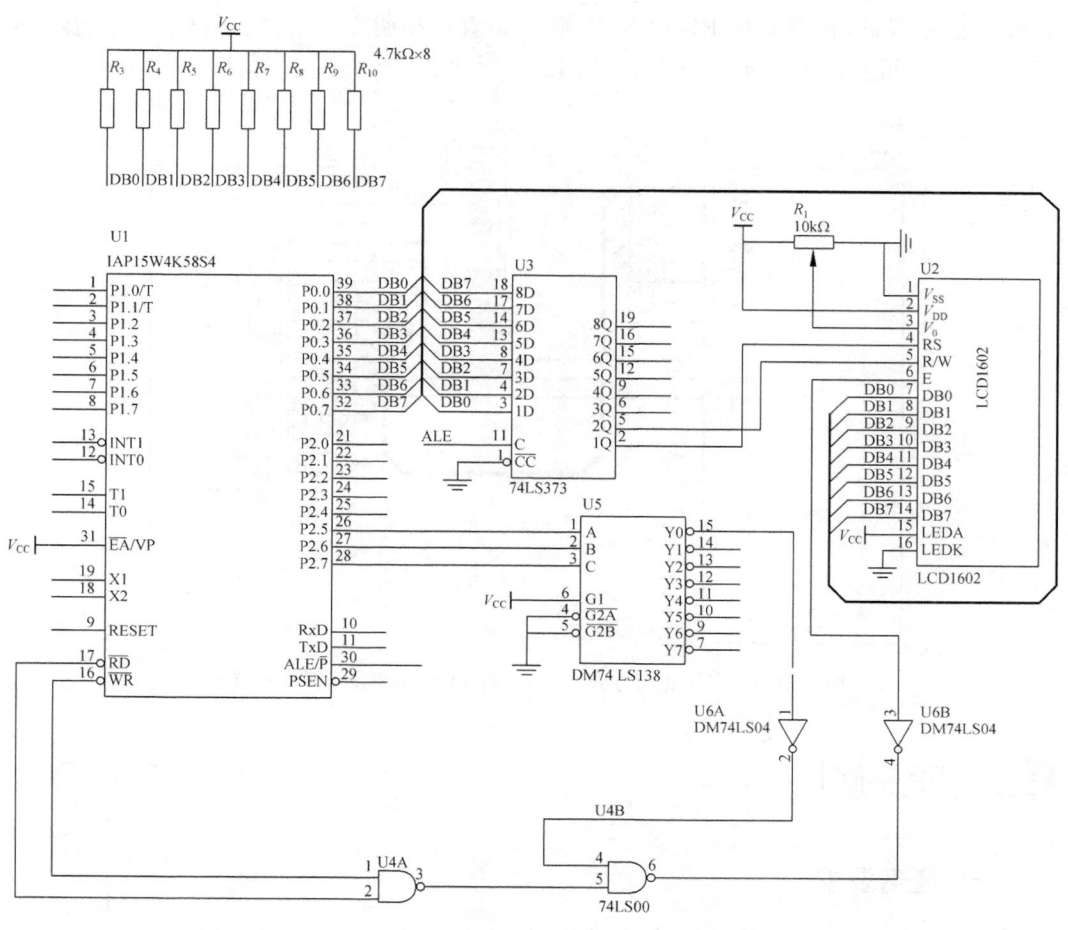

图 11-1-4 总线访问方式下 8051 与字符型液晶显示模块的接口

在图 11-1-4 中,8 位数据总线与 8051 的数据总线直接相连,P0 口产生的地址信号被锁存在 74LS373 内,其输出 Q1、Q2 给出了 RS 和 R/W 的控制信号。E 信号由 $\overline{RD}$ 和 $\overline{WR}$ 信号逻辑与非后产生的信号与高位地址线组成的片选信号共同选通控制。高 3 位地址线经译码输出与 $\overline{RD}$、$\overline{WR}$ 控制信号共同形成 E 控制信号,计算出 LCD 指令寄存器、数据寄存器的读写地址,利用片外 I/O 指令实现对字符型 LCD 显示模块的每一次访问。

2)直接访问方式

直接访问方式下,计算机把字符型液晶显示模块作为终端与计算机的并行接口连接。计算机通过对该并行接口的操作,实现对字符型液晶显示模块的控制。如图 11-1-5 所示是 8051 的 P0 和 P3 接口作为并行接口与字符型液晶显示模块连接的使用接口电路。图中,电位器为 V_0 口提供可调的驱动电压,用以实现对比度调节。在写操作时,使能信号 E 的下降沿有效,在软件设置顺序上,先设置 RS、R/W 状态,再设置数据,然后产生 E 信号脉冲,最后复位 RS 和 R/W 状态。在读操作时,使能信号 E 的高电平有效,所以在软件设置顺序上，先设置 RS 和 R/W 状态，再设置 E 信号为高电平，这时从数据口读取数据，然后将 E 信号置低，接着复位 RS 和 R/W 状态。直接控制方式通过执行软件产生操作时序，所以在时间上要保证符合 LCD 芯片的读写时序。

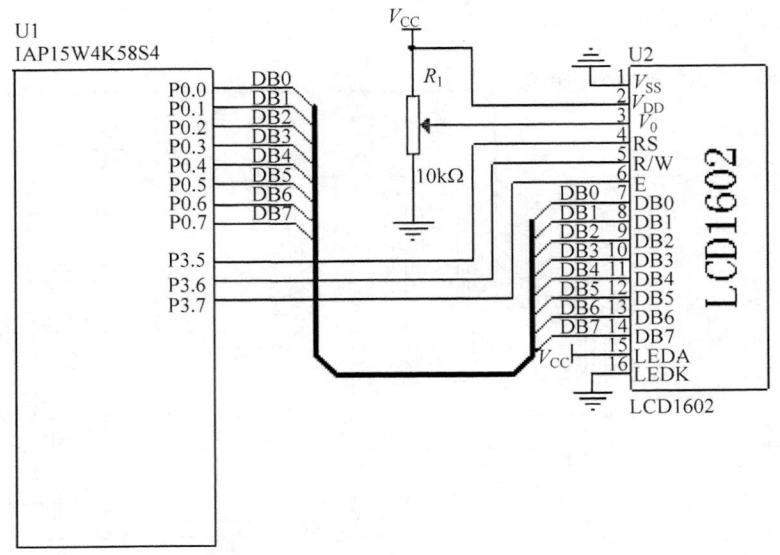

图 11-1-5　直接访问方式下 8051 与 LCD1602 显示模块的接口

任务实施

一、任务要求

在 LCD1602 上显示简单的信息，要求分两行显示。第 1 行从第 5 个字符开始显示"Welcome!"字样，第 2 行从第 2 个字符开始显示"www.STCMCU.com"字样。

二、硬件设计

LCD1602 模块的 8 位数据线与 8051 单片机的 P0 口相接。P3.5、P3.6、P3.7 作为时序控制信号线，接到 RS、R/W、E 端口。模块的 V_0 端所接的电位器作为液晶驱动电源的调节器，调节显示的对比度。LCD1602 与 IAP15W4K58S4 的连接如图 11-1-5 所示。

三、软件设计

1）程序流程图

主程序流程如图 11-1-6 所示。

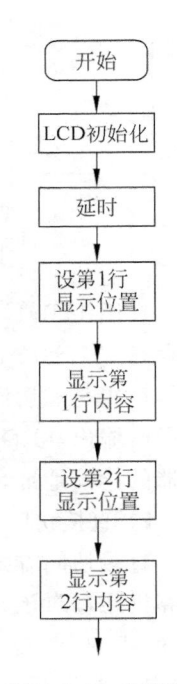

图11-1-6　主程序流程图

2) 源程序

(1) LCD1602 驱动程序文件：LCD1602.h。

```c
sbit rs = P3^5;                    //指令寄存器与数据寄存器选择 RS
sbit rw = P3^6;                    //读写选择 RW
sbit e  = P3^7;                    //使能信号 E
/* -------------- 系统时钟为 11.0592MHz 时的 10μs 延时函数 -------------- */
void Delay10us()                   //@11.0592MHz
{
    unsigned char i;
    _nop_();
    i = 25;
    while (--i);
}
/* -------------- 系统时钟为 11.0592MHz 时的 x×10μs 延时函数 -------------- */
void Delayx10us(uint x)            //@11.0592MHz
{
    uchar i;
    for(i=0;i<x;i++)
    {
        Delay10us();
    }
}
/* ---------------------- 判别 LCD 忙碌状态 ---------------------- */
bit lcd_bz()
{
    bit result;
    rs = 0;
    rw = 1;
    e = 1;
    Delay10us();
    result = (bit)(P0 & 0x80);
    e = 0;
    return result;
}
/* ---------------------- 写指令数据到 LCD ---------------------- */
void lcd_wcmd(uchar cmd)
{
    while(lcd_bz());
    rs = 0;
    rw = 0;
    e = 0;
    P0 = cmd;
    e = 1;
    Delay10us();
    e = 0;
}
/* ---------------------- 设定显示位置 ---------------------- */
void lcd_start(uchar start)
{
    lcd_wcmd(start | 0x80);
}
```

```
/* ----------------------- 写字符显示数据到 LCD ----------------------- */
void lcd_data(uchar dat)
{
    while(lcd_bz());
    rs = 1;
    rw = 0;
    e = 0;
    P0 = dat;
    e = 1;
    Delay10us();
    e = 0;
}
/* ----------------------- LCD 初始化设定 ----------------------- */
void lcd_init()
{
    Delayx10us(15);
    lcd_wcmd(0x38);                  //设定 LCD 为 16×2 显示,5×7 点阵,8 位数据接口
    Delayx10us(2);
    lcd_wcmd(0x0c);                  //开显示,不显示光标
    Delayx10us(2);
    lcd_wcmd(0x06);                  //显示光标自动右移,整屏不移动
    Delayx10us(2);
    lcd_wcmd(0x01);                  //显示清屏
    Delayx10us(100);
}
```

(2) 项目十一任务 1 程序文件：项目十一任务 1.c。

```
# include < stc15.h >                //包含支持 IAP15W4K58S4 单片机的头文件
# include < intrins.h >
# include "gpio.h"                   //I/O 初始化文件
# define uchar unsigned char
# define uint   unsigned int
# include "LCD1602.h"                //包含 LCD1602 驱动文件
uchar code dis1[] = {"Welcome!"};    //定义显示字符的 ASCII 码数组
uchar code dis2[] = {"www.STCMCU.com"};
/* -------------- 系统时钟为 11.0592MHz 时的 1ms 延时函数 -------------- */
void Delay1ms()                      //@11.0592MHz
{
    unsigned char i, j;
    _nop_();
    _nop_();
    _nop_();
    i = 11;
    j = 190;
    do
    {
        while (-- j);
    } while (-- i);
}
```

```
/* ----------------- 系统时钟为 11.0592MHz 时的 x×1ms 延时函数 --------------- */
void Delayxms(uint x)
{
    uchar i;
    for(i = 0;i < x;i++)
    {
        Delay1ms();
    }
}
/* ------------------------- 主函数 ------------------------- */
void main()
{
    uchar i;
    gpio();
    lcd_init();                    //初始化 LCD
    Delayxms (20);
    lcd_start(4);                  //设置显示位置为第 1 行的第 5 个字符
    i = 0;
    while(dis1[i] != '\0')
    {                              //显示第 1 行字符
        lcd_data(dis1[i]);
        i++;
    }
    lcd_start(0x41);               //设置显示位置为第 2 行第 2 个字符
    i = 0;
    while(dis2[i] != '\0')
    {
        lcd_data(dis2[i]);         //显示第 2 行字符
        i++;
    }
    while(1);
}
```

四、硬件连线与调试

(1) 在 STC15W4K58S4 单片机实验箱上按图 11-1-5 连接电路。

(2) 用 Keil C 编辑、编译程序,生成机器代码文件,并下载到单片机中。

(3) 联机调试,观察与记录 LCD1602 的显示结果。

① 修改程序,实现字符向右移动的效果。

② 修改程序,实现字符向左移动的效果。

③ 修改程序,实现字符闪烁的效果。

任务拓展

(1) 将项目六任务 1 中的秒表或项目十任务 3 中的电子时钟的 LED 数码管显示更改为 LCD1602 显示。

(2) 在 LCD1602 屏上增加设计者的姓名(拼音)。

提示:关键点是用 LCD1602 屏显示变量值。将数字 0~9 对应的 ASCII 码定义为一个数组,通过数组查询显示变量值的 ASCII 码,再送到显示位置对应的 DDRAM 中。

任务 2　LCD12864 显示模块(不含中文字库)与应用编程

 任务说明

利用 LCD12864(不含中文字库)显示简单的信息,包括文字及图形。通过一个简单任务的学习,掌握点阵型 LCD 的显示原理与使用方法。

相关知识

LCD12864 主要分为两种,一种采用 ST7920 控制器,一般带有中文字库字模,价格略高;另一种采用 KS0108 控制器,只是点阵模式,不带字库。

LCD12864 是一种具有 4 位或 8 位并行、2 线或 3 线串行多种接口方式的液晶显示模块。它主要由行驱动器/列驱动器及 128×64 全点阵液晶显示器组成,可以显示各种字符及图形,利用其灵活的接口方式和简单、方便的操作指令,构成全中文人机交互图形界面。它可以显示 8×4 行 16×16 点阵的汉字,也可以显示图形,低电压、低功耗是其显著特点。

1. 基本特性

(1) 低电源电压(V_{DD},+3.0~+5.5V),模块内自带−10V 负电压,用于驱动 LCD。

(2) 显示分辨率:128×64 点。

(3) 2MHz 时钟频率。

(4) 显示方式为 STN、半透、正显。

(5) 通信方式为串行、并口可选。

(6) 工作温度为 0~+55℃;存储温度为−20~+60℃。

2. 模块接口说明

图 11-2-1 所示是 LCD12864 的引脚图。各引脚说明如下。

第 1 脚:V_{SS},逻辑电源地。

第 2 脚:V_{DD},逻辑电源+5V。

第 3 脚:V_0,LCD 调整电压输入端。应用时,接 10kΩ 电位器可调端。

第 4 脚:RS,数据/指令选择。高电平时,数据 D0~D7 将送入显示 RAM;低电平时,数据 D0~D7 将送入指令寄存器。

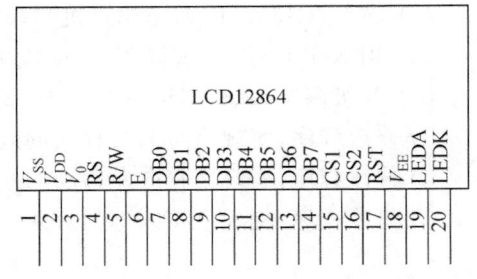

图 11-2-1　LCD12864 引脚图

第 5 脚:R/W,读/写选择。高电平为读数据,低电平为写数据。

第 6 脚:E,读写使能,高电平有效,下降沿锁定数据。

第 7~14 脚:DB0~DB7,数据的输入、输出引脚。

第 15 脚：CS1，片选择信号。高电平时，选择左半屏。

第 16 脚：CS2，片选择信号。高电平时，选择右半屏。

第 17 脚：RST，复位信号，低电平有效。

第 18 脚：V_{EE}，LCD 驱动，负电压输出，对地接 $10\,k\Omega$ 电位器。

第 19 脚：LEDA，背光电源，LED＋(5V)。

第 20 脚：LEDK，背光电源，LED－(0V)。

3. 模块主要硬件构成说明

IC3 为行驱动器，IC1、IC2 为列驱动器。IC1、IC2、IC3 含有指令寄存器(IR)、数据寄存器(DR)、忙标志(BF)、显示控制触发器(DFF)、XY 地址计算器、DD RAM、Z 地址计数等主要功能器件。了解这些器件有利于对 LCD 模块编程。LCD12864 结构框图如图 11-2-2 所示。

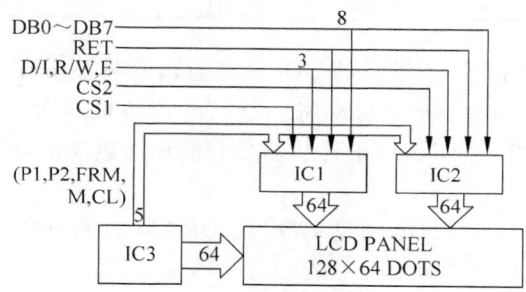

图 11-2-2　LCD12864 的结构框图

4. LCD12864 显示屏点阵位置与显示 DDRAM 的关系

LCD12864 显示屏点阵位置与显示 DDRAM 的关系如图 11-2-3 所示。LCD12864 显示屏的点像素是按屏、按页、按列描述与访问的。

行		列(左屏，CS1＝1)					列(右屏，CS2＝1)				
		0	1	...	62	63	0	1	...	62	63
0	0	D0	D0	D0	D0	D0	D0	D0	D0	D0	D0
	↓	↓	↓	↓	↓	↓	↓	↓	↓	↓	↓
	7	D7	D7	D7	D7	D7	D7	D7	D7	D7	D7
页	8	D0	D0	D0	D0	D0	D0	D0	D0	D0	D0
	⋮	↓	↓	↓	↓	↓	↓	↓	↓	↓	↓
	55	D7	D7	D7	D7	D7	D7	D7	D7	D7	D7
7	56	D0	D0	D0	D0	D0	D0	D0	D0	D0	D0
	↓	↓	↓	↓	↓	↓	↓	↓	↓	↓	↓
	63	D7	D7	D7	D7	D7	D7	D7	D7	D7	D7

图 11-2-3　LCD12864 点阵位置图

5. 指令描述

1) 显示开/关设置

显示开/关设置指令格式如表 11-2-1 所示。

表 11-2-1 显示开/关设置指令格式

控制位	R/W	RS	DB7	DB6	DB5	DB4	DB3	DB2	DB1	DB0
指令码	0	0	0	0	1	1	1	1	1	D

指令功能：屏幕显示开关。D＝1，开显示；D＝0，关显示。不影响显示 RAM (DDRAM)中的内容。

2) 设置显示起始行

设置显示起始行指令格式如表 11-2-2 所示。

表 11-2-2 设置显示起始行指令格式

控制位	R/W	RS	DB7	DB6	DB5	DB4	DB3	DB2	DB1	DB0
指令码	0	0	1	1	A5	A4	A3	A2	A1	A0

指令功能：执行该指令，所设置的 DDRAM 行内容将显示在屏幕的第一行。显示起始行由 Z 地址计数器控制，该指令自动将 A5～A0 位地址送入 Z 地址计数器，起始地址可以是 0～63 范围任意一行。Z 地址计数器具有循环计数功能，用于显示行扫描同步，扫描完一行后自动加 1。

例如，设 A5～A0 为 111110，则显示行与 DDRAM 行的对应关系为：

屏幕显示行：1 2 3 … 62 63 64

DDRAM 行：62 63 0 … 59 60 61

3) 设置页地址

设置页地址指令格式如表 11-2-3 所示。

表 11-2-3 设置页地址指令格式

控制位	R/W	RS	DB7	DB6	DB5	DB4	DB3	DB2	DB1	DB0
指令码	0	0	1	0	1	1	1	A2	A1	A0
								页地址(0～7)		

指令功能：执行本指令后，下面的读写操作将在指定页内，直到重新设置。页地址与 DDRAM 行地址的关系如图 11-2-3 所示。页地址存储在 X 地址计数器中，A2～A0 可表示 8 页，读写数据对页地址没有影响。除本指令可改变页地址外，复位信号(RST)可以把页地址计数器内容清零。

4) 设置列地址

设置列地址指令格式如表 11-2-4 所示。

表 11-2-4 设置列地址指令格式

控制位	R/W	RS	DB7	DB6	DB5	DB4	DB3	DB2	DB1	DB0
指令码	0	0	0	1	A5	A4	A3	A2	A1	A0
					列地址(0～63)					

指令功能：DDRAM 的列地址存储在 Y 地址计数器中，读写数据对列地址有影响。在对 DDRAM 读写操作后，Y 地址自动加 1。

5）状态检测

状态检测指令格式如表 11-2-5 所示。

表 11-2-5　状态检测指令格式

控制位	R/W	RS	DB7	DB6	DB5	DB4	DB3	DB2	DB1	DB0
指令码	1	0	BF	0	ON/OFF	RST	0	0	0	0

指令功能：读忙信号标志位（BF）、复位标志位（RST）以及显示状态位（ON/OFF）。BF＝1，内部正在执行操作；BF＝0，空闲状态；RST＝1，正处于复位初始化状态；RST＝0，正常状态；ON/OFF＝1，表示显示开；ON/OFF＝0，表示显示关。

6）写显示数据

写显示数据指令格式如表 11-2-6 所示。

表 11-2-6　写显示数据指令格式

控制位	R/W	RS	DB7	DB6	DB5	DB4	DB3	DB2	DB1	DB0
指令码	0	1	D7	D6	D5	D4	D3	D2	D1	D0

指令功能：写数据到 DDRAM。DDRAM 是存储图形显示数据的，写指令执行后，Y 地址计数器自动加 1。D7～D0 位数据为 1，表示显示；数据为 0，表示不显示。写数据到 DDRAM 前，要先执行"设置页地址"及"设置列地址"指令。

7）读显示数据

读显示数据指令格式如表 11-2-7 所示。

表 11-2-7　读显示数据指令格式

控制位	R/W	RS	DB7	DB6	DB5	DB4	DB3	DB2	DB1	DB0
指令码	1	1	D7	D6	D5	D4	D3	D2	D1	D0

指令功能：从 DDRAM 读数据。读指令执行后，Y 地址计数器自动加 1。从 DDRAM 读数据前，要先执行"设置页地址"及"设置列地址"指令。

注：设置列地址后，首次读 DDRAM 中数据时，须连续读操作两次，第二次才为正确数据。读内部状态则不需要此操作。

6. 接口时序

LCD12864 写操作时序如图 11-2-4 所示。

LCD12864 读操作时序如图 11-2-5 所示。

时序参数如表 11-2-8 所示。

表 11-2-8　时序参数表

名　　称	符　号	最小值	典型值	最大值	单位
E 周期时间	T_{CYC}	1000			ns
E 高电平宽度	P_{WEH}	450			ns

续表

名　　称	符号	最小值	典型值	最大值	单位
E 低电平宽度	P_{WEL}	450			ns
E 上升时间	T_R			25	ns
E 下降时间	T_F			25	ns
地址建立时间	T_{AS}	140			ns
数据建立时间	T_{AW}	10			ns
数据延迟时间	T_{DSW}	200			ns
写数据保持时间	T_{DDR}			320	ns
读数据保持时间	T_{DHR}	20			ns

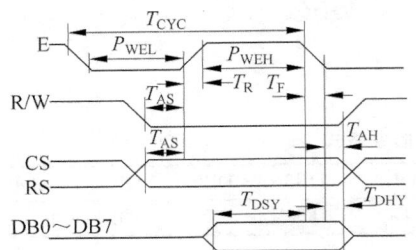

图 11-2-4　LCD12864 写操作时序

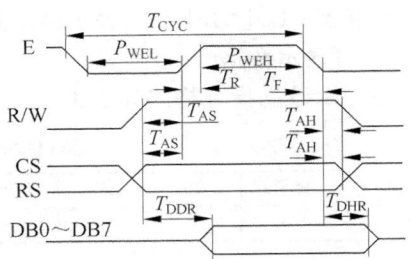

图 11-2-5　LCD12864 读操作时序

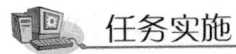 任务实施

1. 任务功能

将汉字"广东轻工学院电子通信02061239578"与图片" ➿ "在 LCD12864 显示屏上交替显示。

2. LCD12864 显示器与单片机的接口电路

LCD12864 显示器与单片机的接口电路如图 11-2-6 所示。

3. LCD12864 显示的程序实现

1）汉字、图形字模数据的提取方法

在编写软件代码之前，必须先掌握汉字取模的方法。要得到显示的文字，可以借助取模软件。目前点阵 LCD 的取模软件有很多种，下面以 Zimo221 取模软件为例，介绍汉字取模方法。Zimo221 为自由软件，可在网上下载。

（1）打开 Zimo221 取模软件。如图 11-2-7 所示为 Zimo221 取模软件显示主界面。

（2）输入字符。在"文字输入区"中输入文字。下面以输入一个"中"字为例，介绍取模过程。在"文字输入区"中输入"中"后，按 Ctrl＋Enter 组合键，可以看到"中"字显示在模拟显示区，如图 11-2-8 所示。

（3）设置取模参数。取模参数与编写程序的方法有关。本任务采用"纵向取模""倒序排列"的方式取模，参数设置如图 11-2-9 所示。

（4）汉字与字符取模。取模方式有两种：一种是 A51 模式；另一种是 C51 模式。在

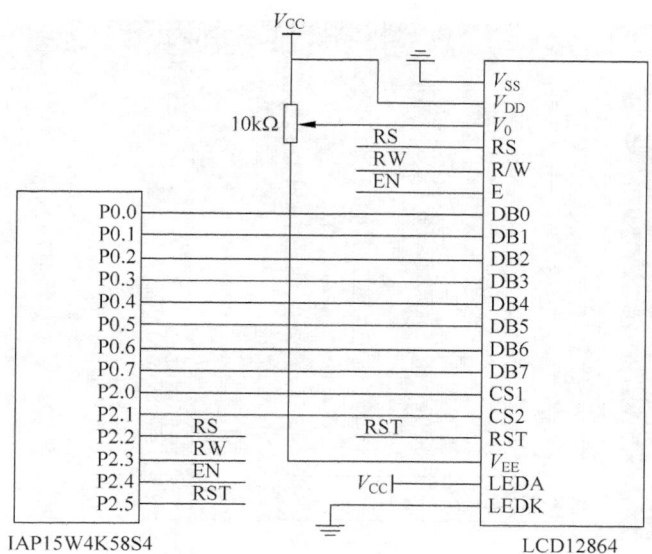

图 11-2-6　LCD12864 显示器与单片机的接口电路

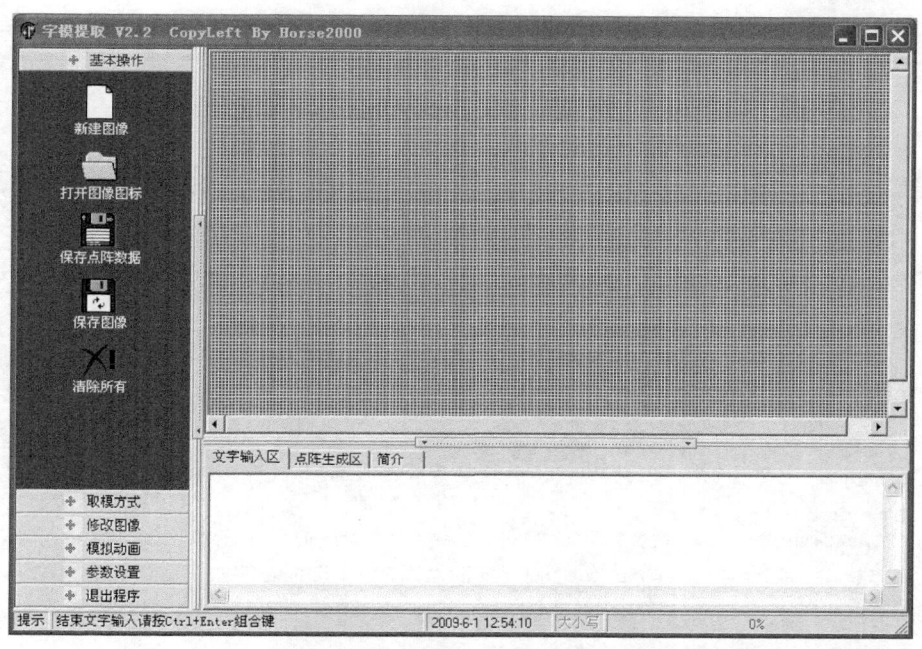

图 11-2-7　Zimo221 取模软件显示主界面

"取模方式"中选择"C51 格式",就可以在"点阵生成区"得到汉字"中"的显示代码,如图 11-2-10 所示。

经过上述步骤,一个汉字取模成功。在程序中调用这段代码就可以显示出汉字"中",其他汉字也用同样的方法取模。取完要显示的全部汉字代码后,就可以编程了。当然,也可以在"文字输入区"中一次性输入完所有的字再取模。

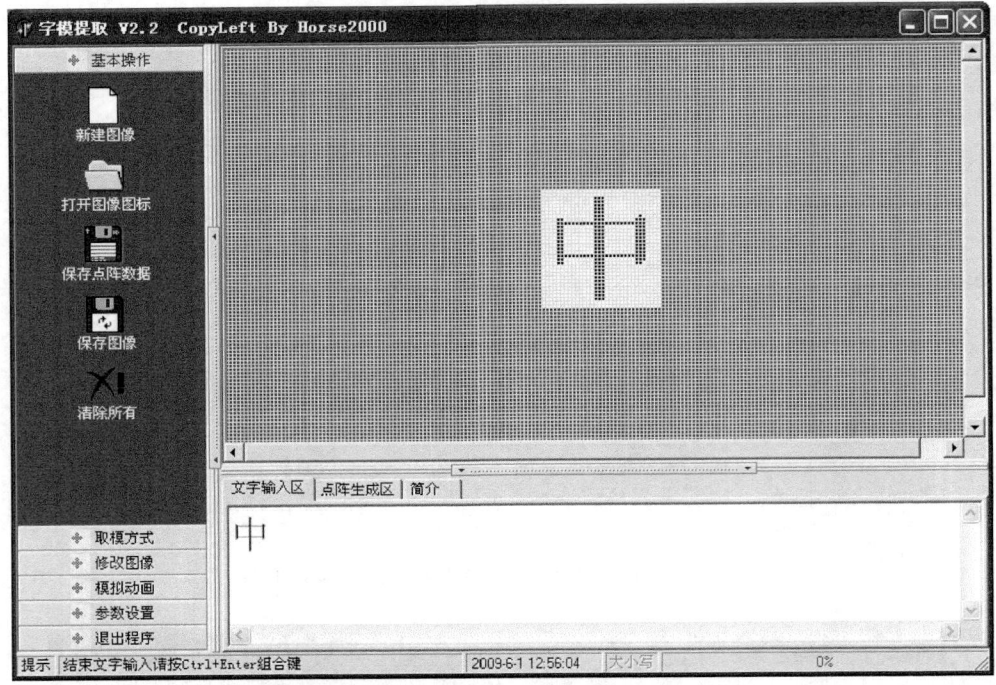

图 11-2-8　Zimo221 取模软件模拟显示区显示"中"字

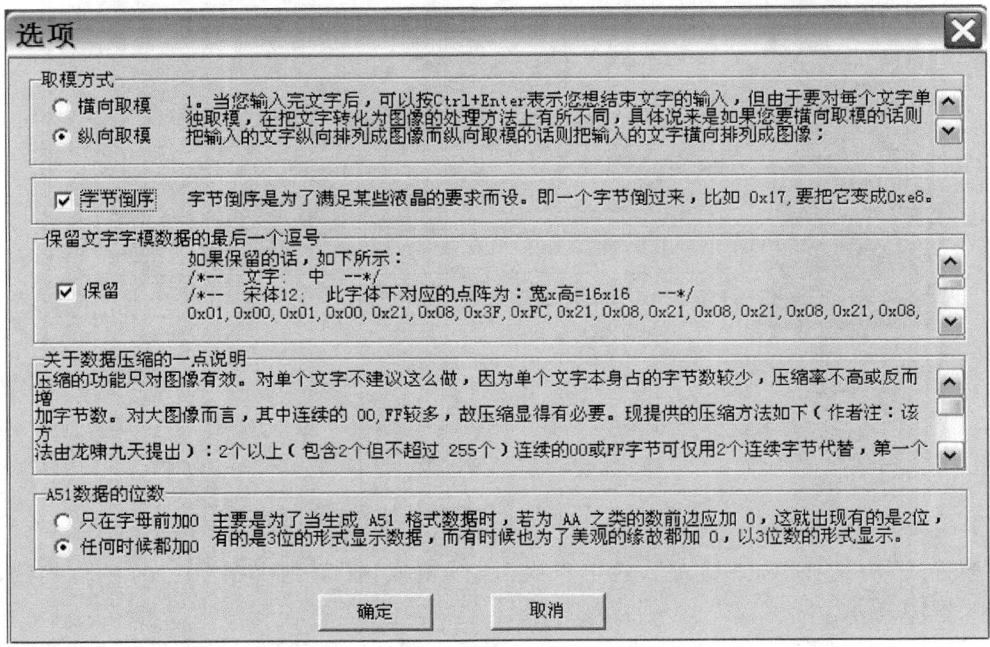

图 11-2-9　设置取模参数

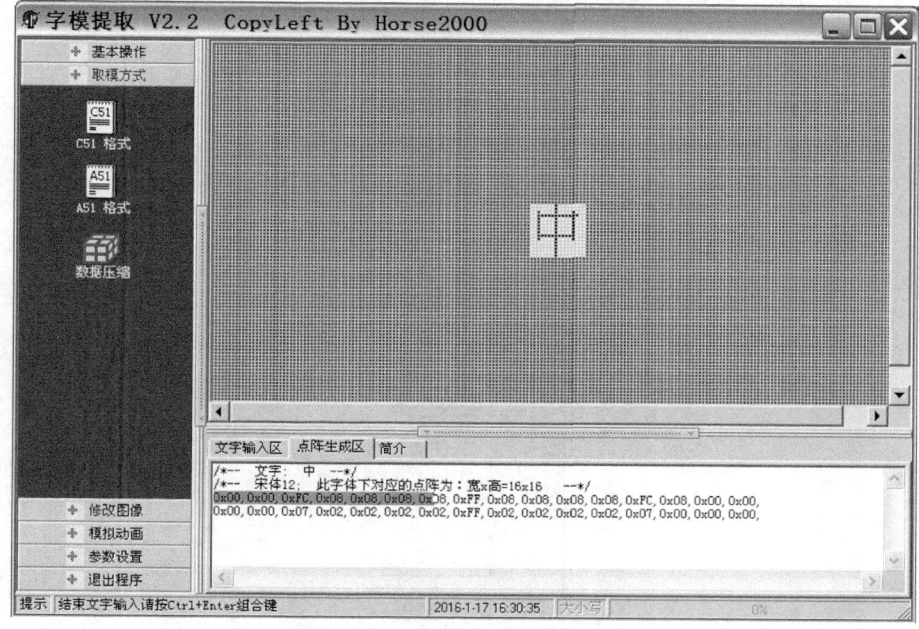

图 11-2-10　在 Zimo221 取模软件"点阵生成区"得到"中"字显示代码

（5）图片取模。图片取模的方法类似。通过新建图像或打开图像的方法获取要取模的图片。注意，取模图片的大小必须设置为 128×64，且为纵向取模，字节倒序。如图 11-2-11 所示为利用 Zimo221 取模软件得到的图片" "的代码模型数据。

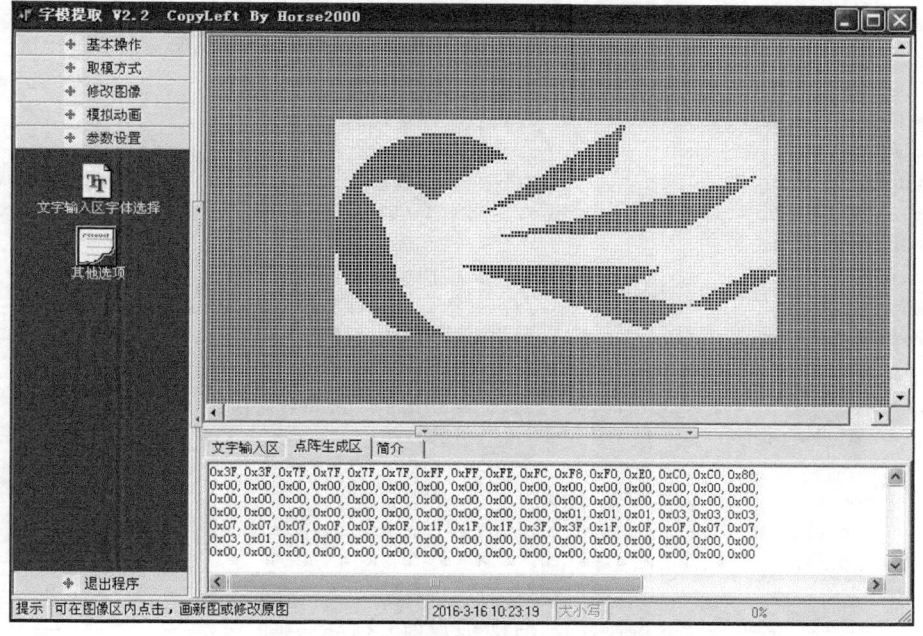

图 11-2-11　由 Zimo221 取模软件获取的图片模型数据

2) LCD12864 显示控制主程序流程图

LCD12864 显示控制程序主流程如图 11-2-12 所示。

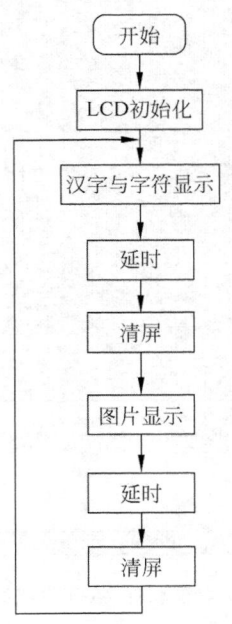

图 11-2-12　LCD12864 显示控制主程序流程图

3) LCD12864 显示源程序

(1) LCD12864(不含汉字)驱动程序文件: LCD12864.h。

```
#define RSsp_On 0x3f          //显示开代码
#define RSsp_Off 0x3e         //显示关代码
#define Col_Add 0x40          //设置列地址代码
#define Page_Add 0xb8         //设置页地址代码
#define Start_Line 0xc0       //设置显示起始行
#define Lcd_Bus P0            //定义数据端口
sbit CS1 = P2^0;             //定义 CS1、CS2 引脚
sbit CS2 = P2^1;
sbit EN = P2^4;               //定义使能引脚
sbit RS = P2^2;               //定义指令寄存器与数据寄存器选择引脚
sbit RW = P2^3;               //定义读写控制引脚
sbit RST = P2^5;              //定义复位引脚
/* --------------- 系统时钟为 11.0592MHz 时的 1μs 短延时函数 --------------- */
void Delay1us()               //@11.0592MHz
{
    _nop_();
    _nop_();
    _nop_();
}
/* -------------- 系统时钟为 11.0592MHz 时的 t×1μs 短延时函数 -------------- */
void Delay12864(uint t)
```

```
{
    uint i;
    for(i = 0;i < t;i++)
    {
        Delay1us();
    }
}
/* ------------------------写命令到 LCD------------------------ */
void write_com(unsigned char cmdcode)
{
    RS = 0;
    RW = 0;
    Lcd_Bus = cmdcode;
    Delay12864(0);
    EN = 1;
    Delay12864(0);
    EN = 0;
}
/* ------------------------写数据到 LCD------------------------ */
void write_data(unsigned char RSspdata)
{
    RS = 1;
    RW = 0;
    Lcd_Bus = RSspdata;
    Delay12864(0);
    EN = 1;
    Delay12864(0);
    EN = 0;
}


 /* ------------------------清除内存------------------------ */
void Clr_Scr(void)
{
    uchar j,k;
    CS1 = 1;                        //同时选中左、右屏
    CS2 = 1;
    //write_com(Page_Add + 0);
    for(k = 0;k < 8;k++)            //逐页逐列清零
    {
        write_com(Page_Add + k);
        write_com(Col_Add + 0);
        for(j = 0;j < 64;j++)
        {
            write_data(0x00);
        }
    }
}
```

```
/* ------------------------ 显示 12864 图片 ------------------------ */
void Disp_Img(unsigned char code *  img)
{
    uchar j,k;
    for(k = 0;k < 8;k++)
    {
        CS1 = 1;                          //选择左屏,写入 8 页 64 列图片数据
        CS2 = 0;
        Delay12864(100);
        write_com(Page_Add + k);
        write_com(Col_Add + 0);
        for(j = 0;j < 64;j++)
        {
            write_data(img[k * 128 + j]);
        }
        CS1 = 0;
        CS2 = 1;                          //选择右屏,写入 8 页 64 列图片数据
        Delay12864(100);
        write_com(Page_Add + k);
        write_com(Col_Add + 0);
        for(j = 64;j < 128;j++)
        {
            write_data(img[k * 128 + j]);
        }
    }
}
/* --------------------- 指定位置显示汉字 16×16 --------------------- */
void Disp_Chinese(unsigned char pag,unsigned char col,char code * hzk)
{
    uchar j = 0,i = 0;
    for(j = 0;j < 2;j++)
    {
        write_com(Page_Add + pag + j);   //设置页地址
        write_com(Col_Add + col);        //设置列地址
        for(i = 0;i < 16;i++)
        {
            write_data(hzk[16 * j + i]);//循环写入 16 列数据
        }
    }
}
/* --------------------- 指定位置英文字符 16×8 --------------------- */
void Disp_English(unsigned char pag,unsigned char col,char code * hzk)
{
    uchar j = 0,i = 0;
    for(j = 0;j < 2;j++)
    {
        write_com(Page_Add + pag + j);   //设置页地址
        write_com(Col_Add + col);        //设置列地址
        for(i = 0;i < 8;i++)
        {
            write_data(hzk[8 * j + i]); //循环写入 8 列数据
        }
```

```
        }
    }
    /* ------------------------- 初始化 LCD 屏 ------------------------- */
    void Init_lcd(void)
    {
        RST = 0;
        Delay12864(100);
        RST = 1;
        Delay12864(100);
        CS1 = 1;CS2 = 1;
        Delay12864(100);
        write_com(RSsp_Off);
        write_com(Page_Add + 0);
        write_com(Start_Line + 0);
        write_com(Col_Add + 0);
        write_com(RSsp_On);
    }
```

(2) 项目十一任务 2 程序文件：项目十一任务 2.c。

```c
/* ----------- 第一次显示"汉字与数字",第二次显示图形,并交替显示 ----------- */
# include < stc15. h>              //包含支持 IAP15W4K58S4 单片机的头文件
# include < intrins. h>
# include < gpio. h>              //I/O 初始化文件
# define uchar unsigned char
# define uint   unsigned int
# include < LCD12864. h>
/* --------------------------- 数据 --------------------------- */
uchar code guang[] = {
0x00,0x00,0xFC,0x04,0x04,0x04,0x04,0x05,0x06,0x04,0x04,0x04,0x04,0x04,0x04,0x00,
0x40,0x30,0x0F,0x00,0x00,0x00,0x00,0x00,0x00,0x00,0x00,0x00,0x00,0x00,0x00,0x00,

};                                //"广"字的字模数据
uchar code dong[] = {
0x00,0x04,0x04,0xC4,0xB4,0x8C,0x87,0x84,0xF4,0x84,0x84,0x84,0x84,0x04,0x00,0x00,
0x00,0x00,0x20,0x18,0x0E,0x04,0x20,0x40,0xFF,0x00,0x00,0x04,0x18,0x30,0x00,0x00,
};                                //"东"字的字模数据
uchar code qing[] = {
0xC4,0xB4,0x8F,0xF4,0x84,0x84,0x04,0x82,0x42,0x22,0x12,0x2A,0x46,0xC2,0x00,0x00,
0x08,0x08,0x08,0xFF,0x04,0x44,0x41,0x41,0x41,0x41,0x7F,0x41,0x41,0x41,0x41,0x00,
};                                //"轻"字的字模数据
uchar code gong[] = {
0x00,0x00,0x02,0x02,0x02,0x02,0x02,0xFE,0x02,0x02,0x02,0x02,0x02,0x02,0x00,0x00,
0x20,0x20,0x20,0x20,0x20,0x20,0x20,0x3F,0x20,0x20,0x20,0x20,0x20,0x20,0x20,0x00,
};                                //"工"字的字模数据
uchar code xue[] = {
0x40,0x30,0x10,0x12,0x5C,0x54,0x50,0x51,0x5E,0xD4,0x50,0x18,0x57,0x32,0x10,0x00,
0x00,0x02,0x02,0x02,0x02,0x02,0x42,0x82,0x7F,0x02,0x02,0x02,0x02,0x02,0x02,0x00,
};                                //"学"字的字模数据
uchar code yuan[] = {
0xFE,0x02,0x32,0x4A,0x86,0x0C,0x24,0x24,0x25,0x26,0x24,0x24,0x24,0x0C,0x04,0x00,
```

```
0xFF,0x00,0x02,0x04,0x83,0x41,0x31,0x0F,0x01,0x01,0x7F,0x81,0x81,0x81,0xF1,0x00,
};                              //"院"字的字模数据
uchar code dian[ ] = {
0x00,0x00,0xF8,0x48,0x48,0x48,0x48,0xFF,0x48,0x48,0x48,0x48,0xF8,0x00,0x00,0x00,
0x00,0x00,0x0F,0x04,0x04,0x04,0x04,0x3F,0x44,0x44,0x44,0x44,0x4F,0x40,0x70,0x00,
};                              //"电"字的字模数据
uchar code zi[ ] = {
0x00,0x00,0x02,0x02,0x02,0x02,0x02,0xE2,0x12,0x0A,0x06,0x02,0x00,0x80,0x00,0x00,
0x01,0x01,0x01,0x01,0x01,0x41,0x81,0x7F,0x01,0x01,0x01,0x01,0x01,0x01,0x01,0x00,
};                              //"子"字的字模数据
uchar code tong[ ] = {
0x40,0x41,0xC6,0x00,0x00,0xF2,0x52,0x52,0x56,0xFA,0x5A,0x56,0xF2,0x00,0x00,0x00,
0x40,0x20,0x1F,0x20,0x40,0x5F,0x42,0x42,0x42,0x5F,0x4A,0x52,0x4F,0x40,0x40,0x00,
};                              //"通"字的字模数据
unsigned char code xin[ ] = {
0x80,0x40,0x30,0xFC,0x07,0x0A,0xA8,0xA8,0xA9,0xAE,0xAA,0xA8,0xA8,0x08,0x08,0x00,
0x00,0x00,0x00,0x7F,0x00,0x00,0x7E,0x22,0x22,0x22,0x22,0x22,0x7E,0x00,0x00,0x00,
};                              //"信"字的字模数据
uchar code N1[ ] = {
0x00,0xE0,0x10,0x08,0x08,0x10,0xE0,0x00,0x00,0x0F,0x10,0x20,0x20,0x10,0x0F,0x00
};                              //数字"0"的字模数据
uchar code N2[ ] = {
0x00,0x70,0x08,0x08,0x08,0x88,0x70,0x00,0x00,0x30,0x28,0x24,0x22,0x21,0x30,0x00
};                              //数字"2"的字模数据
uchar code N3[ ] = {
0x00,0xE0,0x10,0x08,0x08,0x10,0xE0,0x00,0x00,0x0F,0x10,0x20,0x20,0x10,0x0F,0x00
};                              //数字"0"的字模数据
uchar code N4[ ] = {
0x00,0xE0,0x10,0x88,0x88,0x18,0x00,0x00,0x00,0x0F,0x11,0x20,0x20,0x11,0x0E,0x00
};                              //数字"6"的字模数据
uchar code N5[ ] = {
0x00,0x10,0x10,0xF8,0x00,0x00,0x00,0x00,0x00,0x20,0x20,0x3F,0x20,0x20,0x00,0x00
};                              //数字"1"的字模数据
uchar code N6[ ] = {
0x00,0x70,0x08,0x08,0x08,0x88,0x70,0x00,0x00,0x30,0x28,0x24,0x22,0x21,0x30,0x00
};                              //数字"2"的字模数据
uchar code N7[ ] = {
0x00,0x30,0x08,0x88,0x88,0x48,0x30,0x00,0x00,0x18,0x20,0x20,0x20,0x11,0x0E,0x00
};                              //数字"3"的字模数据
uchar code N8[ ] = {
0x00,0xE0,0x10,0x08,0x08,0x10,0xE0,0x00,0x00,0x00,0x31,0x22,0x22,0x11,0x0F,0x00
};                              //数字"9"的字模数据
uchar code N9[ ] = {
0x00,0xF8,0x08,0x88,0x88,0x08,0x08,0x00,0x00,0x19,0x21,0x20,0x20,0x11,0x0E,0x00
};                              //数字"5"的字模数据
uchar code N10[ ] = {
0x00,0x38,0x08,0x08,0xC8,0x38,0x08,0x00,0x00,0x00,0x00,0x3F,0x00,0x00,0x00,0x00
};                              //数字"7"的字模数据
uchar code N11[ ] = {
```

```
0x00,0x70,0x88,0x08,0x08,0x88,0x70,0x00,0x00,0x1C,0x22,0x21,0x21,0x22,0x1C,0x00
};                                    //数字"8"的字模数据
uchar code logo[ ] = {
0x00,0x00,0x00,0x00,0x00,0x00,0x00,0x00,0x00,0x00,0x00,0x00,0x00,0x00,0x00,0x00,
0x80,0x80,0xC0,0xC0,0xE0,0xE0,0xE0,0xE0,0xE0,0xF0,0xF0,0xF0,0xF0,0xF0,0xF0,0xF0,
0xF0,0xF0,0xF0,0xE0,0xE0,0xE0,0xE0,0xE0,0xC0,0xC0,0x80,0x80,0x00,0x00,0x00,0x00,
0x00,0x00,0x00,0x00,0x00,0x00,0x00,0x00,0x00,0x00,0x00,0x00,0x00,0x00,0x00,0x00,
0x00,0x00,0x00,0x00,0x00,0x00,0x00,0x00,0x00,0x80,0x80,0xC0,0xE0,0xE0,0xF0,0xF0,
0xF8,0xFC,0x3E,0x06,0x00,0x00,0x00,0x00,0x00,0x00,0x00,0x00,0x00,0x00,0x00,0x00,
0x00,0x00,0x00,0x00,0x00,0x00,0x00,0x00,0x00,0x00,0x00,0x00,0x00,0x00,0x00,0x00,
0x00,0x00,0x00,0x00,0x00,0x00,0x80,0xC0,0xE0,0xF0,0xF8,0xFC,0xFE,0xFE,0xFF,0xFF,
0xFF,0xFF,0xFF,0xFF,0xFF,0xFF,0xFF,0xFF,0xFF,0xFF,0xFF,0xFF,0xFF,0xFF,0xFF,0xFF,
0xFF,0xFF,0xFF,0xFF,0xFF,0xFF,0xFF,0xFF,0x7F,0x7F,0x3F,0x3F,0x1F,0x1F,0x0E,0x0E,
0x0C,0x08,0x00,0x00,0x00,0x00,0x00,0x00,0x00,0x00,0x00,0x00,0x00,0x80,0xC0,0xC0,
0xE0,0xE0,0xF0,0xF8,0xF8,0xFC,0xFE,0xFE,0xFF,0xFF,0xFF,0xFF,0xFF,0xFF,0x7F,0x7F,
0x3F,0x07,0x00,0x00,0x00,0x00,0x00,0x00,0x00,0x00,0x00,0x00,0x00,0x00,0x00,0x00,
0x00,0x00,0x00,0x00,0x00,0x00,0x00,0x00,0x00,0x00,0x00,0x00,0x00,0x00,0x00,0x00,
0x00,0x00,0xC0,0xF0,0xFC,0xFF,0xFF,0xFF,0xCF,0x8F,0x0F,0x07,0x07,0x07,0x03,0x03,
0x03,0x03,0x07,0x07,0x07,0x0F,0x0F,0x1F,0x1F,0x3F,0x7F,0xFF,0xFF,0xFF,0x7F,0x3F,
0x1F,0x1F,0x0F,0x07,0x03,0x01,0x01,0x00,0x00,0x00,0x00,0x00,0x00,0x00,0x00,0x00,
0x00,0x80,0xC0,0xC0,0xE0,0xE0,0xF0,0xF8,0x7C,0x7C,0x3E,0x3E,0x3F,0x1F,0x1F,0x1F,
0x0F,0x0F,0x0F,0x07,0x07,0x03,0x03,0x03,0x03,0x01,0x01,0x00,0x00,0x00,0x00,0x00,
0x00,0x00,0x00,0x00,0x00,0x00,0x00,0x00,0x00,0x00,0x00,0x00,0x80,0x80,0x80,0x80,
0xC0,0xC0,0xC0,0xC0,0xE0,0xE0,0xE0,0xE0,0xE0,0xF0,0xF0,0xF0,0xF8,0xF8,0xF8,0xF8,
0xF8,0x7C,0x3C,0x3C,0x1E,0x0E,0x06,0x06,0x03,0x01,0x00,0x00,0x00,0x00,0x00,0x00,
0xE0,0xFF,0xFF,0xFF,0xFF,0xFF,0xFF,0xFF,0xFF,0xFF,0xFF,0xFE,0xF8,0xE0,0x00,0x00,
0x00,0x00,0x00,0x00,0x00,0x00,0x00,0x00,0x00,0x00,0x00,0x00,0x00,0x00,0x00,0x00,
0x00,0x00,0x00,0x00,0x00,0x00,0x00,0x00,0x00,0x00,0x00,0x08,0x0C,0x04,0x06,0x03,
0x03,0x03,0x01,0x01,0x00,0x00,0x00,0x00,0x00,0x00,0x00,0x00,0x80,0x80,0x80,
0xC0,0xC0,0xC0,0xC0,0xC0,0xE0,0xE0,0xE0,0xF0,0xF0,0xF0,0xF0,0xF0,0xF8,0xF8,0xF8,
0xFC,0xFC,0xFC,0xFC,0xFE,0xFE,0xFE,0xFE,0xFF,0xFF,0xFF,0xFF,0xFF,0xFF,0xFF,
0xFF,0xFF,0xFF,0xFF,0xFF,0xFF,0x7F,0x7F,0x3F,0x1F,0x1F,0x0F,0x07,0x03,0x01,0x01,
0x00,0x00,0x00,0x00,0x00,0x00,0x00,0x00,0x00,0x00,0x00,0x00,0x00,0x00,0x00,0x00,
0xFF,0xFF,0xFF,0xFF,0xFF,0xFF,0xFF,0xFF,0xFF,0xFF,0xFF,0xFF,0xFF,0xFF,0xFF,0xF8,
0x00,0x00,0x00,0x00,0x00,0x00,0x00,0x00,0x00,0x00,0x00,0x00,0x00,0x00,0x00,0x00,
0x00,0x00,0x00,0x00,0x00,0x00,0x00,0x00,0x00,0x00,0x00,0x00,0x00,0x00,0x00,0x00,
0x04,0x04,0x04,0x06,0x06,0x06,0x06,0x06,0x03,0x03,0x03,0x03,0x03,0x03,0x03,0x03,
0x03,0x03,0x03,0x03,0x03,0x03,0x03,0x03,0x03,0x03,0x01,0x01,0x01,0x01,
0x01,0x01,0x01,0x01,0x01,0x01,0x01,0x01,0x01,0x01,0x00,0x00,0x00,0x00,0x00,0x00,
0x00,0x00,0x00,0x00,0x00,0x00,0x00,0x00,0x00,0x00,0x00,0x00,0x00,0x00,0x00,0x00,
0x00,0x00,0x00,0x00,0x00,0x00,0x00,0x00,0x00,0x00,0x00,0x00,0x00,0x00,0x00,0x00,
0x00,0x1F,0x7F,0xFF,0xFF,0xFF,0xFF,0xFF,0xFF,0xFF,0xFF,0xFF,0xFF,0xFF,0xFF,0xFF,
0xFF,0xF8,0x80,0x00,0x00,0x00,0x00,0x00,0x00,0x00,0x00,0x00,0x00,0x00,0x00,0x00,
0x00,0x00,0x00,0x00,0x00,0x08,0x08,0x18,0x18,0x18,0x18,0x38,0x38,0x78,0x78,0x78,
0x78,0xF8,0xF8,0xF8,0xF8,0xF8,0xF8,0xF8,0xF8,0xF8,0xF8,0xF8,0xF8,0xF8,0xF8,0xF8,
0xF8,0xF8,0xF8,0xF8,0xF8,0xF8,0xF8,0xF8,0xF8,0xF8,0xF8,0xF8,0xF8,0xF8,0xF8,0xF8,
0xF8,0xF8,0xF8,0xF8,0xF8,0xF8,0xF8,0xF8,0x78,0x78,0x38,0x30,0x10,0x18,0x00,0x00,
```

```
    0x00,0x00,0x00,0x00,0x00,0x00,0x00,0x00,0x00,0x00,0x00,0x00,0x00,0x00,0x00,0x00,
    0x00,0x00,0x00,0x80,0x80,0xC0,0xE0,0xE0,0xF0,0xF0,0xF0,0xF0,0xF0,0x70,0x30,0x30,
    0x00,0x00,0x00,0x01,0x07,0x0F,0x1F,0x3F,0x7F,0xFF,0xFF,0xFF,0xFF,0xFF,0xFF,0xFF,
    0xFF,0xFF,0xFF,0xFE,0xF8,0xE0,0xC0,0x00,0x00,0x00,0x00,0x00,0x00,0x00,0x00,0x00,
    0x00,0x00,0x00,0x00,0x00,0x00,0x00,0x00,0x00,0x00,0x00,0x00,0x00,0x00,0x00,0x00,
    0x00,0x00,0x00,0x01,0x01,0x01,0x03,0x03,0x03,0x07,0x07,0x07,0x0F,0x0F,0x0F,0x1F,
    0x1F,0x1F,0x3F,0x3F,0x7F,0x7F,0x7F,0x7F,0xFF,0xFF,0xFF,0xFF,0xFF,0xFF,0xFF,0xFF,
    0xFF,0xFF,0xFB,0xFB,0xF1,0xF1,0xF0,0xF0,0xF0,0xF0,0xF0,0xF0,0xE0,0xE0,0xE0,0xE0,0xE0,
    0xC0,0xC0,0xC0,0xC0,0xC0,0x40,0x00,0x40,0x60,0x60,0x70,0xF0,0xF8,0xFC,0xFC,0x7E,
    0x3E,0x3F,0x1F,0x1F,0x0F,0x07,0x07,0x07,0x03,0x01,0x01,0x00,0x00,0x00,0x00,0x00,
    0x00,0x00,0x00,0x00,0x00,0x00,0x00,0x00,0x00,0x00,0x01,0x07,0x07,0x0F,0x0F,0x1F,
    0x3F,0x3F,0x7F,0x7F,0x7F,0x7F,0xFF,0xFF,0xFE,0xFC,0xF8,0xF0,0xE0,0xC0,0xC0,0x80,
    0x00,0x00,0x00,0x00,0x00,0x00,0x00,0x00,0x00,0x00,0x00,0x00,0x00,0x00,0x00,0x00,
    0x00,0x00,0x00,0x00,0x00,0x00,0x00,0x00,0x00,0x00,0x00,0x00,0x00,0x00,0x00,0x00,
    0x00,0x00,0x00,0x00,0x00,0x00,0x00,0x00,0x00,0x00,0x01,0x01,0x01,0x03,0x03,0x03,
    0x07,0x07,0x07,0x0F,0x0F,0x0F,0x1F,0x1F,0x1F,0x3F,0x3F,0x1F,0x0F,0x0F,0x07,0x07,
    0x03,0x01,0x01,0x00,0x00,0x00,0x00,0x00,0x00,0x00,0x00,0x00,0x00,0x00,0x00,0x00,
    0x00,0x00,0x00,0x00,0x00,0x00,0x00,0x00,0x00,0x00,0x00,0x00,0x00,0x00,0x00,0x00
};                                          //图片"       "的字模数据
/* ----------------------------------- 主函数 ----------------------------- */
void main(void)
{
    gpio();
    Init_lcd();
    Clr_Scr();
    while(1)
    {
        CS1 = 1;CS2 = 0;                    //选择左屏,显示"广""东""轻"
        Disp_Chinese(2,16,guang);
        Disp_Chinese(2,32,dong);
        Disp_Chinese(2,48,qing);
        CS1 = 0;CS2 = 1;                    //选择右屏,显示"工""学""院"
        Disp_Chinese(2,0,gong);
        Disp_Chinese(2,16,xue);
        Disp_Chinese(2,32,yuan);
        CS1 = 1;CS2 = 0;                    //选择左屏,显示"电""子"
        Disp_Chinese(4,32,dian);
        Disp_Chinese(4,48,zi);
        CS1 = 0;CS2 = 1;                    //选择右屏,显示"通""信"
        Disp_Chinese(4,0,tong);
        CS1 = 0;CS2 = 1;
        Disp_Chinese(4,16,xin);
        CS1 = 1;CS2 = 0;                    //选择左屏,显示"020612"
        Disp_English(6,16,N1);
        Disp_English(6,24,N2);
        Disp_English(6,32,N3);
        Disp_English(6,40,N4);
        Disp_English(6,48,N5);
        Disp_English(6,56,N6);
```

```
        CS1 = 0;CS2 = 1;                    //选择右屏,显示"39578"
        Disp_English(6,0,N7);
        Disp_English(6,8,N8);
        Disp_English(6,16,N9);
        Disp_English(6,24,N10);
        Disp_English(6,32,N11);
        Delay12864(50000);          //延时
        Clr_Scr();                  //清屏
        Disp_Img(logo);             //显示图片
        Delay12864(50000);          //延时
        Clr_Scr();                  //清屏
    }
}
```

4. LCD12864 显示的具体实现

(1) 在 STC15W4K58S4 单片机实验箱上按图 11-2-12 连接电路。

(2) 用 Keil C 编辑、编译程序,生成机器代码文件,并下载到单片机中。

(3) 联机调试,观察与记录 LCD12864 的显示结果。

(4) 将第一屏显示的字符更改为身份信息;第二屏显示的图片更改为自行设计或截取的图片。

注意:若采用 Keil C 试用版,将无法编译成功。可对"汉字"与"图片"分别调试。

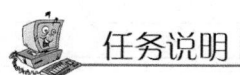 **任务拓展**

利用 LCD12864 液晶模块,循环显示 10 张图片,利用 1 个按键来控制。每按一次键,显示一张图片,图片自选。

任务 3 LCD12864 显示模块(含中文字库)与应用编程

 **任务说明**

图形 LCD,又称点阵 LCD,分为含中文字库与不包含中文字库两种;在数据接口上,又包含并行接口(4 位、8 位)和串行数据接口,供用户选择使用。本任务以含中文字库 LCD,8 位并口数据传输为例,学习图形 LCD 的基本知识与应用编程。

相关知识

带中文字库的 LCD12864 显示模块概述

LCD12864 主要分为两种:一种采用 ST7920 控制器,一般带有中文字库字模,价格略高;另一种采用 KS0108 控制器,它只是点阵模式,不带字库。

带中文字库的 128×64 是一种具有 4 位或 8 位并行、2 线或 3 线串行多种接口方式、内部含有国标一级、二级简体中文字库的点阵图形液晶显示模块,其显示分辨率为 128×64,内置 8192 个 16×16 点阵汉字和 128 个 16×8 点阵 ASCII 字符集。利用该模块灵活的接口方式和简单、方便的操作指令,可构成全中文人机交互图形界面。利用它,可以显示 8×4 行 16×16 点阵的汉字,也可以显示图形。

1) 模块接口说明

SMG12864ZK 标准中文字符及图形点阵液晶显示模块(LCM)的接口信号如表 11-3-1 所示。

表 11-3-1　并行接口引脚信号

引脚号	引脚名称	逻辑电平	引脚功能描述
1	V_{SS}	0 V	电源地
2	V_{DD}	+3~+5 V	电源正
3	NC[V0]	—	空脚(有些模块是对比度(亮度)调整电压输入端)
4	RS(CS)	1/0	RS=1,选择数据寄存器(DR),表示 DB7~DB0 为字符数据 RS=0,选择指令寄存器(IR),表示 DB7~DB0 为指令数据 (串口连接时为 CS,模块的片选段,高电平有效)
5	R/W(STD)	1/0	R/W=1,E=1 时,从 LCD 模块读数据 R/W=0,E=1→0 时,DB7~DB0 的数据被写到 IR 或 DR (串口连接时为 STD,串行传输的数据端)
6	E(SCLK)	1/0	使能信号(串口连接时为 SCLK,串行传输的时钟输入端)
7~14	DB0~DB7	1/0	三态数据线
15	PSB	1/0	1:并行数据模式 0:串行数据模式
16	NC	—	空脚
17	$\overline{RST}$	1/0	复位端,低电平有效。模块内部接有上电复位电路,因此在不需要经常复位的场合,可将该端悬空
18	NC [V_{OUT}]	—	空脚(有些模块是 LCD 驱动电源电压输出端)
19	LEDA	V_{DD}	背光源正端(+5V)
20	LEDK	V_{SS}	背光源负端

2) 模块主要硬件构成说明

(1) 控制器接口信号描述。

① RS 与 R/W 的配合选择决定控制界面的 4 种模式,如表 11-3-2 所示。

表 11-3-2　RS 与 R/W 的配合选择决定控制界面的 4 种模式

RS	R/W	功 能 说 明
0	0	MCU 写指令到指令寄存器(IR)
0	1	读出忙标志(BF)及地址计数器(AC)的状态
1	0	MCU 写数据到数据寄存器(DR)
1	1	MCU 从数据寄存器(DR)读出数据

② E 信号如表 11-3-3 所示。

表 11-3-3　E 信号

E 状态	执 行 动 作	结　果
1→0	I/O 引脚→DR 或 IR(锁存数据)	MCU 配合 W̄ 写数据或指令
高	DR 或 IR→I/O 引脚(读取数据)	MCU 配合 R 读数据或指令
低→高	无动作	

(2) 忙标志(BF)与内部寄存器、存储器说明。

① BF：忙标志,提供内部工作情况。BF=1,表示模块在执行内部操作,此时模块不接收外部指令和数据；BF=0 时,模块为准备状态,随时可接收外部指令和数据。

② 内部寄存器：IR 为内部指令寄存器,用于接收 LCD 的指令代码；DR 为内部字符数据寄存器,用于接收显示字符数据。

③ 字型产生 ROM(CGROM)：提供 8192 个字型的显示代码。

④ 显示数据 RAM(DDRAM)：模块内部显示数据 RAM 提供 64×2 个位元组的空间,最多可控制 4 行 16 字(64 个字)的中文字型显示。当写入字符编码显示数据 RAM 时,可分别显示 CGROM 与 CGRAM 的字型。此模块可显示三种字型,分别是半角英数字型(16×8)、CGRAM 字型及 CGROM 的中文字型。三种字型的选择,由在 DDRAM 中写入的编码确定。

a. 在 0000H～0006H 的编码中(其代码分别是 0000、0002、0004、0006 共 4 个),将选择 CGRAM 的自定义字型。

b. 02H～7FH 的编码中将选择半角英数字型。

c. A1 以上的编码将自动结合下一个位元组,组成两个位元组的编码,形成中文字型的编码 GB 2312(A1A0～F7FFH)。

⑤ 字型产生 RAM(CGRAM)：提供图像定义(造字)功能。提供 4 组 16×16 点的自定义图像空间,使用者可以将内部字型没有提供的图像字型自行定义到 CGRAM 中,以便和 CGROM 中的定义一样地通过 DDRAM 显示在屏幕中。

⑥ 地址计数器 AC：用来存储 DDRAM、CGRAM 之一的地址,通过对 LCD 写入来改变,之后只要读取或写入 DDRAM/CGRAM 的值,地址计数器的值自动加 1,而当 RS 为 0 而 R/W 为 1 时,地址计数器的值被读取到 DB6～DB0 中。

(3) 光标/闪烁控制电路。此模块提供硬体光标及闪烁控制电路,由地址计数器的值指定 DDRAM 中的光标或闪烁位置。

3) 指令说明

模块控制芯片提供两套控制命令,基本指令如表 11-3-4 所示,扩充指令如表 11-3-5 所示。

在 LCD 模块接收指令之前,微处理器必须先确认其内部处于非忙碌状态；读取 BF 标志时,BF 需为零时,方可接收新的指令或字符数据。如果在送出一个指令前不检查 BF 标志,那么在前一个指令和这个指令中间必须延长一段较长的时间,即等待前一个指令确实执行完成。

表 11-3-4　指令表（RE＝0：基本指令）

指令名称	引脚控制		指 令 码								功能说明
	RS	R/W	D7	D6	D5	D4	D3	D2	D1	D0	
清除显示	0	0	0	0	0	0	0	0	0	1	将 DDRAM 填满"20H"，并且设定 DDRAM 的地址计数器（AC）为 00H
地址归位	0	0	0	0	0	0	0	0	1	X	设定 DDRAM 的地址计数器（AC）为 00H，并且将游标移到开头原点位置。该指令不改变 DDRAM 的内容
显示状态开/关	0	0	0	0	0	0	1	D	C	B	D=1，整体显示 ON；C=1，游标 ON；B=1，游标位置反白允许
进入模式设定	0	0	0	0	0	0	0	1	I/D	S	指定在数据读取与写入时，设定游标的移动方向，指定显示的移位
游标或显示移位控制	0	0	0	0	0	1	S/C	R/L	X	X	游标移动与显示移位控制位。该指令不改变 DDRAM 的内容
功能设置	0	0	0	0	1	DL	X	RE	X	X	DL=0/1：4/8 位数据；RE=1：扩充指令操作；RE=0：基本指令操作
设置 CGRAM 地址	0	0	0	1	AC5	AC4	AC3	AC2	AC1	AC0	设定 CGRAM 地址
设置 DDRAM 地址	0	0	1	0	AC5	AC4	AC3	AC2	AC1	AC0	设定 DDRAM 地址（显示位址）第 1 行：80H～87H；第 2 行：90H～97H
读取忙标志和地址	0	1	BF	AC6	AC5	AC4	AC3	AC2	AC1	AC0	读取忙标志（BF），确认内部动作是否完成，同时读出地址计数器（AC）的值
写数据到 RAM	1	0	数据								将数据 D7～D0 写入内部 RAM（DDRAM/CGRAM/IRAM/GRAM）
读出 RAM 的值	1	1	数据								从内部 RAM 读取数据 D7～D0（DDRAM/CGRAM/IRAM/GRAM）

表 11-3-5　指令表（RE＝1：扩充指令）

指令名称	指 令 码										功能说明
	RS	R/W	D7	D6	D5	D4	D3	D2	D1	D0	
待命模式	0	0	0	0	0	0	0	0	0	1	进入待命模式。执行其他指令，都将终止待命模式

续表

指令名称	指令码										功能说明
	RS	R/W	D7	D6	D5	D4	D3	D2	D1	D0	
待命模式	0	0	0	0	0	0	0	0	0	1	进入待命模式。执行其他指令,都将终止待命模式
卷动地址开关开启	0	0	0	0	0	0	0	0	1	SR	SR=1:允许输入垂直卷动地址　SR=0:允许输入 IRAM 和 CGRAM 地址
反白选择	0	0	0	0	0	0	0	1	R1	R0	选择两行中的任一行进行反白显示,并可决定反白与否。初始值 R1R0=00。第一次设定,为反白显示;再次设定,变回正常
睡眠模式	0	0	0	0	0	0	1	SL	X	X	SL=0:进入睡眠模式　SL=1:脱离睡眠模式
扩充功能设定	0	0	0	0	1	CL	X	RE	G	0	CL=0/1:4/8 位数据　RE=1:扩充指令操作　RE=0:基本指令操作　G=1/0:绘图开关
设定绘图 RAM 地址	0	0	1	0	0	0	AC3	AC2	AC1	AC0	设定绘图 RAM 先设定垂直(列)地址 AC6AC5…AC0,再设定水平(行)地址 AC3AC2AC1AC0。将以上 16 位地址连续写入即可
				AC6	AC5	AC4	AC3	AC2	AC1	AC0	

4) 操作说明

(1) 使用前的准备。先给模块加上工作电压,再按照图 11-3-1 所示连接方法调节 LCD 的对比度,使其显示出黑色的底影。这一步操作可以初步检测 LCD 有无缺段现象。

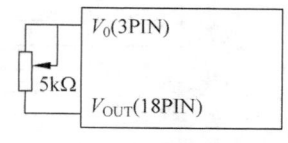

图 11-3-1　LCD 模块工作电压

(2) 字符显示。带中文字库的 LCD12864 每屏可显示 4 行 8 列共 32 个 16×16 点阵的汉字,每个显示 RAM 可显示 1 个中文字符或 2 个 16×8 点阵全高 ASCII 码字符,即每屏最多可显示 32 个中文字符或 64 个 ASCII 码字符示。带中文字库的 LCD12864 内部提供 128×2 字节的字符显示 RAM 缓冲区(DDRAM)。字符显示是通过将字符显示编码写入该字符显示 RAM 实现的。

根据写入编码的不同,可分别在液晶屏上显示 CGROM(中文字库)、HCGROM(ASCII 码字库)及 CGRAM(自定义字形)的内容。

① 显示半宽字型(ASCII 码字符):将 8 位字元数据写入 DDRAM,字符编码范围为 02H～7FH。

② 显示 CGRAM 字型:将 16 位字元数据写入 DDRAM,字符编码范围为 0000～0006H(实际上只有 0000H、0002H、0004H、0006H,共 4 个)。

③ 显示中文字型：将 16 位字元数据写入 DDRAM，字符编码范围为 A1A0H～F7FFH（GB 2312 中文字库字形编码）。

字符显示 RAM(DDRAM)在液晶模块中的地址是 80H～9FH。字符显示的 RAM 地址与 32 个字符显示区域有一一对应的关系，如表 11-3-6 所示。

表 11-3-6 字符显示的 RAM 地址与 32 个字符显示区域

80H		81H		82H		83H		84H		85H		86H		87H	
90H		91H		92H		93H		94H		95H		96H		97H	
88H		89H		8AH		8BH		8CH		8DH		8EH		8FH	
98H		99H		9AH		9BH		9CH		9DH		9EH		9FH	
H	L	H	L	H	L	H	L	H	L	H	L	H	L	H	L

注：每个显示地址包括两个单元。中文字符编码的第一个字节只能出现在高字节（H）位置，否则会出现乱码。

（3）图形显示。先连续写入垂直（AC6～AC0）与水平（AC3～AC0）地址坐标值，再写入两个 8 位元的资料到绘图 RAM，此时水平坐标地址计数器（AC）自动加 1。GDRAM 的坐标地址与资料排列顺序如图 11-3-2 所示。

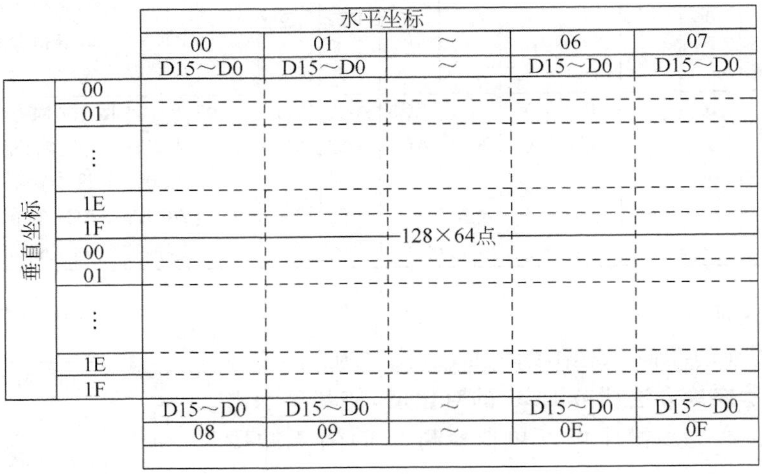

图 11-3-2 GDRAM 的坐标地址与资料排列顺序

图形显示的操作步骤如下所述。

① 写入绘图 RAM 之前，先进入扩充指令操作。

② 垂直坐标（Y）写入绘图 RAM 地址。

③ 水平坐标（X）写入绘图 RAM 地址。

④ 返回基本指令操作。

⑤ 位元数据的 D15～D8 写入绘图 RAM。

⑥ 位元数据的 D7～D0 写入绘图 RAM。

按顺序继续写入数据，完成一行数据传送后，换行时，重新设定垂直和水平坐标。

（4）应用注意事项。用带中文字库的 12864 显示模块时，应注意以下几点。

① 欲在某一个位置显示中文字符时，应先设定显示字符位置，即先设定显示地址，再

写入中文字符编码。

② 显示 ASCII 字符的过程与显示中文字符相同。不过在显示连续字符时,只需设定一次显示地址,由模块自动对地址加 1 指向下一个字符位置,否则,显示的字符中将有一个空 ASCII 字符位置。

③ 当字符编码为 2 字节时,应先写入高位字节,再写入低位字节。

④ LCD 模块在接收指令前,微处理器必须先确认其内部处于非忙碌状态。读取 BF 标志时,BF 需为 0,方可接收新的指令或字符数据。如果在送出一个指令前不检查 BF 标志,在前一个指令和该指令中间必须延长一段较长的时间,即等待前一个指令确实执行完毕。

⑤ RE 为基本指令集与扩充指令集的选择控制位。变更 RE 后,以后的指令集将维持在最后的状态,除非再次变更 RE 位,否则使用相同指令集时,无须每次均重设 RE 位。

5) 接口时序

(1) 8 位并口连接时序图。

① 写操作时序如图 11-3-3 所示。

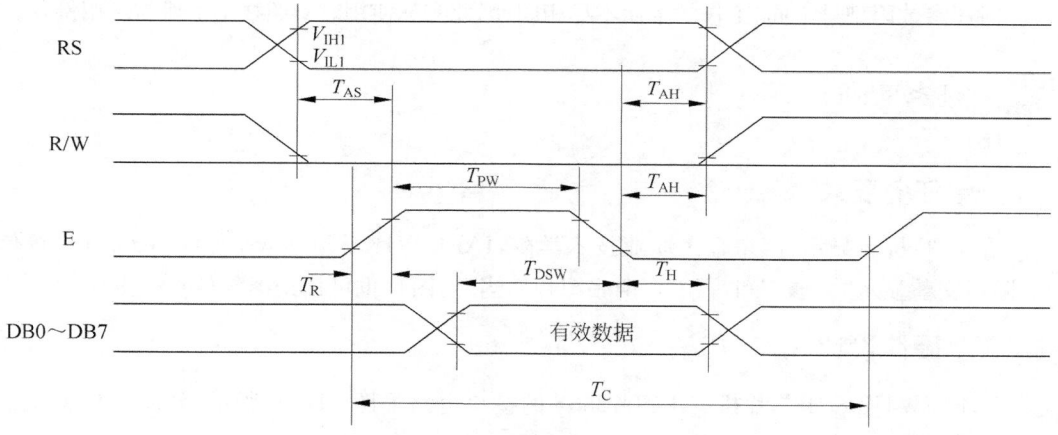

图 11-3-3　写操作时序

② 读操作时序如图 11-3-4 所示。

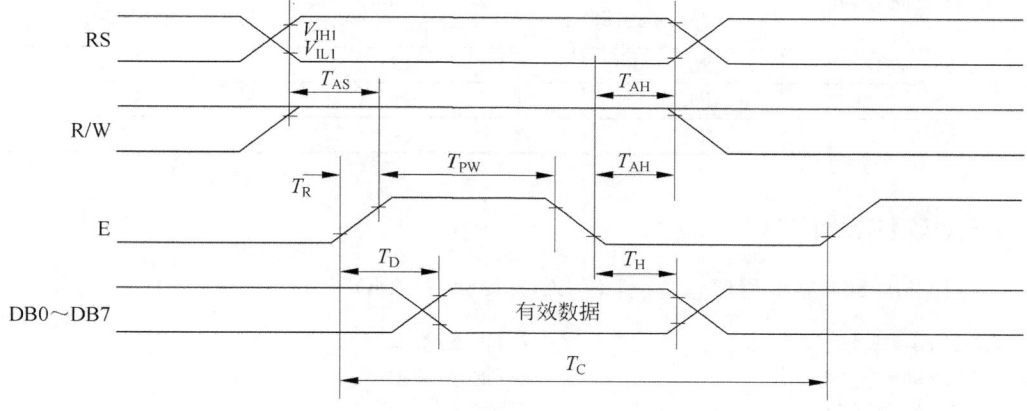

图 11-3-4　读操作时序

（2）8位串口连接时序图。串行连接时序如图 11-3-5 所示。

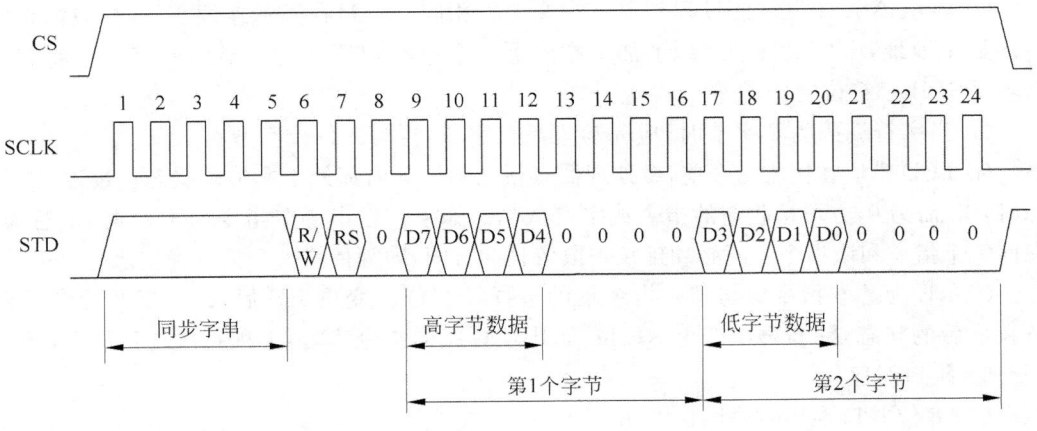

图 11-3-5　串行连接时序

时序参数因型号不同、工作频率而不尽相同，因此实际使用时参照技术手册与应用例程。

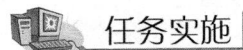 **任务实施**

一、任务要求

在 LCD 屏上显示"广东轻工职业技术学院，IAP15W4K58S4，www. gdqy. edu. cn/"等信息，随后交替显示"❤️"和"😊"两张图片。当然，图片也可用绘图软件自行设计。

二、硬件设计

IAP15W4K58S4 单片机与 LCD12864 的接口电路如图 11-3-6 所示，具体接口关系如表 11-3-7 所示。

表 11-3-7　IAP15W4K58S4 单片机与 LCD12864 的接口表

LCD12864 引脚	IAP15W4K58S4 单片机引脚	LCD12864 引脚	IAP15W4K58S4 单片机引脚
DB0～DB7	P0.0～P0.7	RS	P5.5
R/W	P5.4	E	P4.5
PSB	P4.1	$\overline{RST}$	P4.4

三、软件设计

1）LCD12864 显示程序包（文件名 LCD12864_HZ. h）

```
sbit rs = P5^5;                    //写指令/数据
sbit rst = P4^4;                   //写指令/数据
sbit rw = P5^4;                    //读状态/写
```

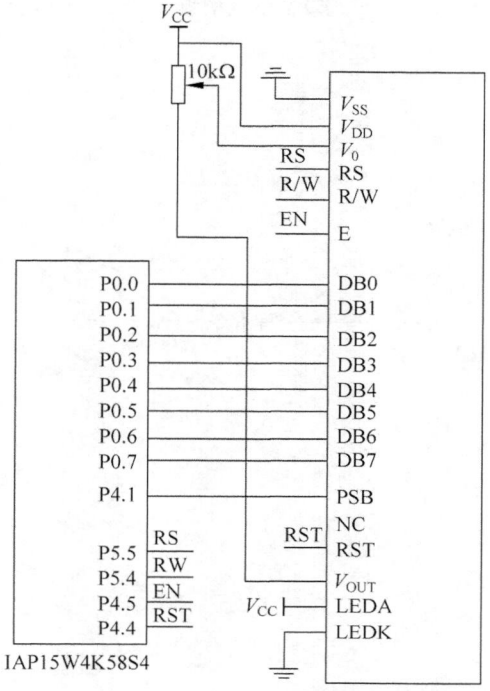

图 11-3-6　LCD12864(含中文字库)的接口图

```
sbit e = P4 ^ 5;                            //使能端
sbit psb = P4 ^ 1;                          //串/并输入
/ * --------------- 系统时钟为 11.0592MHz 时的 100μs 延时函数 --------------- * /
void Delay100us()                           //@11.0592MHz
{
    unsigned char i, j;

    _nop_();
    _nop_();
    i = 2;
    j = 15;
    do
    {
        while ( -- j);
    } while ( -- i);
}
/ * --------------- 系统时钟为 11.0592MHz 时的 100μs 延时函数 --------------- * /
void delay(uint i)
{
    uint j;
    for(j = 0;j < i;j++)Delay100us();
}
```

```
/* ------------------------- LCD 忙信号检测 ------------------------- */
void check_busy()
{
    rs = 0;
    rw = 1;
    e = 1;
    P0 = 0xff;
    while((P0&0x80) == 0x80);
    e = 0;
}
/* ------------------------- 写指令 ------------------------- */
void write_com(uchar com)
{
    check_busy();
    rs = 0;
    rw = 0;
    e = 1;
    P0 = com;
    delay(5);
    e = 0;
    delay(5);
}
/* ------------------------- 写数据 ------------------------- */
void write_data(uchar _data)
{
    check_busy();
    rs = 1;
    rw = 0;
    e = 1;
    P0 = _data;
    delay(5);
    e = 0;
    delay(5);
}
/* ------------------------- LCD 初始化 ------------------------- */
void init()
{
    rw = 0;
    psb = 1;                        //选择为并行输入
    delay(50);
    write_com(0x30);                //基本指令操作
    delay(5);
    write_com(0x0c);                //显示开、关光标
    delay(5);
    write_com(0x06);                //写入一个字符,地址加 1
    delay(5);
    write_com(0x01);
    delay(5);
}
```

```
/* ----------------------- 图片显示函数 128×64 ----------------------- */
void lcd_draw(unsigned char code * pic)
{
    unsigned i,j,k;
    write_com(0x34);                      //扩充指令集
    for(i = 0;i < 2;i++)                   //上半屏和下、半屏
    {
        for(j = 0;j < 32;j++)             //上、下半屏各 32 行
        {
            write_com(0x80 + j);         //写行地址(y 地址)
            if(i == 0)
            {
                write_com(0x80);         //写列地址(x 地址),上半屏列地址为 0x80
            }
            else
            {
                write_com(0x88);         //写列地址(x 地址),下半屏列地址为 0x88
            }
            for(k = 0;k < 16;k++)         //写入列数据
            {
                write_data( * pic++);
            }
        }
    }
    write_com(0x36);                      //显示图形
    write_com(0x30);                      //基本指令集
}
/* ----------------------- 指定位置显示汉字与字符 ----------------------- */
void lcd_str(uchar X,uchar Y,uchar * s)
{
    uchar   pos;
    if(X == 0)          {X = 0x80;}
    else if(X == 1)     {X = 0x90;}
    else if(X == 2)     {X = 0x88;}
    else if(X == 3)     {X = 0x98;}
    pos = X + Y ;
    write_com(pos);
    while( * s > 0)
    {
        write_data( * s++);
        delay(50);
    }
}
```

2) 项目十一任务 3 程序文件：项目十一任务 3.c

```
# include < stc15. h >
# include < intrins. h >
# include < gpio. h >                     //I/O初始化文件
# define uchar unsigned char
```

```
#define uint   unsigned int
# include < LCD12864_HZ. h >
/* --------------- 图片的字模数组,可利用字模提取软件获取 --------------- */
unsigned char code
image1[ ] = {0x00, 0x00, 0x00, 0x00, 0x00, 0x00, 0x00, 0x00, 0x00, 0x00, 0x00, 0x00, 0x00, 0x00,
0x00, 0x00, 0x00, 0x00, 0x00, 0x00, 0x00, 0x00, 0x00, 0x00, 0x00, 0x00, 0x00, 0x00, 0x00,
0x00, 0x00,
0x00, 0x00, 0x00, 0x00, 0x00, 0x00, 0x00, 0x00, 0x00, 0x00, 0x00, 0x00, 0x00, 0x00, 0x00, 0x00,
0x00, 0x00, 0x00, 0x00, 0x00, 0x00, 0x00, 0x00, 0x00, 0x00, 0x00, 0x00, 0x00, 0x00, 0x00, 0x00,
0x00, 0x00, 0x00, 0x00, 0x00, 0x00, 0x00, 0x00, 0x00, 0x00, 0x00, 0x00, 0x00, 0x00, 0x00, 0x00,
0x00, 0x00, 0x00, 0x00, 0x00, 0x00, 0x00, 0x00, 0x00, 0x00, 0x00, 0x00, 0x00, 0x00, 0x00, 0x00,
0x00, 0x00, 0x00, 0x00, 0x00, 0x00, 0x00, 0x00, 0x00, 0x00, 0x00, 0x00, 0x00, 0x00, 0x00, 0x00,
0x00, 0x00, 0x00, 0x17, 0xFA, 0x00, 0x00, 0x00, 0x00, 0x00, 0x00, 0x17, 0xFA, 0x00, 0x00, 0x00,
0x00, 0x00, 0x00, 0xFF, 0xFF, 0xC0, 0x00, 0x00, 0x00, 0x00, 0x00, 0xFF, 0xFF, 0xC0, 0x00, 0x00,
0x00, 0x00, 0x07, 0xFF, 0xFF, 0xF0, 0x00, 0x00, 0x00, 0x00, 0x07, 0xFF, 0xFF, 0xF0, 0x00, 0x00,
0x00, 0x00, 0x0D, 0xFF, 0xFF, 0xF8, 0x00, 0x00, 0x00, 0x00, 0x0D, 0xFF, 0xFF, 0xF8, 0x00, 0x00,
0x00, 0x00, 0x39, 0xFF, 0xFF, 0xFE, 0x00, 0x00, 0x00, 0x00, 0x39, 0xFF, 0xFF, 0xFE, 0x00, 0x00,
0x00, 0x00, 0x63, 0xFF, 0xFF, 0xF3, 0x00, 0x00, 0x00, 0x00, 0x63, 0xFF, 0xFF, 0xF3, 0x00, 0x00,
0x00, 0x00, 0xC1, 0xFF, 0xFF, 0xF9, 0x80, 0x00, 0x00, 0x00, 0xC1, 0xFF, 0xFF, 0xF9, 0x80, 0x00,
0x00, 0x01, 0x81, 0xFF, 0xFD, 0xF0, 0xC0, 0x00, 0x00, 0x01, 0x81, 0xFF, 0xFD, 0xF0, 0xC0, 0x00,
0x00, 0x03, 0x01, 0xFF, 0xFC, 0xF0, 0x60, 0x00, 0x00, 0x03, 0x01, 0xFF, 0xFC, 0xF0, 0x60, 0x00,
0x00, 0x03, 0x00, 0xE7, 0xFC, 0xF0, 0x30, 0x00, 0x00, 0x03, 0x00, 0xE7, 0xFC, 0xF0, 0x30, 0x00,
0x00, 0x06, 0x00, 0xE7, 0xF8, 0x60, 0x30, 0x00, 0x00, 0x06, 0x00, 0xE7, 0xF8, 0x60, 0x30, 0x00,
0x00, 0x06, 0x00, 0xCF, 0xF8, 0x40, 0x18, 0x00, 0x00, 0x06, 0x00, 0xCF, 0xF8, 0x40, 0x18, 0x00,
0x00, 0x0C, 0x00, 0x8F, 0xF0, 0x80, 0x0C, 0x00, 0x00, 0x0C, 0x00, 0x8F, 0xF0, 0x80, 0x0C, 0x00,
0x00, 0x0C, 0x00, 0x8F, 0xF0, 0x00, 0x0C, 0x00, 0x00, 0x0C, 0x00, 0x8F, 0xF0, 0x00, 0x0C, 0x00,
0x00, 0x18, 0x00, 0x1F, 0xC0, 0x00, 0x06, 0x00, 0x00, 0x18, 0x00, 0x1F, 0xC0, 0x00, 0x06, 0x00,
0x00, 0x18, 0x01, 0x9E, 0x80, 0x38, 0x06, 0x00, 0x00, 0x18, 0x01, 0x9E, 0x80, 0x38, 0x06, 0x00,
0x00, 0x10, 0x07, 0xE0, 0x00, 0xFC, 0x03, 0x00, 0x00, 0x10, 0x07, 0xE0, 0x00, 0xFC, 0x03, 0x00,
0x00, 0x10, 0x06, 0x20, 0x00, 0xCE, 0x03, 0x00, 0x00, 0x10, 0x06, 0x20, 0x00, 0xCE, 0x03, 0x00,
0x00, 0x30, 0x0C, 0x30, 0x01, 0x82, 0x01, 0x00, 0x00, 0x30, 0x0C, 0x30, 0x01, 0x82, 0x01, 0x00,
0x00, 0x30, 0x08, 0x10, 0x01, 0x01, 0x01, 0x80, 0x00, 0x30, 0x08, 0x10, 0x01, 0x01, 0x01, 0x80,
0x00, 0x20, 0x10, 0x08, 0x02, 0x01, 0x01, 0x80, 0x00, 0x20, 0x10, 0x08, 0x02, 0x01, 0x01, 0x80,
0x00, 0x20, 0x00, 0x00, 0x00, 0x00, 0x00, 0x80, 0x00, 0x20, 0x00, 0x00, 0x00, 0x00, 0x00, 0x80,
0x00, 0x60, 0x00, 0x00, 0x00, 0x00, 0x00, 0xC0, 0x00, 0x60, 0x00, 0x00, 0x00, 0x00, 0x00, 0xC0,
0x03, 0x60, 0x00, 0x00, 0x00, 0x00, 0x00, 0xC0, 0x03, 0x60, 0x00, 0x00, 0x00, 0x00, 0x00, 0xC0,
0x03, 0xE8, 0x00, 0x00, 0x00, 0x00, 0x00, 0xC0, 0x03, 0xE8, 0x00, 0x00, 0x00, 0x00, 0x00, 0xC0,
0x02, 0xFE, 0xA8, 0x00, 0x00, 0x05, 0x50, 0xC0, 0x02, 0xFE, 0xA8, 0x00, 0x00, 0x05, 0x50, 0xC0,
0x07, 0xD3, 0xBF, 0x00, 0x00, 0x7F, 0xF0, 0x60, 0x07, 0xD3, 0xBF, 0x00, 0x00, 0x7F, 0xF0, 0x60,
0x07, 0xF5, 0x83, 0xC0, 0x00, 0xF0, 0x00, 0x40, 0x07, 0xF5, 0x83, 0xC0, 0x00, 0xF0, 0x00, 0x40,
0x07, 0xE2, 0xC0, 0xF0, 0x03, 0x80, 0x00, 0x60, 0x07, 0xE2, 0xC0, 0xF0, 0x03, 0x80, 0x00, 0x60,
0x05, 0xD5, 0x80, 0x38, 0x07, 0x00, 0x00, 0x60, 0x05, 0xD5, 0x80, 0x38, 0x07, 0x00, 0x00, 0x60,
0x0F, 0xAB, 0x80, 0x0C, 0x0C, 0x00, 0x00, 0x60, 0x0F, 0xAB, 0x80, 0x0C, 0x0C, 0x00, 0x00, 0x60,
0x0B, 0xD3, 0x80, 0x00, 0x00, 0x00, 0x50, 0x60, 0x0B, 0xD3, 0x80, 0x00, 0x00, 0x00, 0x50, 0x60,
0x1F, 0x95, 0x80, 0x00, 0x00, 0x05, 0x10, 0x60, 0x1F, 0x95, 0x80, 0x00, 0x00, 0x05, 0x10, 0x60,
0x07, 0xEB, 0x28, 0x00, 0x00, 0x08, 0x04, 0x60, 0x07, 0xEB, 0x28, 0x00, 0x00, 0x08, 0x04, 0x60,
0x01, 0xFB, 0x04, 0x00, 0x00, 0x40, 0x02, 0x60, 0x01, 0xFB, 0x04, 0x00, 0x00, 0x40, 0x02, 0x60,
0x00, 0x8F, 0x00, 0x80, 0x02, 0x80, 0x01, 0x60, 0x00, 0x8F, 0x00, 0x80, 0x02, 0x80, 0x01, 0x60,
0x01, 0x83, 0x00, 0x60, 0x18, 0x00, 0x00, 0x60, 0x01, 0x83, 0x00, 0x60, 0x18, 0x00, 0x00, 0x60,
```

```
0x01,0xA2,0x00,0x0A,0xA0,0x00,0x09,0x20,0x01,0xA2,0x00,0x0A,0xA0,0x00,0x09,0x20,
0x01,0xA2,0x00,0x00,0x00,0x00,0x11,0x60,0x01,0xA2,0x00,0x00,0x00,0x00,0x11,0x60,
0x01,0x82,0x00,0x00,0x00,0x00,0x51,0x60,0x01,0x82,0x00,0x00,0x00,0x00,0x51,0x60,
0x01,0xAE,0xC0,0x00,0x00,0x03,0xB1,0x60,0x01,0xAE,0xC0,0x00,0x00,0x03,0xB1,0x60,
0x01,0x84,0xB0,0x00,0x00,0x1A,0x00,0x60,0x01,0x84,0xB0,0x00,0x00,0x1A,0x00,0x60,
0x01,0xAD,0x0A,0xC0,0x00,0x00,0x01,0x60,0x01,0xAD,0x0A,0xC0,0x00,0x00,0x01,0x60,
0x00,0xFF,0x00,0x00,0x00,0x00,0x02,0x40,0x00,0xFF,0x00,0x00,0x00,0x00,0x02,0x40,
0x00,0xC3,0x80,0x00,0x00,0x00,0x02,0xC0,0x00,0xC3,0x80,0x00,0x00,0x00,0x02,0xC0,
0x01,0x80,0xC0,0x00,0x00,0x00,0x04,0xC0,0x01,0x80,0xC0,0x00,0x00,0x00,0x04,0xC0,
0x03,0x00,0xC0,0x00,0x00,0x00,0x09,0x80,0x03,0x00,0xC0,0x00,0x00,0x00,0x09,0x80,
0x02,0x00,0x60,0x00,0x00,0x00,0x11,0x80,0x02,0x00,0x60,0x00,0x00,0x00,0x11,0x80,
0x02,0x00,0x60,0x00,0x00,0x00,0xA7,0x00,0x02,0x00,0x60,0x00,0x00,0x00,0xA7,0x00,
0x02,0x00,0x30,0x00,0x00,0x05,0x0E,0x00,0x02,0x00,0x30,0x00,0x00,0x05,0x0E,0x00,
0x02,0x00,0x66,0xBF,0xF5,0x50,0x78,0x00,0x02,0x00,0x66,0xBF,0xF5,0x50,0x78,0x00,
0x03,0x00,0x78,0x00,0x00,0x03,0xF0,0x00,0x03,0x00,0x78,0x00,0x00,0x03,0xF0,0x00,
0x01,0x00,0xDF,0xF5,0x57,0xFF,0x00,0x00,0x01,0x00,0xDF,0xF5,0x57,0xFF,0x00,0x00,
0x01,0xC1,0x82,0xFF,0xFF,0xD0,0x00,0x00,0x01,0xC1,0x82,0xFF,0xFF,0xD0,0x00,0x00,
0x00,0x7F,0x00,0x00,0x00,0x00,0x00,0x00,0x00,0x7F,0x00,0x00,0x00,0x00,0x00,0x00,
0x00,0x08,0x00,0x00,0x00,0x00,0x00,0x00,0x00,0x08,0x00,0x00,0x00,0x00,0x00,0x00,
0x00,0x00,0x00,0x00,0x00,0x00,0x00,0x00,0x00,0x00,0x00,0x00,0x00,0x00,0x00,0x00
};
unsigned char code image2[ ] = {
0x00,0x00,0x00,0x00,0x00,0x00,0x00,0x00,0x00,0x00,0x00,0x00,0x00,0x00,0x00,0x00,
0x00,0x00,0x00,0x00,0x00,0x00,0x00,0x00,0x00,0x00,0x00,0x00,0x00,0x00,0x00,0x00,
0x00,0x00,0x00,0x00,0x00,0x00,0x00,0x00,0x00,0x00,0x00,0x00,0x00,0x00,0x00,0x00,
0x00,0x00,0x00,0x00,0x00,0x00,0x00,0x00,0x00,0x00,0x00,0x00,0x00,0x00,0x00,0x00,
0x00,0x00,0x00,0x00,0x00,0x00,0x00,0x00,0x00,0x00,0x00,0x00,0x00,0x00,0x00,0x00,
0x00,0x00,0x00,0x00,0x00,0x00,0x00,0x00,0x00,0x00,0x00,0x00,0x00,0x00,0x00,0x00,
0x00,0x00,0x00,0x00,0x1C,0x00,0x00,0x00,0x00,0x00,0x00,0x00,0x00,0x00,0x00,0x00,
0x00,0x00,0x00,0x00,0x13,0x00,0x00,0x00,0x00,0x00,0x00,0x00,0x00,0x00,0x00,0x00,
0x00,0x00,0x00,0x00,0x21,0x00,0x00,0x00,0x00,0x00,0x00,0x00,0x00,0x00,0x00,0x00,
0x00,0x00,0x00,0x00,0x21,0x80,0x00,0x00,0x00,0x00,0x00,0x00,0x00,0x00,0x00,0x00,
0x00,0x00,0x00,0x00,0x20,0xB0,0x00,0x00,0x00,0x00,0x00,0x00,0x00,0x00,0x00,0x00,
0x00,0x00,0x00,0x00,0x60,0x0F,0x00,0x00,0x00,0x00,0x00,0x00,0x00,0x00,0x00,0x00,
0x00,0x00,0x00,0x00,0x80,0x01,0xC0,0x00,0x00,0x00,0x00,0x0E,0x00,0x00,0x00,0x00,
0x00,0x00,0x00,0x00,0x80,0x00,0x70,0x00,0x00,0x00,0x00,0x3F,0x00,0x00,0x00,0x00,
0x00,0x00,0x00,0x03,0x00,0x00,0x0E,0x00,0x00,0x00,0x00,0x7F,0x00,0x00,0x00,0x00,
0x00,0x00,0x00,0x02,0x00,0x00,0x01,0x80,0x00,0x00,0x05,0xFF,0x80,0x00,0x00,0x00,
0x00,0x00,0x00,0x04,0x00,0x00,0x00,0x60,0x00,0x00,0xFF,0xFF,0x00,0x00,0x00,0x00,
0x00,0x00,0x00,0x08,0x00,0x00,0x00,0x31,0x00,0x0F,0xFF,0xFF,0x80,0x00,0x00,0x00,
0x00,0x00,0x00,0x18,0x00,0x00,0x00,0x0F,0xE0,0xBF,0xFF,0xFF,0xC0,0x00,0x00,0x00,
0x00,0x00,0x00,0x10,0x10,0x00,0x00,0x00,0x1D,0xFF,0xFF,0xFF,0xE0,0x00,0x00,0x00,
0x00,0x00,0x00,0x30,0x78,0x00,0x00,0x00,0x0F,0xFF,0xFF,0xFF,0xE0,0x00,0x00,0x00,
0x00,0x00,0x00,0x20,0x78,0x00,0x00,0x00,0x1F,0xFF,0xFF,0xFF,0xF0,0x00,0x00,0x00,
0x00,0x00,0x00,0x40,0x30,0x00,0x00,0x00,0x3F,0xFF,0xFF,0xFF,0xF0,0x00,0x00,0x00,
0x00,0x00,0x00,0x40,0x01,0xE0,0x00,0x00,0x3F,0xFF,0xFF,0xFF,0xF8,0x00,0x00,0x00,
0x00,0x00,0x00,0xC0,0x04,0x18,0x00,0x00,0x7F,0xFF,0xFF,0xFF,0xF8,0x00,0x00,0x00,
0x00,0x00,0x00,0x80,0x04,0x07,0xC0,0x00,0x7F,0xFF,0xFF,0xF7,0xFC,0x00,0x00,0x00,
0x00,0x00,0x01,0x00,0x04,0x60,0x40,0x00,0x7F,0xFF,0xFF,0xC7,0xFC,0x00,0x00,0x00,
0x00,0x00,0x01,0x00,0x04,0xE1,0x33,0x00,0x7F,0xFF,0xFF,0xC3,0xFC,0x00,0x00,0x00,
0x00,0x00,0x01,0x00,0x02,0x03,0x17,0x80,0xFF,0xFF,0xF4,0xC7,0xFE,0x00,0x00,0x00,
0x00,0x00,0x02,0x00,0x01,0x44,0x17,0x80,0x7F,0xFF,0xD0,0xFF,0xFE,0x00,0x00,0x00,
0x00,0x00,0x02,0x00,0x00,0x30,0x23,0x00,0xFF,0xFC,0x00,0x7F,0xFF,0x00,0x00,0x00,
0x00,0x00,0x02,0x00,0x00,0x0F,0x40,0x01,0xFD,0xF8,0x0C,0x3F,0xFF,0x00,0x00,0x00,
```

```
0x00,0x00,0x06,0x00,0x00,0x00,0x80,0x01,0xF8,0x73,0x8C,0x7F,0xFF,0x80,0x00,0x00,
0x00,0x00,0x04,0x00,0x00,0x00,0x00,0x01,0xF8,0xE1,0x80,0x7F,0xFF,0x80,0x00,0x00,
0x00,0x00,0x04,0x00,0x00,0x00,0x00,0x01,0xFC,0xF1,0x83,0xFF,0xFF,0x80,0x00,0x00,
0x00,0x00,0x0C,0x00,0x00,0x00,0x00,0x03,0xFF,0xF0,0x3F,0xFF,0xFF,0xC0,0x00,0x00,
0x00,0x00,0x0C,0x00,0x00,0x00,0x00,0x01,0xFF,0xF8,0xFF,0xFF,0xFF,0xC0,0x00,0x00,
0x00,0x00,0x08,0x00,0x00,0x00,0x00,0x06,0xFF,0xFF,0xFF,0xFF,0xFF,0xC0,0x00,0x00,
0x00,0x00,0x0C,0x00,0x00,0x00,0x00,0x04,0xFF,0xFF,0xFF,0xFF,0xFF,0xC0,0x00,0x00,
0x00,0x00,0x08,0x00,0x00,0x00,0x00,0x0C,0xFF,0xFF,0xFF,0xFF,0xFF,0xC0,0x00,0x00,
0x00,0x00,0x0C,0x00,0x00,0x00,0x00,0x08,0x7F,0xFF,0xFF,0xFF,0xFF,0xE0,0x00,0x00,
0x00,0x00,0x0C,0x00,0x00,0x00,0x00,0x08,0x7F,0xFF,0xFF,0xFF,0xFF,0xE0,0x00,0x00,
0x00,0x00,0x0C,0x00,0x00,0x00,0x00,0x10,0x7F,0xFF,0xFF,0xFF,0xFF,0xE0,0x00,0x00,
0x00,0x00,0x08,0x00,0x00,0x00,0x00,0x30,0x3F,0xFF,0xFF,0xFF,0xFF,0xE0,0x00,0x00,
0x00,0x00,0x0D,0xE0,0x00,0x00,0x00,0x20,0x3F,0xFF,0xFF,0xFF,0xFF,0xE0,0x00,0x00,
0x00,0x00,0x07,0xB8,0x00,0x00,0x00,0x40,0x3F,0xFF,0xFF,0xFF,0xFF,0xE0,0x00,0x00,
0x00,0x00,0x02,0x0E,0x00,0x00,0x00,0x40,0x1F,0xFF,0xFF,0xFF,0xFF,0xE0,0x00,0x00,
0x00,0x00,0x00,0x01,0xC0,0x00,0x00,0x80,0x0F,0xFF,0xFF,0xFF,0xFF,0xE0,0x00,0x00,
0x00,0x00,0x00,0x00,0x38,0x00,0x01,0x00,0x07,0xFF,0xFF,0xFF,0xFF,0xE0,0x00,0x00,
0x00,0x00,0x00,0x00,0x0F,0x00,0x03,0x00,0x07,0xFF,0xFF,0xFF,0xFF,0xC0,0x00,0x00,
0x00,0x00,0x00,0x00,0x00,0xC0,0x06,0x00,0x07,0xFF,0xFF,0xFF,0xF3,0xC0,0x00,0x00,
0x00,0x00,0x00,0x00,0x00,0x7E,0x0C,0x00,0x01,0xFF,0xFF,0xFF,0xE2,0x00,0x00,0x00,
0x00,0x00,0x00,0x00,0x00,0x02,0x08,0x00,0x01,0xFF,0xFF,0xFF,0x00,0x00,0x00,0x00,
0x00,0x00,0x00,0x00,0x00,0x03,0x30,0x00,0x01,0xFF,0xFF,0xF8,0x00,0x00,0x00,0x00,
0x00,0x00,0x00,0x00,0x00,0x01,0xC0,0x00,0x00,0xFF,0xFF,0x80,0x00,0x00,0x00,0x00,
0x00,0x00,0x00,0x00,0x00,0x00,0x00,0x00,0x00,0x7F,0xFE,0x00,0x00,0x00,0x00,0x00,
0x00,0x00,0x00,0x00,0x00,0x00,0x00,0x00,0x00,0x3F,0xB0,0x00,0x00,0x00,0x00,0x00,
0x00,0x00,0x00,0x00,0x00,0x00,0x00,0x00,0x00,0x1F,0x80,0x00,0x00,0x00,0x00,0x00,
0x00,0x00,0x00,0x00,0x00,0x00,0x00,0x00,0x00,0x0F,0x80,0x00,0x00,0x00,0x00,0x00,
0x00,0x00,0x00,0x00,0x00,0x00,0x00,0x00,0x00,0x07,0x00,0x00,0x00,0x00,0x00,0x00,
0x00,0x00,0x00,0x00,0x00,0x00,0x00,0x00,0x00,0x00,0x00,0x00,0x00,0x00,0x00,0x00,
0x00,0x00,0x00,0x00,0x00,0x00,0x00,0x00,0x00,0x00,0x00,0x00,0x00,0x00,0x00,0x00,
0x00,0x00,0x00,0x00,0x00,0x00,0x00,0x00,0x00,0x00,0x00,0x00,0x00,0x00,0x00,0x00,
0x00,0x00,0x00,0x00,0x00,0x00,0x00,0x00,0x00,0x00,0x00,0x00,0x00,0x00,0x00,0x00
};
/* --------------- 系统时钟为 11.0592MHz 时的 1ms 延时函数 --------------- */
void Delay1ms()                        //@11.0592MHz
{
    unsigned char i, j;
    _nop_();
    _nop_();
    _nop_();
    i = 11;
    j = 190;
    do
    {
        while ( -- j);
    } while ( -- i);
}
/* --------------- 系统时钟为 11.0592MHz 时的 t × 1ms 延时函数 --------------- */
void Delayxms(uint t)                  //@11.0592MHz
{
    uint i;
    for(i = 0;i < t;i++)Delay1ms();
}
/* --------------------------- 主函数 --------------------------- */
```

```
void main()
{
    gpio();
    init();
    lcd_str(0,0,"广东轻工职业技术");
    Delayxms(500);
    lcd_str(1,3,"学院");
    Delayxms(500);
    lcd_str(2,0,"  IAP15W4K58S4");
    Delayxms(500);
    lcd_str(3,0,"www.gdqy.edu.cn/");
    Delayxms(1000);
    write_com(0x01);
    Delayxms(5);
    while(1)
    {
        lcd_draw(image2); Delayxms(1000);
        lcd_draw(image1); Delayxms(1000);
    }
}
```

四、硬件连线与调试

（1）在 STC15W4K58S4 单片机实验箱上按图 11-3-6 所示连接电路。

（2）用字模提取软件获取图片的字模数据，并填充到程序中。

① 打开字模提取软件，如图 11-3-7 所示。

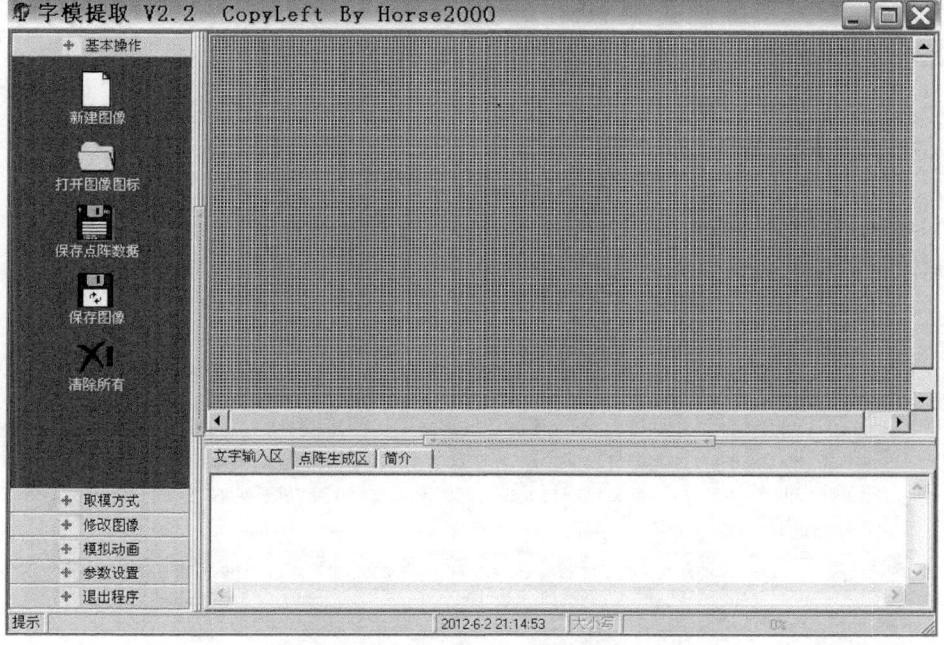

图 11-3-7　字模提取软件界面

② 单击"打开图像图标",弹出选择图标文件的对话框,从中找到需要的图片文件。确定后,图片即出现在字模提取软件界面中,如图 11-3-8 所示。

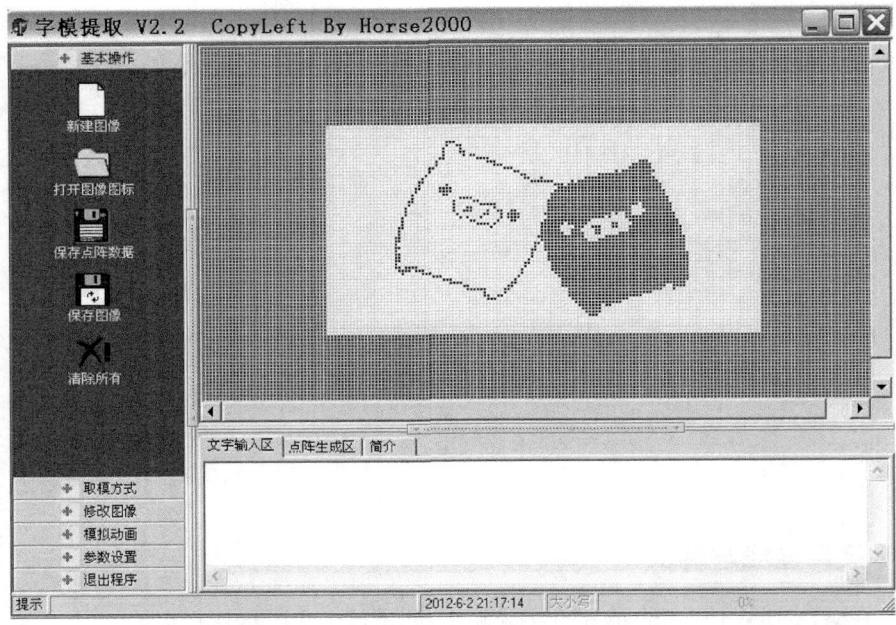

图 11-3-8　载入需提模的图片

③ 单击"参数设置"菜单,选择"其他选项",弹出参数设置对话框,如图 11-3-9 所示。选中"横向取模"单选按钮,选中"保留"复选框,选中"任何时候都加"单选按钮,然后单击"确定"按钮完成设置。

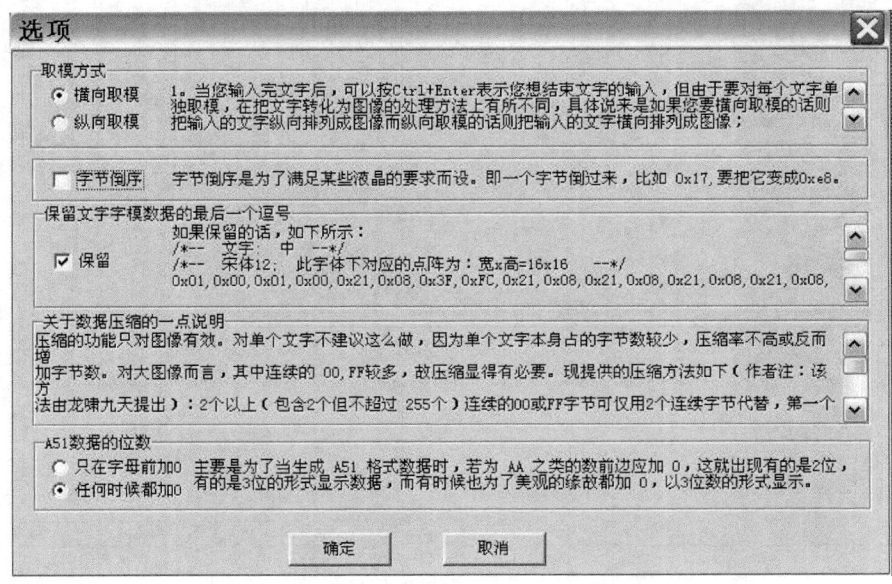

图 11-3-9　参数设置

④ 单击"取模方式"菜单,再选择"C51 格式"图片,即在右下方点阵生成区自动生成图片对应的点阵数据,如图 11-3-10 所示。

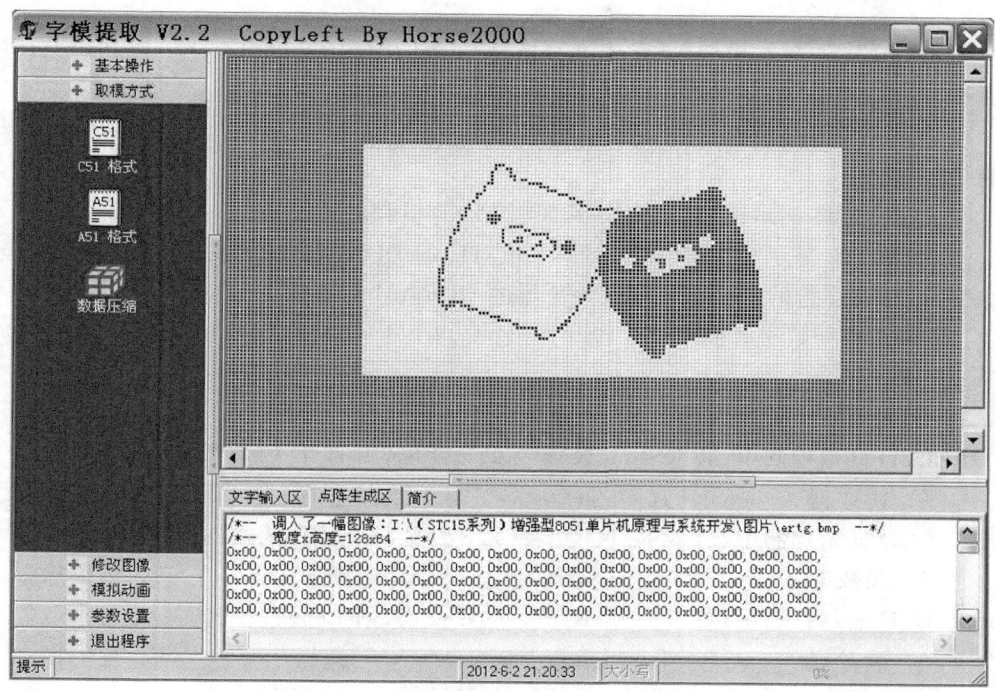

图 11-3-10 生成点阵代码

⑤ 复制点阵代码,并粘贴到程序的 image0[]或 image[]的数组数据区中。

(3)用 Keil C 编辑、编译程序,生成机器代码文件,并下载到单片机中。

(4)联机调试,观察与记录 LCD12864 的显示结果。

修改程序,分行显示"欢迎光临! STC 单片机世界"。

任务拓展

将项目十任务 3 中的电子时钟 LED 数码管显示更改为 LCD12864(含中文字库)显示,并在屏幕底部显示"设计者:×××"等文字。

习　　题

一、填空题

1. LCD1602 显示模块型号中,16 代表_____,02 代表_____。

2. LCD12864 显示模块型号中,128 代表_____,64 代表_____。

3. LCD1602 显示模块中,RS 引脚的功能是_____,R/W 引脚的功能是_____,E 引脚的功能是_____。

4. LCD1602 显示模块中,V0 引脚的功能是_____。

5. LCD1602 显示模块中,LEDA 引脚的功能是_____,LEDK 引脚的功能是_____。

6. LCD12864 显示模块(不含中文字库)中,CS1 引脚的功能是_____,CS2 引脚的功能是_____。

7. LCD12864 显示模块(不含中文字库)中,RET 引脚的功能是_____,V_{EE}引脚的功能是_____。

8. LCD12864 显示模块(含中文字库)中,PSB 引脚的功能是_____。

9. LCD1602 显示模块中,第 1 行第 2 位对应的 DDRAM 地址是_____,若要显示某个字符,把该字符的_____写入该位置的 DDRAM 地址中。

10. LCD12864 显示模块(不含中文字库)的显示屏分为_____屏,每屏分为_____页_____列。

二、选择题

1. LCD 显示控制中,若 RS=1,R/W=0,E 使能,则 LCD 的操作是_____。
    A. 读数据   B. 写指令   C. 写数据   D. 读忙标志

2. LCD 显示控制中,若 RS=1,R/W=1,E 使能,则 LCD 的操作是_____。
    A. 读数据   B. 写指令   C. 写数据   D. 读忙标志

3. LCD 显示控制中,若 RS=0,R/W=0,E 使能,则 LCD 的操作是_____。
    A. 读数据   B. 写指令   C. 写数据   D. 读忙标志

4. LCD 显示控制中,若 RS=0,R/W=1,E 使能,则 LCD 的操作是_____。
    A. 读数据   B. 写指令   C. 写数据   D. 读忙标志

5. LCD1602 指令中,01H 指令代码的功能是_____。
    A. 光标返回   B. 清显示
    C. 设置字符输入模式   D. 显示开/关控制

6. LCD1602 指令中,88H 指令代码的功能是_____。
    A. 设置字符发生器的地址   B. 设置 DDRAM 地址
    C. 光标或字符移位   D. 设置基本操作

7. 若要在 LCD1602 的第 2 行第 0 位显示字符"D",应把_____数据写入 LCD1602 对应的 DDRAM 中。
    A. 0DH   B. 44H   C. 64H   D. D0H

8. LCD12864 显示模块(不含中文字库)指令中,B8H 指令代码的功能是_____。
    A. 设置显示起始行   B. 设置页地址
    C. 设置列地址   D. 显示开/关设置

9. LCD12864 显示模块(含中文字库)指令中,指令控制位 RE 的作用是_____。
    A. 显示开/关选择   B. 游标开/关选择
    C. 4/8 位数据选择   D. 扩充指令/基本指令选择

10. LCD12864 显示模块(含中文字库)基本指令中,81H 指令代码代表的功能是_____。

A. 设置 CGRAM 地址　　　　　　　B. 设置 DDRAM 地址

C. 地址归位　　　　　　　　　　　D. 显示状态的开/关

三、判断题

1. LCD 是主动显示,而 LED 是被动显示。　　　　　　　　　　　　　　（　　）

2. LCD1602 可以显示 32 个 ASCII 码字符。　　　　　　　　　　　　　（　　）

3. LCD12864 显示模块(含中文字库)可以显示 32 个中文字符。　　　　（　　）

4. LCD12864 显示模块(含中文字库)可以显示 64 个 ASCII 码字符。　（　　）

5. LCD12864 显示模块(不含中文字库)不可以显示中文字符。　　　　（　　）

6. 一个 16×16 点阵字符的字模数据需占用 32 字节地址空间。　　　　（　　）

7. 一个 32×32 点阵字符的字模数据需占用 128 字节地址空间。　　　（　　）

8. LCD12864 显示模块(不含中文字库)按屏按页按列写入数据。　　　（　　）

四、问答题

1. 在 LCD1602 显示模块操作中,如何实现写入数据?

2. 在 LCD1602 显示模块操作中,如何实现写入指令?

3. 在 LCD1602 显示模块操作中,如何读取忙指令标志?

4. 向 LCD1602 显示模块写入数据或写入指令时,应注意什么?

5. 在 LCD1602 显示模块中,若要在第 2 行第 5 位显示字符"W",应如何操作?

6. 若要在 LCD12864 显示模块(不含中文字库)中显示中文字符,简述操作步骤。

7. 若要在 LCD12864 显示模块(含中文字库)中显示 ASCII 码字符,简述操作步骤。

8. 若要在 LCD12864 显示模块(含中文字库)中显示中文字符,简述操作步骤。

9. 若要在 LCD12864 显示模块(含中文字库)中绘图,简述操作步骤。

10. 在 LCD12864 显示模块(含中文字库)中,如何实现基本指令与扩充指令的切换?

11. 在字模提取软件的参数设置中,横向取模方式与纵向取模方式有何不同?

12. 在字模提取软件的参数设置中,倒序设置的含义是什么?

五、程序设计题

1. 设计 2 个按键,1 个用于数字加,1 个用于数字减,采用 LCD1602 显示数字,初始值为 100。画出硬件电路图,编写程序并上机运行。

2. 设计一个图片显示器,采用 LCD12864 显示模块(不含中文字库)显示。利用 1 个按键进行图片切换,共 4 幅图片,图片内容自定义。画出硬件电路图,编写程序并上机运行。

3. 设计一个图片显示器,采用 LCD12864 显示模块(含中文字库)显示。利用按键手工切换或定时自动切换。手工切换用到 2 个按键,1 个用于往上翻,1 个用于往下翻。定时自动切换时间为 2s,显示屏中同时显示图片与自动切换时间(倒计时形式)。画出硬件电路图,编写程序并上机运行。

项目 十二 ─────────────────────── Project 12

模拟量数据采集系统的设计与实践

在生产和科研中,常常利用 PC 或工控机采集各种数据,如液位、温度、压力、频率等物理量。常用的采集方式是通过数据采集板卡。采用板卡不仅安装麻烦,易受机箱内环境的干扰,而且由于受计算机插槽数量和地址、中断资源的限制,不可能挂接很多设备。单片机数据采集系统,可以很好地解决上述问题,实现低成本、高可靠性、多点的数据采集。现实世界的物理量常常是一些连续变化的模拟量,如温度、压力、流量等,而单片机只能识别和运算离散量"1"和"0"。因此,为了对它们进行测量、计算和控制,需要把这些连续变化的模拟量通过模/数转换器转换成数字量后,送入计算机进行处理。将模拟量转换成数字量的过程称为模/数转换,实现模/数转换的器件称为模/数(A/D)转换器。模/数转换技术在数字测量中非常重要。在微电子技术取得巨大成果的今天,对单片机产品设计人员来说,要想合理地选用商品化的大规模模/数(以下简称 A/D)转换器件,了解其功能和接口方法十分重要。

知识点:
◆ IAP15W4K58S4 单片机 A/D 转换器的结构与工作特性。
◆ TLC549 的功能特性。

技能点:
◆ A/D 转换芯片的选择。
◆ 并行 A/D 转换芯片与单片机的接口电路设计与编程。
◆ 串行 A/D 转换芯片与单片机的接口电路设计与编程。

教学法:
围绕数字电压表的功能与实现阐述 A/D 转换的作用以及 A/D 转换的控制,结合与本书配套的实验板开展教学。教师将项目的基本知识及关键步骤给学生讲明即可,学生大部分时间自主学习并实训。在实训过程中,教师进行辅导;项目完成后,教师给出总结。

任务 1　IAP15W4K58S4 单片机 A/D 转换模块与应用编程

任务说明

IAP15W4K58S4 单片机集成有 8 通道 10 位高速电压输入型模/数转换器（ADC）。本任务主要学习 IAP15W4K58S4 单片机片内 A/D 转换器的结构、控制特性以及编程方法。

相关知识

1. A/D 转换器概述

A/D 转换器是一种能把输入模拟电压变成与它成正比的数字量的器件。A/D 转换器芯片种类很多，按其转换原理，分为逐次逼近（比较）式、双积分式和并行式 A/D 转换器。双积分式 A/D 转换器转换精度最高，并行式 A/D 转换器转换速度最快，逐次逼近式 A/D 转换器的转换精度与转换速度介于上述二者之间。按照不同的分辨率，分为 8～18 位的 A/D 转换器芯片。目前最常用的是逐次逼近式和双积分式 A/D 转换器。

A/D 转换器是单片机数据采集系统的关键接口电路，按照和单片机系统的接口形式，分为并行 A/D 转换器和串行 A/D 转换器。

1) A/D 转换的工作过程

A/D 转换一般有 4 个过程：采样→保持→量化→编码。

（1）采样：按照采样定理采集模拟输入信号。

（2）保持：使得每个采样周期的输入信号保持不变。

（3）量化：按照量化规则，将模拟输入信号归化到指定量化电平的整数倍。

（4）编码：将量化后的整数值进行二进制编码。

一般意义上，A/D 转换器只包含量化与编码过程。

2) A/D 转换器的性能指标

A/D 转换器的性能指标体现在以下 4 个方面。

（1）分辨率。分辨率是指引起 A/D 转换器最低一位数字量变化的模拟量幅度变化量，取决于 A/D 转换器输出数字量的二进制位数，用 LSB 表示。

（2）转换速度。转换速度是指完成一次 A/D 转换所需时间的倒数，是一个很重要的指标。A/D 转换器工作原理不同，转换速度差别很大。逐次比较式 A/D 转换器的转换时间多在 $100\mu s$ 以内，双积分式 A/D 转换器的转换速度为每秒 10 次左右，应根据现场信号变化速度而定。

（3）转换精度。A/D 转换器的转换精度由模拟误差和数字误差组成。模拟误差是比较器、解码网络中的电阻值以及基准电压波动等引起的误差。数字误差主要包括丢失码误差和量化误差。丢失码误差属于非固定误差,由器件质量决定;量化误差和 A/D 转换器输出数字量位数有关,位数越多,误差越小。

(4)输出数字量格式。A/D 转换器输出数字量的格式通常有二进制数和 BCD 码两种。

3) A/D 转换器的选取原则

(1) A/D 转换器用于什么系统?输出数据的位数是多少?系统应该达到多高的精度和线性度?

(2)提供给 A/D 转换器的输入信号范围多大?是单极性的,还是双极性的?信号的驱动能力怎样?是否要经过缓冲滤波和采样/保持?

(3)对 A/D 转换器输出的数字代码及逻辑电平的要求如何?是二进制码,还是 BCD 码?是串行,还是并行?

(4)系统是在静态下工作,还是在动态下工作?带宽多少?采样速率为多少?

(5)参考电压是内部的,还是外部的?是固定的,还是变化的?

(6) A/D 转换器的工作环境如何?噪声、温度、振动等条件如何?

(7)电源电压、功耗、几何尺寸等其他因素。

2. IAP15W4K58S4 单片机 A/D 模块的结构

IAP15W4K58S4 单片机集成有 8 通道 10 位高速电压输入型模/数转换器(ADC),采用逐次比较方式进行 A/D 转换,速度可达 300kHz,用于液位、温度、湿度、压力等物理量检测。

1) ADC 的结构

IAP15W4K58S4 单片机 ADC 的结构如图 12-1-1 所示。

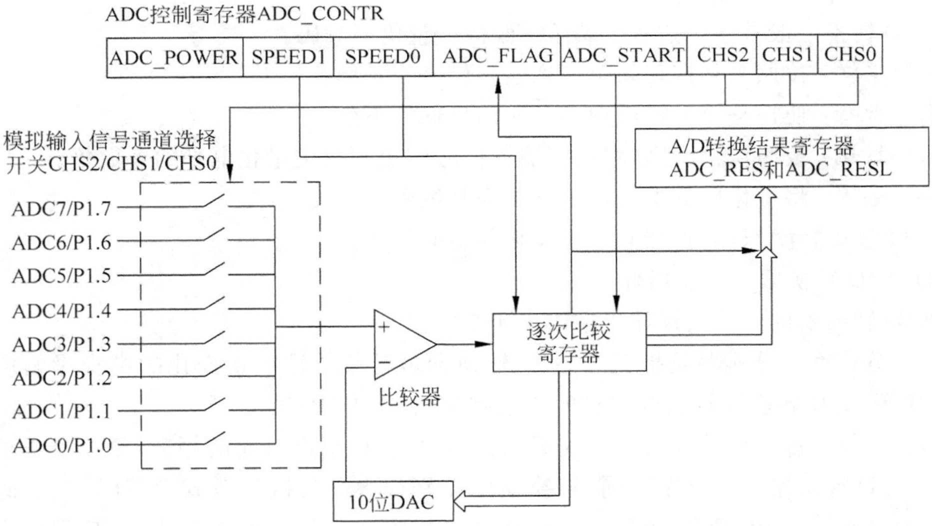

图 12-1-1　IAP15W4K58S4 单片机 ADC 转换器结构

IAP15W4K58S4 单片机 ADC 输入通道与 P1 口复用。上电复位后,P1 口为弱上拉型 I/O 口,用户可通过设置 P1ASF 特殊功能寄存器将 8 路中的任何一路设置为 ADC 输入通道,不用作 ADC 输入通道的仍可作为一般 I/O 口使用。

IAP15W4K58S4 单片机 ADC 由多路选择开关、比较器、逐次比较寄存器、10 位 DAC(数/模转换)、转换结果寄存器(ADC_RES 和 ADC_RESL)以及 ADC 控制寄存器 ADC_CONTR 构成。

IAP15W4K58S4 单片机 ADC 是逐次比较型的,由 1 个比较器和 D/A 转换器构成。启动后,比较寄存器清零,然后通过逐次比较逻辑,从比较寄存器最高位开始对数据位置1,并将比较寄存器数据经 DAC 转换为模拟量,与输入模拟量进行比较。若 DAC 转换后,模拟量小于输入模拟量,保留数据位为 1,否则清零数据位。依次对下一位数据置 1,重复上述操作,直至最低位,则 A/D 转换结束。保存转换结果,发出转换结束标志。逐次比较型 ADC 具有转换精度高、速度快等优点。

2) ADC 的参考电压源(V_{REF})

IAP15W4K58S4 单片机 ADC 模块的参考电压源(V_{REF})就是输入工作电源 V_{CC},无专门 ADC 参考电压输入通道。如果 V_{CC} 不稳定,如电池的供电系统中,电压常常在 5.3～4.2V 之间漂移,则可以在 8 路 A/D 转换通道的任一通道上接一个基准电源(如 1.25V 基准电压),计算出此时的工作电压 V_{CC},再计算其他输入通道的模拟输入电压。

3. IAP15W4K58S4 单片机 A/D 模块的控制

IAP15W4K58S4 单片机的 A/D 模块主要由 P1ASF、ADC_CONTR、ADC_RES 和 ADC_RESL 等 4 个特殊功能寄存器控制与管理。

1) P1 口模拟输入通道功能控制寄存器 P1ASF

P1ASF 的 8 个控制位与 P1 口的 8 条口线一一对应,即 P1ASF.7～P1ASF.0 对应控制 P1.7～P1.0。为 1,对应 P1 口口线为 ADC 的输入通道;为 0,其他 I/O 口功能。P1ASF 的格式如下所示。

	地址	B7	B6	B5	B4	B3	B2	B1	B0	复位值
P1ASF	9DH	P17ASF	P16ASF	P15ASF	P14ASF	P13ASF	P12ASF	P11ASF	P10ASF	0000 0000

P1ASF 寄存器不能位寻址,只能采用字节操作。例如,若要使用 P1.3 作为模拟输入通道,采用控制位与 1 相或置 1 的原理实现,即采用"P1ASF|=0x08;"指令。

2) ADC 控制寄存器 ADC_CONTR

ADC 控制寄存器 ADC_CONTR 主要用于选择 ADC 转换输入通道、设置转换速度以及 ADC 的启动、记录转换结束标志等。ADC_CONTR 的格式如下所示。

	地址	B7	B6	B5	B4	B3	B2	B1	B0	复位值
ADC_CONTR	BCH	ADC_POWER	SPEED1	SPEED0	ADC_FLAG	ADC_START	CHS2	CHS1	CHS0	0000 0000

(1) ADC_POWER:ADC 电源控制位。ADC_POWER=0,关闭 ADC 电源;ADC_POWER=1,打开 ADC 电源。

启动 A/D 转换前,一定要确认 ADC 电源已打开。初次打开 ADC 电源时需适当延时,等 ADC 电路稳定后,再启动 A/D 转换。

建议进入空闲模式前,将 ADC 电源关闭。

建议启动 A/D 转换后,在 A/D 转换结束之前,不改变任何 I/O 口的状态,有利于提高 A/D 转换精度。

(2) SPEED1、SPEED0:ADC 转换速度控制位。ADC 转换速度设置如表 12-1-1 所示。

表 12-1-1   ADC 转换速度设置

SPEED1	SPEED0	A/D 转换所需时间(系统时钟周期)
0	0	540
0	1	360
1	0	180
1	1	90

(3) ADC_FLAG:A/D 转换结束标志位。A/D 转换完成后,ADC_FLAG=1,要由软件清零。不管 A/D 转换完成后是由该位申请中断,还是由软件查询该标志位来判断 A/D 转换过程结束时刻,A/D 转换结束标志位 ADC_FLAG 都必须用软件清零。

(4) ADC_START:A/D 转换启动控制位。ADC_START=1,开始转换;ADC_START=0,不转换。

(5) CHS2、CHS1、CHS0:模拟输入通道选择控制位。控制情况如表 12-1-2 所示。

表 12-1-2   模拟输入通道的选择

CHS2	CHS1	CHS0	ADC 输入通道
0	0	0	ADC0(P1.0)
0	0	1	ADC1(P1.1)
0	1	0	ADC2(P1.2)
0	1	1	ADC3(P1.3)
1	0	0	ADC4(P1.4)
1	0	1	ADC5(P1.5)
1	1	0	ADC6(P1.6)
1	1	1	ADC7(P1.7)

ADC_CONTR 寄存器不能位寻址,对其操作时,建议直接使用赋值语句,不要用“与”和“或”操作语句。

3) A/D 转换结果存储格式控制与 A/D 转换结构控制寄存器 ADC_RES、ADC_RESL

ADC_RES、ADC_RESL 特殊功能寄存器用于保存 A/D 转换结果,其存储格式由 CLK_DIV 寄存器的 B5 位 ADRJ 来控制。

当 ADRJ=0 时,10 位 A/D 转换结果的高 8 位存放在 ADC_RES 寄存器中,低 2 位存放在 ADC_RESL 寄存器的低 2 位中。ADC_RES、ADC_RESL 存储格式如下所示。

ADC_RES	地址	B7	B6	B5	B4	B3	B2	B1	B0	复位值
ADC_RES	BDH	ADC_RES9	ADC_RES8	ADC_RES7	ADC_RES6	ADC_RES5	ADC_RES4	ADC_RES3	ADC_RES2	0000 0000
ADC_RESL	BEH							ADC_RES1	ADC_RES0	0000 0000

当 ADRJ＝1 时,10 位 A/D 转换结果的最高 2 位存放在 ADC_RES 寄存器的低 2 位中,低 8 位存放在 ADC_RESL 寄存器中。ADC_RES、ADC_RESL 存储格式如下所示。

	地址	B7	B6	B5	B4	B3	B2	B1	B0	复位值
ADC_RES	BDH							ADC_RES9	ADC_RES8	0000 0000
ADC_RESL	BEH	ADC_RES7	ADC_RES6	ADC_RES5	ADC_RES4	ADC_RES3	ADC_RES2	ADC_RES1	ADC_RES0	0000 0000

A/D 转换结果的换算公式如下所示。

ADRJ＝0,取 10 位结果时,$V_{in}＝(ADC\_RES[7:0],ADC\_RESL[1:0])_2 \times V_{CC}/1024$

ADRJ＝0,取 8 位结果时,$V_{in}＝(ADC\_RES[7:0])_2 \times V_{CC}/256$

ADRJ＝1,取 10 位结果时,$V_{in}＝(ADC\_RES[1:0],ADC\_RESL[7:0])_2 \times V_{CC}/1024$

式中,V_{in} 为模拟输入电压;V_{CC} 为 ADC 的参考电压,也就是单片机的实际工作电源电压。

4) 与 A/D 转换中断有关的寄存器

ADC_FLAG 是 A/D 转换结束标志,又是 A/D 转换结束的中断请求标志。它的中断允许,由中断允许控制寄存器 IE 中的 B5 位 EADC 控制。在总允许 EA 为 1 时,EADC＝1,A/D 转换结束中断允许;当 EADC＝0 时,A/D 转换结束中断禁止。IAP15W4K58S4 单片机的中断有 2 个优先等级,由中断优先寄存器 IP 设置。A/D 转换结束中断的中断优先级由 IP 的 B5 位 PADC 设置。A/D 转换结束中断的中断向量地址为 002BH,中断号为 5。

4. IAP15W4K58S4 单片机 A/D 模块的应用

IAP15W4K58S4 单片机 ADC 模块的应用编程要点如下:

(1) 打开 ADC 电源(设置 ADC_CONTR 中的 ADC_POWER)。

(2) 适当延时,等 ADC 内部模拟电源稳定。一般延时 1ms。

(3) 设置 P1 口中的相应口线作为 A/D 转换模拟量输入通道(设置 P1ASF 寄存器)。

(4) 选择 ADC 通道(设置 ADC_CONTR 中的 CHS2~CHS0)。

(5) 根据需要设置转换结果存储格式(设置 CLK_DIV 中的 ADRJ)。

(6) 若采用中断方式,设置 A/D 转换中断的中断允许与中断优先。

(7) 启动转换,置位 ADC_CONTR。

(8) 判断 A/D 转换结束标志,读取 A/D 转换结果。

① 查询方式：查询 A/D 转换结束标志 ADC_FLAG，判断 A/D 转换是否完成。若完成，清零 ADC_FLAG，读取 A/D 转换结果（保存在 ADC_RES 和 ADC_RESL 寄存器中），并进行数据处理。

注意：如果是多通道模拟量转换，更换 A/D 转换通道后要适当延时，使输入电压稳定，延时量取 $20\sim200\mu s$ 即可（与输入电压源的内阻有关）。如果输入电压源的内阻在 $10k\Omega$ 以下，可不加延时。

② 中断方式：在中断服务程序中读取 A/D 转换结果，并将 ADC 中断请求标志 ADC_FLAG 清零。

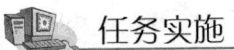 **任务实施**

一、任务要求

用 IAP15W4K58S4 设计一个简易的数字电压表，测量精度采用 10 位，显示精度到小数点 3 位，用数码管显示。

二、硬件设计

模拟输入量利用 5V 电源经电位器分压实现，用数码管显示，电路原理如图 12-1-2 所示。

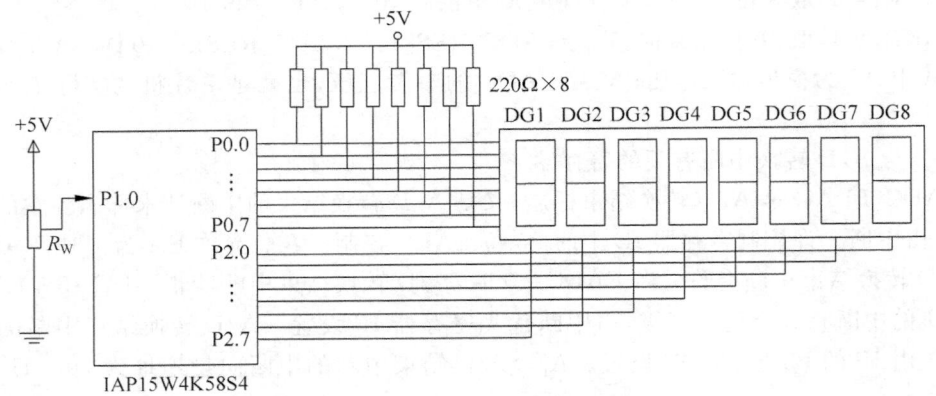

图 12-1-2　数字电压表电路

三、项目十二任务 1 程序文件：项目十二任务 1.c

```
# include < stc15.h >          //包含支持 IAP15W4K58S4 单片机的头文件
# include < intrins.h >
# include < gpio.h >           //I/O 初始化文件
# define uchar unsigned char
# define uint   unsigned int
# include < display.h >
uchar   adc_datah;             //A/D 转换结果的高 2 位
uchar   adc_datal;             //A/D 转换结果的低 8 位
unsigned long   adc_data;
```

```
/* ------------------ 系统时钟为 11.0592MHz 时的 tms 延时函数 ---------------- */
void Delayxms(uint t)
{
    uint i;
    for(i = 0;i < t;i++)
    {
        Delay1ms();                        //在 display.h 文件已定义
    }
}
/* -------------------------------- 主函数 --------------------------------- */
void main(void)
{
    gpio();
    P1ASF = 0x01 ;                          //设置 P1.0 为模拟量输入功能
    ADC_CONTR = 0x80;                       //打开 A/D 转换电源,设置输入通道
    Delayxms(100);                          //适当延时
    CLK_DIV | = 0x20;                       //ADRJ = 1,设置 A/D 转换结果的存储格式
    ADC_CONTR = 0x88;                       //启动 A/D 转换
    EADC = 1;
    EA = 1;
    while(1)
    {
        Dis_buf[3] = adc_data/1000 % 10 + 17;
        Dis_buf[2] = adc_data/100 % 10;
        Dis_buf[1] = adc_data/10 % 10;
        Dis_buf[0] = adc_data % 10;
        display();
    }
}
/* ------------------------- ADC 中断服务子函数 ------------------- */
void  ADC_int (void) interrupt 5
{
    ADC_CONTR = ADC_CONTR&0xe7;;           //将 ADC_FLAG 清零
    adc_datah = ADC_RES&0x03;              //保存 A/D 转换结果高 2 位
    adc_datal = ADC_RESL;                  //保存 A/D 转换结果低 8 位
    adc_data = (adc_datah << 8) + adc_datal; //10 位 A/D 转换结果
    adc_data = adc_data * 5000/1024;       //数据处理
    ADC_CONTR = 0x88;                      //重新启动 A/D 转换
}
```

四、硬件连线与调试

（1）用 USB 线将 PC 与 STC15W4K32S4 系列单片机实验箱相连接,并按图 12-1-2 所示连接电路。

（2）用 Keil C 编辑、编译程序项目十二任务 1.c,生成机器代码文件项目十二任务 1.hex。

（3）运行 STC-ISP 在线编程软件,将项目十二任务 1.hex 下载到 STC15W4K32S4 系列单片机实验箱单片机中。下载完毕,自动进入运行模式,观察数码管的显示结果并记录。

调节电位器,用万用表测量电位器模拟量的输出,与简易数字电压表输出相比较,并

计算测量误差。

任务拓展

（1）IAP15W4K58S4 单片机 A/D 转换器没有专门的基准电源输入端，直接取自工作电源电压，测量容易受电源电压波动的影响。请选择基准电源芯片，并修改程序。在测量中考虑电源电压波动的影响。

（2）利用 IAP15W4K58S4 单片机 A/D 转换器设计一个 16 按键的键盘，用作电子时钟的输入键盘，以便直接输入数字来调整计时时间。

提示：由于按键不同，产生的分压不同，再经 A/D 转换，检测电压大小来确定按键位置，实现键的识别。参考电路如图 12-1-3 所示。

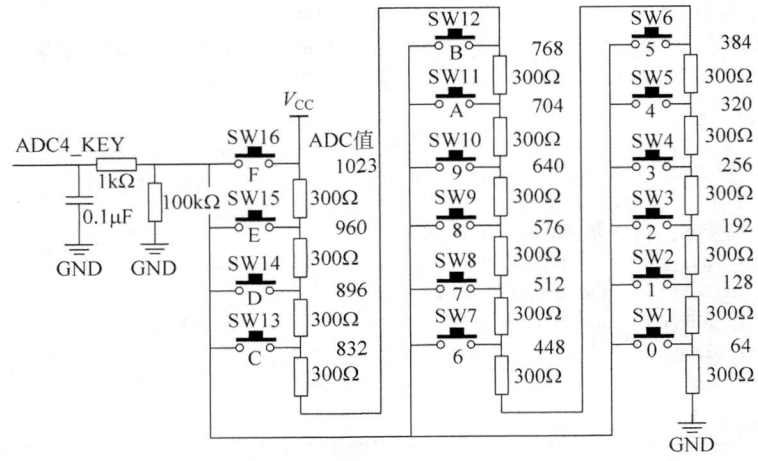

图 12-1-3　ADC 键盘电路

任务 2　串行 A/D 转换芯片的应用编程

任务说明

IAP15W4K58S4 单片机内置有 10 位的 A/D 转换芯片，按理说不需要再介绍片外 A/D 转换芯片的应用了，但是从学习的角度，本任务将学习片外串行口 A/D 转换芯片的扩展与应用编程。

相关知识

1. 串行 A/D 转换器 TLC549 概述

串行 A/D 具有封装小，接口简单等优点，在现代电子产品设计中，越来越广泛地被采用。

1) TLC549 硬件描述

TLC549 是以 8 位开关电容逐次逼近 A/D 转换器为基础而构造的 CMOS A/D 转换器,其设计能通过三态数据输出和模拟输入与微处理器或外部设备串行接口。TLC549仅用输入/输出时钟(CLK)和芯片选择(CS)输入实现数据控制。TLC548 的最高 CLK输入频率为 2.048MHz,TLC549 的最高 CLK 输入频率为 1.1MHz。

(1) TLC549 的引脚功能。TLC549 的引脚排列如图 12-2-1 所示。

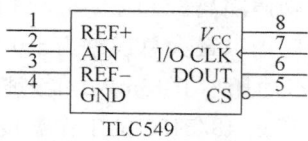

V_{CC}、GND:电源正极与地。

REF+、REF-:基准参考电源输入端。基准(REF+,REF-)为差分输入,可以将 REF- 接地,REF+ 接 V_{CC} 端,但要加滤波电容。

图 12-2-1　TLC549 引脚排列图

AIN:模拟信号输入端。

DOUT:串行数据输出端。

I/O CLK:串行时钟输入端。

CS:片选端。低电平时,在串行时钟的控制下,A/D 转换数据串行从 DOUT 端输出。

(2) TLC548/549 的内部框图。TLC548/549 的内部框图如图 12-2-2 所示,由采样保持电路、8 位模/数转换器、输出数据寄存器、8-1 数据选择器和驱动器、控制逻辑和输出计数,以及内部系统时钟组成。

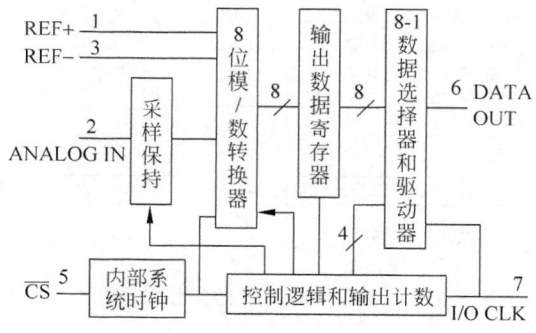

图 12-2-2　TLC548/549 内部框图

2) TLC549 的特点

TLC548/549 的内部提供了片内系统时钟,它通常工作在 4MHz,且不需要外部元件。片内系统时钟使内部器件的操作独立于串行输入/输出的时序,并允许 TLC548/549像许多软件和硬件要求的那样工作。CLK 和内部系统时钟一起,可以实现高速数据传送,以及对 TLC548 实现每秒 45500 次转换、对 TLC549 实现每秒 40000 次转换。

为了提高灵活性和访问速度,TLC548/549 设有两个控制输入端(时钟 CLK 和片选CS)。这些控制输入和与 TTL 兼容的三态输出易于与微处理器或小型计算机串行通信,器件可在较短的时间内完成转换。TLC548 每 $22\mu s$ 重复一次完整的输入—转换—输出周期,TLC549 每 25μs 重复一次输入—转换—输出周期。

内部时钟和 CLK 独立使用,且不需要任何特定的速度或两者之间的相位关系。这种独立性简化了硬件和软件控制任务。由于这种独立性,以及系统时钟由内部产生,控制硬件和软件只需关心利用 I/O 时钟读出先前的转换结果和启动转换。

TLC548/549 的其他特点包括通用控制逻辑,可自动工作或在微处理器控制下工作,有片内采样保持电路,具有差分高阻抗基准电压输入端,易于实现定标以及与逻辑电路和电源噪声隔离。TLC548/549 的整个开关电容逐次逼近转换器的设计,允许在小于 17μs 的时间内以最大总误差为 ±0.5 最低有效位(LSB)的精度实现转换;其电源范围为 +3~ +6V,功耗小于 15mW;能理想地用在包括电池供电便携式仪表的低成本、高性能系统中。

TLC548/549C 的工作温度范围为 0~70℃,TLC548I/549I 的工作温度范围为 -40~ 85℃。TCL548C/549C 的引脚和控制信号与 TLC540 8 位 A/D 转换器以及 TLC1540 10 位 A/D 转换器兼容。

2. 串行 A/D 转换器 TLC549 的工作原理

TLC548/549 的 CS 为高电平时,DATA OUT 处于高阻态且 CLK(I/O 时钟)被禁止。当使用另外的 TLC548 或 TLC549 器件时,这种 CS 控制功能允许 CLK 与其共用同一时钟。当使用多个 TLC548 和 TLC549 器件时,所需控制逻辑最少。

1) TLC549 的工作时序

TLC549 的工作时序如图 12-2-3 所示。CS 为低电平时,在 I/O CLK 端输入 8 个脉冲,用于输出上一次 A/D 转换的数据,同时 A/D 转换芯片内部进行模拟信号采样;CS 为高电平时,A/D 转换芯片内部对刚采样的模拟信号进行转换,持续至少 36 个内部时钟周期。

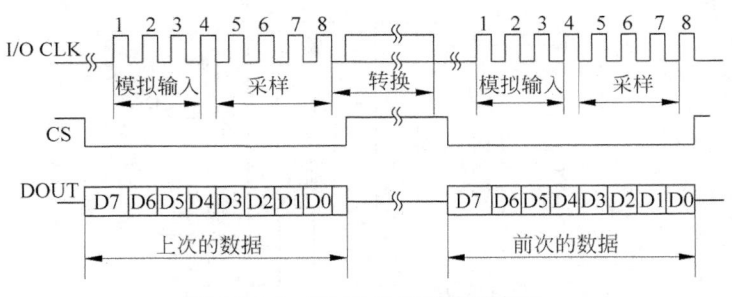

图 12-2-3　TLC549 的工作时序图

2) TLC549 的内部工作过程 *

(1) CS 被拉至低电平。为了使 CS 端噪声产生的误差最小,在识别低跳变之前,内部电路在 CS 之后等待内部系统时钟两个上升沿与其后的下降沿。然而,由于 CS 上升沿的作用,即使经历了一段时间,其余的集成电路仍不识别跳变,DATA OUT 也将在较短时间内变为高阻状态。当器件用在噪声环境中时,这种技术可用来保护器件,使其免受噪声的影响。当 CS 变为低电平时,前次转换结果的最高有效位(MSB)开始出现在 DATA OUT(DOUT)端。

(2) 前 4 个 CLK 周期输出前次转换结果的第 7、6、5、4、3 位。在 CLK 第 4 个高电平至低电平的跳变之后,片内采样和保持电路开始对模拟输入采样。采样操作主要是将模拟输入信号充到内部电容器上。

（3）把 3 个时钟送至 CLK 端。在时钟周期下降沿，第 2、1、0 位被移出。

（4）最后一个（第 8 个）时钟周期被加至 CLK 端。该时钟周期高电平至低电平的跳变使片内采样和保护电路开始保持。保持功能在接着 4 个内部系统时钟后结束，且在下面 32 个内部时钟周期内完成转换，总共 36 个周期。在第 8 个 CLK 周期之后，CS 必须变为高电平，否则，CLK 必须保持低电平至少 36 个内部系统时钟周期，使保持和转换功能完成。在多个转换周期内使 CS 保持低电平，必须特别注意防止 CLK 线上的噪声闪变。若在 CLK 上发生闪变，微处理器和器件之间的 I/O 时序将失去同步。此外，如果 CS 为高电平，它必须保持高电平，直至转换结束为止；否则，CS 的有效高电平至低电平跳变将引起复位，使正在进行的转换失败。

在 36 个系统时钟周期发生之前，通过完成步骤（1）～（4）可以启动新的转换，同时中止正在进行的转换。所读取的是先前的转换结果，而不是正在进行的转换的结果。

对于某些应用，如选通应用，需要在特定的时间点启动转换。TLC548/549 可以实现。虽然片内采样和保持在第 4 个有效 CLK 时钟周期的负沿开始采样，但是直到第 8 个有效 I/O 时钟周期的负边之前，保持功能并不开始。它应当开始于必须转换模拟信号的瞬间。TCL548/549 继续采样模拟输入，到 I/O 时钟第 8 个下沿为止。然后，控制电路或软件立即拉低 I/O CLK 并启动保持功能，并且在所需时间点保持模拟信号并开始转换。

任务实施

一、任务要求

用 TL549 串口 A/D 转换芯片实现 A/D 转换，设计一个简易数字电压表。

二、硬件设计

TLC549 的 I/O CLK、DOUT 和 CS 分别接单片机的 P1.0、P1.1 和 P1.2，电路如图 12-2-4 所示。

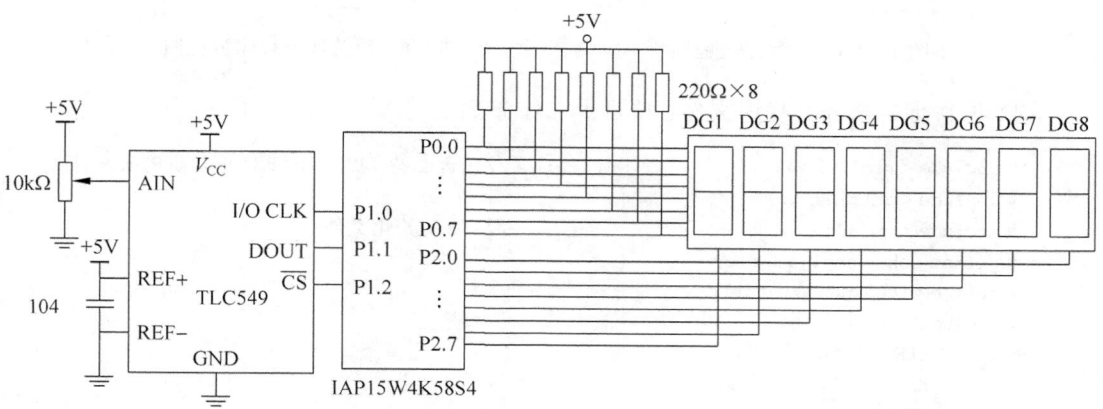

图 12-2-4　TLC549 构成的数字电压表

三、软件设计

用 TLC549 采集可调电位器的电压,把电压转换为 0x00~0xFF 的十六进制数字量。其中,0V 对应 0x00,5V 对应 0xFF。

1) 主程序

主程序不断调用模/数转换子程序、模/数转换结果处理子程序和数码管显示子程序。其流程如图 12-2-5 所示。

2) 数码管显示子程序

采用通用的数码管显示程序。

3) 模/数转换子程序

模/数转换子程序流程如图 12-2-6 所示。

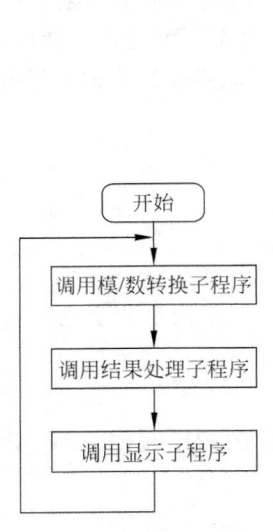

图 12-2-5 主程序流程图

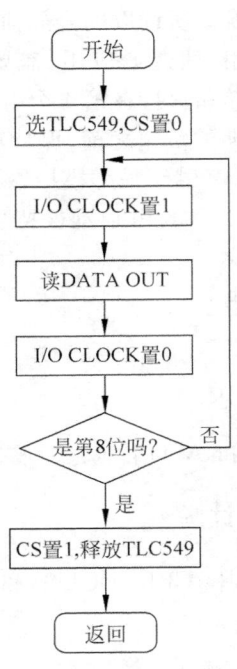

图 12-2-6 模/数转换子程序流程图

4) 项目十二任务 2 程序文件: 项目十二任务 2.c

```
# include < stc15.h >          //包含支持 IAP15W4K58S4 单片机的头文件
# include < intrins.h >
# include < gpio.h >           //I/O 初始化文件
# define uchar unsigned char
# define uint   unsigned int
# include < display.h >
sbit    CLK = P1 ^ 0;
sbit    DAT = P1 ^ 1;
sbit    CS = P1 ^ 2;
uchar   bdata   ADCdata;
```

```
sbit      ADbit = ADCdata ^ 0;


/* -------------- 系统时钟为 11.0592MHz 时的 t×1ms 延时函数 -------------- */
void Delayxms(uint t)
{
    uchar i;
    for(i = 0;i < t;i++)
    {
        Delay1ms();                        //在 display.h 文件已定义
    }
}
/* -------------- 系统时钟为 11.0592MHz 时的 3μs 延时函数 -------------- */
void Delay3us()
{
    unsigned char i;

    _nop_();
    _nop_();
    _nop_();
    i = 5;
    while ( -- i);
}


/* ------------------------ A/D 转换子程序 ------------------------ */
uchar TLC549ADC(void)
{
    uchar i;
    CLK = 0;
    DAT = 1;
    CS = 0;                                //使能 549
    for(i = 0;i < 8;i++)
    {
        CLK = 1;                           //准备好数据
        Delay3us();
        ADCdata << = 1;                    //读取 A/D 转换数据
        ADbit = DAT;
        CLK = 0;
        Delay3us();
    }
        CS = 1;                            //释放对 TLC945 的控制
        return (ADCdata);
}
/* ---------------------- A/D 转换读取子程序 ---------------------- */
void  Get_ADC(void)
{
    uint  AD_DATA;                         //定义 A/D 转换数据变量
    Delayxms(1);
    AD_DATA = TLC549ADC();                 //读取当前电压值 A/D 转换数据
    AD_DATA = AD_DATA * 100;               //数据处理：AD_DATA * 500/256
```

```
    AD_DATA = AD_DATA/256;
    AD_DATA = AD_DATA * 5;
    Dis_buf[2] = AD_DATA/100 % 10 + 17;   //将转换结果转换为3位BCD码送显示缓存,求百位
    Dis_buf[1] = AD_DATA/10 % 10;          //求十位
    Dis_buf[0] = AD_DATA % 10;             //求个位
}
/* ————————————————————— 主程序 ————————————————————— */
void main()
{
    gpio();
    while(1)
    {
        TLC549ADC();                       //启动一次A/D转换
        Get_ADC();                         //读取当前电压值A/D转换数据
        display();
    }
}
```

四、硬件连线与调试

(1) 用 USB 线将 PC 与 STC15W4K32S4 系列单片机实验箱相连接,并按图 12-2-4 所示硬件设计图连接电路。

(2) 用 Keil C 编辑、编译程序项目十二任务 2.c,生成机器代码文件项目十二任务 2.hex。

(3) 运行 STC-ISP 在线编程软件,将项目十二任务 2.hex 下载到 STC15W4K32S4 系列单片机实验箱单片机中。下载完毕,自动进入运行模式,观察数码管的显示结果并记录。

调节电位器,用万用表测量电位器模拟量的输出,并与简易数字电压表的输出相对比,计算测量误差。

(4) 修改程序,提高数字电压表的测量精度,保留 3 位小数点。

 任务拓展

设计一个分量程的数字电压表,量程分别为 3V、10V、30V 与 100V。

注意:输入到单片机的输入电压不能超过 5V。

习　　题

一、填空题

1. A/D 转换电路按转换原理,一般分为_____、_____与_____ 3 种类型。

2. 在 A/D 转换电路中,转换位数越大,说明 A/D 转换电路的转换精度越_____。

3. 10 位 A/D 转换器中,V_{REF} 为 5V。当模拟输入电压为 3V 时,转换后对应的数字量

为_____。

4. 8 位 A/D 转换器中,V_{REF} 为 5V。转换后获得的数字量为 7FH,则对应的模拟输入电压是_____。

5. IAP15W4K58S4 单片机内部集成了_____通道_____位的 A/D 转换器,转换速度可达到_____kHz。

6. TLC549 是_____位串行 A/D 转换芯片,CS 引脚的功能是_____,I/O CLK 引脚的功能是_____,DOUT 引脚的功能是_____。

7. IAP15W4K58S4 单片机 A/D 转换模块转换的参考电压 V_{REF} 是_____。

8. IAP15W4K58S4 单片机 A/D 转换模块的中断向量地址是_____,中断号是_____。

二、选择题

1. IAP15W4K58S4 单片机 A/D 转换模块中,转换电路的类型是_____。

    A. 并行比较型   B. 逐次逼近型   C. 双积分型

2. IAP15W4K58S4 单片机 A/D 转换模块的 8 路模拟输入通道是在_____口。

    A. P0   B. P1   C. P2   D. P3

3. 当 P1ASF=35H 时,说明_____可用作 A/D 转换的模拟信号输入通道。

    A. P1.7、P1.6、P1.3、P1.1   B. P1.5、P1.4、P1.2、P1.0

    C. P1.2、P1.0   D. P1.4、P1.5

4. 当 ADC_CONTR=83H 时,IAP15W4K58S4 单片机的 A/D 模块选择_____作为当前模拟信号输入通道。

    A. P1.1   B. P1.2   C. P1.3   D. P1.4

5. 当 ADC_CONTR=A3H 时,IAP15W4K58S4 单片机的 A/D 模块转换速度设置为_____个系统时钟。

    A. 540   B. 360   C. 180   D. 90

6. IAP15W4K58S4 单片机工作电源为 5V,ADRJ=0,ADC_RES=25H,ADC_RESL=33H 时,测得模拟输入信号约为_____V。

    A. 0.737   B. 3.930   C. 1.8   D. 1.5

三、判断题

1. IAP15W4K58S4 单片机 A/D 转换模块有 8 条模拟信号输入通道,意味着可同时测量 8 路模拟输入信号。   (   )

2. IAP15W4K58S4 单片机 A/D 转换模块的转换位数是 10 位,但也可用作 8 位测量。   (   )

3. IAP15W4K58S4 单片机 A/D 转换模块 A/D 转换中断标志在中断响应后会自动清零。   (   )

4. IAP15W4K58S4 单片机的 A/D 转换中断有 2 个中断优先级。   (   )

5. IAP15W4K58S4 单片机 A/D 转换模块的 A/D 转换类型是双积分型。   (   )

6. TLC549 串行输出数据是当前模拟输入转换后的数据。   (   )

四、问答题

1. IAP15W4K58S4 单片机 A/D 转换模块的转换精度及转换速度是多少?

2. IAP15W4K58S4 单片机 A/D 转换模块转换后的数字量数据格式是怎样的?

3. 简述 IAP15W4K58S4 单片机 A/D 转换模块的编程步骤。

4. TLC549 A/D 转换芯片的转换精度及转换速度是多少?

5. 简述 TLC549 A/D 转换芯片的编程步骤。

6. IAP15W4K58S4 单片机 A/D 转换模块的转换参考电压就是单片机的电源电压。当电源电压不稳定时,如何保证测量精度?

五、程序设计题

1. 利用 IAP15W4K58S4 单片机 A/D 转换模块设计一个定时巡回检测 8 路模拟输入信号的电路,要求每 10s 巡回检测一次,采用 LCD1602 显示测量数据。要求分两屏显示,含通道号与测量数据。测量数据精确到小数点之后 2 位。画出硬件电路图,绘制程序流程图,编写程序并上机调试。

2. 利用 TLC549 串行转换芯片定时检测并存储模拟输入数据,存储容量为 8 组,超过后往前覆盖。检测间隔 30min,采用 LCD1602 显示,含检测时间与检测数据。设计一个按键,用于查询存储数据。画出硬件电路图,绘制程序流程图,编写程序并上机调试。

3. 利用 IAP15W4K58S4 单片机设计一个温度控制系统。测温元件为热敏电阻,采用 LCD1602 显示温度数据,测量值精确到小数点后 1 位。当温度低于 30℃时,发出长"嘀"报警声和光报警;当温度高于 60℃时,发出短"嘀"报警声和光报警。画出硬件电路图,绘制程序流程图,编写程序并上机调试。

项目 十三 ———————————————————— Project 13

IAP15W4K58S4单片机比较器
模块与应用编程

IAP15W4K58S4 单片机内部集成了一个由集成运放构成的比较器,比较器的正、反相输入各有两种选择。比较器具有滤波与延迟功能,其结果可直接输出或间接输出。

知识点:

◆ 集成比较器的组成结构。

◆ 比较器反相输入 BGV 的含义。

◆ 比较器中滤波器的作用。

◆ 比较器中断的类型与控制。

技能点:

◆ 比较器正、反相输入选择的应用编程。

◆ 比较器比较输出结果的控制与应用编程。

◆ 比较器中断的应用编程。

教学法:

通过复习,掌握集成比较器的工作原理;再对照 IAP15W4K58S4 单片机比较器的电路原理图分析其工作特性。通过两个任务的分析与实施,掌握 IAP15W4K58S4 单片机比较器输入信号的选择、比较输出结果的控制方法以及应用编程方法。

任务 1 IAP15W4K58S4 单片机比较器模块应用(一)

 任务说明

IAP15W4K58S4 单片机内部集成了模拟信号比较器模块,正、反相输入端可编程。在本任务中,比较器的正极信号从 P5.5 输入,负极信号取自内部 BandGap 电压 BGV。

比较器的比较结果直接输出。

通过本任务的学习,掌握 IAP15W4K58S4 单片机比较器模块的结构与控制原理,理解 BandGap 电压 BGV 的含义与应用。

 相关知识

1. IAP15W4K58S4 单片机比较器的内部结构

IAP15W4K58S4 单片机比较器的内部结构如图 13-1-1 所示,由集成运放比较电路、过滤电路和中断标志形成电路(含中断允许控制)3 个部分组成。

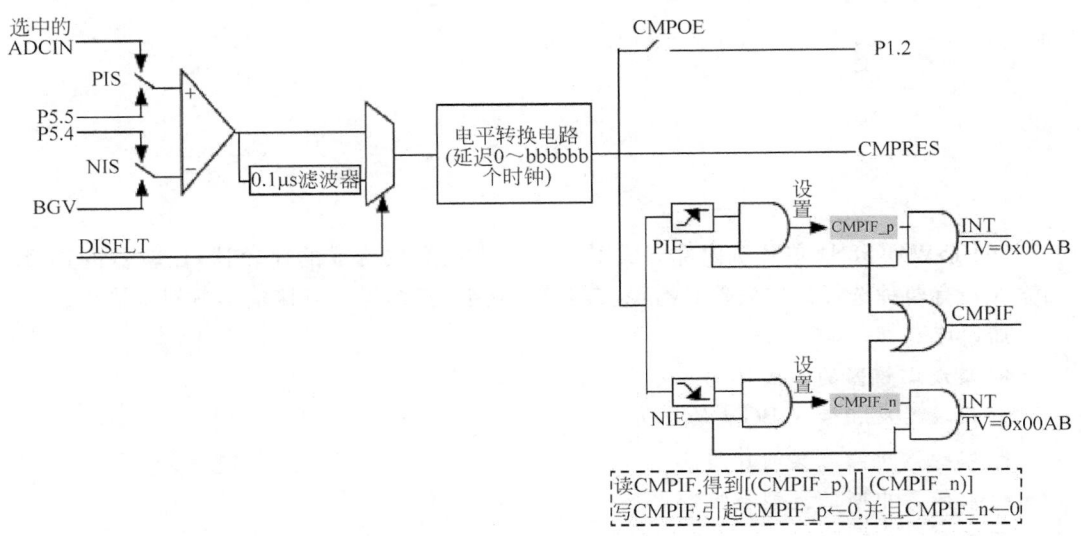

图 13-1-1　IAP15W4K58S4 单片机比较器的结构

1)集成运放比较电路

集成运放的同相、反相输入端的输入信号通过比较器控制寄存器 1(CMPCR1)来选择是接内部信号,还是外接输入信号。集成运放比较电路的输出通过滤波器形成稳定的比较器输出信号。

2)滤波(或称去抖动)电路

滤波(或称去抖动)电路的作用是当比较电路输出发生跳变时,不立即认为是跳变,而是经过一定延时后,确认是否为跳变。

3)中断标志形成电路

中断标志形成电路的作用是中断标志类型的选择、中断标志的形成以及中断标志的允许。具体控制关系详见下节有关比较器控制寄存器 1(CMPCR1)的介绍。

2. IAP15W4K58S4 单片机比较器的控制寄存器

IAP15W4K58S4 单片机比较器由比较器控制寄存器 1(CMPCR1)和比较器控制寄存器 2(CMPCR2)控制管理。

1) 比较器控制寄存器 1(CMPCR1)

CMPCR1 的格式如下所示。

	地址	B7	B6	B5	B4	B3	B2	B1	B0	复位值
CMPCR1	E6H	CMPEN	CMPIF	PIE	NIE	PIS	NIS	CMPOE	CMPRES	0000 0000

(1) CMPEN：比较器模块使能位。CMPEN＝1,使能比较器模块；CMPEN＝0,禁用比较器模块,比较器的电源关闭。

(2) CMPIF：比较器中断标志位。在 CMPEN 为 1 的情况下：当比较器的比较结果由低变高时,若 PIE 被设置成 1,那么内建 CMPIF_p 标志置 1,CMPIF 标志置 1,向 CPU 申请中断。当比较器的比较结果由高变低时,若 NIE 被设置成 1,那么内建 CMPIF_n 标志置 1,CMPIF 标志置 1,向 CPU 申请中断。当 CPU 读取 CMPIF 数值时,读到的是 CMPIF_p 与 CMPIF_n 的或；当 CPU 对 CMPIF 写 0 后,CMPIF_p 及 CMPIF_n 都会被清零。

比较器中断的中断向量地址是 00ABH,中断号是 21；比较器中断的优先级固定为低级。

(3) PIE：比较器上升沿中断使能位(Pos-edge Interrupt Enabling)。PIE ＝ 1,当使能比较器由低变高时,置位 CMPIF_p,并向 CPU 申请中断。PIE ＝ 0,禁用比较器由低变高事件设定比较器中断。

(4) NIE：比较器下降沿中断使能位(Neg-edge Interrupt Enabling)。NIE ＝ 1,使能比较器由高变低时,置位 MPIF_n,并向 CPU 申请中断。NIE ＝ 0,禁用比较器由高变低时设定比较器中断。

(5) PIS：比较器正极选择位。PIS ＝ 1,选择 ADCIS[2:0]所选的 ADCIN 作为比较器的正极输入源。(注：此功能本系列单片机暂无效。)PIS ＝ 0,选择外部 P5.5 作为比较器的正极输入源。

(6) NIS：比较器负极选择位。NIS ＝ 1,选择外部管脚 P5.4 为比较器的负极输入源。NIS ＝ 0,选择内部 BandGap 电压 BGV 为比较器的负极输入源。

注：内部 BandGap 电压 BGV 是在程序存储器中的最后第 7、第 8 字节中,高字节在前,单位为毫伏(mV)。对于 IAP15W4K58S4 单片机,BGV 值在 F3F7H、F3F8H 单元中。

(7) CMPOE：比较结果输出控制位。CMPOE ＝ 1,允许比较器的比较结果输出到 P1.2。CMPOE ＝ 0,禁止比较器的比较结果输出。

(8) CMPRES：比较器比较结果(Comparator Result)标志位。CMPRES ＝ 1,CMP＋的电平高于 CMP－的电平。CMPRES ＝ 0,CMP＋的电平低于 CMP－的电平。

注：CMPRES 是一个只读(read-only)位,软件对它做写入的动作没有任何意义,并且软件读到的结果是"过滤"控制后的结果,而非集成运放比较电路的直接输出结果。

2) 比较器控制寄存器 2(CMPCR2)

CMPCR2 的格式如下所示。

地址	B7	B6	B5	B4	B3	B2	B1	B0	复位值
CMPCR2	E7H	INVCMPO	DISFLT			LCDTY[5:0]				0000 1001

（1）INVCMPO：比较器输出取反控制位（Inverse Comparator Output）。INVCMPO = 1，比较器取反后输出到 P1.2。INVCMPO = 0，比较器正常输出。

（2）DISFLT：比较器输出 $0.1\mu s$ Filter（过滤）的选择控制位。DISFLT = 1，关掉比较器输出的 $0.1\mu s$ Filter（过滤）。DISFLT = 0，比较器的输出有 $0.1\mu s$ 的 Filter（过滤）。

（3）LCDTY[5:0]：比较器输出结果确认时间长度的选择。

① 当比较器由低变高时，必须侦测到后来的高电平持续至少 LCDTY[5:0] 个系统时钟，此芯片线路才认定比较器的输出由低电平转成了高电平。如果在 LCDTY[5:0] 个时钟内，集成运放比较电路的输出恢复到低电平，此芯片线路认为什么都没发生，视同比较器的输出一直维持在低电平。

② 当比较器由高变低时，必须侦测到后来的低电平持续至少 LCDTY[5:0] 个系统时钟，此芯片线路才认定比较器的输出由高电平转成了低电平。如果在 LCDTY[5:0] 个时钟内，集成运放比较电路的输出恢复到高电平，此芯片线路认为什么都没发生，视同比较器的输出一直维持在高电平。

任务实施

一、任务要求

P1.7、P1.6、P1.2 分别接 3 只 LED，低电平驱动，LED1 直接由比较器输出控制。当有上升沿中断请求时，点亮 LED2；当有下降沿中断请求时，点亮 LED3。P3.2 接 1 只开关，开关断开时，输出高电平，比较器处于上升沿中断请求工作方式，直接同相输出；开关闭合时，输出低电平，比较器处于下降沿中断请求工作方式，直接反相输出。

二、硬件设计

根据题意，画出比较器的电路原理图如图 13-1-2 所示。

三、项目十三任务 1 程序文件：项目十三任务 1.c

```
# include < stc15.h >          //包含支持 IAP15W4K58S4 单片机的头文件
# include < intrins.h >
# include < gpio.h >           //I/O 初始化文件
# define uchar unsigned char
# define uint   unsigned int
# define CMPEN 0x80            //CMPCR1.7：比较器模块使能位
# define CMPIF 0x40            //CMPCR1.6：比较器中断标志位
# define PIE 0x20              //CMPCR1.5：比较器上升沿中断使能位
# define NIE 0x10              //CMPCR1.4：比较器下降沿中断使能位
# define PIS 0x08              //CMPCR1.3：比较器正极选择位
# define NIS 0x04              //CMPCR1.2：比较器负极选择位
```

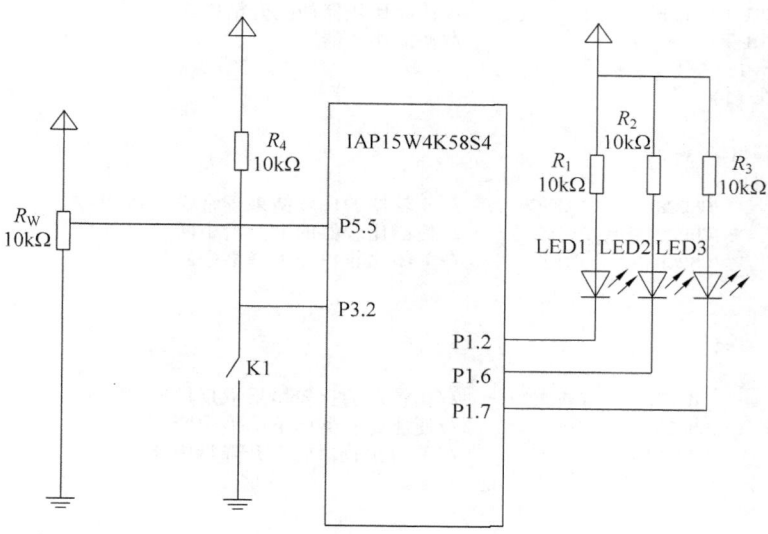

图 13-1-2 比较器应用电路原理图(1)

```
# define CMPOE 0x02        //CMPCR1.1:比较结果输出控制位
# define CMPRES 0x01       //CMPCR1.0:比较器比较结果标志位
# define INVCMPO 0x80      //CMPCR2.7:比较结果反向输出控制位
# define DISFLT 0x40       //CMPCR2.6:比较器输出端滤波使能控制位
# define LCDTY 0x3F        //CMPCR2[5:0]:比较器输出的去抖时间控制
sbit LED3 = P1^7;          //上升沿中断请求指示灯
sbit LED2 = P1^6;          //下降沿中断请求指示灯
sbit k1 = P3^2;            //中断请求方式控制开关
void cmp_isr() interrupt 21 using 1 //比较器中断向量入口
{
    CMPCR1 & = ~CMPIF;     //清除比较器中断请求标志
    if(k1 == 1)
    {
        LED2 = 0;          //点亮上升沿中断请求指示灯
        LED3 = 1;
    }
    else
    {
        LED3 = 0;          //点亮下升沿中断请求指示灯
        LED2 = 1;
    }
}
void main()
{
    gpio();
    CMPCR1 = 0;            //初始化比较器控制寄存器1
    CMPCR2 = 0;            //初始化比较器控制寄存器2
    CMPCR1 & = ~PIS;       //选择外部引脚 P5.5(CMP+)为比较器的正极输入源
    CMPCR1 & = ~NIS;       //选择内部 BandGap 电压 BGV 为比较器的负极输入源
    CMPCR1 | = CMPOE;      //允许比较器的比较结果输出
    CMPCR2 & = ~DISFLT;    //不禁用(使能)比较器输出端的 0.1μs 滤波电路
    CMPCR2 & = ~LCDTY;     //比较器结果不去抖动,直接输出
```

```
    CMPCR1 |= PIE;                   //使能比较器的上升沿中断
    CMPCR1 |= CMPEN;                 //使能比较器
    EA = 1;
    while (1)
    {
        if(k1 == 1)
        {
            CMPCR2 &= ~INVCMPO;      //比较器的比较结果正常输出到P1.2
            CMPCR1 |= PIE;           //使能比较器的上升沿中断
            CMPCR1 &= ~NIE;          //关闭比较器的下降沿中断

        }
        else
        {
            CMPCR2 |= INVCMPO;       //比较器的比较结果取反后输出到P1.2
            CMPCR1 |= NIE;           //使能比较器的下降沿中断
            CMPCR1 &= ~PIE;          //关闭比较器的上升降沿中断
        }
    }
}
```

四、硬件连线与调试

（1）用 USB 线将 PC 与 STC15W4K32S4 系列单片机实验箱相连接,并按图 13-1-2 所示连接电路。

（2）用 Keil C 编辑、编译程序项目十三任务 1.c,生成机器代码文件项目十三任务 1.hex。

（3）应用 STC-ISP 在线编程软件将项目十三任务 1.hex 下载到 STC15W4K32S4 系列单片机实验箱单片机中。

（4）联机调试。

① K1 断开,观察 LED2 与 LED3 的点亮情况并记录。

② K1 合上,观察 LED2 与 LED3 的点亮情况并记录。

③ K1 断开,调节 R_w,观察 LED1 的点亮情况并记录。

④ K1 合上,调节 R_w,观察 LED1 的点亮情况并记录。

⑤ 调整 R_w,找出比较器正相输入端与反相输入端电压相同的位置;用万用表测量 R_w 中心位置与地之间的电压,即 BGV 值。

 任务拓展

采用项目十二任务 1 或任务 2 的数字电压表测量 BGV 值。

任务 2　IAP15W4K58S4 单片机比较器模块应用（二）

 任务说明

在本任务中,IAP15W4K58S4 单片机比较器正、反相输入都从外部引脚输入。正极

从 P5.5 输入,负极从 P5.4 输入,比较器的比较结果间接输出。

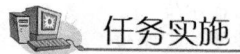 任务实施

一、任务要求

P3.4、P1.2 分别接 2 只 LED,低电平驱动。LED1 直接由比较器输出控制,LED2 由比较器输出结果间接控制。P3.2 接 1 只开关。开关断开时,直接同相输出;开关合上时,直接反相输出。只要 CMP+ 高于 CMP-,P3.4 输出低电平,点亮 LED2。

二、硬件设计

根据题意设计的电路原理图如图 13-2-1 所示。

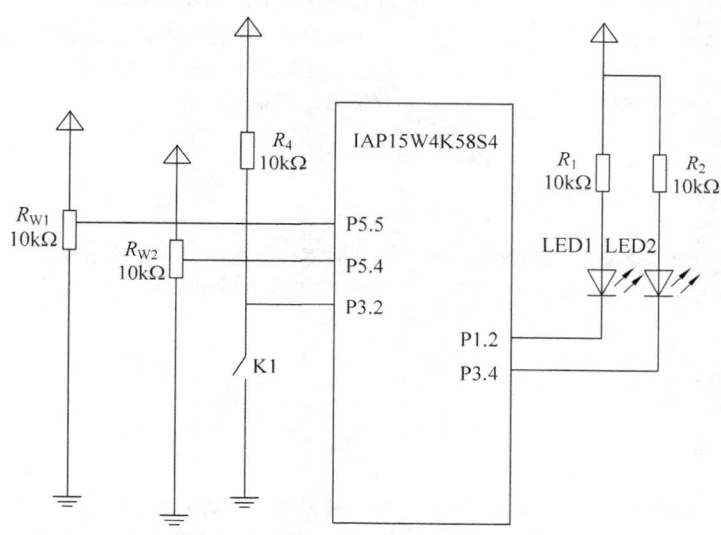

图 13-2-1　比较器应用电路原理图(2)

三、项目十三任务 2 程序文件：项目十三任务 2.c

```
# include < stc15. h >            //包含支持 IAP15W4K58S4 单片机的头文件
# include < intrins. h >
# include < gpio. h >             //I/O 初始化文件
# define uchar unsigned char
# define uint   unsigned int
# define CMPEN 0x80              //CMPCR1.7:3 比较器模块使能位
# define CMPIF 0x40              //CMPCR1.6:3 比较器中断标志位
# define PIE 0x20                //CMPCR1.5:3 比较器上升沿中断使能位
# define NIE 0x10                //CMPCR1.4:3 比较器下降沿中断使能位
# define PIS 0x08                //CMPCR1.3:3 比较器正极选择位
# define NIS 0x04                //CMPCR1.2:3 比较器负极选择位
```

```c
#define CMPOE 0x02          //CMPCR1.1:3 比较结果输出控制位
#define CMPRES 0x01         //CMPCR1.0:3 比较器比较结果标志位
#define INVCMPO 0x80        //CMPCR2.7:3 比较结果反向输出控制位
#define DISFLT 0x40         //CMPCR2.6:3 比较器输出端滤波使能控制位
#define LCDTY 0x3F          //CMPCR2[5:0]:比较器输出的去抖时间控制
sbit LED2 = P3^4;           //间接输出指示灯
sbit k1 = P3^2;             //选择 A/D 输入通道控制开关
/* --------------------------- 主函数 --------------------------- */
void main()
{
    gpio();
    CMPCR1 = 0;             //初始化比较器控制寄存器1
    CMPCR2 = 0;             //初始化比较器控制寄存器2
    CMPCR1 &= ~PIS;         //选择 P5.5 为比较器的正极输入源
    CMPCR1 |= NIS;          //选择 P5.4 为比较器的负极输入源
    CMPCR1 |= CMPOE;        //允许比较器的比较结果输出
    CMPCR2 &= ~DISFLT;      //不禁用(使能)比较器输出端的 0.1μs 滤波电路
    CMPCR2 &= ~LCDTY;       //比较器结果不去抖动,直接输出
    CMPCR1 |= CMPEN;        //使能比较器
    while (1)
    {
        if(k1 == 1)
        {
            CMPCR2 &= ~INVCMPO;      //比较器的比较结果正常输出到 P1.2
            if(CMPCR1&0x01 == 0x01)  //若 P5.5 输入的电平高于 P5.4,点亮 LED2
            LED2 = 0;
            else
            LED2 = 1;
        }
        else
        {
            CMPCR2 |= INVCMPO;       //比较器的比较结果取反后输出到 P1.2
            if(CMPCR1&0x01 == 0x01)  //若 P5.5 输入的电平高于 P5.4,点亮 LED2
            LED2 = 0;
            else
            LED2 = 1;
        }
    }
}
```

四、硬件连线与调试

(1) 用 USB 线将 PC 与 STC15W4K32S4 系列单片机实验箱连接,并按图 13-2-1 所示连接电路。

(2) 用 Keil C 编辑、编译程序项目十三任务 2.c,生成机器代码文件项目十三任务 2.hex。

(3) 应用 STC-ISP 在线编程软件将项目十三任务 2.hex 下载到 STC15W4K32S4 系

列单片机实验箱单片机中。

（4）联机调试。

① 设置 P1.0 输入电平为 2.5V,P1.1 输入电平为 3.5V。

② K1 断开,调节 R_{W3},观察 LED1 与 LED2 的点亮情况并记录。

③ K1 合上,调节 R_{W3},观察 LED1 与 LED2 的点亮情况并记录。

任务拓展

利用 IAP15W4K58S4 单片机内置的 A/D 转换通道(参考项目十二任务 1)以及比较器测量 BGV 电压值。

提示：比较器的正极输入选择 A/D 转换输入通道,比较器的负极输入选择内部的 BGV 电压,同时 A/D 转换通道测量正极输入电压。

习　　题

一、填空题

1. IAP15W4K58S4 单片机比较器模块由_____、_____和_____ 3 个部分组成。

2. IAP15W4K58S4 单片机比较器模块的同相输入端(正极)有_____和_____两种信号源,由比较器控制寄存器 CMPCR1 中的_____控制位来选择。

3. IAP15W4K58S4 单片机比较器模块的反相输入端(负极)有_____和_____两种信号源,由比较器控制寄存器 CMPCR1 中的_____控制位来选择。

4. IAP15W4K58S4 单片机比较器模块的中断请求标志位是_____,比较器中断的中断向量地址是_____,中断号是_____,中断优先级是_____。

二、选择题

1. 当 CMPCR1＝84H 时,IAP15W4K58S4 单片机比较器模块的同相、反相输入端信号源分别为_____。

　　A. 选中模拟输入通道、P5.4　　　　　　B. 选中模拟输入通道、BGV

　　C. P5.5、P5.4　　　　　　　　　　　　D. P5.5、BGV

2. 当 CMPCR1＝90H 时,IAP15W4K58S4 单片机比较器模块的中断请求标志会在_____情况下置 1,向 CPU 申请中断。

　　A. 比较电路输出信号由低到高

　　B. 比较电路输出信号由高到低

　　C. 比较电路输出信号由高到低,或由低到高

3. IAP15W4K58S4 单片机复位后,比较器模块输出结果的确认时间为_____个系统时钟。

　　A. 6　　　　　　　　B. 9　　　　　　　　C. 16　　　　　　　　D. 30

4. 当 CMPCR1 中 CMPOE 为 1 时,允许比较器的比较结果输出到_____。

  A. P1.0   B. P1.1   C. P1.2   D. P1.3

三、判断题

1. IAP15W4K58S4 单片机比较器模块电路中有一个 0.1μs 的滤波器,但不可控。

( )

2. IAP15W4K58S4 单片机比较器模块比较输出信号由高到低时,一定会置 1 比较器中断请求标志,向 CPU 申请中断。 ( )

3. IAP15W4K58S4 单片机比较器模块比较器输出结果是通过 P1.2 输出的。

( )

4. IAP15W4K58S4 单片机比较器模块 CMPCR1 中的 CMPRES 是比较器比较结果标志位,是一个只读位,软件对它做写入操作没有任何意义。 ( )

四、问答题

1. IAP15W4K58S4 单片机比较器模块中断请求标志是如何形成的?

2. 在 IAP15W4K58S4 单片机比较器模块中,如何实现比较器结果取反输出? 通过哪一个引脚输出?

3. IAP15W4K58S4 单片机比较器模块 CMPCR2 中的 LCDTY[5:0]控制位的含义是什么?

4. IAP15W4K58S4 单片机比较器模块反相端(负极)输入信号源 BGV 指的是什么?

五、程序设计题

设计一个温度控制电路,当温度大于设定温度时,LED 灯闪烁;当温度低于设定温度时,LED 灯常亮。温度设定范围为:20~90℃。画出硬件电路图,绘制程序流程图,编写程序并上机调试。

IAP15W4K58S4单片机 PCA模块与应用编程

IAP15W4K58S4 单片机集成了两路可编程计数器阵列(PCA)模块,可实现软件定时器、外部脉冲捕捉、高速输出以及脉宽调制(PWM)输出等功能。

每个模块可编程工作在 4 种模式:上升/下降沿捕获、软件定时器、高速输出、可调制脉冲输出。

可调制脉冲输出(PWM)又分为 8 位 PWM、7 位 PWM、6 位 PWM 三种模式。利用 PWM 功能可实现 D/A 转换。

知识点:

◆ PCA 模块的基本结构。

◆ PCA 模块的工作模式。

◆ 上升/下降沿捕获功能。

◆ 软件定时器功能。

◆ 高速输出功能。

◆ 可调制脉冲(PWM)输出功能。

技能点:

◆ 上升/下降沿捕获功能的设置与应用编程。

◆ 软件定时器功能的设置与应用编程。

◆ 高速输出功能的设置与应用编程。

◆ 可调制脉冲(PWM)输出功能的设置与应用编程。

◆ PCA 模块的中断功能与应用编程。

教学法:

PCA 模块的核心电路是计数器电路,与定时器/计数器 T0、T1、T2、T3、T4 一样,但有不一样的地方。通过对比法,理清 PCA 模块的功能特性,结合具体的任务体验 PCA 模块的应用。

任务 1　IAP15W4K58S4 单片机 PCA 模块的定时应用

任务说明

　　IAP15W4K58S4 单片机集成了两路可编程计数器阵列(PCA)模块,可实现软件定时器。IAP15W4K58S4 单片机 PCA 模块的核心电路也是计数器电路,但计数结果的判断不同。T0、T1、T2、T3、T4 定时器/计数器通过计数器电路计满溢出来判别;而 IAP15W4K58S4 单片机 PCA 模块 16 位定时器的应用是通过 PCA 计数器状态值与 PCA 模块捕获寄存器的值相比较,若相等,则产生 PCA 中断。本任务主要学习 IAP15W4K58S4 单片机 PCA 模块的结构以及 16 位软件定时器的编程方法。

相关知识

1. IAP15W4K58S4 单片机 CCP/PCA/PWM 模块的结构

　　IAP15W4K58S4 单片机集成了两路可编程计数器阵列(PCA)模块,可实现软件定时器、外部脉冲的捕捉、高速输出以及脉宽调制(PWM)输出等功能。

　　PCA 模块含有 1 个特殊的 16 位定时器,有两个 16 位的捕获/比较模块与之相连,如图 14-1-1 所示。

　　模块 0 连接到 P1.1,通过设置 P_PSW1 中的 CCP_S1、CCP_S0,将模块 0 连接到 P3.5 或 P2.5。

　　模块 1 连接到 P1.0,通过设置 P_PSW1 中的 CCP_S1、CCP_S0,将模块 0 连接到 P3.6 或 P2.6。

　　每个模块可编程工作在以下 4 种模式:上升/下降沿捕获、软件定时器、高速输出以及可调制脉冲输出。

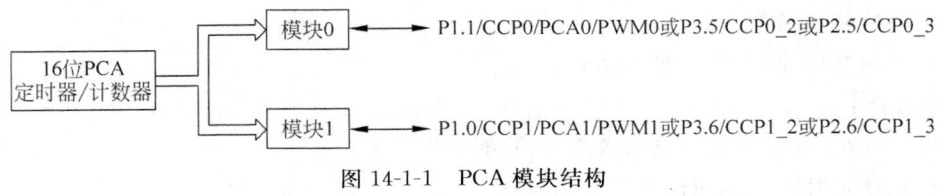

图 14-1-1　PCA 模块结构

　　16 位 PCA 定时器/计数器是 2 个模块的公共时间基准,其结构如图 14-1-2 所示。

　　寄存器 CH 和 CL 构成 16 位 PCA 的自动递增计数器,CH 是高 8 位,CL 是低 8 位。PCA 计数器的时钟源有以下几种:1/12 系统脉冲、1/8 系统脉冲、1/6 系统脉冲、1/4 系统脉冲、1/2 系统脉冲、系统脉冲、定时器 0 溢出脉冲或 ECI 引脚(P1.2、P2.4 或 P3.4)的输入脉冲。PCA 计数器的计数源可通过设置特殊功能寄存器 CMOD 的 CPS2、CPS1 和 CPS0 来选择其中一种。

　　PCA 计数器主要由 PCA 工作模式寄存器 CMOD 和 PCA 控制寄存器 CCON 管理与

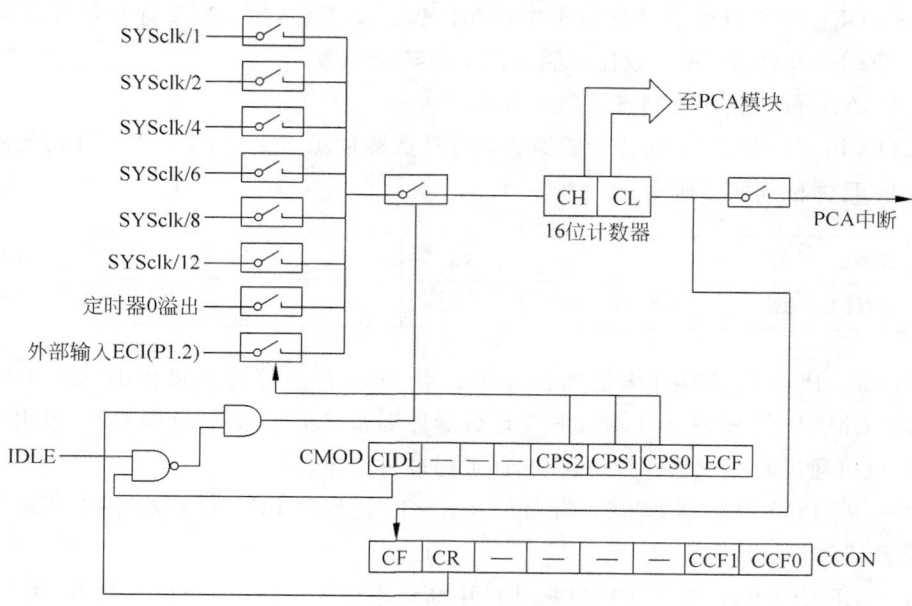

图 14-1-2　16 位 PCA 定时器/计数器结构

控制。

2. PCA 模块的特殊功能寄存器

1) PCA16 位计数器工作模式寄存器 CMOD

CMOD 用于选择 PCA16 位计数器的计数脉冲源与计数中断管理,具体格式如下所示。

	地址	B7	B6	B5	B4	B3	B2	B1	B0	复位值
CMOD	D9H	CIDL	—	—	—	CPS2	CPS1	CPS0	ECF	0xxx 0000

(1) CIDL:空闲模式下是否停止 PCA 计数的控制位。CIDL=0 时,空闲模式下,PCA 计数器继续计数;CIDL=1 时,空闲模式下,PCA 计数器停止计数。

(2) CPS2、CPS1、CPS0:PCA 计数器计数脉冲源选择控制位。PCA 计数器计数脉冲源的选择如表 14-1-1 所示。

表 14-1-1　PCA 计数器计数脉冲源的选择

CPS2	CPS1	CPS0	PCA 计数器的计数脉冲源
0	0	0	系统时钟/12
0	0	1	系统时钟/2
0	1	0	定时器/计数器 0 溢出脉冲
0	1	1	ECI 引脚(P1.2)输入脉冲(最大速率=系统时钟/2)
1	0	0	系统时钟
1	0	1	系统时钟/4
1	1	0	系统时钟/6
1	1	1	系统时钟/8

（3）ECF：PCA 计数器计满溢出中断允许位。ECF＝1 时，PCA 计数器计满溢出中断允许；ECF＝0 时，PCA 计数器计满溢出中断禁止。

2）PCA16 位计数器控制寄存器 CCON

CCON 用于控制 PCA16 位计数器的运行计数脉冲源与记录 PCA/PWM 模块的中断请求标志，具体格式如下所示。

	地址	B7	B6	B5	B4	B3	B2	B1	B0	复位值
CCON	D8H	CF	CR	—	—	—	—	CCF1	CCF0	00xx x000

（1）CF：PCA 计数器计满溢出标志位。当 PCA 计数器计数溢出时，CF 由硬件置位。如果 CMOD 的 ECF 为 1，则 CF 为计数器计满溢出中断标志，会向 CPU 发出中断请求。CF 位可通过硬件或软件置位，但只能通过软件清零。

（2）CR：PCA 计数器的运行控制位。CR＝1 时，启动 PCA 计数器计数；CR＝0 时，PCA 计数器停止计数。

（3）CCF1、CCF0：PCA/PWM 模块的中断请求标志。CCF0 对应模块 0，CCF1 对应模块 1。当发生匹配或捕获时，由硬件置位。但同 CF 一样，只能通过软件清零。

3）PCA 模块比较/捕获寄存器 CCAPMn（n＝0,1）

CCAPMn 指 CCAPM1、CCAPM0 两个特殊功能寄存器，CCAPM1 对应模块 1，CCAPM0 对应模块 0。CCAPMn 的格式如下所示。

	地址	B7	B6	B5	B4	B3	B2	B1	B0	复位值
CCAPMn	DAH/DBH	—	ECOMn	CAPPn	CAPNn	MATn	TOGn	PWMn	ECCFn	x000 0000

（1）ECOMn：比较器功能允许控制位。ECOMn＝1，允许比较器功能。

（2）CAPPn：正捕获控制位。CAPPn＝1，允许上升沿捕获。

（3）CAPNn：负捕获控制位。CAPNn＝1，允许下降沿捕获。

（4）MATn：匹配控制位。如果 MATn＝1，则 PCA 计数值（CH、CL）与模块的比较/捕获寄存器值（CCAPnH、CCAPnL）匹配时，将置位 CCON 寄存器中的中断请求标志位 CCFn。

（5）TOGn：翻转控制位。当 TOGn＝1 时，PCA 模块工作于高速输出模式。PCA 计数值（CH、CL）与模块的比较/捕获寄存器值（CCAPnH、CCAPnL）匹配时，PCAn 引脚输出翻转。

（6）PWMn：脉宽调制模式控制位。当 PWMn＝1 时，PCA 模块工作于脉宽调制输出模式，PCAn 引脚用作脉宽调制输出。

（7）ECCFn：PCA 模块中断（CCFn）的中断允许控制位。ECCFn＝1，允许；ECCFn＝0，禁止。PCA 中断向量地址为 003BH，中断号为 7。

PCA 模块工作模式设定如表 14-1-2 所示。

表 14-1-2　PCA 模块的工作模式(CCAPMn,n=0,1)

ECOMn	CAPPn	CAPNn	MATn	TOGn	PWMn	ECCFn	可设定值	模 块 功 能
0	0	0	0	0	0	0	00H	无操作
1	0	0	0	0	1	0	42H	PWM,无中断
1	1	0	0	0	1	1	63H	PWM,由低变高产生中断
1	0	1	0	0	1	1	53H	PWM,由高变低产生中断
1	1	1	0	0	1	1	73H	PWM,由高变低或由低变高均可产生中断
x	1	0	0	0	0	x	21H	16 位捕获模式,由 PCAn 的上升沿触发
x	0	1	0	0	0	x	11H	16 位捕获模式,由 PCAn 的下降沿触发
x	1	1	0	0	0	x	31H	16 位捕获模式,由 PCAn 的跳变(上升沿和下降沿)触发
1	0	0	1	0	0	x	49H	16 位软件定时器
1	0	0	1	1	0	x	4DH	16 位高速输出

4) PCA 模块 PWM 寄存器 PCA_PWMn(n=0,1)

PCA_PWMn 是指 PCA_PWM1、PCA_PWM0 两个特殊功能寄存器。PCA_PWM1 对应模块 1,PCA_PWM0 对应模块 0。PCA_PWMn 的格式如下所示。

	地址	B7	B6	B5	B4	B3	B2	B1	B0	复位值
PCA_PWMn	F2H/F3H	EBSn_1	EBSn_0	—	—	—	—	EPCnH	EPCnL	00xx xx00

(1) EPCnH:在 PWM 模式下,与 CCAPnH 组成 9 位数。

(2) EPCnL:在 PWM 模式下,与 CCAPnL 组成 9 位数。

(3) EBSn_1、EBSn_0:用于选择 PWM 的位数,如表 14-1-3 所示。

表 14-1-3　PWM 位数的选择

EBSn_1	EBSn_0	PWM 的位数
0	0	8
0	1	7
1	0	6
1	1	无效,仍为 8 位

5) PCA 的 16 位计数器 CH、CL

	地址	B7	B6	B5	B4	B3	B2	B1	B0	复位值
CH	F9H				PCA16 位计数器的高 8 位					0000 0000
CL	E9H				PCA16 位计数器的低 8 位					0000 0000

6）PCA 模块捕捉/比较寄存器 CCAPnH、CCAPnL

当 PCA 模块用于捕获或比较时,它们用于保存各个模块的 16 位捕捉计数值;当 PCA 模块用于 PWM 模式时,它们用于控制输出的占空比。

地址		B7	B6	B5	B4	B3	B2	B1	B0	复位值
CCAP1H	FBH	PCA 模块 1 捕捉/比较寄存器的高 8 位								0000 0000
CCAP1L	EBH	PCA 模块 1 捕捉/比较寄存器的低 8 位								0000 0000
CCAP0H	FAH	PCA 模块 0 捕捉/比较寄存器的高 8 位								0000 0000
CCAP0L	EAH	PCA 模块 0 捕捉/比较寄存器的低 8 位								0000 0000

3. CCP/PCA 模块的工作模式与应用举例

1）捕获模式

当 CCAPMn 寄存器中的两位(CAPPn、CAPNn)中至少一位为 1 时,PCA 模块工作在捕捉模式,其结构如图 14-1-3 所示。

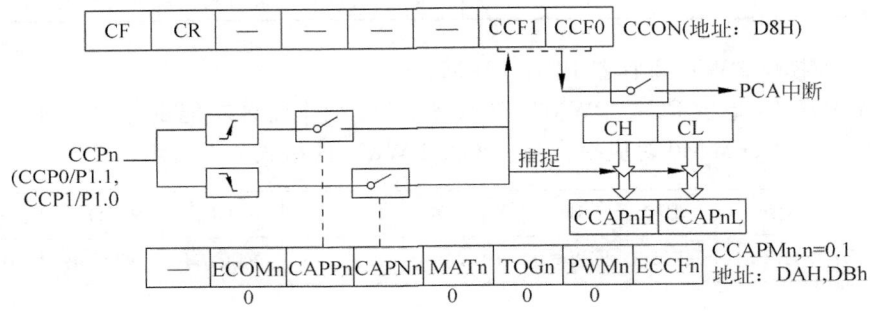

图 14-1-3　PCA 模块捕捉模式结构图

PCA 模块工作在捕获模式时,对外部输入引脚 PCAn(P1.1 或 P1.0)的跳变进行采样。当采样到有效跳变时,PCA 硬件将 PCA16 位计数器(CH、CL)的值装载到 PCA 模块的捕获寄存器(CCAPnH、CCAPnL)中,置位 CCFn。如果中断允许(CCFn 为 1),可向 CPU 申请中断,再在 PCA 中断服务程序中判断是哪一个模块申请了中断。注意在退出中断前务必清除对应的标志位。

【例 14-1-1】　利用 PCA 模块扩展外部中断。将 PCA0(P1.1)引脚扩展为下降沿触发的外部中断,将 PCA1(P1.0)引脚扩展为上升沿/下降沿都可触发的外部中断。当 P1.1 出现下降沿产生中断时,对 P1.5 取反;当 P1.0 出现下降沿或上升沿时,都会产生中断,对 P1.6 取反。P1.7 输出驱动工作指示灯。

解　与定时器的使用方法类似,PCA 模块的应用编程主要有两点:一是正确初始化,包括写入控制字、捕捉常数的设置等;二是编写中断服务程序,在中断服务程序中编写需要完成的任务的程序代码。PCA 模块的初始化部分大致如下:

(1) 设置 PCA 模块的工作方式,将控制字写入 CMOD、CCON 和 CCAPMn 寄存器。

(2) 设置捕捉寄存器 CCAPnL(低位字节)和 CCAPnH(高位字节)初值。

（3）根据需要，开放 PCA 中断，包括 PCA 定时器溢出中断（ECF）、PCA 模块 0 中断（ECCF0）和 PCA 模块 1 中断（ECCF1），并将 EA 置 1。

（4）置位 CR，启动 PCA 定时器计数（CH，CL）计数。

```
# include"IAP15W4K58S4.h"        //包含 IAP15W4K58S4 寄存器定义文件
# include< gpio.h>
sbit    LED_PCA0_INT0 = P1 ^5;
sbit    LED_PCA1_INT1 = P1 ^6;
sbit    LED_START = P1 ^7;
void main(void)
{
    gpio();
    LED_START = 0;
    CMOD = 0x80;                 //空闲模式下停止 PCA 模块计数，时钟源为 f_sys/12
                                 //禁止 PCA 计数器溢出中断
    CCON = 0;                    //禁止 PCA 计数器计数
    CL = 0;
    CH = 0;
    CCAPM0 = 0x11;               //设置 PCA 模块 0 下降沿触发捕捉功能，并开放中断
    CCAPM1 = 0x31;               //设置 PCA 模块 0 下降沿和上升沿触发捕捉功能，并开放中断
    EA = 1;                      //开放总中断
    CR = 1;                      //启动 PCA 模块计数器计数
    while(1);
}


void    PCA_int(void)interrupt 7  //PCA 中断服务程序
{
    if(CCF0)
    {                            //PCA 模块 0 中断服务程序
        LED_PCA0_INT0 = !LED_PCA0_INT0;
                                 //LED_PCA0_INT0 取反输出，表示 PCA 模块 0 发生了中断
        CCF0 = 0;                //清零 PCA 模块 0 中断标志
    }
    else if(CCF1)
    {                            //PCA 模块 1 中断服务程序
        LED_PCA1_INT1 = !LED_PCA1_INT1;
                                 //LED_PCA1_INT1 取反输出，表示 PCA 模块 1 发生了中断
        CCF1 = 0;                //清零 PCA 模块 1 中断标志
    }
}
```

2）16 位软件定时器模式

当 CCAPMn 寄存器中的 ECOMn 和 MATn 位置位时，PCA 模块用作 16 位软件定时器，其结构如图 14-1-4 所示。

当 PCA 模块用作软件定时器时，PCA 计数器（CH、CL）的值与模块捕获寄存器（CCAPnH、CCAPnL）的值相比较。当两者相等时，自动置位 PCA 模块中断请求标志 CCFn。如果中断允许（ECCFn 为 1），可向 CPU 申请中断，再在 PCA 中断服务程序中判断是哪一个模块申请了中断。注意，在退出中断前务必清除对应的标志位。

通过设置 PCA 模块捕获寄存器（CCAPnH、CCAPnL）的值与 PCA 计数器的时钟源，

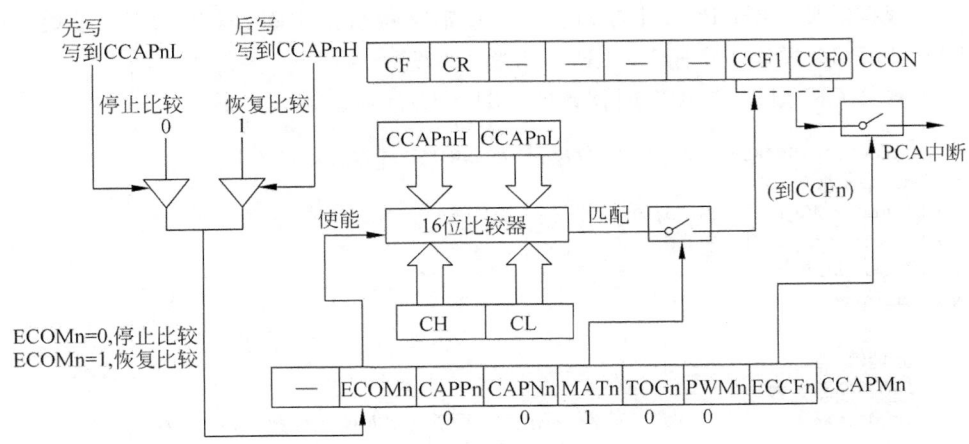

图 14-1-4 16 位软件定时器模式/PCA 比较模式结构

可调整定时时间。PCA 计数器计数值与定时时间的计算公式如下：

PCA 计数器计数值(CCAPnH、CCAPnL 设置值或递增步长值)

= 定时时间/计数脉冲源周期

【例 14-1-2】 利用 PCA 模块的软件定时功能，在 P1.5 引脚输出周期为 2s 的方波。设晶振频率为 11.0592MHz。

解 通过置位 CCAPM0 寄存器的 ECOM0 位和 MAT0 位，使 PCA 模块 0 工作于软件定时器模式。定时时间的长短取决于 PCA 模块捕获寄存器(CCAPnH、CCAPnL)的值与 PCA 计数器的时钟源。本例中，系统频率不分频，即系统时钟频率等于晶振频率，所以 $f_{SYS}=11.0592MHz$，可以选择 PCA 模块的时钟源为 $f_{SYS}/12$，基本定时时间单位 T 为 5ms。对 5ms 计数 200 次，即可实现 1s 定时。1s 时间到，对 P1.5 输出取反，即可实现在 P1.5 引脚输出周期为 2s 的方波。通过计算，5ms 对应的 PCA 计数器计数值为 1200H。在初始化时，CH、CL 从 0000H 开始计数，将 1200H 直接传送给 PCA 模块捕获寄存器 (CCAPnH、CCAPnL)。每次 5ms 时间到的中断服务程序中将该值加给(CCAPnH、CCAPnL)。

P1.7 连接开始工作指示灯，P1.6 连接 5ms 闪烁指示灯，P1.5 连接 1s 闪烁指示灯，所有 LED 都是低电平驱动。

```
# include "IAP15W4K58S4.h"              //包含 IAP15W4K58S4 寄存器定义文件
# include < gpio.h>
sbit LED_MCU_START = P1 ^ 7;
sbit LED_ 5ms_Flashing = P1 ^ 6;
sbit LED_1s_Flashing = P1 ^ 5;
unsigned  char  cnt;
void  main(void)
{
    gpio();
    LED_MCU_START = 0;
    cnt = 200;                           //设置 5ms 计数器的初始值
```

```
        CMOD = 0x80;                              //设置 PCA 在 空闲模式下停止 PCA 计数器工作
                                                  //PCA 模块的计数器时钟源为 f_SYS/12
                                                  //禁止 PCA 计数器溢出中断
        CCON = 0;                                 //清零 PCA 各模块中断请求标志位 CCFn
        CL = 0;                                   //PCA 计数器从 0000H 开始计数
        CH = 0;
        CCAP0L = 0;                               //给 PCA 模块 0 的 CCAP0L 置初值
        CCAP0H = 0x12;
        CCAPM0 = 0x49;                            //设置 PCA 模块 0 为 16 位软件定时器
                                                  //开放 PCA 模块 0 中断
        EA = 1;                                   //开放总中断
        CR = 1;                                   //启动 PCA 计数器计数
        while(1);                                 //原地踏步,等待中断
}

void  PCA_int(void)interrupt 7                    //PCA 中断服务程序
{
        union                                     //定义一个联合体
        {
            unsigned int num;
            struct
            {                                     //在联合体中定义一个结构
                unsigned  char  Hi,  Lo;
            }Result;
        }temp;
        temp. num = (unsigned int)(CCAP0H << 8) + CCAP0L + 0x1200;
        CCAP0L = temp. Result. Lo;                //取计算结果的低 8 位
        CCAP0H = temp. Result. Hi;                //取计算结果的高 8 位
        CCF0 = 0;                                 //清零 PCA 模块 0 中断请求标志
        LED_ 5ms_Flashing = !LED_ 5ms_Flashing;   //中断次数计数器减 1
        cnt -- ;                                  //中断次数计数器减 1
        if(cnt == 0)                              //如果 cnt 为 0,说明 1s 时间到
        {
            cnt = 200;                            //恢复中断计数初值
            LED_1S_Flashing = !LED_1s_Flashing;   //在 P1.5 输出脉冲宽度为 1s 的方波
        }
}
```

3) 高速输出模式

当 CCAPMn 寄存器中的 ECOMn、MATn 和 TOGn 置位时,PCA 模块工作在高速输出模式,其结构如图 14-1-5 所示。

当 PCA 模块工作在高速输出时,若 PCA 计数器(CH、CL)的值与模块捕获寄存器(CCAPnH、CCAPnL)的值相匹配,PCA 模块的输出 PCAn 将发生翻转。

高速输出周期 = PCA 计数器时钟源周期 × 计数次数([CCAPnH:CCAPnL] − [CH:CL]) × 2

计数次数(取整数) = 高速输出周期/(PCA 计数器时钟源周期 × 2)

= PCA 计数器时钟源频率/(高速输出频率 × 2)

【例 14-1-3】 利用 PCA 模块 1 实现高速输出,从 P1.0 输出频率 f 为 105kHz 的方波信号。设晶振频率为 11.0592MHz。

解 通过置位 CCAPM1 寄存器的 ECOM1、MAT1 和 TOG1 位,使 PCA 模块 1 工作

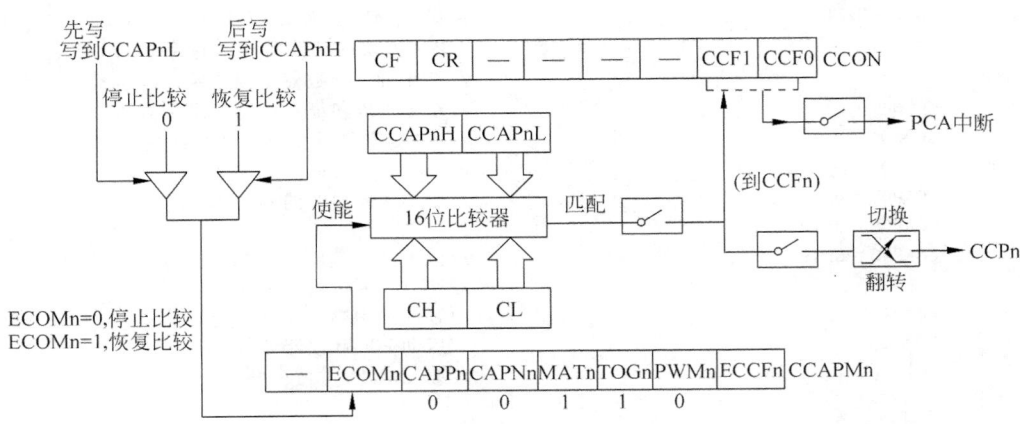

图 14-1-5   PCA 模块输出模式的结构

在高速输出模式。本例中,系统频率不分频,即系统时钟频率等于晶振频率,所以 $f_{SYS}=$ 11.0592MHz。设选择 PCA 模块的时钟源为 $f_{SYS}/2$,高速输出所需计数次数用 CCAP1H _value 和 CCAP1L_value 表示,则计算如下:

$$INT(f_{SYS}/(4 \times f)) = INT(11059200/(4 \times 105000)) = 26 = 1AH$$

$$CCAP1H\_value = 0, CCAP1L\_value = 1AH$$

在初始化时,CH、CL 从 0000H 开始计数,将 001AH 直接传送给 PCA 模块捕获寄存器(CCAPnH、CCAPnL)。每次匹配时,中断服务程序中将该值加给(CCAPnH、CCAPnL)。

P1.7 连接开始工作指示灯,LED 是低电平驱动;P1.0 输出可连接示波器进行观测。

```c
# include < IAP15W4K58S4.h >          //包含 IAP15W4K58S4 寄存器定义文件
# include< gpio.h >
sbit LED_MCU_START = P1 ^7;
void   main(void)
{
    gpio();
    LED_MCU_START = 0;
    CMOD = 0x02;                      //设置 PCA 在空闲模式下停止 PCA 计数器工作
                                     //PCA 模块的计数器时钟源为 fSYS/2
                                     //禁止 PCA 计数器溢出中断
    CCON = 0;                         //清零 PCA 各模块中断请求标志位 CCFn
    CL = 0;                           //PCA 计数器从 0000H 开始计数
    CH = 0;
    CCAP1L = 0x1a;                    //给 PCA 模块 1 置初值
    CCAP1H = 0x00;
    CCAPM1 = 0x4d;                    //设置 PCA 模块 1 为高速脉冲输出模式,允许中断
                                     //开放 PCA 模块 1 中断
    EA = 1;                           //开放总中断
    CR = 1;                           //启动 PCA 计数器计数
    while(1);                         //原地踏步,等待中断
}
```

```
void   PCA_int(void)interrupt 7              //PCA 中断服务程序
{
    union                                    //定义一个联合体
    {
        unsigned int num;
        struct
        {                                    //在联合体中定义一个结构
            unsigned  char  Hi,  Lo;
        }Result;
    }temp;
    temp. num = (unsigned int)(CCAP1H << 8) + CCAP1L + 0x001a;
    CCAP1L = temp.Result.Lo;                 //取计算结果的低 8 位
    CCAP1H = temp.Result.Hi;                 //取计算结果的低 8 位
    CCF1 = 0;                                //清零 PCA 模块 0 中断请求标志
}
```

任务实施

一、任务要求

利用 PCA 模块软件定时功能,设计一个秒表。

二、硬件设计

采用 PCA 模块 0 软件定时,用 LED 数码管显示;设置两只按键,一只接 P1.0,一只接 P1.1。电路原理如图 14-1-6 所示。

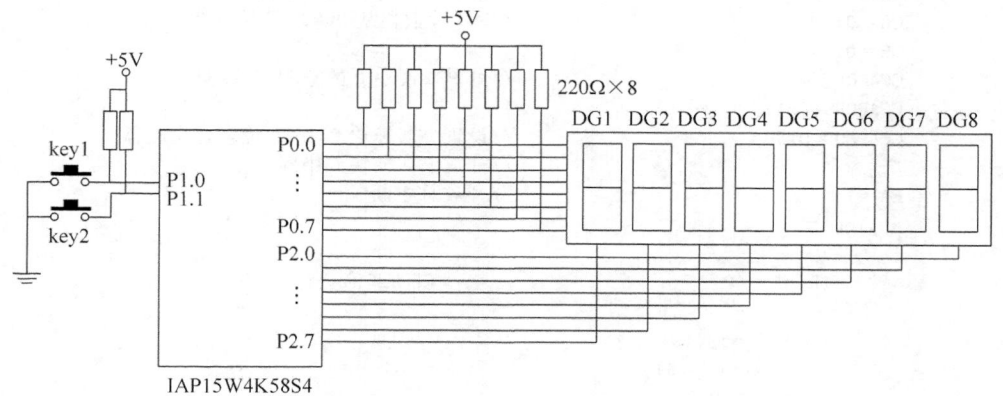

图 14-1-6　秒表电路原理图

三、项目十四任务 1 程序文件：项目十四任务 1.c

key1 用于启、停秒表计数,key2 用于复位秒表;秒表计时精确到 0.1s,计时最大值为 1000s。

```
# include < stc15.h >                      //包含支持 IAP15W4K58S4 单片机的头文件
# include < intrins.h >
# include < gpio.h >                       //I/O 初始化文件
# define uchar unsigned char
# define uint   unsigned int
# include < display.h >
uchar   counter5ms = 20;                   //5ms 计数器
uint    counter100ms = 0;                  //0.1s 计数器
sbit LED_MCU_START = P1 ^ 7;               //工作指示灯
sbit key1 = P1 ^ 0;                        //秒表启停按键
sbit key2 = P1 ^ 1;                        //秒表复位按键

/* ------------------ 系统时钟为 11.0592MHz 时的 t_ms 延时函数 ------------------ */
void Delayxms(uint t)
{
    uchar i;
    for(i = 0;i < t;i++)
    {
        Delay1ms();                        //在 display.h 文件中已定义
    }
}

/* ------------------------------ 主函数 ------------------------------ */
void  main(void)
{
    gpio();
    LED_MCU_START = 0;                     //点亮工作指示灯
    CMOD = 0x80;                           //设置 PCA 在空闲模式下停止 PCA 计数器工作
                                           //PCA 模块的计数器时钟源为 f_sys/12
                                           //禁止 PCA 计数器溢出中断
    CCON = 0;                              //清零 PCA 各模块中断请求标志位 CCFn
    CL = 0;                                //PCA 计数器从 0000H 开始计数
    CH = 0;
    CCAP0L = 0;                            //给 PCA 模块 0 的 CCAP0L 置初值
    CCAP0H = 0x12;
    CCAPM0 = 0x49;                         //设置 PCA 模块 0 为 16 位软件定时器
                                           //开放 PCA 模块 0 中断
    EA = 1;                                //开放总中断
    while(1)
    {
        if(key1 == 0)                      //key1 启动或停止计时
        {
            Delayxms(10);
            if(key1 == 0)
            CR = ~ CR;
            while(key1 == 0);
        }
        if(key2 == 0)                      //key2 复位秒表到初始状态
        {
            Delayxms(10);
            if(key2 == 0)
            IAP_CONTR = 0x20;
            while(key2 == 0);
```

```
        }
        display();
    }
}
/ * --------- PCA 中断函数 ----------- * /
void   PCA_int(void)interrupt 7            //PCA 中断服务程序
{
    union                                  //定义一个联合体
    {
        uint num;
        struct
        {                                  //在联合体中定义一个结构
            uchar  Hi,  Lo;
        }Result;
    }temp;
    temp.num = (uint)(CCAP0H << 8) + CCAP0L + 0x1200;
    CCAP0L = temp.Result.Lo;               //取计算结果的低 8 位
    CCAP0H = temp.Result.Hi;               //取计算结果的低 8 位
    CCF0 = 0;                              //清零 PCA 模块 0 中断请求标志
    counter5ms -- ;                        //中断次数计数器减 1
    if(counter5ms == 0)                    //如果 counter5ms 为 0,说明 0.1s 时间到
    {
        counter5ms = 20;                   //恢复中断计数初值
        counter100ms++;                    //0.1s 计数器加 1
        if(counter100ms == 10000) counter100ms = 0;
        Dis_buf[0] = counter100ms % 10;//取小数点数送显示缓冲区
        Dis_buf[1] = counter100ms/10 % 10 + 17;  //取个位数送显示缓冲区
        Dis_buf[2] = counter100ms/100 % 10;      //取十位数送显示缓冲区
        Dis_buf[3] = counter100ms/1000 % 10;     //取百位数送显示缓冲区
        Dis_buf[4] = counter100ms/10000 % 10;    //取千位数送显示缓冲区
    }
}
```

四、硬件连线与调试

（1）用 USB 线将 PC 与 STC15W4K32S4 系列单片机实验箱相连接,并按图 14-1-6 所示连接电路。

（2）用 Keil C 编辑、编译程序项目十四任务 1.c,生成机器代码文件项目十四任务 1.hex,并下载到 STC15W4K32S4 系列单片机实验箱单片机中。

（3）联机调试。

① 反复按动 key1,观察与记录秒表的计时情况。

② 按动 key2,观察秒表是否能复位。

任务 2　IAP15W4K58S4 单片机 PCA 模块的 PWM 控制

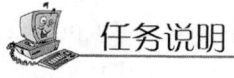 任务说明

PWM 调光是目前 LED 照明技术中常用的一种方法,IAP15W4K58S4 的 PCA 模块

可编程为 PWM 输出。本任务主要学习利用 IAP15W4K58S4 的 PCA 模块实现 PWM 输出的基本原理以及应用编程。

 相关知识

脉宽调制(PWM)模式

当 CCAPMn(n＝0,1)寄存器中的 ECOMn 和 PWMn 位置位时,PCA 模块工作在脉宽调制模式(PWM)。

1. 8 位 PWM

脉宽调制(Pulse Width Modulation,PWM)是一种使用程序来控制波形占空比、周期、相位波形的技术,在三相电动机驱动、D/A 转换等场合应用广泛。

当 EBSn_1/EBSn_0＝0/0 时,PWM 的模式为 8 位 PWM,其结构如图 14-2-1 所示。

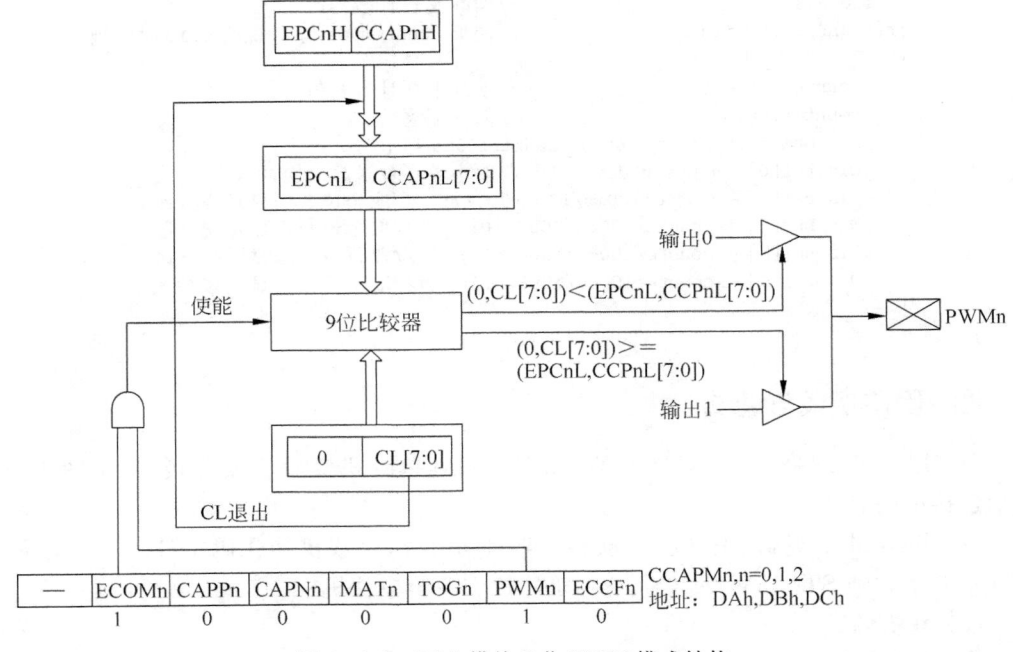

图 14-2-1　PCA 模块 8 位 PWM 模式结构

IAP15W4K58S4 单片机的所有 PCA 模块都可用作 PWM 输出,输出频率取决于 PCA 定时器的时钟源:

$$8 位 PWM 的周期＝时钟源周期×256$$

PWM 的脉宽与捕获寄存器[EPCnL,CCAPnL]的设定值有关。当[0,CL]的值小于 [EPCnL,CCAPnL]时,PWMn 输出低电平;当[0,CL]的值大于或等于[EPCnL, CCAPnL]时,PWMn 输出高电平。当 CL 的值由 FFH 变为 00H 溢出时,[EPCnH, CCAPnH]的值装载到[EPCnL,CCAPnL],实现无干扰地更新 PWM。设定脉宽时,不仅

要对[EPCnL,CCAPnL]赋初始值,更重要的是对[EPCnH,CCAPnH]赋初始值。当然,
[EPCnH,CCAPnH]的初始值和[EPCnL,CCAPnL]是相等的。

$$PWM\ 的脉宽时间=时钟源周期\times(256-CCAPnL)$$

如果要实现可调频率的 PWM 输出,可选择定时器/计数器 0 的溢出或 ECI(P1.2)引
脚输入作为 PCA 定时器的时钟源。

当 EPCnL=0 且 CCAPnL=00H 时,PWM 固定输出高电平; 当 EPCnL=1 且
CCAPnL=FFH 时,PWM 固定输出低电平。

当某个 I/O 口作为 PWM 输出使用时,该口的状态如表 14-2-1 所示。

表 14-2-1　I/O 口作为 PWM 使用时的状态

PWM 之前状态	PWM 输出时的状态
弱上拉/准双向口	强推挽输出/强上拉输出,要加输出限流电阻 1~10kΩ
强推挽输出/强上拉输出	强推挽输出/强上拉输出,要加输出限流电阻 1~10kΩ
仅为输入(高阻)	PWM 输出无效
开漏	开漏

【例 14-2-1】　利用 PCA 模块的 PWM 功能,在 P1.1 引脚输出占空比为 25% 的
PWM 脉冲。设晶振频率为 18.432MHz。

解　P1.1 引脚对应 PCA 模块 0 的输出,PCA 模块的计数时钟源决定 PWM 输出脉
冲的周期,但与 PWM 的占空比无关,PWM 的占空比=(256-CCAP0L)/256=25%,所
以 CCAP0L 的设定值为 C0H。此外,PWM 无须中断支持。

```
#include "IAP15W4K58S4.h"        //包含 IAP15W4K58S4 寄存器定义文件
void main(void)
{
    CMOD = 0x02;                 //设置 PCA 计数时钟源
    CH = 0x00;                   //设置 PCA 计数初始值
    CL = 0x00;
    CCAPM0 = 0x42;               //设置 PCA 模块为 PWM 功能
    CCAP0L = 0xC0;               //设定 PWM 的脉冲宽度
    CCAP0H = 0xC0;               //与 CCAP0L 相同,寄存 PWM 的脉冲宽度参数
    CR = 1;                      //启动 PCA 计数器计数
    while(1);                    //PWM 功能启动完成,程序结束
}
```

2. 7 位 PWM

当 EBSn_1/EBSn_0=0/1 时,PWM 的模式为 7 位 PWM,其结构如图 14-2-2 所示。

IAP15W4K58S4 单片机的所有 PCA 模块都可用作 PWM 输出,输出频率取决于
PCA 定时器的时钟源:

$$7\ 位\ PWM\ 的周期=时钟源周期\times128$$

PWM 的脉宽与捕获寄存器[EPCnL,CCAPnL]的设定值有关。当[0,CL(6:0)]的值
小于[EPCnL,CCAPnL(6:0)]时,输出低电平;当[0,CL(6:0)]的值大于或等于
[EPCnL,CCAPnL(6:0)]时,输出高电平。当 CL 的值由 7FH 变为 00H 溢出时,
[EPCnH,CCAPnH(6:0)]的值装载到[EPCnL,CCAPnL(6:0)],实现无干扰地更新

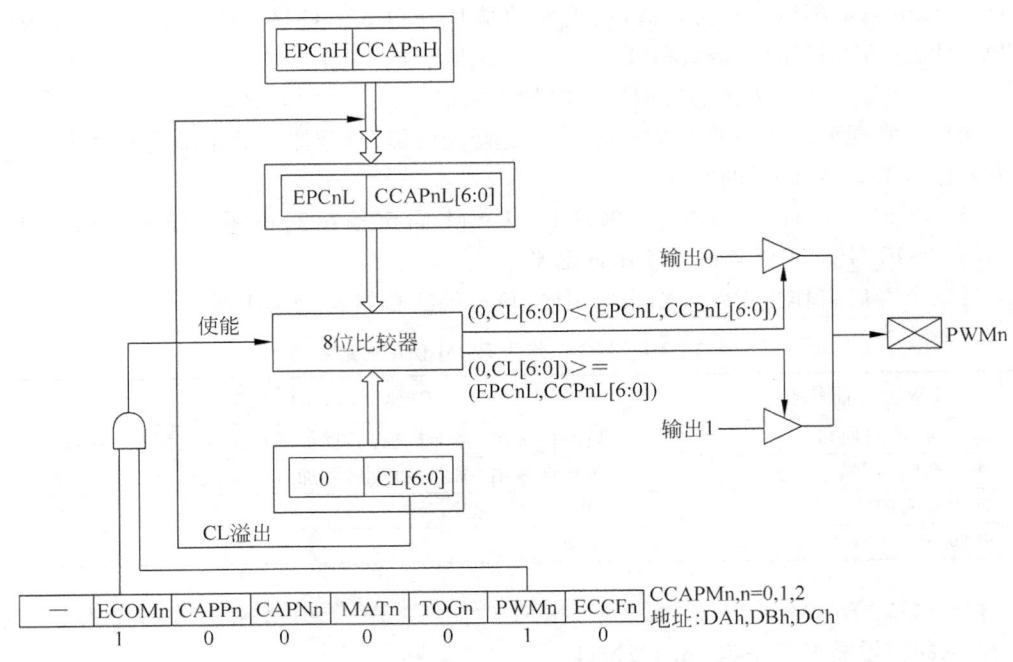

图 14-2-2　PCA 模块 7 位 PWM 模式结构

PWM。设定脉宽时,不仅要对[EPCnL,CCAPnL(6:0)]赋初始值,更重要的是对[EPCnH,CCAPnH(6:0)]赋初始值。当然,[EPCnH,CCAPnH(6:0)]的初始值和[EPCnL,CCAPnL(6:0)]是相等的。

如果要实现可调频率的 PWM 输出,可选择定时器/计数器 0 的溢出或 ECI(P1.2)引脚输入作为 PCA 定时器的时钟源。

当 EPCnL=0 且 CCAPnL=80H 时,PWM 固定输出高电平;当 EPCnL=1 且 CCAPnL=FFH 时,PWM 固定输出低电平。

3. 6 位 PWM

当 EBSn_1/EBSn_0=1/0 时,PWM 的模式为 6 位 PWM,其结构如图 14-2-3 所示。

IAP15W4K58S4 单片机所有 PCA 模块都可用作 PWM 输出,输出频率取决于 PCA 定时器的时钟源:

$$6 \text{ 位 PWM 的周期} = \text{时钟源周期} \times 64$$

PWM 的脉宽与捕获寄存器[EPCnL,CCAPnL]的设定值有关。当[0,CL(5:0)]的值小于[EPCnL,CCAPnL(5:0)]时,输出低电平;当[0,CL(6:0)]的值大于或等于[EPCnL,CCAPnL(5:0)]时,输出高电平。当 CL 的值由 3FH 变为 00H 溢出时,[EPCnH,CCAPnH(5:0)]的值装载到[EPCnL,CCAPnL(5:0)],实现无干扰地更新 PWM。设定脉宽时,不仅要对[EPCnL,CCAPnL(5:0)]赋初始值,更重要的是对[EPCnH,CCAPnH(5:0)]赋初始值。当然,[EPCnH,CCAPnH(5:0)]的初始值和[EPCnL,CCAPnL(5:0)]是相等的。

如果要实现可调频率的 PWM 输出,可选择定时器/计数器 0 的溢出或 ECI(P1.2)引

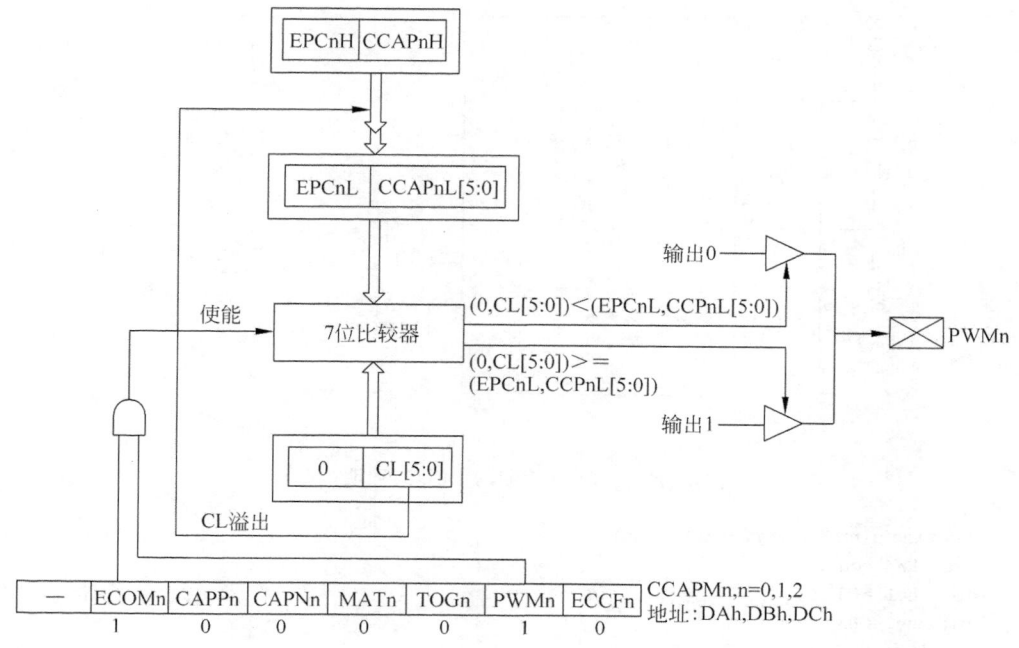

图 14-2-3　PCA 模块 6 位 PWM 模式结构

脚输入作为 PCA 定时器的时钟源。

当 EPCnL＝0 且 CCAPnL＝C0H 时,PWM 固定输出高电平;当 EPCnL＝1 且 CCAPnL＝FFH 时,PWM 固定输出低电平。

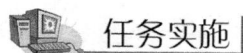 任务实施

一、任务要求

设置两个按键,一个用于增加亮度,一个用于减小亮度,可实现连续调节。

二、硬件设计

设增加亮度按键为 key1,接单片机 P3.6;减小亮度按键为 key2,接单片机 P3.7。采用 PCA 阵列的模块 0 实现 PWM 输出功能,从 P1.1 端输出 PWM 信号,电路原理如图 14-2-4 所示。

三、项目十四任务 2 程序文件:项目十四任务 2.c

采用 1/2 系统时钟作为 PWM 模块的计数脉冲,系统时钟频率为 18.432MHz。

```
# include < stc15.h>                    //包含支持 IAP15W4K58S4 单片机的头文件
# include < intrins.h>
# include < gpio.h>                      //I/O 初始化文件
# define uchar unsigned char
```

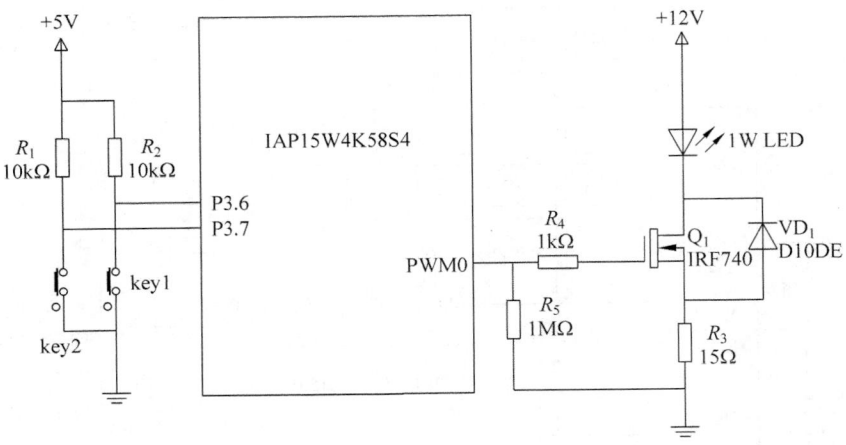

图 14-2-4　PWM 控制的 LED 灯照明电路

```c
#define uint   unsigned int
uchar PWM_counter = 0;
sbit key1 = P3 ^ 6;
sbit key2 = P3 ^ 7;
sbit led = P1 ^ 1;
/* ---------------- 系统时钟为 11.0592MHz 时的 1ms 延时函数 ---------------- */
void Delay1ms()                              //@11.0592MHz
{
 unsigned char i, j;
 _nop_();
 _nop_();
 _nop_();
 i = 11;
 j = 190;
 do
 {
    while (-- j);
 } while (-- i);
}
/* ---------------- 系统时钟为 11.0592MHz 时的 t×1ms 延时函数 ---------------- */
void DelayX10ms(uchar t)                      //@18.432MHz
{
 uchar i;
 for(i = 0;i < t;i++)
 {
    Delay1ms();
 }
}
/* -------------------------- PWM 初始化函数 -------------------------- */
void PWM_init(void)
{
 CMOD = 0x02;                      //设置 PCA 计数时钟源
 CH = 0x00;                        //设置 PCA 计数初始值
 CL = 0x00;
 CCAPM0 = 0x42;                    //设置 PCA 模块为 PWM 功能
```

```
    CCAP0L = 0xC0;                              //设定 PWM 的脉冲宽度
    CCAP0H = 0xC0;                              //与 CCAP0L 相同,寄存 PWM 的脉冲宽度参数
    CR = 1 ;                                    //启动 PCA 计数器计数
}
/* --------------------------------- 主函数 --------------------------------- */
void main(void)
{
gpio();
PWM_init();
while(1)
{
    if(key1 == 0)                               //若按动 key1,增加亮度
    {
        DelayX10ms(1);
        if(key1 == 0)
        {
            PWM_counter++;
            CCAP0L = 256 - PWM_counter;
            CCAP0H = 256 - PWM_counter;
            DelayX10ms(10);                     //若连续按住 key1,连续增加亮度
        }
    }
    if(key2 == 0)                               //若按动 key2,减小亮度
    {
        DelayX10ms(1);
        if(key2 == 0)
        {
                if(PWM_counter > 0)PWM_counter -- ;
                CCAP0L = 256 - PWM_counter;
                CCAP0H = 256 - PWM_counter;
                DelayX10ms(10);                 //若连续按住 key2,连续减小亮度
        }
    }
}
}
```

四、硬件连线与调试

（1）用 USB 线将 PC 与 STC15W4K32S4 系列单片机实验箱相连接,并按图 14-2-4 所示连接电路。

（2）用 Keil C 编辑、编译程序项目十四任务 2.c,生成机器代码文件项目十四任务 2.hex,并下载到 STC15W4K32S4 系列单片机实验箱单片机中。

（3）联机调试。

① 按动按键 key1,或连续按住,观察与记录 LED 的亮度效果。

② 按动按键 key2,或连续按住,观察与记录 LED 的亮度效果。

③ 分析 LED 的点亮情况,PWM_counter 在什么情况下最暗或最亮? 按键要按动多少次,LED 的亮度才有明显变化? 修改程序,开机时,LED 最暗（灭）；按动一次亮度增加键,LED 有明显的亮度变化,达到最大亮度时,按动 key1 键,PWM_counter 的值不会变化。

 **任务拓展**

利用 IAP15W4K58S4 PCA 模块的脉宽调制功能,设计一个智能台灯,台灯亮度能自动跟随台灯环境亮度(如光照度)的变化而变化。

任务 3　IAP15W4K58S4 单片机的 D/A 转换

任务说明

本任务实际上是 IAP15W4K58S4 单片机 PWM 脉冲输出应用的一个延伸,不同占空比的脉冲输出相当于输出不同的数字信号,因此,可以利用 PWM 功能实现 D/A 转换输出。

相关知识

利用 PWM 输出功能可实现 D/A 转换,典型应用电路如图 14-3-1 所示。其中,R_1、C_1 和 R_2、C_2 构成滤波电路,对 PWM 输出波形进行平滑滤波,从而在 D/A 输出端得到稳定的直流电压。

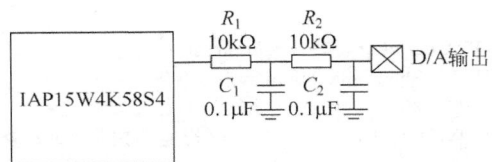

图 14-3-1　PWM 用于 D/A 转换的典型电路

1. 三角波波形产生方法

单片机从输出数字量 0 开始,逐次加 1,直到 125;再从 125 开始,逐次减 1,直到 0,如此反复,0832 即可输出三角波。

2. 频率调节算法

设三角波由 250 个小台阶组成,则 $T_1=250T$。若要求三角波的频率为 100Hz,每个周期时间应为 1/100Hz=10ms,每个小台阶延时 10ms/250=0.04ms=40μs。

3. 波形数据表的构造

一般在实际应用中要求该波形发生器能产生正弦波、方波、三角波等波形,频率和幅度可调。不同的波形由输入 DAC0832 的不同规律的数据形成,所以在软件设计中主要构造各种波形的数据表格。要得到方波,只需要控制输出高、低电平的时间;形成三角波的表格由数字量的增、减来控制;产生正弦波,关键是构造一个正弦函数数值表,通过查询该函数表实现波形输出。波形的频率通过输出数据的时间间隔来控制。幅度通过改变输出数据的大小来控制。为了程序实现方便,可以把每种波形的数据表构造好,再统一查表。

每个周期的数据表由 64 个数据组成,不同的幅度对应的数据不一样,可以根据倍数关系求出。但是为了简化计算,将每个幅值的数据表列出。这里只讨论幅值为 5V 时的数据表,其他数据表可以根据倍数关系求得。

1) 方波数据表的构造

方波只要输出高电平和低电平就可以了,所以输入到 ADC0832 的数据由 32 个 00H 和 32 个 FFH 组成。

2) 三角波数据表的构造

三角波由数据量的增减来控制。在前半个周期,数据由 00H 增加到 FFH;在后半个周期,数据由 FFH 减少到 00H,每次变化为 08H。所以,三角波的数据表为

```
triangle_tab[64] =
{    0x00,0x08,0x10,0x18,0x20,0x28,0x30,0x38,
     0x40,0x48,0x50,0x58,0x60,0x68,0x70,0x78,
     0x80,0x88,0x90,0x98,0xA0,0xA8,0xB0,0xB8,
     0xC0,0xC8,0xD0,0xD8,0xE0,0xE8,0xF0,0xF8,
     0xFF,0xF8,0xF0,0xE8,0xE0,0xD8,0xD0,0xC8,
     0xC0,0xB8,0xB0,0xA8,0xA0,0x98,0x90,0x88,
     0x80,0x78,0x70,0x68,0x60,0x58,0x50,0x48,
     0x40,0x38,0x30,0x28,0x20,0x18,0x10,0x08
}
```

3) 正弦波数据表的构造

DAC0832 的输入数据与输出电压的关系为 $U_a = (U_{REF})/256 \times N$。其中,$U_{REF}$ 表示参考电压($+5V$),N 表示数据。由于 8 位 D/A 转换器 DAC0832 的数据 N 的范围为00H～FFH,故 U_a 的范围为 0～4.98V,则产生的正弦波的幅度也为 0～4.98V。以正弦函数 0～$\pi/2$ 为例,0°时设定其对应的 N 为 80H,则 $\pi/2$ 时对应的 N 为 FFH,在 0～$\pi/2$ 的范围内有 16 个点,故间隔 6°。综上所述,正弦波函数为 $U_a = 2.48 \times \sin 6x + 2.5 (x = 0, 1, \cdots, 15)$。联合上述两式,得出 0～$\pi/2$ 范围内的 16 个 N 值,构造出正弦波数据表如下所示:

```
sin_tab[64] =
{    0x80,0x8C,0x98,0xA5,0xB0,0xBC,0xC7,0xD1,
     0xDA,0xE2,0xEA,0xF0,0xF6,0xFA,0xFD,0xFF,
     0xFF,0xFD,0xFA,0xF6,0xF0,0xEA,0xE2,0xDA,
     0xD1,0xC7,0xBC,0xB0,0xA5,0x98,0x8C,0x80,
     0x7F,0x73,0x67,0x5A,0x4F,0x43,0x38,0x2E,
     0x25,0x1D,0x15,0x0F,0x09,0x05,0x02,0x00,
     0x00,0x02,0x05,0x09,0x0F,0x15,0x1D,0x25,
     0x2E,0x38,0x43,0x4F,0x5A,0x67,0x73,0x7F
}
```

任务实施

一、任务要求

利用 IAP15W4K58S4 单片机的 PWM 脉冲输出功能设计一个简易信号发生器。

二、硬件设计

如图 14-3-1 所示，PWM 输出信号经两级低通滤波，得到 D/A 转换后的模拟信号。设计两个按键，一个用于选择输出波形，一个用于调整波形输出频率，电路如图 14-3-2 所示。

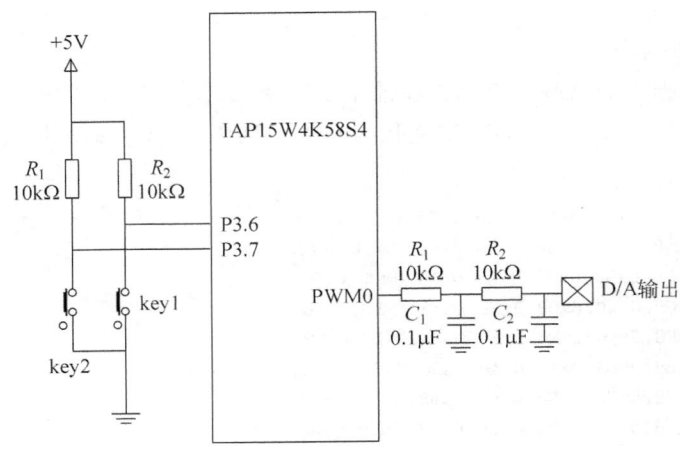

图 14-3-2　信号发生器电路原理图

三、项目十四任务 3.c 程序文件：项目十四任务 3.c

key1 用来调整输出波形的种类，key2 用来调整输出波形的周期。

```
# include < stc15.h >              //包含支持 IAP15W4K58S4 单片机的头文件
# include < intrins.h >
# include < gpio.h >               //I/O 初始化文件
# define uchar unsigned char
# define uint    unsigned int
uchar PWM_counter = 1;             //波形输出周期
uchar Timer0_counter = 0;          //定时器 T0 定时统计计数器
uchar wave_flag = 0;               //波形输出标置变量,0 表示正弦波,1 表示三角
                                   //波,2 表示方波
uchar wave_i = 0;                  //波形参数位置变量
sbit key1 = P3 ^ 6;                //加 1 键,波形选择
sbit key2 = P3 ^ 7;                //加 1 键,输出波形周期选择
uchar code sin_tab[64] =           //正弦波波形参数
        { 0x80,0x8C,0x98,0xA5,0xB0,0xBC,0xC7,0xD1,
          0xDA,0xE2,0xEA,0xF0,0xF6,0xFA,0xFD,0xFF,
          0xFF,0xFD,0xFA,0xF6,0xF0,0xEA,0xE2,0xDA,
          0xD1,0xC7,0xBC,0xB0,0xA5,0x98,0x8C,0x80,
          0x7F,0x73,0x67,0x5A,0x4F,0x43,0x38,0x2E,
          0x25,0x1D,0x15,0x0F,0x09,0x05,0x02,0x00,
          0x00,0x02,0x05,0x09,0x0F,0x15,0x1D,0x25,
          0x2E,0x38,0x43,0x4F,0x5A,0x67,0x73,0x7F
```

```
            };
    uchar code triangle_tab[64] =                    //三角波波形参数
                { 0x00,0x08,0x10,0x18,0x20,0x28,0x30,0x38,
                  0x40,0x48,0x50,0x58,0x60,0x68,0x70,0x78,
                  0x80,0x88,0x90,0x98,0xA0,0xA8,0xB0,0xB8,
                  0xC0,0xC8,0xD0,0xD8,0xE0,0xE8,0xF0,0xF8,
                  0xFF,0xF8,0xF0,0xE8,0xE0,0xD8,0xD0,0xC8,
                  0xC0,0xB8,0xB0,0xA8,0xA0,0x98,0x90,0x88,
                  0x80,0x78,0x70,0x68,0x60,0x58,0x50,0x48,
                  0x40,0x38,0x30,0x28,0x20,0x18,0x10,0x08
                };
    uchar code square_tab[64] =                      //方波波形参数
                {0x00,0x00,0x00,0x00,0x00,0x00,0x00,0x00,
                 0x00,0x00,0x00,0x00,0x00,0x00,0x00,0x00,
                 0x00,0x00,0x00,0x00,0x00,0x00,0x00,0x00,
                 0x00,0x00,0x00,0x00,0x00,0x00,0x00,0x00,
                 0xff,0xff,0xff,0xff,0xff,0xff,0xff,0xff,
                 0xff,0xff,0xff,0xff,0xff,0xff,0xff,0xff,
                 0xff,0xff,0xff,0xff,0xff,0xff,0xff,0xff,
                 0xff,0xff,0xff,0xff,0xff,0xff,0xff,0xff
                };
/* --------------- 系统时钟为 11.0592MHz 时的 1ms 延时函数 --------------- */
void Delay1ms()                                      //@11.0592MHz
{
        unsigned char i, j;
        _nop_();
        _nop_();
        _nop_();
        i = 11;
        j = 190;
        do
        {
            while ( -- j);
        } while ( -- i);
}
/* --------------- 系统时钟为 11.0592MHz 时的 t×1ms 延时函数 --------------- */
void DelayX10ms(uchar t)                             //@18.432MHz
{
        uchar i;
        for(i = 0;i < t;i++)
        {
            Delay1ms();
        }
}
/* ----------------------- T0 初始化函数 ------------------------- */
void Timer0_init(void)
{
        TMOD = 0X02;                                 //定时器 0 为方式 2 定时状态
        AUXR = AUXR|0x80;                            //计数时钟为系统时钟频率
```

```
        TL0 = 0;                              //初始值为 0
        TH0 = 0;
        ET0 = 1;                              //开放定时器 T0 中断
        EA = 1;                               //开放 CPU 中断
        TR0 = 1;
}
/* ---------------------- PWM 初始化函数 ---------------------- */
void PWM_init(void)
{
        CMOD = 0x08;                          //设置 PCA 计数时钟源为系统时钟
        CH = 0x00;                            //设置 PCA 计数初始值
        CL = 0x00;
        CCAPM0 = 0x42;                        //设置 PCA 模块为 PWM 功能
        CCAP0L = 0xC0;                        //设定 PWM 的脉冲初始宽度
        CCAP0H = 0xC0;                        //与 CCAP0L 相同,寄存 PWM 的脉冲宽度参数
        CR = 1 ;                              //启动 PCA 计数器计数
}
/* -------------------- 主函数(按键检测、波形选择) -------------------- */
void main()
{
        gpio();
        Timer0_init();
        //CLK_DIV = 0x07;
        PWM_init();
        while(1)
        {
            if(key1 == 0)                     //若按动 key1,调整输出波形种类
            {
                DelayX10ms(1);
                if(key1 == 0)
                {
                    wave_flag++;
                    if(wave_flag == 3)wave_flag = 0;          //若 wave_flag 为 3,回到 0
                }
                while(key1 == 0);
            }
            if(key2 == 0)                     //若按动 key1,调整输出波形种类
            {
                DelayX10ms(1);
                if(key2 == 0)
                {
                    PWM_counter++;
                    if(PWM_counter == 0)PWM_counter = 1;  //若 PWM_counter 计满为 0,回到 1
                }
                DelayX10ms(10);               //若连续按住 key2,则连续调整周期
            }
            if(Timer0_counter == PWM_counter)
            {
                Timer0_counter = 0;
```

```
            wave_i++;
            if(wave_i == 64)wave_i = 0;
            switch(wave_flag)        //波形标志 0 表示正弦波,1 表示三角波,2 表示方波
             {
                 case 0:
                   CCAP0L = 255 - sin_tab[wave_i];break;
                 case 1:
                   CCAP0L = 255 - triangle_tab[wave_i];break;
                 case 2:
                   CCAP0L = 255 - square_tab[wave_i];break;
                   default:   break;
              }
          }
      }
}
/* ------------------------ T0 中断函数 ------------------------ */
void time0() interrupt 1
{
      Timer0_counter++;
}
```

四、硬件连线与调试

（1）用 USB 线将 PC 与 STC15W4K32S4 系列单片机实验箱相连接,并按图 14-3-2 所示连接电路。

（2）用 Keil C 编辑、编译程序项目十四任务 3.c,生成机器代码文件项目十四任务 3.hex,并下载到 STC15W4K32S4 系列单片机实验箱单片机。

（3）联机调试。

① 按动 key1,用示波器观察输出波形的种类。

② 按动 key2,用示波器测量输出波形的工作频率,测量出正弦波、三角波、方波的最小输出频率与最大输出频率。

提示：降低系统时钟频率,就是降低输出信号的频率,可用 LED 观察输出波形。

任务拓展

完善上述信号发生器。

（1）添加两个按键,一个用于信号发生器的启动与停止,一个用于减 1 调整输出波形的周期。

（2）增加显示功能,显示波形的种类以及输出频率或输出周期值,显示器类型不限。

习　　题

一、填空题

1. IAP15W4K58S4 单片机集成了_____路可编程计数器阵列,可实现_____、

_____、_____及_____等功能。

2. IAP15W4K58S4 单片机 PCA 计数器的时钟源有 1/12 系统时钟、_____、1/6 系统时钟、_____、1/2 系统时钟、_____、定时器 0 溢出时钟和_____等 8 种,由_____特殊功能寄存器的 CPS2、CPS1、CPS0 来选择。

3. IAP15W4K58S4 单片机 CCON 中的_____控制位是 PCA 计数器的启动控制位。

4. IAP15W4K58S4 单片机 PCA 模块 PWM 的位数有_____、_____和_____等 3 种,PWM 的位数由 PCA_PWMn 中的_____控制位来选择。

5. IAP15W4K58S4 单片机 PCA 中断向量地址是_____,中断号是_____。

二、选择题

1. IAP15W4K58S4 单片机中,当 CCAPM0 = 42H 时,PCA 模块 0 的工作模式是_____。

    A. PWM,无中断

    B. PWM,由低到高产生中断

    C. PWM,由高到低产生中断

    D. PWM,由高到低,或由低到高产生中断

2. IAP15W4K58S4 单片机中,当 CCAPM1 = 21 时,PCA 模块 1 的工作模式是_____。

    A. 16 位捕获模式,由 PCA1 的上升沿触发

    B. 16 位捕获模式,由 PCA1 的下降沿触发

    C. 16 位高速输出

    D. 16 位软件定时器

3. IAP15W4K58S4 单片机中,当 CCAPM0 = 4DH 时,PCA 模块 0 的工作模式是_____。

    A. 16 软件定时器   B. 无操作   C. 16 位高速输出   D. PWM

4. IAP15W4K58S4 单片机中,当 CCAPM0 = 42H,PCA_PWM0 = 40H 时,PCA 模块 0PWM 的位数是_____。

    A. 8   B. 7   C. 6   D. 无效

三、判断题

1. IAP15W4K58S4 单片机 PCA 中断的中断请求标志包括 CF、CCF0、CCF1,当 PCA 中断响应后,其中断请求标志不会自动撤除。   (   )

2. IAP15W4K58S4 单片机 PCA 模块 0、模块 1 不可以设置在同一种工作模式。   (   )

3. IAP15W4K58S4 单片机 PCA 计数器是 16 位的,是 PCA 模块 0、模块 1 的公共时间基准。   (   )

4. IAP15W4K58S4 单片机 PCA 模块 8 位 PWM 周期是定时时钟源周期乘以 256。   (   )

四、问答题

1. IAP15W4K58S4 单片机 PCA 模块包括几个独立的工作模块？PCA 计数器是多少位的？PCA 计数器的脉冲源有哪些？如何选择？

2. IAP15W4K58S4 单片机 PCA 模块的工作模式是如何设置的？

3. 简述 IAP15W4K58S4 单片机 PCA 模块高速输出的工作特性。

4. 简述 IAP15W4K58S4 单片机 PCA 模块软件定时功能的工作特性。

5. 简述 IAP15W4K58S4 单片机 PCA 模块 PWM 输出的工作特性。

6. 简述 IAP15W4K58S4 单片机 PCA 模块 16 位捕获的工作特性。

7. IAP15W4K58S4 单片机 PCA 模块 PWM 输出时，在什么情况下固定输出高电平？在什么情况下输出低电平？

8. IAP15W4K58S4 单片机 PCA 模块 PWM 输出的输出周期如何计算？其占空比如何计算？

五、程序设计题

1. 利用 IAP15W4K58S4 单片机 PCA 模块的软件定时功能设计一个 LED 闪烁灯，闪烁间隔 500ms。画出硬件电路图，绘制程序流程图，编写程序并上机调试。

2. 利用 IAP15W4K58S4 单片机 PCA 模块的 PWM 功能设计一个周期为 1s、占空比为 1/20～9/20 可调的 PWM 脉冲。一个按键用于增加占空比，一个按键用于减小占空比。画出硬件电路图，绘制程序流程图，编写程序并上机调试。

3. 利用 IAP15W4K58S4 单片机 PCA 模块的 PWM 功能和外接滤波电路，设计一个周期为 100Hz 的正弦波信号。画出硬件电路图，绘制程序流程图，编写程序并上机调试。

串行总线接口与应用编程

近年来,单片机串行扩展技术不断发展,逐渐成为单片机应用系统扩展的主流。目前较为常用的串行扩展方式有移位寄存器扩展、I^2C 总线和单总线扩展。

与并行扩展相比,串行扩展具有如下特点。

(1) 能最大限度地发挥最小系统的资源功能,将原来由并行扩展占用的 P0 口和 P2 口直接用于输入/输出。

(2) 简化硬件线路,缩小了印制电路板的面积,降低了成本。串行扩展只需 1～4 根信号线,元器件间连线简单,结构紧凑,可大大缩小系统的尺寸,适用于小型单片机应用系统。

(3) 扩展性好,可简化系统设计。串行总线能十分方便地构成由一台单片机和部分外围元器件组成的单片机应用系统。

(4) 串行总线的缺点是数据处理容量较小,信号传输速度较慢,但随着 CPU 工作频率提高,以及串行扩展芯片功能不断增强,这些缺点将逐步淡化,其应用将越来越广。

知识点:

◆ I^2C 总线的基本特性。

◆ I^2C 总线的起始信号与终止信号。

◆ I^2C 总线的数据传送格式。

◆ I^2C 总线的时序特性。

◆ I^2C 总线的寻址。

◆ PCF8563 的功能特性。

◆ 单总线的概念与单总线的工作特性。

◆ 单总线的时序。

◆ DS18B20 数字温度计的工作特性与内部寄存器。

◆ DS18B20 数字温度计的 ROM 命令。

◆ DS18B20 数字温度计的 RAM 命令。

◆ IAP15W4K58S4 单片机的 SPI 串行接口。

技能点:

- ◆ I^2C 总线模拟硬件接口的软件设计。
- ◆ PCF8563 与单片机的硬件接口设计以及应用编程。
- ◆ 单总线各时序的单片机编程。
- ◆ DS18B20 数字温度计与单片机的硬件连接。
- ◆ DS18B20 数字温度计的寻找与匹配。
- ◆ DS18B20 数字温度计分辨率以及 TH、TL 参数的设置。
- ◆ DS18B20 数字温度计的启动与数字温度数据的读取。
- ◆ IAP15W4K58S4 单片机 SPI 串行接口的应用编程。

教学法:

首先分析单总线、I^2C 总线、SPI 总线的工作特性与时序,再有针对性地引入实例学习各串行总线的应用编程。

任务 1　I^2C 串行总线与应用编程

 任务说明

在市场上,有各种类型的 I^2C 串行总线接口器件,但单片机中只有部分包含 I^2C 串行总线接口。应该说,大部分单片机不包含 I^2C 串行总线接口。本任务主要学习 I^2C 串行总线接口特性以及如何利用单片机模拟 I^2C 串行总线接口。

 **相关知识**

一、I^2C 串行总线原理与应用

I^2C(Inter-Integrated Circuit)总线是一种由 Philips 公司开发的两线式串行总线,用于连接微控制器及其外围设备。I^2C 总线产生于 20 世纪 80 年代,最初为音频和视频设备开发,如今主要在服务器管理中使用,其中包括单个组件状态的通信。例如,管理员可对各个组件进行查询,管理系统的配置或掌握组件的功能状态,如电源和系统风扇;可随时监控内存、硬盘、网络、系统温度等多个参数,增加了系统的安全性,方便了管理。

1) I^2C 串行总线的基本特性

I^2C 总线是 Philips 公司推出的一种串行总线,是具备多主机系统所需的包括总线仲裁和高低速器件同步功能的高性能串行总线。它具有如下基本特性。

(1) I^2C 串行总线只有两根双向信号线。

I^2C 串行总线的两根双向信号线中,一根是数据线 SDA;另一根是时钟线 SCL。所有连接到 I^2C 总线上的器件的数据线都接到 SDA 线上,各器件的时钟线均接到 SCL 线上。I^2C 总线的基本结构如图 15-1-1 所示。

(2) I^2C 总线是一个多主机总线。总线上可以有一个或多个主机,总线运行由主机控

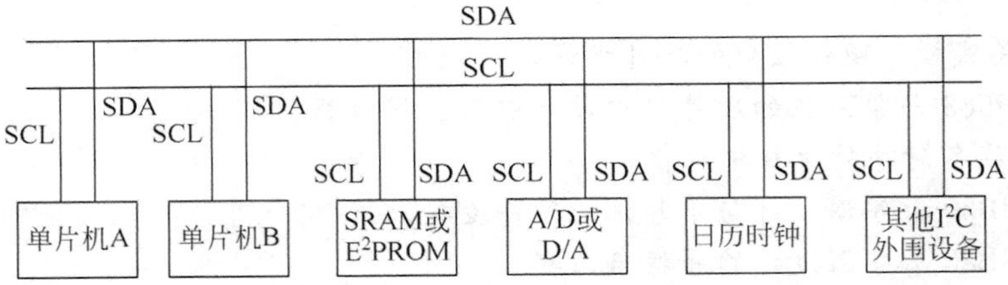

图 15-1-1　I²C 总线的基本结构

制。这里所说的主机,是指启动数据的传送(发起始信号)、发出时钟信号、传送结束时发出终止信号的器件。通常,主机由各种单片机或其他微处理器充当。被主机寻访的器件叫作从机,它可以是各种单片机或其他微处理器,也可以是其他器件,如存储器、LED 或 LCD 驱动器、A/D 或 D/A 转换器、时钟日历器件等。

（3）I²C 总线的 SDA 和 SCL 是双向的,均通过上拉电阻接正电源。如图 15-1-2 所示,当总线空闲时,两根线均为高电平。连到总线上的器件(相当于结点)的输出级必须是漏极或集电极开路的,任一器件输出的低电平都将使总线信号变低,即各器件的 SDA 及 SCL 都是线"与"关系。SCL 线上的时钟信号对 SDA 线上各器件间的数据传输起同步作用。SDA 线上数据的起始、终止及数据的有效性均要根据 SCL 线上的时钟信号来判断。

在标准 I²C 普通模式下,数据的传输率为 100Kb/s,高速模式下可达 400Kb/s。连接的器件越多,电容值越大,总线上允许的器件数以总线上的电容量不超过 400pF 为限。

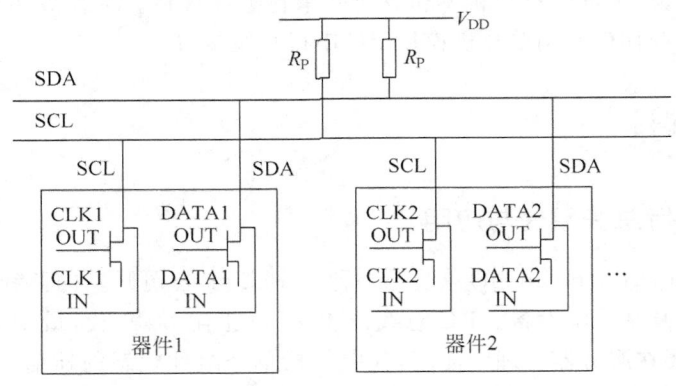

图 15-1-2　I²C 总线接口电路结构

（4）I²C 总线的总线仲裁。每个接到 I²C 总线上的器件都有唯一的地址。主机与其他器件间的数据由主机发送到其他器件,这时主机即为发送器。总线上接收数据的器件则为接收器。

在多主机系统中,可能同时有几个主机企图启动总线传送数据。为了避免混乱,I²C 总线要通过总线仲裁,以决定由哪一台主机控制总线。首先,不同主器件(欲发送数据的器件)分别发出的时钟信号在 SCL 线上"线与"产生系统时钟:其低电平时间为周期最长的主器件的低电平时间,高电平时间是周期最短主器件的高电平时间。仲裁的方法是:各主器件在各自时钟的高电平期间送出要发送的数据到 SDA 线上,并在 SCL 的高电平期间检测 SDA 线上的数据是否与发出的数据相同。

　　由于某个主器件发出的"1"会被其他主器件发出的"0"所屏蔽,检测回来的电平就与发出的不符,该主器件就应退出竞争,并切换为从器件。仲裁在起始信号后的第一位开始,逐位进行。由于 SDA 线上的数据在 SCL 为高电平期间总是与掌握控制权的主器件发出的数据相同,所以在整个仲裁过程中,SDA 线上的数据完全和最终取得总线控制权的主机发出的数据相同。在 8051 单片机应用系统的串行总线扩展中,经常遇到的是以 8051 单片机为主机,其他接口器件为从机的单主机情况。

　　2) I²C 总线的数据传送

　　(1) 数据位的有效性规定。在 I²C 总线上,每一位数据位的传送都与时钟脉冲相对应,逻辑"0"和逻辑"1"的信号电平取决于相应电源 V_{DD} 的电压(这是因为 I²C 总线适用于不同的半导体制造工艺,CMOS、NMOS 等各种类型的电路都可以进入总线)。

　　I²C 总线进行数据传送时,时钟信号为高电平期间,数据线上的数据必须保持稳定。只有在时钟线上的信号为低电平期间,数据线上的高电平或低电平状态才允许变化,如图 15-1-3 所示。

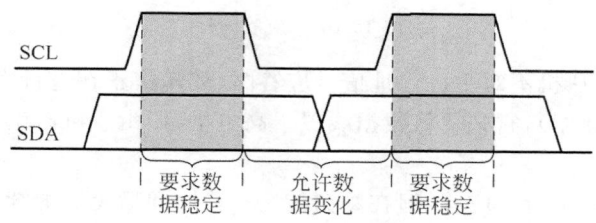

图 15-1-3　数据位的有效性规定

　　(2) 起始和终止信号。根据 I²C 总线协议的规定,SCL 线为高电平期间,SDA 线由高电平向低电平的变化表示起始信号；SCL 线为高电平期间,SDA 线由低电平向高电平的变化表示终止信号。起始和终止信号如图 15-1-4 所示。

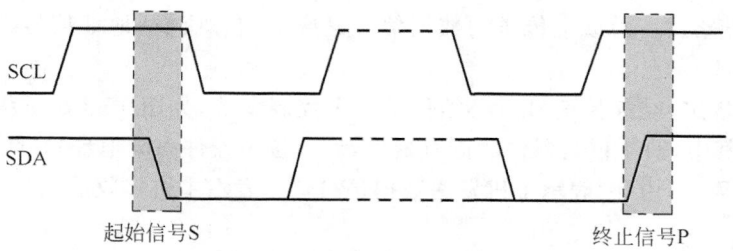

图 15-1-4　起始和终止信号

　　起始和终止信号都是由主机发出的。在起始信号产生后,总线就处于被占用的状态；在终止信号产生后,总线就处于空闲状态。

　　对于连接到 I²C 总线上的器件,若具有 I²C 总线的硬件接口,则很容易检测到起始和终止信号。对于不具备 I²C 总线硬件接口的有些单片机来说,为了检测起始和终止信号,必须保证在每个时钟周期内对数据线 SDA 取样两次。

接收器件收到一个完整的数据字节后,有可能需要完成一些其他工作,如处理内部中断服务等,可能无法立刻接收下一个字节,这时接收器件可以将 SCL 线拉成低电平,使主机处于等待状态,直到接收器件准备好接收下一个字节时,再释放 SCL 线,使之成为高电平,使数据传送可以继续进行。

（3）数据传送格式。

① 字节传送与应答。利用 I²C 总线传送数据时,传送的字节数是没有限制的,但是每字节必须保证是 8 位长度。数据传送时,先传送最高位（MSB）,每一个被传送的字节后面都必须跟随 1 位应答位（即 1 帧共有 9 位）,如图 15-1-5 所示。

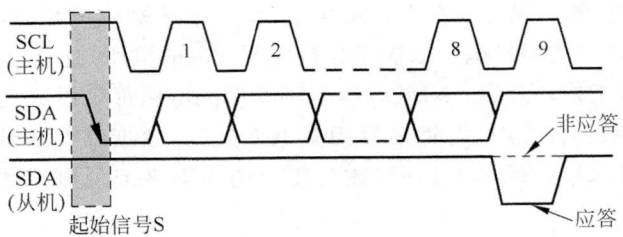

图 15-1-5　应答时序

由于某种原因,从机不对主机寻址信号应答时（如从机正在进行实时性的处理工作而无法接收总线上的数据）,它必须将数据线置于高电平,而由主机产生一个终止信号,以结束总线的数据传送。

如果从机对主机进行了应答,但在数据传送一段时间后无法继续接收更多的数据,从机可以通过对无法接收的第一个数据字节的"非应答"通知主机,主机应发出终止信号,结束数据的继续传送。

当主机接收数据时,它收到最后一个数据字节后,必须向从机发出一个结束传送的信号。这个信号是由对从机的"非应答"来实现的。然后,从机释放 SDA 线,允许主机产生终止信号。

② 数据帧格式。总线上传送的数据信号是广义的,既包括地址信号,又包括真正的数据信号。

I²C 总线规定,在起始信号后必须传送一个控制字节,如图 15-1-6 所示。D7～D1 为从机的地址（其中,前 4 位为器件的固有地址,后 3 位为器件引脚地址）,D0 位是数据的传送方向位（R/W）。用"0"表示主机发送数据（W）,"1"表示主机接收数据（R）。

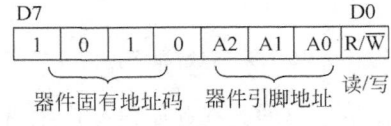

图 15-1-6　控制字节格式

每次数据传送总是由主机产生的终止信号结束。但是,若主机希望继续占用总线进行新的数据传送,可以不产生终止信号,马上再次发出起始信号,对另一从机寻址。因此,在总线的一次数据传送过程中,可以有以下几种组合方式。

① 主机向无子地址从机发送数据。

S	从机地址	0	A	数据	A	P

注：有阴影部分表示数据由主机向从机传送，无阴影部分表示数据由从机向主机传送。A 表示应答，$\overline{A}$ 表示非应答（高电平）。S 表示起始信号，P 表示终止信号。

② 主机从无子地址从机读取数据。

S	从机地址	1	A	数据	$\overline{A}$	P

③ 主机向有子地址从机发送多个数据。

S	从机地址	0	A	子地址	A	数据	A	…	数据	A	P

④ 主机从有子地址从机读取多个数据。

在传送过程中，当需要改变传送方向时，起始信号和从机地址都被重复产生一次，但两次读/写方向位正好反向。

S	从机地址	0	A	子地址	A	S	从机地址	1	A	数据	A	…	数据	$\overline{A}$	P

由以上格式可见，无论哪种方式，起始信号、终止信号和地址均由主机发送，数据字节的传送方向由寻址字节中的方向位规定，每个字节的传送都必须有应答位（A 或 $\overline{A}$）相随。

3）I^2C 总线的时序特性

为了保证数据传送的可靠性，标准 I^2C 总线的数据传送有严格的时序要求。I^2C 总线的起始信号、终止信号、发送"0"及发送"1"的模拟时序如图 15-1-7 所示。

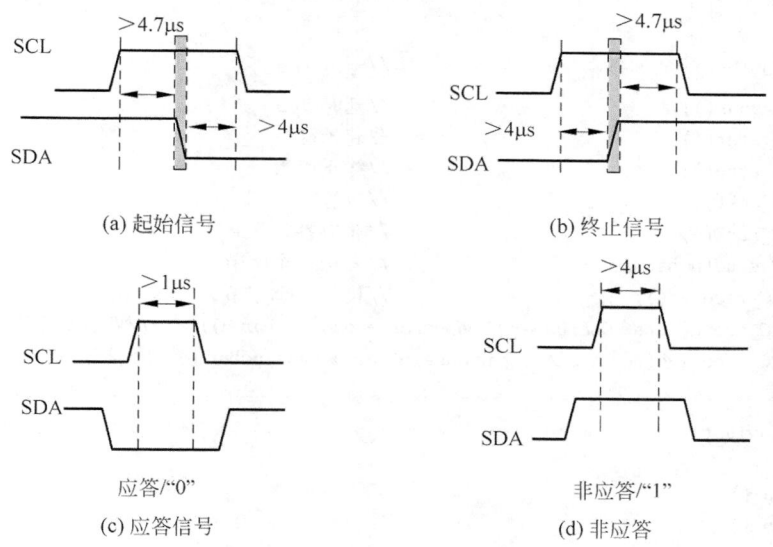

图 15-1-7　典型信号时序图

对于一个新的起始信号,要求起始前总线的空闲时间 T_{BUF} 大于 $4.7\mu s$;对于一个重复的起始信号,要求建立时间 $T_{\text{SU:STA}}$ 也须大于 $4.0\mu s$。所以,图 15-1-7 中的起始信号适用于数据模拟传送中任何情况下的起始操作。起始信号至第一个时钟脉冲的时间间隔应大于 $4.0\mu s$。

对于终止信号,要保证有大于 $4.0\mu s$ 的信号建立时间 $T_{\text{SU:STA}}$。终止信号结束时,要释放总线,使 SDA、SCL 维持在高电平,在大于 $4.7\mu s$ 后才可以执行第一次起始操作。在单主机系统中,为防止非正常传送,终止信号后,SCL 可以设置在低电平。

对于发送应答位、非应答位来说,与发送数据"0"和"1"的信号定时要求完全相同。只要满足在时钟高电平大于 $4.0\mu s$ 期间,SDA 线上有确定的电平状态即可。

4)I^2C 总线寻址

I^2C 总线是多主机总线,总线上的各个主机都可以争用总线。在竞争中,获胜者马上占有总线控制权。有权使用总线的主机如何对接收的从机寻址呢?I^2C 总线协议有明确的规定:采用 7 位寻址字节(寻址字节是起始信号后的第一个字节)。

寻址字节的位定义:D7~D1 位组成从机的地址。D0 位是数据传送方向位,为"0"时,表示主机向从机写数据;为"1"时,表示主机由从机读数据。

主机发送地址时,总线上的每个从机都将这 7 位地址码与自己的地址进行比较。如果相同,认为自己正被主机寻址,根据 R/W 位,将自己确定为发送器或接收器。

从机的地址由固定部分和可编程部分组成。在一个系统中,可能希望接入多个相同的从机,从机地址中的可编程部分决定了可接入总线该类器件的最大数目。如一个从机的 7 位寻址位有 4 位是固定位,3 位是可编程位,这时仅能寻址 8 个同样的器件,即可以有 8 个同样的器件接入到该 I^2C 总线系统中。

二、模拟 I^2C 函数程序文件:I2C.h

```
sbit SCL = P1 ^ 0;
sbit SDA = P1 ^ 1;
bit ack;
void Delay1us();                                      //延时 1μs
void Delay5us();                                      //延时 5μs
void I2C_start();                                     //起始函数
void I2C_stop();                                      //终止函数
void I2C_ack();                                       //应答
void I2C_nack();                                      //非应答
void I2C_send(uchar dat);                             //发送一个字节
uchar I2C_receive();                                  //接收一个字节
uchar I2C_nsend(uchar SLA,uchar SUBA,uchar * pdat,uchar n);    //发送 n 个字节
uchar I2C_nreceive(uchar SLA,uchar SUBA,uchar * pdat,uchar n); //接收 n 个字节
/* --------------------------- 1μs 延时 --------------------------- */
void Delay1us()                                       //@11.0592MHz
{
    _nop_();
    _nop_();
    _nop_();
}
```

```
/* ------------------------------- 5μs 延时 ------------------------------- */
void Delay5us()                                    //@11.0592MHz
{
    unsigned char i;
    _nop_();
    i = 11;
    while ( -- i);
}
/* ------------------------------- 启动总线 ------------------------------- */
void I2C_start()
{
    SDA = 1;
    Delay1us();
    SCL = 1;
    Delay5us();
    SDA = 0;
    Delay5us();
    SCL = 0;
    Delay5us();
}
/* ------------------------------- 结束总线 ------------------------------- */
void I2C_stop()
{
    SDA = 0;
    Delay1us();
    SCL = 1;
    Delay5us();
    SDA = 1;
    Delay5us();
    SCL = 0;
    Delay5us();
}
/* ------------------------------- 发应答信号 ------------------------------- */
void I2C_ack()
{
    SDA = 0;
    Delay5us();
    SCL = 1;
    Delay5us();
    SCL = 0;
    Delay5us();
}
/* ------------------------------- 发非应答信号 ------------------------------- */
void I2C_nack()
{
    SDA = 1;
    Delay5us();
    SCL = 1;
    Delay5us();
```

```
    SCL = 0;
    Delay5us();
}
/* ----------------------------- 发送字节数据 ----------------------------- */
void I2C_send(uchar dat)
{
    uchar i;
    bit check;
    SCL = 0;
    for(i = 0;i < 8;i++)
    {
        check = (bit)(dat&0x80);
        if(check)
            SDA = 1;
        else
            SDA = 0;
        dat = dat << 1;
        SCL = 1;
        Delay5us();
        SCL = 0;
        Delay5us();
    }
    SDA = 1;
    Delay5us();
    SCL = 1;
    Delay5us();
    if(SDA == 1)                        //有应答,应答标志 ack 为 1,; 无应答,应答标志 ack 为 0
        ack = 0;
    else
        ack = 1;
    SCL = 0;
    Delay5us();
}
/* ----------------------------- 接收字节数据 ----------------------------- */
uchar I2C_receive()
{
    uchar rec_dat;
    uchar i;
    SDA = 1;
    Delay1us();
    for(i = 0;i < 8;i++)
    {
        SCL = 0;
        Delay5us();
        SCL = 1;
        rec_dat = rec_dat << 1;
        if(SDA == 1)
            rec_dat = rec_dat + 1;
        Delay5us();
```

```
    }
    SCL = 0;
    Delay5us();
    return(rec_dat);
}
/* ------------------- 向有子地址器件发送 n 字节数据 ------------------- */
uchar I2C_nsend(uchar SLA, uchar SUBA, uchar * pdat, uchar n)
{
    uchar s;
    I2C_start();
    I2C_send(SLA);
    if(ack == 0)      return 0;
    I2C_send(SUBA);
    if(ack == 0)      return 0;
    for(s = 0;s < n;s++)
    {
        I2C_send( * pdat);
        if(ack == 0)      return 0;
        pdat++;
    }
    I2C_stop();
    return(1);
}
/* ------------------- 从有子地址器件读取 n 字节数据 ------------------- */
uchar I2C_nreceive(uchar SLA, uchar SUBA, uchar * pdat, uchar n)
{
    uchar s;
    I2C_start();
    I2C_send(SLA);
    if(ack == 0)      return 0;
    I2C_send(SUBA);
    if(ack == 0)      return 0;
    I2C_start();
    I2C_send(SLA + 1);
    if(ack == 0)      return 0;
    for(s = 0;s < n - 1;s++)
    {
        * pdat = I2C_receive();
        I2C_ack();
        pdat++;
    }
    * pdat = I2C_receive();
    I2C_nack();
    I2C_stop();
    return 1;
}
```

三、PCF8563 实时时钟日历芯片简介

1. 概述

PCF8563 是一款由 Philips 公司生产的低功耗带有 256 字节的 CMOS 实时时钟/日历芯片。它提供一个可编程时钟输出、一个中断输出和掉电检测器,所有的地址和数据通过 I^2C 总线接口串行传递。其最大总线速度为 400Kb/s,每次读写数据后,内嵌的字地址寄存器自动增加。

2. 特性

(1) 低工作电流:典型值为 $0.25\mu A(V_{DD}=3.0V, T_{amb}=25℃$ 时)。

(2) 世纪标志。

(3) 大工作电压范围:$1.0\sim5.5V$。

(4) 低休眠电流;典型值为 $0.25\mu A$ ($V_{DD}=3.0V, T_{amb}=25℃$)。

(5) 400kHz 的 I^2C 总线接口($V_{DD}=1.8\sim5.5V$ 时)。

(6) 可编程时钟输出频率为 32.768kHz、1024Hz、32Hz、1Hz。

(7) 报警和定时器。

(8) 掉电检测器。

(9) 内部集成的振荡器电容。

(10) 片内电源复位功能。

(11) I^2C 总线从地址:读:0A3H;写:0A2H。

(12) 开漏中断引脚。

3. 应用

(1) 电度表、IC 卡水表、IC 卡煤气表。

(2) 便携仪器。

(3) 传真机、移动电话。

(4) 电池供电产品。

4. PCF8563 的引脚排列

PCF8563 的引脚排列如图 15-1-8 所示,各引脚功能说明如表 15-1-1 所示。

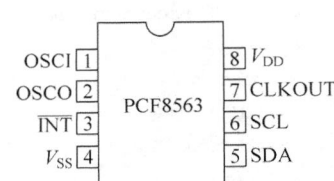

图15-1-8 PCF8563 的引脚排列图

表 15-1-1 PCF8563 的引脚描述

符 号	引脚号	描 述
OSCI	1	振荡器输入
OSCO	2	振荡器输出
$\overline{INT}$	3	中断输出(开漏:低电平有效)
V_{SS}	4	地
SDA	5	串行数据 I/O
SCL	6	串行时钟输入
CLKOUT	7	时钟输出(开漏)

5. 功能描述

PCF8563 有 16 个 8 位寄存器、1 个可自动增量的地址寄存器、1 个内置 32.768kHz 的振荡器(带有 1 个内部集成的电容)、1 个分频器(用于给实时时钟 RTC 提供源时钟)、1 个可编程时钟输出、1 个定时器、1 个报警器、1 个掉电检测器和 1 个 400kHz I²C 总线接口。

所有 16 个寄存器设计成可寻址的 8 位并行寄存器,但不是所有位都有用。前两个寄存器(内存地址 00H 和 01H)是控制寄存器和状态寄存器,内存地址 02H～08H 是时钟计数器(秒～年计数器),地址 09H～0CH 是报警寄存器(定义报警条件),地址 0DH 控制 CLKOUT 引脚的输出频率,地址 0EH 和 0FH 分别是定时器控制寄存器和定时器寄存器。

秒、分钟、小时、日、月、年、分钟报警、小时报警、日报警寄存器的编码格式为 BCD 码,星期和星期报警寄存器不以 BCD 格式编码。

当一个 RTC 寄存器被读时,所有计数器的内容被锁存。因此,在传送条件下,可以禁止对时钟/日历芯片的错读。

1) 报警功能模式

一个或多个报警寄存器 MSB(AE=Alarm Enable 报警使能位)清零时,相应的报警条件有效,这样,一个报警将在每分钟至每星期范围内产生一次。设置报警标志位 AF (控制/状态寄存器 2 的位 3)用于产生中断,AF 只可以用软件清除。

2) 定时器

8 位的倒计数器(地址 0FH)由定时器控制寄存器(地址 0EH,参见表 15-1-23)控制,定时器控制寄存器用于设定定时器的频率(4096Hz、64Hz、1Hz 或 1/60Hz),以及设定定时器有效或无效。定时器从软件设置的 8 位二进制数倒计数,每次倒计数结束,定时器设置标志位 TF(参见表 15-1-5)。定时器标志位 TF 只可以用软件清除,TF 用于产生一个中断($\overline{INT}$),每个倒计数周期产生一个脉冲作为中断信号。当读定时器时,返回当前倒计数的数值。

3) CLKOUT 输出

引脚 CLKOUT 输出可编程的方波。CLKOUT 频率寄存器(地址 0DH,参见表 12-1-21)决定方波的频率。CLKOUT 可以输出 32.768kHz(默认值)、1024Hz、32Hz、1Hz 的方波。CLKOUT 为开漏输出引脚,通电时有效,无效时为高阻抗。

4) 复位

PCF8563 包含一个片内复位电路,当振荡器停止工作时,复位电路开始工作。在复位状态下,I²C 总线初始化,寄存器 TF、VL、TD1、TD0、TESTC 和 AE 被置逻辑"1",其他寄存器和地址指针被清零。

5) 掉电检测器和时钟监控

PCF8563 内嵌掉电检测器,当 V_{DD} 低于 V_{low} 时,位 VL(Voltage Low,秒寄存器的位 7)被置 1,用于指明可能产生不准确的时钟/日历信息。VL 标志位只可以用软件清除。当 V_{DD} 慢速降低(例如以电池供电)达到 V_{low} 时,标志位 VL 被设置,这时可能产生中断。

6. 寄存器结构

寄存器概况如表 15-1-2 所示。其中,标明"一"的位无效,标明"0"的位应置逻辑"0"。

表 15-1-2　寄存器概况

地址	寄存器名称	Bit7	Bit6	Bit5	Bit4	Bit3	Bit2	Bit1	Bit0
00H	控制/状态寄存器 1	TEST	0	STOP	0	TESTC	0	0	0
01H	控制/状态寄存器 2	0	0	0	TI/TP	AF	TF	AIE	TIE
0DH	CLKOUT 频率寄存器	FE	—	—	—	—	—	FD1	FD0
0EH	定时器控制寄存器	TE	—	—	—	—	—	TD1	TD0
0FH	定时器倒计数数值寄存器	定时器倒计数数值							

BCD 格式寄存器概况如表 15-1-3 所示。其中,标明"一"的位无效。

表 15-1-3　BCD 格式寄存器概况

地址	寄存器名称	Bit7	Bit6	Bit5	Bit4	Bit3	Bit2	Bit1	Bit0
02H	秒	VL	00～59 BCD 码格式数						
03H	分钟	—	00～59 BCD 码格式数						
04H	小时	—	—	00～23 BCD 码格式数					
05H	日	—	—	01～31 BCD 码格式数					
06H	星期	—	—	—	—	—	0～6		
07H	月/世纪	C	—	—	01～12 BCD 码格式数				
08H	年	00～99 BCD 码格式数							
09H	分钟报警	AE	00～59 BCD 码格式数						
0AH	小时报警	AE	—	—	00～23 BCD 码格式数				
0BH	日报警	AE	—	—	01～31 BCD 码格式数				
0CH	星期报警	AE	—	—	—	—	0～6		

1) 控制/状态寄存器 1

控制/状态寄存器 1 的地址为 00H,其功能描述如表 15-1-4 所示。

表 15-1-4　控制/状态寄存器 1 位描述（地址 00H）

Bit(位)	符　号	描　述
7	TEST1	TEST1＝0：普通模式 TEST1＝1：EXT_CLK 测试模式
5	STOP	STOP＝0：芯片时钟运行 STOP＝1：所有芯片分频器异步置逻辑"0"；芯片时钟停止运行(CLKOUT 在 32.768kHz 时可用)
3	TESTC	TESTC＝0：电源复位功能失效(普通模式时置逻辑"0") TESTC＝1：电源复位功能有效
6,4,2,1,0	0	默认值置逻辑"0"

2) 控制/状态寄存器 2

控制/状态寄存器 1 的地址为 01H,其功能描述如表 15-1-5 所示。

表 15-1-5 控制/状态寄存器 2 位描述(地址 01H)

Bit(位)	符号	描 述
7,6,5	0	默认值置逻辑"0"
4	TI/TP	TI/TP=0,当 TF 有效时,$\overline{\text{INT}}$有效(取决于 TIE 的状态);TI/TP=1,$\overline{\text{INT}}$脉冲有效,参见表 15-1-6(取决于 TIE 的状态)。注意:若 AF 和 AIE 都有效,则$\overline{\text{INT}}$一直有效
3	AF	当报警发生时,AF 被置逻辑"1";在定时器倒计数结束时,TF 被置逻辑"1",它们在被软件重写前一直保持原有值。若定时器和报警中断都请求,中断源由 AF 和 TF 决定。若要清除一个标志位,而防止另一个标志位被重写,应运用逻辑指令 AND。标志位 AF 和 TF 的值的描述参见表 15-1-7
2	TF	
1	AIE	决定一个中断的请求有效或无效,当 AF 或 TF 中一个为 1 时,是否中断,取决于 AIE 和 TIE 的值。AIE=0,报警中断无效;AIE=1,报警中断。TIE=0,定时器中断无效;TIE=1,定时器中断有效
0	TIE	

表 15-1-6 $\overline{\text{INT}}$操作(TI/TP=1)

源时钟/Hz	周 期	
	$n=1$	$n>1$
4096	1/8192	1/4096
64	1/128	1/64
1	1/64	1/64
1/60	1/64	1/64

注:①TF 和$\overline{\text{INT}}$同时有效。②n为倒计数定时器的数值。当$n=0$时,定时器停止工作。

表 15-1-7 AF 和 TF 值描述

R/W	AF		TF	
	值	描 述	值	描 述
Read(读)	0	报警标志无效	0	定时器标志无效
	1	报警标志有效	1	定时器标志有效
Write(写)	0	报警标志被清除	0	定时器标志被清除
	1	报警标志保持不变	1	定时器标志保持不变

3) 秒、分钟和小时寄存器

秒、分钟和小时寄存器的地址分别为 02H~04H,其功能描述分别如表 15-1-8~表 15-1-10 所示。

表 15-1-8 秒寄存器位描述(地址 02H)

Bit(位)	符 号	描 述
7	VL	低压标志:VL=0,保证准确的时钟/日历数据;VL=1,不保证准确的时钟/日历数据
6~0	<秒>	代表 BCD 格式的当前秒数值,值为 00~99。例如 1011001,代表 59 秒

表 15-1-9 分钟寄存器位描述（地址 03H）

Bit(位)	符 号	描 述
7	—	无效
6～0	＜分＞	代表 BCD 格式的当前分钟，数值范围为 00～59

表 15-1-10 小时寄存器位描述（地址 04H）

Bit(位)	符 号	描 述
7～6	—	无效
5～0	＜时＞	代表 BCD 格式的当前小时，数值范围为 00～23

4）日、星期、月/世纪和年寄存器

日、星期、月/世纪和年寄存器的地址分别为 05H～08H，其功能描述分别如表 15-1-11～表 15-1-14 以及表 15-1-16 所示。

表 15-1-11 日寄存器位描述（地址 05H）

Bit(位)	符 号	描 述
7～6	—	无效
5～0	＜日＞	代表 BCD 格式的当前日数值，范围为 01～31。当年计数器的值是闰年时，PCF8563 自动给二月增加一天，使其成为 29 天

表 15-1-12 星期寄存器位描述（地址 06H）

Bit(位)	符 号	描 述
7～3	—	无效
2～0	＜星期＞	代表当前星期数值 0～6，参见表 15-1-13。这些位也可由用户重新分配

表 15-1-13 星期分配表

日（Day）	Bit2	Bit1	Bit0
星期日	0	0	0
星期一	0	0	1
星期二	0	1	0
星期三	0	1	1
星期四	1	0	0
星期五	1	0	1
星期六	1	1	0

表 15-1-14 月/世纪寄存器位描述（地址 07H）

Bit(位)	符 号	描 述
7	C	世纪位：C＝0，指定世纪数为 20××；C＝1，指定世纪数为 19××。"××"为年寄存器中的值，参见表 15-1-16。当年寄存器中的值由 99 变为 00 时，世纪位改变
6～5	—	无用
4～0	＜月＞	代表 BCD 格式的当前月份，范围为 01～12，参见表 15-1-15

表 15-1-15 月分配表

月份	Bit4	Bit3	Bit2	Bit1	Bit0
一月	0	0	0	0	1
二月	0	0	0	1	0
三月	0	0	0	1	1
四月	0	0	1	0	0
五月	0	0	1	0	1
六月	0	0	1	1	0
七月	0	0	1	1	1
八月	0	1	0	0	0
九月	0	1	0	0	1
十月	1	0	0	0	0
十一月	1	0	0	0	1
十二月	1	0	0	1	0

表 15-1-16 年寄存器位描述（地址 08H）

Bit(位)	符 号	描 述
7～0	＜年＞	代表 BCD 格式的当前年数值，范围为 00～99

5) 报警寄存器

当一个或多个报警寄存器写入合法的分钟、小时、日或星期数值，并且其相应的 AE(Alarm Enable)位为逻辑"0"，而且这些数值与当前的分钟、小时、日或星期数相同时，标志位 AF(Alarm Flag)被置 1，AF 保存设置值，直到被软件清除为止。AF 被清除后，只有在时间增量与报警条件再次匹配时，才可再被设置。报警寄存器在其相应位 AE 置为逻辑"1"时，将被忽略。

分钟、小时、日或星期报警寄存器的地址分别为 09H、0AH、0BH、0CH，其功能描述分别如表 15-1-17～表 15-1-20 所示。

表 15-1-17 分钟报警寄存器位描述（地址 09H）

Bit(位)	符 号	描 述
7	AE	AE＝0，分钟报警有效；AE＝1，分钟报警无效
6～0	＜分钟报警＞	代表 BCD 格式的分钟报警数值，范围为 00～59

表 15-1-18 小时报警寄存器位描述（地址 0AH）

Bit(位)	符 号	描 述
7	AE	AE＝0，小时报警有效；AE＝1，小时报警无效
6～0	＜小时报警＞	代表 BCD 格式的小时报警数值，范围为 00～23

表 15-1-19　日报警寄存器位描述（地址 0BH）

Bit(位)	符　号	描　述
7	AE	AE＝0，日报警有效；AE＝1，日报警无效
6～0	＜日报警＞	代表 BCD 格式的日报警数值，范围为 00～31

表 15-1-20　星期报警寄存器位描述（地址 0CH）

Bit(位)	符　号	描　述
7	AE	AE＝0，星期报警有效；AE＝1，星期报警无效
6～0	＜星期报警＞	代表 BCD 格式的星期报警数值，范围为 0～6

6）CLKOUT 频率寄存器

CLKOUT 频率寄存器的地址为 0DH，其功能描述如表 15-1-21 所示。

表 15-1-21　CLKOUT 频率寄存器位描述（地址 0DH）

Bit(位)	符　号	描　述
7	FE	FE＝0，CLKOUT 输出被禁止，并设成高阻抗；FE＝1，CLKOUT 输出有效
6～2	—	无效
1	FD1	用于控制 CLKOUT 引脚的输出频率(fCLKOUT)，参见表 15-1-22
0	FD0	

表 15-1-22　CLKOUT 频率选择表

FD1	FD0	CLKOUT 频率/Hz
0	0	32.768k
0	1	1024
1	0	32
1	1	1

7）倒计数定时器寄存器

定时器寄存器是一个 8 位字节倒计数定时器，它由定时器控制器中的位 TE 决定有效或无效。定时器的时钟也可以由定时器控制器选择，其他定时器功能，如中断产生，由控制/状态寄存器 2 控制。为了精确读回倒计数的数值，I^2C 总线时钟 SCL 的频率应至少为所选定定时器时钟频率的 2 倍。

倒计数定时器控制寄存器和倒计数定时器寄存器的地址为 0EH 和 0FH，其功能描述如表 15-1-23 和表 15-1-25 所示。

表 15-1-23　定时器控制寄存器位描述（地址 0EH）

Bit(位)	符　号	描　述
7	TE	TE＝0，定时器无效；TE＝1，定时器有效
6～2	—	无用
1	TD1	定时器时钟频率选择位，决定倒计数定时器的时钟频率，参见表 15-1-24。
0	TD0	不用时，TD1 和 TD0 应设为"11"(1/60Hz)，以降低电源损耗

表 15-1-24　定时器时钟频率选择

TD1	TD0	定时器时钟频率/Hz
0	0	4096
0	1	64
1	0	1
1	1	1/60

表 15-1-25　定时器倒计数数值寄存器位描述（地址 OFH）

Bit(位)	符　号	描　　述
7～0	倒计数数值 n	倒计数周期＝n/时钟频率

7. EXT_CLK 测试模式

测试模式用于在线测试、建立测试模式和控制 RTC 的操作。测试模式由控制/状态寄存器 1 的位 TEST1 设定，这时 CLKOUT 引脚成为输入引脚。在测试模式状态下，通过 CLKOUT 引脚输入的频率信号代替片内的 64Hz 频率信号，每 64 个上升沿将产生 1s 的时间增量。注意：进入 EXT_CLK 测试模式时，时钟不与片内 64Hz 时钟同步，也确定不出预分频的状态。

1）操作举例

（1）进入 EXT_CLK 测试模式，设置控制/状态寄存器 1 的位 7(TEST＝1)。

（2）设置控制/状态寄存器 1 的位 5(STOP＝1)。

（3）清除控制/状态寄存器 1 的位 5(STOP＝0)。

（4）设置时间寄存器（秒、分钟、小时、日、星期、月/世纪和年）为期望值。

（5）提供 32 个时钟脉冲给 CLKOUT。

（6）读时间寄存器，观察第一次变化。

（7）提供 64 个时钟脉冲给 CLKOUT。

（8）读时间寄存器，观察第二次变化。需要读时间寄存器的附加增量时，重复步骤 (7)和(8)。

2）石英晶片频率调整

方法 1：定值 OSCI 电容计算所需的电容平均值，用此值的定值电容，通电后在 CLKOUT 引脚测出的频率应为 32.768kHz，测出的频率值偏差取决于石英晶片、电容偏差和器件之间的偏差（平均为 $\pm 5 \times 10^{-6}$）。平均偏差可达 5 分钟/年。

方法 2：OSCI 微调电容——通过调整 OSCI 引脚的微调电容，使振荡器频率达到精确值，测出通电时 CLKOUT 脚上的 32.768kHz 信号。

方法 3：OSCI 输出—直接测量引脚 OSCI 的输出。

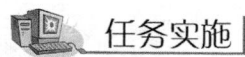
任务实施

一、任务要求

利用 PCF8563 设计一个电子时钟。

二、硬件设计

PCF8563 的 SCL、SDA 分别与单片机的 P1.0、P1.1 相接,采用数码管显示,电路如图 15-1-9 所示。

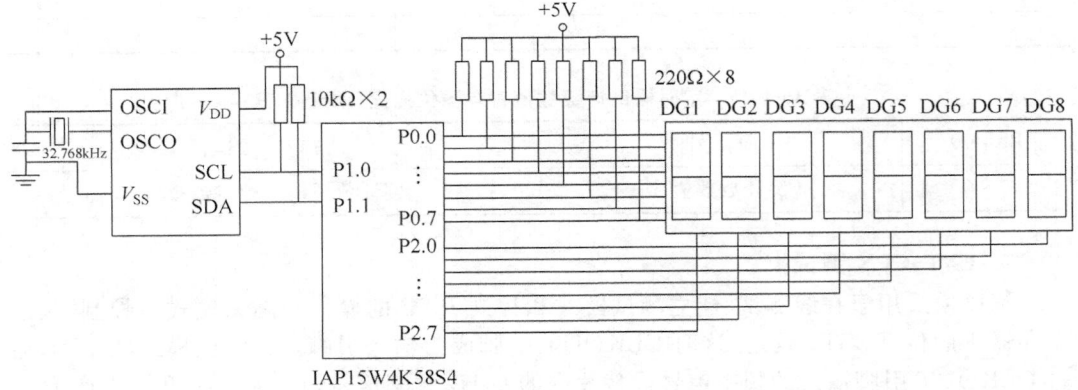

图 15-1-9 PCF8563 电子时钟

三、软件设计(项目十五任务 1.c)

```c
# include < stc15. h>
# include < intrins. h>
# include "gpio. h"
# define uint   unsigned int
# define uchar unsigned char
# include < I2C. h>
# include < display. h>
uchar time_data[7] = {0x00,0x30,0x12,0x02,0x00,0x06,0x12};//2012.6.2 12:30:00 周日
/* --------------- 系统时钟为 11.0592MHz 时的 t×1ms 延时函数 --------------- */
void Delayxms(uint t)
{
    uint i;
    for(i = 0;i < t;i++)
    {
        Delay1ms();                        //在 display. h 文件中已定义
    }
}
/* --------------------- 读取时、分、秒等时间数据 --------------------- */
void read()
{
    I2C_nreceive(0xa2,0x02,time_data,6);
}
/* ----------------------- 发送初始化数据 ----------------------- */
void send()
{
    I2C_nsend(0xa2,0x02,time_data,7);
```

```
        Delayxms(2);
}
void main()
{
        gpio();
        Dis_buf[0] = 0;Dis_buf[1] = 0;Dis_buf[2] = 0;
        Dis_buf[3] = 3;Dis_buf[4] = 2;Dis_buf[5] = 1;
        send();
        while(1)
        {
                read();
                Dis_buf[0] = time_data[0]&0x0f;          //BCD 码转十进制数,取秒的低位
                Dis_buf[1] = (time_data[0]&0x7f)>>4;
                                                         //BCD 码转十进制数,高位右移 4 位,取秒的高位
                Dis_buf[2] = time_data[1]&0x0f;          //取分的低位
                Dis_buf[3] = time_data[1]>>4;            //取分的高位
                Dis_buf[4] = time_data[2]&0x0f;          //取小时的低位
                Dis_buf[5] = time_data[2]>>4;            //取小时的高位
                display();
        }
}
```

四、硬件连线与调试

（1）用 USB 线将 PC 与 STC15W4K32S4 系列单片机实验箱相连接,并按图 15-1-9 所示连接电路。

（2）用 Keil C 编辑、编译程序项目十五任务 1. c,生成机器代码文件项目十五任务 1. hex,并下载到 STC15W4K32S4 系列单片机实验箱单片机中。

（3）联机调试,观察与记录电子时钟的运行结果。

修改程序,调整时间为当时的时间。

 **任务拓展**

完善电子时钟设计,要求如下:

（1）采用 LCD1602 显示,同时显示年、月、日、星期、时、分、秒。

（2）手动设置年、月、日、星期、时、分、秒。

（3）设置闹铃功能。闹铃方式(每周一次或每日一次)与闹铃时间可调。

任务 2　串行单总线与应用编程

任务说明

美国 Dallas 半导体公司的数字化温度传感器 DS18B20 是世界上第一片支持"一线

制"总线接口的温度传感器,在其内部使用了在板(ON-BOARD)专利技术。全部传感元件及转换电路集成在形如一只三极管的集成电路内。在启动命令的启动下,DS18B20自动测量环境温度,并以数字信号形式存储在DS18B20的寄存器中,单片机只需按读取时序读取即可。首先要明确DS18B20的寄存器与寄存器特性,然后掌握用于指挥DS18B20工作的命令,包括ROM命令与RAM命令。

 **相关知识**

一、串行单总线概述

单总线适用于单主机系统,能够控制一个或多个从机设备。主机可以是微控制器,从机可以是单总线器件,它们之间的数据交换只通过一条信号线。当只有一个从机设备时,系统可按单节点系统操作;当有多个从设备时,系统按多节点系统操作。

单总线技术以其线路简单、硬件开销少、成本低廉、软件设计简单的优势而有着无可比拟的应用前景。

1. 单总线的工作原理

顾名思义,单总线只有一根数据线,系统中的数据交换、控制都由这根线完成。设备(主机或从机)通过一个漏极开路或三态端口连至该数据线,以便允许设备在不发送数据时能够释放总线,让其他设备使用总线。单总线通常要求外接一个约 $4.7k\Omega$ 的上拉电阻,这样,当总线闲置时,其状态为高电平。主机和从机之间的通信可通过3个步骤完成,分别为初始化 One-Wire 器件、识别 One-Wire 器件和交换数据。由于它们是主从结构,只有主机呼叫从机时,从机才能应答,因此主机访问 One-Wire 器件都必须严格遵循单总线命令序列,即初始化、ROM命令、功能命令。如果出现序列混乱,One-Wire 器件将不响应主机(搜索ROM命令、报警搜索命令除外)。ROM命令、功能命令将在具体的单总线器件中介绍。

2. 单总线的时序

所有的单总线器件都要遵循严格的通信协议,以保证数据的完整性。One-Wire 协议定义了复位与应答脉冲、写0与写1时序、读0与读1时序等几种信号类型。所有的单总线命令序列(初始化、ROM命令、功能命令)都是由这些基本的信号类型组成的。在这些信号中,除了应答脉冲外,其他均由主机发出同步信号,并且发送的所有命令和数据都是字节的低位在前。下面以单总线器件 DS18B20 数字温度计为例,介绍单总线时序。

1) 初始化时序

初始化时序如图 15-2-1 所示。初始化时序包括主机发出的复位脉冲和从机发出的应答脉冲。主机通过拉低单总线至少 $480\mu s$ 产生 Tx 复位脉冲;然后由主机释放总线,并进入 Rx 接收模式。主机释放总线时,产生一个由低电平跳变为高电平的上升沿。单总线器件检测到该上升沿后,延时 $15\sim60\mu s$。接着,单总线器件通过拉低总线 $60\sim240\mu s$ 来产生应答脉冲。主机接收到从机的已应答脉冲后,说明有单总线器件在线,主机就可以

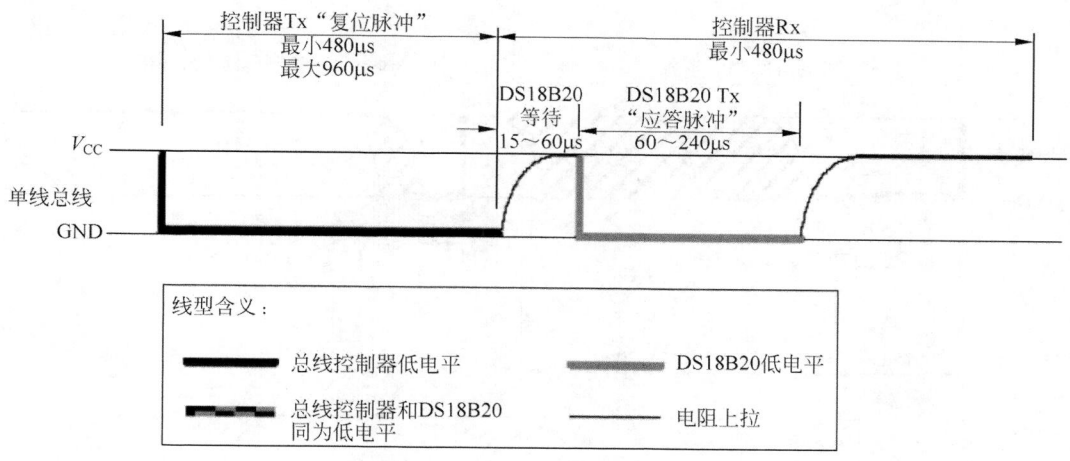

图 15-2-1　初始化时序

开始对从机执行 ROM 命令和功能命令操作。

2）读、写时序

图 15-2-2 和图 15-2-3 所示分别是写时序和读时序。在每一个时序中,总线只能传输 1 位数据。所有的读、写时序至少需要 60μs,且每两个独立的时序之间至少需要 1μs 恢复时间。读、写时序均始于主机拉低总线。

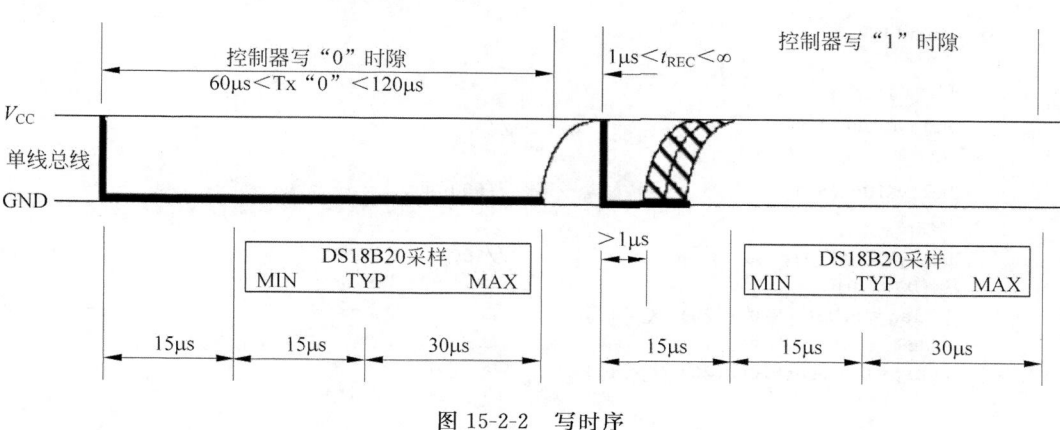

图 15-2-2　写时序

（1）写时序：在写时序中,主机将在拉低总线 15μs 之内释放总线,并向单总线器件写"1";若主机拉低总线后能保持至少 60μs 低电平,则向单总线器件写"0"。

（2）读时序：单总线器件仅在主机发出读时序时才向主机传输数据。所以,当主机向单总线器件发出读数据命令后,必须马上产生读时序,以便单总线器件能传输数据。在主机发出读时序之后,单总线器件才开始在总线上发送 0 或 1。若单总线器件发送 1,则总线保持高电平;若发送 0,则拉低总线。由于单总线器件发送数据后可保持 15μs 有效时间,因此,主机在读时序期间必须释放总线,且需在 15μs 内采样总线状态,以便接收从机发送的数据。

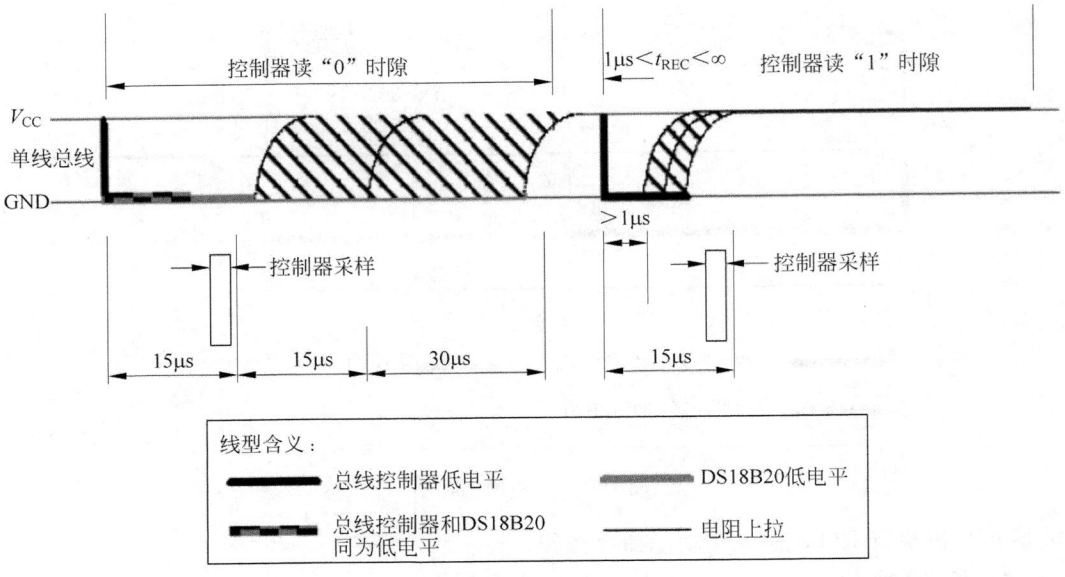

图 15-2-3 读时序

3. 串行单总线编程

1) 初始化编程

```
void init()
{
    DQ = 1;
    DelayN1us(1);                          //1μs
    DQ = 0;
    DelayN10us(60);                        //600μs
    DQ = 1;
    DelayN10us(10);                        //100μs
    if(DQ == 0)
    { flag = 1;DelayN10us(20);DQ = 1;}
    else
    {flag = 0; DelayN10us(20);DQ = 1;}
}
```

2) 读一个字节编程

```
uchar read_date(void)
{
    uchar temp, i;
    for( i = 0;i < 8;i++)
    {
        DQ = 1;
        DelayN1us(2);
        DQ = 0;
        DelayN1us(3);
        DQ = 1;
        DelayN1us(1);
```

```
        temp >> = 1;
        if(DQ){temp = temp|0x80;}
        DelayN10us(5);
    }
    return   temp;
}
```

3) 写一个字节编程

```
void write_date(uchar date)
{
    uchar i;
    for( i = 0 ;i < 8;i++)
    {
        DQ = 0;
        DelayN1us (2);
        DQ = date&0x01;
        DelayN10us(5);;                    //50μs
        DQ = 1;
        date >> = 1;
    }
}
```

二、DS18B20 数字温度计

1. DS18B20 的主要特性

（1）适应电压范围更宽，电压范围 3～5.5V，在寄生电源方式下可由数据线供电。

（2）独特的单线接口方式，DS18B20 在与微处理器连接时仅需要一条口线即可实现微处理器与 DS18B20 的双向通信。

（3）DS18B20 支持多点组网功能，多个 DS18B20 可以并联在唯一的三线上，实现组网多点测温。

（4）DS18B20 在使用中不需要任何外围元件，全部传感元件及转换电路集成在形如一只三极管的集成电路内。

（5）测温范围 $-55～+125℃$，在 $-10～+85℃$ 时精度为 $±0.5℃$。

（6）可编程的分辨率为 9～12 位，对应的可分辨温度分别为 $0.5℃$、$0.25℃$、$0.125℃$ 和 $0.0625℃$，可实现高精度测温。

（7）在 9 位分辨率时，最多在 93.75ms 内把温度转换为数字，12 位分辨率时，最多在 750ms 时间内把温度值转换为数字，速度更快。

（8）测量结果直接输出数字温度信号，以"一线总线"串行传送给 CPU，同时可传送 CRC 校验码，具有极强的抗干扰纠错能力。

（9）负压特性：电源极性接反时，芯片不会因发热而烧毁，但不能正常工作。

2. DS18B20 的外形和内部结构

DS18B20 内部结构主要由 4 个部分组成：64 位光刻 ROM、温度传感器、非挥发的温度报警触发器 TH 和 TL、配置寄存器。DS18B20 的外形及引脚排列如图 15-2-4 所示。

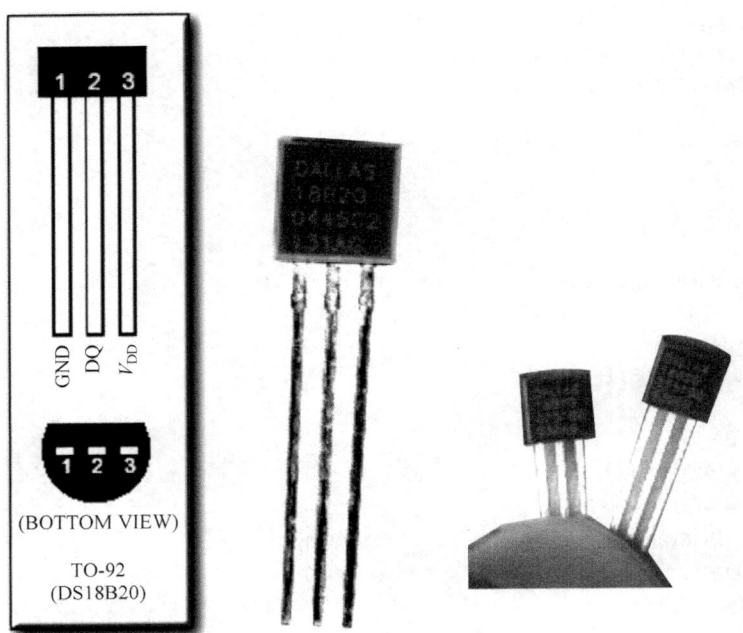

图 15-2-4　DS18B20 外形及引脚排列图

DS18B20 引脚定义如下：

(1) DQ 为数字信号输入/输出端。

(2) GND 为电源地。

(3) V_{DD} 为外接供电电源输入端(在寄生电源接线方式时接地)。

3. DS18B20 工作原理与数据寄存器

DS18B20 测温原理框图如图 15-2-5 所示。图中,低温度系数晶振的振荡频率受温度影响很小,用于产生固定频率的脉冲信号送给计数器 1。高温度系数晶振随温度变化,其振荡频率明显改变,所产生的信号作为计数器 2 的脉冲输入。计数器 1 和温度寄存器被预置在－55℃对应的一个基数值。计数器 1 对低温度系数晶振产生的脉冲信号进行减法计数。当计数器 1 的预置值减到 0 时,温度寄存器的值加 1,计数器 1 的预置将重新被装入,计数器 1 重新开始对低温度系数晶振产生的脉冲信号计数,如此循环,直到计数器 2 计数到 0 时,停止温度寄存器值的累加,此时温度寄存器中的数值即为所测温度。图 15-2-5 中的斜率累加器用于补偿和修正测温过程中的非线性,其输出用于修正计数器 1 的预置值。

1) 主要数据部件

DS18B20 有 4 个主要的数据部件,简述如下。

(1) 光刻 ROM 中的 64 位序列号是出厂前被光刻好的,可以看作是该 DS18B20 的地址序列码。64 位光刻 ROM 的排列是：开始 8 位(28H)是产品类型标号,接着的 48 位是该 DS18B20 自身的序列号,最后 8 位是前面 56 位的循环冗余校验码(CRC＝X8＋X5＋X4＋1)。光刻 ROM 的作用是使每一个 DS18B20 各不相同,实现在一根总线上挂接多个 DS18B20 的目的。

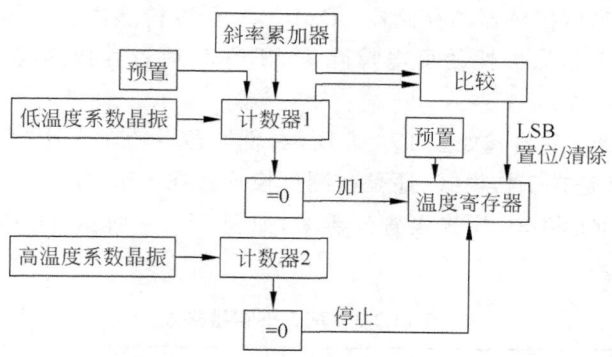

图 12-2-5　DS18B20 测温原理框图

（2）DS18B20 中的温度传感器可完成对温度的测量，以 12 位转化为例，用 16 位符号扩展的二进制补码读数形式提供，以 $0.0625℃/LSB$ 形式表达。其中，S 为符号位。DS18B20 温度值格式表如表 15-2-1 所示。

表 15-2-1　DS18B20 温度值格式表

	Bit7	Bit6	Bit5	Bit4	Bit3	Bit2	Bit1	Bit0
LS Byte	2^3	2^2	2^1	2^0	2^{-1}	2^{-2}	2^{-3}	2^{-4}
	Bit15	Bit14	Bit13	Bit12	Bit11	Bit10	Bit9	Bit8
MS Byte	S	S	S	S	S	2^6	2^5	2^4

这是 12 位转化后得到的 12 位数据，存储在 DS18B20 的两个 8 比特 RAM 中。二进制中的前 5 位是符号位。如果测得的温度大于 0，这 5 位为 0，只要将测到的数值乘以 0.0625，即可得到实际温度；如果温度小于 0，这 5 位为 1，测到的数值取反加 1 再乘以 0.0625，得到实际温度。

例如，＋125℃ 的数字输出为 07D0H，＋25.0625℃ 的数字输出为 0191H，－25.0625℃的数字输出为 FF6FH，更多的温度数据关系如表 15-2-2 所示。

表 15-2-2　DS18B20 温度数据表

温度值/℃	数字输出（二进制）	数字输出（十六进制）
＋125	0000011111010000	07D0
＋85	0000010101010000	0550
＋25.0625	0000000110010001	0191
＋10.125	0000000010100010	00A2
＋0.5	0000000000001000	0008
0	0000000000000000	0000
－0.5	1111111111111000	FFF8
－10.125	1111111101011110	FF5E
－25.0625	1111111001101111	FE6F
－55	1111110010010000	FC90

注：开机复位时，温度寄存器的值是＋85℃（0550H）。

（3）DS18B20 温度传感器的存储器：DS18B20 温度传感器的内部存储器包括一个高速暂存 RAM 和一个非易失性的可电擦除 E^2PROM，后者存放高温和低温度触发器 TH、TL 及配置寄存器。

（4）配置寄存器：其格式如表 15-2-3 所示，低 5 位一直都是 1。TM 是测试模式位，用于设置 DS18B20 是在工作模式，还是在测试模式。在 DS18B20 出厂时，该位被设置为 0，用户不要改动。R1 和 R0 用来设置分辨率，如表 15-2-4 所示（DS18B20 出厂时被设置为 12 位）。

表 15-2-3　配置寄存器格式

TM	R1	R0	1	1	1	1	1

表 15-2-4　温度分辨率设置与转换时间表

R1	R0	分辨率/位	温度最大转换时间/ms
0	0	9	93.75
0	1	10	187.5
1	0	11	375
1	1	12	750

2）高速暂存存储器与 E^2PROM

高速暂存存储器由 9 字节组成，其分配如表 15-2-5 所示。当温度转换命令发布后，经转换所得的温度值以二字节补码形式存放在高速暂存存储器的第 0 和第 1 个字节。单片机可通过单线接口读到该数据。读取时，低位在前，高位在后，数据格式可参见表 15-2-1。对应的温度计算为：当符号位 S＝0 时，直接将二进制位转换为十进制；当 S＝1 时，先将补码变为原码，再将数据部分转换为十进制。第 9 个字节是冗余检验字节。

表 15-2-5　DS18B20 高速暂存寄存器

寄存器内容	字节地址	
温度值低位(LS Byte)	0	
温度值高位(MS Byte)	1	
高温限值(TH)	2	E^2PROM
低温限值(TL)	3	E^2PROM
配置寄存器	4	E^2PROM
保留	5	
保留	6	
保留	7	
CRC 校验值	8	

根据 DS18B20 的通信协议，主机（单片机）控制 DS18B20 完成温度转换必须经过 3 个步骤：每一次读写之前都要对 DS18B20 执行复位操作，复位成功后发送一条 ROM 指令，最后发送 RAM 指令，这样才能对 DS18B20 执行预定的操作。复位要求主 CPU 将数据

线下拉 $480\mu s$，然后释放。当 DS18B20 收到信号后，等待 $15\sim60\mu s$，再发出 $60\sim240\mu s$ 的应答低脉冲。主 CPU 收到此信号，表示复位成功。

E^2PROM 用于备份 DS18B20 高速暂存寄存器 2、3、4 字节的内容，即高温限值、低温限值与配置寄存器的内容。

3）指令表

DS18B20 的 ROM 命令和功能命令（RAM 指令）分别如表 15-2-6 和表 15-2-7 所示。

表 15-2-6　ROM 指令表

指　　令	约定代码	功　　能
读 ROM	33H	读 DS1820 温度传感器 ROM 中的编码（即 64 位地址）
符合 ROM	55H	发出此命令之后，接着发出 64 位 ROM 编码，访问单总线上与该编码相对应的 DS1820，使之做出响应，为下一步对该 DS1820 的读写做准备
搜索 ROM	0F0H	用于确定挂接在同一总线上 DS1820 的个数和识别 64 位 ROM 地址，为操作各器件做好准备
跳过 ROM	0CCH	忽略 64 位 ROM 地址，直接向 DS1820 发温度变换命令。适用于单片工作
告警搜索命令	0ECH	执行后，只有温度超过设定值上限或下限的片子才做出响应

表 15-2-7　RAM 指令表

指　　令	约定代码	功　　能
温度变换	44H	启动 DS18B20 进行温度转换。12 位转换时，最长为 750ms（9 位为 93.75ms）。结果存入内部 9 字节 RAM 中
读暂存器	0BEH	读内部 RAM 中的 9 字节内容
写暂存器	4EH	发出向内部 RAM 的 2、3、4 字节写上、下限温度数据和配置寄存器的命令。紧跟该命令之后，传送 3 字节数据
复制暂存器	48H	将 RAM 中第 2、3、4 字节的内容复制到 E^2PROM 中
重调 E^2PROM	0B8H	将 E^2PROM 中的内容恢复到 RAM 中的第 2、3、4 字节
读供电方式	0B4H	读 DS18B20 的供电模式。寄生供电时，DS18B20 发送"0"；外接电源供电，DS18B20 发送"1"

4. DS18B20 的应用电路

DS18B20 测温系统具有测温系统简单、测温精度高、连接方便、占用口线少等优点。下面介绍 DS18B20 在不同应用方式下的测温电路图。

1）DS18B20 寄生电源供电方式电路图

如图 15-2-6 所示，在寄生电源供电方式下，DS18B20 从单线信号线汲取能量：在信号线 DQ 处于高电平期间，把能量储存在内部电容里；在信号线处于低电平期间，消耗电容上的电能工作，直到高电平到来，再给寄生电源（电容）充电。

独特的寄生电源方式有下述 3 个好处。

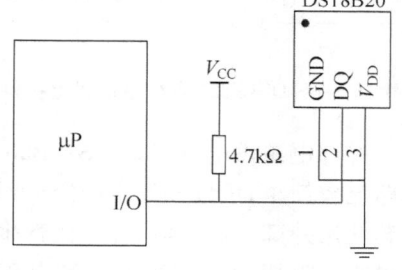

图 15-2-6　DS18B20 寄生电源供电方式

（1）远距离测温时，无须本地电源。

（2）可以在没有常规电源的条件下读取 ROM。

（3）电路更加简洁，仅用一根 I/O 口线实现测温。

要想使 DS18B20 进行精确的温度转换，I/O 线必须保证在温度转换期间提供足够的能量。由于每个 DS18B20 在温度转换期间的工作电流达到 1mA，当几个温度传感器挂在同一根 I/O 线上进行多点测温时，只靠 $4.7k\Omega$ 上拉电阻无法提供足够的能量，会造成无法转换温度或温度误差极大。

因此，图 15-2-6 所示电路只适合在单一温度传感器测温情况下使用，不适用于采用电池供电的系统，并且工作电源 V_{CC} 必须保证在 5V。当电源电压下降时，寄生电源能够汲取的能量也降低，使温度误差变大。

2）DS18B20 寄生电源强上拉供电方式电路图

改进的寄生电源供电方式如图 15-2-7 所示，为了使 DS18B20 在动态转换周期中获得足够的电流供应，当进行温度转换或复制到 E^2PROM 操作时，用 MOSFET 把 I/O 线直接拉到 V_{CC}，在发出任何涉及复制到 E^2PROM 或启动温度转换的指令后，必须在最多 $10\mu s$ 内把 I/O 线转换到强上拉状态。在强上拉供电方式下可以解决电流供应不足的问题，因此也适合多点测温应用；其缺点是要多占用一根 I/O 口线进行强上拉切换。

注意：在图 15-2-6 和图 15-2-7 所示的寄生电源供电方式中，DS18B20 的 V_{DD} 引脚必须接地。

3）DS18B20 的外部电源供电方式

在外部电源供电方式下，DS18B20 工作电源由 V_{DD} 引脚接入，此时 I/O 线不需强上拉，不存在电源电流不足的问题，可以保证转换精度；同时，在总线上理论上可以挂接任意多个 DS18B20 传感器，组成多点测温系统，如图 15-2-8 所示。

注意：在外部供电方式下，DS18B20 的 GND 引脚不能悬空，否则不能转换温度，读取的温度总是 85℃。

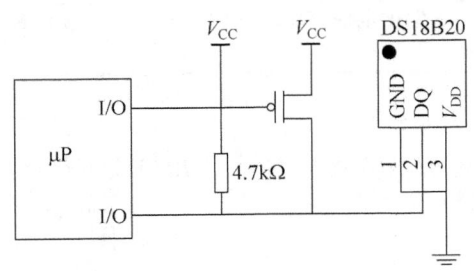

图 15-2-7 DS18B20 寄生电源强上拉供电方式

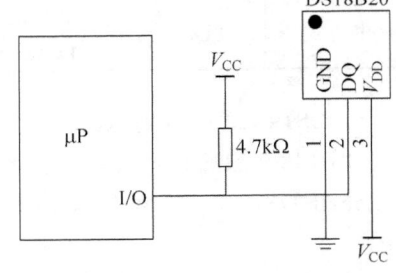

图 15-2-8 外部供电方式单点测温电路

外部电源供电方式是 DS18B20 最佳的工作方式，工作稳定可靠，抗干扰能力强，而且电路比较简单，可以开发出稳定、可靠的多点温度监控系统，如图 15-2-9 所示。在开发中推荐使用外部电源供电方式，比寄生电源方式只多接一根 V_{CC} 引线。在外接电源方式下，可以充分发挥 DS18B20 宽电源电压范围的优点，即使电源电压 V_{CC} 降到 3V，依然能够保证温度量精度。

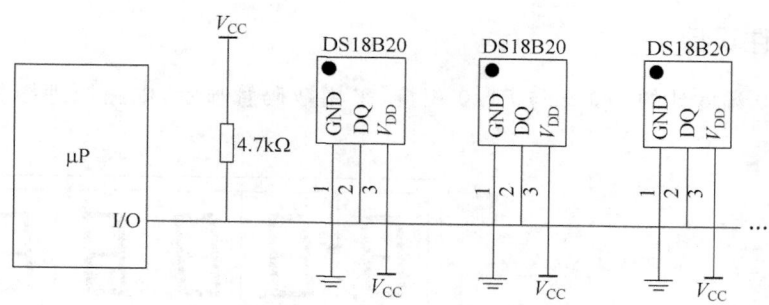

图 15-2-9　外部供电方式的多点测温电路图

5. DS18B20 使用中的注意事项

DS18B20 虽然具有测温系统简单、测温精度高、连接方便、占用口线少等优点,但在实际应用中应注意以下几方面的问题。

(1) 较小的硬件开销需要相对复杂的软件进行补偿。由于 DS18B20 与微处理器间采用串行数据传送,因此,在对 DS18B20 进行读写编程时,必须严格地保证读写时序,否则将无法读取测温结果。在使用 PL/M、C 等高级语言设计系统程序时,对 DS18B20 操作部分最好采用汇编语言实现。

(2) 在 DS18B20 的有关资料中均未提及单总线上所挂 DS18B20 数量的问题,容易使人误认为可以挂任意多个 DS18B20,在实际应用中并非如此。当单总线上所挂 DS18B20 超过 8 个时,需要解决微处理器的总线驱动问题,这一点在进行多点测温系统设计时要注意。

(3) 连接 DS18B20 的总线电缆是有长度限制的。当采用普通信号电缆传输长度超过 50m 时,读取的测温数据将发生错误。当将总线电缆改为双绞线带屏蔽电缆时,正常通信距离可达 150m。当采用每米绞合次数更多的双绞线带屏蔽电缆时,正常通信距离进一步加长。这种情况主要是由总线分布电容使信号波形产生畸变造成的。因此,在采用 DS18B20 设计长距离测温系统时,要充分考虑总线分布电容和阻抗匹配问题。

(4) 在 DS18B20 测温程序设计中,向 DS18B20 发出温度转换命令后,程序总要等待 DS18B20 的返回信号。一旦某个 DS18B20 接触不好或断线,当程序读该 DS18B20 时,将没有返回信号,程序进入死循环。这一点在进行 DS18B20 硬件连接和软件设计时也要重视。

(5) 测温电缆线建议采用屏蔽 4 芯双绞线,其中一对线接地线与信号线,另一对线接 V_{CC} 和地线,屏蔽层在源端单点接地。

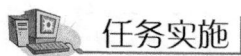 **任务实施**

一、任务要求

利用 DS18B20 数字温度计测温,用数码管显示温度数据,测量范围 0～99.99℃。

二、硬件设计

DS18B20 温度计的 DQ 端与 P1.0 相接，采用数码管显示，电路原理图如图 15-2-10 所示。

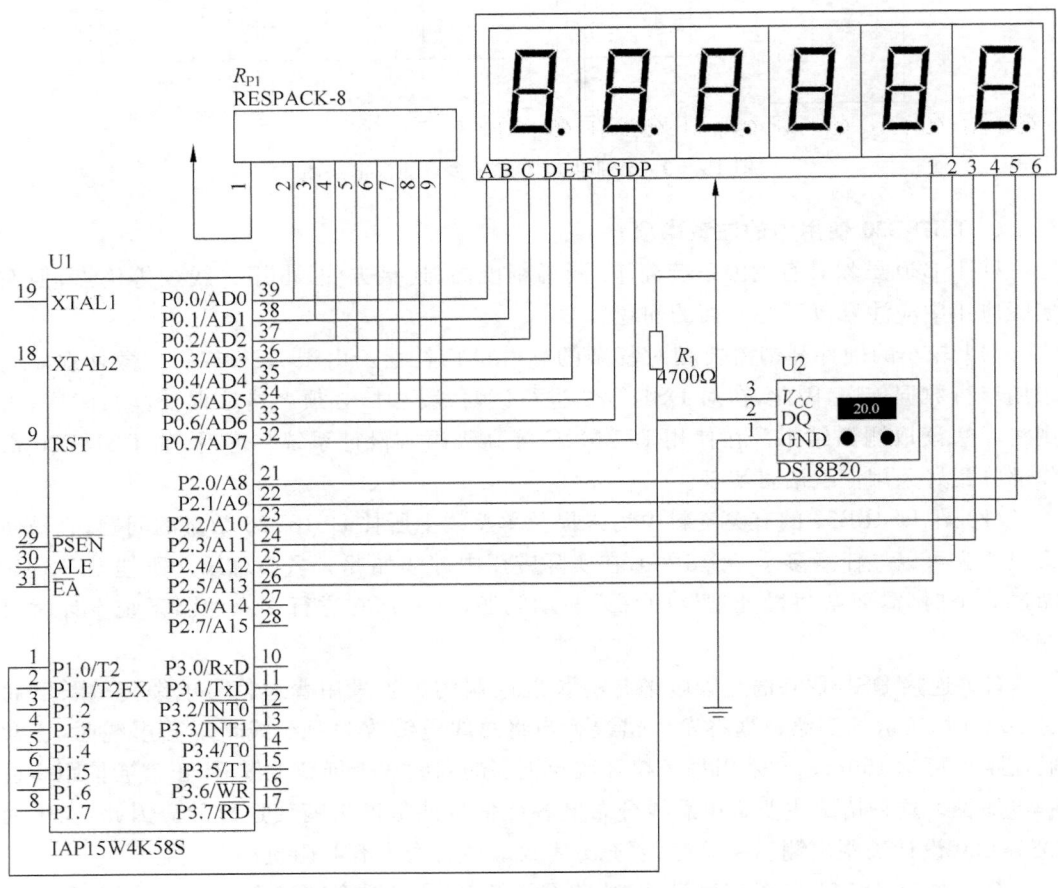

图 15-2-10　DS18B20 测温电路

三、软件设计

1. 单总线驱动文件：ONE_BUS. h

```
uchar flag = 0;                            //应答标志 flag,为 1 时应答
sbit DQ = P1 ^ 0;                          //定义数据线
/* ------------------------- 1μs 延时函数 ------------------------- */
void Delay1us()                            //@11.0592MHz
{
    _nop_();
    _nop_();
    _nop_();
}
```

```
/* ------------------------ 10μs 延时函数 ------------------------ */
void Delay10us()                        //@11.0592MHz
{
    unsigned char i;
    _nop_();
    i = 25;
    while ( -- i);
}
/* ------------------------ N×1μs 延时函数 ------------------------ */
void DelayN1us(uchar t)
{
    uchar i;
    for(i = 0; i < t; i++)
    {
        Delay1us();
    }
}
/* ------------------------ N×10μs 延时函数 ------------------------ */
void DelayN10us(uchar t)                //@11.0592MHz
{
    unsigned char j;
    for(j = 0; j < t; j++)
    {
        Delay10us();
    }
}
/* ------------------------ DS18B20 的初始化函数 ------------------------ */
void init()
{
    DQ = 1;
    DelayN1us(1);                       //1μs
    DQ = 0;
    DelayN10us(60);                     //600μs
    DQ = 1;
    DelayN10us(10);                     //100μs
    if(DQ == 0)
    { flag = 1;DelayN10us(20);DQ = 1;}
    else
    {flag = 0; DelayN10us(20);DQ = 1;}
}
/* ------------------------ DS18B20 读 1 字节 ------------------------ */
uchar read_date(void)
{
    uchar temp, i;
    for( i = 0; i < 8; i++)
    {
        DQ = 1;
        DelayN1us(2);
```

```
        DQ = 0;
        DelayN1us(3);
        DQ = 1;
        DelayN1us(1);
        temp >> = 1;
        if(DQ){temp = temp|0x80;}
        DelayN10us(5);
    }
    return   temp;
}
/* ------------------------- DS18B20 写 1 字节 ------------------------- */
void write_date(uchar date)
{
    uchar i;
    for( i = 0 ;i < 8;i++)
    {
        DQ = 0;
        DelayN1us (2);
        DQ = date&0x01;
        DelayN10us(5);                    //50μs
        DQ = 1;
        date >> = 1;
    }
}
```

2. 项目十五任务 2 程序文件：项目十五任务 2.c

```
# include < stc15. h >
# include < intrins. h >
# include < gpio. h >
# define uint   unsigned int
# define uchar unsigned char
# include < ONE_BUS. h >
# include < display. h >
/* -------------------- 读出 DS18B20 转换后的温度值 -------------------- */
uint dcwdsj(void)
{
    uchar themh = 0;
    uchar theml = 0;
    uint tem = 0;
    init();
    if(flag == 1)                     //检测传感器是否存在
    {
        write_date(0xcc);             //跳过 ROM 匹配
        write_date(0x44);             //发出温度转换命令
        DelayN10us(100);
    }
    init();
    if(flag == 1)
    {
        write_date(0x0cc);            //跳过 ROM 匹配
```

```
        write_date(0x0be);                    //发出读温度命令
        theml = read_date();                  //读出温度值并存放在 theml 和 themh
        themh = read_date();
    }
    tem = (themh * 256 + theml) * 25;         //温度数据乘以 6.25(0.0625 * 100)
    tem = tem >> 2;
    return tem;
}
    /* -------------------------- 主函数 -------------------------- */
void main()
{
    uint them;
    uchar com = 20;
    gpio();
    them = dcwdsj();
    while(1)
    {
        com -- ;
        if(com == 0)
        {
            them = dcwdsj();
            com = 20;
        }
        Dis_buf[0] = them % 10;               //小数部分
        Dis_buf[1] = them/10 % 10;
        Dis_buf[2] = them/100 % 10 + 17;      //整数部分,该位显示小数点
        Dis_buf[3] = them/1000 % 10;
        display();
    }
}
```

四、硬件连线与调试

（1）用 USB 线将 PC 与 STC15W4K32S4 系列单片机实验箱相连接，并按图 15-2-10 所示连接电路。

（2）用 Keil C 编辑、编译程序项目十五任务 2.c，生成机器代码文件项目十五任务 2.hex。

（3）联机调试，观察与记录数字温度计的运行结果。

① 如果是仿真，直接用鼠标调节 DS18B20 的温度，观察 LED 数码管的显示温度。

② 如果是实物，直接用手捏 DS18B20，观察 LED 数码管显示温度的变化。

任务拓展

本程序只能显示正温度值，且最大值为 99.99℃；而 DS18B20 的测量温度最大值为 125℃，并且可以测量负温度。试修改程序，使温度计发挥出 DS18B20 完整的温度测量特性。

任务 3　IAP15W4K58S4 单片机 SPI 接口与应用编程

 任务说明

　　IAP15W4K58S4 单片机内嵌有高速的 SPI 串行总线接口,能很方便地与片外 SPI 串行总线接口器件进行数据传输。本任务主要学习 IAP15W4K58S4 单片机的控制特性以及应用编程。

 相关知识

一、SPI 接口的结构

1. SPI 接口简介

　　IAP15W4K58S4 单片机集成了串行外设接口(Serial Peripheral Interface,SPI)。SPI 接口既可以和其他微处理器通信,也可以与具有 SPI 兼容接口的器件(如存储器、A/D 转换器、D/A 转换器、LED 或 LCD 驱动器等)同步通信。SPI 接口有两种操作模式:主模式和从模式。在主模式,支持高达 3Mb/s 的速率;从模式时,速度无法太快。速度在 $f_{SYS}/4$ 以内较好。此外,SPI 接口具有传输完成标志和写冲突标志保护功能。

2. SPI 接口的结构

　　IAP15W4K58S4 单片机 SPI 接口功能方框图如图 15-3-1 所示。

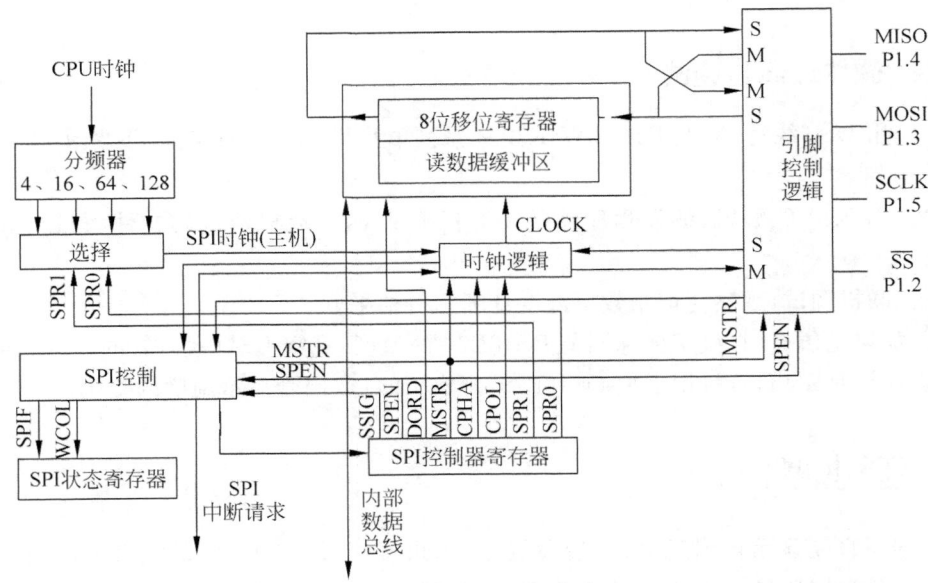

图 15-3-1　IAP15W4K58S4 单片机 SPI 接口功能方框图

SPI 接口的核心是一个 8 位移位寄存器和数据缓冲器,数据可以同时发送和接收。在 SPI 数据的传输过程中,发送和接收的数据都存储在缓冲器中。

对于主模式,若要发送 1 字节数据,只需将该数据写到 SPDAT 寄存器中。主模式下 $\overline{SS}$ 信号不是必需的,但在从模式下,必须在 $\overline{SS}$ 信号变为有效并接收到合适的时钟信号后,方可进行数据传输。在从模式下,如果 1 字节传输完成后,$\overline{SS}$ 信号变为高电平,该字节立即被硬件逻辑标志为接收完成,SPI 接口准备接收下一个数据。

任何 SPI 控制寄存器的改变都将复位 SPI 接口,清除相关寄存器。

3. SPI 接口的信号

SPI 接口由 MISO(P1.4)、MOSI(P1.3)、SCILK(P1.5)和 $\overline{SS}$(P1.2)4 根信号线构成,可通过设置 P_SW1 中的 SPI_S1、SPI_S0 将 MISO、MOSI、SCILK 和 $\overline{SS}$ 功能脚切换到 P2.2、P2.3、P2.1、P2.4 或 P4.1、P4.0、P4.3、P5.4。

(1) MOSI(Master Out Slave In,主出从入):主器件的输出和从器件的输入,用于主器件到从器件的串行数据传输。根据 SPI 规范,多个从机共享一根 MOSI 信号线。在时钟边界的前半周期,主机将数据放在 MOSI 信号线上,从机在该边界处获取数据。

(2) MISO(Master In Slave Out,主入从出):从器件的输出和主器件的输入,用于实现从器件到主器件的数据传输。SPI 规范中,一个主机可连接多个从机,因此,主机的 MISO 信号线会连接到多个从机,或者说,多个从机共享一根 MISO 信号线。当主机与一个从机通信时,其他从机应将其 MISO 引脚驱动置为高阻状态。

(3) SCLK(SPI Clock,串行时钟信号):串行时钟信号是主器件的输出和从器件的输入,用于同步主器件和从器件之间在 MOSI 和 MISO 线上的串行数据传输。当主器件启动一次数据传输时,自动产生 8 个 SCLK 时钟周期信号给从机。在 SCLK 的每个跳变处(上升沿或下降沿)移出 1 位数据。所以,一次数据传输可以传输 1 字节数据。

4SCLK、MOSI 和 MISO 通常用于将两个或更多个 SPI 器件连接在一起。数据通过 MOSI 由主机传送到从机,通过 MISO 由从机传送到主机。SCLK 信号在主模式时为输出,在从模式时为输入。如果 SPI 接口被禁止,这些引脚都可作为 I/O 使用。

(4) $\overline{SS}$(Slave Select,从机选择信号):这是一个输入信号,主器件用它来选择处于从模式的 SPI 模块。主模式和从模式下,$\overline{SS}$ 的使用方法不同。在主模式下,SPI 接口只能有一个主机,不存在主机选择问题。在该模式下,$\overline{SS}$ 不是必需的。主模式下,通常将主机的 $\overline{SS}$ 引脚通过 $10k\Omega$ 电阻上拉到高电平。每一个从机的 $\overline{SS}$ 接主机的 I/O 口,由主机控制电平高低,以便主机选择从机。在从模式下,不论发送还是接收,$\overline{SS}$ 信号必须有效。因此,在一次数据传输开始之前,必须将 $\overline{SS}$ 拉为低电平。SPI 主机可以使用 I/O 口选择一个 SPI 器件作为当前的从机。

SPI 从器件通过其 $\overline{SS}$ 脚确定是否被选择。如果满足下述条件之一,$\overline{SS}$ 就被忽略:

① 如果 SPI 功能被禁止。

② 如果 SPI 配置为主机,并且 P1.2 配置为输出。

如果 $\overline{SS}$ 脚被忽略,该脚配置用于 I/O 口功能。

二、SPI 接口的特殊功能寄存器

与 SPI 接口有关的特殊功能寄存器有 SPI 控制寄存器 SPCTL、SPI 状态寄存器 SPSTAT 和 SPI 数据寄存器 SPDAT。下面将详细介绍各寄存器的功能含义。

1. SPI 控制寄存器 SPCTL

SPCTL 寄存器的每一位都有控制含义,具体格式如下所示。

地址	D7	D6	D5	D4	D3	D2	D1	D0	复位值
SPCTL	CEH	SSIG	SPEN	DORD	MSTR	CPOL	CPHA	SPR1	SPR0	0000 0000

(1) SSIG:$\overline{SS}$引脚忽略控制位。若 SSIG=1,由 MSTR 确定器件为主机还是从机,$\overline{SS}$引脚被忽略,可配置为 I/O 功能;若 SSIG=0,由$\overline{SS}$引脚的输入信号确定器件为主机还是从机。

(2) SPEN:SPI 使能位。若 SPEN=1,SPI 使能;若 SPEN=0,SPI 被禁止,所有 SPI 信号引脚用作 I/O 功能。

(3) DORD:SPI 数据发送与接收顺序的控制位。若 DORD=1,SPI 数据的传送顺序为由低到高;若 DORD=0,SPI 数据的传送顺序为由高到低。

(4) MSTR:SPI 主/从模式位。若 MSTR=1,主机模式;若 MSTR=0,从机模式。SPI 接口的工作状态还与其他控制位有关,具体选择方法如表 15-3-1 所示。

表 15-3-1　SPI 接口的工作模式

SPEN	SSIG	$\overline{SS}$	MSTR	SPI 模式	MISO	MOSI	SCLK	备注
0	X	P1.2	X	禁止	P1.4	P1.3	P1.5	SPI 信号引脚作为普通 I/O 使用
1	0	0	0	从机	输出	输入	输入	选择为从机
1	0	1	0	从机(未选中)	高阻	输入	输入	未被选中,MISO 引脚处于高阻状态,以避免总线冲突
1	0	0	1→0	从机	输出	输入	输入	$\overline{SS}$配置为输入或准双向口,SSIG 为 0。如果选择$\overline{SS}$为低电平,则被选择为从机;当$\overline{SS}$变为低电平时,自动清零 MSTR 控制位
1	0	1	1	主(空闲)	输入	高阻	高阻	当主机空闲时,MOSI 和 SCLK 为高阻状态,以避免总线冲突。用户必须将 SCLK 上拉或下拉(根据 CPOL 确定),以避免 SCLK 出现悬浮状态
				主(激活)		输出	输出	主机激活时,MOSI 和 SCLK 为强推挽输出
1	1	P1.2	0	从机	输出	输入	输入	
			1	主机	输入	输出	输出	

（5）CPOL：SPI 时钟信号极性选择位。若 CPOL＝1，SPI 空闲时，SCLK 为高电平，SCLK 的前跳变沿为下降沿，后跳变沿为上升沿；若 CPOL＝0，SPI 空闲时，SCLK 为低电平，SCLK 的前跳变沿为上升沿，后跳变沿为下降沿。

（6）CPHA：SPI 时钟信号相位选择位。若 CPHA＝1，SPI 数据由前跳变沿驱动到口线，后跳变沿采样；若 CPHA＝0，当 $\overline{SS}$ 引脚为低电平（且 SSIG 为 0 时），数据被驱动到口线，并在 SCLK 的后跳变沿被改变，在 SCLK 的前跳变沿被采样。注意：SSIG 为 1 时，操作未定义。

（7）SPR1、SPR0：主模式时，SPI 时钟速率选择位。00：$f_{SYS}/4$；01：$f_{SYS}/16$；10：$f_{SYS}/64$；11：$f_{SYS}/128$。

2. SPI 状态寄存器 SPSATA

SPSATA 寄存器记录了 SPI 接口的传输完成标志与写冲突标志，具体格式如下所示。

	地址	D7	D6	D5	D4	D3	D2	D1	D0	复位值
SPSATA	CDH	SPIF	WCOL	—	—	—	—	—	—	00xx xxxx

（1）SPIF：SPI 传输完成标志。当一次传输完成时，SPIF 置位。此时，如果 SPI 中断允许，向 CPU 申请中断。当 SPI 处于主模式且 SSIG＝0 时，如果 $\overline{SS}$ 为输入且为低电平，SPIF 也将置位，表示"模式改变"（由主机模式变为从机模式）。

SPIF 标志通过软件向其写"1"而清零。

（2）WCOL：SPI 写冲突标志。当一个数据还在传输，又向数据寄存器 SPDAT 写入数据时，WCOL 被置位。WCOL 标志通过软件向其写"1"而清零。

3. SPI 数据寄存器 SPDAT

SPDAT 数据寄存器的地址是 CFH，用于保存通信数据字节。

4. 与 SPI 中断管理有关的控制位

（1）SPI 中断允许控制位 ESPI：位于 IE2 寄存器的 B1 位。"1"表示允许，"0"表示禁止。

（2）SPI 中断优先级控制位 PSPI：PSPI 位于 IP2 的 B1 位。利用 PSPI，可以将 SPI 中断设置为 2 个优先等级。

三、SPI 接口的数据通信

1. SPI 接口的数据通信方式

IAP15W4K58S4 单片机 SPI 接口的数据通信有 3 种方式：单主机—单从机方式、双器件方式（器件可互为主机和从机）和单主机—多从机方式。

1）单主机—单从机方式

单主机—单从机方式的连接如图 15-3-2 所示。

在图 15-3-2 中，从机的 SSIG 为 0，$\overline{SS}$ 用于选择从机。SPI 主机可使用任何端口位（包括 $\overline{SS}$）来控制从机的 $\overline{SS}$ 脚。主机 SPI 与从机 SPI 的 8 位移位寄存器连接成一个循环的

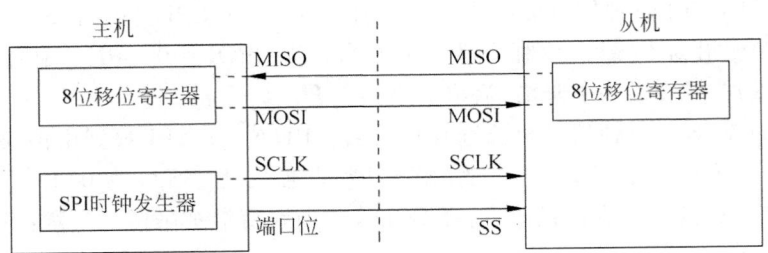

图 15-3-2　SPI 接口的单主机—单从机方式

16 位移位寄存器。当主机程序向 SPDAT 写入 1 字节时,立即启动一个连续的 8 位移位通信过程:主机的 SCLK 引脚向从机的 SCLK 引脚发出一串脉冲,在这串脉冲的驱动下,主机 SPI 的 8 位移位寄存器中的数据移到从机 SPI 的 8 位移位寄存器中。与此同时,从机 SPI 的 8 位移位寄存器中的数据移到主机 SPI 的 8 位移位寄存器中。因此,主机既可向从机发送数据,又可读取从机中的数据。

　　2) 双器件方式

　　双器件方式也称为互为主从方式,连接方式如图 15-3-3 所示。

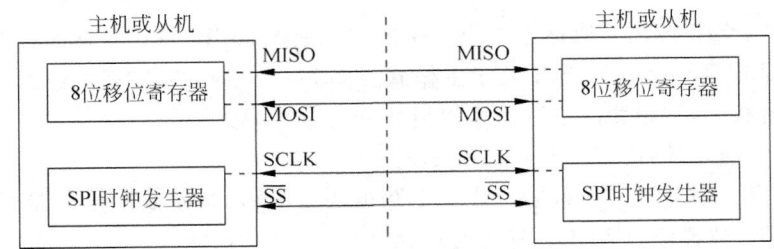

图 15-3-3　SPI 接口的双器件方式

　　在图 15-3-3 中可以看出,两个器件可以互为主从机。当没有发生 SPI 操作时,两个器件都可配置为主机,将 SSIG 清零,并将 P1.2($\overline{\text{SS}}$)配置为准双向模式。当其中一个器件启动传输时,可将 P1.2($\overline{\text{SS}}$)配置为输出,并输出低电平,强制另一个器件变为从机。

　　双方初始化时,将自己设置成忽略 $\overline{\text{SS}}$ 脚的 SPI 从模式。当一方要主动发送数据时,先检测 $\overline{\text{SS}}$ 脚的电平。如果 $\overline{\text{SS}}$ 脚是高电平,将自己设置成忽略 $\overline{\text{SS}}$ 脚的主模式。通信双方平时将 SPI 置成没有被选中的从模式。在该模式下,MISO、MOSI、SCLK 均为输入,当多个 MCU 的 SPI 接口以此模式并联时,不会发生总线冲突。这种特性在互为主从、一主多从等应用中很有用。

　　注意,互为主从模式时,双方的 SPI 速率必须相同。如果使用外部晶体振荡器,双方的晶体频率也要相同。

　　3) 单主机—多从机方式

　　单主机—多从机方式的连接如图 15-3-4 所示。

　　在图 15-3-4 中,从机的 SSIG 为 0,从机通过对应的 $\overline{\text{SS}}$ 信号被选中。SPI 主机可使用任何端口位(包括 P1.4)来控制从机的 $\overline{\text{SS}}$ 输入。

　　IAP15W4K58S4 单片机进行 SPI 通信时,主机和从机的选择由 SPEN、SSIG、$\overline{\text{SS}}$ 引脚

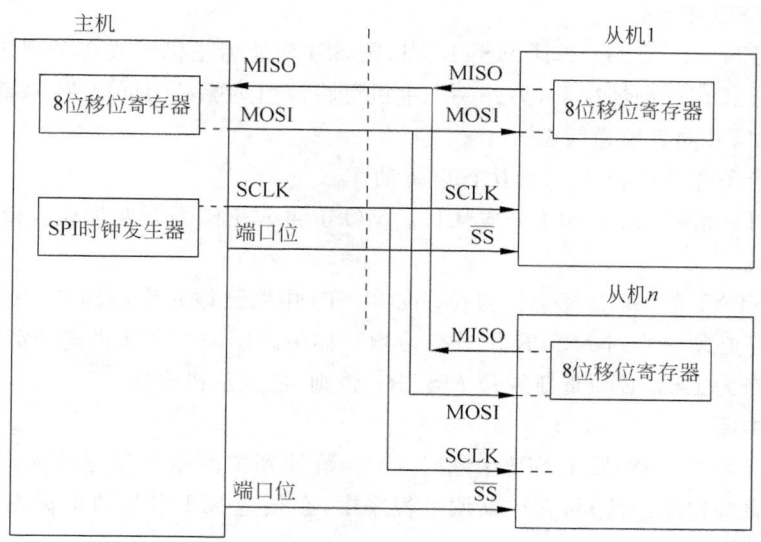

图 15-3-4　SPI 接口的单主机—多从机方式

（P1.2）和 MSTR 联合控制，如表 15-3-1 所示。

2. SPI 接口的数据通信过程

作为从机时，若 CPHA＝0，则 SSIG 必须为 0，$\overline{SS}$引脚必须取反，并且在每个连续的串行字节之间重新设置为高电平。如果 SPDAT 寄存器在$\overline{SS}$有效（低电平）时执行写操作，将导致一个写冲突错误，WCOL 标志被置 1。CPHA＝0 且 SSIG＝0 时的操作未定义。

当 CPHA＝1 时，SSIG 可以为 1 或 0。如果 SSIG＝0，则$\overline{SS}$引脚可在连续传输之间保持有效（即一直为低电平）。当系统中只有一个 SPI 主机和一个 SPI 从机时，这是首选配置。

在 SPI 中，传输总是由主机启动。如果 SPI 使能（SPEN 为 1），主机对 SPI 数据寄存器的写操作将启动 SPI 时钟发生器和数据传输。在数据写入 SPDAT 之后的半个到一个 SPI 位时间后，数据将出现在 MOSI 引脚。

需要注意的是，主机可以通过将对应器件的$\overline{SS}$引脚驱动为低电平，实现与之通信。写入主机 SPDAT 寄存器的数据从 MOSI 引脚移出，发送到从机的 MOSI 引脚。同时，从机 SPDAT 寄存器的数据从 MISO 引脚移出，发送到主机的 MISO 引脚。传输完 1 字节后，SPI 时钟发生器停止，传输完成标志 SPIF 置位，并向 CPU 申请中断（SPI 中断允许时）。主机和从机 SPI 的两个移位寄存器可以看作一个 16 位循环移位寄存器。当数据从主机移位传送到从机的同时，数据以相反的方向移入。这意味着在一个移位周期中，主机和从机的数据相互交换。

接收数据时，接收到的数据传送到一个并行读数据缓冲区，从而释放移位寄存器，以便接收下一个数据。但必须在下一个字符完全移入之前从数据寄存器读出接收到的数据，否则，前一个接收数据将丢失。

3. 通过SS改变模式

如果 SPEN＝1，SSIG＝0 且 MSTR＝1，则 SPI 使能为主机模式。SS引脚可配置为输入或准双向模式。这种情况下，另外一个主机可将该引脚驱动为低电平，从而将该器件选择为 SPI 从机，并向其发送数据。

为了避免争夺总线，SPI 系统执行以下动作。

(1) MSTR 清零，强迫 SPI 变成从机。MOSI 和 SCLK 强制变为输入模式，而 MISO 变为输出模式。

(2) SPSTAT 的 SPIF 标志位置位。如果 SPI 中断已被允许，则向 CPU 申请中断。

用户程序必须一直对 MSTR 位进行检测。如果该位被一个从机选择清零，而用户想继续将 SPI 作为主机，必须重新置位 MSTR；否则，进入从机模式。

4. SPI 中断

如果允许 SPI 中断，发生 SPI 中断时，CPU 跳转到中断服务程序的入口地址 004BH 处执行中断服务程序。注意，在中断服务程序中，必须把 SPI 中断请求标志清零（通过写"1"实现）。

5. 写冲突

SPI 在发送时为单缓冲，在接收时为双缓冲。这样，在前一次发送尚未完成之前，不能将新的数据写入移位寄存器。当发送过程中对数据寄存器执行写操作时，WCOL 位将置位，指示数据冲突。在这种情况下，当前发送的数据继续发送，新写入的数据将丢失。

当对主机或从机进行写冲突检测时，主机发生写冲突的情况很罕见，因为主机拥有数据传输的完全控制权。但从机有可能发生写冲突，因为当主机启动传输时，从机无法控制。

WCOL 可通过软件向其写入"1"来清零。

6. 数据格式

时钟相位控制位 CPHA 用于设置采样和改变数据的时钟边沿，时钟极性控制位 CPOL 用于设置时钟极性。对于不同的 CPHA，主机和从机对应的数据格式如图 15-3-5～图 15-3-8 所示。

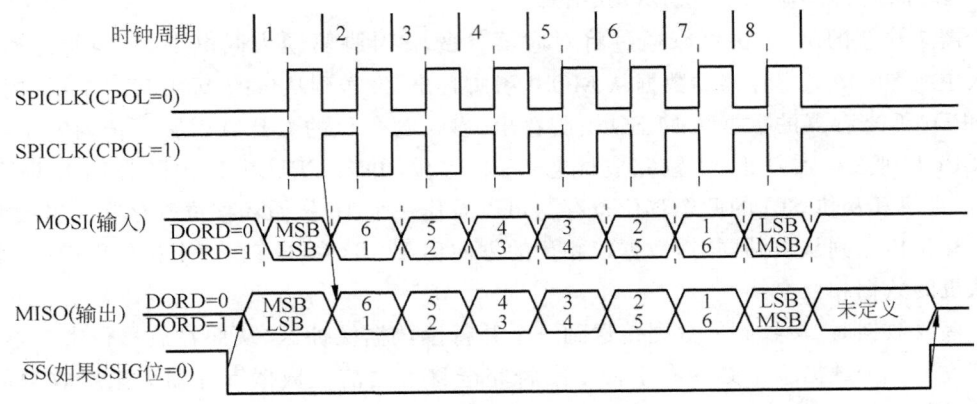

图 15-3-5　CPHA＝0 时的 SPI 从机传输格式

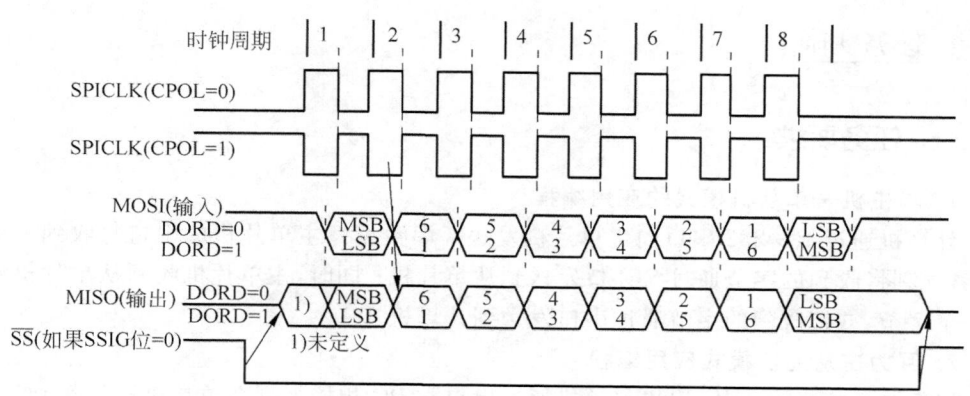

图 15-3-6　CPHA＝1 时的 SPI 从机传输格式

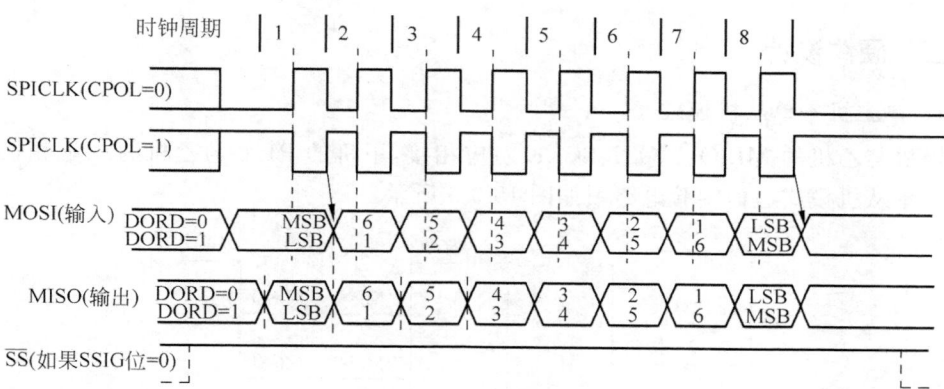

图 15-3-7　CPHA＝0 时的 SPI 主机传输格式

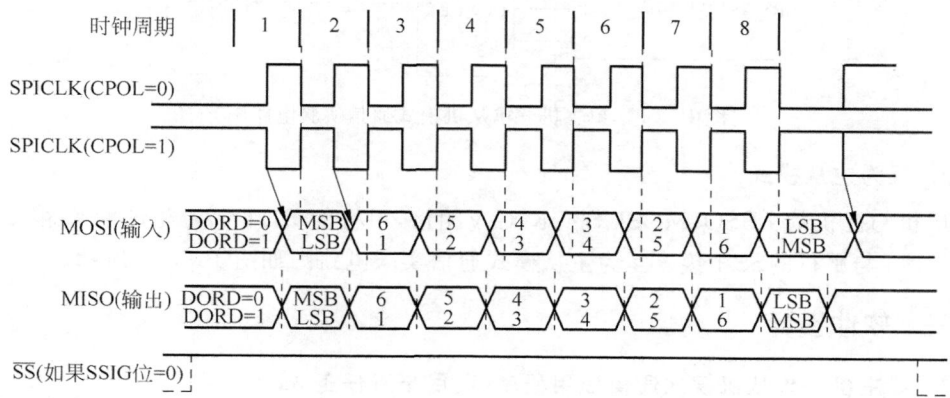

图 15-3-8　CPHA＝1 时的 SPI 主机传输格式

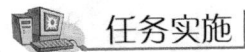 任务实施

一、任务要求

1. 单主机—单从机模式的应用编程

计算机通过 RS-232 串口向主单片机发送一串数据。主单片机的串口每收到一个字节,就立刻将收到的字节通过 SPI 口发送到从单片机;同时,主单片机收到从单片机发回的一个字节,并把收到的字节通过串口发送到计算机。

2. 互为主从通信模式应用编程

甲机与乙机互为主从,甲机与乙机通过串口与 PC 相接。哪个单片机接收到 PC 发来的数据,就被设置为主机,并选择对方为从机,然后发送数据给从机,将从机回转的数据发回 PC。

二、硬件设计

1. 单主机—单从机模式

甲机与乙机的 MISO、MOSI、SCLK 对应相接,甲机的 P1.6 与乙机的 $\overline{SS}$ 端相接。单主机—单从机模式通信实验电路图如图 15-3-9 所示。

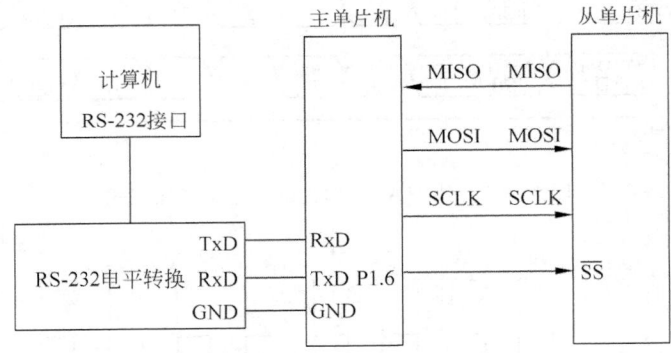

图 15-3-9 单主机—单从机模式通信实验电路图

2. 互为主从模式

甲机与乙机的 MISO、MOSI、SCLK 对应相接,甲机的 P1.6 与乙机的 $\overline{SS}$ 端相接。乙机的 P1.6 与甲机的 $\overline{SS}$ 相接。互为主从模式通信实验电路图如图 15-3-10 所示。

三、软件设计

1. 单主机—单从机模式通信应用程序(项目十五任务 3a. c)

从单片机的 SPI 口收到数据后,把收到的数据放到自己的 SPDAT 寄存器中。当下一次主单片机发送一个字节时,把数据发回到主单片机。

PC 应用 STC-ISP 下载软件的串行助手发送与接收串行数据。

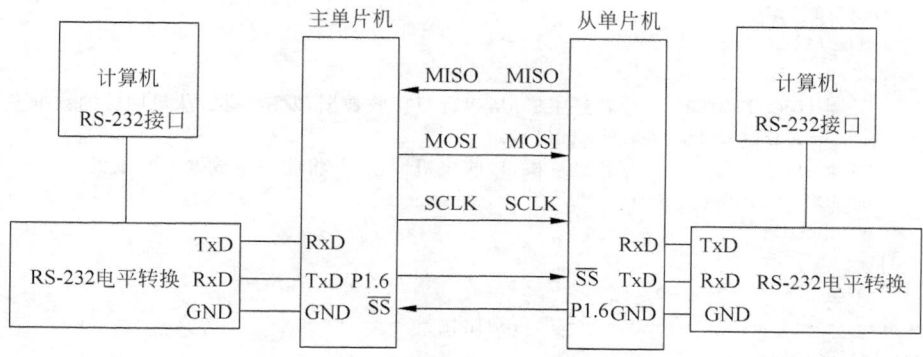

图 15-3-10　互为主从模式通信实验电路

单片机时钟频率为 18.432MHz，计算机 RS-232 串口波特率设置为 57600b/s。

当 CPU 时钟不分频，波特率倍增位 SMOD 取 0，波特率为 57600b/s 时的重装时间常数为 F6H。在主机程序中，使用查询方法查询 UART 是否接收到数据，采用查询方式接收 SPI 数据。

```c
# include "stc15.h"
# define  MASTER
# define  FOSC          18432000L
# define  BAUD          (256 - FOSC / 32 / 115200)
typedef  unsigned  char  BYTE;
typedef  unsigned  int   WORD;
typedef  unsigned  long  DWORD;
/* --------------------------- 定义 SPI 控制位 --------------------------- */
# define  SPIF     0x80          //SPSTAT.7
# define  WCOL     0x40          //SPSTAT.6
# define  SSIG     0x80          //SPCTL.7
# define  SPEN     0x40          //SPCTL.6
# define  DORD     0x20          //SPCTL.5
# define  MSTR     0x10          //SPCTL.4
# define  CPOL     0x08          //SPCTL.3
# define  CPHA     0x04          //SPCTL.2
# define  SPDHH    0x00          //f_sys/4
# define  SPDH     0x01          //f_sys/16
# define  SPDL     0x02          //f_sys/64
# define  SPDLL    0x03          //f_sys/128
sbit    SPISS = P1 ^6;          //SPI 从机选择控制引脚
void    InitUart();             //UART 初始化
void    InitSPI();              //SPI 初始化
void    SendUart(BYTE dat);     //串行口发送子函数
BYTE    RecvUart();             //串行口接收子函数
BYTE    SPISwap(BYTE dat);      //SPI 主机与从机间的数据交换
/* --------------------------- 主函数 --------------------------- */
void main()
{
    InitUart();
```

```
        InitSPI();
        while (1)
        {
            #ifdef MASTER      //若是主机,从串行口接收数据,发给从机,从机回转的数据发给串口
            SendUart(SPISwap(RecvUart()));
            #else              //若是从机,接收主机数据,并将前一个数据发回主机
            ACC = SPISwap(ACC);
            #endif
        }
    }
/* ----------------------- 串口初始化 ----------------------- */
void InitUart()
{
    SCON = 0x5a;
    TMOD = 0x20;
    AUXR = 0x40;
    TH1 = TL1 = BAUD;
    TR1 = 1;
}
/* ----------------------- SPI 接口初始化 ----------------------- */
void InitSPI()
{
    SPDAT = 0;
    SPSTAT = SPIF | WCOL;
    #ifdef MASTER
    SPCTL = SPEN | MSTR;   //主机模式
    #else
    SPCTL = SPEN;          //从机模式
    #endif
}
/* ----------------------- 串口发送 ----------------------- */
void SendUart(BYTE dat)    //串口发送
{
    while (!TI);
    TI = 0;
    SBUF = dat;
}
/* ----------------------- 串口接收 ----------------------- */
BYTE RecvUart()            //串口接收
{
    while (!RI);
    RI = 0;
    return SBUF;
}
/* ----------------------- SPI 主机与 SPI 从机数据交换 ----------------------- */
BYTE SPISwap(BYTE dat)
{
    #ifdef  MASTER
    SPISS = 0;                          //拉低从机的SS电平
```

```
#endif
SPDAT = dat;                    //触发 SPI 发送
while (!(SPSTAT & SPIF));       //等待发送完成
SPSTAT = SPIF | WCOL;           //清零发送标志
#ifdef   MASTER
SPISS = 1;                      //拉高从机的SS电平
#endif
return SPDAT;                   //返回接收到的 SPI 数据
}
```

2. 互为主从模式通信应用程序(项目十五任务 3b. c)

单片机时钟频率为 18.432MHz,计算机 RS-232 串口波特率设置为 57600b/s。

单片机时钟频率与计算机 RS-232 串口采用的波特率同上一个任务,因此,T1 波特率发生器的重装时间常数也为 F6H。

```
#include "stc15.h"
#define  FOSC      18432000
#define  BAUD      0xfb        //(256 - FOSC / 32 / 115200)
typedef  unsigned  char  BYTE;
typedef  unsigned  int   WORD;
typedef  unsigned  long  DWORD;
/* -------------------------- 定义 SPI 控制位 -------------------------- */
#define  SPIF      0x80        //SPSTAT.7
#define  WCOL      0x40        //SPSTAT.6
#define  SSIG      0x80        //SPCTL.7
#define  SPEN      0x40        //SPCTL.6
#define  DORD      0x20        //SPCTL.5
#define  MSTR      0x10        //SPCTL.4
#define  CPOL      0x08        //SPCTL.3
#define  CPHA      0x04        //SPCTL.2
#define  SPDHH     0x00        //f_sys/4
#define  SPDH      0x01        //f_sys/16
#define  SPDL      0x02        //f_sys/64
#define  SPDLL     0x03        //f_sys/128
sbit  SPISS = P1^6;            //SPI 从机选择控制引脚
#define  ESPI      0x02
void  InitUart();             //UART 初始化
void  InitSPI();              //SPI 初始化
void  SendUart(BYTE dat);     //串行口发送子函数
BYTE  RecvUart();             //串行口接收子函数
bit  MSSEL                    //SPI 主、从机标志位,"1"表示主机,"0"表示从机
/* -------------------------- 主函数 -------------------------- */
void main()
{
    InitUart();
    InitSPI();
    IE2 |= ESPI;
    EA = 1;
    while (1)
```

```
    {
        if(RI)                                  //若是从串行口接收数据,即设为主机
        {
            SPCTL = SPEN|MSTR                   //设为主机
            MSSEL = 1;                          //设主机标志
            ACC = RecvUart();                   //接收串行数据
            SPISS = 0;                          //拉低从机的/SS
            SPDAT = ACC;                        //触发 SPI 发送数据
        }
    }
}
/* ------------------------ ----- SPI 中断函数 --------------------- ---- */
void  spi_isr( ) interrupt 9 using 1
{
    SPSTAT = SPIF | WCOL
    if(MSSEL)                                   //若是主机,设置回从机模式,并将 SPI 数据发给 PC
    {
        SPCTL = SPEN;
        MSSEL = 0;
        SPISS = 1;
        SendUart(SPDAT);
    }
    else                                        //若为从机,返回 SPI 接收数据
    {
        SPDAT = SPDAT;
    }
}
/* -------------------------- 串口初始化 --------------------- */
void InitUart()
{
    SCON = 0x5a;
    TMOD = 0x20;
    AUXR = 0x40;
    TH1 = TL1 = BAUD;
    TR1 = 1;
}
/* ------------------------ SPI 接口初始化 --------------------- */
void InitSPI()
{
    SPDAT = 0;
    SPSTAT = SPIF | WCOL;
    SPCTL = SPEN;                               //从机模式
}
/* ------------------------ 串口发送 --------------------- */
void SendUart(BYTE dat)
{
    while (!TI);
    TI = 0;
    SBUF = dat;
```

```
}
/* ------------------------------- 串口接收 ------------------------------- */
BYTE RecvUart()
{
    while (!RI);
    RI = 0;
    return SBUF;
}
```

四、硬件连线与调试

（1）用 USB 线将 PC 与 STC15W4K32S4 系列单片机实验箱相连接，并按图 15-3-9 所示连接电路。

（2）用 Keil C 编辑、编译程序项目十五任务 3a.c，生成机器代码文件项目十五任务 3a.hex，并下载到 STC15W4K32S4 系列单片机实验箱单片机中。

（3）从 PC 发送数据，观察接收到的数据，调试程序项目十五任务 3a.hex。

（4）按图 15-3-10 所示连接电路。

（5）用 Keil C 编辑、编译程序项目十五任务 3b.c，生成机器代码文件项目十五任务 3b.hex，并下载到 STC15W4K32S4 系列单片机实验箱单片机中；

（6）从 PC 发送数据，并观察接收到的数据。

任务拓展

设计一个"一主机四从机"的 SPI 接口系统。主机从 4 路模拟通道输入数据，实现定时巡回检测，并将 4 路检测数据分别送 4 个从机。要求从 P2 口输出，用 LED 显示检测数据。画出电路原理图，编写程序。

习　题

一、填空题

1. I²C 串行总线有 2 根双向信号线，一根是_____，另一根是_____。

2. I²C 串行总线是一个_____总线，总线上可以有一个或多个主机，总线运行由_____控制。

3. I²C 串行总线的 SDA 和 SCL 是双向的，连接时均通过_____接正电源。

4. 根据 I²C 串行总线协议的规定，SCL 为高电平期间，SDA 线由高电平向低电平的变化表示_____信号；SCL 为高电平期间，SDA 线由低电平向高电平的变化表示_____信号；I²C 串行总线进行数据传输时，时钟信号为高电平期间，数据线的数据必须保持_____。

5. I²C 串行总线协议规定，在起始信号后必须传送一个控制字节，高 7 位为_____的地址，最低位表示数据的传送方向，用_____表示主机发送数据，用_____表示主机接收数据。无论是主机还是从机，接收完 1 字节数据后，都需要向对方发送一个_____信号，_____表示应答。

6. PCF8563 芯片 03H 寄存器存储的数据是_____，数据格式是_____。

7. PCF8563 芯片 02H 寄存器存储的数据是秒数据。其中，最高位为 1 时，表示_____。

8. PCF8563 芯片 09H 寄存器存储的数据是_____。其中，最高位用于_____。

9. 单总线适用于_____主机系统，能够控制一个或多个从机设备。

10. 单总线只有一根数据线，通常要求外接一个约 4.7kΩ 的_____。主机与从机的通信通过 3 个步骤完成，分别为_____、_____和_____。主机访问单总线器件必须严格遵循单总线命令序列，即_____、_____和_____。

11. 单总线复位与应答信号中，复位信号由主机发出，通过拉低单总线_____μs 来产生复位脉冲；应答信号由从机发出，通过拉低单总线至少_____μs 来产生应答脉冲。

12. 在单总线中，所有的读、写时序至少需要_____μs，且每两个独立的时序之间需要_____μs 恢复时间。读、写时序均始于主机_____总线。

二、选择题

1. PCF8563 芯片 02H 寄存器是秒信号单元，当读取 02H 单元内容为 95H 时，说明秒信号值为_____s。
   A. 21 　　　B. 15 　　　C. 95 　　　D. 149

2. PCF8563 芯片 09H 寄存器是分报警信号存储单元。当写入 95H 时，代表的含义是_____。
   A. 允许报警，分报警时间是 15min 　　　B. 禁止分报警
   C. 允许报警，分报警时间是 21min 　　　D. 允许报警，分报警时间是 14min

3. PCF8563 芯片 07H 寄存器是月/世纪存储单元，08H 寄存器是年存储单元。当读取 07H、08H 单元内容分别为 86H、15H 时，代表的含义是_____。
   A. 2015 年 6 月 　B. 1915 年 6 月 　C. 2021 年 6 月 　D. 1921 年 6 月

4. 在 DS18B20 数字温度计中，读取的温度数据为 07D0H，说明测量温度为_____℃。
   A. +125 　　　B. +85 　　　C. +120 　　　D. +65

5. 在 DS18B20 数字温度计中，读取的温度数据为 F998H，说明测量温度为_____℃。
   A. +102.5 　　B. +66.5 　　C. -102.5 　　D. -66.5

6. DS18B20 数字温度计配置寄存器设置为 7FH 时，测量分辨率为_____位。
   A. 9 　　　B. 10 　　　C. 11 　　　D. 12

7. CCH ROM 指令代表的含义是_____。
   A. 读 ROM 　　B. 符合 ROM 　　C. 搜索 ROM 　　D. 跳过 ROM

8. BEH RAM 指令代表的含义是_____。
   A. 启动温度转换 　B. 读暂存器 　C. 写暂存器 　D. 复制暂存器

三、判断题

1. I^2C 串行总线适用于多主机系统,单总线仅适用于单主机系统。 （　　）

2. I^2C 串行总线与单总线都适用于多主机系统。 （　　）

3. 每个 I^2C 串行总线器件都有唯一的地址。 （　　）

4. 每个单总线器件都有唯一的地址。 （　　）

5. PCF8563 器件 $\overline{INT}$ 引脚仅是时间报警的中断请求信号输出端。 （　　）

6. 当 DS18B20 器件启动读命令后,读取的第 1 个字节数据是温度数据的低 8 位。 （　　）

7. 当 DS18B20 器件启动写命令后,写入的第 1 个字节数据应写到暂存器的配置寄存器中。 （　　）

8. IAP15W4K58S4 单片机 SPI 接口在主、从模式中传输速率都高达 3Mb/s。 （　　）

9. IAP15W4K58S4 单片机 SPI 接口在从模式时,建议传输速率在 $f_{SYS}/4$ 以下。 （　　）

10. IAP15W4K58S4 单片机 SPI 接口的中断优先级固定为低优先级。 （　　）

四、问答题

1. 描述 I^2C 串行总线主机向无子地址从机发送数据的工作流程。

2. 描述 I^2C 串行总线主机从无子地址从机读取数据的工作流程。

3. 描述 I^2C 串行总线主机向有子地址从机发送数据的工作流程。

4. 描述 I^2C 串行总线主机从有子地址从机读取数据的工作流程。

5. 描述 I^2C 串行总线起始信号、终止信号、有效传输数据信号的时序要求。

6. 简述 PCF8563 器件 $\overline{INT}$ 引脚的功能。

7. 简述 DS18B20 器件温度数据的格式。

8. 简述 DS18B20 器件暂存器的存储结构。

9. 简述 DS18B20 器件 ROM 与 RAM 指令的作用。

10. DS18B20 的测量范围是什么?有几种测量分辨率,其对应的转换时间为多少?

11. DS18B20 的温度数据存放在高速暂存器的什么位置?温度数据的存放格式是什么?

12. 简述 IAP15W4K58S4 单片机 SPI 接口数据通信的工作模式。

五、程序设计题

1. 利用 PCF8563 器件,编程实现整点报时功能。

2. 利用 PCF8563 器件,编程实现秒信号输出。

3. 利用 PCF8563 器件,编程倒计时秒表,回零时声光报警。倒计时时间用 LED 数码管显示。

4. 编程读取 DS18B20 器件的地址,并用 LCD12864 模块显示。

项目十六 ──────────────────────── Project 16

无线传输模块与应用编程

本项目主要介绍日常生活中常见的无线遥控、红外遥控以及超声波测距等无线传输模块的应用。

知识点：

◆ 红外的基本知识与红外遥控的基本原理。

◆ 无线编码遥控的基本知识。

◆ 超声波的基本知识。

◆ 超声波测距的基本原理。

◆ 通用编码红外发射模块的基本信号。

技能点：

◆ 红外发射与接收的应用编程。

◆ 无线编码遥控发射与接收模块的基本信号关系与应用编程。

◆ 超声波测距模块的基本输入/输出与应用编程。

教学法：

通过列举生活中无线遥控家用电器的便利性，激发学生对无线遥控的兴趣，引导学生探讨无线遥控的基本知识与应用编程。

任务 1　红 外 计 数

任务说明

红外线是波长在 770nm～1mm 之间的电磁波，其频率高于微波而低于可见光，是一种人眼看不到的光线。由于红外线的波长较短，对障碍物的衍射能力差，所以更适合应用在需要短距离无线通信的场合，进行点对点直线数据传输。

红外数据协会(IRDA)将红外数据通信采用的光波波长范围限定在 850～1000nm 之

内。红外传感器一般通过红外线信号的发送和接收来感知事件,可以直接点对点传输,也可以是编码传输。本任务中主要学习利用点对点传输来感知事物的存在。

 相关知识

一、红外概述

红外是一种无线通信方式,可以实现无线数据传输。自 1974 年发明以来,红外得到很普遍的应用,如红外线鼠标、红外线打印机、红外线键盘等等。红外传输是一种点对点传输方式,无线,不能离得太远,要对准方向,且中间不能有障碍物,也就是不能穿墙而过,几乎无法控制信息传输的进度。IRDA 是一套标准,IR 收/发的组件也是标准化的。

1. 优点

使手机和电脑间可以无线传输数据;可以在同样具备红外接口的设备间交流信息;同时,红外接口可以省去下载或其他信息交流发生的费用;由于需要对接才能传输信息,安全性较强。

2. 缺点

通信距离短,通信过程中不能移动,遇障碍物通信中断。红外通信技术的主要目的是取代线缆连接进行无线数据传输,功能单一,扩展性差。

二、红外传感

红外传感器一般通过发送和接收红外线信号来感知事件。按结构形式,主要分为反射式和对射式。

1. 反射式光电传感器

图 16-1-1(a)所示是反射式光电传感器的检测原理。由发射管 TX 发射的红外线经被检测物表面反射,反射光被接收管 RX 接收。接收管将接收的红外线信号转换成电信号。

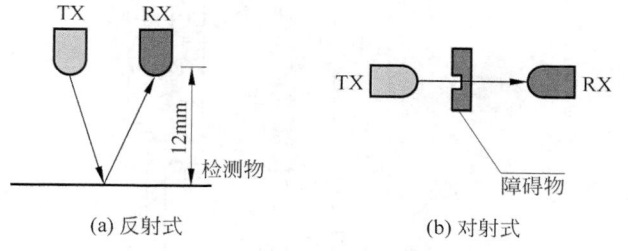

图 16-1-1　光电传感的工作类型

2. 对射式光电传感器

对射式光电传感器同样由红外线发射管、接收管组成,其检测原理如图 16-1-1(b)所示。发射管和接收管位于同一直线上,相距 10～20mm。当发射管和接收管之间没有障碍物阻挡时,发射管发出的红外线被接收管接收,然后转换成电信号,使接收管呈现一种状态;当它们之间有障碍物阻挡的时候,接收管就接收不到发射管发出的红外线信号,这时接收管呈现相反的状态。

任务实施

一、任务要求

在图书馆的入口利用红外光电开关来感知、统计进出图书馆的人数，并实时地显示出来。

二、硬件设计

采用 P3.7 控制红外发射电路，集成红外接收头接收信号，红外输出信号接 P1.5。无人通过时，输出低电平；有人通过时，输出高电平，采用 LCD12864 显示，电路如图 16-1-2 所示。

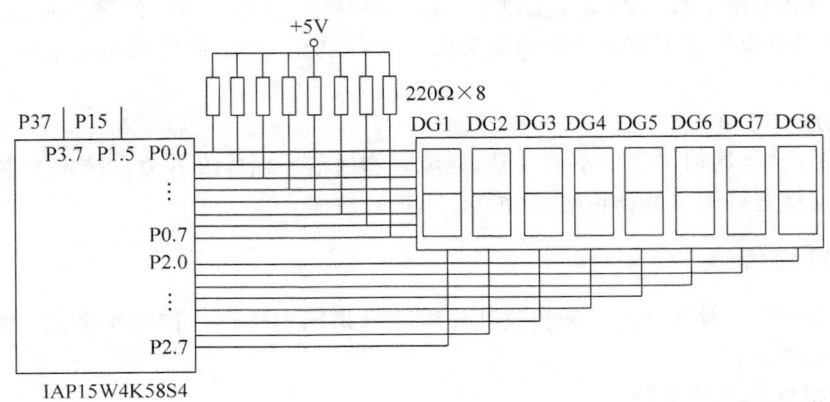

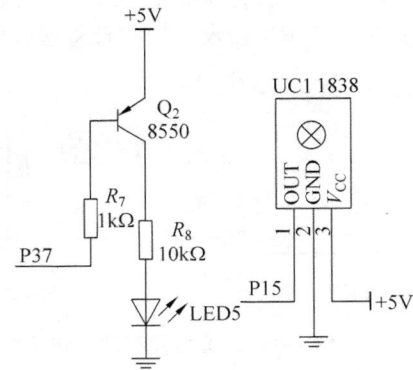

图 16-1-2　红外计数控制电路

三、项目十六任务 1 程序文件：项目十六任务 1.c

图书馆入馆人数由 LED 数码管显示，计数最大值为 65535。

```
#include<stc15.h>
```

```
# include < intrins. h >
# include < gpio. h >
# define uint unsigned int
# define uchar unsigned char
# include < display. h >
sbit tri = P3 ^7;
sbit rec = P1 ^5;
uint counter = 0;
/ * ---------------- 系统时钟为 11.0592MHz 时的 10ms 延时函数 ------------ * /
void Delay10ms()                //@11.0592MHz
{
    unsigned char i, j;
    i = 108;
    j = 145;
    do
    {
        while ( -- j);
    } while ( -- i);
}
/ * ---------------- 系统时钟为 11.0592MHz 时的 k × 10ms 延时函数 ------------ * /
void delay(uint k)
{
    uchar i;
    for( i = 0; i < k; i++)
    {
        Delay10ms();
    }
}
/ * ---------------- 红外计数 ------------ * /
void count()
{
    if(rec == 0)
    {
        delay(50);
        counter++;
        Dis_buf[0] = counter % 10;
        Dis_buf[1] = counter/10 % 10;
        Dis_buf[2] = counter/100 % 10;
        Dis_buf[3] = counter/1000 % 10;
        Dis_buf[4] = counter/10000 % 10;
        while(rec)display();
    }
}
/ * ---------------- 主函数 ------------ * /
void main()
{
    gpio();
    tri = 1;
    while(1)
```

```
    {
        count();
        display();
    }
}
```

四、硬件连线与调试

（1）用 USB 线将 PC 与 STC15W4K32S4 系列单片机实验箱相连接，并按图 16-1-2 所示连接电路。

（2）用 Keil C 编辑、编译程序项目十六任务 1. c，生成机器代码文件项目十六任务 1. hex。

（3）运行 STC-ISP 在线编程软件，将项目十六任务 1. hex 下载到 STC15W4K32S4 系列单片机实验箱单片机中。下载完毕，自动进入运行模式，观察数码管的显示结果并记录。

通过人为阻挡与连通红外传输通道，观察 LED 数码管显示情况。

 任务拓展

在图书馆出口安排一个红外开关，用来统计出馆人数。采用 LCD 显示屏实时显示入馆人数与在馆人数。

任务 2 红外遥控发送与接收

 任务说明

红外遥控广泛应用在电视、音响、空调等家用电器中。红外传输不仅仅是感受事物的存在与否，而要传输不同的编码来区分遥控信号的功能，接收机根据接收到的编码确定功能操作。本任务主要学习利用单片机来识别通用红外遥控器不同按键的编码值，其次学习利用单片机输出音乐信号。

 相关知识

1. 红外遥控技术介绍

红外遥控技术是红外技术、红外通信技术和遥控技术的结合。红外遥控技术一般采用红外光波段内的近红外线，波长在 $0.75 \sim 1.5 \mu m$ 之间。由于红外线的波长较短，对障碍物的衍射能力较差，无法穿透墙壁，所以红外遥控技术更适合应用在短距离直线控制的场合。也正是这样，放置在不同房间的家用电器可使用通用的遥控器而不会相互干扰。红外遥控所需传输的数据量较小，一般为几个至几十字节的控制码，传输距离一般小于

10m,广泛应用于电视机、机顶盒、DVD播放器、功放等家用电器的遥控。

通用红外遥控系统原理框图如图16-2-1所示,主要由发射和接收两大部分组成。发射部分由单片机芯片或红外遥控发射专用芯片实现编码和调制,红外发射电路实现发射;接收部分由一体化红外接收头电路实现接收和解调,单片机芯片实现解码。

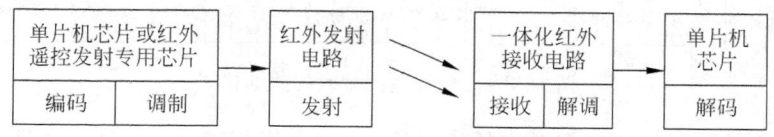

图 16-2-1 红外遥控系统原理框图

红外遥控发射专用芯片非常多,编码及调制频率不完全一样。下面以应用比较广泛的通用 HT6121 为例来说明。

2. 红外遥控发射部分原理

1)红外遥控二进制信号编码

红外遥控器发射的信号由一串"0"和"1"的二进制代码组成。不同的芯片对"0"和"1"的编码有所不同,通常有曼彻斯特(Manchester)编码和脉冲宽度编码(PPM)。家用电器使用的红外遥控器绝大部分是脉冲宽度编码,如图 16-2-2 所示。

图 16-2-2 脉冲宽度编码

2)红外遥控二进制信号调制

二进制信号的调制由发送单片机芯片或红外遥控发射专用芯片完成,把编码后的二进制信号调制成频率为 38kHz 的间断脉冲串,用二进制信号编码乘以频率为 38kHz 的脉冲信号得到,即调制后由红外发射二极管发送的信号。

通用红外遥控器常用的红外遥控发射专用芯片的载波频率为 38kHz,由发射端使用的 455kHz 陶瓷晶振决定。在发射端,对晶振整数分频,分频系数一般取 12,所以 $455 \div 12 \approx 38$(kHz)。

对于遥控器发射的红外遥控编码波形,"0"码由 0.56ms 的 38kHz 载波和 0.56ms 的无载波低电平组合而成,脉冲宽度为 1.125ms;"1"码由 0.56ms 的 38kHz 载波和 1.69ms 的无载波低电平组合而成,脉冲宽度为 2.25ms,如图 16-2-3 所示。

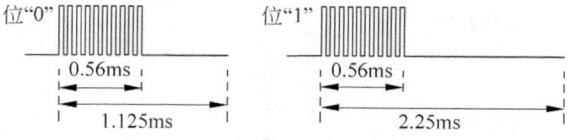

图 16-2-3 红外遥控编码的数据位定义

通用红外遥控器发出的一串二进制代码,按功能分为引导码、用户码 16 位、数据码 8 位、数据反码 8 位和结束位,编码共占 32 位,如图 16-2-4 所示。引导码由一个 9ms 的 38kHz 载波起始码和一个 4.5ms 的无载波低电平结果码组成;用户码由低 8 位和高 8 位组成,不同的遥控器有不同的用户码,避免不同设备产生干扰,用户码又称为地址码或系统码;数据码采用原码和反码方式重复发送,编码时用于对数据纠错;遥控器发射编码时,低位在前,高位在后。结束位是 0.56ms 的 38kHz 载波。

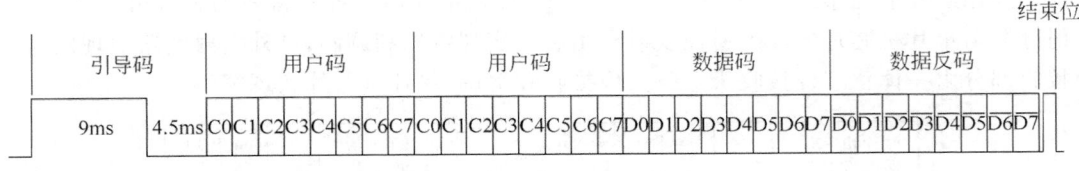

图 16-2-4 红外遥控编码的数据格式

通用红外遥控器的按键有对应的编码值,一般取值范围在 0~127 之间,在实际应用中代表不同的遥控功能。

如果使用单片机芯片实现调制,需要编写程序获得 38kHz 频率。对于 IAP15W4K58S4 单片机,一般通过定时器或 PCA 模块 CCP 功能得到 38kHz 调制频率。

3) 红外遥控二进制信号发射

发射部分典型应用电路原理图如图 16-2-5 所示,主要元件为红外发射二极管。它实际上是一只特殊的发光二极管,由于其内部材料不同于普通发光二极管,因而在其两端施加一定电压时,它发出的是红外线而不是可见光。常用的红外发射二极管发出的红外线波长为 940nm 左右,外形与普通发光二极管相同,一般是透明的圆形。

3. 红外遥控接收部分原理

1) 红外遥控的接收与解调

红外遥控接收采用一体化红外接收头,它将红外接收二极管、放大、解调、整形等电路集成在一起,具有体积小、抗干扰能力强等优点。红外接收头的封装主要有两种:一种采用铁皮屏蔽;另一种是塑料封装,均有三只引脚,即电源正(V_{CC})、电源负(GND)和数据输出(VO 或 OUT)。红外接收头的引脚排列因型号不同而不尽相同,可参考厂家的使用说明。红外接收典型应用电路如图 16-2-6 所示。

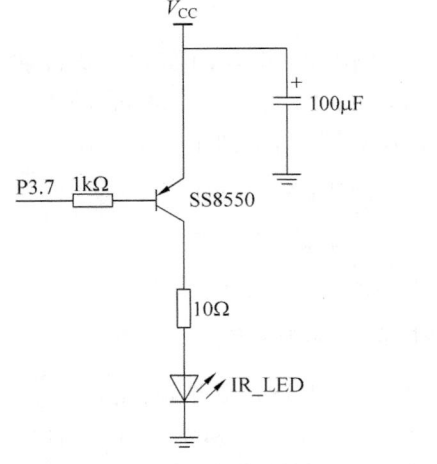

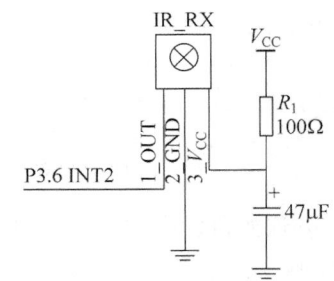

图 16-2-5 红外发射典型应用电路　　图 16-2-6 红外接收典型应用电路

一体化红外接收头内部电路包括红外监测二极管、放大器、限幅器、带通滤波器、积分电路、比较器等。红外监测二极管监测到红外信号,然后把信号送到放大器和限幅器。限幅器把脉冲幅度控制在一定的水平,而不论红外发射器和接收器的距离远近。交流信号进入带通滤波器。带通滤波器可以通过 30~60kHz 的负载波,通过解调电路和积分电路进入比较器。比较器输出高、低电平,还原出发射端的信号波形。红外接收头的信号输出端接单片机的外部中断 INT 引脚,单片机外部中断 INT 在红外脉冲下降沿产生中断。

2)红外遥控解码

二进制信号的解码由接收单片机完成。它把红外接收头送来的二进制编码波形通过解码,还原出发送端发送的数据,具体流程是:单片机在中断期间启动定时器 0 计数,直到下一个负脉冲到来,将计数结果取出处理。假设电路使用 12.000MHz 晶振,则定时器为 1μs 计数一次。理论上代码"0"的定时计数值为 1125(0x465),代码"1"的定时计数值为 2250(0x8ca),但考虑到单片机晶振的误差、中断的延时及遥控器晶振的误差,测到的结果不一定等于理论值,只要范围在 0x300~0x480,就认为是有效的"0"码,计数值在 0x700~0x8ee 之间的是有效的"1"码。

图 16-2-7 所示为红外接收解码软件设计流程图,红外遥控程序使用单片机外部中断 INT2 和定时器 T0。

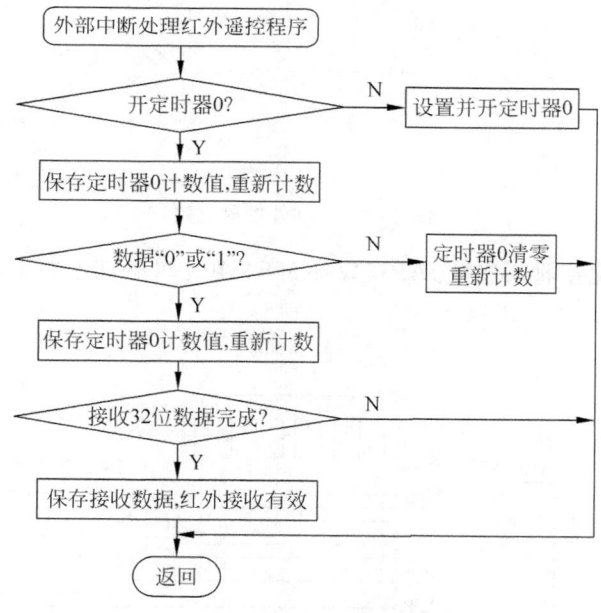

图 16-2-7　红外接收解码软件设计流程图

任务实施

一、任务要求

(1)利用 IAP15W4K58S4 单片机设计一个红外遥控器,模拟 HT6121/6122 及其兼容 IC 的编码,实现 2 个按键的编码、调制和发射。假设用户码为 0xC738,2 个按键编码值分别为 0x16 和 0x17。

（2）利用 IAP15W4K58S4 单片机设计一个红外遥控开关,通过数码管显示红外信号的用户码和数据码。当接收到遥控代码 0x16 和 0x17 时,分别控制 2 个 LED 的亮灭;同时设置 2 个按键,也用于控制 2 个 LED 的亮灭。

二、硬件设计

（1）红外遥控信号输出端口为 P3.7,红外发射硬件电路如图 16-2-8 所示。

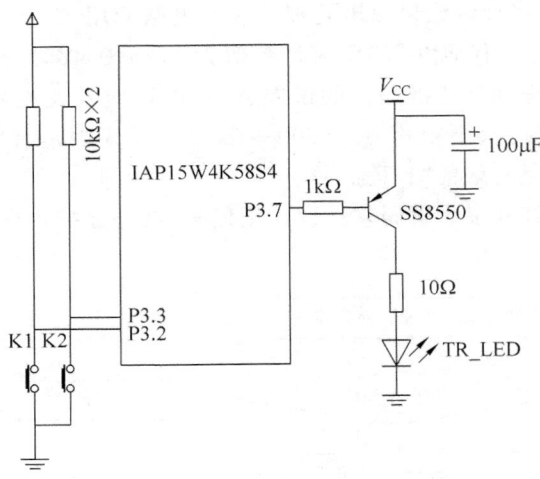

图 16-2-8　红外发射电路

（2）红外一体化接收头连接 IAP15W4K58S4 单片机外部中断 INT2(P3.6),红外接收硬件电路图如图 16-2-9 所示。

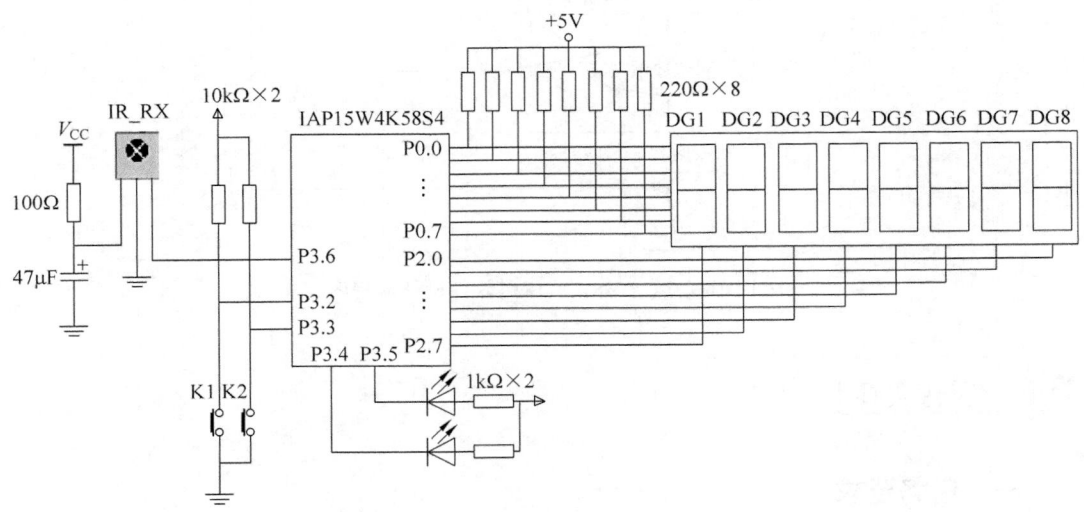

图 16-2-9　红外接收电路

三、软件设计

1. 红外发射程序：项目十六任务 2T. c

```
# include < stc15. h>            //包含单片机头文件
# include < gpio. h>            //包含初始化 I/O 端口头文件
unsigned int count;            //计数变量
unsigned int endcount;         //终止计数变量
unsigned char flag;            //红外发射标志位
unsigned char iraddr1 = 0x38;  //16 位地址低 8 位
unsigned char iraddr2 = 0xC7;  //16 位地址高 8 位
sbit Send = P3 ^ 7;            //红外发射输出
sbit k1 = P3 ^ 2;              //按键
sbit k2 = P3 ^ 3;              //按键
/ * --- 延时子程序 ------- * /
void Delay(unsigned int x)
{
    for(;x > 0;x -- );
}
/ * --- 发射红外代码 ------- * /
void SendIRdata(unsigned char p_irdata)
{
    unsigned char i;
    unsigned char irdata;
/ * --- 发射 9ms 的起始码 ------- * /
    endcount = 692;             //692 × 13μs = 8996μs≈9ms 发射 38kHz 载波
    flag = 1;
    count = 0;
    do{}while(count < endcount);
/ * --- 发射 4.5ms 的结果码 ------ * /
    endcount = 346;             //346 × 13μs = 4498μs≈4.5ms 发射无载波低电平
    flag = 0;
    count = 0;
    do{}while(count < endcount);
/ * --- 发射 16 位地址低 8 位 ------ * /
    irdata = iraddr1;
    for(i = 0;i < 8;i++)
    {
        endcount = 43;          //43 × 13μs = 559μs≈0.56ms 发射 38kHz 载波
        flag = 1;
        count = 0;
        do{}while(count < endcount);
        if(irdata - (irdata/2) * 2)   //判断发射 1 或 0
        {
            endcount = 129;     //129 × 13μs = 1677μs≈1.68ms 无载波低电平表示 1
        }
        else
```

```
        {
            endcount = 43;              //43×13μs = 559μs≈0.56ms 无载波低电平表示 0
        }
        flag = 0;
        count = 0;
        do{}while(count < endcount);
        irdata = irdata >> 1;
    }
/* --- 发射 16 位地址高 8 位 ------ */
    irdata = iraddr2;
    for(i = 0;i < 8;i++)
    {
        endcount = 43;                  //43×13μs = 559μs≈0.56ms 发射 38kHz 载波
        flag = 1;
        count = 0;
        do{}while(count < endcount);
        if(irdata - (irdata/2) * 2)     //判断发射 1 或 0
        {
            endcount = 129;             //129×13μs = 1677μs≈1.68ms 无载波低电平表示 1
        }
        else
        {
            endcount = 43;              //43×13μs = 559μs≈0.56ms 无载波低电平表示 0
        }
        flag = 0;
        count = 0;
        do{}while(count < endcount);
        irdata = irdata >> 1;
    }
/* --- 发射 8 位数据 ------ */
    irdata = p_irdata;
    for(i = 0;i < 8;i++)
    {
        endcount = 43;                  //43×13μs = 559μs≈0.56ms 发射 38kHz 载波
        flag = 1;
        count = 0;
        do{}while(count < endcount);

        if(irdata - (irdata/2) * 2)     //判断发射 1 或 0
        {
            endcount = 129;             //129×13μs = 1677μs≈1.68ms 无载波低电平表示 1
        }
        else
        {
            endcount = 43;              //43×13μs = 559μs≈0.56ms 无载波低电平表示 0
        }
        flag = 0;
        count = 0;
```

```
        do{}while(count < endcount);

        irdata = irdata >> 1;
    }
/* --- 发射 8 位数据的反码 ------ */
    irdata = ~p_irdata;
    for(i = 0;i < 8;i++)
    {
        endcount = 43;                    //43×13μs = 559μs≈0.56ms 发射 38kHz 载波
        flag = 1;
        count = 0;
        do{}while(count < endcount);

        if(irdata - (irdata/2) * 2)       //判断发射 1 或 0
        {
            endcount = 129;               //129×13μs = 1677μs≈1.68ms 无载波低电平表示 1
        }
        else
        {
            endcount = 43;                //43×13μs = 559μs≈0.56ms 无载波低电平表示 0
        }
        flag = 0;
        count = 0;
        do{}while(count < endcount);
        irdata = irdata >> 1;
    }
/* --- 发射一个停止位 ------ */
    endcount = 43;                        //43×13μs = 559μs≈0.56ms 发射 38kHz 载波
    flag = 1;
    count = 0;
    do{}while(count < endcount);
/* --- 再次发射引导码 ------ */
    endcount = 692;                       //692×13μs = 8996μs≈9ms 发射 38kHz 载波
    flag = 1;
    count = 0;
    do{}while(count < endcount);
    endcount = 346;                       //346×13μs = 4498μs≈4.5ms 发射无载波低电平
    flag = 0;
    count = 0;
    do{}while(count < endcount);
}
/* --- 主函数 ------ */
void main(void)
{
    gpio();                               //初始化 I/O 端口为准双向口
    count = 0;
    flag = 0;
    TMOD = 0x00;                          //设置定时器为模式 0(16 位自动重装载)
```

```
        TL0 = 0xF3;                     //设置定时初值
        TH0 = 0xFF;                     //设置定时初值
        TR0 = 1;                        //定时器 0 开始计时
        ET0 = 1;                        //使能定时器 0 中断
        EA = 1;                         //开总中断
        while(1)
        {
            if(k1 == 0)                 //按键
            {
                Delay(10000);
                if(k1 == 0)
                {
                    SendIRdata(0x45);   //发射红外代码 0x16
                    while(k1 == 0);     //等待按键松开
                }
            }
            if(k2 == 0)                 //按键
            {
                Delay(10000);
                if(k2 == 0)
                {
                    SendIRdata(0x47);   //发射红外代码 0x17
                    while(k2 == 0);     //等待按键松开
                }
            }
            Delay(200);
        }
    }
/* --- T0 中断函数 ------ */
void timeint(void) interrupt 1         //定时器 0 中断处理,13μs 中断一次
{
    count++;                           //13μs 计数变量加 1
    if (flag == 1)                     //红外发射标志位为 1,发射 38kHz 载波
    {
        Send = ~Send;                  //13μs 高电平,13μs 低电平,发射 38kHz 载波
    }
    else                               //红外发射标志位为 0,发射无载波低电平
    {
        Send = 1;                      //发射无载波低电平
    }
}
```

2. 红外接收程序：项目十六任务 2R.c

```
# include < stc15.h>                   //包含单片机头文件
# include < gpio.h>                    //包含初始化 I/O 端口头文件
# include < intrins.h>
# define uchar unsigned char
# define uint unsigned int
```

```
# include < display. h >                    //包含数码管显示头文件
unsigned char IR_UserH = 0;                 //用户码(地址)高字节
unsigned char IR_UserL = 0;                 //用户码(地址)低字节
unsigned char IR_data = 0;                  //数据码
unsigned char IR_data2 = 0;                 //数据反码
sbit k0 = P3 ^ 2;                           //按键
sbit k1 = P3 ^ 3;                           //按键
sbit out_0 = P3 ^ 4;                        //LED 输出显示
sbit out_1 = P3 ^ 5;                        //LED 输出显示
unsigned char code_length = 0;              //遥控代码位长度
unsigned long code_t = 0;                   //临时保存遥控代码
unsigned long code_tt = 0;                  //保存遥控代码
bit bdata code_right = 0;                    //接收代码是否正确标志位

unsigned char d_code_x(unsigned int t)//判断红外位是"0"或"1"子程序
{
    if(t < = 0x480 && t > = 0x300)          //0x300~0x480 之间为有效的"0"码
        return 0;
    else
    {
        if(t < = 0x8ee && t > = 0x700)      //0x700~0x8ee 之间为有效的"1"码
            return 1;
        else
            return 0xff;                    //错误
    }
}
/ * ----------- 接收代码 ------ * /
void receive_code() interrupt 10           //外部中断 INT2 下降沿触发接收代码
{
    unsigned int temp;
    unsigned long dd_code;
    if(TR0 == 0)
    {
        TH0 = TL0 = 0;
        TR0 = 1;
    }
    else
    {
        TR0 = 0;
        temp = TH0 * 256 + TL0;
        TH0 = TL0 = 0;
        TR0 = 1;
        dd_code = d_code_x(temp);
        if(dd_code == 0 || dd_code == 1)
        {
            code_t = code_t + (dd_code << code_length);
            code_length++;                  //遥控代码长度计数
        }
        else
        {
            if(code_length > = 32 && code_right == 0)
            {
                code_tt = code_t;
```

```
                        code_right = 1;          //红外代码正确
                    }
                    code_length = 0;             //遥控代码长度清零
                    code_t = 0;
                }
            }
        }
}
/* ----------- 主函数 ------ */
void main(void)
{
    gpio();                                      //初始化 I/O 端口为准双向口
    TMOD = 0x11;                                 //T0 定时方式 1,T1 定时方式 1
    INT_CLKO| = 0x10;                            //开外部中断 INT2,下降沿触发
    TR0 = 0;                                     //定时器 0 计数开关
    EA = 1;                                      //开 CPU 总中断 EA
    while(1)
    {
      IR_UserL = (unsigned char)(code_tt & 0xff);         //用户码低 8 位
      IR_UserH = (unsigned char)((code_tt >> 8) & 0xff);  //用户码高 8 位
      IR_data  = (unsigned char)((code_tt >> 16) & 0xff); //数据码 8 位
      IR_data2 = (unsigned char)((code_tt >> 24) & 0xff); //数据反码 8 位
      if(code_right == 1)                                 //遥控代码正确
      {
          INT_CLKO &= 0xEF;                               //关外部中断 INT2
          code_right = 0;
          switch(IR_data)                                 //判断接收到的红外代码
          {
              case 0x45: out_0 = ~ out_0;break;           //遥控控制 LED
              case 0x47: out_1 = ~ out_1;break;           //遥控控制 LED
          }
          INT_CLKO| = 0x10;                               //开外部中断 INT2
      }
      if ( k0 == 0 ){out_0 = ~ out_0; while(k0 == 0);}    //按键控制 LED
      if ( k1 == 0 ){out_1 = ~ out_1; while(k1 == 0);}    //按键控制 LED
      Dis_buf[7] = (unsigned char)((IR_UserH >> 4) & 0x0f); //显示用户码高 8 位的高半字节
      Dis_buf[6] = (unsigned char)(IR_UserH & 0x0f);        //显示用户码高 8 位的低半字节
      Dis_buf[5] = (unsigned char)((IR_UserL >> 4) & 0x0f); //显示用户码低 8 位的高半字节
      Dis_buf[4] = (unsigned char)(IR_UserL & 0x0f);        //显示用户码低 8 位的低半字节
      Dis_buf[1] = (unsigned char)((IR_data >> 4) & 0x0f);  //显示数据码高半字节
      Dis_buf[0] = (unsigned char)(IR_data & 0x0f);         //显示数据码低半字节
      display();
    }
}
```

四、硬件连线与调试

（1）在两个 STC15W4K32S4 系列单片机实验箱中，一个按图 16-2-8 所示连接红外发射系统，另一个按图 16-2-9 所示连接红外接收系统。

（2）用 Keil C 编辑、编译程序项目十六任务 2T.c,生成机器代码文件项目十六任务 2T.hex,并下载到红外发射系统中。

（3）用 Keil C 编辑、编译程序项目十六任务 2R.c,生成机器代码文件项目十六任务

2R.hex,并下载到红外接收系统中。

（4）先用通用遥控器调试红外接收板,找到通用红外遥控器中与程序中相同数据码的按钮,然后按动按钮,观察数码管与LED灯,验证结果是否正确。若通用红外遥控器中无程序中对应的数据码,请修改程序。

（5）红外接收系统调试无误后,用红外发射系统对红外接收系统进行调试,进一步验证红外发射系统是否无误。

任务拓展

阅读如下资料,在红外接收系统中增加一个音乐播放器。用红外遥控器控制播放器的选曲、播放、暂停与停止等功能。

音乐播放器

音乐有两大要素:音调和节拍。不同的音调通过定时器对某一I/O口取反获得某一频率而实现;节拍,即某一音调延续的时间,通过调用延时程序实现。

1. 单片机音阶代码实现

音调的高低用音阶表示,不同的音阶对应不同的频率。因此,不同频率的方波产生不同的音阶。音阶与频率的关系如表16-2-1所示。由于频率的倒数是周期,因此可由单片机中的定时器控制方波周期,定时器计数溢出时产生中断。将与扬声器连接的端口输出取反后得到方波的周期,从而达到控制频率(即音阶)的目的。

表 16-2-1　音阶与频率的关系

音阶	频率/Hz	定时器初值	音阶	频率/Hz	定时器初值	音阶	频率/Hz	定时器初值
1	131	0F85EH	1	262	0FC2FH	1	523	0FE17H
2	147	0F933H	2	294	0FC99H	2	587	0FE4CH
3	165	0F9F0H	3	330	0FCF8H	3	659	0FE7CH
4	175	0FA49H	4	349	0FD22H	4	698	0FE91H
5	196	0FAE6H	5	392	0FD73H	5	784	0FEB9H
6	220	0FB74H	6	440	0FDBAH	6	880	0FEDDH
7	247	0FBF4H	7	494	0FDFAH	7	988	0FEFDH
0	0	0100H	0	0	0100H	0	0	0100H
低 8 度音			中音			高 8 度音		

2. 节拍的实现

音阶延续的时间不同,使得节拍不同。通过调节延时时间的大小实现节拍的控制。

3. 单片机音阶与节拍发生器软件

由音阶与节拍产生一个二维数组,根据二维数组值的第1个数字查到对应的定时器初始值,得到定时产生音阶所需要的频率;第2个数字决定延时时间的大小。

音阶与节拍发生器软件的使用方法如下所述。

（1）启动音阶与节拍发生器软件,操作界面如图16-2-10所示。

（2）从左边音阶区输入音阶,如低音区的"1",节拍区将变黑;接着选择节拍,如"X",

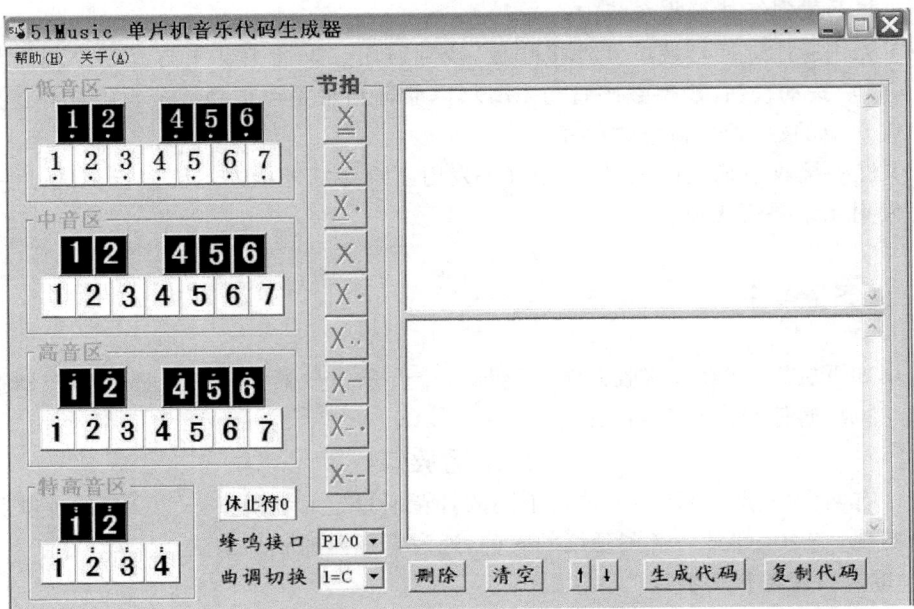

图 16-2-10 音阶与节拍发生器软件操作界面

则在右上角的工作区出现该音阶与节拍的二维数组值(1,8)。依次输入其他音阶与节拍，即输出对应的二维数组值。输入完毕，单击"生成代码"按钮，产生该音乐对应的 C 语言代码，如图 16-2-11 所示。

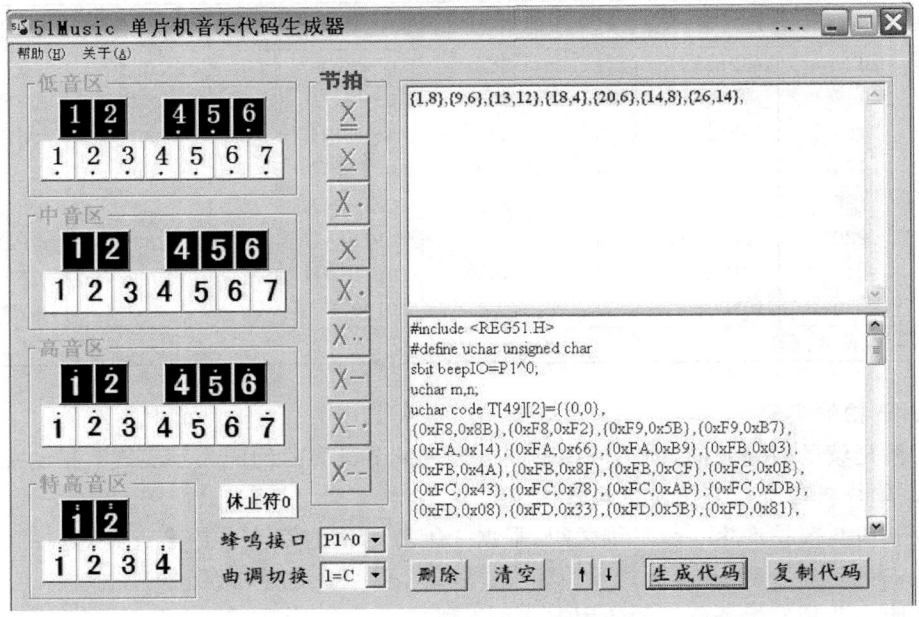

图 16-2-11 音阶与节拍 C 代码的产生

任务 3　无线遥控模块与应用编程

 任务说明

　　红外遥控广泛应用于家用电器中,但红外传输只能无障碍传输,不能穿墙遥控控制。照明灯具是大家再熟悉不过的用电器具。本任务以照明灯具用电的智能控制为例,学习集无线编码遥控技术、双向晶闸管技术、单片机控制技术于一体的智能用电控制器的设计理念与设计方法。本任务主要学习无线编码遥控控制的编程。为便于任务实施,用 LED 模拟灯具。

相关知识

　　照明灯具是最普遍、最基本的,千家万户必备的用电器具。传统的开关控制采用机械触点开关。触点开关的控制受开关位置的局限,给人们使用带来很大的不便。本任务采用一种新型的用电控制方式,实现家庭灯具的无触点开关控制。它具有如下特点。

　　(1) 无触点电子开关。利用双向晶闸管,取代传统的手动机械触点开关。

　　(2) 遥控范围大。采用无线遥控技术,实现穿墙透壁式遥控,突破了彩电、VCD、音响等采用红外线只能无障碍遥控的局限性,可以随时、随地、随意地遥控。

　　(3) 各控制器间遥控相互不受影响。采用无线编码技术,遥控系统用 8~12 位地址的三种状态编码,编码数达数万至数十万组,给不同的控制器分配不同的地址,保证相邻控制器之间不受影响。

　　(4) 控制灵活。采用单片机控制,通过软件编程,不仅可满足对各灯具实现开、关的基本功能,而且可开发其高级功能,如灯具全开、全关、定时等用机械开关无法实现的功能。

一、电路的工作原理与硬件设计

　　图 16-3-1 所示为智能照明控制器的电路原理框图。本控制器综合采用无线编码遥控技术、双向晶闸管开关技术与单片机控制技术。通过遥控发射器发射控制信号,用对应的接收模块接收信号,利用单片机对无线编码遥控接收信号进行译码,通过输出口控制相应的双向晶闸管通、断,实现对各灯具或其他用电装置无触点开关控制。本例中还设置了1 路继电器开关,以便实现直流负载控制。

　　本例中采用 STC 单片机最新产品 IAP15W4K58S4,既便于编程,又简化了单片机外围电路;采用通用的四键遥控器,通过对四键的串、并行组合,实现几十种状态,也就是说,可实现几十种遥控控制功能。双向晶闸管可根据灯具或其他用电器的电流负载进行选择,普通灯具一般选用 1~3A/220V 的双向晶闸管。

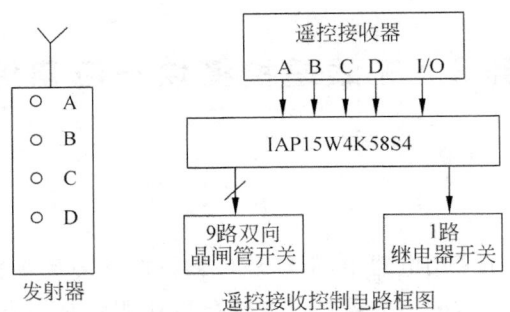

图 16-3-1　智能照明控制器的电路原理框图

二、无线编码遥控模块介绍

1. 发射模块技术指标

(1) 工作电压：DC 12V(27A/12V 电池 1 粒)。

(2) 工作电流：10mA@12V。

(3) 辐射功率：10mW@12V。

(4) 调制方式：ASK(调幅)。

(5) 发射频率：315MHz 或 433MHz(声表稳频)。

(6) 传输距离：50~100m(空阔地,接收装置灵敏度为－100dBm)。

(7) 编码器类型：固定码。

2. 接收模块技术指标

接收模块工作电压为 DC 5V,接收灵敏度为－98dB;有 7 个引脚位,分别是 VT、D3、D2、D1、D0、＋5V、GND。VT 是总线输出信号引脚,高电平有效。一旦接收到有效信号,该脚输出高电平,也可驱动继电器。

3. 发射模块按键与接收模块数据输出的关系

遥控器上有四个按键 A、B、C、D,分别对应接收板上的四个数据位输出脚 D0、D1、D2、D3。按 A、B、C、D 按键发射信号,对应的数据位输出高电平。无线接收模块与驱动电路或单片机的接线关系如图 16-3-2 所示。

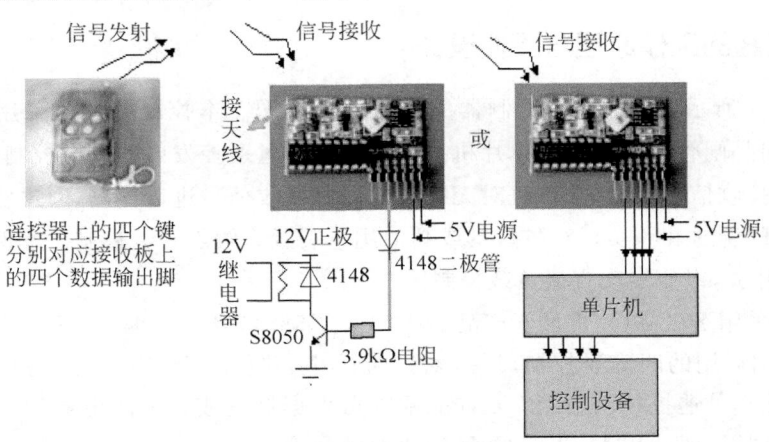

图 16-3-2　无线接收模块与驱动电路或单片机的接线示意图

4. 发射模块与接收模块编码

发射模块与接收模块各有 8 个地址码,每个地址码引脚有 3 种输入状态:低电平、高电平、悬空(高阻)。将发射模块与接收模块的 8 位地址码状态调至一致时,即为配对。只有配对的模块,才能有效地发射与接收信号。配对方法如图 16-3-3 所示。

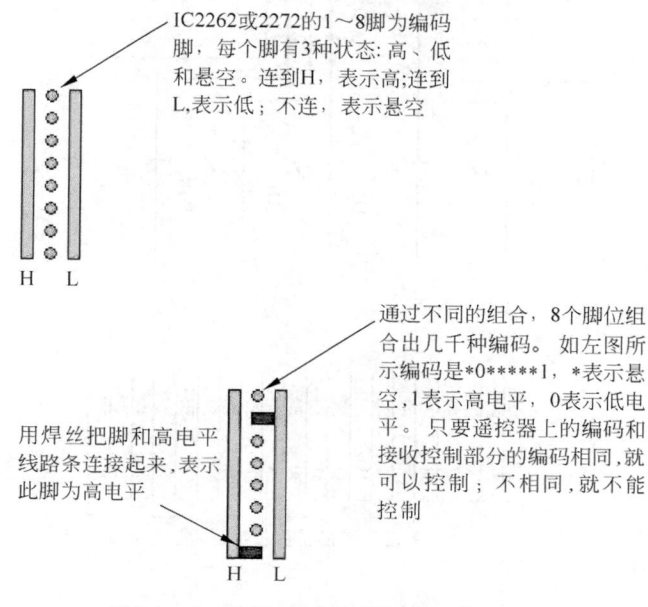

图 16-3-3 发射、接收模块配对工作示意图

任务实施

一、任务要求

设计一个家用灯具的无线遥控控制系统。

二、硬件设计

无线接收模块数据输出端 D0、D1、D2、D3 对应地与单片机 P1.0、P1.1、P1.2、P1.3 相接,用 P0.0~P0.7 驱动 8 只 LED 模拟 8 盏灯具。电路原理图如图 16-3-4 所示。

三、软件设计

1. 编制控制功能表

遥控控制信号分并行和串行控制方式。并行控制方式是指灯灭(断电)时按键,则灯亮(通电);灯亮时按键,则灯灭。其中,并行控制中又有单键、双键、三键等输入形式,通常建议不采用三键并行输入控制方式,因为同时输入三键信号较困难,容易误操作。串行控制方式是指先假定一个按键(比如假设发射器中 A、B、C、D 键中的 D 键)为串行控制的

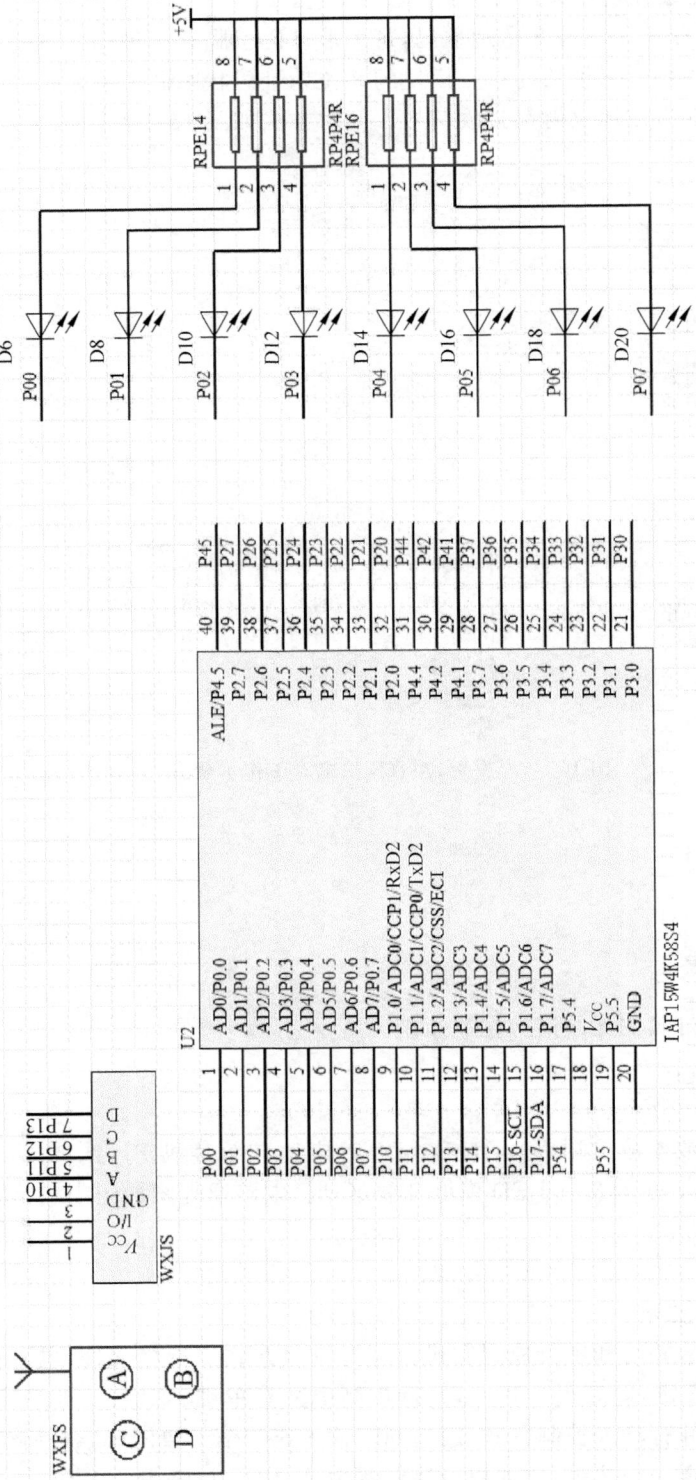

图 16-3-4　无线遥控控制电路

启停键。当单片机第一次收到启停键信号时,启动接收后续的串行控制输入信号;再次接收到启停键控制信号时,停止接收串行控制输入信号,然后根据接收的串行控制输入信号,按控制功能表预定的设置发出控制命令。

按照控制器的用电控制要求,编制按键与控制功能的对应关系。单键控制如表 16-3-1 所示,串行输入按键组合与控制功能的关系如表 16-3-2 所示。

表 16-3-1 单键与控制功能

按键	功　能
A	全关
B	全开
C	第 1 个灯亮,1s 后自动关闭
D	串行输入的起始与结束

表 16-3-2 按键组合(顺序输入)与功能

按键组合 ＼ 灯具	1	2	3	4	5	6	7	8
D＋A＋A＋D	通/断	—	—	—	—	—	—	—
D＋A＋B＋D	—	通/断	—	—	—	—	—	—
D＋A＋C＋D	—	—	通/断	—	—	—	—	—
D＋B＋A＋D	—	—	—	通/断	—	—	—	—
D＋B＋B＋D	—	—	—	—	通/断	—	—	—
D＋B＋C＋D	—	—	—	—	—	通/断	—	—
D＋C＋A＋D	—	—	—	—	—	—	通/断	—
D＋C＋B＋D	—	—	—	—	—	—	—	通/断

注:D 键为串行控制输入的启停键。

2. 项目十六任务 3 文件:项目十六任务 3.c

对应两种不同的遥控信号输入方式,单片机有不同的遥控输入信号检测方式。若是 A、B、C 按键信号,直接输出控制信号;若是 D 按键信号,等待接收 A、B、C 按键信号并记录下来,直至再次接收到按键 D 信号,将接收到的 A、B、C 按键信号与预存的按键信号组合进行比较,以此决定遥控信号的控制功能。

```
# include <stc15.h>           //包含支持 IAP15W4K58S4 单片机的头文件
# include <intrins.h>
# include <gpio.h>            //I/O初始化文件
# define uchar unsigned char
# define uint unsigned int
sbit keyA_D0 = P1 ^ 0;
sbit keyB_D1 = P1 ^ 1;
sbit keyC_D2 = P1 ^ 2;
sbit keyD_D3 = P1 ^ 3;
sbit led1 = P0 ^ 0;
sbit led2 = P0 ^ 1;
```

```
sbit led3 = P0 ^ 2;
sbit led4 = P0 ^ 3;
sbit led5 = P0 ^ 4;
sbit led6 = P0 ^ 5;
sbit led7 = P0 ^ 6;
sbit led8 = P0 ^ 7;
uchar code decode_data[9][2] = {{'C','C'},{'A','A'},{'A','B'},{'A','C'},{'B','A'},{'B','B'},
{'B','C'},{'C','A'},{'C','B'}};                    //组合按键的键码
uchar key_date[2];
uchar i,j,k,m,key_num;
bit key_flag;
void key_event();
uchar decode();
/* ------------ 延时函数 --------------- */
void delay(int ms)
{
    int x,y;
    for(x = 0;x < ms;x++)
        for(y = 1100;y > 0;y -- );
}
/* ------------ 主函数 --------------- */
void main()
{
    key_flag = 0;
    while(1)
    {
        key_event();
        if(key_flag == 0)
        {
            m = decode();
            switch(m)
            {
                case 1: led1 = ~led1;break;
                case 2: led2 = ~led2;break;
                case 3: led3 = ~led3;break;
                case 4: led4 = ~led4;break;
                case 5: led5 = ~led5;break;
                case 6: led6 = ~led6;break;
                case 7: led7 = ~led7;break;
                case 8: led8 = ~led8;break;
                default:break;
            }
        }
    }
}
/* ------------ 键判别函数 --------------- */
void key_event()
{
    if(keyD_D3 == 1)                          //按下 D 键,开始输入组合,或者输入结束确认
```

```
    {
        key_flag = ~key_flag;
        key_num = 0;
        while(keyD_D3);                          //等待键释放
    }
    if(key_flag == 1)                            //判断是否为组合键
    {
        if(keyA_D0 == 1)                         //如果按键 A 按下
        {
            key_date[key_num] = 'A';             //按键数据第 key_num 个改变
            key_num = (++key_num) % 2;           //key_num 加 1 或者减 1
            while(keyA_D0);                      //等待键释放
        }
        if(keyB_D1 == 1)                         //(如上)
        {
            key_date[key_num] = 'B';
            key_num = (++key_num) % 2;
            while(keyB_D1);
        }
        if(keyC_D2 == 1)
        {
            key_date[key_num] = 'C';
            key_num = (++key_num) % 2;
            while(keyC_D2);
        }
    }
    if(key_flag == 0)                            //如果不是组合按键
    {
        if(keyA_D0 == 1)
        {                                        //A 键按下,全部灯关掉
            P0 = 0xff;                           //等待键释放
            while(keyA_D0);
        }
        if(keyB_D1 == 1)                         //B 键按下,全部灯打开
        {
            P0 = 0x00;
            while(keyB_D1);
        }
        if(keyC_D2 == 1)                         //C 键按下,第一个灯打开 1s 后自动关闭
        {
            led1 = 0;
            delay(1000);
            led1 = 1;
        }
    }
}
/* ------------ 键码识别函数 -------------- */
uchar decode()
```

```
    {
        for(i = 0;i < 9;i++)
        {
            for(j = 0;j < 2;j++)
            {
                if(decode_data[i][j] == key_date[j]) //进行按键数据对比
                    m++;
            }
            if(m == 2)
            {
                m = 0;
                key_date[0] = 'D';
                key_date[1] = 'D';
                return i;
            }
            else
            {
                m = 0;
            }
        }
        m = 0;
        key_date[0] = 'D';                          //对比不成功
        key_date[1] = 'D';                          //对按键数据清零
        return 9;                                   //返回 9
    }
```

四、硬件连线与调试

(1) 用 USB 线将 PC 与 STC15W4K32S4 系列单片机实验箱相连接,按图 16-3-4 所示连接电路。

(2) 用 Keil C 编辑、编译程序项目十六任务 3.c,生成机器代码文件项目十六任务 3.hex。

(3) 运行 STC-ISP 在线编程软件,将项目十六任务 3.hex 下载到 STC15W4K32S4 系列单片机实验箱单片机中。下载完毕,自动进入运行模式,观察数码管的显示结果并记录。

(4) 联机调试:按灯具控制功能要求逐项检查并记录。

 **任务拓展**

查询双向晶闸器的相关资料,按图 16-3-1 所示电路示意图设计实用的无线遥控灯具控制系统,制作并调试。

任务 4 超声波测距

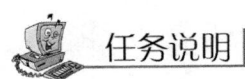 **任务说明**

超声波测距在汽车倒车自动测距方面应用广泛。本任务学习超声波测距模块与单片

机的接口技术以及编程方法。

 相关知识

　　超声波传感器是利用超声波的特性研制而成的传感器。

　　超声波是一种振动频率高于声波的机械波,由换能晶片在电压的激励下发生振动而产生。它具有频率高、波长短、绕射现象小,特别是方向性好、能够成为射线而定向传播等特点。超声波对液体、固体的穿透本领很大,尤其是在阳光不透明的固体中,它可穿透几十米的深度。超声波碰到杂质或分界面会显著反射,形成反射回波,碰到活动物体后产生多普勒效应。因此,超声波检测广泛应用在工业、国防、生物医学等方面。

　　以超声波作为检测手段,必须产生超声波和接收超声波。完成这种功能的装置就是超声波传感器,习惯上称为超声换能器,或者超声探头。

1. 基本原理及其分类

　　超声波检测装置包含一个发射器和一个接收器。发射器向外发射一个固定频率的声波信号,当遇到障碍物时,声波返回被接收器接收。

　　总体上讲,超声波发生器分为两大类:一类用电气方式产生超声波;另一类用机械方式产生超声波。电气方式包括压电型、磁致伸缩型和电动型等;机械方式有加尔统笛、液哨和气流旋笛等。它们产生的超声波的频率、功率和声波特性各不相同,因而用途各异,目前较常用的是压电式超声波发生器。

　　压电式超声波发生器实际上是利用压电晶体的谐振来工作。超声波发生器内部结构如图 16-4-1 所示,它有两个压电晶片和一个共振板。当它的两极外加脉冲信号,其频率等于压电晶片的固有振荡频率时,压电晶片发生共振,并带动共振板振动,产生超声波。反之,如果两个电极间未外加电压,当共振板接收到超声波时,将压迫压电晶片振动,将机械能转换为电信号,这时它就成为超声波接收器了。

　　超声探头的核心是其塑料外套或者金属外套中的一块压电晶片。构成晶片的材料有许多种,晶片的大小,如直径和厚度也各不相同,因此每个探头的性能不同,使用前必须预先了解。图 16-4-2 所示为常用超声波传感器外形图。

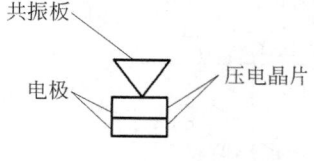

图 16-4-1　压电超声原理图

图 16-4-2　超声波探头的外形图

　　超声波传感器的主要性能指标如下所述。

1)工作频率

　　工作频率是压电晶片的共振频率。当加到晶片两端的交流电压的频率和晶片的共振频率相等时,输出的能量最大,灵敏度也最高。

2）工作温度

由于压电材料的居里点一般比较高,特别是诊断用超声波探头使用功率较小,所以工作温度比较低,可以长时间地工作而不失效。医疗用超声探头的温度比较高,需要单独的制冷设备。

3）灵敏度

灵敏度主要取决于制造晶片本身。机电耦合系数大,灵敏度高;反之,灵敏度低。

2. 超声波传感器的发射和接收电路

1）超声波传感器的发射电路

（1）电路组成与使用注意事项:超声波发射电路包括超声波发射器、40kHz 音频振荡器、驱动电路,有时还包括编码调制电路。

① 普通的超声波发射器所需电流小,只有几毫安到十几毫安,但激励电压要求在 4V 以上。

② 激励交流电压的频率必须调整在发射器中心频率约 40kHz 上,才能得到较高的发射功率和效率。

（2）三极管组成的超声波发射电路如图 16-4-3 所示。左侧电路中的晶体管 VT_1、VT_2 组成强反馈稳频振荡器,振荡频率等于超声波换能器 T40-16(SR)的共振频率。T40-16(SR)是反馈耦合元件,对于电路来说又是输出换能器。T40-16(SR)两端的振荡波形近似于方波,电压振幅接近电源电压。工作电流约 25mA,超声波信号发射距离大于 8m。电路不需调试即可工作。

右侧电路中仅将左侧电路中电阻 R_2 换为电感,并加入了电容。电路的振荡频率决定于反馈元件 T40-16(SR),其谐振频率为 (40 ± 2)kHz。频率稳定性好,不需作任何调整,并由 T40-16(SR)作为换能器发出 40kHz 的超声波信号。电感 L_1 和电容 C_2 调谐在 40kHz 作谐振作用。本电路适应电压较宽(3～12V),且频率不变。电感采用固定式,电感量为 5.1mH。整机工作电流约 25mA,超声波信号发射距离大于 8m。

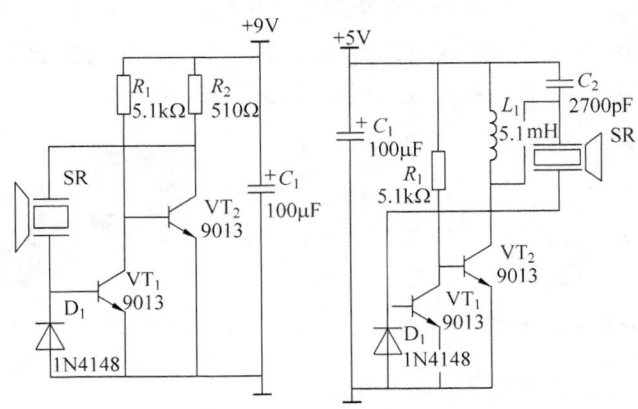

图 16-4-3　三极管组成的超声波发射电路

（3）555 定时器组成的超声波发射电路：图 16-4-4 所示是由 LM555 及外围元件构成的 40kHz 多谐振荡器电路，调节电阻器 R_P 阻值，可以改变振荡频率。由 LM555 第 3 脚输出端驱动超声波换能器 T40-16，使之发射超声波信号。该电路简单易制，工作电压 9V，工作电流 40～50mA，超声波信号发射距离大于 8 m。

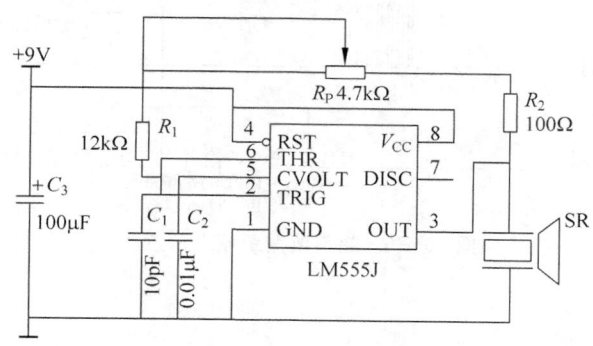

图 16-4-4   555 定时器组成的超声波发射电路

2）超声波传感器的接收电路

图 16-4-5 所示为由三极管构成的超声接收电路，VT_1、VT_2 和若干个电阻组成两级阻容耦合交流放大电路，信号最后从 C_3 输出。

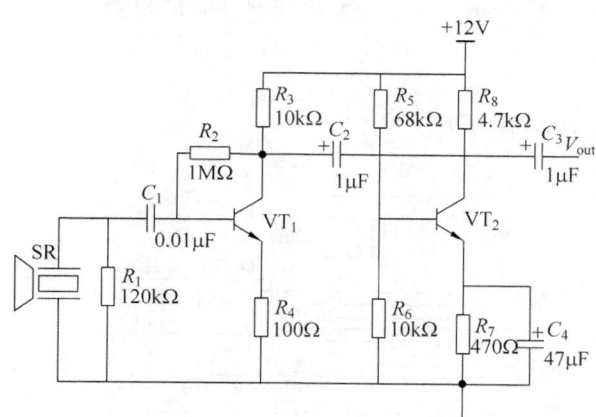

图 16-4-5   三极管组成的超声波接收电路

3. 超声波测距模块

超声波测距模块包含发射电路与测量电路，有 4 个引脚：V_{cc}、GND、Ting、Ecno。其中，Ting 为触发引脚，Ecno 为超声波测距信号输出引脚。模块操作步骤如下所述。

（1）采用 I/O 触发，给 Ting 引脚至少 $10\mu s$ 的高电平。

（2）触发后，模块自动发送 8 个 40kHz 的方波，并自动检测是否有返回信号。

（3）有信号返回，通过 Ecno 输出高电平，持续时间为超声波从发射到返回的时间，如图 16-4-6 所示。

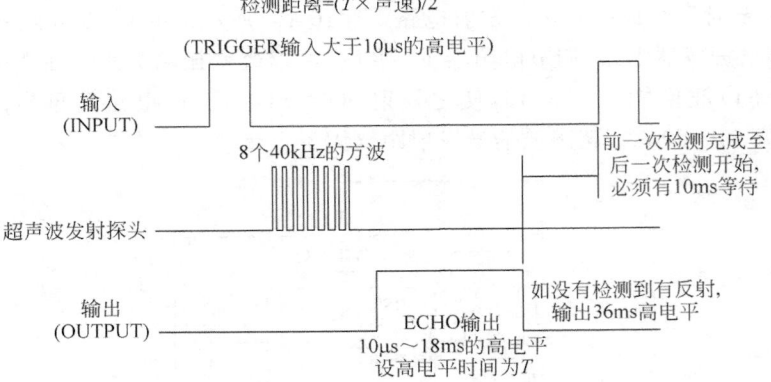

图 16-4-6　超声波测距原理示意图

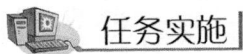任务实施

一、任务要求

测量超声波探头与障碍物间的距离（2cm～2m），并在 LCD12864 上显示。当超声波探头与障碍物的距离小于 20cm 时，系统发出"嘀嘀嘀"的报警声。

二、硬件设计

超声波测距电路见图 16-4-7。

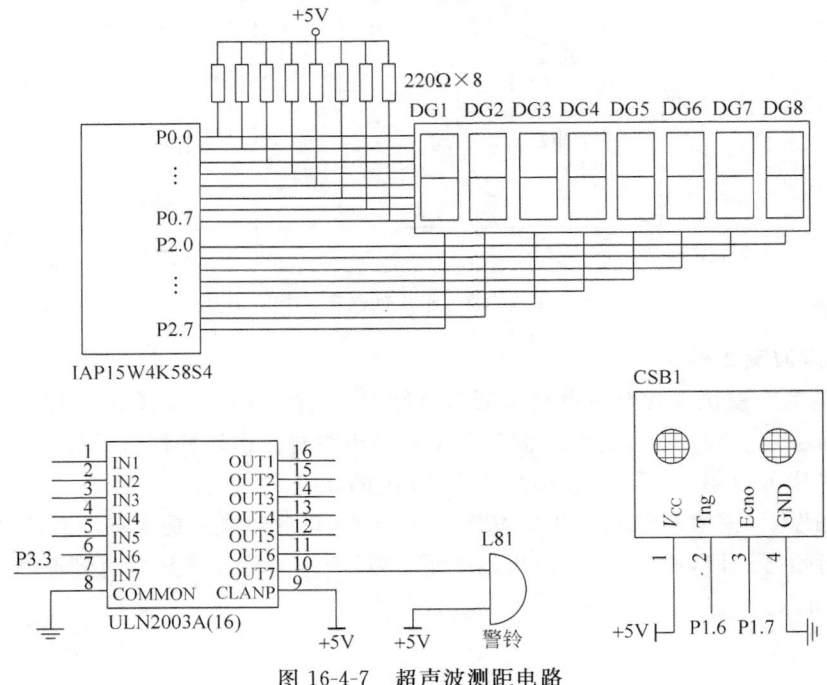

图 16-4-7　超声波测距电路

三、项目十六任务 4 程序文件：项目十六任务 4.c

```c
#include <stc15.h>            //包含支持 IAP15W4K58S4 单片机的头文件
#include <intrins.h>
#include <gpio.h>             //I/O 初始化文件
#define uchar unsigned char
#define uint unsigned int
#include <display.h>
sbit tri = P1^6;
sbit rea = P1^7;
sbit bell = P3^3;             //报警信号驱动输出端
uchar count;
bit bell_flag;                //报警标志
/* ---------- 系统时钟为 11.0592MHz 时的 12μs 延时函数 ------------- */
void Delay12us()              //@11.0592MHz
{
    unsigned char i;

    _nop_();
    _nop_();
    _nop_();
    i = 30;
    while (--i);
}
/* ---------- 系统时钟为 11.0592MHz 时的 t×8ms 延时函数 ------------- */
void DelayXms(uint t)
{
    uint i;
    for(i=0;i<t;i++) display();    //保证长时间延时时能正常显示
}
/* ---------- 初始化函数 ------------- */
void init()
{
    tri = 0;
    TMOD = 0x10;
    TR1 = 0;
    TH1 = 0;
    TL1 = 0;
}
/* ---------- 超声波测距函数 ------------- */
uint test_distance()
{
    uint date;
    tri = 1;
    Delay12us();
    tri = 0;
    while(!rea);
    TR1 = 1;
```

```
    while(rea);
    TR1 = 0;
    date = (uint)(TH1 * 256 + TL1)/10 * 18;        //精确到 0.01cm
    TH1 = TL1 = 0;
    if(date < 2000)
        bell_flag = 1;
    else
        bell_flag = 0;
    return date;
}
/* ------------------------- 主函数 ------------------------- */
void main()
{
    uint distance;
    gpio();
    init();
    while(1)
    {
        distance = test_distance();
        Dis_buf[0] = distance % 10; Dis_buf[1] = distance/10 % 10;
        Dis_buf[2] = distance/100 % 10 + 17; Dis_buf[3] = distance/1000 % 10;
        Dis_buf[4] = distance/10000 % 10;
        display();
        if(bell_flag)
            bell = ~bell;
        else
        bell = 1;
        DelayXms(300);
    }
}
```

四、硬件连线与调试

（1）用 USB 线将 PC 与 STC15W4K32S4 系列单片机实验箱相连接，按图 16-4-7 所示连接电路。

（2）用 Keil C 编辑、编译程序项目十六任务 4. c,生成机器代码文件项目十六任务 4. hex。

（3）运行 STC-ISP 在线编程软件,将项目十六任务 4. hex 下载到 STC15W4K32S4 系列单片机实验箱单片机中。下载完毕,自动进入运行模式。

（4）联机调试。

① 选择一个障碍物挡在超声波测距探头前面,用测量工具测出超声波测距探头与障碍物之间的距离,与 LCD 显示屏的测量距离相对比,计算超声波测距探头的测量误差。

② 往外移动障碍物,测量超声波测距探头的最大测量距离。

③ 往里移动障碍物,测量超声波测距探头的最小测量距离,并观测当间距小于 20cm 时,系统是否会发出报警声。

任务拓展

设计：超声波测距后送 LCD 显示屏显示，同时语音播报测量距离。

习　　题

一、填空题

1. 红外线是波长在_____至_____之间的电磁波。红外数据协会（IRDA）将红外数据通信采用的光波波长范围限定在_____至_____之内。

2. 通用红外遥控器常用的发射专用芯片载波频率为_____，红外遥控的"0"码由_____的 38kHz 载波和_____的无载波低电平组成，脉冲宽度为 1.125ms；"0"码由_____的 38kHz 载波和_____的无载波低电平组成，脉冲宽度为 2.25ms。

3. 通用红外遥控器编码的数据格式是引导码、_____、_____、_____、_____和结束位。引导码由一个_____的 38kHz 载波起始码和一个_____无载波低电平结果码组成，结束位是_____的 38kHz 载波。

4. 无线编码遥控模块采用的发射频率是_____或_____。一般有 4 个按键 A、B、C、D，对应接收模块的 4 个数据位输出引脚。当按住发射模块某个引脚时，接收模块对应的数据位就会输出_____。

5. 无线遥控发射与接收模块各有 1 个_____位地址码，每个地址码引脚有 3 种输入状态：_____、_____和_____。当发射模块与接收模块的地址码状态一致时，即为_____。

6. 超声波是一种振动频率_____声波的机械波，由换能晶片在_____激励下发生振动产生。它具有频率高、波长短、_____，特别是_____，能够成为射线而定向传播等特点。

二、选择题

1. 红外线波长的范围是_____。

    A. $380 \sim 770$nm　　　B. $0.77 \sim 10^3 \mu$m　　　C. $10^{-1} \sim 10^2$cm　　　D. $1 \sim 10^5$m

2. 通用红外遥控发射专用芯片的载波频率为_____。

    A. 455kHz　　　B. 38kHz　　　C. 325MHz　　　D. 433MHz

3. 通用红外遥控编码数据中，引导码由_____38kHz 载波的起始码和 4.5ms 的无载波低电平结果码组成。

    A. 1.12ms　　　B. 2.25ms　　　C. 4.5ms　　　D. 9ms

4. 无线遥控模块的发射频率为_____。

    A. 433MHz　　　B. 455kHz　　　C. 38kHz　　　D. 12MHz

5. 无线遥控发射与接收模块的 8 位地址码共有_____个状态。

    A. 8　　　B. 256　　　C. 24　　　D. 6561

三、判断题

1. 红外线的波长较短,对障碍物的衍射能力差,仅适用于短距离无线通信的场合。

                    (   )

2. 无线发射与接收模块,仅适用于无障碍点对点无线通信场合。   (   )

3. 长声波具有频率高、波长短、绕射现象好,特别是方向性好的特点。 (   )

4. 通用红外遥控的按键有对应的编码值,取值范围在 0~127 之间。 (   )

四、问答题

1. 简述红外线传输的特点。

2. 无线遥控发射与接收中,如何实现配对?

3. 通用红外遥控器编码数据的"0"和"1"是怎样定义的?

4. 通用红外遥控器编码数据格式的组成结构是怎样的?

5. 简述超声波测距的工作原理。

6. 超声波测距的最小距离是多少? 超声波的传播速度是多少?

五、程序设计题

1. 利用通用红外遥控器发射红外信号,设计一个红外接收电路来接收红外遥控发射器发射的 4 个数据信号。当接收第 1 个按键信号时,红外接收电路控制的 LED 灯全亮;当接收第 2 个按键信号时,红外接收电路控制的 LED 灯全灭;当接收第 3 个按键信号时,红外接收电路控制的 LED 灯闪烁;当接收第 4 个按键信号时,红外接收电路控制的 LED 灯逐个点亮;周而复始。画出硬件电路图,绘制程序流程图,编写程序并上机调试。

2. 利用通用无线编码遥控发射与接收模块,设计一个窗帘控制系统。要求具有全开、全合、1/2 开、1/3 开 4 种功能。画出硬件电路图,绘制程序流程图,编写程序并上机调试。

3. 利用通用的超声波测距模块测量距离。当测试距离大于 100cm 时,蜂鸣器按 1Hz 频率发声;当测试距离大于 20cm 且小于 100cm 时,蜂鸣器按 100Hz 频率发声;当测试距离小于 20cm 时,蜂鸣器按 1kHz 频率发声。画出硬件电路图,绘制程序流程图,编写程序并上机调试。

电动机控制与应用编程

电动机是重要的机电转换器件,常在自动控制系统中用作执行元件。本项目重点介绍直流电动机、步进电动机与单片机的硬件接口以及驱动软件的编程。

知识点:

◆ 直流电动机的控制特性:速度、方向与驱动电流。

◆ 步进电动机的控制特性:节拍、速度、方向与驱动电流。

◆ 脉宽调制 PWM 的控制特性。

技能点:

◆ 直流电动机驱动电路的设计与软件编程。

◆ 步进电动机驱动电路的设计与软件编程。

教学法:

不论是直流电动机,还是步进电动机,其工作电流都比较大,应着重介绍电动机的驱动电路,以免驱动不当而烧毁电动机。比较、分析直流电动机、步进电动机速度与方向的控制方法,重点学习直流电动机 PWM 调速与步进电动机节拍控制的编程方法。

任务 1   直流电动机的控制

 任务说明

直流电动机是一种常用的机电转换器件,常在自动控制系统中用作执行元件。在直流电动机控制中,主要涉及的控制有正、反转控制与速度控制。正、反转控制通过改变直流工作电压极性来实现;速度控制可采用 PWM 方式,即在单位周期时间内,调整通、断电时间。直流电动机控制可选择成品 PWM 模块实现,但在很多情况下,使用单片机产生PWM 脉冲可简化硬件电路,节约成本。本任务就是利用单片机实现对直流电动机的控制。

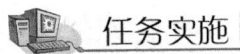 相关知识

一、正、反转控制电路

图 17-1-1 所示为直流电动机正反转控制、功率驱动原理图。它是一个直流桥,既可以改变电动机两端的电压极性,又可以实现功率放大。

(1) 若 ZDJ_A 为高电平,ZDJ_B 为低电平,电动机正转。因为此时 Q12、Q13 导通,进而 Q9 导通、Q18 截止;而 Q19、Q21 截止,于是 Q10 截止、Q20 导通,电动机两端的电压左正、右负,电动机正转。

(2) 若 ZDJ_A 为低电平,ZDJ_B 为高电平,电动机反转。因为此时 Q12、Q13 截止,进而 Q9 截止、Q18 导通;而 Q19、Q21 导通,于是 Q10 导通、Q20 截止,电动机两端的电压左负、右正,电动机反转。

(3) 若 ZDJ_A、ZDJ_B 同时为高电平或低电平,电动机不转。

二、PWM 控制

所谓 PWM 控制,就是调节单位周期脉冲的占空比。对于一个开关而言,即调节单位周期内开关的导通时间。例如用该开关控制一只灯泡,调节单位周期内灯泡的通电时间。

任务实施

一、任务要求

PWM 输出周期为 $1/250\text{Hz}=4000\mu s$;占空比可调,范围为 $1/20\sim19/20$;方向可调。

二、硬件设计

按键 KSW 接 P1.0,用于启、停控制;按键 KLR 接 P1.1,用于正、反转控制;按键 KSPU 接 P1.2,用于增加占空比;按键 KSPD 接 P1.3,用于减小占空比;P1.4、P1.5 分别接正、反转控制电路的驱动控制端(如图 17-1-1 中所示的 ZDJ_A、ZDJ_B 控制端),仿真电路如图 17-1-2 所示。

三、软件设计

1. 显示格式

PWM 控制输出显示格式如图 17-1-3 所示。

2. 程序说明

设机器振荡频率为 12MHz,则机器周期为 $1\mu s$。用定时器 T0 产生 $200\mu s$ 定时时间作为定时脉冲,一个 PWM 周期为 20 个定时脉冲。通过控制高电平与低电平的脉冲数,即可改变 PWM 输出的占空比。

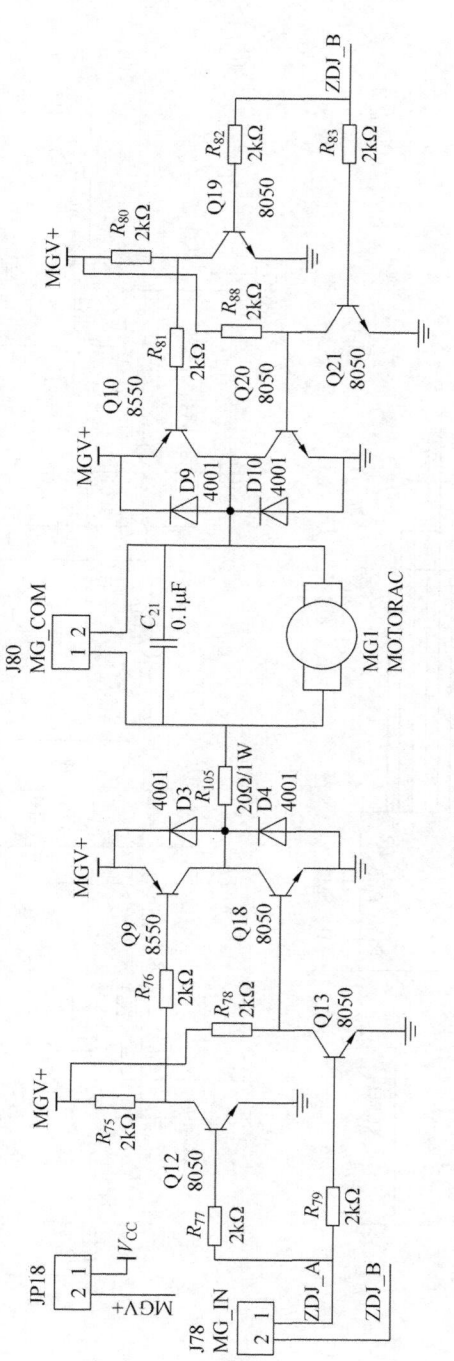

图 17-1-1　直流电动机驱动原理图

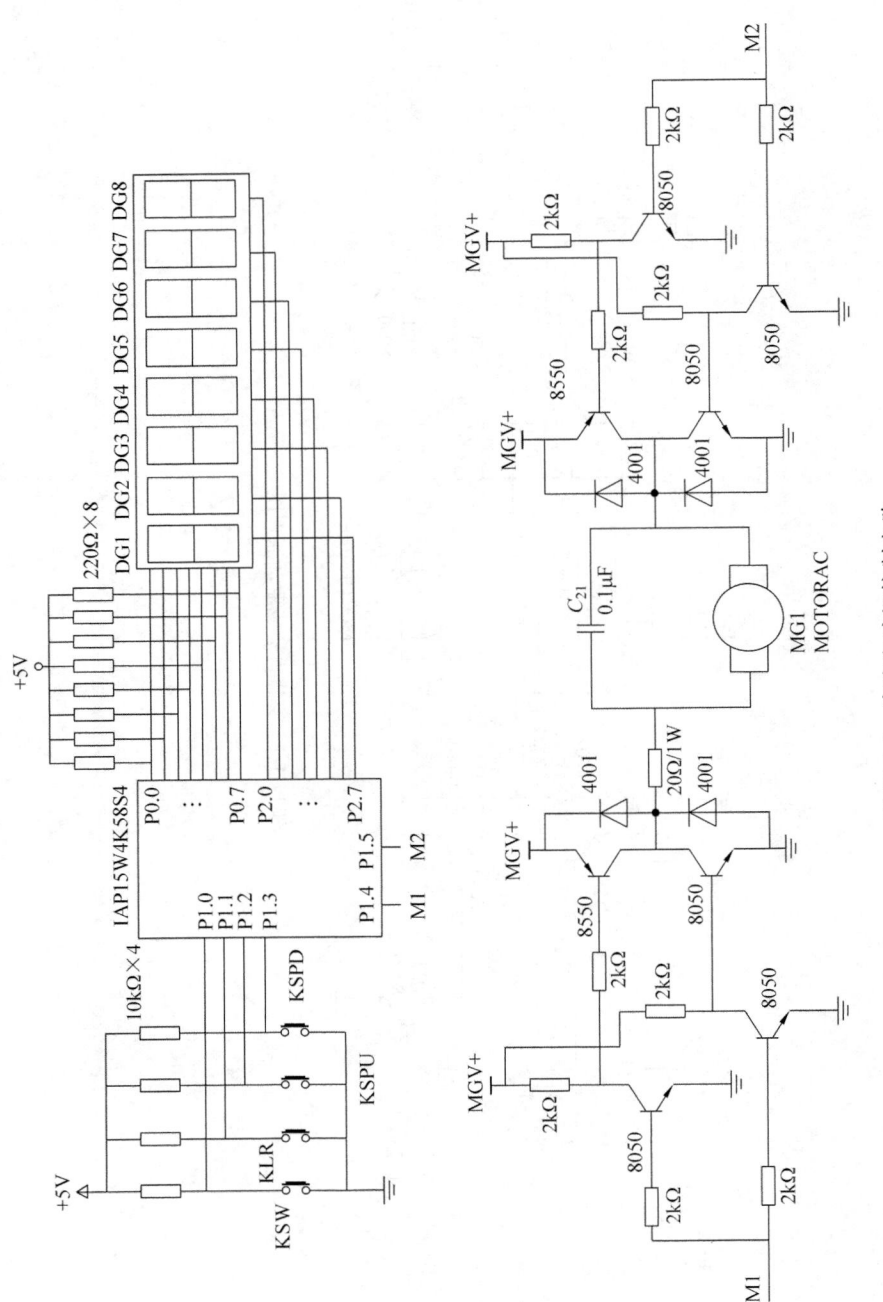

图 17-1-2 直流电动机控制电路

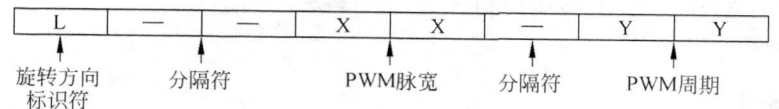

图 17-1-3　直流电动机控制电路

3. 项目十七任务 1 程序文件：项目十七任务 1.c

```
#include <stc15.h>              //包含支持 IAP15W4K58S4 单片机的头文件
#include <intrins.h>
#include <gpio.h>               //I/O 初始化文件
#define uchar unsigned char
#define uint unsigned int
#define Led_wx P2
#define Led_dx P0
/* -------------------- 定义变量 -------------------- */
uchar pwm = 20;                 //定义 pwm 周期数
uchar pwmH = 1;                 //定义高电平脉冲个数计数器
uchar counter = 0;             //定义脉冲个数计数器
uchar M = 1;                    //通、断标志
bit SW = 1;                     //启、停标志
bit LR = 0;                     //正、反转标志
/* ---------- 定义端口 ------------------ */
sbit KSW = P1^0;               //定义启、停控制引脚
sbit KLR = P1^1;               //定义左、右转控制引脚
sbit KSPU = P1^2;             //定义加速控制引脚
sbit KSPD = P1^3;             //定义减速控制引脚
sbit M1 = P1^4;                //定义电动机驱动控制引脚 ZDJ_A
sbit M2 = P1^5;                //定义电动机驱动控制引脚 ZDJ_B
uchar code
SEG7[] = {0x3f,0x06,0x5b,0x4f,0x66,0x6d,0x7d,0x07,0x7f,0x6f,0x38,0x77,0x40,0X00};
//定义 0~9 的字形码。此外，SEG7[10]、SEG7[11]、SEG7[12]、SEG7[13]分别是 L、R、-、灭的字形码
uchar code Scan_bit[] = {0xfe,0xfd,0xfb,0xf7,0xef,0xdf,0xbf,0x7f};   //定义扫描位控制码
uchar data Dis_buf[] = {0,10,10,10,10,10,10,10};                     //定义显示缓冲区
uchar z;
/* ----- 系统时钟为 11.0592MHz 时的 1ms 延时函数 ---------- */
void Delay1ms()                                                     //@11.0592MHz
{
    unsigned char i, j;
    _nop_();
    _nop_();
    _nop_();
    i = 11;
    j = 190;
    do
    {
        while (--j);
    } while (--i);
}
```

```c
/* ----- 系统时钟为 11.0592MHz 时的 tms 延时函数 ---------- */
void Delayxms(uint t)
{
    uchar i;
    for(i = 0;i < t;i++)
    {

        Delay1ms();
    }
}
/* ---------- 显示函数 ----------- */
void display(void)
{
    uchar i;
    for(i = 0;i < 8;i++)
    {
        Led_wx = 0xff; Led_dx = SEG7[Dis_buf[i]]; Led_wx = Scan_bit[i]; Delayxms(1);
    }
}
/* ---------- 定时器 T0 初始化函数 ----------- */
void Time0_inti(void)
{
    TMOD = 0X02;
    TH0 = 56;
    TL0 = 56;
    ET0 = 1;
    EA = 1;
    TR0 = 1;
}
/* ---------- 定时器 T0 中断服务函数 ----------- */
void Timer0_int() interrupt 1 using 1
{
    counter++;
    if(counter >= pwmH)
    {
        M = 0;
    }
    if(counter == pwm)
    {
        counter = 0;
        M = 1;
    }
}
/* ---------- 主函数 ----------- */
void main()
{
    gpio();
    Time0_inti();
    while(1)
```

```
{
    if(KSW == 0)                          //检测开始、停止
    {
        Delayxms(10);                     //延时去抖
        if(KSW == 0)
        {
            SW = ~ SW;
        }
        while(KSW == 0)display();         //等待键释放
    }
    if(KLR == 0)                          //检测左转、右转
    {
        Delayxms(10);                     //延时去抖
        if(KLR == 0)
        {
            LR = ~ LR;
        }
        while(KLR == 0)display();         //等待键释放
    }
    if(KSPU == 0)                         //检测加速
    {
        Delayxms(10);                     //延时去抖
        if(KSPU == 0)
        {
            pwmH++;
            if(pwmH == pwm)
            {
                pwmH = pwm - 1;
            }
        }
        while(KSPU == 0)display();
    }
    if(KSPD == 0)                         //检测减速
    {
        Delayxms(10);                     //延时去抖
        if(KSPD == 0)
        {
            pwmH -- ;
            if(pwmH == 0)
            {
                pwmH = 1;
            }
        }
        while(KSPD == 0)display();
    }
    if(SW == 0)                           //若是停止状态,停转,关闭显示
    {
        M1 = 0;
        M2 = 0;
```

```
        Dis_buf[0] = 13;
        Dis_buf [1] = 13;
        Dis_buf [2] = 13;
        Dis_buf [3] = 13;
        Dis_buf [4] = 13;
        Dis_buf [5] = 13;
        Dis_buf [6] = 13;
        Dis_buf [7] = 13;
    }
    if(SW == 1)
    {
        Dis_buf[0] = pwm % 10;          //pwm 个位
        Dis_buf[1] = pwm/10;            //pwm 十位
        Dis_buf[2] = 12;                //"－"的标识
        Dis_buf[3] = pwmH % 10;         //pwmH 个位
        Dis_buf[4] = pwmH/10;           //pwmH 十位
        Dis_buf[5] = 12;                //"－"的标识
        Dis_buf[6] = 12;                //"－"的标识
        if(LR == 0)
        {
            M1 = 0;
            M2 = M;
            Dis_buf[7] = 10;            //左转"L"的标识
        }
        if(LR == 1)
        {
            M1 = M;
            M2 = 0;
            Dis_buf[7] = 11;            //右转"R"的标识
        }
    }
    display();                          //数码管显示
    }
}
```

四、硬件连线与调试

（1）用 USB 线将 PC 与 STC15W4K32S4 系列单片机实验箱相连接，并按图 17-1-2 所示连接电路。

（2）用 Keil C 编辑、编译程序项目十七任务 1. c，生成机器代码文件项目十七任务 1. hex，并下载到 STC15W4K32S4 系列单片机实验箱单片机中。

（3）联机调试。

① 按动 KSW 按键，启动电动机，观察显示器显示 PWM 脉冲的默认占空比与直流电动机的转速。

② 按动 KSPU 按键，增加 PWM 脉冲占空比，直至 19/20，一路观察与记录直流电动机的转速。

③ 按动 KSPD 按键,减小 PWM 脉冲占空比,直至 1/20,一路观察与记录直流电动机的转速。

④ 按动 KLR 按键,调整直流电动机旋转方向,重复②、③步的调试工作。

 **任务拓展**

利用 IAP15W4K58S4 单片机内置的 PWM 模块实现对直流电动机速度的控制,并在 IAP15W4K58S4 单片机开发板上实现。

任务 2 步进电动机的控制

 **任务说明**

步进电动机也是一种常用的机电转换器件。步进电动机是一种可将电脉冲信号转变成角位移或线位移的电磁机械装置,可以对其旋转角度和旋转速度进行高精度控制,是工业过程控制和仪表中常用的执行部件之一。例如,在机电一体化产品中,可以用丝杆把角度变成直线位移,也可以用步进电动机带动螺旋电位器来调节电压或电流,实现对执行机构的控制。步进电动机可以直接接收数字信号,不必进行数/模转换,用起来非常方便。步进电动机负荷不应超过它所能提供的动态转矩,它具有快速启停,精确步进和定位,步进的角距或电动机的转速只受输入脉冲个数或脉冲频率控制,与电压的波动、负载变化、环境温度和振动等因素无关等特性,因而在数控机床、绘图仪、打印机以及光学仪器中应用广泛。本任务解决步进电动机功率驱动电路设计,以及步进电动机步进信号、方向控制与速度控制等问题。

相关知识

一、步进电动机的控制原理

1. 步进电动机的工作原理

目前常用的是反应式步进电动机。根据绕组数的多少,有二相、三相、四相和五相步进电动机。图 17-2-1 所示为三相步进电动机结构示意图。

从图 17-2-1 中可以看出,电动机的定子上有 6 个等间距的磁极 A、C′、B、A′、C、B′,相对两个磁极形成一相(A-A′、B-B′、C-C′),相邻两个磁极之间夹角 60°,每个磁极上有 5 个分布均匀的矩形小齿。电动机的转子上共有 40 个矩形小齿均匀地分布在圆周上,相邻两个小齿之间夹角 9°。由于相邻的定子磁极之间的夹角为 60°,而定子和转子的齿宽和齿距都相同,所以定子磁极对应的转子上的小齿数为 $6\frac{2}{3}$ 个,这样一来,定子和转子存在错

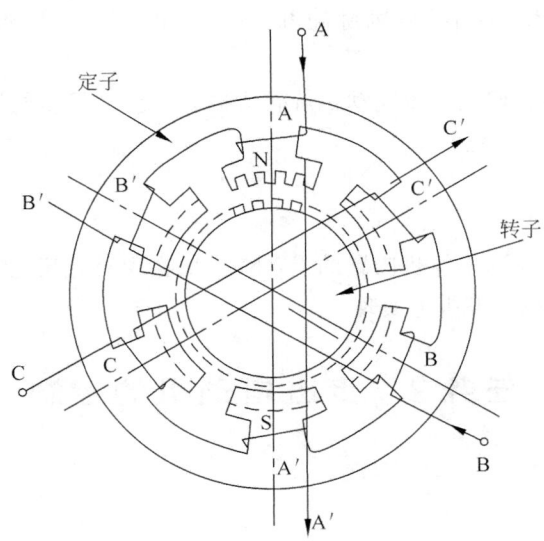

图 17-2-1 三相步进电动机结构示意图

齿现象。当某一相绕组通电时,与之对应的两个磁极形成 N 极和 S 极,产生磁场,与转子形成磁路。当通电的一相对应的定子和转子的齿未对齐时,在磁场的作用下,转子将转动一定的角度,使转子和定子的齿相互对齐。同时,该相的定子和转子的齿对齐后,相邻两相的齿又变成没有对齐,再对错磁相通电,又会转动一定的角度。依次对各相通电,使步进电动机连续转动。可见,错齿使步进电动机旋转。

2. 步进电动机的控制原理

1) 三相三拍控制方式

若 A 相通电,B、C 相不通电,在磁场的作用下使转子的齿和 A 相的齿对齐,以此作为初始状态,此时 B 相和 C 相与转子的齿错开 1/3 个齿距,即 3°;接着,如果 B 相通电,磁场作用使转子的齿与 B 相的齿对齐,则转子转过了 3°,即走了一步,同时又使 A 相和 C 相的齿与转子的齿错开了 1/3 个齿距;若再使 C 相通电,又会使转子转动 3°。这样,依次按 A→B→C→A 的顺序轮流对各相磁极通以脉冲电流,转子就会按每个脉冲转过 3°的角度转动。改变输入各相的脉冲电流的频率,可以控制步进电动机的转速,但过高的脉冲频率可能导致步进电动机的失步现象。

如果以 C→B→A→C 的顺序通以脉冲电流,则步进电动机将反方向转动。从一相通电转到另一相通电称为一拍,故上述通电方式称为三相三拍控制方式。

2) 三相六拍控制方式

以 A→AB→B→BC→C→CA→A 的顺序对磁极通电,一个循环共有六拍,每拍的转动角度为 1.5°。可见,步进电动机的定位精度提高了一倍,也使步进电动机的转动变得平稳、柔和。若通电顺序为 A→AC→C→CB→B→BA→A,则步进电动机按反方向转动。

二、步进电动机与单片机的接口

根据上述步进电动机工作原理可知,要使步进电动机转动起来,只需对其各相绕组顺序通以脉冲电流。一般驱动脉冲形成的方法有两种：一种方法是使用硬件，即采用纯数字电路的环形脉冲分配器控制步进电动机的步进，目前市场上有众多标准化的环形脉冲分配器芯片可供选择。其特点是抗干扰性好，较适用于大功率的步进电动机控制，但成本高、结构较复杂。另一种方法是用软件方式驱动步进电动机，通过单片机编程输出脉冲电流来控制步进电动机的步进。其特点是驱动电路简单，控制灵活，常用于驱动中低功率的步进电动机。

三相步进电动机与 IAP15W4K58S4 单片机的接口电路如图 17-2-2 所示。该接口采用软件方式控制步进电动机旋转。步进电动机的驱动脉冲由 IAP15W4K58S4 单片机编程产生，从 P1 口输出。由于步进电动机要求的驱动电流比较大，驱动步进电动机各相电流导通的驱动器要使用具有一定功率的复合管。考虑到步进电动机各相电动机驱动电流通断时会造成电磁干扰反串，影响单片机正常运行，在输出通道中加入一级光电隔离器，以切断步进电动机的电流驱动电路和 IAP15W4K58S4 单片机控制电路之间的电联系。步进电动机的各相绕组上串接限流电阻，防止过大的电流流过线圈。电动机绕组两端并联一个二极管的作用是在复合管从导通转入截止的瞬间，吸收绕组线圈中的反电动势能量，以避免产生电磁场干扰其他电路及击穿复合管。

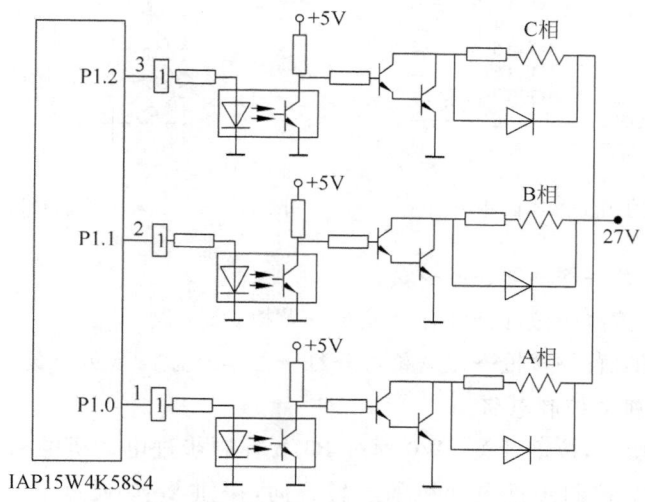

图 17-2-2　三相步进电动机与 IAP15W4K58S4 单片机的接口电路

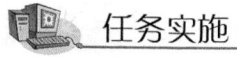 任务实施

一、任务要求

采用 ULN2003 驱动带中间抽头的二相步进电动机，速度可调，方向可调，用数码管显示速度（步数/秒）。

二、硬件设计

1. ULN2003 与二相六线制步进电动机

1）ULN2003 技术参数

ULN2003 是七路达林顿管反相驱动电路,引脚分布图如图 17-2-3 所示,主要技术指标如下。

（1）工作电压：50V。

（2）连续工作电流：50mA。

2）二相六线制步进电动机

二相六线制步进电动机的引线图如图 17-2-4 所示,分两相共 6 根线,黑、黄、橙色三线为一相,黑色线为中间抽头,接电源,另两根线接控制信号；白、红、蓝色三线为另一相,白色线为中间抽头,接电源,另两根线接控制信号。二相六线制步进电动机共有四"相"控制,则有单四拍、双四拍和单双八拍三种控制方式。

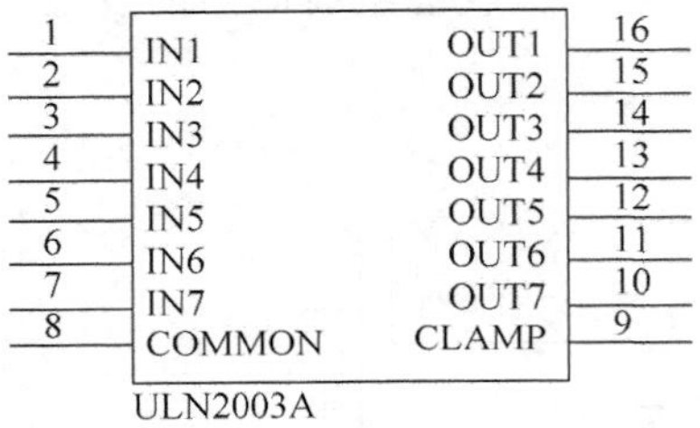

图 17-2-3　ULN2003 引脚排列图

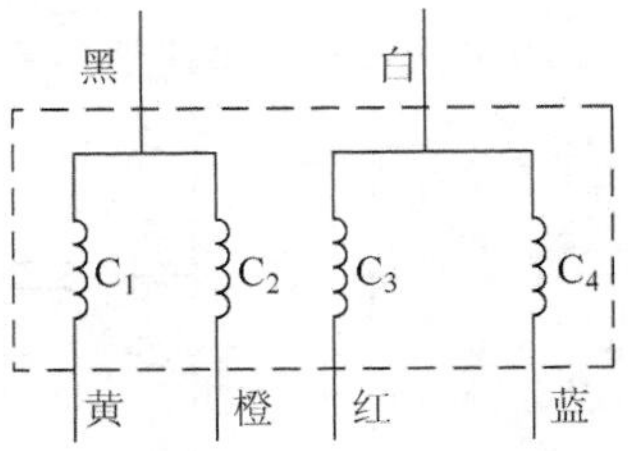

图 17-2-4　二相六线制步进电动机的引线图

（1）单四拍：黄→橙→红→蓝→黄。

（2）双四拍：黄橙→橙红→红蓝→蓝黄→黄橙。

（3）单双八拍：黄→黄橙→橙→橙红→红→红蓝→蓝→蓝黄→黄。

2. 步进电动机的控制电路

如图 17-2-5 所示,按键开关 SW0 通过 P3.6 控制步进电动机的启动与停止,按键开关 SW1 通过 P3.7 控制步进电动机的旋转方向,按钮 key0 通过 P1.0 用于减速,按钮 key1 通过 P1.1 用于加速；用 P3.0～P3.3 输出节拍控制信号；用 P0.0～P0.7 输出显示的段码信号,用 P2.0～P2.5 输出显示位码控制信号。

三、软件设计（项目十七任务 2.c）

1. 显示格式

显示格式如图 17-2-6 所示。

2. 程序说明

节拍控制采用单四拍,通过直接编程 P3.0～P3.3 输出节拍控制信号。速度控制通过控制延时时间来实现,延时时间长,速度减小；反之,速度增加。

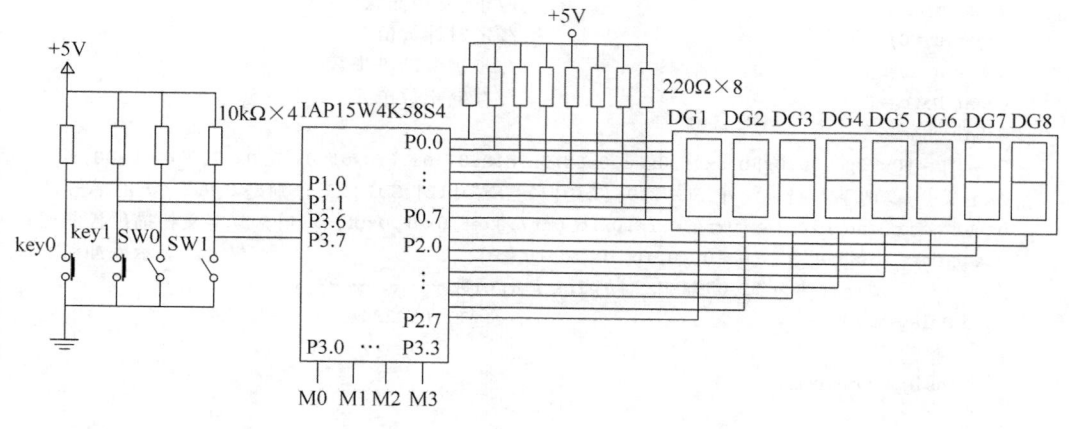

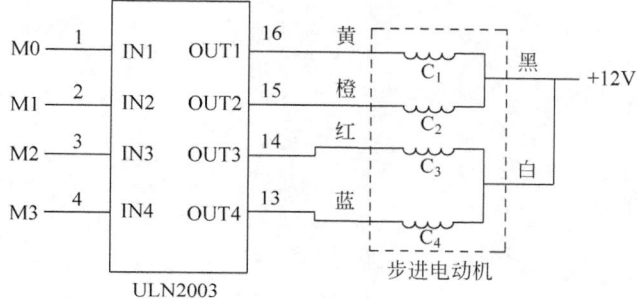

图 17-2-5　步进电动机控制电路

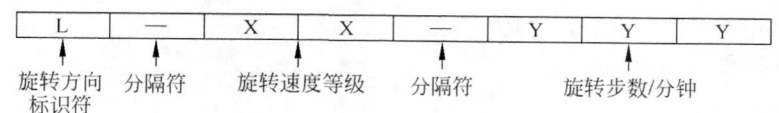

图 17-2-6　直流电动机控制电路

3. 项目十七任务 2 程序文件：项目十七任务 2.c

```
# include < stc15.h>                    //包含支持 IAP15W4K58S4 单片机的头文件
# include < intrins.h>
# include < gpio.h>                     //I/O 初始化文件
# define uchar unsigned char
# define uint unsigned int
sbit M0 = P3 ^ 0;                       //四路节拍控制信号
sbit M1 = P3 ^ 1;
sbit M2 = P3 ^ 2;
sbit M3 = P3 ^ 3;
sbit sw0 = P3 ^ 6;                      //启、停控制键
sbit sw1 = P3 ^ 7;
sbit key0 = P1 ^ 0;                     //减速控制键
sbit key1 = P1 ^ 1;                     //加速控制键
uchar speed = 2;                        //转速
```

```
uchar m;                                              //正、反转标志
uchar t = 0;                                          //定时计数值
uchar n = 0;                                          //步进电动机步数
uchar Date = 0;                                       //存储步数单元
uchar code
SEG7[ ] = {0x3f,0x06,0x5b,0x4f,0x66,0x6d,0x7d,0x07,0x7f,0x6f,0x38,0x77,0x40,0x00};
//定义 0~9 的字形码。此外,SEG7[10]、SEG7[11]、SEG7[12]、SEG7[13]分别是 L、R、-、灭的字形码
uchar code Scan_bit[ ] = {0xfe,0xfd,0xfb,0xf7,0xef,0xdf,0xbf,0x7f};  //定义扫描位控制码
uchar data Dis_buf[ ] = {0,10,10,10,10,10,10,10};                  //定义显示缓冲区
/* ----- 系统时钟为 11.0592MHz 时的 1ms 延时函数 --------- */
void Delay1ms()                                       //@11.0592MHz
{
    unsigned char i, j;

    _nop_();
    _nop_();
    _nop_();
    i = 11;
    j = 190;
    do
    {
        while ( -- j);
    } while ( -- i);
}
/* ----- 系统时钟为 11.0592MHz 时的 t×1ms 延时函数 --------- */
void Delayxms(uint t)
{
    uchar i;
    for(i = 0;i < t;i++)
    {
        Delay1ms();
    }
}
/* --------- 显示函数 ----------- */
void display(void)
{
    uchar i;
    for(i = 0;i < 8;i++)
    {
        P2 = 0xff; P0 = SEG7[Dis_buf[i]]; P2 = Scan_bit[i]; Delayxms(1);
    }
}
/* --------- 定时器 T0 初始化函数 ----------- */
void Time0_inti(void)
{
    TMOD = 0x00;                          //采用方式 0。Proteus 仿真时,改为方式 1
    TH0 = (65535 - 50000)/256;
    TL0 = (65535 - 50000) % 256;
    EA = 1;
```

```
        ET0 = 1;
        TR0 = 1;
}
/* ---------- 延时,用来控制转速 ---------- */
void delay()
{
        uchar i = 5 + speed;
        while( -- i != 0 )
        {

                Dis_buf[0] = Date % 10;              //显示 1 分钟内步数的个位数
                Dis_buf[1] = Date/10 % 10;           //显示 1 分钟内的步数的十位数
                Dis_buf[2] = Date/100 % 10;          //显示 1 分钟内的步数的百位数
                Dis_buf[3] = 12;                     //"-"的标识
                Dis_buf[4] = speed % 10;             //显示延时基数的个位数
                Dis_buf[5] = speed/10;               //显示延时基数的十位数
                Dis_buf[6] = 12;                     //"-"的标识
                Dis_buf[7] = m + 10;                 //显示正、反转标志
                display();
        }
}
/* ---------- 步进电动机反转控制函数 ---------- */
void R_rotation()                         //反转
{
        M3 = 0;
        M0 = 1;
        delay();
        n++;
        M0 = 0;
        M1 = 1;
        delay();
        n++;
        M1 = 0;
        M2 = 1;
        delay();
        n++;
        M2 = 0;
        M3 = 1;
        delay();
        n++;
}
/* ---------- 步进电动机正转控制函数 ---------- */
void F_rotation()                               //正转
{
        M0 = 0;
        M3 = 1;
        delay();
        n++;
        M3 = 0;
```

```
            M2 = 1;
            delay();
            n++;
            M2 = 0;
            M1 = 1;
            delay();
            n++;
            M1 = 0;
            M0 = 1;
            delay();
            n++;
        }
/* ---------- 主函数 ------------ */
void main()
{
    gpio();
    Time0_inti();
    while(1)
    {
        while(sw0 == 1)
        {
            if(sw1 == 1)
            {
                F_rotation();           //正转
                m = 1;
            }
            else
            {
                R_rotation();           //反转
                m = 0;
            }
        }
        P2 = 0xff;                      //关闭显示器
    }
}
/* ---------- 定时 T0 50ms 中断 ------------ */
void Time0_int(void) interrupt 1
{
    t++;
    //TH0 = (65535 - 50000)/256;
    //TL0 = (65535 - 50000)%256;
    //采用方式 0,不需重装初始值。Proteus 仿真采用方式 1 时,需要重装初始值
    if(t == 200)                        //计满 20 到 1s
    {
        t = 0;
        Date = n;                       //取 1s 内的步数
        n = 0;
    }
    if(key0 == 0)                       //按键检测
```

```
    {
        Delayxms(10);                      //延时去抖
        if(key0 == 0)
        {
            speed++;
            if(speed > 20)
            {
                speed = 20;
            }
            while(key0 == 0)display();
        }

    }
    if(key1 == 0)                           //按键检测
    {
        Delayxms(10);                       //延时去抖
        if(key1 == 0)
        {
            speed -- ;
            if(speed == 0)
            {
                speed = 1;
            }
            while(key1 == 0)display();
        }
    }
}
```

四、硬件连线与调试

（1）用 USB 线将 PC 与 STC15W4K32S4 系列单片机实验箱相连接，并按图 17-2-5 所示连接电路。

（2）用 Keil C 编辑、编译程序项目十七任务 1.c，生成机器代码文件项目十七任务 1.hex，并下载到 STC15W4K32S4 系列单片机实验箱单片机中。

（3）联机调试。

① 按动 SW0，启动电动机，观察显示器显示与直流电动机的转速及旋转方向。

② 按动 key1，增速，并一路观察与记录直流电动机的转速。

③ 按动 key0，减速，并一路观察与记录直流电动机的转速。

④ 按动 SW1，调整直流电动机旋转方向，重复②、③步调试工作。

任务拓展

修改程序，实现在 0～2000 步之间来回转动。

习　题

一、填空题

1. 直流电动机的正、反转控制通过改变直流工作电压的_____来实现,速度的控制一般采用_____方式实现。

2. PWM 方式的控制是指_____。

3. 步进电动机是一种可将电脉冲信号转变为_____或_____的电磁机械装置,是工业过程控制常用的执行部件之一。

4. 在步进电动机中,定子与转子之间的_____,是步进电动机旋转的工作基础。

5. 步进电动机的旋转方向是通过改变步进电动机供电节拍的_____实现的,其速度通过控制供电节拍的_____来实现。

二、选择题

1. 步进电动机中,采用三相三拍控制方式时,每节拍步进电动机转动的角度是_____。

    A. 6°　　　　　　B. 9°　　　　　　C. 3°　　　　　　D. 1.5°

2. 步进电动机中,采用三相六拍控制方式时,每节拍步进电动机转动的角度是_____。

    A. 6°　　　　　　B. 9°　　　　　　C. 3°　　　　　　D. 1.5°

3. 若步进电动机的转动半径为 1cm,采用三相三拍控制方式,每拍转动的角位移是_____ cm。

    A. 6.28/120　　　B. 6.28/240　　　C. 3.14/120　　　D. 3.14/240

4. PWM 信号的高电平时间为 200ms,周期为 1000ms,则 PWM 信号的占空比是_____。

    A. 1/5　　　　　B. 1/6　　　　　C. 4/5　　　　　D. 1/4

5. PWM 信号的高电平时间为 200ms,低电平时间为 1000ms,则 PWM 信号的占空比是_____。

    A. 1/5　　　　　B. 1/6　　　　　C. 4/5　　　　　D. 1/4

三、判断题

1. 直流电动机的旋转速度是通过改变直流工作电压的大小来实现的。　　　　(　　)

2. 在步进电动机驱动中,节拍时间越长,步进电动机的旋转速度越快。　　　(　　)

3. 改变直流电动机直流工作电压的极性,即改变直流电动机的旋转方向。　　(　　)

4. 若按 A→B→C→A 节拍供电,步进电动机正转,则按 A→C→B→A 节拍供电,步进电动机反转。　　　　　　　　　　　　　　　　　　　　　　　　　　　(　　)

5. 三相六拍驱动步进电动机的精度是三相三拍驱动步进电动机时精度的一半。

                                                    (　　)

6. IAP15W4K58S4 单片机 I/O 端口有较大的驱动能力,可直接驱动步进电动机。

                                                    (　　)

四、问答题

1. 简述直流电动机旋转速度与旋转方向的控制原理。它对驱动电路有什么要求？

2. 简述步进电动机的工作原理。其核心基础是什么？

3. 简述 PWM 控制方式的实现方法。

4. 在步进电动机中，如何实现旋转方向与旋转速度的控制？

5. 在 IAP15W4K58S4 单片机与步进电动机的接口设计中，应注意什么？

6. 在三相步进电动机中，当采用三相三拍驱动时，步进电动机每拍旋转的角度是多少？当需要提高 1 倍控制精度时，应如何操作？

7. 步进电动机可实现角位移的精确控制，也可实现线位移的精确控制。若有一个三相步进电动机构成的线位移控制系统，步进电动机主轴直径为 1mm，采用双六拍控制，当直线移动距离为 20cm 时，步进电动机应走多少步？

8. 在设计步进电动机驱动电路时，一般如何解决功率驱动与电磁干扰问题？

9. 在电动机驱动电路中，一般在线圈绕组的两端反向并接一个二极管。请问加接这个二极管的目的是什么？

五、程序设计题

1. 设计一个直流控制电路，要求具有以下功能。

(1) 具有正、反转控制功能。

(2) PWM 周期可调：1～20ms，调节间隔 1ms，超限有报警声。

(3) 占空比可调：1/100～99/100，调节间隔 1/100，超限有报警声。

(4) 用 16×2 字符型 LCD 显示正、反转运行标志，PWM 周期以及 PWM 占空比数据。

画出硬件电路图，绘制程序流程图，编写程序并上机调试。

2. 设计一个步进电动机控制系统。要求步进电动机在 0～90°范围内来回转动，并设置一个启停控制键与一个速度控制键。画出硬件电路图，绘制程序流程图，编写程序并上机调试。

IAP15W4K58S4单片机增强型 PWM模块与应用编程

IAP15W4K58S4 单片机集成了 6 路独立的增强型 PWM 波形发生器。由于 6 路 PWM 是各自独立的,且每路 PWM 的初始状态可以自行设定,所以用户可以将其中的任意 2 路配合使用,实现互补对称输出以及死区控制等特殊应用。

增强型 PWM 波形发生器还设计了对外部异常事件(包括外部端口 P2.4 的电平异常、比较器比较结果异常)进行监控的功能,用于紧急关闭 PWM 输出。PWM 波形发生器还可在 15 位的 PWM 计数器归零时触发外部事件(ADC 转换)。

知识点:
- ◆ 增强型 PWM 模块的结构。
- ◆ 扩展特殊功能寄存器的含义与定义。
- ◆ 增强型 PWM 模块的控制与管理。

技能点:
- ◆ 增强型 PWM 模块输出占空比与频率控制。
- ◆ 增强型 PWM 模块的互补输出与死区控制。

教学法:

增强型 PWM 模块涉及扩展特殊功能寄存器的应用,要重点强调扩展特殊功能寄存器的定义与使用方法。通过两个任务的实施,理解与掌握增强型 PWM 模块的工作特性与应用领域。

任务 1 应用 IAP15W4K58S4 单片机增强型 PWM 模块占空比与频率的实时控制

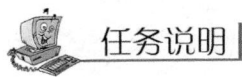
任务说明

利用增强型 PWM 模块设计占空比和频率可调的 PWM。

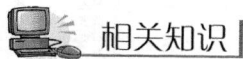相关知识

1. IAP15W4K58S4 单片机 PWM 模块的结构

IAP15W4K58S4 单片机 PWM 模块波形发生器框图如图 18-1-1 所示,共 6 路 PWM 输出,其中,PW2 从 P3.7 端口输出,PW3 从 P2.1 端口输出,PW4 从 P2.2 端口输出,PW5 从 P2.3 端口输出,PW6 从 P1.6 端口输出,PW7 从 P1.7 端口输出。PWM 波形发生器内部有一个 15 位的 PWM 计数器供 6 路 PWM 使用,用户可以设置每路 PWM 的初始电平。另外,PWM 波形发生器为每路 PWM 设计了两个用于控制波形翻转的计数器 PWMnT1 和 PWMnT2,可以非常灵活地设置每路 PWM 的高、低电平宽度,达到控制 PWM 的占空比以及 PWM 的输出延迟的目的。

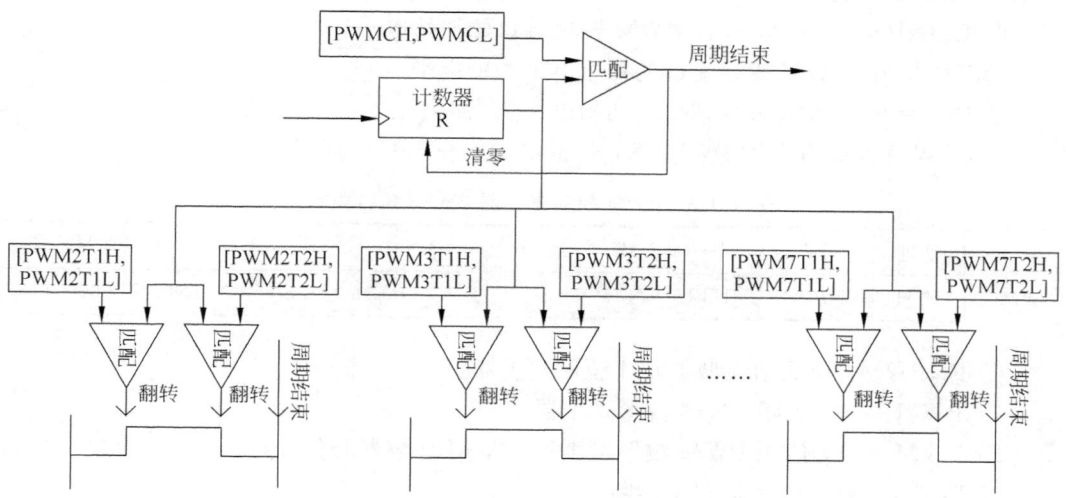

图 18-1-1 PWM 模块波形发生器框图

2. IAP15W4K58S4 单片机 PWM 模块的控制

(1)端口配置寄存器 P_SW2:各位定义如表 18-1-1 所示。

表 18-1-1 端口配置寄存器 P_SW2 各位定义

	地址	B7	B6	B5	B4	B3	B2	B1	B0	复位值
P_SW2	BAH	EAXSFR	0	0	0	—	S4_S	S3_S	S2_S	0000 x000

EAXSFR:扩展 SFR 访问控制使能。

EAXSFR=0:指令"MOVX A,@DPTR/MOVX @DPTR,A"的操作对象为扩展 RAM(XRAM)。

EAXSFR=1:指令"MOVX A,@DPTR/MOVX @DPTR,A"的操作对象为扩展 SFR(XSFR)。

注意：若要访问 PWM 在扩展 RAM 区的特殊功能寄存器，必须先将 EAXSFR 位置 1。其中，B6、B5、B4 在内部测试时使用，用户必须填"0"。

（2）PWM 配置寄存器 PWMCFG：各位定义如表 18-1-2 所示。

表 18-1-2　PWM 配置寄存器 PWMCFG

	地址	B7	B6	B5	B4	B3	B2	B1	B0	复位值
PWMCFG	F1H	—	CBTADC	C7INI	C6INI	C5INI	C4INI	C3INI	C2INI	x000 0000

① CBTADC：PWM 计数器归零时（CBIF＝1 时）触发 ADC 转换。

CBTADC＝0：PWM 计数器归零时不触发 ADC 转换。

CBTADC＝1：PWM 计数器归零时自动触发 ADC 转换，但需满足前提条件：PWM 和 ADC 必须被使能，即 ENPWM＝1，且 ADCON＝1。

② CnINI(n＝2～7)：设置 PWM 输出端口的初始电平。

CnINI＝0：PWM 输出端口的初始电平为低电平。

CnINI＝1：PWM 输出端口的初始电平为高电平。

（3）PWM 控制寄存器 PWMCR：各位定义如表 18-1-3 所示。

表 18-1-3　PWM 控制寄存器 PWMCR 各位定义

	地址	B7	B6	B5	B4	B3	B2	B1	B0	复位值
PWMCR	F5H	ENPWM	ECBI	ENC7O	ENC6O	ENC5O	ENC4O	ENC3O	ENC2O	0000 0000

① ENPWM：使能增强型 PWM 波形发生器。

ENPWM＝0：关闭 PWM 波形发生器。

ENPWM＝1：使能 PWM 波形发生器，PWM 计数器开始计数。

② ECBI：PWM 计数器归零中断使能位。

ECBI＝0：关闭 PWM 计数器归零中断，但 CBIF 依然会被硬件置位。

ECBI＝1：使能 PWM 计数器归零中断。

③ ENCnO：PWM 输出使能位。

ENCnO＝0：相应 PWM 通道的端口为 GPIO。

ENCnO＝1：相应 PWM 通道的端口为 PWM 输出口，受 PWM 波形发生器控制。

（4）PWM 中断标志寄存器 PWMIF：各位定义如表 18-1-4 所示。

表 18-1-4　PWM 中断标志寄存器 PWMIF

	地址	B7	B6	B5	B4	B3	B2	B1	B0	复位值
PWMIF	F6H	—	CBIF	C7IF	C6IF	C5IF	C4IF	C3IF	C2IF	x000 0000

① CBIF：PWM 计数器归零中断标志位。

当 PWM 计数器归零时，硬件自动将此位置 1。当 ECBI＝1 时，程序跳转到相应的中断入口执行中断服务程序。

② CnIF(n＝2～7)：第 n 通道的 PWM 中断标志位。

可设置在翻转点 1 和翻转点 2 触发 CnIF(详见 PWMn 的控制寄存器 PWMnCR 的 ECnT1SI 和 ECnT2SI 位)。当 PWM 发生翻转时，硬件自动将此位置 1。当 EPWMnI＝1 时，程序会跳转到相应中断入口执行中断服务程序。

PWM 中断的中断向量地址是 00B3H，中断号是 22，其相应的中断请求标志位(CBIF 或 CnIF)在中断响应后不会自动清零，需要用软件清零。

(5) PWM 外部异常控制寄存器 PWMFDCR：各位定义如表 18-1-5 所示。

表 18-1-5　PWM 外部异常控制寄存器 PWMFDCR

	地址	B7	B6	B5	B4	B3	B2	B1	B0	复位值
PWMFDCR	F7H	—	—	ENFD	FLTFLIO	EFDI	FDCMP	FDIO	FDIF	xx00 0000

① ENFD：PWM 外部异常检测功能控制位。

ENFD ＝ 0：关闭 PWM 的外部异常检测功能。

ENFD ＝ 1：使能 PWM 的外部异常检测功能。

② FLTFLIO：发生 PWM 外部异常时对 PWM 输出口控制位。

FLTFLIO ＝ 0：发生 PWM 外部异常时，PWM 的输出口不做任何改变。

FLTFLIO ＝ 1：发生 PWM 外部异常时，PWM 的输出口立即被设置为高阻输入模式，只有 ENCnO＝1 对应的端口才会被强制悬空。

③ EFDI：PWM 异常检测中断使能位。

EFDI ＝ 0：关闭 PWM 异常检测中断，但 FDIF 依然会被硬件置位。

EFDI ＝ 1：使能 PWM 异常检测中断。

④ FDCMP：设定 PWM 异常检测源为比较器的输出。

FDCMP ＝ 0：比较器与 PWM 无关。

FDCMP ＝ 1：当比较器的输出由低变高时，触发 PWM 异常。

⑤ FDIO：设定 PWM 异常检测源为端口 P2.4 的状态。

FDIO ＝ 0：P2.4 的状态与 PWM 无关。

FDIO ＝ 1：当 P2.4 的电平由低变高时，触发 PWM 异常。

⑥ FDIF：PWM 异常检测中断标志位。

当发生 PWM 异常(比较器的输出由低变高，或者 P2.4 的电平由低变高)时，硬件自动将此位置 1。当 EFDI＝1 时，程序跳转到相应中断入口执行中断服务程序。

PWM 异常检测中断的中断向量地址是 00BBH，中断号是 23，其相应的中断请求标志位在中断响应后不会自动清零，需要用软件清零。

(6) PWM 计数器的高字节 PWMCH(高 7 位)：各位定义如表 18-1-6 所示。

表 18-1-6　PWM 计数器的高字节 PWMCH(高 7 位)各位定义

	地址	B7	B6	B5	B4	B3	B2	B1	B0	复位值
PWMCH	FFF0H	—				PWMCH[14:8]				x000 0000

PWM 计数器的低字节 PWMCL(低 8 位)：各位定义如表 18-1-7 所示。

表 18-1-7   PWM 计数器的低字节 PWMCL(低 8 位)各位定义

地址	B7	B6	B5	B4	B3	B2	B1	B0	复位值
PWMCL	FFF1H				PWMCL[7:0]					0000 0000

PWM 计数器是一个 15 位的寄存器,可设定 1~32767 之间的任意值作为 PWM 的周期。PWM 波形发生器内部的计数器从 0 开始计数,每个 PWM 时钟周期递增 1。当内部计数器的计数值达到[PWMCH,PWMCL]设定的 PWM 周期时,PWM 波形发生器内部的计数器从 0 重新开始计数,硬件自动将 PWM 归零中断标志位 CBIF 置 1。若 ECBI=1,程序将跳转到相应的中断入口执行中断服务程序。

(7) PWM 时钟选择寄存器 PWMCKS:各位定义如表 18-1-8 所示。

表 18-1-8   PWM 时钟选择寄存器 PWMCKS 各位定义

地址	B7	B6	B5	B4	B3	B2	B1	B0	复位值
PWMCKS	FFF2H	—	—	—	SELT2		PS[3:0]			xxx0 0000

① SELT2:PWM 时钟源选择。

SELT2=0:PWM 时钟源为系统时钟经分频器分频之后的时钟。

SELT2=1:PWM 时钟源为定时器 2 的溢出脉冲。

② PS[3:0]:系统时钟预分频参数。当 SELT2=0 时,PWM 时钟为系统时钟/(PS[3:0]+1)。

(8) PWM 波形发生器设计了两个用于控制 PWM 波形翻转的 15 位计数器,可设定 1~32767 之间的任意值。PWM 波形发生器内部计数器的计数值与 PWM T1/PWM T2 设定的值相匹配时,PWM 的输出波形将发生翻转。

① PWMn 的第一次翻转计数器的高字节 PWMnT1H(n=2~7);地址如表 18-1-14 所示,各位定义如表 18-1-9 所示。

表 18-1-9   PWMn 的第一次翻转计数器的高字节 PWMnT1H(n=2~7)各位定义

地址	B7	B6	B5	B4	B3	B2	B1	B0	复位值
PWMnT1H	表 18-1-14	—			PWMnT1H[14:8]					x000 0000

② PWMn 的第一次翻转计数器的低字节 PWMnT1L(n=2~7):地址如表 18-1-14 所示,各位定义如表 18-1-10 所示。

表 18-1-10   PWMn 的第一次翻转计数器的低字节 PWMnT1L(n=2~7)各位定义

地址	B7	B6	B5	B4	B3	B2	B1	B0	复位值
PWMnT1L	表 18-1-14				PWMnT1L[7:0]					0000 0000

③ PWMn 的第二次翻转计时器的高字节 PWMnT2H(n=2~7):地址如表 18-1-14 所示,各位定义如表 18-1-11 所示。

表 18-1-11　PWMn 的第二次翻转计时器的高字节 PWMnT2H(n＝2～7)各位定义

	地址	B7	B6	B5	B4	B3	B2	B1	B0	复位值
PWMnT2H	表 18-1-14	—				PWM2T2H[14:8]				x000 0000

④ PWMn 的第二次翻转计时器的低字节 PWMnT2L(n＝2～7)：地址如表 18-1-14 所示，各位定义如表 18-1-12 所示。

表 18-1-12　PWMn 的第二次翻转计时器的低字节 PWMnT2L(n＝2～7)各位定义

	地址	B7	B6	B5	B4	B3	B2	B1	B0	复位值
PWMnT2L	表 18-1-14				PWMnT2L[7:0]					0000 0000

（9）PWMn 的控制寄存器 PWMnCR(n＝2～7)：地址如表 18-1-14 所示，各位定义如表 18-1-13 所示。

表 18-1-13　PWMn 的控制寄存器 PWMnCR(n＝2～7)各位定义

	地址	B7	B6	B5	B4	B3	B2	B1	B0	复位值
PWMnCR	表 18-1-14	—	—	—	—	PWMn_PS	EPWMnI	ECnT2SI	ECnT1SI	xxxx 0000

① PWMn_PS：PWMn 输出引脚选择位。

PWMn_PS ＝ 0：PWMn 的输出引脚为第 1 组 PWMn。

PWMn_PS ＝ 1：PWMn 的输出引脚为第 2 组 PWMn_2。

② EPWMnI：PWMn 中断使能控制位。

EPWMnI ＝ 0：关闭 PWMn 中断。

EPWMnI ＝ 1：使能 PWMn 中断。当 CnIF 被硬件置 1 时，程序将跳转到相应的中断入口执行中断服务程序。

③ ECnT2SI：PWMn 的 T2 匹配发生波形翻转时的中断控制位。

ECnT2SI ＝ 0：关闭 T2 翻转时中断。

ECnT2SI ＝ 1：使能 T2 翻转时中断，当 PWM 波形发生器内部计数值与 T2 计数器设定的值相匹配时，PWM 的波形发生翻转，同时硬件将 CnIF 置 1。此时若 EPWMnI＝1，程序将跳转到相应的中断入口执行中断服务程序。

④ ECnT1SI：PWMn 的 T1 匹配发生波形翻转时的中断控制位。

ECnT1SI ＝ 0：关闭 T1 翻转时中断。

ECnT1SI ＝ 1：使能 T1 翻转时中断，当 PWM 波形发生器内部计数值与 T1 计数器设定的值相匹配时，PWM 的波形发生翻转，同时硬件将 CnIF 置 1。此时若 EPWMnI＝1，程序将跳转到相应的中断入口执行中断服务程序。

6 路高、低字节两次控制 PWM 波形翻转的 15 位计数器和 PWMn 控制寄存器 PWMnCR 地址如表 18-1-14 所示。

表 18-1-14　PWM2~PWM7 计数器和控制寄存器地址

地　址		PWM2	PWM3	PWM4	PWM5	PWM6	PWM7
第一次翻转	高字节	FF00H	FF10H	FF20H	FF30H	FF40H	FF50H
计数器	低字节	FF01H	FF11H	FF21H	FF31H	FF41H	FF51H
第二次翻转	高字节	FF02H	FF12H	FF22H	FF32H	FF42H	FF52H
计数器	低字节	FF03H	FF13H	FF23H	FF33H	FF43H	FF53H
PWMn 控制寄存器 PWMnCR		FF04H	FF14H	FF24H	FF34H	FF44H	FF54H

（10）PWM 中断优先级控制寄存器 IP2：各个中断源均为低优先级中断，寄存器 IP2 不可位寻址，只能用字节操作指令更新相关内容，各位定义如表 18-1-15 所示。

表 18-1-15　PWM 中断优先级控制寄存器 IP2 各位定义

	地址	B7	B6	B5	B4	B3	B2	B1	B0	复位值
IP2	B5H	—	—	—	PX4	PPWMFD	PPWM	PSPI	PS2	xxx0 0000

① PPWMFD：PWM 异常检测中断优先级控制位。

PPWMFD = 0：PWM 异常检测中断为最低优先级中断（低优先级）。

PPWMFD = 1：PWM 异常检测中断为最高优先级中断（高优先级）。

② PPWM：PWM 中断优先级控制位。

PPWM = 0：PWM 中断为最低优先级中断（低优先级）。

PPWM = 1：PWM 中断为最高优先级中断（高优先级）。

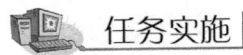 任务实施

一、任务要求

利用 IAP15W4K58S4 单片机 PWM 模块，生成一个重复的 PWM 波形。PWM 波形发生器的时钟频率为系统时钟，波形由通道 7(P1.7)输出。设置 2 个按键分别控制占空比的加和减，占空比初始值为 50%。设置 2 个按键分别控制频率的加和减，系统晶振频率为 24.0MHz。

二、硬件设计

采用 P3.2、P3.3 作为 PWM 波形占空比加、减按键信号的输入端，采用 P3.4、P3.5 作为 PWM 波形频率加、减按键信号的输入端。采用 PWM7 通道输出 PWM 波形，从 P1.7 引脚输出。硬件电路如图 18-1-2 所示。

三、项目十八任务 1 程序文件：项目十八任务 1.c

```
# include < stc15.h>          //包含支持 IAP15W4K58S4 单片机的头文件
# include < intrins.h>
```

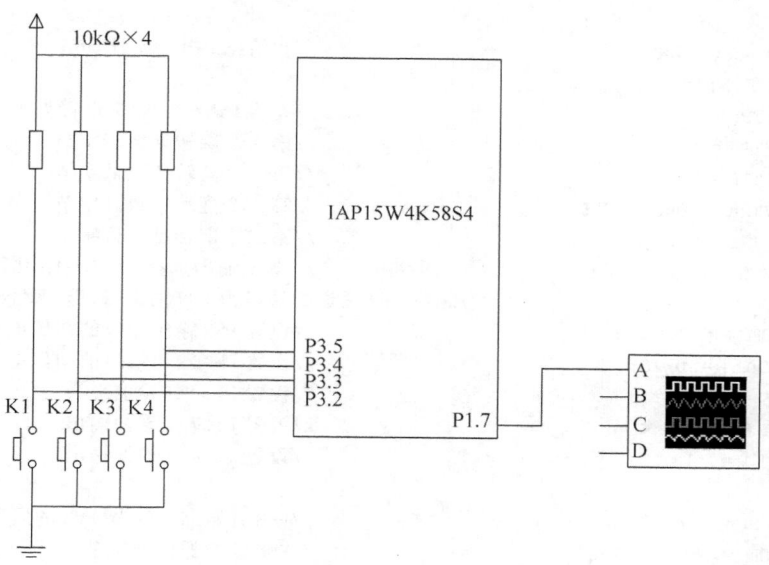

图 18-1-2　PWM 波形控制电路图

```
#define uchar unsigned char
#define uint unsigned int
#defineEAXSFR()P_SW2 | = 0x80
        //指令"MOVX A,@DPTR/MOVX @DPTR,A"的操作对象为扩展 SFR(XSFR)
#define EAXRAM() P_SW2 & = ~0x80
        //指令"MOVX A,@DPTR/MOVX @DPTR,A"的操作对象为扩展 RAM(XRAM)
sbit k1 = P3^2;                         //按键占空比 +
sbit k2 = P3^3;                         //按键占空比 -
sbit k3 = P3^4;                         //按键频率 +
sbit k4 = P3^5;                         //按键频率 -
void Delay(uint x)                      //延时
{
    for(;x>0;x--);
}
void FlashDuty(uint Duty)               //刷新占空比
{
    EAXSFR();                           //先将 P_SW2 的 BIT7 设置为 1,访问 XFR
    PWM7T2H = (Duty) / 256;             //第二个翻转计数高字节
    PWM7T2L = (Duty) % 256;             //第二个翻转计数低字节
    EAXRAM();                           //恢复访问 XRAM
}
void FlashFreq(uint Freq)               //刷新频率
{
    EAXSFR();                           //先将 P_SW2 的 BIT7 设置为 1,访问 XFR
    PWMCH = Freq / 256;                 //PWM 计数器高字节 PWM 的周期
    PWMCL = Freq % 256;                 //PWM 计数器的低字节
    EAXRAM();                           //恢复访问 XRAM
}
void main(void)                         //主程序
```

```
    {
        uint Duty = 600;                          //初始化 PWM 占空比 50%
        uint Freq = 1200;
        EAXSFR();                                 //先将 PSW2 的 BIT7 设置为 1,访问 XFR
        PWM7T1H = 0;                              //第一个翻转计数高字节
        PWM7T1L = 0;                              //第一个翻转计数低字节
        PWM7T2H = Duty / 256;                     //第二个翻转计数高字节
        PWM7T2L = Duty % 256;                     //第二个翻转计数低字节
        PWM7CR = 0;                               //PWM7 输出选择 P1.7,无中断
        PWMCR |= 0x20;                //相应 PWM 通道的端口为 PWM 输出口,受 PWM 波形发生器控制
//      PWMCFG &= ~0x20;                          //设置 PWM 输出端口的初始电平为 0
        PWMCFG |= 0x20;                           //设置 PWM 输出端口的初始电平为 1
        P17 = 1;                                  //设置 P1.7 初始电平为 1
        P1M1 &= ~(1 << 7);                        //设置 P1.7 强推挽输出
        P1M0 |= (1 << 7);                         //设置 P1.7 强推挽输出

        PWMCH = Freq / 256;                       //PWM 计数器高字节 PWM 的周期
        PWMCL = Freq % 256;                       //PWM 计数器的低字节
        PWMCKS = 0;                               //PWMCKS, PWM 时钟选择 PwmClk_1T
        EAXRAM();                                 //恢复访问 XRAM

        PWMCR |= 0x80;                            //使能 PWM 波形发生器,PWM 计数器开始计数
        PWMCR &= ~0x40;                           //禁止 PWM 计数器归零中断
//      PWMCR |= 0x40;                            //允许 PWM 计数器归零中断
        while (1)
        {
            if(k1 == 0)                           //按键
            {
                Delay(100);
                if(k1 == 0)
                {
                    Duty = Duty - 10;             //改变 PWM 占空比
                    if(Duty < 1){ Duty = 1;}      //取值范围
                    FlashDuty(Duty);              //刷新占空比
                    while(k1 == 0);               //等待按键松开
                }
            }
            if(k2 == 0)                           //按键
            {
                Delay(100);
                if(k2 == 0)
                {
                    Duty = Duty + 10;             //改变 PWM 占空比
                    if(Duty >= Freq){Duty = Freq;} //取值范围
                    FlashDuty(Duty);              //刷新占空比
                    while(k2 == 0);               //等待按键松开
                }
            }
            if(k3 == 0)                           //按键
```

```
        {
            Delay(100);
            if(k3 == 0)
            {
                Freq = Freq - 10;                //改变 PWM 频率
                if(Freq < Duty) { Freq = Duty;}   //取值范围
                FlashFreq(Freq);                  //刷新频率
                while(k3 == 0);                   //等待按键松开
            }
        }
        if(k4 == 0)                               //按键
        {
            Delay(100);
            if(k4 == 0)
            {
                Freq = Freq + 10;                 //改变 PWM 频率
                if(Freq >= 32767){Freq = 32767;}  //取值范围
                FlashFreq(Freq);                  //刷新频率
                while(k4 == 0);                   //等待按键松开
            }
        }
    }
}
```

四、硬件连线与调试

（1）用 USB 线将 PC 与 STC15W4K32S4 系列单片机实验箱相连接,并按图 18-1-2 所示连接电路。

（2）用 Keil C 编辑、编译程序项目十八任务 1.c,生成机器代码文件项目十八任务 1.hex,并下载到 STC15W4K32S4 系列单片机实验箱单片机中。

（3）联机调试。

① PWM 周期调试：按动 PWM 周期增加键,观察 PWM 输出波形;按动 PWM 周期减小键,观察 PWM 输出波形。

② PWM 占空比的调试：按动 PWM 占空比增加键,观察 PWM 输出波形;按动 PWM 占空比减小键,观察 PWM 输出波形。

任务2　应用 IAP15W4K58S4 单片机增强型 PWM 模块输出正弦波波形

任务说明

根据增强型 PWM 模块的独立性,利用任意 2 条通道可实现 PWM 信号互补输出以及死区控制。

任务实施

一、任务要求

利用 IAP15W4K58S4 单片机的 2 个 PWM 模块，生成 2 个互补对称输出的 PWM 波形。假设晶振频率 24.0MHz，PWM 波形发生器的时钟频率为系统时钟，PWM 周期 2400，死区 12 个时钟($0.5\mu s$)，正弦波表用 200 点，则输出正弦波频率＝24000000/2400/200＝50(Hz)。波形由 PWM6(P1.6)输出正向脉冲，由 PWM7(P1.7)输出反向脉冲，两个脉冲互补对称，频率相同。

二、硬件设计

采用 PWM6、PWM7 通道实现 PWM 脉冲互补输出，互补信号从 P1.6、P1.7 引脚输出。

三、软件设计（项目十八任务 2.c）

```c
#include <stc15.h>              //包含支持 IAP15W4K58S4 单片机的头文件
#include <intrins.h>
#define uchar unsigned char
#define uint unsigned int
uchar PWM_Index;               //SPWM 查表索引
#define PWM_DeadZone 12        //死区时钟数，6 ～ 24 之间
#define EAXSFR() P_SW2 |= 0x80
        //指令"MOVX A,@DPTR/MOVX @DPTR,A"的操作对象为扩展 SFR(XSFR)
#define EAXRAM() P_SW2 &= ~0x80
        //指令"MOVX A,@DPTR/MOVX @DPTR,A"的操作对象为扩展 RAM(XRAM)
unsigned int code T_SinTable[] = {
1220, 1256, 1292, 1328, 1364, 1400, 1435, 1471, 1506, 1541,
1575, 1610, 1643, 1677, 1710, 1742, 1774, 1805, 1836, 1866,
1896, 1925, 1953, 1981, 2007, 2033, 2058, 2083, 2106, 2129,
2150, 2171, 2191, 2210, 2228, 2245, 2261, 2275, 2289, 2302,
2314, 2324, 2334, 2342, 2350, 2356, 2361, 2365, 2368, 2369,
2370, 2369, 2368, 2365, 2361, 2356, 2350, 2342, 2334, 2324,
2314, 2302, 2289, 2275, 2261, 2245, 2228, 2210, 2191, 2171,
2150, 2129, 2106, 2083, 2058, 2033, 2007, 1981, 1953, 1925,
1896, 1866, 1836, 1805, 1774, 1742, 1710, 1677, 1643, 1610,
1575, 1541, 1506, 1471, 1435, 1400, 1364, 1328, 1292, 1256,
1220, 1184, 1148, 1112, 1076, 1040, 1005, 969, 934, 899,
865, 830, 797, 763, 730, 698, 666, 635, 604, 574,
544, 515, 487, 459, 433, 407, 382, 357, 334, 311,
290, 269, 249, 230, 212, 195, 179, 165, 151, 138,
126, 116, 106, 98, 90, 84, 79, 75, 72, 71,
70, 71, 72, 75, 79, 84, 90, 98, 106, 116,
126, 138, 151, 165, 179, 195, 212, 230, 249, 269,
```

```
290, 311, 334, 357, 382, 407, 433, 459, 487, 515,
544, 574, 604, 635, 666, 698, 730, 763, 797, 830,
865, 899, 934, 969, 1005, 1040, 1076, 1112, 1148, 1184,
};

/* --------- 主函数 ------- */
void main(void)
{
    EAXSFR();                                  //先将 P_SW2 的 BIT7 设置为 1,访问 XFR
    PWM6T1H = 0;                                //PWM6 第一个翻转计数高字节
    PWM6T1L = 65;                               //PWM6 第一个翻转计数低字节
    PWM6T2H = 1220 / 256;                       //PWM6 第二个翻转计数高字节
    PWM6T2L = 1220 % 256;                       //PWM6 第二个翻转计数低字节
    PWM6CR = 0;                                 //PWM6 输出选择 P1.6, 无中断
    PWMCR | = 0x10;                //相应 PWM 通道的端口为 PWM 输出口,受 PWM 波形发生器控制
    PWMCFG & = ~0x10;                           //设置 PWM 输出端口的初始电平为 0
        //  PWMCFG | = 0x10;                    //设置 PWM 输出端口的初始电平为 1
    P16 = 0;                                    //设置 P1.6 初始电平为 0
    P1M1 & = ~(1 << 6);                         //设置 P1.6 强推挽输出
    P1M0 | = (1 << 6);                          //设置 P1.6 强推挽输出
    PWM7T1H = 0;                                //PWM7 第一个翻转计数高字节
    PWM7T1L = 65 - PWM_DeadZone;                //PWM7 第一个翻转计数低字节
    PWM7T2H = (1220 + PWM_DeadZone) / 256;      //PWM7 第二个翻转计数高字节
    PWM7T2L = (1220 + PWM_DeadZone) % 256;      //PWM7 第二个翻转计数低字节
    PWM7CR = 0;                                 //PWM7 输出选择 P1.7, 无中断
    PWMCR | = 0x20;                //相应 PWM 通道的端口为 PWM 输出口,受 PWM 波形发生器控制
        //  PWMCFG & = ~0x20;                   //设置 PWM 输出端口的初始电平为 0
    PWMCFG | = 0x20;                            //设置 PWM 输出端口的初始电平为 1
    P17 = 1;                                    //设置 P1.7 初始电平为 0
    P1M1 & = ~(1 << 7);                         //设置 P1.7 强推挽输出
    P1M0 | = (1 << 7);                          //设置 P1.7 强推挽输出
    PWMCH = 2400 / 256;                         //PWM 计数器高字节 PWM 的周期
    PWMCL = 2400 % 256;                         //PWM 计数器的低字节
    PWMCKS = 0;                                 //PWMCKS, PWM 时钟选择 PwmClk_1T
    EAXRAM();                                   //恢复访问 XRAM
    PWMCR | = 0x80;                             //使能 PWM 波形发生器,PWM 计数器开始计数
        //  PWMCR & = ~0x40;                    //禁止 PWM 计数器归零中断
    PWMCR | = 0x40;                             //允许 PWM 计数器归零中断
    EA = 1;                                     //开总中断
    while (1)
    {
    }
}

void PWM_int (void) interrupt 22               //PWM 中断函数
{
    unsigned int j;
    unsigned char SW2_tmp;
    if(PWMIF & 0x40)                           //PWM 计数器归零中断标志
```

```
    {
        PWMIF & = ~0x40;                              //清除中断标志
        SW2_tmp = P_SW2;                              //保存 SW2 设置
        EAXSFR();                                     //访问 XFR
        j = T_SinTable[PWM_Index];
        PWM6T2H = (unsigned char)(j >> 8);            //PWM6 第二个翻转计数高字节
        PWM6T2L = (unsigned char)j;                   //PWM6 第二个翻转计数低字节
        j += PWM_DeadZone;                            //死区
        PWM7T2H = (unsigned char)(j >> 8);            //PWM7 第二个翻转计数高字节
        PWM7T2L = (unsigned char)j;                   //PWM7 第二个翻转计数低字节
        P_SW2 = SW2_tmp;                              //恢复 SW2 设置
        if(++PWM_Index >= 200) PWM_Index = 0;
    }
}
```

四、硬件连线与调试

（1）用 USB 线将 PC 与 STC15W4K32S4 系列单片机实验箱相连接，并按硬件设计要求连接电路。

（2）用 Keil C 编辑、编译程序项目十八任务 2.c，生成机器代码文件项目十八任务 2.hex，并下载到 STC15W4K32S4 系列单片机实验箱单片机中。

（3）联机调试。

① 按动按键 key1，或连续按住，观察与记录 LED 的亮度效果。

② 按动按键 key2，或连续按住，观察与记录 LED 灯的亮度效果。

③ 分析 LED 的点亮情况。PWM_counter 在什么情况下最暗和最亮？按键要按动多少次，LED 灯的亮度有明显变化？修改程序，使得开机时，LED 最暗（灭）；按动一次亮度增加键，LED 有明显的亮度变化，达到最大亮度时，按动 key1 键，PWM_counter 的值不会变化。

直接用示波器观察，会看到比较凌乱的波形，因为 PWM 一直在变化。测试时，使用数字示波器观察波形。按下 Run/Stop 按钮，让示波器处于某一时刻的波形，可以清楚地观察到两路互补对称的 PWM 波形，并且两路波形高、低电平转换接近位置相差 12 个时钟数。

两路 PWM 波形信号通过由 1kΩ 电阻和 1μF 电容组成的 RC 低通滤波器之后，得到两个反相的正弦波。本例使用 24MHz 时钟，PWM 时钟为 1T 模式，PWM 周期 2400，正弦采样 200 点，则输出正弦波频率 = 24000000/2400/200 = 50(Hz)。

习　　题

一、填空题

1. IAP15W4K58S4 单片机集成了_____路独立的增强型 PWM 波形发生器，每路 PWM 的_____可以自行设定，将其中任意两路配合起来使用，可实现_____以及死区控制等特殊应用。

2. IAP15W4K58S4 单片机增强型 PWM 波形发生器设计了对_____进行监控的功能,可用于紧急关闭 PWM 输出。PWM 波形发生器还可在 15 位 PWM 的计数器归零时触发_____。

3. IAP15W4K58S4 单片机 PWM 波形发生器监控的外部异常事件是指_____和_____。

4. IAP15W4K58S4 单片机 PWM 波形发生器在 15 位 PWM 计数器归零时触发的外部事件是指_____。

5. IAP15W4K58S4 单片机 PWM 波形发生器为每路 PWM 设计了两个用于控制的计数器 PWMnT1 和 PWMnT2,可以非常灵活地设置高、低电平宽度,达到对 PWM 的占空比及 PWM 的_____进行控制的目的。

6. IAP15W4K58S4 单片机 PWM 中断的中断向量地址是_____,中断号是_____,中断优先级的控制位是_____。

7. IAP15W4K58S4 单片机 PWM 异常检测中断的中断向量地址是_____,中断号是_____,中断优先级的控制位是_____。

8. IAP15W4K58S4 单片机扩展 RAM 与扩展 SFR 的切换控制位是_____。

二、选择题

1. IAP15W4K58S4 单片机中,当 PWMCKS = 04H 时,增强型 PWM 时钟为_____。
    A. 系统时钟/4　　　　　　　　B. 系统时钟/5
    C. 系统时钟/6　　　　　　　　D. 定时器 2 溢出脉冲

2. IAP15W4K58S4 单片机中,当 PWMCKS = 14H 时,增强型 PWM 时钟为_____。
    A. 系统时钟/4　　　　　　　　B. 系统时钟/5
    C. 系统时钟/6　　　　　　　　D. 定时器 2 溢出脉冲

3. IAP15W4K58S4 单片机增强型 PWM 计数器是_____位。
    A. 12　　　　　B. 13　　　　　C. 14　　　　　D. 15

4. IAP15W4K58S4 单片机增强型 PWM 计数器高字节 PWMCH 的地址是_____。
    A. FFF0H　　　　B. FFF1H　　　　C. FFF3H　　　　D. FFF4H

5. IAP15W4K58S4 单片机 PWM2 的第一次翻转计数器低字节 PWM2T1L 的地址是_____。
    A. FF00H　　　　B. FF01H　　　　C. FF02H　　　　D. FF03H

6. IAP15W4K58S4 单片机 PWM2 控制寄存器 PWM2CR 的地址是_____。
    A. FF04H　　　　B. FF14H　　　　C. FF24H　　　　D. FF34H

三、判断题

1. IAP15W4K58S4 单片机增强型 PWM 计数器是 16 位的。　　　　　（　　）

2. IAP15W4K58S4 单片机增强型 PWM 波形发生器计数器的计数值与 PWMnT1、PWMnT2 设定的值相等时,PWM 的输出波形将翻转。　　　　　（　　）

3. IAP15W4K58S4 单片机增强型 PWM 波形发生器计数器的计数值与 PWMnT1、PWMnT2 设定的值匹配时,都可引发 PWM 中断。　　　　　　　　　　　(　　)

4. IAP15W4K58S4 单片机 PWM 中断实际上包含了 7 个中断源。对应 7 个中断源请求标志,每个中断源都有相应的中断允许控制位。　　　　　　　　(　　)

5. IAP15W4K58S4 单片机 PWM 波形发生器的初始输出信号是低电平。　(　　)

6. IAP15W4K58S4 单片机复位后,跟增强型 PWM 有关的输出引脚处于开漏状态。

　　　　　　　　　　　　　　　　　　　　　　　　　　　　　(　　)

四、问答题

1. 简述 IAP15W4K58S4 单片机扩展 RAM 与扩展 SFR 的访问是如何切换的。

2. IAP15W4K58S4 单片机增强型 PWM 输出信号的占空比是如何控制的?

3. IAP15W4K58S4 单片机增强型 PWM 波形发生器可监控的外部异常事件是什么?

4. IAP15W4K58S4 单片机增强型 PWM 波形发生器在什么情况下可触发外部事件?触发的外部事件是什么?

5. IAP15W4K58S4 单片机的 PWM 模块共有几条输出通道?输出引脚分别是什么?

6. 简述 IAP15W4K58S4 单片机 PWMCKS 寄存器各位的控制含义。

7. 简述 IAP15W4K58S4 单片机 PWM2CR 寄存器各位的控制含义。

8. 简述 IAP15W4K58S4 单片机 PWMCFG 寄存器各位的控制含义。

9. 简述 IAP15W4K58S4 单片机 PWMCR 寄存器各位的控制含义。

10. 简述 IAP15W4K58S4 单片机设置 PWMnT1、PWMnT2 计数器的意义。

11. 简述 IAP15W4K58S4 单片机 PWMIF 寄存器各位的控制含义。

12. 简述 IAP15W4K58S4 单片机 PWMFDCR 寄存器各位的控制含义。

五、程序设计题

1. 利用 IAP15W4K58S4 单片机 PWM2 设计一个周期为 1～10s,占空比为 1/10～9/10,范围可调的 PWM 输出波形。周期步长为 1s,占空比步长为 1/10。画出硬件电路图,绘制程序流程图,编写程序并上机调试。

2. 利用 IAP15W4K58S4 单片机 PWM3 输出三角波波形,周期、幅度自定义。画出硬件电路图,绘制程序流程图,编写程序并上机调试。

3. 利用 IAP15W4K58S4 单片机的 3 路 PWM 模块控制 RGB 全彩 LED 灯珠,实现任意颜色混合发光效果。画出硬件电路图,绘制程序流程图,编写程序并上机调试。

4. 利用 IAP15W4K58S4 单片机的 PWM 模块实现三相 SPWM,三相相位差 120°。画出硬件电路图,绘制程序流程图,编写程序并上机调试。

创新设计DIY

本项目在前述各任务实施的基础上,综合阐述单片机应用系统的开发原则与开发流程,引入部分历年全国电子设计大赛试题以及比较典型的应用设计课题,供学生自主选择、自主设计与制作,也可作为电子设计竞赛题目或毕业设计题目。

一、单片机应用系统的开发原则

单片机应用系统的设计根据其特殊的应用场合,应遵循以下设计原则。

1. 可靠性高

在设计过程中,要把系统的安全性、可靠性放在首位。一般来讲,系统的可靠性从以下几个方面考虑。

（1）在器件使用上,选用可靠性高的元器件,防止元器件的损坏影响系统可靠运行。

（2）选用典型电路,排除电路的不稳定因素。

（3）采用必要的冗余设计,或增加自诊断功能。

（4）采取必要的抗干扰措施,防止环境干扰。可采用硬件抗干扰或软件抗干扰措施。

2. 性能价格比高

单片机自身具有高性能、体积小和功耗低的特点,因此在系统设计时,除保持高性能外,还应简化外围硬件电路,在系统性能许可的范围内尽可能地用软件程序取代硬件电路,以降低系统的制造成本。

3. 操作维护方便

操作维护方便表现在操作简单、直观形象和便于操作。设计系统时,在保证系统性能不变的情况下,应尽可能地简化人机交互接口。

4. 设计周期短

系统设计周期是衡量一个产品有无社会效益的主要依据,只有缩短设计周期,才能有效地降低系统设计成本,充分发挥新系统的技术优势,及早地占领市场并具有竞争力。

二、单片机应用系统的开发流程

单片机应用系统主要由硬件和软件两部分组成。硬件除单片机本身的芯片以外,还包括单片机扩展的输入/输出通道、人机交互通道以及单片机基本系统必需的常规芯片。软件是各种工作程序的集合,包括系统软件和应用软件两个部分。只有将硬件和软件有机地紧密配合,才能设计出高性能的单片机应用系统。归纳起来,单片机应用系统的设计过程大致有以下几个方面。

1. 任务确定

单片机应用系统分为智能仪器仪表和工业测控系统两大类。无论哪一类,都必须以市场需求为前提。所以,在系统设计前,首先要进行广泛的市场调查,了解该系统的市场应用概况,分析系统当前存在的问题,研究系统的市场前景,确定系统开发设计的目的和目标。简单地说,就是通过调研克服缺点,开发新功能。

在确定了大方向的基础上,对系统的具体实现进行规划,包括应该采集信号的种类、数量、范围,输出信号的匹配和转换,控制算法的选择,技术指标的确定等。

2. 方案设计

确定了研制任务后,进行系统的总体方案设计,主要包括以下两个方面。

1)单片机机型和器件选择

(1)性能特点适合所要完成的任务,避免过多的功能闲置。

(2)性能价格比要高,以提高整个系统的性能价格比。

(3)结构原理要熟悉,以缩短开发周期。

(4)货源要稳定,有利于批量的增加和系统维护。

2)硬件与软件功能划分

系统的硬件和软件要统一规划。因为一种功能往往既可以由硬件实现,又可以由软件实现。要根据系统的实时性和系统的性能价格比综合确定。

一般情况下,用硬件实现速度比较快,可以节省 CPU 的时间,但系统的硬件接线复杂,成本较高。用软件实现较为经济,但要更多地占用 CPU 的时间。所以,在 CPU 时间不紧张的情况下,应尽量采用软件。如果系统回路多、实时性要求强,要考虑用硬件完成。例如,在显示接口电路设计时,为了降低成本,可以采用软件译码的动态显示电路。但是,如果系统的取样路数多、数据处理量大,应改为硬件静态显示。

3. 硬件设计与调试

硬件设计是根据总体设计要求,在选择了单片机机型的基础上,具体确定系统中要使用的元件,并设计出系统的电路原理图。经过必要的实验后,完成工艺结构设计、电路板制作和样机组装。主要硬件设计包括以下几个方面。

1)单片机电路设计

主要完成时钟电路、复位电路、供电电路设计。

2)输入/输出通道设计

主要完成传感器电路、放大电路、多路开关、A/D 转换电路、D/A 转换电路、开关量接口电路、驱动及执行机构设计。

3）控制面板设计

主要完成按键、开关、显示器、报警等电路设计。

4）硬件调试

硬件调试分静态调试和动态调试。

（1）静态调试：包括目测、采用万用表测试、加电检查。

① 目测：首先是仔细检查单片机应用系统的印制电路板，检查印制线是否有断线、是否有毛刺、线与线和线与焊盘之间是否有黏连、焊盘是否脱落、过孔是否有未金属化现象等。若无质量问题，则在安装、焊接上所有的分离元件和集成电路插座后，再一次目测，检查元器件是否焊接正确、焊点是否有毛刺、焊点是否有虚焊、焊锡是否使线与线或线与焊盘之间短路等。通过目测，可以查出某些明确的器件、设计故障，并及时排除。

② 采用万用表测试：先用万用表复核目测中认为可疑的边线或接点，再检查所有电源的电源线和地线之间是否有短路现象。这一点必须在加电前查出，否则会造成器件或设备毁坏。

③ 加电检查：首先检查各电源的电压是否正常，然后检查各个芯片插座的电源端的电压是否在正常的范围内，固定引脚的电平是否正确。在断电的状态下，将集成芯片逐一插入相应的插座，加电后，仔细观察芯片或器件是否出现打火、过热、变色、冒烟和异味等现象，如有异常现象，应立即断电，找出原因，排除故障。总之，静态调试检查印制电路板、连接和元器件部分有无物理性故障。静态调试完成后，进行动态调试。

（2）动态调试：是目标系统在工作状态下，发现和排除硬件中存在的器件内部故障、器件间连接的逻辑错误等的一种硬件检查。硬件的动态调试必须在开发系统的支持下进行，故称为联机仿真调试。动态调试借助于开发系统资源来设计目标系统中的单片机外围电路，具体方法是利用开发系统友好的交互界面，有效地对目标系统的单片机外围扩展电路进行访问、控制，使系统在运行中暴露问题，从而发现故障、排除故障。典型、有效地访问、控制外围扩展电路的方法是对电路进行循环读或写操作，使得电路中主要测试点的状态可以通过常规测试仪器测试出来，以此检测被调试电路是否按预期的工作状态运行。

4. 软件设计与调试

单片机应用系统的设计中，软件设计占有重要的位置。单片机应用系统的软件通常包括数据采集和处理程序、控制算法实现程序、人机对话程序和数据处理与管理程序。

软件设计通常采用模块化程序设计、自顶向下的程序设计方法。

单片机应用系统的软件设计是研制过程中任务最繁重的一项工作。对于一些较复杂的应用系统，不仅要使用汇编语言来编程，有时还需要使用高级语言编程。软件设计包括编写程序的总体方案，画出程序流程图，编制具体程序以及对程序检查和修改等。

1）程序的总体设计

程序的总体设计是指从系统的高度考虑程序结构、数据格式与程序功能的实现方法和手段。程序的总体设计包括拟定总体设计方案、确定算法和绘制程序流程图等。在拟定总体设计方案时，要根据单片机应用系统的具体情况，确定一个切合实际的程序设计方法。常用的程序设计方法有以下3种。

(1) 模块化程序设计。模块化程序设计的思想是将一个功能完整的较长的程序分解成若干个功能相对独立的较小的程序模块,各个程序模块分别进行设计、编程和调试,最后把各个调试好的程序模块装配起来进行联调,最终形成一个有实用价值的程序。

(2) 自顶向下逐步求精程序设计。自顶向下逐步求精程序设计要求从系统级的主干程序开始,从属的程序和子程序先用符号代替,集中力量解决全局问题;然后层层细化,逐步求精,编制从属程序和子程序;最终完成一个复杂程序的设计。

(3) 结构化程序设计。结构化程序设计是一种理想的程序设计方法,它是指在编程过程中对程序进行适当限制,特别是限制使用转移指令,控制程序的复杂程度,使程序的编排顺序和执行流程保持一致。

2) 程序的编制

目前,单片机主要有两种编程语言:汇编语言和C51。如系统的实时控制较高,一般建议采用汇编语言编程;如系统中数据处理较多,采用C51编程更方便。

3) 软件调试

软件调试是通过对目标程序的汇编、连接、执行来发现其中存在的语法错误与逻辑错误,并加以排除、纠正的过程。在软件调试中,主要针对逻辑性错误进行讨论。软件调试与所选用的软件结构和程序设计方法有关。但有一点是共同的,即软件调试一般遵循先独立后联机、先分块后组合、先"单步"后"连续"的原则。在具体技术方面,采用 Keil μVision 集成开发环境的调试功能进行调试,推荐采用 Proteus 仿真软件。

(1) 先独立后联机。一般来说,单片机应用系统中的软件和硬件是密切联系的,但这不等于说所有的目标程序都必须依赖硬件运行。如软件对被测参数进行数值处理或做某项事务处理时,往往是与硬件无关的。把与硬件无关的、功能相对独立的目标程序段抽取出来,形成与硬件无关和依赖硬件的两大类目标程序,就可以先脱离目标系统硬件,直接在开发系统上对独立于硬件的程序进行调试。这类程序调试完成后,将目标系统与开发系统相连,对依赖于硬件的程序联机调试,再进行这两大块程序总调试。

(2) 先分块后组合。在目标系统规模较大、任务较多的情况下,系统的软件设计往往采用模块化方法。先对各个子模块进行调试,然后将有关联的程序模块逐块组合起来调试,解决在模块连接中可能出现的逻辑错误。所有程序模块的整体组合在系统联调中进行。由于各个程序模块通过调试已排除了内部错误,所以软件总调的工作量大大减少。

(3) 先"单步"后"连续"。调试软件程序的关键是实现对错误的定位。准确发现程序(或硬件电路)错误的最有效方法是采用单步加断点的运行方式调试程序。在调试程序时,先利用断点运行方式进行粗调,将故障定位在一个程序段的小范围内;然后根据故障程序段再使用单步运行方式对错误精确定位,使调试快捷、准确。通常在调试完成后,还要进行连续运行调试,防止某些错误在单步执行时被掩盖。

对于一些实时系统,可能无法采用单步调试。为了较快地定位程序的错误,可使用连续加断点运行方式调试这类程序。

5. 系统联调与性能测试

系统联调是指目标系统的软件在其硬件上实际运行,将软件和硬件联合起来进行调试,从中发现硬件故障或软、硬件设计错误。采用 Proteus 仿真软件进行系统联调,再用实物联调。系统联调主要解决以下问题。

(1) 软、硬件是否按设计要求配合工作。

(2) 系统运行时是否有潜在的设计时难以预料的错误。

(3) 系统的动态性能指标(包括精度、速度等参数)是否满足设计要求。系统联调时,首先调试与硬件有关的各程序段,既可以检验程序的正确性,又可以在各功能独立的情况下,检验软、硬件的配合情况;再将软件、硬件按系统工作的要求综合运行,采用全速断点、连续运行方式进行总调试,解决在系统总体运行情况下软、硬协调与提高系统动态性能的问题。系统联调的具体操作方法:先在开发系统环境下,借用仿真器 CPU、存储器等资源工作。若发现问题,按照软件、硬件调试方法准确定位错误,分析原因,找出解决办法。在系统联调完成后,将目标程序固化到目标系统单片机的程序存储器中,使目标系统脱离开发系统进行测试。

对于一些运行环境比较恶劣的单片机应用系统,在系统联调后,还要进行现场调试。通过目标系统在现场运行,发现可靠设计中的问题,找出相应的解决方法。

单片机应用系统的设计与开发流程如图 19-1 所示。

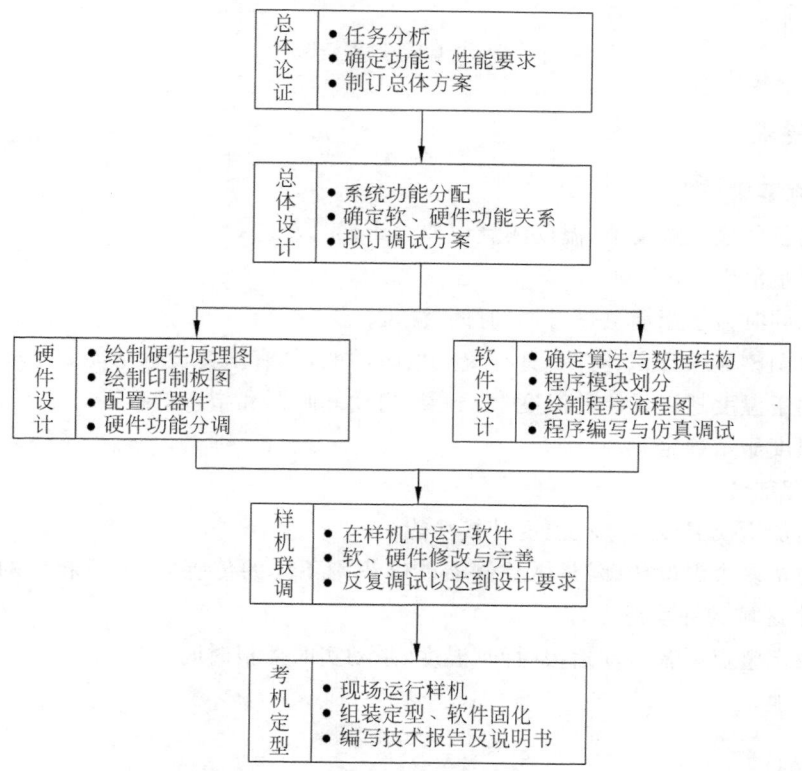

图 19-1　单片机应用系统的设计与开发流程

课题一 数字时钟与数字温度计

设计任务

设计并制作一个数字温度计,原理方框图如图 19-1-1 所示。

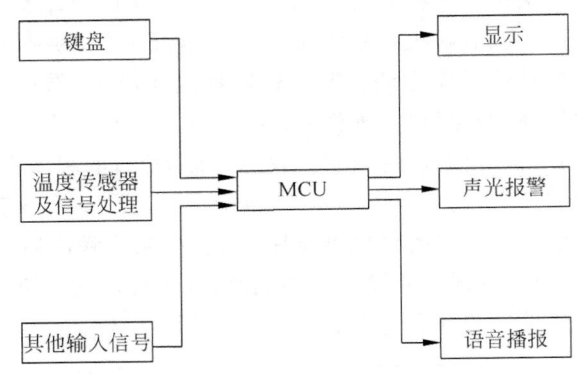

图 19-1-1 原理框图

设计要求

1. 基本要求

(1) 测量并显示温度值,温度测量误差≤±1℃。

(2) 测量范围:0~100℃。

(3) 能同时显示当前测量日期、时间、温度。

(4) 可调整显示日期、时间,具有整点报时功能,具有闹铃设置功能。

(5) 测量温度超过设定的温度上、下限,启动蜂鸣器和指示灯报警。

(6) 温度显示稳定。

2. 发挥部分

(1) 增加摄氏温度与华氏温度转换功能。

(2) 连接多个温度传感器,微控制器能够识别不同的传感器,显示相应的温度值,用于监测多个区域的环境温度。

(3) 设定整点语音自动播报时间、温度,手动实时播报时间、温度。

(4) 其他。

评价标准

通过作品演示与现场答辩,按表 19-1-1 所示评分标准进行评价。

表 19-1-1　评分标准

项　　目			满分
基本部分	设计与总结报告:方案比较、设计与论证,理论分析与计算,电路图及有关设计文件,测试方法与仪器,测试数据及测试结果分析		50
	实际完成情况	完成第(1)项	10
		完成第(2)项	5
		完成第(3)项	10
		完成第(4)项	10
		完成第(5)项	10
		完成第(6)项	5
发挥部分	完成第(1)项		10
	完成第(2)项		10
	完成第(3)项		20
	完成第(4)项		10

课题二　自动升降旗控制系统

设计任务

设计一个自动升降旗控制系统,用于自动控制升旗和降旗。升旗时,在旗杆的最高端自动停止;降旗时,在最低端自动停止。

自动升降旗控制系统的机械模型如图 19-2-1 所示。旗帜的升降由电动机驱动。该系统有两个控制按键,一个是上升键,一个是下降键。

设计要求

1. 基本要求

(1) 按下上升键后,国旗匀速上升,同时流畅地演奏国歌;上升到最高端时自动停止,国歌停奏;按下下降键后,国旗匀速下降,降旗的时间不放国歌,下降到最低端时自动停止。

(2) 能在指定的位置自动停止。

(3) 为避免误动作,国旗在最高端时,按上升键不起作用;国旗在最低端时,按下降键不起作用。

(4) 升、降旗的时间均为 43s,与国歌的演奏时间相等。升旗时演奏国歌,旗从旗杆的最下端上升到顶端;降旗时不演奏国歌,旗从旗杆的最上端下降到底端。

(5) 数字即时显示旗帜所在的高度,以厘米(cm)为单位,误差不大于 2cm。

2. 发挥部分

增设一个开关,控制半旗状态,该状态由一个发光二极管显示。

(1) 半旗状态(根据《国旗法》)。升旗时,按上升键,奏国歌,国旗从最低端上升到最高端之后,国歌停奏,然后自动下降到总高度的 2/3 处停止;降旗时,按下降键,国旗先从

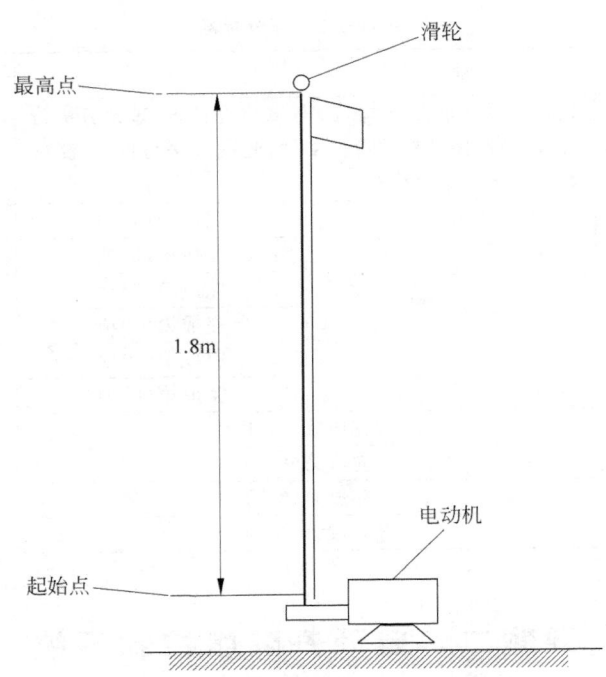

图 19-2-1　自动升降旗控制系统的机械模型

2/3 高度处上升到最高端,再自动从最高端下降到底之后自动停止,国歌停奏。

（2）不论旗帜在顶端还是在底端,关断电源之后重新通电,旗帜所在的高度数据显示不变。

（3）要求升、降旗的速度可调整。在旗杆高度不变的情况下,升、降旗时间的调整范围是 30～120s,步进 1s。此时国歌停奏。

（4）具有无线遥控升、降旗及停止功能。

说明：旗帜用大于 100g 的重物代替。

评价标准

通过作品演示与现场答辩,按表 19-2-1 所示的评分标准进行评价。

表 19-2-1　评分标准

	项　目	得分
基本要求	设计与总结报告：方案比较、设计与论证,理论分析与计算,电路图及有关设计文件,测试方法与仪器,测试数据及测试结果分析	50
	完成第(1)项	10
	完成第(2)项	10
	完成第(3)项	10
	完成第(4)项	10
	完成第(5)项	10

续表

项　目		得分
发挥部分	完成第(1)项	10
	完成第(2)项	10
	完成第(3)项	10
	完成第(4)项	10
	其他创新	10

课题三　无线遥控窗帘控制系统

设计任务

设计制作一个窗帘升降器系统,用于手控、光控、遥控设置其上升、停止、下降动作。窗帘系统用模拟装置代替,示意图如图 19-3-1 所示。

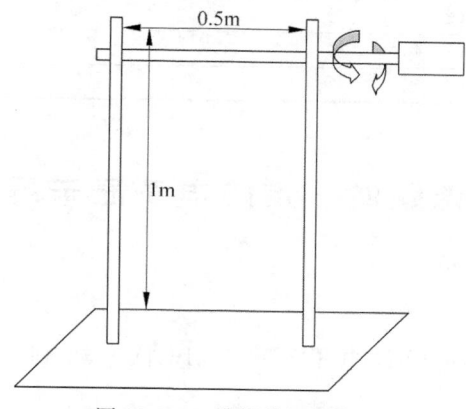

图 19-3-1　模拟装置示意图

设计要求

1. 基本要求

(1) 具有使电动机变速升、降功能(慢速 3min/m,中速 2min/m,快速 1min/m)。

(2) 具有存储功能,即"停止"后,重新运转时,保持最近设置的转速,掉电后默认为慢速。

(3) 具有显示"上升↑""停止‖""下降↓"的功能。

(4) 具有键盘、红外遥控、光感应控制功能。

(5) 可载重 500g 左右。

(6) 具有最高点、最低点自动停止功能。

2. 发挥部分

(1) 能用键盘设定任意停止点。

(2) 用显示设备显示电动机转速。

(3) 能用语音报停、上升、下降状态及电动机转速。

(4) 其他(如声控等)。

评价标准

通过作品演示与现场答辩,按表 19-3-1 所示的评分标准进行评价。

表 19-3-1 评分标准

	项　目	满分
基本要求	设计与总结报告:方案设计与论证,理论分析与计算,电路图,测试方法与数据,测试结果分析	50
	完成第(1)项	10
	完成第(2)项	5
	完成第(3)项	10
	完成第(4)项	15
	完成第(5)项	5
	完成第(6)项	5
发挥部分	完成(1)项	15
	完成(2)项	15
	完成(3)项	10
	完成(4)项	10

课题四　点阵电子显示屏

设计任务

设计并制作一台简易 LED 电子显示屏,16 行 × 32 列点阵显示,原理示意图如图 19-4-1 所示。

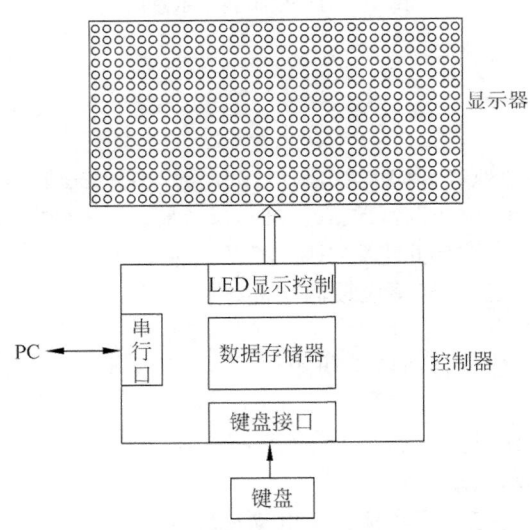

图 19-4-1　LED 电子显示屏原理框图

设计要求

1. 基本要求

设计并制作 LED 电子显示屏和控制器。

（1）自制一台简易 16 行×32 列点阵 LED 电子显示屏。

（2）自制显示屏控制器，扩展键盘和相应的接口实现多功能显示控制。显示屏显示数字和字母亮度适中，应无闪烁。

（3）显示屏通过按键切换显示数字和字母。

（4）显示屏能显示 4 组特定数字或者英文字母组成的句子，通过按键切换显示内容。

（5）能显示 4 组特定汉字组成的句子，通过按键切换显示内容。

2. 发挥部分

（1）自制一台简易 16 行×64 列点阵 LED 电子显示屏。

（2）LED 显示屏亮度连续可调。

（3）实现信息左、右滚屏显示，预存信息的定时循环显示。

（4）实现实时时间显示，显示屏数字显示"时∶分∶秒"（例如 18∶38∶59）。

（5）增大到 10 组（每组汉字 8 个或 16 个数字和字符）预存信息。信息具有掉电保护。

（6）实现和 PC 通信，通过 PC 串口直接更新显示信息（须做 PC 客户程序）。

（7）其他发挥功能。

设计说明

（1）显示格式和显示信息可以自定义。

（2）电子显示屏 LED 显示灯只允许使用 8×8 LED 点阵显示模块。

（3）显示屏的显示控制方案和控制器的选择方案任选。

（4）不允许使用 LED 集成驱动模块。

评价标准

通过作品演示与现场答辩，按表 19-4-1 所示的评分标准进行评价。

表 19-4-1　评分标准

	项　目	满分
基本要求	设计与总结报告：方案比较、设计与论证，理论分析与计算，电路图及有关设计文件，测试方法与仪器，测试数据及测试结果分析	50
	完成第（1）项	20
	完成第（2）项	15
	完成第（3）项	5
	完成第（4）项	5
	完成第（5）项	5

项　　目		满分
发挥部分	完成第(1)项	7
	完成第(2)项	8
	完成第(3)项	10
	完成第(4)项	5
	完成第(5)项	5
	完成第(6)项	5
	完成第(7)项	10

课题五　可循迹复现的智能电动小车

设计任务

设计并制作一辆智能电动车。

设计要求

1. 基本要求

(1) 小车可无线遥控。

① 遥控实现小车模式切换：可遥控小车进入遥控行走、循迹行走、倒退复现、正向复现四种模式。

② 遥控实现小车行走控制：可遥控小车前进、后退、左右转弯。

③ 遥控距离不少于 5m。

④ 遥控可用红外或无线射频方式实现，后者得分较高。

(2) 小车可识别地上的黑色轨迹线，实现循迹行走。

① 黑色轨迹线线宽不超过 2cm。

② 轨迹线最小转弯半径不小于 25cm。

③ 评审测试使用一条长度近 10m 的黑色轨迹曲线，沿该曲线行走时，每处转折均有计分，错过者不得分。

④ 所有转折均顺利完成者，将按时间分等级给分。最短时间完成者，分数最高。

(3) 小车可重现走过的轨迹。

① 小车能记录循迹行走轨迹，可倒退复现与正向复现，轨迹形状与原轨迹基本一致。

② 小车能记录遥控行走轨迹，可倒退复现与正向复现，轨迹形状与原轨迹基本一致。

③ 记录轨迹长度越长越好，不少于 10m。

2. 发挥部分

(1) 小车重现轨迹可倍数放大(3 倍以上)，即轨迹形状基本一致，但曲径、距离放大相应倍数。

(2) 小车可同时记录多条轨迹(3 条以上)，由遥控选择其中任一条轨迹复现。

（3）小车可自动寻找充电站进行充电。

① 小车能寻找并自主行走到充电站。

② 充电站能对小车有效充电。

说明：电动车允许用玩具车改装，其外围尺寸（含车体的附加装置）的限制为：长度≤35cm，宽度≤15cm。

评价标准

通过作品演示与现场答辩，按表 19-5-1 所示的评分标准进行评价。

表 19-5-1　评分标准

项　　目		满分
基本要求	设计与总结报告：方案比较、设计与论证，理论分析与计算，电路图及有关设计文件，测试方法与仪器，测试数据及测试结果分析	50
	完成第（1）项	15
	完成第（2）项	20
	完成第（3）项	15
发挥部分	完成第（1）项	20
	完成第（2）项	20
	完成第（3）项	10

课题六　液位自动控制装置

设计任务

设计并制作一个储水水箱液位监测与水泵控制装置，控制示意图如图 19-6-1 所示。

设计要求

1. 基本要求

（1）通过键盘设定 B 瓶里的液位（0～25cm 内的任意值）。通过控制电磁阀（或类似于电磁阀的装置），使 B 瓶的液位达到设定值。

（2）液位误差不超过±0.3cm。

（3）液位超过 25cm 或液位低于 2cm 时，发出警报。

（4）显示器能实时显示当前液位状态和瓶内液体重量，以及阀门状态。

2. 发挥部分

设计并制作一个由主站控制 8 个从站的有线监控系统。在这 8 个从站中，只有一个从站是按基本要求制作的一套液位监控装置，其他从站为模拟从站（仅要求制作一个模拟从站）。

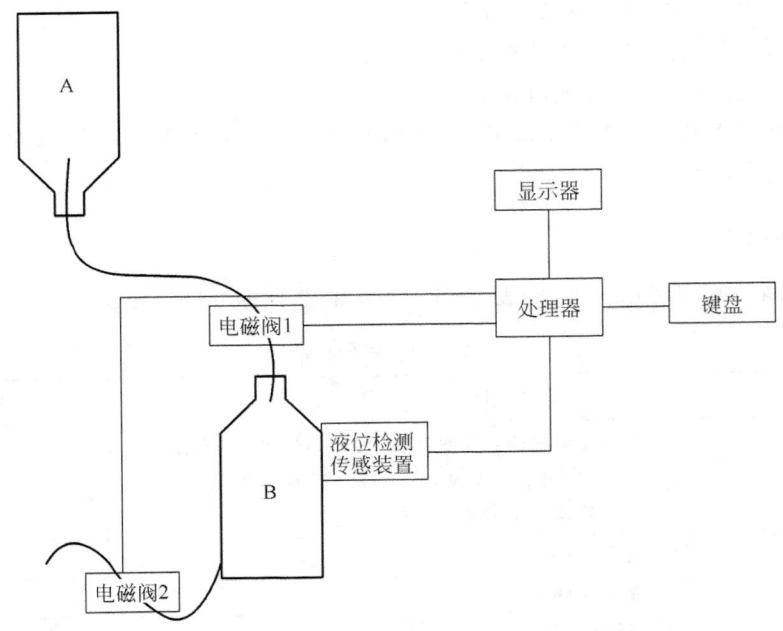

图 19-6-1　液位控制装置示意图

（1）主站功能。

① 具有所有基本要求里的功能。

② 可显示从站传输过来的从站号和液位信息，可控制从站液位。

③ 在巡回检测时，主站能任意设定要查询的从站数量、从站号和各从站的液位信息。

④ 收到从站发来的报警信号后，能声光报警并显示相应的从站号；可自动调整从站液位为 20cm。

（2）从站功能。

① 能输出从站号、液位信息和报警信号；从站号可以任意设定。

② 接收主站设定的液位控制信息并显示。

③ 对异常情况报警和自动调整。

（3）主站和从站间的通信方式不限，通信协议自定，但应尽量减少信号传输线的数量。

（4）其他。

设计说明

（1）电磁阀类型不限，或采用类似装置替代，其安装位置及安装方式自定。

（2）储液瓶和受液瓶可采用 2.25L 可乐瓶（透明容器，容器中为无色透明液体）。

（3）测试时，仅提供医用移动式点滴支架，其高度约 1.8m，也可自带支架；测试所需其他设备自备。

评价标准

通过作品演示与现场答辩,按表 19-6-1 所示的评分标准进行评价。

表 19-6-1　评分标准

项　　目		满分
基本要求	设计与总结报告：方案比较、设计与论证,理论分析与计算,电路图及有关设计文件,测试方法与仪器,测试数据及测试结果分析	50
	完成第(1)项	15
	完成第(2)项	10
	完成第(3)项	5
	完成第(4)项	15
	工艺	5
发挥部分	完成第(1)项	16
	完成第(2)项	24
	其他创新	10

课题七　智力竞赛"助手"

设计任务

设计并制作一个智力竞赛"助手"。

设计要求

1. 基本要求

(1) 具有 4 人以上的抢答功能。

(2) 具有 4 人以上的表决功能。

(3) 具有时钟与定时功能。

(4) 具有辩论双方用时统计功能。

2. 发挥部分

(1) 具有大屏幕显示功能(含大屏幕显示器以及驱动电路)。

(2) 能够遥控输入抢答或表决数据信号。

(3) 能够与 PC 通信,用 PC 对智力竞赛"助手"进行操作。

(4) 其他。

评价标准

通过作品演示与现场答辩,按表 19-7-1 所示的评分标准进行评价。

表 19-7-1　评分标准

项　目		满分
基本要求	设计与总结报告：方案比较、设计与论证，理论分析与计算，电路图及有关设计文件，测试方法与仪器，测试数据及测试结果分析	50
	完成第(1)项	10
	完成第(2)项	10
	完成第(3)项	10
	完成第(4)项	15
	工艺	5
发挥部分	完成第(1)项	15
	完成第(2)项	15
	完成第(3)项	15
	其他创新	5

课题八　太阳能 LED 交通警示板

设计任务

设计并制作一个交通警示板。该装置以太阳能为能源，以铅酸蓄电池为蓄能部件和电路工作电源。该警示板设置在夜间有事故隐患的路段，LED 不间断地闪烁。白天可关闭。

设计要求

1. 基本要求

(1) 设计并制作太阳能光伏板对电池的充电装置。

(2) 设计并制作以电池为电源的 LED 闪烁工作装置。

(3) 设计并制作以太阳能光伏板为传感器的光控电路，控制 LED 在白天关闭、夜间开启。

2. 发挥部分

(1) 在基本要求的基础上，利用 LED 作为显示单元，设计制作该路段白天通过车辆数量的传感、计数、显示装置。最大显示数为 99。该装置在光控开关控制下，白天开启、晚上关闭。

(2) 给蓄电池加上充、放电保护装置，防止过充电和过放电。

(3) 给光控电路增加避免瞬时光照(如夜间闪电、过往车辆灯光等)引起误动作的功能电路。

(4) 其他。

设计说明

（1）推荐选用 6V,2AH 铅酸蓄电池。

（2）基于上述蓄电池，建议太阳能光伏板的参数为：峰值电压 8.5V,峰值电流 310mA,峰值功率 2.5W。

（3）警示 LED 与显示 LED 可共用。推荐选用 1 英寸 LED 数码管。作为警示灯光时,可显示为"日"字。

评价标准

通过作品演示与现场答辩,按表 19-8-1 所示的评分标准进行评价。

表 19-8-1　评分标准

	项　目	满分
基本要求	设计与总结报告：方案比较、设计与论证,理论分析与计算,电路图及有关设计文件,测试方法与仪器,测试数据及测试结果分析	50
	完成第(1)项	15
	完成第(2)项	15
	完成第(3)项	15
	工艺	5
发挥部分	完成第(1)项	15
	完成第(2)项	10
	完成第(3)项	15
	其他创新	10

课题九　汽车安全行车保障系统

设计任务

设计并制作一个汽车安全行车保障系统,以提高行车安全系数。

1. 基本要求

（1）汽车侧面测障电路：当侧面障碍物离汽车距离小于 0.5m 时,有语言提示。

（2）倒车超声波测距：小于 1m 时,开始语言提示。

（3）主、副驾安全带提示与控制装置：当主驾未系安全带时,提示与控制汽车无法启动。

（4）防长时间驾驶(疲劳)提示。

2. 发挥部分

（1）自动限速提示与控制功能：当汽车速度超过设定速度的 10%～20% 时,语言提示；当超过设定速度的 20% 以上时,启动限速系统,将行车速度限制在设定速度以下。

(2) 防醉酒驾车功能。

① 每次开车时,要求输入一个较长的行车密码,才能启动汽车,在一定程度上可防止司机醉酒驾车。

② 测试司机的酒精度,判断司机是否处于醉酒状态,决定是否能启动汽车。

③ 其他。

设计说明

(1) 汽车的行车与测速可用普通的直流电动机加霍尔元件测试电路来模拟,编程时根据电动机的转速按比例减小来设定汽车的速度。

(2) 对于酒精度实验,可在密封的容器内,用酒精兑水的方法来调节酒精浓度。

评价标准

通过作品演示与现场答辩,按表 19-9-1 所示的评分标准进行评价。

表 19-9-1　评分标准

	项　目	满分
基本要求	设计与总结报告:方案比较、设计与论证,理论分析与计算,电路图及有关设计文件,测试方法与仪器,测试数据及测试结果分析	50
	完成第(1)项	15
	完成第(2)项	10
	完成第(3)项	10
	完成第(4)项	10
	工艺	5
发挥部分	完成第(1)项	20
	完成第(2)项	20
	其他创新	10

课题十　波形采集、存储与回放系统

(2011 年全国大学生电子设计竞赛试题)

设计任务

设计并制作一个波形采集、存储与回放系统,示意图如图 19-10-1 所示。该系统能同时采集两路周期信号波形,要求系统断电恢复后,能连续回放已采集的信号,并显示在示波器上。

设计要求

1. 基本要求

(1) 能完成对 A 通道单极性信号(高电平约 4V,低电平接近 0V)、频率为 1kHz 的信

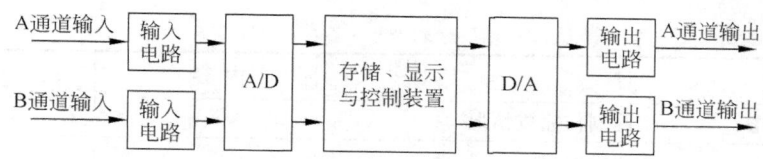

图 19-10-1　波形采集、存储与回放系统框图

号的采集、存储与回放。要求系统输入阻抗不小于 10kΩ。

（2）采集、回放时能测量并显示信号的高电平、低电平和信号周期。原信号与回放信号电平之差的绝对值≤50mV，周期之差的绝对值≤5%。

（3）系统功耗≤50mW，尽量降低系统功耗，系统内不允许使用电池。

2. 发挥部分

（1）增加 B 通道对双极性、电压峰—峰值为 100mV、频率为 10Hz～10kHz 信号的采集。可同时采集、存储与连续回放 A、B 两路信号，并分别测量和显示 A、B 两路信号的周期。B 通道原信号与回放信号幅度峰—峰值之差的绝对值≤50mV，周期之差的绝对值≤5%。

（2）A、B 两路信号的周期不相同时，以两个信号最小公倍周期连续回放信号。

（3）可以存储两次采集的信号，回放时用按键或开关选择指定的信号波形。

（4）其他。

设计说明

（1）本系统处理的正弦波信号频率范围限定在 10Hz～10kHz，三角波信号频率范围限定在 10Hz～2kHz，方波信号频率范围限定在 10Hz～1kHz。

（2）预留电源电流的测试点。

（3）采集与回放时采用示波器监视。

（4）采集、回放时显示的周期和幅度应该是信号的实际测量值，规定采用十进制数字显示，周期以 ms 为单位，幅度以 mV 为单位。

评价标准

通过作品演示与现场答辩，按表 19-10-1 所示的评分标准进行评价。

表 19-10-1　评分标准

项　目		主　要　内　容	满分
设计报告	系统方案	总体方案设计	4
	理论分析与计算	A/D 及采样频率依据	5
	电路与程序设计	两通道输入/输出电路设计	5
	测试方案与测试结果	测试方案及仪器 测试结果完整性 测试结果分析	4
	设 计 报 告 结 构 与 规范性	摘要 设计报告正文的规范性 图标的规范性	2
		总分	20

续表

项　目		主　要　内　容	满分
基本要求	实际制作完成情况		50
发挥部分	完成第(1)项		20
	完成第(2)项		20
	完成第(3)项		5
	其他创新		5
	总分		50

课题十一　简易自动电阻测试仪

（2011 年全国大学生电子设计竞赛试题）

设计任务

设计并制作一台简易的自动电阻测量仪。

设计要求

1. 基本要求

（1）测量量程为 100Ω、1kΩ、10kΩ、10MΩ 四挡。测量准确度为±(1%读数＋2 字)。

（2）3 位数字显示(最大显示数必须为 999)，能自动显示小数点和单位，测量速率大于 5 次/秒。

（3）100Ω、1kΩ、10kΩ 三挡量程具有自动量程转换功能。

2. 发挥部分

（1）具有自动电阻筛选功能，即在进行电阻筛选测量时，用户通过键盘输入要求的电阻值和筛选的误差值。测量时，仪器在给出被测电阻值的同时，给出该电阻是否符合筛选要求的指标。

（2）设计并制作一个能自动测量和显示电位器阻值随旋转角度变化曲线的辅助装置，要求曲线各点的测量准确度为±(5%读数＋2 字)，全程测量时间不大于 10s，测量点不少于 15 点。辅助装置连接示意图如图 19-11-1 所示。

（3）其他。

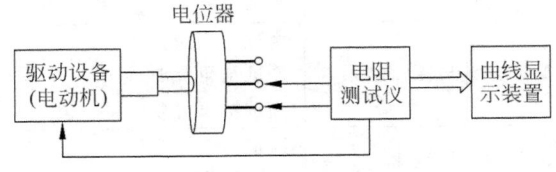

图 19-11-1　辅助装置连接示意图

设计说明

（1）在辅助装置中，要求采用 4.7kΩ 旋转式单圈电位器，并规定采用线性电位器。

（2）要求电位器的三个端子作为测试端子引出。

评价标准

通过作品演示与现场答辩，按表 19-11-1 所示的评分标准进行评价。

表 19-11-1　评分标准

项　　目		主 要 内 容	满分
设计报告	系统方案	比较与选择 方案描述	3
	理论分析与计算	电阻测量原理 自动量程转换与筛选功能 电阻器阻值变化曲线装置	6
	电路与程序设计	电路设计与程序设计	6
	测试方案与测试结果	测试方案及测试条件 测试结果完整性 测试结果分析	3
	设计报告结构与规范性	摘要 设计报告正文的规范性 图标的规范性	2
	总分		20
基本要求	实际制作完成情况		50
发挥部分	完成第(1)项		15
	完成第(2)项		30
	完成第(3)项		5
	总分		50

课题十二　帆板控制系统

（2011 年全国大学生电子设计竞赛试题）

设计任务

设计并制作一个帆板控制系统，通过控制风扇转速，调节风力大小，改变帆板转角 θ，如图 19-12-1 所示。

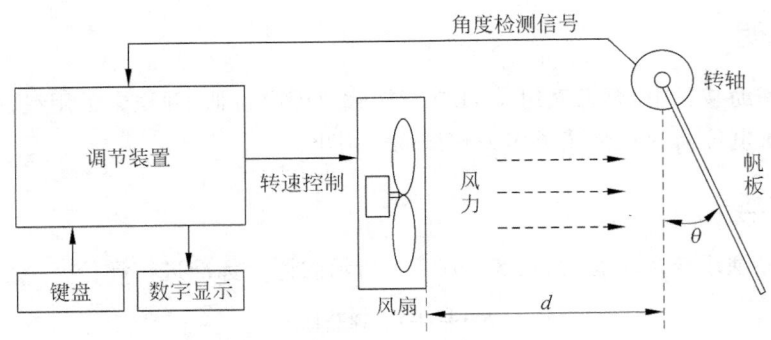

图 19-12-1　帆板控制系统框图

设计要求

1. 基本要求

（1）用手转动帆板时，能够数字显示帆板的转角 θ。显示范围 0～60°，分辨率为 2°，绝对误差≤5°。

（2）当间距 $d=10\text{cm}$ 时，通过操作键盘控制风力的大小，使帆板转角 θ 在 0～60°范围内变化，并要求实时显示 θ。

（3）当间距 $d=10\text{cm}$ 时，通过操作键盘控制风力的大小，使帆板转角 θ 稳定在 45°±5°范围内，要求控制过程在 10s 内完成，实时显示 θ，并声光提示，以便测试。

2. 发挥部分

（1）当间距 $d=10\text{cm}$ 时，通过键盘设定帆板转角，其范围为 0～60°。要求 θ 在 5s 内达到设定值，并实时显示 θ，最大误差的绝对值不超过 5°。

（2）当间距 $d=7\sim15\text{cm}$ 时，通过键盘设定帆板转角，其范围为 0～60°。要求 θ 在 5s 内达到设定值，并实时显示 θ，最大误差的绝对值不超过 5°。

（3）其他。

设计说明

（1）调速装置自制。

（2）选用台式计算机散热风扇或其他形式的直流供电轴流风扇，但不能选用带有自动调速功能的风扇。

（3）帆板的材料和厚度自定，固定轴应足够灵活，不阻碍帆板运动。帆板形式及具体制作尺寸如图 19-12-2 所示。

评价标准

通过作品演示与现场答辩，按表 19-12-1 所示的评分标准进行评价。

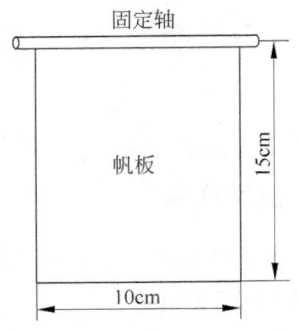

图 19-12-2　帆板制作尺寸图

表 19-12-1 评分标准

项　目		主　要　内　容	满分
设计报告	系统方案	风扇控制系统总体方案设计	3
	理论分析与计算	风扇控制电路 角度测量原理 控制算法	5
	电路与程序设计	风扇控制电路设计计算 控制算法设计与实现 总体电路图	6
	测试方案与测试结果	测试方案及仪器 测试结果完整性 测试结果分析	4
	设计报告结构与规范性	摘要 设计报告正文的规范性 图标的规范性	2
	总分		20
基本要求	实际制作完成情况		50
发挥部分	完成第(1)项		20
	完成第(2)项		25
	其他		5
	总分		50

 附录 A

ASCII码表

b3b2b1b0 \ b6b5b4	000	001	010	011	100	101	110	111
0000	NUL	DLE	SP	0	@	P	、	p
0001	SOH	DC1	!	1	A	Q	a	q
0010	STX	DC2	"	2	B	R	b	r
0011	ETX	DC3	#	3	C	S	c	s
0100	EOT	DC4	$	4	D	T	d	t
0101	ENQ	NAK	%	5	E	U	e	u
0110	ACK	SYN	&.	6	F	V	f	v
0111	BEL	ETB	,	7	G	W	g	w
1000	BS	CAN	(	8	H	X	h	x
1001	HT	EM	)	9	I	Y	i	y
1010	LF	SUB	*	:	J	Z	j	z
1011	VT	ESC	+	;	K	[	k	{
1100	FF	FS	,	<	L	\	l	|
1101	CR	GS	—	=	M	]	m	}
1110	SO	RS	.	>	N	↑	n	~
1111	SI	US	/	?	O	←	o	DEL

说明：ASCII 码表中各控制字符的含义如下。

NUL	空字符	VT	垂直制表符	SYN	空转同步
SOH	标题开始	FF	换页	ETB	信息组传送结束
STX	正文开始	CR	回车	CAN	取消
ETX	正文结束	SO	移位输出	EM	介质中断
EOT	传输结束	SI	移位输入	SUB	换置
ENQ	请求	DLE	数据链路转义	ESC	溢出
ACK	确认	DC1	设备控制 1	FS	文件分隔符
BEL	响铃	DC2	设备控制 2	GS	组分隔符
BS	退格	DC3	设备控制 3	RS	记录分隔符
HT	水平制表符	DC4	设备控制 4	US	单元分隔符
LF	换行	NAK	拒绝接收	SP	空格
DEL	删除				

微型计算机中数的表示方法

1. 机器数与真值

数学中的正、负用符号"＋"和"－"表示,计算机中是如何表示数的正、负呢？在计算机中,数据存放在存储单元内,每个存储单元由若干二进制位组成,其中的每一个数位或是 0,或是 1;数的符号或为"＋",或为"－",这样就可以用一个数位来表示数的符号。在计算机中,规定用"0"表示"＋",用"1"表示"－"。用来表示数的符号的数位称为符号位(通常为最高数位),于是数的符号在计算机中被数码化,但从表示形式上看,符号位与数值位毫无区别。

设有两个数 x_1,x_2,且 $x_1=+1011011B,x_2=-1011011B$。

它们在计算机中分别表示为(带下画线部分为符号位,字长为 8 位)

$$x_1=\underline{0}1011011B, \quad x_2=\underline{1}1011011B$$

为了区分这两种形式的数,把机器中以编码形式表示的数称为机器数(上例中 $x_1=\underline{0}1011011B$ 及 $x_2=\underline{1}1011011B$),把原来一般书写形式表示的数称为真值($x_1=+1011011B$ 及 $x_2=-1011011B$)。

若一个数的所有数位均为数值位,则该数为无符号数;若一个数的最高数位为符号位,其他数位为数值位,则该数为有符号数。由此可见,对于同一个存储单元,它存放的无符号数和有符号数所能表示的数值范围是不同的(如存储单元为 8 位,当它存放无符号数时,因有效的数值位为 8 位,故该数的范围为 0～255;当它存放有符号数时,因有效的数值位为 7 位,故该数的范围(补码)为 －128～＋127)。

2. 原码

对于一个二进制数,如用最高数位表示该数的符号("0"表示"＋"号,"1"表示"－"号),其余各数位表示其数值本身,称其为原码表示法,即

若 $x=\pm x_1x_2\cdots x_{n-1}$,则 $[x]_{原码}=x_0x_1x_2\cdots x_{n-1}$。其中,$x_0$ 为原机器数的符号位,它满足:

$$x_0=\begin{cases}0, & x\geqslant 时\\ 1, & x<0 时\end{cases}$$

3. 反码

$[x]_原 = 0x_1x_2\cdots x_{n-1}$,则$[x]_反 = [x]_原$

$[x]_原 = 1x_1x_2\cdots x_{n-1}$,则$[x]_反 = 1\,\overline{x_1}\,\overline{x_2}\cdots\overline{x_{n-1}}$

也就是说,正数的反码与其原码相同(反码=原码);负数的反码为保持原码的符号位不变,数值位按位取反。

4. 补码

1)补码的引入

首先以日常生活中经常遇到的钟表对时为例说明补码的概念。假定现在是北京标准时间 8 时整,一块表却指向 10 时整。为了校正此表,采用倒拨和顺拨两种方法:倒拨就是反时针减少 2 小时(把倒拨视为减法,相当于 10−2=8),时针指向 8;还可将时针顺拨10 小时,时针同样也指向 8,把顺拨视为加法,相当于 10+10=12(自动丢失)+8=8。这自动丢失的数(12)叫作模(mod)。上述加法称为"按模 12 的加法",用数学式表示为

$$10+10=12+8=8(\text{mod } 12)$$

因时针转一圈自动丢失一个数 12,故 10−2 与 10+10 是等价的。于是,称 10 和−2对模 12 互补,10 是 −2 对模 12 的补码。引进补码的概念后,可将原来的减法 10−2=8转化为加法 10+10=12(自动丢失)+8=8(mod 12)。

2)补码的定义

通过上面的例子不难理解计算机中负数的补码表示法。设寄存器(或存储单元)的位数为 n,它能表示的无符号数最大值为 2^n-1,逢 2^n 进 1(即 2^n 自动丢失)。换句话说,在字长为 n 的计算机中,数 2^n 和 0 的表示形式一样。若机器中的数以补码表示,则数的补码以2^n 为模,即

$$[x]_补 = 2^n + x(\text{mod } 2^n)$$

若 x 为正数,则$[x]_补 = x$;若 x 为负数,则$[x]_补 = 2^n + x = 2^n - |x|$。即负数 x 的补码等于模 2^n 加上其真值,或减去其真值的绝对值。

在补码表示法中,零只有唯一的表示形式:$0000\cdots0$。

3)求补码的方法

根据上述介绍可知,正数的补码等于原码。下面介绍负数求补码的三种方法。

(1)根据真值求补码。

根据真值求补码就是根据定义求补码,即有

$$[x]_补 = 2^n + x = 2^n - |x|$$

即负数的补码等于 2^n(模)加上其真值,或者等于 2^n(模)减去其真值的绝对值。

(2)根据反码求补码(推荐使用方法)。

$$[x]_补 = [x]_反 + 1$$

(3)根据原码求补码。

负数的补码等于其反码加 1,这也可理解为负数的补码等于其原码各位(除符号位外)取反,并在最低位加 1。如果反码的最低位是 1,它加 1 后就变成 0,并产生向次最低位的进位。如次最低位也为 1,它同样变成 0,并产生向其高位的进位(这相当于传递进位)。进位一直传递到第 1 个为 0 的位为止。于是得到转换规律:从反码的最低位起,直

到第一个为 0 的位以前(包括第一个为 0 的位),一定是 1 变 0;第一个为 0 的位以后的位都保持不变。由于反码是由原码求得,因此可得从原码求补码的规律为:从原码的最低位开始到第一个为 1 的位之间(包括此位)的各位均不变,此后各位取反,但符号位保持不变。

特别要指出,在计算机中,凡是带符号的数一律用补码表示,且符号位参加运算,其运算结果也用补码表示。若结果的符号位为 0,表示结果为正数,此时可以认为它是以原码形式表示的(正数的补码即为原码)。若结果的符号位为 1,表示结果为负数,它是以补码形式表示的。若要用原码表示该结果,还需要对结果求补(即除符号位外"取反加 1"),即

$$[[x]_{补}]_{补} = [x]_{原}$$

附录  ——————————————— Appendix C

C语言编译常见错误信息一览表

序号	错 误 信 息	错误信息说明
1	Bad call of in-line function	内部函数非法调用。在使用一个宏定义的内部函数时,没能正确调用
2	Irreducable expression tree	不可约表达式树。这种错误指的是文件行中的表达式太复杂,使得代码生成程序无法为它生成代码
3	Register allocation failure	存储器分配失败。这种错误指的是文件行中的表达式太复杂,代码生成程序无法为它生成代码
4	♯ operator not followed by maco argument name	♯运算符后没跟宏变量名称。在宏定义中,♯用于标识一个宏变串。"♯"号后必须跟一个宏变量名称
5	'xxxxxx' not anargument	"xxxxxx"不是函数参数。在源程序中,将该标识符定义为一个函数参数,但此标识符没有在函数中出现
6	Ambiguous symbol 'xxxxxx'	二义性符"xxxxxx"。两个或多个结构的某一域名相同,但具有的偏移、类型不同
7	Argument ♯ missing name	参数♯名丢失。参数名已脱离用于定义函数的函数原型。如果函数以原型定义,该函数必须包含所有的参数名
8	Argument list syntax error	参数表出现语法错误。函数调用的参数间必须以逗号隔开,并以一个右括号结束。若源文件中含有一个其后不是逗号也不是右括号的参数,则出错
9	Array bounds missing	数组的界限符"]"丢失。在源文件中定义了一个数组,但此数组没有以下右方括号结束
10	Array size too large	数组太大。定义的数组太大,超过了可用内存空间

续表

序号	错 误 信 息	错误信息说明
11	Assembler statement too long	汇编语句太长。内部汇编语句最长不能超过 480 字节
12	Bad configuration file	配置文件不正确。TURBOC. CFG 配置文件中包含的不是合适命令行选择项的非注解文字。配置文件命令选择项必须以一个短横线开始
13	Bad file name format in include directive	包含指令中文件名格式不正确。包含文件名必须用引号("filename. h")或尖括号(＜filename＞)括起来,否则将产生本类错误。如果使用了宏,产生的扩展文本也不正确,因为无引号,没办法识别
14	Bad ifdef directive syntax	ifdef 指令语法错误。＃ifdef 必须以单个标识符(只此一个)作为该指令的体
15	Bad ifndef directive syntax	ifndef 指令语法错误。＃ifndef 必须以单个标识符(只此一个)作为该指令的体
16	Bad undef directive syntax	undef 指令语法错误。＃undef 指令必须以单个标识符(只此一个)作为该指令的体
17	Bad file size syntax	位字段长语法错误。一个位字段长必须是 1～16 位的常量表达式
18	Call of non-functin	调用未定义函数。正被调用的函数无定义,通常是由于不正确的函数声明或函数名拼错而造成
19	Cannot modify a const object	不能修改一个长量对象。对定义为常量的对象进行不合法操作(如常量赋值)引起本错误
20	Case outside of switch	Case 出现在 switch 外。编译程序发现 Case 语句出现在 switch 语句之外。这类故障通常是由于括号不匹配造成的
21	Case statement missing	Case 语句漏掉。Case 语句必须包含一个以冒号结束的常量表达式,如果漏了冒号或在冒号前多了其他符号,出现此类错误
22	Character constant too long	字符常量太长。字符常量通常只能是一个或两个字符长,超过此长度,出现这种错误
23	Compound statement missing	漏掉复合语句。编译程序扫描到源文件时,未发现结束符号(大括号)。此类故障通常是由于大括号不匹配所致
24	Conflicting type modifiers	类型修饰符冲突。对同一指针,只能指定一种变址修饰符(如 near 或 far);对于同一函数,只能给出一种语言修饰符(如 Cdecl、pascal 或 interrupt)
25	Constant expression required	需要常量表达式。数组的大小必须是常量,本错误通常是由于＃define 常量的拼写错误引起

续表

序号	错误信息	错误信息说明
26	Could not find file 'xxxxxx. xxx'	找不到"xxxxxx. xx"文件。编译程序找不到命令行给出的文件
27	Declaration missing	漏掉了说明。当源文件中包含一个 struct 或 union 域声明,而后面漏掉了分号,出现此类错误
28	Declaration needs type or storage class	说明必须给出类型或存储类。正确的变量说明必须指出变量类型,否则出现此类错误
29	Declaration syntax error	说明出现语法错误。在源文件中,若某个说明丢失了某些符号,或输入多余的符号,出现此类错误
30	Default outside of switch	Default 语句在 switch 语句外出现。这类错误通常是由于括号不匹配引起的
31	Define directive needs an identifier	Define 指令必须有一个标识符。#define 后面的第一个非空格符必须是一个标识符,若该位置出现其他字符,则引起此类错误
32	Division by zero	除数为零。当源文件的常量表达式出现除数为零的情况,出现此类错误
33	Do statement must have while	do 语句中必须有 While 关键字。若源文件中包含一个无 While 关键字的 do 语句,出现本错误
34	Do while statement missing(	Do while 语句中漏掉了符号"("。在 do 语句中,若 while 关键字后无左括号,出现本错误
35	Do while statement missing;	Do while 语句中掉了分号。在 Do 语句的条件表达式中,若右括号后面无分号,出现此类错误
36	Duplicate Case	Case 情况不唯一。Switch 语句的每个 case 必须有唯一的常量表达式值,否则导致此类错误发生
37	Enum syntax error	Enum 语法错误。若 enum 说明的标识符表格式不对,将引起此类错误发生
38	Enumeration constant syntax error	枚举常量语法错误。若赋给 enum 类型变量的表达式值不为常量,则导致此类错误发生
39	Error Directive：xxxx	Error 指令：xxxx。源文件处理 #error 指令时,显示该指令指出的信息
40	Error Writing output file	写输出文件错误。这类错误通常是由于磁盘空间已满,无法执行写入操作而造成的
41	Expression syntax error	表达式语法错误。本错误通常是由于出现两个连续的操作符、括号不匹配,或缺少括号、前一条语句漏掉分号引起的
42	Extra parameter in call	调用时出现多余参数。本错误是由于调用函数时,其实际参数个数多于函数定义的参数个数所致
43	Extra parameter in call to xxxxxx	调用 xxxxxxxx 函数时出现了多余参数
44	File name too long	文件名太长。#include 指令给出的文件名太长,致使编译程序无法处理,出现此类错误

续表

序号	错误信息	错误信息说明
45	For statement missing)	For 语名缺少")"。在 for 语句中,如果控制表达式后缺少右括号,出现此类错误
46	For statement missing(	For 语句缺少"("
47	For statement missing;	For 语句缺少";"
48	Function call missing)	函数调用缺少")"。如果函数调用的参数表漏掉了右括号或括号不匹配,则出现此类错误
49	Function definition out ofplace	函数定义位置错误
50	Function doesn't take a variable number of argument	函数不接受可变的参数个数
51	Goto statement missing label	Goto 语句缺少标号
52	If statement missing(	If 语句缺少"("
53	If statement missing)	If 语句缺少")"
54	Illegal initalization	非法初始化
55	Illegal octal digit	非法八进制数
56	Illegal pointer subtraction	非法指针相减
57	Illegal structure operation	非法结构操作
58	Illegal use of floating point	浮点运算非法
59	Illegal use of pointer	指针使用非法
60	Improper use of a typedef symbol	typedef 符号使用不当
61	Incompatible storage class	不相容的存储类型
62	Incompatible type conversion	不相容的类型转换
63	Incorrect commadn line argument：xxxxxx	不正确的命令行参数：xxxxxxx
64	Incorrect commadn file argument：xxxxxx	不正确的配置文件参数：xxxxxxx
65	Incorrect number format	不正确的数据格式
66	Incorrect use of default	default 不正确使用
67	Initializer syntax error	初始化语法错误
68	Invaild indrection	无效的间接运算
69	Invalid macro argument separator	无效的宏参数分隔符
70	Invalid pointer addition	无效的指针相加
71	Invalid use of dot	点使用错
72	Macro argument syntax error	宏参数语法错误
73	Macro expansion too long	宏扩展太长
74	Mismatch number of parameters in definition	定义中参数个数不匹配
75	Misplaced break	break 位置错误
76	Misplaced continue	位置错
77	Misplaced decimal point	十进制小数点位置错
78	Misplaced else	else 位置错
79	Misplaced else driective	else 指令位置错
80	Misplaced endif directive	endif 指令位置错
81	Must be addressable	必须是可编址的
82	Must take address of memory location	必须是内存地址

续表

序号	错 误 信 息	错误信息说明
83	No file name ending	无文件终止符
84	No file names given	未给出文件名
85	Non-protable pointer assignment	对不可移植的指针赋值
86	Non-protable pointer comparison	不可移植的指针比较
87	Non-protable return type conversion	不可移植的返回类型转换
88	Not an allowed type	不允许的类型
89	Out of memory	内存不够
90	Pointer required on left side of	操作符左边须是一个指针
91	Redeclaration of 'xxxxxx'	'xxxxxx'重定义
92	Size of structure or array not known	结构或数组大小不定
93	Statement missing;	语句缺少";"
94	Structure or union syntax error	结构或联合语法错误
95	Structure size too large	结构太大
96	Subscription missing]	下标缺少"]"
97	Switch statement missing (	switch 语句缺少"("
98	Switch statement missing)	switch 语句缺少")"
99	Too few parameters in call	函数调用参数太少
100	Too few parameter in call to'xxxxxx'	调用"xxxxxx"时,参数太少
101	Too many cases	cases 太多
102	Too many decimal points	十进制小数点太多
103	Too many default cases	default 太多
104	Too many exponents	阶码太多
105	Too many initializers	初始化太多
106	Too many storage classes in declaration	说明中存储类型太多
107	Too many types in decleration	说明中类型太多
108	Too much auto memory in function	函数中自动存储太多
109	Too much global define in file	文件中定义的全局数据太多
110	Type mismatch in parameter ♯	参数"♯"类型不匹配
111	Type mismatch in parameter ♯ in call to 'XXXXXXX'	调用"XXXXXXX"时,参数♯类型不匹配
112	Type mismatch in parameter 'XXXXXXX'	参数"XXXXXXX"类型不匹配
113	Type mismatch in parameter 'XXXXXXX' in call to 'YYYYYYY'	调用"YYYYYYY"时,参数"XXXXXXXX"数据类型不匹配
114	Type mismatch in redeclaration of 'XXX'	重定义类型不匹配
115	Unable to creat output file 'XXXXXXXX. XXX'	不能创建输出文件"XXXXXXXX. XXX"
116	Unable to create turboc. lnk	不能创建 turboc. lnk
117	Unable to execute command 'xxxxxxxx'	不能执行"xxxxxxxx"命令
118	Unable to open inputfile 'xxxxxxx. xxx'	不能打开输入文件"xxxxxxxx. xxx"
119	Undefined label 'xxxxxxx'	标号"xxxxxxx"未定义
120	Undefined structure 'xxxxxxxxx'	结构"xxxxxxxxx"未定义

续表

序　号	错　误　信　息	错误信息说明
121	Undefined symbol 'xxxxxxx'	符号"xxxxxxx"未定义
122	Unexpected end of file in comment started on line #	源文件在某个注释中意外结束
123	Unexpected end of file in conditional stated on line #	源文件在#行开始的条件语句中意外结束
124	Unknown preprocessor directive 'xxx'	不认识的预处理指令"xxx"
125	Untermimated character constant	未终结的字符常量
126	Unterminated string	未终结的串
127	Unterminated string or character constant	未终结的串或字符常量
128	User break	用户中断
129	Value required	赋值请求
130	While statement missing（	while 语句漏掉"（"
131	While statement missing)	while 语句漏掉"）"
132	Wrong number of arguments in of 'xxxxxxxx'	调用"xxxxxxxx"时，参数个数错误

C51常用头文件与库函数

1. stdio. h（输入/输出函数）

函数名	函 数 原 型	功　　能	返　回　值	说　明
clearerr	void clearerr(FILE * fp);	使 fp 所指文件的错误标志和文件结束标志置 0	无返回值	
close	int close(int fp);	关闭文件	成功,返回 0;不成功,返回－1	非 ANSI 标准
creat	int creat(char * filename, int mode);	以 mode 所指定的方向建立文件	成功,返回正数;否则返回－1	非 ANSI 标准
eof	int eof(int fd);	检查文件是否结束	遇文件结束,返回 1;否则返回 0	非 ANSI 标准
fclose	int fclose(FILE * fp);	关闭 fp 所指的文件,释放文件缓冲区	有错,返回非 0;否则返回 0	
feof	int feof(FILE * fp);	检查文件是否结束	遇文件结束符,返回非零值;否则返回 0	
fgetc	int fgetc(FILE * fp);	从 fp 指定的文件中取得下一个字符	返回所得到的字符。若读入出错,返回 EOF	
fgets	char * fgets(char * buf, int n,FILE * fp);	从 fp 指向的文件读取一个长度为（n－1）的字符串,存入起始地址为 buf 的空间	返回地址 buf。若遇文件结束或出错,返回 NULL	
fopen	FILE * fopen(char * filename,char * mode);	以 mode 指定的方式打开名为 filename 的文件	成功,返回一个文件指针(文件信息区的起始地址);否则返回 0	
fprintf	int fprintf(FILE * fp,char * format,args,…);	把 args 的值以 format 指定的格式输出到 fp 指定的文件中	返回实际输出的字符数	

续表

函数名	函 数 原 型	功　能	返　回　值	说　明
fputc	int fputc(char ch,FILE * fp);	将字符 ch 输出到 fp 指向的文件中	成功,则返回该字符;否则返回非 0	
fputs	int fputs(char * str,FILE * fp);	将 str 指向的字符串输出到 fp 指定的文件	返回 0。若出错,返回非 0	
fread	int fread (char * pt, unsigned size, unsigned n, FILE * fp);	从 fp 指定的文件中读取长度为 size 的 n 个数据项,存到 pt 指向的内存区	返回所读取数据的个数。如遇到文件结束或者出错,返回 0	
fscanf	int fscanf(FILE * fp,char format,args,...);	从 fp 指定的文件中按 format 给定的格式将输入数据送到 args 指向的内存单元(args 是指针)	返回已输入的个数	
fseek	int fseek(FILE * fp,long offset,int base);	将 fp 指向的文件的位置指针移到以 base 指出的位置为基准、以 offset 为位移量的位置	返回当前位置;否则,返回—1	
ftell	long ftell(FILE * fp);	返回 fp 指向的文件中的读写位置	成功,返回 fp 指向的文件中的读写位置	
fwrite	int fwrite (char * ptr, unsigned size, unsigned n, FILE * fp);	把 ptr 指向的 n×size 个字节输出到 fp 指向的文件中	成功,则返回写到 fp 文件中的数据项的个数	
getc	int getc(FILE * fp);	从 fp 指向的文件中读入一个字符	成功,返回所读的字符;若文件结束或出错,返回 EOF	
getchar	int getchar(void);	从标准输入设备读取下一个字符	成功,返回所读字符;若文件结束或出错,返回—1	
getw	int getw(FILE * fp);	从 fp 指向的文件读取下一个字(整数)	成功,返回输入的整数。如文件结束或出错,返回—1	非 ANSI 标准函数
open	int open(char * filename, int mode);	以 mode 指出的方式打开已存在的名为 filename 的文件	成功,返回文件号(正数);如打开失败,返回—1	非 ANSI 标准函数
printf	int printf(char * format, args,...);	按 format 指向的格式字符串规定的格式,将输出表列 args 的值输出到标准输出设备	成功,返回输出字符的个数;若出错,返回负数。format 可以是一个字符串,或字符数组的起始地址	
putc	int putc (int ch, FILE * fp);	把一个字符 ch 输出到 fp 所指的文件中	成功,返回输出的字符 ch。若出错,返回 EOF	

函数名	函 数 原 型	功 能	返 回 值	说 明
putchar	int putchar(char ch);	把字符 ch 输出到标准输出设备	成功,返回输出的字符 ch。若出错,返回 EOF	
puts	int puts(char * str);	把 str 指向的字符串输出到标准输出设备	成功,返回换行符;若失败,返回 EOF	
putw	int putw(int w, FILE * fp);	将一个整数 w(即一个字)写到 fp 指向的文件中	返回输出的整数。若出错,返回 EOF	非 ANSI 标准函数
read	int read(int fd, char * buf,unsigned count);	从文件号 fd 指示的文件中读 count 个字节到由 buf 指示的缓冲区中	返回真正读入的字节个数。如遇文件结束,返回 0;出错,返回-1	非 ANSI 标准函数
rename	int rename(char * oldname, char * newname);	把由 oldname 所指的文件改名为由 newname 所指的文件名	成功,返回 0;出错,返回-1	
rewind	void rewind(FILE * fp);	将 fp 指示的文件中的位置指针置于文件开头,并清除文件结束标志和错误标志	无返回值	
scanf	int scanf(char * format, args,…);	从标准输入设备按 format 指向的格式字符串规定的格式,输入数据给 args 指向的单元,读入并赋给 args 的数据个数。args 为指针	遇文件结束,返回 EOF;出错,返回 0	
write	int write(int fd, char * buf,unsigned count);	从 buf 指示的缓冲区输出 count 个字符到 fd 标志的文件中	返回实际输出的字节数。如出错,返回-1	非 ANSI 标准函数

2. math. h(数学函数)

函数名	函 数 原 型	功 能	返 回 值	说 明
abs	int abs(int x);	求整型 x 的绝对值	返回计算结果	
acos	double acos(double x);	计算 $\cos^{-1}(x)$ 的值,x 应在 $-1\sim1$ 范围内	返回计算结果	
asin	double asin(double x);	计算 $\sin^{-1}(x)$ 的值,x 应在 $-1\sim1$ 范围内	返回计算结果	
atan	double atan(double x);	计算 $\tan^{-1}(x)$ 的值	返回计算结果	
atan2	double atan2(double x, double y);	计算 $\tan^{-1}/(x/y)$ 的值	返回计算结果	

续表

函数名	函 数 原 型	功　　　能	返　回　值	说　明
cos	double cos(double x);	计算 cos(x)的值, x 的单位为弧度	返回计算结果	
cosh	double cosh(double x);	计算 x 的双曲余弦 cosh(x)的值	返回计算结果	
exp	double exp(double x);	求 Ex 的值	返回计算结果	
fabs	duoble fabs(fouble x);	求 x 的绝对值	返回计算结果	
floor	double floor(double x);	求出不大于 x 的最大整数	返回该整数的双精度实数	
fmod	double fmod（double x, double y）;	求整除 x/y 的余数	返回该余数的双精度	
frexp	double frexp(double x, double * eptr）;	把双精度数 val 分解为数字部分（尾数）x 和以 2 为底的指数 n，即 val＝x×2ⁿ,n 存放在 eptr 指向的变量中,0.5≤x<1	返回数字部分 x	
log	double log(double x);	求 log_e x, In x	返回计算结果	
log10	double log10 （double x);	求 log_10 x	返回计算结果	
modf	double modf （double val,double * iptr);	把双精度数 val 分解为整数部分和小数部分,把整数部分存到 iptr 指向的单元	返回 val 的小数部分	
pow	double pow（double x, double * iprt）;	计算 xy 的值	返回计算结果	
rand	int rand(void);	产生－90～32767 间的随机整数	返回随机整数	
sin	double sin(double x);	计算 sinx 的值, x 的单位为弧度	返回计算结果	
sinh	double sinh(double x);	计算 x 的双曲正弦函数 sinh(x)的值	返回计算结果	
sqrt	double sqrt(double x);	计算 $\sqrt{x}$, x≥0	返回计算结果	
tan	double tan(double x);	计算 tan(x)的值, x 的单位为弧度	返回计算结果	
tanh	double tanh(double x);	计算 x 的双曲正切函数 tanh(x)的值	返回计算结果	

3. ctype. h（字符函数）

函数名	函 数 原 型	功　　能	返 回 值	说明
isalnum	int isalnum(int c)	判断字符 c 是否为字母或数字	当 c 为数字 0～9 或字母 a～z 及 A～Z 时，返回非零值，否则返回零	
isalpha	int isalpha(int c)	判断字符 c 是否为英文字母	当 c 为英文字母 a～z 或 A～Z 时，返回非零值，否则返回 0	
iscntrl	int iscntrl(int c)	判断字符 c 是否为控制字符	当 c 在 0x00～0x1F 之间或等于 0x7F（DEL）时，返回非零值，否则返回 0	
isxdigit	int isxdigit(int c)	判断字符 c 是否为十六进制数字	当 c 为 A～F、a～f 或 0～9 之间的十六进制数字时，返回非零值，否则返回 0	
isgraph	int isgraph(int c)	判断字符 c 是否为除空格外的可打印字符	当 c 为可打印字符（0x21～0x7e）时，返回非零值，否则返回 0	
islower	int islower(int c)	检查 c 是否为小写字母	是，返回 1；不是，返回 0	
isprint	int isprint(int c)	判断字符 c 是否为含空格的可打印字符		
ispunct	int ispunct(int c)	判断字符 c 是否为标点符号。标点符号指那些既不是字母、数字，也不是空格的可打印字符	当 c 为标点符号时，返回非零值，否则返回零	
isspace	int isspace(int c)：	判断字符 c 是否为空白符。空白符指空格、水平制表符、垂直制表符、换页符、回车符和换行符	当 c 为空白符时，返回非零值，否则返回 0	
isupper	int isupper(int c)	判断字符 c 是否为大写英文字母	当 c 为大写英文字母（A～Z）时，返回非零值，否则返回 0	
isxdigit	int isxdigit(int c)	判断字符 c 是否为十六进制数字	当 c 为 A～F、a～f 或 0～9 之间的十六进制数字时，返回非零值，否则返回 0	
tolower	int tolower (int c)	将字符 c 转换为小写英文字母	如果 c 为大写英文字母，返回对应的小写字母；否则返回原来的值	
toupper	int toupper(int c)	将字符 c 转换为大写英文字母	如果 c 为小写英文字母，返回对应的大写字母；否则返回原来的值	
toascii	int toascii(int c)	将字符 c 转换为 ASCII 码。toascii 函数将字符 c 的高位清零，仅保留低 7 位	返回转换后的数值	

4. string.h（字符串函数）

函数名	函数原型	功　　能	返　回　值	说明
memset	void * memset (void * dest, int c, size _ t count)	将 dest 前面 count 个字符置为字符 c	返回 dest 的值	
memmove	void * memmove (void * dest, const void * src, size _ t count)	从 src 复制 count 字节的字符到 dest。如果 src 和 dest 出现重叠，函数会自动处理	返回 dest 的值	
memcpy	void * memcpy (void * dest, const void * src, size_t count)	从 src 复制 count 字节的字符到 dest。与 memmove 功能一样，只是不能处理 src 和 dest 出现重叠	返回 dest 的值	
memchr	void * memchr(const void * buf, int c, size_t count)	在 buf 前面 count 字节中查找首次出现字符 c 的位置。找到了字符 c，或者已经搜寻了 count 个字节，查找停止	操作成功,返回 buf 中首次出现 c 的位置指针,否则返回 NULL	
memccpy	void * _ memccpy (void * dest, const void * src, int c, size _ t count)	从 src 复制 0 个或多个字节的字符到 dest。当字符 c 被复制，或者 count 个字符被复制时，复制停止	如果字符 c 被复制，函数返回这个字符后面紧挨一个字符位置的指针，否则返回 NULL	
memcmp	int memcmp (const void * buf1, const void * buf2, size _ t count)	比较 buf1 和 buf2 前面 count 个字节大小	返回值小于 0,表示 buf1 小于 buf2 返回值为 0,表示 buf1 等于 buf2 返回值大于 0,表示 buf1 大于 buf2	
memicmp	int memicmp (const void * buf1, const void * buf2, size _ t count)	比较 buf1 和 buf2 前面 count 个字节。与 memcmp 不同，它不区分大小写	返回值小于 0,表示 buf1 小于 buf2 返回值为 0,表示 buf1 等于 buf2 返回值大于 0,表示 buf1 大于 buf2	
strlen	size _ t strlen (const char * string)	获取字符串长度，字符串结束符 NULL 不计算在内	没有返回值指示操作错误	
strrev	char * strrev(char * string)	将字符串 string 中的字符顺序颠倒过来,NULL 结束符位置不变	返回调整后的字符串的指针	
_strupr	char * _ strupr (char * string)	将 string 中的所有小写字母替换成相应的大写字母，其他字符保持不变	返回调整后的字符串的指针	

函数名	函 数 原 型	功　　能	返　回　值	说明
_strlwr	char * _strlwr（char * string）	将 string 中的所有大写字母替换成相应的小写字母，其他字符保持不变	返回调整后的字符串的指针	
strchr	char * strchr（const char * string，int c）	查找字符 c 在字符串 string 中首次出现的位置，NULL 结束符也包含在查找中	返回一个指针，指向字符 c 在字符串 string 中首次出现的位置。如果没有找到，返回 NULL	
strrchr	char * strrchr（const char * string，int c）	查找字符 c 在字符串 string 中最后一次出现的位置，也就是对 string 进行反序搜索，包含 NULL 结束符	返回一个指针，指向字符 c 在字符串 string 中最后一次出现的位置。如果没有找到，返回 NULL	
strstr	char * strstr（const char * string，const char * strSearch）	在字符串 string 中查找 strSearch 子串	返回子串 strSearch 在 string 中首次出现位置的指针。如果没有找到子串 strSearch，返回 NULL。如果子串 strSearch 为空串，函数返回 string	
strdup	char * strdup（const char * strSource）	函数运行中会自己调用 malloc 函数，为复制 strSource 字符串分配存储空间，然后将 strSource 复制到分配的空间中。注意，要及时释放这个分配的空间	返回一个指针，指向为复制字符串分配的空间。如果分配空间失败，返回 NULL 值	
strcat	char * strcat（char * strDestination，const char * strSource）	将源串 strSource 添加到目标串 strDestination 后面，并在得到的新串后面加上 NULL 结束符。源串 strSource 的字符覆盖目标串 strDestination 后面的结束符 NULL。在字符串复制或添加过程中没有溢出检查，所以要保证目标串空间足够大。不能处理源串与目标串重叠的情况	返回 strDestination 值	

函数名	函 数 原 型	功　　能	返　回　值	说明
strncat	char ＊ strncat（char ＊ strDestination, const char ＊ strSource, size_t count）	将源串 strSource 开始的 count 个字符添加到目标串 strDest 后。源串 strSource 的字符覆盖目标串 strDestination 后面的结束符 NULL。如果 count 大于源串长度，会用源串的长度值替换 count 值，得到的新串后面自动加上 NULL 结束符。与 strcat 函数一样，本函数不能处理源串与目标串重叠的情况	返回 strDestination 值	
strcpy	char ＊ strcpy（char ＊ strDestination, const char ＊ strSource）	复制源串 strSource 到目标串 strDestination 指定的位置，包含 NULL 结束符。不能处理源串与目标串重叠的情况	返回 strDestination 值	
strncpy	char ＊ strncpy（char ＊ strDestination, const char ＊ strSource, size_t count）	将源串 strSource 开始的 count 个字符复制到目标串 strDestination 指定的位置。如果 count 值小于或等于 strSource 串的长度，不会自动添加 NULL 结束符到目标串中；count 大于 strSource 串的长度时，将 strSource 用 NULL 结束符填充补齐 count 个字符，复制到目标串中。不能处理源串与目标串重叠的情况	返回 strDestination 值	
strset	char ＊ strset（char ＊ string, int c）	将 string 串的所有字符设置为字符 c，遇到 NULL 结束符停止	返回内容调整后的 string 指针	
strnset	char ＊ strnset（char ＊ string, int c, size_t count）	将 string 串开始的 count 个字符设置为字符 c。如果 count 值大于 string 串的长度，将用 string 的长度替换 count 值	返回内容调整后的 string 指针	

续表

函数名	函数原型	功　能	返　回　值	说明
size_t strspn	size_t strspn(const char * string, const char * strCharSet)	查找任何一个不包含在 strCharSet 串中的字符（字符串结束符 NULL 除外）在 string 串中首次出现的位置序号	返回一个整数值，指定在 string 中全部由 characters 中的字符组成的子串的长度。如果 string 以一个不包含在 strCharSet 中的字符开头，函数将返回 0 值	
size_t strcspn	size_t strcspn(const char * string, const char * strCharSet)	查找 strCharSet 串中任何一个字符在 string 串中首次出现的位置序号，包含字符串结束符 NULL	返回一个整数值，指定在 string 中全部由非 characters 中的字符组成的子串的长度。如果 string 以一个包含在 strCharSet 中的字符开头，函数将返回 0 值	
strspnp	char * strspnp(const char * string, const char * strCharSet)	查找任何一个不包含在 strCharSet 串中的字符（字符串结束符 NULL 除外）在 string 串中首次出现的位置指针	返回一个指针，指向非 strCharSet 中的字符在 string 中首次出现的位置	
strpbrk	char * strpbrk(const char * string, const char * strCharSet)	查找 strCharSet 串中任何一个字符在 string 串中首次出现的位置，不包含字符串结束符 NULL	返回一个指针，指向 strCharSet 中任一字符在 string 中首次出现的位置。如果两个字符串参数不含相同字符，返回 NULL 值	
strcmp	int strcmp(const char * string1, const char * string2)	比较字符串 string1 和 string2 大小	返回值小于 0，表示 string1 小于 string2 返回值为 0，表示 string1 等于 string2 返回值大于 0，表示 string1 大于 string2	
stricmp	int stricmp(const char * string1, const char * string2)	比较字符串 string1 和 string2 大小。和 strcmp 不同，比较的是它们的小写字母版本	返回值小于 0，表示 string1 小于 string2 返回值为 0，表示 string1 等于 string2 返回值大于 0，表示 string1 大于 string2	
strcmpi	int strcmpi(const char * string1, const char * string2)	等价于 stricmp 函数		

续表

函数名	函数原型	功　　能	返　回　值	说明
strncmp	int strncmp（const char * string1，const char * string2，size_t count)	比较字符串 string1 和 string2 大小，只比较前面 count 个字符。比较过程中，任何一个字符串的长度小于 count，则 count 将被较短字符串的长度取代。此时，如果两串前面的字符都相等，则较短的串要小	返回值小于 0，表示 string1 的子串小于 string2 的子串 返回值为 0，表示 string1 的子串等于 string2 的子串 返回值大于 0，表示 string1 的子串大于 string2 的子串	
strnicmp	int strnicmp（const char * string1，const char * string2，size_t count)	比较字符串 string1 和 string2 大小，只比较前面 count 个字符。与 strncmp 不同的是，比较的是它们的小写字母版本	返回值与 strncmp 相同	
strtok	char * strtok(char * strToken，const char * strDelimit)	在 strToken 串中查找下一个标记。strDelimit 字符集指定了在当前查找调用中可能遇到的分界符	返回一个指针，指向在 strToken 中找到的下一个标记。如果找不到标记，返回 NULL 值。每次调用都会修改 strToken 内容，用 NULL 字符替换遇到的每个分界符	

5. malloc. h（或 stdlib. h，或 alloc. h，动态存储分配函数）

函数名	函数原型	功　　能	返　回　值	说明
calloc	void * calloc(unsigned int num，unsigned int size);	按所给数据个数和每个数据所占字节数开辟存储空间	分配内存单元的起始地址。如不成功，返回 0	
free	void free(void * ptr);	将以前开辟的某内存空间释放	无	
malloc	void * malloc(unsigned int size);	开辟指定大小的存储空间	返回该存储区的起始地址。如内存不够，返回 0	
realloc	void * realloc（void * ptr，unsigned int size);	重新定义所开辟内存空间的大小	返回指向该内存区的指针	

6. reg51. h（C51 函数）

该头文件对标准 8051 单片机的所有特殊功能寄存器以及可寻址的特殊功能寄存器位进行了地址定义。在 C51 编程中，必须包含该头文件；否则，8051 单片机的特殊功能寄存器符号以及可寻址位符号不能直接使用。

7. intrins. h（C51 函数）

函数名	函数原型	功 能	返 回 值	说明
crol	unsigned char _ crol _ (unsigned char val, unsigned char n)	将 char 字符循环左移 n 位	char 字符循环左移 n 位后的值	
cror	unsigned char _ cror _ (unsigned char val, unsigned char n);	将 char 字符循环右移 n 位	char 字符循环右移 n 位后的值	
irol	unsigned int _ irol _ (unsigned int val, unsigned char n);	将 val 整数循环左移 n 位	val 整数循环左移 n 位后的值	
iror	unsigned int _ iror _ (unsigned int val, unsigned char n);	将 val 整数循环右移 n 位	val 整数循环右移 n 位后的值	
lrol	unsigned int _ lrol _ (unsigned int val, unsigned char n);	将 val 长整数循环左移 n 位	val 长整数循环左移 n 位后的值	
crol	unsigned char _ crol _ (unsigned char val, unsigned char n)	将 char 字符循环左移 n 位	char 字符循环左移 n 位后的值	
cror	unsigned char _ cror _ (unsigned char val, unsigned char n);	将 char 字符循环右移 n 位	char 字符循环右移 n 位后的值	
lror	unsigned int _ lror _ (unsigned int val, unsigned char n);	将 val 长整数循环右移 n 位	val 长整数循环右移 n 位后的值	
nop	void _nop_(void);	产生一个 NOP 指令	无	
testbit	bit _testbit_(bit x);	产生一个 JBC 指令。该函数测试一个位,如果该位置为 1,则将该位复位为 0。_testbit_ 只能用于可直接寻址的位;在表达式中使用是不允许的	当 x 为 1 时,返回 1;否则返回 0	

参 考 文 献

［1］宏晶科技.STC15 系列单片机技术手册[M].深圳：宏晶科技有限公司,2014.

［2］丁向荣.单片微机原理与接口技术——基于 STC15W4K32S4 系列单片机[M].北京：电子工业出版社,2015.

［3］丁向荣.单片机原理与应用项目教程[M].北京：清华大学出版社,2015.

［4］丁向荣.单片机原理与应用——基于可在线仿真的 STC15F2K60S2 系列单片机[M].北京：清华大学出版社,2015.

［5］丁向荣.单片微机原理与接口技术[M].北京：电子工业出版社,2012.

［6］丁向荣.增强型 8051 单片机原理与系统开发[M].北京：清华大学出版社,2013.

［7］丁向荣.STC 系列增强型 8051 单片机原理与应用[M].北京：电子工业出版社,2010.

［8］陈桂友.增强型 8051 单片机实用开发技术[M].北京：北京航空航天大学出版社,2010.

［9］丁向荣,贾萍.单片机应用系统与开发技术[M].2 版.北京：清华大学出版社,2015.

［10］丁向荣,谢俊,王彩申.单片机 C 语言编程与实践[M].北京：电子工业出版社,2009.